Die Berliner
Akademie
der Wissenschaften
in der Zeit
des Imperialismus

Teil II
1917–1933

STUDIEN ZUR GESCHICHTE
DER AKADEMIE DER WISSENSCHAFTEN DER DDR

Band 2/II

Herausgegeben im Auftrage des Präsidenten
der Akademie der Wissenschaften der DDR
von Heinrich Scheel

FORSCHUNGSSTELLE
FÜR DIE GESCHICHTE DER AKADEMIE
LEITER: LEO STERN

Die Berliner Akademie der Wissenschaften in der Zeit des Imperialismus

Teil II

Von der Großen Sozialistischen Oktoberrevolution bis 1933

Unter Mitarbeit
des Kollektivs
der Forschungsstelle
verfaßt von
Wolfgang Schlicker

Leitung der Arbeiten
und Gesamtredaktion
Leo Stern

AKADEMIE-VERLAG
BERLIN
1975

Erschienen im Akademie-Verlag, 108 Berlin, Leipziger Straße 3—4

Lizenznummer: 202 · 100/262/75
Einband und Schutzumschlag: Rolf Kunze
Gesamtherstellung: VEB Druckerei „Thomas Müntzer" 582 Bad Langensalza
Bestellnummer: 7 528 144 (2168/2/II) · LSV 0205
Printed in GDR
EVP 48,—

Inhaltsverzeichnis

In den Anmerkungen verwendete Abkürzungen

AAW	= Zentrales Archiv der Akademie der Wissenschaften der DDR
ZStAM ZStA Merseburg	= Zentrales Staatsarchiv, Historische Abteilung II (Merseburg)
ZStAP ZStA Potsdam	= Zentrales Staatsarchiv Potsdam
RMdI	= Reichsministerium des Innern
RKO	= Reichskommissariat zur Überwachung der öffentlichen Ordnung
Büro RP	= Büro des Reichspräsidenten
KWG	= Kaiser-Wilhelm-Gesellschaft zur Förderung der Wissenschaften e.V.
PTR	= Physikalisch-Technische Reichsanstalt
TH	= Technische Hochschule
Ges.	= Gesellschaft
DLZ	= Deutsche Literaturzeitung
ZfG	= Zeitschrift für Geschichtswissenschaft
NTM	= NTM Schriftenreihe für Geschichte der Naturwissenschaften Technik und Medizin
Phil. Mag.	= Philosophical Magazine
Proc. Roy. Soc.	= Proceedings of the Royal Society
Abh., Abhdl.	= Abhandlungen
Ann.	= Annalen
Ber.	= Berichte
Jg.	= Jahrgang
H.	= Heft
Sb.	= Sitzungsberichte der Berliner Akademie der Wissenschaften
Phil.-hist. Kl.	= Philosophisch-historische Klasse der Berliner Akademie der Wissenschaften
Phys.-math. Kl.	= Physikalisch-mathematische Klasse der Berliner Akademie der Wissenschaften

Vorbemerkung

Mit diesem Band legt die Forschungsstelle für Akademiegeschichte den Teil II (1917—1933) der Studien zur Geschichte der Akademie der Wissenschaften der DDR von 1900 bis 1945 vor.

Gegenwartsanliegen, theoretische und methodologische Aspekte und Gliederungsprinzipien der Arbeiten der Forschungsstelle sind in der Einleitung zusammengefaßt, die dem Teil I dieser Studien zur Akademiegeschichte (1900 bis 1917) vorangestellt ist. Auch im vorliegenden Teil II durchdringen sich wissenschaftliche, wissenschaftspolitische und gesellschaftliche Gesichtspunkte, die jeweils den Schwerpunkt einzelner Abschnitte der Kapitel bilden. In dem Teil II soll wiederum der Zusammenhang von Wissenschaft und Gesellschaft in der Akademiegeschichte gezeigt werden, ohne die „relative Eigenständigkeit" der Wissenschaftsentwicklung (Friedrich Engels) zu übersehen.

Die Darstellung beginnt mit einem Übersichtskapitel, in dem grundlegende Tendenzen der Wissenschaftsentwicklung zwischen 1917 und 1933 dargelegt werden. Dieses Kapitel konnte — vor allem in den Aussagen zur Entwicklung der Mathematik, der Natur- und technischen Wissenschaften — nur in Zusammenarbeit mit führenden Fachvertretern der Akademie erarbeitet werden; es ist ein Ergebnis interdisziplinärer Konsultation und Kooperation. Den drei folgenden chronologischen Kapiteln — für die Jahre zwischen 1917 und 1923 (Kapitel II), zwischen 1924 und 1929 (Kapitel III) und zwischen 1929 und 1933 (Kapitel IV) — werden jeweils einleitend Aussagen zur gesellschaftlich-politischen Position der Akademie vorausgeschickt; dem folgen in den Abschnitten 2, 3 und 4 jedes Kapitels die ausführlicheren Darlegungen zur wissenschaftspolitischen und forschungsorganisatorischen Stellung der Akademie, zur Neuwahl von Mitgliedern und zu ihrer wissenschaftlichen Arbeit sowie zur Genesis der von der Akademie betriebenen oder unterstützten wissenschaftlichen Unternehmen.

Die vorliegende Arbeit, mit der Neuland auf breiter Quellen- und Literaturbasis zu erschließen war, setzt mit dem Sieg der Großen Sozialistischen Oktoberrevolution 1917 ein; sie führt bis an die Errichtung der faschistischen Diktatur 1933 in Deutschland. In diesem gesellschaftlich und wissenschaftlich bedeutsamen Zeitraum, mit dem die antagonistische Entwicklung zwischen dem aufsteigenden Sozialismus und dem Kapitalismus in der ersten Phase seiner allgemeinen Krise auch für die Institutionen der Wissenschaft begann, entwickelte sich die Akademie unter den Bedingungen der imperialistischen Ordnung. Der Sieg der Oktoberrevolution und die von ihr ausgehenden Veränderungen im Verhältnis der sozialen und politischen Kräfte brachten eine tiefe Zäsur, die sich auch auf die Entwicklung der Wissenschaftsinstitutionen im imperialistischen Deutschland ausgewirkt hat. Die Akademiegeschichte, die gesellschaftlich bedingte Hemmnisse und Grenzen der Entwicklung berücksichtigt, orientiert gleichwohl auf die wissenschaftlichen Leistungen und auf die humanistischen Positionen, die es an der Akademie auch in den Jahren zwischen 1917 und 1933 gegeben hat.

Der Auftrag, eine Geschichte der Akademie zu erarbeiten, wurde einem sehr kleinen Kollektiv von Historikern anvertraut, die damit vor eine Vielzahl interdisziplinärer Probleme gestellt waren. Die Stellungnahmen verschiedener Fachwissenschaftler und ihre Unterstützung haben auch den vorliegenden Teil II der Studien vor allem dort erst ermöglicht, wo fachspezifische Aussagen zu den bereits erwähnten und weiteren Disziplinen im ersten Kapitel, aber auch in den weiteren Kapiteln der Darstellung formuliert wurden.

Der Präsident der Akademie, Herr Professor Dr. Hermann Klare, hat die Bearbeitung der Akademiegeschichte von Anfang an verständnisvoll unterstützt und mit persönlichen kritischen Hinweisen geholfen. Die in der Einleitung im Teil I genannten Akademiemitglieder der vom Präsidenten berufenen Kommission für die Akademiegeschichte sowie die weiteren vom Präsidenten benannten Fachgutachter haben auch an den entsprechenden Abschnitten dieses Teiles II mitgewirkt. Hervorgehoben wird hier nochmals der Anteil der Akademiemitglieder für die naturwissenschaftlichen Disziplinen Professor Dr. Werner Albring, Professor Dr. Erich Correns, Professor Dr. Hans Frühauf, Professor Dr. Arnold Graffi, Professor Dr. Helmut Kraatz, Professor Dr. Alfred Rieche, Professor Dr. Günther Rienäcker, Professor Dr. Hans Stubbe, Professor Dr. Erich Thilo sowie der Akademiemitglieder Professor Dr. Werner Hartke, Professor Dr. Joachim Herrmann, Professor Dr. Herbert Hörz, Professor Dr. Fred Oelßner. Besonderer Dank gilt den Akademiemitgliedern Professor Dr. Heinrich Grell (†), Professor Dr. Hans-Jürgen Treder und Professor Dr. Wolfgang Schirmer, die auf die Erarbeitung aller Aussagen zur Mathematik, zur Physik, Astronomie/Astrophysik und Geophysik sowie zur Chemie durch die ständige mündliche und schriftliche Beratung eingewirkt haben. Der plötzliche Tod von Herrn Professor Dr. Grell hat eine fruchtbare Zusammenarbeit abgebrochen, deren sich die Forschungsstelle stets dankbar erinnern wird.

Die Abfassung des Manuskriptes wurde durch die Hilfsbereitschaft der Leiter und Mitarbeiter verschiedener hier besonders wichtiger Archive und Bibliotheken wesentlich erleichtert. Gedankt sei dafür vor allem dem Zentralen Archiv der AdW der DDR, den Zentralen Staatsarchiven in Potsdam und Merseburg und dem Archiv der Humboldt-Universität zu Berlin. Gleicher Dank gebührt der Leitung und den Mitarbeitern der Hauptbibliothek der AdW der DDR, der

Bibliothek des Zentralinstituts für Geschichte der AdW der DDR, der Staatsbibliothek und der Universitätsbibliothek Berlin sowie der Wissenschaftlichen Allgemeinbibliothek Potsdam.

Leo Stern

Berlin, November 1974

KAPITEL I

Entwicklungstendenzen der Wissenschaft

1. Gesellschaftliche Aspekte der Wissenschaftsentwicklung

Mit dem Sieg der Großen Sozialistischen Oktoberrevolution begann ein neuer Abschnitt auch in der Geschichte und gesellschaftlichen Stellung der Wissenschaften. Die revolutionären Ereignisse im Oktober 1917 waren das Ergebnis des historischen Prozesses, in dem sich die kapitalistischen Widersprüche im Imperialismus aufs äußerste zugespitzt hatten und die sozialistische Revolution auf der Tagesordnung stand. Unter der Führung Wladimir Iljitsch Lenins und der Partei der Bolschewiki führte die Revolution auf einem Sechstel der Erde zur Zerschlagung der alten Macht- und Eigentumsverhältnisse und zum Aufbau der sozialistischen Gesellschaft. Die Arbeiter und Bauern Rußlands, des schwächsten Gliedes des Imperialismus und des Knotenpunktes seiner Widersprüche, leiteten die welthistorische Epoche des Übergangs vom Kapitalismus zum Sozialismus ein. Der Sieg der Oktoberrevolution wies den Weg zur endgültigen Beseitigung des Imperialismus und seiner Kriege, zu neuen Beziehungen zwischen den Völkern. Er stimulierte alle revolutionären Energien und Ströme der neuen weltgeschichtlichen Epoche und leitete eine Veränderung des internationalen Kräfteverhältnisses zugunsten der Kräfte des Friedens und des Fortschritts ein. Mit ihm begann der planmäßige Aufbau der Sowjetwissenschaft, die unter qualitativ neuen sozialökonomischen, politischen, ideologisch-weltanschaulichen und gesamtgesellschaftlichen Bedingungen große Leistungen erarbeitete und heute eine führende Stellung in der Welt einnimmt.

Gleichzeitig schränkte der Sieg der Revolution in Rußland den Machtbereich des Imperialismus ein und veränderte die gesellschaftlichen Bedingungen der Wissenschaftsentwicklung auch in den bürgerlichen Staaten. Die allgemeine Krise des Kapitalismus entfaltete sich; alle kapitalistischen Widersprüche vertieften sich entscheidend. Deutschland wurde nach den revolutionären Ereignissen der Jahre von 1917 bis 1919 und nach der Niederlage im Weltkrieg zum Knotenpunkt der Widersprüche des Imperialismus. Die Klassengegensätze verschärften sich hier in besonderem Maße. Mit dem Wandel des inneren und äußeren Kräfteverhältnisses erhielt die Wissenschaft einen neuen Stellenwert in der Strategie der herrschenden Kräfte Deutschlands.

In der Wissenschaftsgeschichte kommt den Jahren zwischen 1917 und 1933, die in dieser Studie behandelt werden, ein bedeutsamer Platz zu. In vielen Einzeldisziplinen vor allem der Natur- und technischen Wissenschaften wurden wertvolle Erkenntnisse erarbeitet, die vielfach methodische und heuristische Bedeutung hatten und sich mit dialektischen und materialistischen Denkansätzen verbinden konnten. Die bürgerliche Forschung vermochte die drängenden weltanschaulichen, erkenntnistheoretischen und methodologischen Grundlagenprobleme der Wissenschaft jedoch nicht zu bewältigen. Fortschrittsfeindliche Tendenzen, die die bürgerliche Ideologie im Imperialismus prägten, wirkten sich auch in den Bemühungen um die weltanschaulichen und theoretisch-methodologischen Grundlagen der Wissenschaft weiterhin aus.

In der Aneignung technischen und naturwissenschaftlichen Wissens wirkten seit 1917 grundlegende Unterschiede, die aus der Existenz der beiden Gesellschaftssysteme resultierten. Die Sowjetunion entwickelte sich bis zum Ende der dreißiger Jahre aus schwersten Anfängen zu einem der mächtigsten Industrieländer der Welt.[1] Naturwissenschaft und Technik wurden dort in zunehmender Verbindung zur Praxis — zur Rekonstruktion der Volkswirtschaft, zur sozialistischen Industrialisierung in den Jahren der ersten Fünfjahrpläne, aber auch zur sozialistischen Umgestaltung der Landwirtschaft — planmäßig gefördert.

Die neue Epoche der Wissenschaftsentwicklung, die 1917 international begann, entfaltete sich in den Natur- und technischen Wissenschaften vor allem seit dem Ende des ersten Weltkrieges in weitgehender Verbindung zum quantitativen und qualitativen Wachstum der Industrie, deren wissenschaftlich-technische Grundlagen intensiv entwickelt wurden.[2] Die Elektrifizierung der Industrieanlagen und des Transports, der Übergang zu automatischen Maschinensystemen, die breite Verwendung von Verbrennungsmotoren, die beginnende Ausbreitung der Fließbandfertigung und die Vervollkommnung chemischer Technologien wurden zu bestimmenden Faktoren der technischen Entwicklung, in der die Empirie auch jetzt ihre Bedeutung behielt, deren Aufschwung jedoch zunehmend von den Ergebnissen naturwissenschaftlicher, mathematischer und technischer Forschung abhing. Die Rationalisierung und Intensivierung der Produktion stand in Wechselwirkung zu den Erfolgen der Technik und der Wissenschaft. Zugleich vollzog sich die naturwissenschaftliche Entwicklung inhärent, in der Dialektik kontinuierlicher und diskontinuierlicher Prozesse der Erkenntnisgewinnung. Langwirkende Entwicklungstendenzen der Wissenschaft zeichneten sich vor allem seit Mitte der zwanziger und Beginn der dreißiger Jahre ab. „Die Erforschung der Struktur des Atoms ..., die Erforschung der für die Mikroerscheinungen gültigen spezifischen Gesetzmäßigkeiten wirkten auch auf andere Zweige der Naturwissenschaften umgestaltend ein ..."[3]

[1] Vgl. Weltgeschichte in zehn Bänden. Hauptredaktion: J. M. Shukow (Leiter), Hrsg.: Akademie der Wissenschaften der UdSSR ..., Bd. 9, Red.: L. J. Subok (Leiter), S. 575. Hierzu und zum weiteren vgl. auch P. Schuppan, Hauptentwicklungslinien der Kultur in der Weimarer Republik. In: Jb. f. Volkskunde und Kulturgeschichte, 16. Bd. (N. F. Bd. 1), Berlin 1973, S. 92ff.

[2] Vgl. ebda. [3] Ebda.

In den kapitalistischen Ländern drängten die Monopole verstärkt auf die Beherrschung der Wissenschaft in Forschung und Lehre, um sie auf ihre eigenen Interessen noch stärker auszurichten und für sich zu nutzen. Mit der Entfaltung der allgemeinen Krise des Kapitalismus prägten sich die ökonomischen, politischen und gesamtgesellschaftlichen Widersprüche des kapitalistischen Systems auch in der Wissenschaft tiefgreifender aus. In den kriegführenden imperialistischen Staaten des ersten Weltkrieges hatte auch die wissenschaftliche Forschung in allen entsprechenden Bereichen eine weitgehende Militarisierung erfahren. In den Nachkriegsjahren entwickelte sich die Wissenschaft in den Ländern des Kapitalismus unter besonders unterschiedlichen Bedingungen. Inflation, Rohstoff- und Materialengpässe, imperialistische Gegensätze und wissenschaftliche Isolierung, die sich in Deutschland besonders auswirkten, erschwerten z. B. den Aufschwung naturwissenschaftlicher und technischer Forschung während der Nachkriegsjahre. Der VI. Weltkongreß der Kommunistischen Internationale hat die weitere Entwicklung von der Technik her im Jahre 1928 gekennzeichnet: „Die sprunghafte, fieberhafte Entwicklung der Technik, die in einigen Ländern an eine neue technische Umwälzung grenzt" und der damit verbundene „beschleunigte Prozeß der Konzentration und Zentralisation des Kapitals, die Bildung riesiger Trusts ‚nationaler' und ‚internationaler' Monopole, das Verwachsen der Trusts mit der Staatsmacht, das Wachsen der kapitalistischen Weltwirtschaft — all das kann die allgemeine Krise des Kapitalismus nicht überwinden", fördert und vertieft sie vielmehr.[4] Massenerwerbslosigkeit, tiefgreifende Verschlechterung der Lage der Arbeiterklasse, Verschärfung der Klassenkonflikte, Steigerung der Konkurrenz zwischen den imperialistischen Staaten und der Kriegsgefahr, die der Weltkongreß als „Kehrseite des technischen Fortschritts und der Rationalisierung der Industrie" bezeichnet hatte, kennzeichneten das kapitalistische System vor allem seit dem Ausbruch der Weltwirtschaftskrise im Herbst 1929. Offenkundiger denn je bestätigte sich die Feststellung, die Lenin schon im Jahre 1913 getroffen hatte: „Die Technik des Kapitalismus wächst mit jedem Tag mehr und mehr über die gesellschaftlichen Bedingungen hinaus, die die Werktätigen zur Lohnsklaverei verdammen."[5] Der Aufschwung der Natur- und technischen Wissenschaften verlief während der Jahre zwischen 1917 und 1933 in den kapitalistischen Ländern unter den gesellschaftlichen Bedingungen der Spontaneität, des Konkurrenzkampfes der Monopole und der Militarisierung der Wirtschaft ungleichmäßig;[6] die weitere Entfaltung dieser Wissenschaftsbereiche war mit Disproportionen im Bildungssystem und im Verhältnis zwischen Grundlagen- und angewandter Forschung und Entwicklung sowie zwischen verschiedenen Forschungsdisziplinen verbun-

[4] Zit. nach: Die Kommunistische Internationale (Auswahl von Dokumenten und Reden vom VI. Weltkongreß bis zur Auflösung der Kommunistischen Internationale, 1928—1943), herausgegeben von der Parteihochschule „Karl Marx" beim ZK der SED, Berlin 1958, S. 21.

[5] W. I. Lenin, Werke, Bd. 19, Berlin 1965 S. 43.

[6] Vgl. Weltgeschichte, Bd. 9, a. a. O.

den. Grundlegende neue Erkenntnisse vertieften die Krise in den bürgerlich-philosophischen Grundlagen der Naturwissenschaften.

Mit dem Sieg der Großen Sozialistischen Oktoberrevolution begann ein neuer Abschnitt in der antagonistischen Entwicklung der marxistisch-leninistischen Gesellschaftswissenschaften auf der einen und der bürgerlichen Geistes- und Sozialwissenschaften auf der anderen Seite.

In der Sowjetunion veränderten sich die sozialen Bedingungen gesellschaftswissenschaftlicher Forschung seit der Oktoberrevolution grundlegend, indem die Volksmassen unter den neuen Macht- und Eigentumsverhältnissen zu bewußten Gestaltern der sozialistischen Gesellschaft wurden.[7] Bis in die Mitte der dreißiger Jahre setzte sich hier der Marxismus-Leninismus als methodologische und weltanschauliche Grundlage der Wissenschaften durch. Theoretische Grundlage der entstehenden kommunistischen Weltbewegung[8], gewann der Marxismus-Leninismus auch auf andere fortschrittliche Kräfte in der kapitalistischen Welt zunehmenden Einfluß und wirkte direkt und indirekt auf die seit 1917 erstarkende Befreiungsbewegung in den kolonialen und abhängigen Ländern.

Demgegenüber wurde die Entwicklung der bürgerlichen Geistes- und Sozialwissenschaften seit der Oktoberrevolution zunehmend durch die historische Perspektivlosigkeit der imperialistischen Ordnung geprägt. Die allgemeine Krise des Kapitalismus, von der die kapitalistische Gesellschaft in allen Bereichen erfaßt wurde, wirkte sich in den das Werden und Wesen der menschlichen Gesellschaft untersuchenden bürgerlichen Wissenschaften immer tiefer aus. Dies wurde auch durch die im einzelnen unterschiedliche Stellung und Funktion geisteswissenschaftlicher Disziplinen im Zusammenhang von bürgerlicher Ökonomie, Politik und Ideologie beeinflußt. Die Systemauseinandersetzung mit dem Sozialismus, die für die imperialistische Ideologie bestimmend wurde, prägte sich in den bürgerlichen Geisteswissenschaften in wachsendem Maße aus, was ihre weitere Differenzierung einschloß.[9] Die Krise ihrer weltanschaulichen, ideologischen und methodologischen Grundlagen vertiefte sich vor allem in jenen Bereichen, denen in der Auseinandersetzung der Systeme ein vordringlicher Stellenwert zukam. Gleichzeitig verstärkte sich der Methodenpluralismus in den Geisteswissenschaften. Zwei Hauptlinien bürgerlicher Ideologie wirkten sich dabei aus. Die eine von ihnen, für die in Deutschland Friedrich Nietzsche als prototypisch bezeichnet wurde, „formuliert die Interessen der bürgerlichen Klassenherrschaft in offener, aggressiv und antikommunistisch zugespitzter Form. Die andere Linie, deren Aufgabe vor allem die Integration der Arbeiterklasse ins bestehende System ist, arbeitet mehr mit verdeckten Methoden der Marx-Verfälschung, indem sie versucht, den wissenschaftlichen Sozialismus in dieser oder jener

[7] Vgl. Geschichte der Philosophie, Bd. VI, Berlin 1967, S. 11.

[8] Vgl. ebda., S. 10.

[9] Vgl. zum Verhältnis von Ideologie und Wissenschaft und zur Differenzierung bürgerlicher Ideologie: E. Hahn, Ideologie. Zur Auseinandersetzung zwischen marxistischer und bürgerlicher Ideologietheorie. Eine Betrachtung zum XIV. Internationalen Kongreß für Philosophie 1968, Berlin 1969.

Form in die bürgerliche Ideologie — vor allem in ihrer liberalen Ausprägung — einzupassen."[10] Diese hier prinzipiell wiedergegebenen Hauptlinien prägten sich bereits seit der Oktoberrevolution schärfer aus; sie differenzierten sich weiterhin. Dabei vertieften sich gemeinsame antisozialistische und antimarxistische Tendenzen. Auf bürgerliche Geisteswissenschaftler übte seit der Oktoberrevolution der Antikommunismus, die „politisch-ideologische Hauptwaffe der imperialistischen Weltreaktion", offenen oder verdeckten Einfluß aus. „Der Antikommunismus ist ... organisch mit der Krise der bürgerlichen Ideologie verbunden, und er ist gleichzeitig ein Produkt dieser Krise."[11] Antikommunismus und Antisowjetismus auf der einen und Wissenschaftsfortschritt auf der anderen Seite haben ihre Unvereinbarkeit fortan immer stärker erwiesen. Negierung der Gesetzmäßigkeiten in der Entwicklung der menschlichen Gesellschaft und der Dialektik in den Entwicklungsprozessen in Natur und Gesellschaft, irrationalistische und subjektivistische Einflüsse wirkten auf die bürgerlichen Geisteswissenschaften seit 1917 zunehmend ein und beeinflußten auch andere Bereiche des wissenschaftlichen Lebens.

Gleichzeitig setzten sich die Differenzierungsprozesse auch in den bürgerlichen Geisteswissenschaften fort. Humanistische Traditionen, die unter imperialistischen Bedingungen weithin deformiert wurden, wirkten in manchen ihrer Bereiche fort; den Tendenzen der zunehmenden Irrationalisierung und der Preisgabe früher erreichter wissenschaftlicher Positionen wirkten Gelehrte auch jetzt faktisch entgegen.

Neben den bestimmenden gemeinsamen Grundtendenzen gab es manche Differenzierung, aber auch spezifische Besonderheiten der bürgerlichen Geisteswissenschaften in den einzelnen Ländern. Solche Besonderheiten prägten sich in Deutschland mit der Entfaltung der allgemeinen Krise, mit der krassen Verschärfung aller ökonomischen, sozialen, politischen und ideologischen Widersprüche des Kapitalismus tiefgreifend aus. Auf die spezifische Entwicklung der bürgerlichen deutschen Geisteswissenschaften, in die die Berliner Akademie einbezogen blieb, wird im folgenden vordringlich eingegangen.

Die Akademien der Wissenschaften im bürgerlichen Deutschland haben in jenen Jahren die Kontinuität zu den Geisteswissenschaften des 19. Jahrhunderts weiterhin betont. Darin kam die widersprüchliche Situation der bürgerlichen Wissenschaft ihrer eigenen Zeit faktisch zum Ausdruck: Auch sie beriefen sich damit auf rückschrittliche geistesgeschichtliche und weltanschauliche Positionen jener früheren Zeit. Zugleich jedoch betonten sie die Kontinuität zum Aufschwung der Forschung, die bereits in der ersten Hälfte des 19. Jahrhunderts in den philologischen Disziplinen, den Altertumswissenschaften, der Orientalistik und in anderen Bereichen schnell vorangeschritten war. In dieser Berufung

[10] W. Jopke, Karl Marx und die deutsche bürgerliche Philosophie der Gegenwart. In: Die marxistische Philosphie und der ideologische Kampf der Gegenwart, Berlin 1970, S. 19f.

[11] L. Stern, Der Antikommunismus als politische Hauptdoktrin des deutschen Imperialismus, 2. Aufl. Berlin 1964, S. 54.

reflektierten sich objektive Tendenzen der Wissenschaftsentwicklung. Die regressiven Einflüsse, die sich in den Geisteswissenschaften ausprägten, schlossen die Erarbeitung wertvollen Quellenmaterials und fruchtbarer Einzelerkenntnisse in verschiedenen Bereichen auch während dieser Jahre nicht aus. Diese Seite der Entwicklung, die auch in der Wissenschaftsgeschichte der Akademie ihren spezifischen Niederschlag fand, wurde durch die Grenzen bestimmt, die durch die weltanschaulich-ideologischen und gesamtgesellschaftlichen Bedingungen in Deutschland gesetzt waren.

2. Grundtendenzen der Wissenschaftsentwicklung

a) Zur Entwicklung des Marxismus-Leninismus. Zur Einheit der Wissenschaften

Für die Wissenschaftsentwicklung der Folgezeit gewann die Tatsache immer größere Bedeutung, daß der Marxismus-Leninismus mit dem Sieg der Oktoberrevolution seine entscheidende praktische Bestätigung gefunden hatte. Die Bedeutung der Lehre von Marx, Engels und Lenin konnte sich in der bürgerlichen Wissenschaft, in deren Traditionen auch die Berliner Akademie stand, indessen nur verzerrt widerspiegeln. Sie ergibt sich aus der gesellschaftlichen Funktion und dem Wesen des Marxismus-Leninismus als Wissenschaft von den allgemeinsten Bewegungsgesetzen der Natur, der Gesellschaft und des Denkens.

Der Zusammenhang von revolutionärer Theorie und Praxis, der in der Oktoberrevolution seinen bis dahin sichtbarsten Ausdruck gefunden hatte, umfaßt alle Seiten des Marxismus-Leninismus, kam jedoch in der seit der Jahrhundertwende erarbeiteten wissenschaftlichen Gesellschaftsanalyse, der Lehre von der führenden Rolle der Partei, der Revolutionstheorie und der Staatsauffassung Lenins am direktesten zur Wirkung. Lenin hatte 1916 die klassische Analyse des Imperialismus als höchstes und letztes Stadium des Kapitalismus und Vorabend der proletarischen Revolution gegeben. In seiner Arbeit „Staat und Revolution" hatte er die Stellung der revolutionären Arbeiterbewegung zur Machtfrage geklärt und die Funktion der Diktatur des Proletariats in schöpferischer Fortführung der Lehren von Marx und Engels herausgearbeitet. Nach dem Sieg der Revolution gab er „eine wissenschaftliche Lösung der grundlegenden Probleme der Planung und Leitung der sozialistischen Wirtschaft."[12] Gleichzeitig setzte er die Auseinandersetzung mit dem Opportunismus rechter und „linker" Prägung unter den neuen internationalen Bedingungen der siegreichen sozialistischen Revolution und der Entstehung der kommunistischen Weltbewegung in Werken wie „Die proletarische Revolution und der Renegat

[12] Zit. nach: Zum 100. Geburtstag Wladimir Iljitsch Lenins. Thesen des Zentralkomitees der Kommunistischen Partei der Sowjetunion, Berlin 1970, S. 28.

Kautsky" und „Der ‚linke Radikalismus' — die Kinderkrankheit des Kommunismus" konsequent fort. Er wurde zum Schöpfer einer revolutionären Strategie und Taktik, die auf die ideologisch-theoretische Klärung und organisatorische Festigung der jungen kommunistischen Parteien gerichtet war und die kommunistische Bewegung befähigte, ihre historische Mission als Führerin der Arbeiterklasse und aller antiimperialistischen Kräfte zu erfüllen.

Lenin trat auch der bürgerlichen Krise in den philosophischen Grundlagen der Naturwissenschaften als Materialist und Dialektiker konsequent entgegen. Dabei entwickelte er den wissenschaftlichen Materiebegriff zusammen mit der Auffassung von der Unerschöpflichkeit der Materie und der Einheit von Materie und Bewegung und deckte die wissenschaftlichen und gesellschaftlichen Ursachen des erkenntnistheoretischen Idealismus und Agnostizismus auf. Lenin hat die Notwendigkeit schöpferischer Ausgestaltung der marxistischen Philosophie im Jahre 1922 in seinem Aufsatz „Über den streitbaren Materialismus" erneut bewiesen. Darin hat er der philosophischen Arbeit den Weg gezeigt, indem er für ein fruchtbares Bündnis zwischen materialistischer Philosophie und Naturwissenschaft eintrat, das für beide Seiten unabdingbar war: „Denn die Naturwissenschaft schreitet so schnell voran, macht eine Periode so tiefgehenden revolutionären Umbruchs auf allen Gebieten durch, daß sie ohne philosophische Schlußfolgerungen unter keinen Umständen auskommen kann." Und mit Blick auf die Zeitschrift „Unter dem Banner des Marxismus", in der der Aufsatz erschien, schrieb er hier an anderer Stelle: „Die Fragen, welche die jüngste Revolution auf dem Gebiete der Naturwissenschaft aufwirft, aufmerksam zu verfolgen und hierzu Naturforscher für die Mitarbeit an der philosophischen Zeitschrift zu gewinnen, ist daher eine Aufgabe, ohne deren Lösung der streitbare Materialismus schlechthin weder streitbar noch materialistisch sein kann."[13] Lenins Beitrag zur materialistischen Dialektik wurde zugleich zur Voraussetzung für die Weiterentwicklung des historischen Materialismus, der Wissenschaft von den Bewegungsgesetzen der Gesellschaft, die er bereits in seinen frühen Arbeiten begonnen und — wiederum in Anknüpfung an Marx und Engels — bis zur Herausarbeitung der Lehre von der historischen Aufeinanderfolge der Gesellschaftsformationen geführt hatte.

Seit dem Sieg der Oktoberrevolution bestand das welthistorische Verdienst Lenins und der Partei der Bolschewiki im Aufbau der ersten sozialistischen Gesellschaft. Neben den Problemen des revolutionären Prozesses in den kapitalistischen, kolonialen und abhängigen Ländern nahmen theoretische und praktische Fragen des sozialistischen Aufbaues fortan einen zentralen Platz im Leninismus ein.[14] Lenin formulierte die konzeptionellen Grundlagen und theoretischen Prinzipien für die Entwicklung der neuen Volkswirtschaft, für den planmäßigen Aufbau des Sozialismus auf allen Gebieten unter den schweren Bedin-

---

[13] W. I. Lenin, Werke, Bd. 33, Berlin 1966 S. 219.

[14] Vgl. Zum 100. Geburtstag Wladimir Iljitsch Lenins, Thesen des Zentralkomitees der Kommunistischen Partei der Sowjetunion, a. a. O. S. 17f.

gungen der ersten Jahre nach der Revolution. Die schöpferische Aneignung und Weiterentwicklung des Leninschen theoretischen Erbes war auch in diesem Bereich die entscheidende Aufgabe der Folgezeit.[15] Die weitere Entwicklung der marxistisch-leninistischen Theorie erfolgte unter den Bedürfnissen der Praxis in einem Prozeß, in dem der Marxismus-Leninismus um die Mitte der dreißiger Jahre in der Sowjetunion zugleich gegenüber bürgerlichen Gesellschaftslehren umfassend und endgültig gesiegt hatte.[16] Weiterführende Bedeutung hatten die Diskussionen um die zentralen Probleme und wesentlichen Kategorien der marxistisch-leninistischen Philosophie. Die Klärung der Eigenständigkeit der politischen Ökonomie des Sozialismus erfolgte in einem längeren Prozeß im wesentlichen bis zur Mitte der dreißiger Jahre, in Verbindung zur Praxis des Wirtschaftsaufbaues — zur sozialistischen Industrialisierung und Kollektivierung, zur Entwicklung der Planwirtschaft, zur Erfüllung der ersten Fünfjahrplanes — sowie im Zusammenhang mit der Bearbeitung grundlegender Kategorien der politischen Ökonomie.[17]

So vollzog sich die Weiterentwicklung des Marxismus-Leninismus in der vielfältigen Dialektik des praktischen und theoretischen Ringens um den Aufbau der neuen Gesellschaft in der Sowjetunion und des Kampfes der kommunistischen Weltbewegung in den imperialistischen Staaten und in den kolonialen und abhängigen Ländern. Der unversöhnliche Gegensatz zwischen dem Marxismus-Leninismus, der Theorie und Weltanschauung der revolutionären Arbeiterbewegung, und den verschiedenen Formen imperialistischer und revisionistischer Ideologie trat auch in Deutschland unter den spezifischen Bedingungen der allgemeinen Krise des Kapitalismus immer tiefer und umfassender in Erscheinung. Er wirkte sich in der Geschichte der bürgerlichen Wissenschaft aus; hier wurde er in einzelnen Disziplinen in unterschiedlichen Formen und Ausmaßen, besonders unter theoretischen und methodologischen Aspekten, wirksam.[18]

In jenen Jahren des schweren Ringens um den Aufbau der neuen Gesellschaft wurden in der Sowjetunion faktisch erste gesellschaftlich-praktische und weltanschaulich-theoretische Voraussetzungen für die Einheit moderner Wissen-

---

[15] Vgl. Geschichte der Philosophie, Bd. VI, a. a. O., S. 118ff.

[16] Vgl. ebda., Geschichte der politischen Ökonomie des Sozialismus. Grundrisse, Deutsche Ausgabe, Berlin 1973, S. 21ff; L. Ljowschin/W. Oreschkin, Über die politökonomische Forschung an der Akademie der Wissenschaften der UdSSR. In: Sowjetwissenschaft, Gesellschaftswissenschaftliche Beiträge, H. 10/1974, S. 1033ff. Zur Geschichte der Wirtschaftswissenschaften und vor allem der politischen Ökonomie des Sozialismus, auf die hier naturgemäß nur kurz verwiesen wird, gab Akademiemitglied Prof. Dr. h. c. Fred Oelßner wertvolle Hinweise, für die an dieser Stelle gedankt wird. Dies gilt auch für die darüber hinausgehenden Bemerkungen Prof. Oelßners zur Entwicklung der marxistisch-leninistischen Theorie während dieses Zeitraumes.

[17] Vgl. Geschichte der Philosophie, Bd. VI, a. a. O., S. 119; Geschichte der politischen Ökonomie des Sozialismus. Grundrisse . . ., ebda.

[18] Vgl. dazu: F. Fiedler, Einheitswissenschaft oder Einheit der Wissenschaft?, Berlin 1971, S. 205ff u. bes. S. 218f., wo auch auf die entsprechenden Äußerungen von Marx und Engels verwiesen wird.

schaftsentwicklung im Sozialismus geschaffen. Dies galt auch für die übergreifende Einheit und Wechselwirkung von Natur- und Gesellschaftswissenschaften, die Karl Marx aus der durch die Praxis vermittelten Einheit von Natur und Gesellschaft theoretisch abgeleitet hatte: Ihre praktische Voraussetzung war die Durchsetzung des Marxismus-Leninismus als theoretisch-methodologische Grundlage der Wissenschaft in der Sowjetunion.

Dem Problem der Einheit der Wissenschaft kam auch in der Wissenschaftsgeschichte der Berliner Akademie eine gewisse Bedeutung zu. Dies einerseits, weil die gesellschaftlich bedingte Tendenz zur prinzipiellen methodologischen Trennung von Natur- und Geisteswissenschaften — die der objektiven Dialektik der Wissenschaftsentwicklung widersprach — seit dem Übergang zum Imperialismus von den deutschen bürgerlichen Geisteswissenschaften verstärkt ausging und von manchen ihrer führenden Vertreter auch an der Berliner Akademie vorgetragen wurde. Die Forderung nach der Einheit der Wissenschaft — zu der die Akademie im Sinne und in Fortführung von Forderungen ihres Gründers Gottfried Wilhelm Leibniz oder bedeutender Mitglieder wie Wilhelm von Humboldt und anderer einen besonderen Beitrag zu leisten hätte — wurde andererseits auch hier vertreten. Dies blieb ein bürgerliches Postulat, das aus seinen gesellschaftlichen, weltanschaulichen und wissenschaftlichen Grenzen verstanden werden muß. In diesen Grenzen setzte es Einsichten in Entwicklungstendenzen der Wissenschaft voraus und war Ausdruck einer Sicht, welche Grenzen von Fachdisziplinen sprengte und den Ruf nach philosophischer Durchdringung einzelwissenschaftlicher Erkenntnis implizierte. Es beruhte auf der Erkenntnis zunehmender Integrationstendenzen in der Entwicklung der Wissenschaft.

Diese Tendenzen der Integration zeigten sich unter anderem in der weiteren Mathematisierung der Natur- und technischen Wissenschaften und in der verstärkten Ausbildung von Grenzwissenschaften. Sie wurden darin sichtbar, daß die mit Relativitätstheorie und Quantenmechanik verbundene weitere Revolutionierung der Naturwissenschaften über die Physik zunehmend hinausdrang: Die Revolutionierung der naturwissenschaftlichen Erkenntnis, die seit der Mitte der zwanziger Jahre in eine neue Etappe ihrer Entwicklung eintrat, war immer stärker mit Integrationsprozessen in den Wissenschaften verbunden. Dabei erfuhr die Einheit von Integration und Differenzierung eine Weiterentwicklung, indem die revolutionierenden Erkenntnisprozesse mit der Differenzierung, mit der Herausbildung neuer Probleme und Bereiche der Wissenschaft verbunden waren. Mit all dem verflocht sich die von Lenin gekennzeichnete Tendenz zur Integration der Physik, aber auch der Chemie, Astrophysik, Geowissenschaften oder Biologie auf der einen und der dialektisch-materialistischen Philosophie auf der anderen Seite.

Zunehmend trat die methodologische und heuristische Bedeutung der materialistischen Dialektik für die Entwicklung der Wissenschaften hervor, wobei sich der dialektische Materialismus gegen verstärkt auftretende idealistisch-agnostizistische Einflüsse nicht spontan durchsetzen konnte.

Die integrativen Tendenzen verstärkten sich auch in anderen Bereichen der wissenschaftlichen Forschung. Zunehmende Tendenzen der Gesamtentwicklung gaben die objektive Grundlage für die Forderung nach der Einheit der Wissenschaften ab. Dies war wiederum eine Forderung, die wesentlich philosophischen Charakter trug. Sie war in den Überlegungen, die zum Wesen und zur Theorie der Wissenschaft geführt wurden, auch damals von verschiedenen philosophischen Auffassungen und von unterschiedlichen Klassenstandpunkten geprägt.[19] Gelehrte wie Planck oder Einstein überwanden hier jedoch hemmende Einflüsse.

b) Zur Entwicklung in Naturwissenschaften und Mathematik

Die Weiterentwicklung der Mathematik hat sich in der Wissenschaftsgeschichte der Berliner Akademie zwischen 1917 und 1933 in spezifischer Weise ausgewirkt.

Die mathematische Forschung entwickelte sich auch jetzt in ihren fachinhärenten Bedingungen und in ihren Zusammenhängen vor allem zur Physik und Technik.[20] Den inhärenten Entwicklungstendenzen kam wachsende Bedeutung zu. Zugleich vollzog sich der Fortschritt in der physikalischen Theorie — allgemeine Relativitätstheorie, Quantenmechanik und relativistische Quantentheorie — in Verbindung zu mathematischen Kalkülen, was die Bearbeitung entsprechender Probleme und Zweige der Mathematik wiederum stimulierte.

Auch jetzt wuchs die Bedeutung der von Georg Cantor geschaffenen Mengenlehre, obwohl ihre Antinomien um die Jahrhundertwende zutage getreten waren und ihre Axiomatisierung — die vor allem von Abraham (Adolf) Fraenkel und John von Neumann (1929) weitergeführt wurde — schwierig war. David Hilbert, der seinerzeit den Beweis der Unabhängigkeit und der Widerspruchsfreiheit[21] für die Axiomatik forderte und entscheidend zum Begriff der mathematischen

---

[19] Vgl. die zuvor genannte Arbeit F. Fiedlers, in der die marxistisch-leninistische Auffassung von der Einheit der Wissenschaft in Auseinandersetzung mit bürgerlichen Auffassungen zusammenfassend entwickelt wird. Dabei wird vor allem die positivistische Lehre von der „Einheitswissenschaft" — die Ende der zwanziger Jahre durch O. Neurath geschaffen und später unter dem Einfluß besonders R. Carnaps in physikalischer Richtung weiterentwickelt wurde — kritisch analysiert.

[20] Vgl. R. Rompe und H.-J. Treder, Thesen zum gegenwärtigen Verhältnis zwischen Mathematik und Physik. In: Monatsberichte der DAW zu Berlin. Mitteilungen aus Mathematik, Naturwissenschaft, Medizin und Technik, H. 2, Bd. 8/1966, S. 93ff; K. Fuchs, Zur Bedeutung der theoretischen Physik für die Naturwissenschaften. In: Spektrum, H. 11/1974, S. 12f; J. Auth, Theoretische Physik und Mathematik. In: Spektrum, H. 12/1974, S. 2. Vgl. ferner L. Infeld (u. a.), Die Bedeutung der modernen Physik für die Entwicklung der Mathematik, sowie S. Turski (u. a.), Die mathematischen Methoden der modernen Technik. In: H. Grell (Hrsg.), Die Hauptreferate des 8. Polnischen Mathematikerkongresses vom 6.—12. September 1953 in Warschau, Berlin 1954, S. 95ff., S. 111ff.

[21] Vgl. zur Erörterung dieser Frage etwa D. Hilbert/P. Bernays, Grundlagen der Mathematik, 2. Aufl. (West-)Berlin/Heidelberg/New York 1968, S. 1 ff.

Strenge beitrug, bemühte sich seit der Jahrhundertwende um die Axiomatisierung der Geometrie. Als tiefgründiger Mathematiker, in dessen Schaffen sich „Vereinheitlichung, Vereinfachung und ein Herausarbeiten der Grundprobleme“ (Heinrich Grell) mit synthetischem Spürsinn verbanden[22], stand er in den zwanziger Jahren auf der Höhe seines Ansehens. Auch jetzt erwies sich die Fruchtbarkeit der von ihm auf dem 2. Internationalen Mathematikerkongreß 1900 in Paris vorgetragenen mathematischen Probleme.[23] Nachdem er in früheren Schaffensperioden die Invariantentheorie, die Theorie der algebraischen Zahlkörper, die Grundlagen der Geometrie und die hier implizierte axiomatische Methode sowie die Integralgleichungen bearbeitet hatte, befaßte er sich gemeinsam mit Hermann Minkowski mit den mathematischen Grundlagen der Physik und der Relativitätstheorie. Zwischen 1922 und 1930 wandte er sich schließlich „ganz den logischen Anliegen der Mathematik und der Beweistheorie“ zu.[24] 1928 entwickelte er seinen Plan zum Nachweis der allgemeinen Widerspruchsfreiheit der Mathematik als Bedingung für die Axiomatisierung.[25] Hier erwies sich die Grenze des Hilbertschen Formalismus: 1931 zeigte Kurt Gödel, daß sich Hilberts programmatische Forderung in der ursprünglich angestrebten Form nicht verwirklichen läßt.[26]

Trotz dieser Einengung bahnte sich ein Aufschwung in der mathematischen Logik an, zu dem unter anderem die polnischen Logiker Jan Lukasiewicz und M. Wajsberg beitrugen. Große Bedeutung hatte die Weiterentwicklung der von Luitzen Egbertus Jan Brouwer aufgebauten intuitionistischen Logik vor allem durch den sowjetischen Mathematiker A. N. Kolmogorov (1925) und durch Kurt Gödel (1932/33). Neben ihnen hat Arend Heyting, gestützt auf Gedanken des sowjetischen Wissenschaftlers V. I. Glivenko, 1931 eine Abhandlung über „Die formalen Regeln der intuitionistischen Logik“ in der Berliner Akademie veröffentlicht.[27]

---

[22] Vgl. H. Grell, David Hilbert. Gesamtpersönlichkeit und algebraisch-zahlentheoretisches Werk. Vortrag auf der Jahreshauptversammlung der mathematischen Gesellschaft der DDR zu Rostock am 14. 2. 1968. In: Mitteilungen der Mathematischen Gesellschaft der DDR 2/1968. Die Erarbeitung mathematischer Aussagen wurde durch die wertvollen Hinweise ermöglicht, die Akademiemitglied Prof. Dr. H. Grell (†) in Beratungen mit dem Autor sowie schriftlich gab. Der plötzliche Tod von Prof. Dr. Grell unterbrach eine fruchtbare Zusammenarbeit und unabdingbar gewordene fachspezifische Unterstützung.

[23] Vgl.: Die Hilbertschen Probleme. Vortrag „Mathematische Probleme“ von D. Hilbert, gehalten auf dem 2. Internationalen Mathematikerkongreß Paris 1900. Erläutert von einem Autorenkollektiv unter der Redaktion von P. S. Alexandrov, Leipzig 1971.

[24] Vgl. ebda., S. 13 (Vorwort zur deutschen Ausgabe von H. Bernhardt und H. Wussing).

[25] Vgl. dazu: D. Hilbert, Probleme der Grundlegung der Mathematik. In: K. Reidemeister (Hrsg.), Hilbert. Gedenkband, (West-)Berlin/Heidelberg/New York 1971, S. 9ff.

[26] Vgl. K. Gödel, Einige metamathematische Resultate über Entscheidungsdefiniertheit und Widerspruchsfreiheit. In: Anzeiger der Akademie der Wissenschaften in Wien, Math.-naturw. Kl., 67/1930, S. 214ff. (Wiedergabe in: K. Berka/L. Kreiser, Logik-Texte. Kommentierte Auswahl zur Geschichte der modernen Logik, Berlin 1971, S. 320ff.); ders., Über formal unentscheidbare Sätze der Principia Mathematica und verwandter Systeme. In: Monatshefte für Mathematik und Physik 38/1931, S. 173ff, (Nachdruck des ersten, hier entscheidenden Abschnitts in K. Berka/L. Kreiser, Logik-Texte, a. a. O., S. 321ff.).

Im Bemühen um die Bewältigung der sogenannten mathematischen Grundlagenkrise hatten sich drei Richtungen herausgebildet, von denen der Formalismus des Hilbertkreises (u. a. Paul Bernays, John von Neumann, zeitweise auch Kurt Gödel) der fruchtbarste war. Der an Gottlob Frege anknüpfende Logizismus (Bertrand Russell, Alfred North Whitehead, später Rudolf Carnap) suchte die Mathematik auf eine erweiterte und symbolisierte Logik zu stützen; er bereicherte die mathematische Logik, die er jedoch positivistisch verabsolutierte. Dem Hilbertkreis und dem Logizismus trat der von Luitzen Egbertus Jan Brouwer begründete Intuitionismus entgegen, der eine „konstruktive" Mathematik unter Verzicht auf bestimmte logische Postulate zu begründen suchte; der wertvollste Zweig des Intuitionismus, den Brouwer zunächst idealistisch mystifiziert hatte, wurde die intuitionistische Logik.[28]

Zwischen 1918/19 und etwa 1930 bildete sich die moderne Topologie und Algebra heraus. Dies vollzog sich — über die Entwicklung sozusagen der Kontinuumsmathematik in ihrer Grunddisziplin Topologie und der Diskontinuumsmathematik in ihrer Grunddisziplin Algebra — zeitlich und methodologisch parallel, da sich beide der über ein Jahrzehnt früher durch Hilbert entwickelten axiomatischen Methode bedienten. Hier hatten die Arbeiten von Ernst Steinitz für die Algebra (1910) und von Felix Hausdorff (1914) für die Topologie entscheidende Schritte bedeutet[29], denen andere Untersuchungen — für die Topologie besonders von L. E. J. Brouwer und H. Weyl — vorausgegangen waren.[30] Für die Weiterentwicklung der modernen Algebra und für die Durchdringung der algebraischen Topologie hatten die Arbeiten der fortschrittlichen Mathema-

---

[27] Vgl. hierzu etwa: G. Asser, Einführung in die mathematische Logik I (Aussagenkalkül), Leipzig 1959, S. 136, Fußnote 1. Vgl. A. Heyting, Die formalen Regeln der intuitionistischen Logik. In: Sb., Jg. 1930, S. 42ff., 57ff.; 158ff. (Gekürzt in K. Berka/L. Kreiser, a. a. O., S. 173ff.); J. Ch. Šmain in: Issledowanije logitscheskich sistem, Moskau 1970 (Rez. von H. Wessel in DLZ 3/72, Sp. 208ff.). Die sowjetischen Mathematiker und Logiker kritisierten im übrigen den gnoseologischen Idealismus der Intuitionisten und vieler Formalisten. Vgl. dazu D. J. Struik, Abriß der Geschichte der Mathematik. 5. erweit. Aufl. Mit einem Anhang über die Mathematik des 20. Jahrhunderts von I. Pogrebysski(†), Berlin 1972, S. 234 (im folg. zit. Struik/Pogrebysski).

[28] Vgl. u. a.: Geschichte der Philosophie, Bd. VI, a.a.O., S. 738ff. Siehe auch: D. J. Struik/I. Pogrebysski, a.a.O., S. 232ff.

[29] Vgl. E. Steinitz, Algebraische Theorie der Körper, erstmalig erschienen in Journal f. d. reine und angewandte Mathematik, Bd. 137, Berlin 1910, S. 167—282; unveränderter Nachdruck als Buchausgabe mit Erläuterungen und Anhang von R. Baer und H. Hasse, Berlin 1930; F. Hausdorff, Grundzüge der Mengenlehre, erschienen in erster, gegenüber späteren umfassenderer Auflage, Leipzig 1914 (hierin insbesondere Kap. VII und VIII).

[30] Vgl. H. Weyl, Die Idee der Riemannschen Fläche, Leipzig 1913; 3. Auflage Stuttgart 1955 (mit dem Vorwort von H. Weyl). Für die Algebra vgl. etwa die fast unmittelbar vor dem Beginn ihrer Axiomatisierung, zwischen 1896 und 1906, in den Sitzungsberichten der Berliner Akademie der Wiss. veröffentlichten Arbeiten von G. Frobenius und I. Schur über Darstellungstheorie (endlicher) Gruppen und die zwischen 1897 und 1911 veröffentlichten, in den beiden Auflagen seiner „Theory of Groups of Final Order" (1. Aufl. Cambridge 1897, 2. Auflage ebenda 1911) gipfelnden Arbeiten des englischen Mathematikers W. Burnside.

tikerin Emmy Noether in Göttingen größte Bedeutung.[31] Sie hat, von Anfang an in ihrer Tätigkeit benachteiligt, bis zu ihrer Emigration 1933 mit ihren Schülern Grundprobleme der Eliminations- und der Idealtheorie, der kommutativen und nichtkommutativen Algebra bearbeitet und die untersuchten Strukturen auf der Grundlage bestimmender Axiome behandelt. Die Entwicklung der Algebra wurde in Deutschland durch Arbeiten Emil Artins, Wolfgang Krulls, Hermann Weyls und Issai Schurs vorangetrieben. Die Topologie, deren Bedeutung bereits Bernhard Riemann — nach Vorarbeiten von Gottfried Wilhelm Leibniz und Leonhard Euler — erkannte, hatten Felix Klein, Georg Cantor und vor allem Henri Poincaré entwickelt.[32] In der Theorie der endlichen Gruppen gab es um 1910 — nach den Untersuchungen von Ludwig Sylow, Otto Hölder, Georg Frobenius, Issai Schur und William Burnside — einen Stillstand, während H. Weyl, F. Hausdorff und andere durch die streng logische Fassung topologischer Probleme die Voraussetzungen für die Entwicklung der Topologie „zu einem Grundpfeiler der modernen Mathematik" schufen.[33] Hierzu trug vor allem L. E. J. Brouwer bei; die sowjetischen Mathematiker P. S. Aleksandrov und P. S. Uryson, die in Verbindung zu den Göttinger Mathematikern und zu Brouwer standen, trugen hierzu vor allem durch den Ausbau der Dimensionstheorie bei.[34] P. S. Aleksandrovs fundamentale Arbeit „Untersuchungen über Lage und Gestalt abgeschlossener Mengen" ergab neue Aspekte in der Topologie (Lage und Gestalt).[35] So wurde die mengentheoretische und algebraische Topologie durch deutsche und sowjetische Forscher gefördert, deren Zusammenarbeit sich bereits hier, äußerlich sichtbar jedoch erst später auswirkte. Der sowjetische Mathematiker A. O. Gel'fond löste — 1929 am Spezialfall, 1934 allgemein — das 7. Hilbertsche Problem über die Transzendenz einer großen Klasse von Zahlen, wobei er an Gedanken einer Berliner Akademieabhandlung Carl Ludwig Siegels von 1929 anknüpfte.[36] Weitere Behandlung erfuhren manche der von Hilbert 1900 unterstrichenen arithmetischen und algebraischen Probleme. Neben den erwähnten Untersuchungen Gel'fonds über die Transzen-

---

31 Vgl. Struik/Pogrebysski, a. a. O., S. 227f.; H. Weyl, Emmy Noether, Scripta mathematica 3 (1935), S. 201—220 (= H. Weyl, Gesammelte Abhandlungen Bd. III, S. 425—444 (West-Berlin/Heidelberg/New York); Auguste Dick, Emmy Noether (= Beihefte zur Zeitschrift „Elemente der Mathematik", Nr. 13), Basel 1970 (72 S.).

32 C. Carathéodory/W. v. Dyck, Mathematik. In: Aus fünfzig Jahren deutscher Wissenschaft. Die Entwicklung ihrer Fachgebiete in Einzeldarstellungen. Hrsg. v. G. Abb (Festschrift für Friedrich Schmidt-Ott) Berlin/Freiburg/München/Leipzig 1930, S. 278f.

33 Ebda., S. 279.

34 Vgl. Struik/Pogrebysski, a. a. O., S. 224ff.; P. S. Aleksandrov, Die Topologie in und um Holland in den Jahren 1920—1930 (Vortrag zur Einweihung des Mathematischen Instituts der Universität Utrecht, 11. Mai 1968). In: Nieuw Archief voor Wiskunde (3), XVII/1969, S. 109—127.

35 Annals of Math. (2) Bd. 30/1928, S. 101ff.

36 Vgl. P. S. Aleksandrov (Hrsg.), Die Hilbertschen Probleme, a. a. O., S. 49f.; A. O. Gel'fond, Zum siebenten Hilbertschen Problem. In: Ebda., S. 152f., wo auch die entsprechenden Originalarbeiten Gel'fonds angeführt sind.

denz gewisser Zahl klassen sind damit verwandte, teilweise grundlegende Resultate von Kurt Mahler, Wilhelm Maier, Theodor Schneider und C. L. Siegel hervorzuheben.[37]

Zwischen 1920 und 1922 hatte der Japaner Teiji Takagi die Theorie der relativabelschen Zahlkörper vorläufig zum Abschluß gebracht.[38] Die Forschungen zur algebraischen Zahlkörpertheorie, die nach Takagi vor allem von E. Artin (Reziprozitätsgesetz 1927) und Helmut Hasse vorangetrieben wurden, stellten fruchtbare Beiträge zur Lösung weiterer von Hilbert 1900 gezeigter Probleme dar.[39]

An der intensiven Bearbeitung der Funktionentheorie, die seit den zwanziger Jahren erfolgte, hatten französische Forscher wie Emile Borel, Arnaud Denjoy, Pierre Fatou, Gaston Maurice Julia, Paul Montel, Georges Valiron führenden Anteil. Wesentliche Einflüsse vor allem auf die Theorie der reellen Funktionen übte die Moskauer funktionentheoretische Schule aus, die sich unter der wissenschaftlichen Leitung N. N. Lusins formierte; zu seinen Freunden I. I. Privalov und W. W. Stepanow und seinen ersten Schülern P. S. Aleksandrov, P. S. Uryson und A. J. Chintčin traten N. K. Bari, M. A. Lavrent'ev, A. N. Kolmogorov, L. A. Ljusternik, P. S. Novikov, L. W. Keldyš, L. S. Pontrjagin und andere. sowjetischen Mathematiker. Mengentheorie, Topologie und Theorie der reellen Funktionen wurden nach der Oktoberrevolution zur Ausgangsbasis für den Weg der sowjetischen Mathematik zur Weltgeltung.[40] Die Moskauer Schule, der polnische Kreis um Waclaw Sierpiński sowie die finnischen Mathematiker Frithiof und Rolf Nevanlinna und Lars Ahlfors legten später grundlegende funktionentheoretische Beiträge vor, wobei sie auch an andere Forscher wie Harald Bohr den bedeutenden Mathematiker und Bruder der führenden Physiker anknüpf-

---

[37] Vgl. z. B. R. O. Kuz'min in Isw. An SSSR ser. matem. 3 (1930), Sp. 585ff., dazu A. O. Gel'fond, Zum siebenten Hilbertschen Problem. In: P. S. Aleksandrov (Hrsg.). Die Hilbertschen Probleme, a. a. O., S. 152f. Zu den Ergebnissen der Forschung bis 1930: H. Hasse, Bericht über neuere Untersuchungen und Probleme aus der Theorie der algebraischen Zahlkörper, T. I/II, Leipzig/Berlin 1930; Ju. J. Manin, Zum zwölften Hilbertschen Problem. In: P. S. Aleksandrov (Hrsg.), a. a. O., S. 203f.

[38] Vgl. Struik/Pogrebysski, S. 220; 226.

[39] Vgl. T. Takagi, Über eine Theorie des relativ-abelschen Zahlkörpers. In: Journ. of the Coll. of Science of Tokyo 41/1920; ders., On the law reciprocity in the cyclotomic corpus. In: Proc. of the Phys.-math. soc. of Japan 1922; ders., Über das Reziprozitätsgesetz in einem beliebigen algebraischen Zahlkörper. In: Journ. of the Coll. of Science of Tokyo 44/1922. Dazu: M. J. Herbrand, Le développement moderne de la théorie des corps algébraïques (= Mémorial des Sciences mathématiques, Bd. 75), Paris 1936, Kap. II, 4, S. 33ff.; D. K. Fadde'ev, Zum neunten Hilbertschen Problem. In: Die Hilbertschen Probleme, a. a. O., S. 164ff.; vgl. auch H. Hasse, Bericht über neuere Untersuchungen und Probleme aus der Theorie der algebraischen Zahlkörper, Teil I: Klassenkörpertheorie. In: Jahresbericht der Deutschen Mathematiker-Vereinigung XXXV/1926 (hier vor allem S. 10).

[40] Vgl. D. K. Faddeje'ev, Zum neunten Hilbertschen Problem. In: P. S. Aleksandrov, Die Hilbertschen Probleme, a. a. O., S. 172. Ebenda auch die Hinweise auf die entsprechenden Arbeiten Takagis und Hasses zur Zahlkörpertheorie und auf die Mitteilungen E. Artins über den „Beweis des allgemeinen Reziprozitätsgesetzes".

ten.[41] In der Funktionentheorie stellte der Internationale Mathematikerkongreß 1932 in Zürich mit den Vorträgen von Rudolf Fueter, Constantin Carathéodory, Gaston Maurice Julia, Harald Bohr, Rolf Nevanlinna, Friedrich Riesz und Georges Valiron einen vorläufig letzten Höhepunkt dar.[42]

Als neuer Zweig der Mathematik entwickelte sich aus dem „Zusammentreffen von Ideen und Methoden der Algebra, Geometrie, Topologie und Analysis" die Funktionalanalysis.[43] In ihr sind die Variationsrechnung als ältester, im 17. Jahrhundert entstandener Bestandteil, die um die Jahrhundertwende entwickelte Theorie der Integralgleichungen und die seit Mitte des 19. Jahrhunderts bekannter gewordene Operatorenrechnung enthalten. Für die Entwicklung der Funktionalanalysis wurde Maurice Fréchets Verkündung der „allgemeinen Analysis" programmatisch, die Vereinigung topologischer, algebraischer und analytischer Strukturen kündigte sich in den Arbeiten des ungarischen Mathematikers Friedrich Riesz (1918) an. Wesentliche Fortschritte erzielten hier fortan die polnische Schule um Stefan Banach und die sowjetische Mathematik. Die Funktionalanalysis stellte mathematische Kalküle für die Quantenmechanik und die Feldtheorie bereit; dabei wurde der Hilbertraum nach den Arbeiten Max Borns und John von Neumanns bedeutsam.

An der Entwicklung einer neuen Etappe der Variationsrechnung, in der qualitative topologische Methoden zur Untersuchung von Variationsproblemen angewandt wurden, hatten die sowjetischen Mathematiker Lazar Ljusternik und L. G. Šnirelman (1927) sowie der Amerikaner Marston Morse wesentlichen Anteil.[44]

Durch die Entwicklung der Mengentheorie und der Theorie der reellen Funktionen konnte die Wahrscheinlichkeitsrechnung als begrifflich exakte Disziplin bearbeitet werden. Zu diesem Gebiet, das in der Wissenschaft und in der Folge in der Praxis wachsende Bedeutung gewann, legten S. Bernštein in der Sowjetunion und Richard von Mises in Deutschland weiterführende Ansätze vor. Bernštejn schlug bereits 1917 eine wahrscheinlichkeitstheoretische Axiomatik vor, die auf dem qualitativen Vergleich zufälliger Ereignisse nach ihrer größeren oder kleineren Wahrscheinlichkeit beruhte. Ab 1918 veröffentlichte R. v. Mises Arbeiten zu seiner Konzeption, in der der Wahrscheinlichkeitsbegriff als Grenzwert relativer Häu-

---

[41] Vgl. Ebda., S. 224ff.

[42] Vgl. Verhandlungen des Internationalen Mathematiker-Kongresses Zürich 1932, I. Band, Bericht und allgemeine Vorträge, Zürich und Leipzig o. J. Dieser Band enthält die Vorträge der genannten Autoren: R. Fueter, Idealtheorie und Funktionentheorie (S. 83—92); C. Carathéodory, Über die analytischen Abbildungen von mehrdimensionalen Räumen (S. 93—101); G. Julia, Essai sur le développement de la théorie des fonctions de variables complexes (S. 102—127); H. Bohr, Fastperiodische Funktionen einer komplexen Veränderlichen (S. 195—208); R. Nevanlinna, Über die Riemannsche Fläche einer analytischen Funktion (S. 221—239); F. Riesz, Sur l'existence de la dérivée des fonctions d'une variable réelle et des fonctions d'intervalle (S. 258—269); G. Valiron, Le théorème de Borel-Julia dans la théorie des fonctions méromorphes (S. 270—279).

[43] Vgl. Struik/Pogrebysski, a. a. O., S. 228.

[44] Vgl. L. E. Els'golc, Zum dreiundzwanzigsten Hilbertschen Problem, In: P. S. Aleksandrov (Hrsg.), a. a. O., S. 292f.

figkeiten gedeutet wurde.[45] Sein Begründungsversuch der Wahrscheinlichkeitslehre kam vor allem über gewisse inhärente Widersprüche des Kollektivbegriffes nicht hinweg. Er wurde erst 1971 — nach weiteren Grundlagenforschungen vor allem zur Theorie der rekursiven Funktionen — fruchtbar fortgeführt, wobei alle nach bisheriger Erfahrung zu stellenden Forderungen an einen Wahrscheinlichkeitsbegriff erfüllt wurden.[46] 1933 veröffentlichte A. N. Kolmogorov seine fundamentale, bis heute bedeutsame Arbeit „Grundbegriffe der Wahrscheinlichkeitstheorie".[47] Auf die Anwendung von Methoden der Wahrscheinlichkeitsrechnung und der Statistik in der Industrie zielte z. B. ein Vorschlag von Daves zur Untersuchung von Häufigkeitsverteilungen von Kennziffern und Eigenschaften technischer Prozesse aus dem Jahre 1922; im folgenden Jahre veröffentlichten Dodge und Romig erste Pläne zur statistischen Qualitätskontrolle, nach denen über Stichproben die industrielle Massenfertigung überprüft werden sollte.[48] Hatten an der Wahrscheinlichkeitsrechnung auch französische Mathematiker gearbeitet, so lag das Schwergewicht in den USA und England vor allem bei der Statistik.[49] In den Jahren 1926 bis 1928 hat John von Neumann Untersuchungen durchgeführt, die für die spätere Entwicklung der Spieltheorie grundlegend wurden.[50]

Disziplinäre und interdisziplinäre Verflechtungen, Kontinuität und Diskontinuität wurden in der Entwicklung der Gruppentheorie besonders sichtbar. Nachdem Richard Dedekind schon 1871 und 1879 grundlegende Resultate für spezielle unendliche Gruppen vorgelegt hatte, verzögerte sich die Entwicklung zwischen 1910 und 1920. Neue Anstrengungen unternahm O. J. Šmidt in der Sowjetunion, der auch als Astronom und Geophysiker tätig war und als Polarforscher bekannt wurde. Emmy Noether trug 1924/25 allgemeinere, unendliche Gruppen mitumfassende Gesichtspunkte vor und beeinflußte damit auch die gruppentheoretische Begründung der Homologietheorie durch Heinz Hopf[51], die wiederum eine wesentliche Grundlage der modernen Topologie wurde. Die Theorie der mit einer Topologie ausgestatteten algebraischen Strukturen, insbesondere die Struktur topologischer Gruppen, wurde auch durch Arbeiten Kolmo-

---

45 Vgl. S. N. Bernštejn, Opyt aksiomatičeskogo obonovanija teorii verojatnostej. Soobščenija Char'kovskogo matematičeskogo obščestva 15 (1917), S. 209—274; R. v. Mises, Grundlagen der Wahrscheinlichkeitsrechnung. In: Math. Zs. 5 (1919) S. 52—99; B. V. Gnedenko, Zum sechsten Hilbertschen Problem. In: P. S. Aleksandrov (Hrsg.), Die Hilbertschen Probleme, a. a. O., S. 147, Struik/Pogrebysski, a. a. O., S. 232.

46 Vgl. C. P. Schnorr, Zufälligkeit und Wahrscheinlichkeit. Lecture Notes in Mathematics, Nr. 218, (West-)Berlin/Heidelberg/New York 1971.

47 Vgl. A. N. Kolmogorov, Grundbegriffe der Wahrscheinlichkeitsrechnung (= Ergebnisse der Mathematik und ihrer Grenzgebiete, Bd. II, Nr. 3), Berlin 1933.

48 Vgl. R. Manteuffel, Über einige Entwicklungstendenzen in der Mathematik. TH Otto von Guericke Magdeburg, Hochschulreden, H. 4, Magdeburg 1964, S. 5.

49 Vgl. Struik/Pogrebysski, a. a. O., S. 232.

50 Vgl. G. Klaus, Spieltheorie in philosophischer Sicht, Berlin 1968, S. 75ff. (Kap. 2,2).

51 Vgl. H. Hopf, Eine Verallgemeinerung der Euler-Poincaré'schen Formel. In: Nachr. Ges. Wiss. Gött. 1928, S. 127.

gorovs, Pontrjagins und anderer immer mehr zum selbständigen Forschungsgegenstand.[52]

In der Gruppentheorie und Geometrie zeigte sich die Verbindung zur theoretischen Physik besonders deutlich. So „legten die neueren Arbeiten von Heisenberg, Pauli, Dirac, J. v. Neumann, Wigner und anderen immer mehr zu Tage, daß die mathematische Erfassung der Quantenmechanik recht eigentlich eine gruppentheoretische Angelegenheit ist", hieß es in einer Rezension zu Hermann Weyls Werk „Gruppentheorie und Quantenmechanik".[53] Weyl, der 1925/26 seine „Darstellungen kontinuierlicher Gruppen" veröffentlichte, leistete mit seinem Werk von 1928 einen grundlegenden Beitrag zur Bedeutung algebraischer und topologischer Strukturen für die Physik. Über die Gruppentheorie[54] wurden auch Symmetrieprobleme mathematisch erfaßt: „Die Anwendung der Gruppentheorie auf das Studium eines physikalischen Systems besteht in der Auswertung der Symmetrieeigenschaften dieses Systems auf diesem oder jenem Wege."[55] 1930 hatte Eugen Wigner eine Untersuchung „Über die elastischen Eigenschwingungen symmetrischer Systeme" vorgelegt, mit der gruppentheoretische Arbeiten in ähnlicher Richtung angeregt wurden.[56] In den Jahren zuvor hatte sich auch Richard Courant für die mathematische Durchdringung der theoretischen Physik eingesetzt; er hatte 1924 mit Bezug auf David Hilbert die „Methoden der mathematischen Physik" (1. Bd.; Bd. 2 erschien 1937) veröffentlicht. An der mathematischen Erfassung der Quantentheorie hat der sowjetische Theoretiker V. A. Fok später aktiv mitgewirkt.[57]

Auf der anderen Seite waren führende Mathematiker, unter ihnen auch Hilbert, an der mathematischen Diskussion der allgemeinen Relativitätstheorie beteiligt. A. A. Fridmans große Leistung wird später behandelt. Wesentlich wurde auch Hermann Weyls Werk „Raum, Zeit und Materie" (1. Aufl. 1918, 5., definitiv gebliebene Aufl. 1923), das durch die Monographie „Mathematische Grundlagen des Raumproblems" ergänzt wurde. Weyls grundlegende Diskussionen mit Einstein gehören zur Akademiegeschichte der Zeit.

---

[52] Vgl. A. N. Kolmogorov, Zur topologisch-gruppentheoretischen Begründung der Geometrie. Gött. Nachr. 2/1930, S. 208 ff.; L. Pontrjagin, Über stetige algebraische Körper. Ann. Math. 33/1932, S. 163ff. dazu E. G. Skljarenko, Zum fünften Hilbertschen Problem. In: P. S. Aleksandrov (Hrsg.). a. a. O., S. 128. Die Hauptarbeiten von Pontrjagin/van Kampen zur Theorie der kommutativen topologischen Gruppen wurden erst 1934—1936 veröffentlicht.

[53] Rez. von A. Hammerstein zu H. Weyl, Gruppentheorie und Quantenmechanik, Leipzig 1928. Rez. In: Archiv für Geschichte der Mathematik, Naturwissenschaften und Technik, 12. Bd. NF III/1929, S. 444.

[54] Vgl. die Definition, Problemeinführung und die Wiedergabe von Originaltexten zur Gruppentheorie in: A. P. Cracknell, Angewandte Gruppentheorie, Einführung und Originaltexte. WTB, Bd. 84, Berlin/Oxford/Braunschweig 1971.

[55] Vgl. ebda., S. 13.

[56] Vgl. ebda., S. 233ff.; H. Weyl, Symmetrie, Basel/Stuttgart 1955.

[57] „Die Einführung des ‚Fock-Raumes' und der ‚Fock-Darstellung' ermöglichten um 1930 erstmalig eine mathematisch-konsistente Behandlung der sogenannten 2. Quantelung", hieß es in der Laudatio zur Verleihung der Helmholtz-Medaille der Akademie der Wissenschaften der DDR am Leibniztag 1972 an V. A. Fok. Zit. nach Spektrum, H. 7/8 1971, S. 11.

Die geometrische Forschung knüpfte weiterhin an die Entdeckung der Vielzahl möglicher Geometrien im 19. Jahrhundert an. Albert Einstein hatte beim Aufbau seiner relativistischen Gravitationstheorie eine Riemannsche Differentialgeometrie in die theoretische Physik eingeführt.[58] Der von ihm verwendete Tensorkalkül war aus dem absoluten Differentialkalkül Gregorio Ricci-Curbastros und Tullio Lévi-Civitàs hervorgegangen. Er wurde durch Einsteins Arbeit bekannt und führte zum intensiven Studium Riemannscher Mannigfaltigkeiten.

Die Berliner Akademie war an der Entwicklung der Mathematik nicht mehr in dem Maße beteiligt wie im 19. Jahrhundert, als Jakob Steiner, Ernst Kummer, Karl Weierstraß, Leopold Kronecker, Lazarus Fuchs und (bis 1917) Georg Frobenius zu ihren Mitgliedern zählten. Die eigentliche Schaffensperiode von Hermann Amandus Schwarz, der an der Entwicklung der modernen Topologie beteiligt war, lag wesentlich im ausgehenden 19. Jahrhundert. Issai Schur wurde in diesen Jahren Ordentliches Mitglied der Akademie; zu den neugewählten Ordentlichen Mitgliedern gehörte Erhard Schmidt. Felix Klein und David Hilbert, durch deren wissenschaftliches und wissenschaftspolitisches Wirken Göttingen zu einem Zentrum der Mathematik geworden war, sind erst relativ spät (1913) zu Korrespondierenden Mitgliedern der Akademie gewählt worden. Es berührt auch die Akademiegeschichte, daß Hilbert 1917 den Ruf an die Berliner Universität erneut ablehnte.[59] Zu Korrespondierenden Mitgliedern der Akademie wurden Eduard Study, Adolf Kneser, Edmund Landau, Paul Koebe, Wilhelm Wirtinger, Godfrey Harald Hardy, Tullio Lévi-Cività, Ernst Lindelöf, L. E. J. Brouwer und Philipp Furtwängler neu gewählt.

Die Berliner Akademie blieb durch hervorragende Mitglieder in den stürmischen Aufschwung der Naturwissenschaften einbezogen. Dies galt in besonderem Maße für die physikalische Forschung, die das Zentrum revolutionierender Erkenntnisse blieb.[60]

Relativitäts- und Quantentheorie, die sich dann in bestimmten Fragen verbanden, gestalteten das naturwissenschaftliche Weltbild im mikro- und makrokosmischen Bereich zunehmend um und wirkten integrierend, indem sie Nachbarwissenschaften immer mehr durchdrangen und in ihren philosophischen Zusammenhängen dialektisch-materialistisches Denken verlangten.

Einsteins spezielle Relativitätstheorie gehörte zum gesicherten Erkenntnisbestand. Die Ergebnisse der beiden britischen, von Frank Dyson, Arthur Eddington und M.-L. Davidson geleiteten Sonnenfinsternisexpeditionen der Royal So-

---

58 Vgl. Struik/Pogrebysski, a. a. O., S. 229.

59 Vgl. H. Grell, David Hilbert: Gesamtpersönlichkeit und algebraisch-zahlentheoretisches Werk, a. a. O., S. 5.

60 Die Erarbeitung physikalischer, astrophysikalischer, astronomischer und geophysikalischer Aussagen wurde durch die wertvollen Hinweise ermöglicht, die Akademiemitglied Prof. Dr. H.-J. Treder in Aussprachen mit dem Autor gegeben hat. Herrn Prof. Dr. Treder, darf auch an dieser Stelle für die fachspezifische Unterstützung bei der Erarbeitung gedankt werden. Wertvolle Hinweise gab auch Akademiemitglied Prof. Dr. H. Hörz, dem für die Unterstützung gleichfalls gedankt wird.

ciety (1919) stimmten mit der in der allgemeinen relativistischen Gravitationstheorie Einsteins vorausgesagten Lichtablenkung durch das Gravitationsfeld der Sonne überein.[61] Führende Gelehrte wie Max von Laue, Hermann Weyl, Arthur Eddington und A. A. Fridman behandelten die Zusammenhänge von Raum, Zeit und Gravitation.[62] Einsteins kosmologische Schlußfolgerungen ergaben sich aus seiner Gravitationstheorie; sie führten zu den Spezialfällen des Einsteinschen und des de Sitterschen Weltmodells und zu den relativistischen Weltmodellen des sowjetischen Mathematikers A. A. Fridman als dem ersten, die Expansion des Weltalls voraussagenden Höhepunkt.[63] Dabei wurde die Vorstellung des unbegrenzten, aber doch endlichen Universums entwickelt.[64] Einstein begann damals über die Möglichkeit einer allgemeinen Feldtheorie nachzu-

---

[61] Vgl. den ausführlichen Expeditionsbericht: A determination of the decline of light by the sun's gravitational field from observations made at the total eclipse of May 29, 1919 by Sir F. W. Dyson, F.R.S., Astronomer Royal, Prof. A. S. Eddington, F.R.S., and M.-L. Davidson, Philosophical transactions of the Royal Society of London, Ser. A, Vol. 220, pp. 291—333; dazu u. a. E. Freundlich, Der Bericht der englischen Sonnenfinsternisexpedition über die Ablenkung des Lichts im Gravitationsfeld der Sonne. In: Die Naturwissenschaften, H. 34 v. 20. 8. 1920. Zur weiteren Überprüfung vgl. auch E. Freundlich/ H. v. Klüber/A. Brunn Über die Ablenkung des Lichtes im Schwerefeld der Sonne. 3. Mitteilung der Potsdamer Expedition zur Beobachtung der Sonnenfinsternis am 9. Mai 1929 in Takengon-Nordsumatra. Abhdl. d. Preuß. Ak. d. Wiss., Jg. 1931, Phys.-math. Kl. Nr. 1, Berlin 1931 (auch Einzelausgabe); The Deflection of Light by the gravitational Field of the Sun. George Darwin Lecture delivered by Prof. A. N. Mikhailov on 1959 April 10. Reprinted from the Monthly Notices of the Royal Astronomical Society, Vol. 119, No. 6, pp. 593—608, 1959.

[62] Max v. Laue hatte 1911 einen ersten Band zur speziellen, 1920 einen zweiten Band zur allgemeinen Relativitätstheorie veröffentlicht. Weyls Arbeit „Raum, Zeit und Materie" wurde bereits 1918 publiziert. In England trat A. S. Eddington mit 2 Büchern über die allgemeine Relativitätstheorie hervor. In der Sowjetunion veröffentlichte A. A. Fridman 1923 sein Werk „Die Welt als Raum und Zeit". Auf Veranlassung von Sommerfeld schrieb sein junger Schüler Wolfgang Pauli einen entsprechenden Enzyklopädie-Artikel (Enzyklopädie der mathematischen Wissenschaften). Vgl. zur Wissenschaftsgeschichte auch H.-J. Treder, Allgemeine Relativitäts- und Gravitationstheorie. In: Die Entwicklung der Mathematik in der DDR. Zum 25. Jahrestag der Deutschen Demokratischen Republik im Auftrag der Mathematischen Gesellschaft der DDR herausgegeben vom Vorsitzenden Horst Sachs u. a., Berlin 1974, S. 559ff.

[63] Vgl. zu letzterem A. A. Fridman, Über die Krümmung des Raumes. In: Zeitschrift für Physik, 1922, S. 377. Dazu H.-J. Treder, Relativität und Kosmos, 2. Aufl. Berlin 1970, S. 62f.

[64] Zu den historischen Beziehungen zwischen Astronomie und relativistischer Kosmologie vgl. O. Heckmann, Theorien der Kosmologie, Berlin 1943. Über die wissenschaftsinhärenten Voraussetzungen und die Vorstellung eines unbegrenzten, aber doch endlichen Universums bemerkt H.-J. Treder u. a.: „Mit der Überwindung des mittelalterlichen geozentrischen Weltbildes durch Kopernikus zerbrach auch die im Mittelalter vertretene Auffassung eines räumlich und zeitlich endlichen Universums. Die Entwicklung von Astronomie und Physik führte durch Giordano Bruno, Galileo Galilei und Isaac Newton u. a. zu der Erkenntnis eines räumlich und zeitlich unendlichen Universums. Diese Schlußfolgerung war eine notwendige Konsequenz der von der Himmelsmechanik und der Physik entdeckten Naturgesetze. Die mittelalterliche Vorstellung eines räumlichen Endes erwies sich mit den Gesetzen der Physik als unvereinbar. (Fortsetzung des Zitats S. 20, d. Verf.)

denken.[65] 1917 hatte er das Plancksche Strahlungsgesetz als erste Konsequenz der quantenphysikalischen Dualität von Partikel- und Welle-Bild abgeleitet, den Begriff der Übergangswahrscheinlichkeiten als Äquivalent der klassischen Dipolstärke definiert und zugleich die Existenz der induzierten Lichtemission vorweggenommen[66], die das Prinzip moderner Laser- und Maseroptik darstellt.[67]

Zu Beginn der zwanziger Jahre deutete sich für die Atomstruktur- und Quantenprobleme eine prinzipielle theoretische Weiterentwicklung an: Jene Zeit stellte hierin — worauf Planck 1922 vor der Akademie verwies — eine Übergangsphase dar.[68] 1919 beschritt Ernest Rutherford mit der ersten künstlichen

---

Eine neue mathematische Denkmöglichkeit ergab sich im 19. Jh. durch die Entdeckung der nichteuklidischen Geometrien durch Gauss, Lobatschewski, Riemann u. a. Insbesondere entwickelte Riemann die Geometrie eines in sich geschlossenen dreidimensionalen Raumes, dessen zweidimensionales Analogon die Oberfläche einer Kugel ist ... Diese Riemannsche Kugelraum ist zwar grenzenlos, hat aber einen endlichen Inhalt. Er ist der Prototyp für Räume dieser Art. In der Kosmologie ist also eine behauptete räumliche Endlichkeit der Welt nicht als eine räumliche Begrenztheit des Universums zu verstehen, sondern als eine bestimmte Geometrie des Raumes im „Großen". —" (H.-J. Treder, Relativität und Kosmos, a. a. O., S. 60f.).

65 Born bemerkt rückschauend zu einem Brief Einsteins vom 4. 6. 1919 an ihn: „Es handelt sich hier wohl um die ersten Ansätze zu einer ‚einheitlichen Feldtheorie', die Gravitation und Elektromagnetismus zusammenfassen sollte und die Einstein bis an sein Lebensende beschäftigten". (A. Einstein, H. u. M. Born, Briefwechsel 1916—1955. Kommentiert von Max Born, München 1969, S. 30). Vgl. dazu auch H.-J. Treder, Einstein, das „Quantenrätsel" und die „Anti-Teilchen". Zu Einsteins Wirken an der Berliner Akademie. In: Spektrum, H. 2/1975, S. 28ff.

66 „*Einstein* leitete aus der *Planck*schen Quantentheorie 1905 die Lichtquantentheorie (Photonentheorie des Lichtes) her. Auf Grund dieser Hypothese und auf Grund der von *Planck* geschaffenen „halbklassischen" Quantenstatistik konnte *Einstein* dann 1917 das *Planck*sche Strahlungsgesetz als erste Konsequenz der quantenphysikalischen Dualität von Partikeln- und Wellen-Bild herleiten und dabei aus dem *Planck*schen Gesetz und dem *Bohr*schen Atommodell den Begriff der Übergangs-Wahrscheinlichkeiten als Äquivalent der klassischen Dipolstärken definieren sowie die Existenz der induzierten Lichtemission ableiten. Diese Arbeit bietet bekanntlich die Grundlagen zur Maser- und Laseroptik. —" (H.-J. Treder, Zur Geschichte der Physik an der Berliner Akademie von 1870 bis 1930. Einleitung zu: Physiker über Physiker. Wahlvorschläge zur Aufnahme von Physikern in die Berliner Akademie 1870 bis 1929. Von Hermann von Helmholtz bis Erwin Schrödinger Bearbeitet von Christa Kirsten und Hans-Günther Körber. Mit einer Einleitung von Hans-Jürgen Treder. Studien zur Geschichte der Akademie der Wissenschaften der DDR, Bd. 1. Herausgegeben im Auftrage des Präsidenten der Akademie der Wissenschaften der DDR von Heinrich Scheel, Berlin 1975, S. 22.

67 Vgl. die Originalarbeit A. Einsteins in: Phys. Zs. 18/1917, S. 121; dazu J. Gordon/H. J. Zeiger/C. H. Townes in Phys. Rev. 54/282 (moderner Ansatz zur Laserforschung).

68 Obwohl die Quantenhypothese „... unsere Auffassung von der Natur der physikalischen Gesetzmäßigkeiten auf völlig veränderte Bahnen weist", könne von einer wirklichen Quantentheorie noch nicht gesprochen werden, „sondern wir befinden uns gegenwärtig in einer ungeklärten, mit allen ... Anzeichen einer Übergangsperiode behafteten Situation. Aber soviel wissen wir doch jetzt schon genau, daß alle diese durch die Konflikte verschiedenartiger einander widersprechender Anschauungen geschaffenen peinlichen Unzuträglichkeiten im Grunde nur die Bedeutung von Geburtswehen haben, wie sie der endgültigen Ablösung eines jeden neuen selbständigen Sprößlings aus dem Mutterschoß auch unter sonst normalen Umständen voranzugehen pflegen". (Ansprache Plancks am 29. 6. 1922. Zit. nach: Max Planck in seinen Akademieansprachen, Berlin 1948, S. 45).

Kernreaktion (Elementenumwandlung durch Beschießung eines Stickstoffatoms mit α-Strahlen des Radiums) einen zukunftweisenden Weg, wobei er experimentell nachwies, daß der Atomkern nicht elementar ist.[69] Eine Reihe von Erkenntnissen und experimentellen Ergebnissen ließ sich in die physikalische Theorie nicht einordnen. Auch das Bohr-Sommerfeldsche Atommodell zeigte die Grenzen der klassischen Mechanik und Elektrodynamik. Die Elektronenstoßversuche von James Franck und Gustav Hertz (1913) erwiesen die gequantelte Natur der inneren Energie des Atoms; der Versuch Otto Sterns und Walther Gerlachs (1922) unterstrich die Quantennatur atomarer Prozesse. Artur Holly Comptons Beobachtungen, daß sich die Wellenlinie gestreuter Röntgenstrahlen vergrößert und bei jedem Streuprozeß Elektronen aus dem Atom geschlagen werden, widersprach der klassischen Theorie gleichbleibender Frequenzen bei der Strahlungsstreuung und konnte nur durch die Annahme des diskreten, korpuskularen Charakters der Strahlung erklärt werden — womit sich eine Analogie zur Einsteinschen Photonentheorie des Lichts ergab. Wellen- und Korpuskelvorstellungen standen sich als gesicherte Erkenntnisse gegenüber. Unverkennbar war der Widerspruch zur klassischen Theorie, in die sich das Plancksche Wirkungsquantum, die Bohrsche Theorie und ihre Verfeinerung durch Sommerfeld und seine Schüler nicht einfügten.[70] Widersprüche, die so zwischen klassischer Theorie und neuen Erkenntnissen über die Strahlungsvorgänge atomarer Systems bestanden[71], wurden, wie Plancks Äußerung vor der Akademie zeigt, von führenden Physikern empfunden und drängten zur Lösung mit neuen theoretischen Ansätzen.

Der eine der beiden Wege zur theoretischen Bewältigung der Quantenphänomene wurde von dem französischen Physiker Louis de Broglie beschritten, der 1924 die Einsteinsche Auffassung vom Wellen- und Korpuskelcharakter des

---

[69] Phil. Mag. 37/1919, S. 537; Proc. Roy. Soc., Ser. A 97/1920, S. 374; vgl. dazu u. a. H. Hörz, Materiestruktur. Dialektischer Materialismus und Elementarteilchenphysik, Berlin 1971, S. 99.

[70] Max v. Laue verwies rückschauend auf die Schwäche der so erfolgreichen Theorie Bohrs: „Sie verwendete klassische Mechanik zur Ermittelung der Elektronen bahnen, schied aber danach ohne inneren Zusammenhang mit dieser Berechnung die überwiegende Mehrzahl dieser Bahnen mit Hilfe der Quantenbedingungen als nicht verwirklicht aus." (M. v. Laue, Geschichte der Physik, 2. Aufl. Bonn 1947, S. 140). Trotz der Meisterarbeiten der Sommerfeldschule habe „das Problem der Einführung des Wirkungsquantums in eine widerspruchsfreie Verallgemeinerung der klassischen Physik noch tiefliegende Schwierigkeiten" vermerkt Niels Bohr zur Lage in der Quantentheorie des Atombaues um 1922. (N. Bohr, Die Entstehung der Quantenmechanik. In: Werner Heisenberg und die Physik unserer Zeit, herausgegeben v. F. Bopp, Braunschweig 1961, S. IX).

[71] „Nach den Grundpostulaten derQuantentheorie ist ein atomares System diskreter stationärer Zustände, also diskreter Energiewerte, fähig; die Ausstrahlung und die Absorption von Licht durch ein solches System findet, wenn man nach der Energie des Atoms fragt, plötzlich, stoßartig statt. Andererseits werden die anschaulichen Eigenschaften der emittierten Strahlung durch ein Wellenfeld beschrieben . . ." So kennzeichnete W. Heisenberg in seinem Nobelvortrag 1933 die Situation. (W. Heisenberg, Die Entwicklung der Quantenmechanik. In: Ders., Wandlungen in den Grundlagen der Naturwissenschaften, 9. erw. Aufl., Stuttgart 1959, S. 27f.).

Lichtes unterstrich und sie zum Postulat des korpuskularen und Wellen-Charakters aller Teilchen erweiterte.[72] Einstein begründete hierauf 1924/25 seine Übertragung der von dem indischen Physiker Jagadis Chandra Bose für die Einsteinschen Photonen entwickelten Quantenstatistik auf Teilchen und Ruhemasse (Bose-Einstein-Statistik). Der Erfolg war ein starkes Indiz für die physikalische Bedeutung der de Broglieschen Materie-Wellen.

Größte Bedeutung hatten die Überlegungen Werner Heisenbergs, nach seinem Studium bei Arnold Sommerfeld nunmehr Assistent Max Borns in Göttingen. Heisenberg verzichtete auf die Modellvorstellungen der Bohr-Sommerfeldschen Theorie; er gab für seine theoretischen Ansätze „den Begriff der Elektronenbahn zunächst völlig auf . . ., obwohl er durch die Experimente von Wilson (Nebelkammernachweise, d. Verf.) legitimiert ist."[73] Er lieferte im Juli 1925 in den „Multiplikationsregeln für quadratische Schemata" den Ansatz für die Matrizenmechanik, die dann durch Max Born, Pascual Jordan und ihn selbst entwickelt wurde.[74] Max Born, der den Matrix-Charakter der Heisenbergschen Überlegungen sofort erkannte, trug entscheidend zur mathematischen Erfassung der Quantentheorie bei; er legte 1926/27 auch Arbeiten zum physikalischen Verständnis der von Erwin Schrödinger inzwischen entwickelten Gleichung vor.[75] Damit wurde die statistische Methode der Matrizenmechanik auch auf die Interpreta-

---

[72] Vgl. L. de Broglie, Untersuchungen zur Quantentheorie, Thèses Paris 1924; ders., Annales de Physique, vol. 10/1925, S. 22ff. Wiedergabe in: G. Ludwig, Wellenmechanik. Einführung und Originaltexte. WTB, Bd. 55, Berlin/Oxford/Braunschweig 1969, S. 85ff. Zur damit eingeleiteten, im folgenden behandelten Revolutionierung der Quantentheorie vgl. zusammenfassend auch B. G. Kuznecov, Von Galilei bis Einstein. Entwicklung der physikalischen Ideen, Berlin 1970, S. 312ff.

[73] W. Heisenberg, Die Entwicklung der Quantenmechanik. In: Wandlungen in den Grundlagen der Naturwissenschaft, a. a. O., S. 29.

[74] Vgl. W. Heisenberg, Über quantentheoretische Umdeutung kinematischer und mechanischer Beziehungen. In: Zs. f. Phys. 33/1925, S. 879ff; ders., Der Teil und das Ganze. Gespräche im Umkreis der Atomphysik, München 1969, S. 85ff; M. Born, P. Jordan, Zur Quantenmechanik. In: Zs. f. Physik 34/1925, S. 858ff.; M. Born, Quantenmechanik der Stoßvorgänge. In: Zs. f. Phys. 38/1926, S. 803ff.; M. Born, W. Heisenberg, P. Jordan, ebda, 35/1926, S. 557ff.; P. A. M. Dirac, Proc. Roy. Soc. London 109/1925, S. 642ff. sowie 110/1926, S. 561ff.; zur Genesis zusammenfassend: N. Bohr. Die Entstehung der Quantenmechanik. In: F. Bopp (Hrsg.), Werner Heisenberg und die Physik unserer Zeit, Braunschweig 1961, S. IXff.: F. Hund, Geschichte der Quantentheorie, Mannheim, 1967; B. L. v. d. Waerden, Sources of Quantum Mechanics, Amsterdam 1967; B. G. Kuznecov, a. a. O., S. 324ff.

[75] Born bemerkte zu seinem Anteil an der quantentheoretischen Entwicklung später: „Ich selbst habe keine besondere Vorliebe für Wellen. Ich habe zusammen mit Heisenberg und Jordan eine andere Methode, die Matrizenmechanik, entwickelt, in der stationären Zuständen und Quantensprüngen ihre natürliche Stelle zukommt. Ich habe aber auch keine besondere Vorliebe für den Matrizengedanken. Sobald Schrödingers Wellengleichung publiziert wurde, wandte ich sie auf die Theorie der Zusammenstöße an und erhielt dadurch die Anregung, die Wellenfunktion als Wahrscheinlichkeitsamplitude zu deuten . . ." (Born, M., Die Interpretation der Quantenmechanik. In: Derselbe, Physik im Wandel meiner Zeit, Braunschweig/(West-) Berlin 1957, S. 132). Vgl. auch A. Einstein, H. u. M. Born, Briefwechsel, a. a. O., S. 123f. (Kommentar Borns zu seinem Brief an Einstein vom 15. 7. 25).

tion der Wellengleichung ausgedehnt. Ausgehend von der Untersuchung des Wasserstoffatoms, hatte Erwin Schrödinger 1926 — angeregt durch de Broglie — im Anschluß an den irischen Mathematiker William Hamilton seine Wellengleichung entwickelt, mit der die Quantenvorgänge mathematisch erfaßt wurden.[76] Damit war der entscheidende Schritt zu einer undulatorischen Theorie getan. Schrödinger selbst wies die mathematische Äquivalenz seiner Wellengleichung mit der Quantenmechanik nach.[77] 1927 formulierte Heisenberg in der Unbestimmtheitsrelation eine Gesetzmäßigkeit, nach der Ort und Impuls eines Teilchens nicht gleichzeitig exakt bestimmbar sind.[78] 1926 hatten Enrico Fermi und Paul Adrien Maurice Dirac als Gegenstück zur Bose-Einstein-Statistik den Grund für die Fermi-Dirac-Statistik gelegt.[79]

Weitere experimentelle und theoretische Arbeiten bestätigten und förderten die Quantentheorie. 1925 ordneten George E. Uhlenbeck und Samuel A. Goudsmith jedem Elektron ein magnetisches Moment und einen Drehimpuls (Spin) zu; dies ergab die Kennzeichnung des Elektrons durch 4 Quantenzahlen. Wolfgang Pauli verband diese Kennzeichnung mit der Formulierung des Ausschließungsprinzips (Pauli-Verbot), das zur Erklärung des Aufbaues des Periodensystems der Elemente beitrug.[80] 1927 erwiesen die Elektronen-Interferenzversuche Clinton Joseph Davissons und Lester Halbert Germers an Kristallgittern die Wellenauffassung de Broglies; da der gleichzeitig korpuskulare Charakter der Materie feststand, bestätigten auch diese Versuche den Dualismus in der Materiestruktur. Auf Arbeiten von Gilbert Newton Lewis (1916) aufbauend, berechneten Walter Heitler und Fritz London die Stärke der homöopolaren Bindung durch die Größe des auftretenden Energiegewinns; sie erklärten die chemischen Bindungskräfte mit dem quantenphysikalischen Verhalten von Elektronen in Molekülen und trugen so 1927 zur Lösung eines Grundproblems der anorganischen und der organischen Chemie entscheidend bei.[81] Seit 1928 ent-

---

[76] Vgl. E. Schrödinger, Quantisierung als Eigenwertproblem (Erste und zweite Mitt.). In: Ann. d. Phys. 79/1926, S. 361ff, 489ff. (Wiedergabe in G. Ludwig, a. a. O., S. 108ff., 122ff. Dazu die Genesis und Einordnung bei: G. B. Kuznecov, a. a. O., S. 319ff.; A. Hermann, Erwin Schrödinger. Eine Biographie. In: E. Schrödinger, Die Wellenmechanik. Dokumente der Naturwissenschaften, Abt. Physik, Bd. 3, hrsg. v. A. Hermann, Stuttgart 1963, S. 173ff.

[77] Vgl. E. Schrödinger, Über das Verhältnis der Heisenberg-Born-Jordanschen Quantenmechanik zu der meinen. In: Ann. d. Phys. 79/1926, S. 734ff. Wiedergabe in: G. Ludwig, a. a. O., S. 146ff.

[78] Vgl. W. Heisenberg, Über den anschaulichen Inhalt der quantentheoretischen Kinematik und Mechanik. In: Zs. f. Phys. 43/1927.

[79] Vgl. Zs. f. Phys. 36/1926, S. 902ff. (Fermi); Proc. Roy. Soc., Ser. A, 112/1926, S. 661ff. (Dirac).

[80] Vgl. W. Pauli, Über den Zusammenhang des Abschlusses der Elektronengruppen im Atom mit der Komplexstruktur der Spektren. In: Zs. f. Phys. 31/1925, S. 765ff. (Wiedergabe in: D. ter Haar, Quantentheorie. Einführung und Originaltexte. WTB, Bd. 56, Berlin/Oxford/Braunschweig 1969, S. 229ff.).

[81] Vgl. R. Rompe, Grundlagenforschung und Technik. In: Sb. d. DAW zu Berlin, Klasse f. Math., Phys. u. Techn., Jg. 1967, Nr. 1, S. 37.

wickelte Arnold Sommerfeld eine quantenphysikalische Elektronentheorie der Metalle. An der Entwicklung der Quantentheorie war Niels Bohr führend beteiligt, mit dem vor allem Heisenberg eng verbunden war. Bohr, das Haupt der „Kopenhagener Schule", der vor allem heuristische und methodologische Probleme der neuen Quantentheorie bearbeitete, hat die meisten an der Entwicklung der Quantenmechanik beteiligten Physiker beeinflußt. Ausgehend vom Welle-Korpuskel-Dualismus, stellte Bohr das Komplementaritätsprinzip auf, das besagt: Die Erscheinungen der Mikrophysik sind nur über komplementäre, d. h. einander ergänzende Beschreibungen klassisch deutbar. Dieses Prinzip wurde als generelle Eigenschaft wissenschaftlicher Beschreibung von Niels Bohr aufgefaßt. Bei seiner Übertragung in andere Wissenschaften verabsolutierte er jedoch die Komplementarität als Ausdruck der Gegensätzlichkeit, während er ihr als dialektischen Ausdruck der objektiven Einheit der Gegensätze nicht immer gerecht wurde.[82]

1928/29 bereitete sich eine neue Etappe der Mikrophysik vor, die Elementarteilchenphysik.[83] Hier hatte die relativistische Weiterentwicklung der Quantenmechanik und die theoretische Voraussage des Positrons durch Paul Adrien Maurice Dirac besondere Bedeutung, die auch in der Laudatio der Akademie der Wissenschaften der DDR zur Verleihung ihrer Helmholtz-Medaille an Dirac gewürdigt wurde.[84] Das Positron wurde 1932 von Carl David Anderson und — unabhängig davon — bald darauf von Patrick Maynard Stuart Blackett und Giuseppe Paolo Occhialini in der kosmischen Strahlung entdeckt. Dirac deckte die Symmetrieeigenschaft der Materie auf, nach der jedem Teilchen ein Anti-

---

[82] Vgl. N. Bohr, Das Quantenpostulat und die neuere Entwicklung der Atomistik. In: Die Naturwissenschaften, Bd. 16/1928, S. 245ff.; B. G. Kuznecov, a. a. O., S. 336ff., S. 372; Geschichte der Philosphie, Bd. VI, a. a. O., S. 689ff.; H. Hörz, Werner Heisenberg und die Philosophie, Berlin 1968, S. 28ff.

[83] Der sowjetische Physiker V. L. Ginzburg faßt „die Grenze zwischen Mikro- und Makrophysik als historische Kategorie" auf und bezeichnet für die Gegenwart nur Gebiete wie die Elementarteilchen-, Hochenergie-, Mesonen- und Neutrinophysik als mikrophysikalische Bereiche. (Die Probleme der Physik. T. III. In: Wissenschaft und Fortschritt, H. 11/1971).

[84] „In seiner Theorie der Elektronen (Dirac-Theorie) ging er von der bekannten Schrödingerschen Wellengleichung aus, indem er in die Quantentheorie auch die Grundsätze der Relativitätstheorie mit einbezog und eine neue Wellengleichung, die Diracsche Wellengleichung, aufstellte. So konnte er erstmalig den Spin, d. h. den Eigendrehimpuls der Elektronen, in richtiger Weise darstellen. Damit konnte er den sogenannten anomalen Zeeman-Effekt (Aufspaltung der von Atomen ausgestrahlten Spektrallinien in schwachen magnetischen Feldern bei einem Gesamtspin-O) und die Feinstruktur der Wasserstofflinien und der Röntgenspektren explizit darstellen. Seine Arbeiten führten 1928 zur theoretischen Voraussage des Positrons, des positiv geladenen Antiteilchens des Elektrons. Das Positron wurde vier Jahre später experimentell nachgewiesen. Damit ist Dirac der Begründer der für die moderne Physik so wichtigen Theorie der Antiteilchen ..." Laudatio zur Verleihung der Helmholtz-Medaille an P. A. M. Dirac. Zit. nach: Spektrum, H. 7/8 1964, S. 261. Originalarbeiten Diracs: P. A. M. Dirac, The Quantum Theory of the Emission and Absorption of Radiation. In: Proc. Roy. Soc., Ser. A, 114/1927, S. 243ff.; ders., The Quantum Theory of Dispersion, In: Ebda., S. 710ff.; ders. The Quantum Theory of the Electron. In: Ebda, 117/1928, S. 210ff., ders., ebda., 118/1928, S. 341.

teilchen entspricht; er sprach bereits von dem möglichen Teilchenpaar Proton-Antiproton.[85] Wesentliche Erkenntnisse Diracs wurden durch Andersons experimentellen Nachweis bestätigt. 1930 stellten Walther Bothe und H. Becker fest, daß bei der Alphateilchen-Bestrahlung von Beryllium Kohlenstoff entsteht und eine neue energiereiche Strahlung auftritt. Diese erklärte der Engländer James Chadwick 1932, unmittelbar vor der Entdeckung Andersons, mit einem Stroem ungeladener Teilchen, die er als Neutronen bezeichnete. Kurz zuvor hatt Wolfgang Pauli den Gedanken der Existenz eines ruhemasse- und ladungslosen Teilchens geäußert, das einen Teil der Energie beim Betazerfall davonträgt.[86] Das Neutrino, wie Enrico Fermi dieses hypothetische Teilchen nannte, wurde jedoch erst 1956 nachgewiesen.

Im Jahre 1932 waren die Elektronen, die Protonen und die Neutronen als Elementarteilchen bekannt, das negativ geladene Elektron und sein positiv geladenes Antiteilchen, das Positron, waren nachgewiesen. Die kosmische Strahlung war die Quelle für die Strukturerkenntnis der subatomaren Materie. Zugleich begannen drei Gruppen an der Entwicklung von Teilchenbeschleunigern für den experimentellen Elementarteilchennachweis zu arbeiten.[87] 1931 entwikkelte Robert I. van de Graaff in den USA einen elektrostatischen Beschleuniger mit einem Höchstpotential von 1,5 Mio eV. 1931/32 bauten die Amerikaner Ernest Orlando Lawrence und D. H. Sloan einen Linearbeschleuniger, der Protonen und Ionen mit über 1 Million eV liefern konnte; mit M. S. Livingstone entwickelte Lawrence das Zyklotron, den ersten zyklischen Beschleuniger für geladene Teilchen. Das Prinzip der Teilchenbeschleunigung durch aufeinanderfolgende Impulse war realisiert; der Weg zu den modernen großen Beschleunigern war beschritten. 1932 entwickelten die Engländer John Douglas Cockroft und Ernest Thomas Walton eine Hochspannungsanlage zur Beschleunigung von Wasserstoffatomen, mit der Kerne einiger leichter Elemente zertrümmert werden konnten.[88] Mit der Entwicklung der Teilchenbeschleuniger und der modernen Großbeschleuniger begann, wie John D. Bernal hervorhebt, „ein neues Kapitel in den Beziehungen zwischen Physik und Industrie".[89] Dies ergab sich aus der wachsenden Größe der Apparatur, deren Aufbau die materiellen und finanziellen Kräfte der Forschungseinrichtungen und schließlich die Potenzen der

---

[85] Vgl. P. A. M. Dirac, Theory of Electrons and Positrons. In: Nobel Lectures Physecs 1922 bis 1941, Amsterdam/London/New York, 1965, S. 324; ders., A Theory of Electrons and Protons. In: Proc. Royal Soc., vol. 126/1930, Ser. A, S. 360ff. B. G. Kuznecov, a. a. O., S. 339ff.; T. Erdey-Gruz, Grundlagen der Struktur der Materie, Leipzig, 1967, S. 194. Auf die Stellung Einsteins in den hier dargestellten Erkenntnisprozessen verweist H.-J. Treder, Einstein, das „Quantenrätsel" und die „Anti-Teilchen". Zu Einsteins Wirken an der Berliner Akademie. In: Spektrum, H. 2/1975, S. 28ff.

[86] Vgl. W. Pauli, Zur alten und neueren Geschichte des Neutrinos. In: Ders., Physik und Erkenntnistheorie, Braunschweig 1961.

[87] Vgl. G. Hertz, Lehrbuch der Kernphysik, Bd. I, 2. Aufl., Leipzig 1966.

[88] Vgl. hierzu J. D. Bernal, Die Wissenschaft in der Geschichte, 1a. a. O., S. 483.

[89] Ebda.

Staaten überschritt und damit die Notwendigkeit der Vergesellschaftung der Forschung und der wissenschaftlichen Kooperation demonstrierte.

1932 erweiterten die Neutron-Entdeckung Chadwicks und die auf sie folgende Theorie Werner Heisenbergs, D. D. Ivanenkos und I. I. Tamms die Erkenntnis der Struktur des Atomkerns, während der Bau der Teilchenbeschleuniger auf experimentell-praktischem und die Antiteilchen-Vermutung Diracs sowie die Neutrino-Hypothese Paulis auf theoretischem Gebiet neue Wege der Erkenntnis wiesen. Heisenberg und die sowjetischen Theoretiker Dmitri Ivanenko und Igor Tamm stellten die These auf, daß die Atomkerne aus Neutronen und Protonen aufgebaut sind. Damit gab die Ordnungszahl im Periodensystem als Kernladungszahl die Anzahl der Protonen im Atomkern an; Isotope waren als Elemente mit gleicher Kernladungszahl, aber mit unterschiedlicher Neutronenzahl aufzufassen. Die Vielfalt der chemischen Elemente war auf wenige Elementarteilchen zurückgeführt worden. Die Entdeckung neuer Elementarteilchen komplizierte das Bild in der Folge jedoch, und die Wirkungsweise der Kernkräfte war nicht geklärt. „In der ersten Etappe der Elementarteilchenphysik, die 1932 begann, ging es deshalb um das Studium der Elementarteilchen, indem neue Teilchen entdeckt wurden und ihre Verwandelbarkeit ineinander überprüft wurde.“[90]

Die Quanten- bzw. Wellenmechanik Heisenbergs, Schrödingers und Diracs konzentrierte sich ursprünglich auf die Welle-Korpuskel-Analyse des Elektrons. Um und nach 1930 begannen intensivere Arbeiten an einer alle Arten von Feldern unabhängig von ihrer Wechselwirkung mit Elementarteilchen erfassenden Quantentheorie der Felder[91]; die Quantentheorie des elektromagnetischen Feldes und die Diracsche Elektronentheorie verschmolzen zur Quantenelektrodynamik.

Mit der Entwicklung der Wellenmechanik fiel den kristallinen Raumgittern eine neue Bedeutung zu. Bereits 1925 entwickelte Walter Elsasser aus der Theorie de Broglies und durch Einsteins Arbeiten zur Quantenstatistik veranlaßt die Hypothese von den Interferenzerscheinungen der Elektronenstrahlen beim Durchgang durch Kristalle. Außer den bereits erwähnten Davisson und Germer bestätigte auch George Paget Thomson dies 1927 experimentell und maß die Wellenlänge der Strahlung. Die entsprechenden Nachweise für Helium- und Wasserstoffatomstrahlen erbrachten Otto Stern 1929 und Th. H. Johnson 1931 an Kristallen.[92]

1931 fand Harold C. Urey den Kern des schweren Wasserstoffatoms Deuterium; dem „schweren Wasser“ kam in der späteren Energiegewinnung durch die Atomkernspaltung große Bedeutung zu. Der Zusammenhang zwischen mikro- und makrokosmischem Geschehen deutete sich in Überlegungen von Svante Arrhenius und vor allem von Walther Nernst (1922) zum Aufbau schwerer Ele-

---

[90] H. Hörz, Materiestruktur, a. a. O., S. 114.
[91] Vgl. F. Hund, Materie als Feld, (West-) Berlin/Göttingen/Heidelberg 1954.
[92] Vgl. dazu M. v. Laue, Geschichte der Physik, a. a. O., S. 122.

mente aus Wasserstoff als Quelle stellarer Strahlungsenergie schon früher an.[93] 1930 entwickelten Fritz Houtermans und R. D. Atkinson die Hypothese eines Reaktionszyklus, um stellare und besonders solare Energieentwicklungen aus atomaren Fusionsvorgängen zu erklären.[94] Otto Hahns Festvortrag vor der Akademie über „Atomumwandlungen und ihre Bedeutung für Chemie und Physik" (1929) galt der von Arrhenius und Nernst behandelten Problematik und der Hypothese von Houtermans und Atkinson.

Die Physik entwickelte sich auch in anderen, oft technisch relevanten Bereichen schnell. Max von Laue gab der von ihm formulierten, durch Walther Friedrich und Paul Knipping (1912) experimentell bestätigten Theorie der Raumgitterinterferenzen 1931 die wohl endgültige dynamische Gestalt.[95] 1932 vertiefte er die Erkenntnis des Supraleiteffekts, indem er die Abhängigkeit des Schwellwertes eines supraleitenden Drahtes von der Richtung des Magnetfeldes gegen die Achse erklärte.[96] 1931 führte Keesom Tiefsttemperaturversuche über die Verdampfung flüssigen Heliums durch; ein Aufschwung der Tiefsttemperaturforschung begann, an dem dann P. Kapica und andere sowjetische Forscher beteiligt waren.

Die Erforschung von Strahlungsvorgängen schritt auch über die Physik hinaus voran. Otto Hahn setzte seine radiochemischen Arbeiten fort, Lise Meitner untersuchte die Beta- und Gamma-Strahlungsvorgänge beim Zerfall radioaktiver Elemente als Physikerin. Die Strahlungsformel Oscar Kleins und Nishinas (1928) stimulierte die Untersuchung der Gamma-Strahlung.[97] 1927 verfolgte der sowjetische Physiker D. V. Skobel'cyn die Teilchenbahnen der seit den Messungen von Viktor Franz Heß (1912) und Werner Kolhörster (1913) bekannten kosmischen Strahlung in der Nebelkammer und bestimmte ihre Energie. Arbeiten von Jacob Clay (1925) und wiederum von Kolhörster trieben die Erforschung der kosmischen Strahlung voran.[98] 1929 konstruierten Bothe und Kolhörster ein Zählrohrsystem für die Bestimmung der Energie und Einfallsrichtung der kosmischen Ultrastrahlung, deren große Energie sich ergab. Bis 1928 entwickelte Hans Geiger ein Zählrohr für die Messung radioaktiver Strahlung. Gleichzeitig entdeckten Chandrasekhara Venkata Raman sowie G. S. Landsberg und L. I. Mandel'štam den von Adolf Gustav Smekal 1923 vorausgesagten Smekal-Raman-Effekt, der für die Spektroskopie bedeutsam wurde.[99] A. F. Jof-

---

[93] Vgl. H.-J. Treder, Zur Geschichte der Physik an der Berliner Akademie von 1870 bis 1930, a. a. O., S. 38.

[94] Vgl. H. Pose, Einführung in die Physik der Atomstruktur, Berlin 1971, S. 187f.

[95] Vgl. M. v. Laue, Geschichte der Physik, a. a. O., S. 123.

[96] Vgl. ebda., S. 56.

[97] Vgl. W. Gentner, Einiges aus der frühen Geschichte der Gamma-Strahlen. In: Beiträge zur Physik und Chemie des 20. Jahrhunderts., Lise Meitner, Otto Hahn, Max v. Laue zum 80. Geburtstag, hrsg. v. O. R. Frisch/F. A. Ruska/F. Laves/P. Rosbaud, Braunschweig 1959, S. 28ff.

[98] Vgl. zur Gesamtproblematik L. Janoszy, Einführung in die kosmische Strahlenforschung, Berlin 1953. (Janoscy war Mitarbeiter W. Kohlhörsters).

[99] Vgl. zu letzterem J. D. Bernal, Die Wissenschaft in der Geschichte, a. a. O., S. 503.

fes Steinsalzuntersuchungen trugen zur späteren Festkörperphysik bei, indem das mechanische Verhalten der Körper aus realen Kristallstrukturen ableitbar wurde.[100]

Sowjetische Wissenschaftler wie A. F. Joffe, L. D. Landau, J. I. Frenkel', V. A. Fok, L. I. Mandelštam, P. Kapica, S. I. Vavilov, I. Tamm, D. D. Ivanenko und E. M. Lifšic hatten an der Quanten- und Elementarteilchentheorie, der Festkörper- und Halbleiterphysik oder der Metallphysik zunehmenden Anteil. In der physikalischen Forschung begann eine Schwerpunktverlagerung, bei der Deutschland zurücktrat. 1937 begrenzte Arnold Sommerfeld die führende Stellung der deutschen theoretischen Physik in einem Bief an Einstein rückschauend auf die Zeit bis 1930: „Die Zukunft sieht trübe aus für die deutsche Physik; ich muß mich damit trösten, daß ich ihr goldenes Zeitalter 1905 bis 1930 tätig miterlebt habe."[101] Der offene Niedergang begann 1933, mit der Errichtung der faschistischen Diktatur. Erste Abwanderungen jüngerer Physiker aus dem durch Wirtschaftskrise, Vormarsch des Faschismus, politischen und rassistischen Terror auch wissenschaftlich eingeengten Deutschland setzten jedoch um 1930 ein.

Die Stellung der Akademie in den Naturwissenschaften wurde auch in den zwanziger und beginnenden dreißiger Jahren im besonderen durch den wissenschaftlichen Rang ihrer Mitglieder aus der Physik und ihren Grenzgebieten bestimmt. Albert Einstein, Max Planck, Max von Laue und Erwin Schrödinger gehörten als überragende theoretische, Heinrich Rubens, Emil Warburg und Friedrich Paschen als führende experimentelle Physiker, Otto Hahn als bekannter Radiochemiker zu den Ordentlichen Mitgliedern der Berliner Akademie. Zu den neugewählten Korrespondierenden Mitgliedern gehörten mit Niels Bohr, Ernest Rutherford, Max Born, Arnold Sommerfeld, James Franck, Peter Debye, William Henry Bragg, Abram Joffé, Pieter Zeeman, Arthur Holly Compton und Heike Kamerlingh Onnes international führende Physiker jener Zeit. Die Akademie hat sie in oft glänzenden Laudationes anläßlich ihrer Wahl geehrt.[102]

Die Beteiligung führender Theoretiker an der Diskussion philosophisch-physikalischer Grundlagenprobleme reflektierte sich vor der Akademie in Äußerungen Plancks und Einsteins. Die Erkenntnisse der Quantenmechanik und der Atomstruktur bahnten einer dialektisch-materialistischen Erkenntnis des Atoms den Weg, die von der Einheit der Widersprüche (Stetigkeit-Unstetigkeit, Welle-Korpuskel) geprägt ist, der heuristischen Bedeutung der bereits von Ludwig Boltzmann begründeten statistischen Gesetzeskonzeption zunehmend gerecht wird und die Erkenntnis der Wechselwirkung von Zufall und Notwendigkeit impliziert. Lenins Charakteristik des Wechselverhältnisses von Physik und Philosophie galt mehr denn je: „Die moderne Physik liegt in Geburtswehen. Sie ist dabei, den philosophischen Materialismus zu gebären. Die Entbindung ver-

---

[100] Vgl. ebda., S. 504.
[101] Albert Einstein/Arnold Sommerfeld, Briefwechsel. Sechzig Briefe aus dem goldenen Zeitalter der modernen Physik. Hrsg. u. eingeleit. v. A. Hermann, Basel/Stuttgart 1968, S. 118.
[102] Vgl.: Physiker über Physiker, a. a. O.,

läuft schmerzhaft. Außer dem lebendigen und lebensfähigen Wesen kommen unvermeidlich gewisse tote Produkte, einige Abfälle zum Vorschein, die in die Kehrichtgrube gehören. Zu diesen Abfällen gehört der ganze physikalische Idealismus..."[103]

Führende Berliner Physiker und Akademiemitglieder gingen in ihrer Forschung von der Anerkennung der objektiven Realität physikalischer Prozesse und Strukturen aus. Sie vertraten progressive, in ihrem Wesen materialistische Positionen, die sich auch mit dialektischen Einsichten verbinden konnten und Gelehrte wie Albert Einstein, Max Planck und Max von Laue oder Walther Nernst zur Kritik des Positivismus veranlaßten.

Die bürgerliche Krise in den philosophischen Grundlagen der Physik verstärkte sich im fortwirkenden Idealismus und Positivismus, in der Leugnung der objektiven Realität und im Verzicht auf das Kausalitätsprinzip jedoch erneut. Pascual Jordan in Deutschland, James Jeans und Arthur S. Eddington in England vertraten dies besonders offen. Vor allem Jeans und Eddington verbanden in Populärdarstellungen neue naturwissenschaftliche Erkenntnisse mit einer idealistischen, mystisch-religiösen Philosophie und bemühten sich um den Eindruck, daß ihre agnostizistischen und indeterministischen Auffassungen durch die Wissenschaft gestützt würden.[104/105]

Dem trat der fortschrittliche französische Physiker Paul Langevin entgegen: „In Wirklichkeit liegt keine Krise des Determinismus vor, sondern eine Krise mechanischer Vorstellungen, die wir heranziehen, um einen neuen Bereich darzustellen. Wir stellen in Wirklichkeit im Mikrobereich die Unzulänglichkeit von Begriffen und Ideen fest, die im makrokosmischen Bereich, für den sie geschaffen wurden, erfolgreich waren."[106] Fehldeutungen wurden durch positivistische Einflüsse im „Kopenhagener Kreis" sowie durch mißverständliche Auffassungen und Terminologien von Niels Bohr, dem Haupt der Kopenhagener, begünstigt. Bohrs Forderung, das Experiment als Ganzes unter Einbeziehung des Meßvorganges zu betrachten, durfte nicht zur Verabsolutierung der Rolle des Meßinstrumentes und zur Leugnung der Objektivität experimenteller Daten führen, betonte V. A. Fok 1958 rückblickend. Bohr sei den akausalen Konsequenzen seiner eigenen unhaltbaren Gegenüberstellung von Komplementarität und Kausalität nicht gefolgt. Er habe die Quantenmechanik nur — und dies zu Recht — mit dem mechanischen Determinismus Pierre-Simon Laplaces für unvereinbar gehalten.[107] Fok unterstrich, daß die Quantentheorie, die die materialistische Dialektik bestätigt habe, auch die Weiterentwicklung des dialektischen Materia-

---

103 W. I. Lenin, Materialismus und Empiriokritizismus. In: Ders., Werke, Bd. 14, Berlin 1968 S. 316.

104/105 Als Beispiel hierfür sei u. a. auf A. Eddington, Das Weltbild der Physik und ein Versuch seiner philosophischen Deutung, Braunschweig 1931, verwiesen.

106 Vgl. P. Langevin, La pensée et l'action, Paris 1950, S. 110. Auch P. Langevin vermochte mechanisch-deterministische Auffassungen damals indessen noch nicht zu überwinden.

107 Vgl. V. A. Fok, Über die Deutung der Quantenmechanik. In: Max-Planck-Festschrift 1958. Herausgegeben von B. Kockel (Leipzig) — W. Macke (Dresden) — A. Papapetrou (Berlin). Redigiert und bearbeitet von W. Frank (Wien), Berlin 1958, S. 180ff.

lismus fördern werde. „Die in der Quantenmechanik erzielte Lösung der Widersprüche zwischen der Wellen- und Korpuskelnatur des Elektrons, zwischen Wahrscheinlichkeit und Kausalität, zwischen der quantenmechanischen Beschreibung eines Atomobjektes und der klassischen Beschreibung der Meßinstrumente, zwischen den individuellen Eigenschaften der Atomobjekte und der statistischen Form, in welcher diese Eigenschaften zum Vorschein kommen — alle diese gelösten Widersprüche bilden auffallende Beispiele einer praktischen Anwendung dialektischer Methoden auf naturwissenschaftliche Objekte. Die Erfolge der Quantenmechanik werden zweifellos die Entwicklung des dialektischen Materialismus wesentlich fördern."[108]

Astronomie und physikalisch-mathematische Forschung blieben in enger Wechselbeziehung. Die allgemeine Relativitätstheorie, aber auch die Entdekkung der kosmischen Strahlung und andere Beobachtungen zeigten den Einfluß der Physik auf die Astronomie und die verstärkte Verflechtung beider.

Die von Albert Einstein, aber auch von A. A. Fridman und Willem de Sitter eingeleiteten kosmologischen Erkenntnisse wurden 1931/32 insofern weitergeführt, als Einstein und de Sitter „die elementarste Darstellung eines sich entwickelnden Kosmos" gaben.[109] Die Erkenntnisse der theoretischen Kosmologie wurden auch zum empirisch-astronomischen Arbeitsfeld. Sonnenfinsternisexpeditionen zur Feststellung der Lichtablenkung im Schwerefeld der Sonne und damit zur empirischen Bestätigung der allgemeinen Relativitätstheorie, aber auch zur physikalischen und astrophysikalischen Erforschung der Sonne, ihrer Korona und Chromosphäre wurden weiterhin ausgesandt.

In der Astronomie begann ein neuer Abschnitt. Die Vorherrschaft der Positionsastronomie ging zu Ende. Die Forschung drang einerseits in die neuen Größenordnungen der kosmischen Gebilde außerhalb unserer Galaxis vor. Zum andern verstärkten sich die Bemühungen um die physikalische Erfassung des einzelnen Sternes und seiner Strahlungsquelle oder um die kosmogonischen Zusammenhänge von Sterntypen. Die Astrophysik, die das Strahlungsproblem tief durchdrang, gewann eine zentrale Stellung.[110] Die Astronomie bedurfte der modernen theoretischen Durchdringung; die Theorie war durch intensive Beobachtungen mit modernen methodischen Mitteln zu festigen.

Moderne Spiegelteleskope — das größte stand seit dem ersten Weltkrieg auf dem Mount Wilson/USA, ein kleineres auch im Potsdamer Observatorium — wurden für die Beobachtungen entscheidend. 1930 war der Schmidt-Spiegel als weiteres Beobachtungsinstrument entwickelt. „Der revolutionäre Durchbruch in unserer Kenntnis über den Aufbau der Welt, der methodisch mit dem Einsatz der Großteleskope . . . und theoretisch mit der allgemeinen Relativitätstheorie verbunden ist", durchdrang z. B. Arthur Eddingtons Vortrag „The Expanding

[108] Ebda., S. 194.

[109] Vgl. H.-J. Treder, Zur Geschichte der Physik an der Berliner Akademie von 1870 bis 1930. In: a. a. O., S. 39f.

[110] Vgl. H.-J. Treder, Karl Schwarzschild und die Wechselbeziehungen zwischen Astronomie und Physik. In: Die Sterne, 50. Jg., H. 1/1974, S. 13ff.

Universe" in einer bis heute gültigen Problemstellung[111]: „Die großen Probleme der extragalaktischen Astronomie und Kosmologie sind im Prinzip dieselben, die Eddington in seinem Vortrag formuliert hat", stellt Hans-Jürgen Treder hierzu fest.[112]

Deutsche Gelehrte waren an der Entwicklung, die eine verstärkte Hinwendung zur Physik und Astrophysik und kostspielige Instrumente verlangte, nicht mehr führend beteiligt; die Führungsstellung in der Astrophysik, die auf Robert Kirchhoff, Hermann Karl Vogel und besonders Karl Schwarzschild zurückging, ging mit Schwarzschilds Tode (1916) zu Ende.[113]

1918 bestimmte Harlow Shapley Sternhaufen als entfernte kosmische Gebilde außerhalb unserer Galaxis, die so als lokaler Bereich eines größeren Systems erkannt wurde. Die Frage, ob die Spiralnebel Teile unserer Galaxis oder selbständige Systeme darstellen, wurde nach wenigen Jahren zugunsten der Weltinseltheorie entschieden. Edwin P. Hubble bestimmte die Entfernung der beiden nächsten Spiralnebel mit rund 700000 Lichtjahren. Er wies 1926 in den Spiralnebeln einzelne Sterne nach, womit sich die Nebel als ferne milchstraßenähnliche Gebilde erwiesen. 1929, sechs Jahre nach Fridmans mathematischer Theorie eines expandierenden Weltmodells, zeigte Hubble (dem Carl Wirtz und Knut Lundmark 1924/25 vorausgingen) auf empirischem Wege die Expansion des Weltalls, wobei er von der universellen Rotverschiebung galaktischer Spektrallinien, der sogenannten Nebelflucht, ausging.[114]

1920 entwickelte der indische Forscher Meghnad Saha im Zusammenwirken von Astronomie und Astrophysik aufbauend auf Arbeiten Eddingtons die Ionisationstheorie in Sternatmosphären und gab damit die erste physikalische Deutung der Linienspektren der Fixsterne. 1930 entdeckte Clyde Tombaugh den Planeten Pluto, den Percival Lowell vorausberechnet hatte. 1932 stellte Karl G. Jansky Radio-Kurzwellenstrahlen aus der Milchstraße fest und leitete den Weg zur modernen Radioastronomie ein.

Die Astrophotometrie wurde intensiviert; Paul Guthnick, Astronom und Akademiemitglied, vollbrachte mit der Begründung der objektiven photoelektrischen Sternphotometrie eine besondere Leistung.[115] Die Konzentration auf die Stellarastronomie und die Erarbeitung von Positionskatalogen, die sich in Deutschland aus der Besselschen Tradition ergab, überlastete die Sternwarten und trug zur Unterschätzung der modernen theoretischen und Astrophysik

---

[111] Vgl. A. Eddington, The Expanding Universe. In: Astronomy, Vol. I/II Ed. by Bernard Lovell. The Royal Institutions-Library, London 1970, S. 305ff.

[112] H.-J. Treder, Rez. zu Astronomy, Vol. I/II, ... ; In: DLZ 6/1972, Sp. 449f.

[113] Vgl. dazu H.-J. Treder, Zur Geschichte der Physik an der Berliner Akademie. In: a. a. O., S. 37f.

[114] Vgl. H.-J. Treder, Physikalische Theorie von Raum und Zeit. In: H. Ley, R. Löther, Mikrokosmos-Makrokosmos. Philosophisch-theoretische Probleme der Naturwissenschaften, Technik und Medizin, Bd. 2, Berlin 1967, S. 123; ders., Relativität und Kosmos, a. a. O., S. 62f.; E. Hubble, Proc. Nat. Ac. 15/1929, S. 168ff.

[115] Vgl. H.-J. Treder, Zur Geschichte der Physik an der Berliner Akademie. In: a. a. O., S. 38.

bei.[116] Die Berliner Astronomie wurde zwar auch durch die Aufstellung des Turmteleskops im Einstein-Turm des Astrophysikalischen Instituts (Potsdam) beeinflußt, an dem Erwin Freundlich Prüfungen der allgemeinen Relativitätstheorie leitete. Albert Einstein vertrat die moderne Kosmologie auch an der Berliner Akademie; Paul Guthnick legte hier fortan photometrische Arbeiten vor. Akademiemitglieder wurden Gustav Müller und Hans Ludendorff, die nacheinander als Direktoren des Astrophysikalischen Observatoriums in Potsdam amtierten. Die eigentliche Tätigkeit der Akademie blieb jedoch die Katalogarbeit. Führende Astronomen wie den Niederländer Jacobus Cornelius Kapteyn und aktive Gelehrte wie Julius Bauschinger wählte sie zu Korrespondierenden Mitgliedern.

Die kritische Einschätzung der deutschen Stellarastronomie gilt trotz Arbeiten wie der Neubearbeitung der Sternörter des nördlichen Sternhimmels, für die 1921 eine internationale Kommission unter Leitung Julius Bauschingers eingesetzt wurde. Diese Aufgabe sollten schließlich die Sternwarten in Leipzig, Bonn, Heidelberg, Breslau und Pulkovo (Sowjetunion) zwischen 1928 und 1932 durchführen.[117] Rückstände in der Erforschung des südlichen Sternhimmels berechtigten auch zur Beobachtungsexpedition Arnold Kohlschütters und Hans Ludendorffs 1926 bis 1929 in La Paz (Bolivien).[118] Dies ging auf Ideen Hermann Karl Vogels und Karl Schwarzschilds über eine Beobachtungsstation des Südhimmels zurück, wobei — in Anlehnung an J. C. Kapteyn — in ausgewählten Arealen des Südhimmels Sternörter fixiert und Sternspektren aufgenommen wurden.

Auch in den Geowissenschaften wurden viele Fortschritte im Kontakt zu den Nachbarwissenschaften erreicht, dabei wirkte sich wiederum die Verbindung zur Physik, aber auch zur Chemie und zur Biologie aus.

Zu den Begründern der Geophysik gehörte Emil Wiechert, dessen Schalenmodell bereits zuvor zur ersten physikalisch begründeten Vorstellung des Erdinnern führte und der nach George Gabriel Stokes, George Bidell Airy und dem Berliner Geophysiker und Geodäten Robert Helmert die moderne Problemstellung über den Materiezustand im Erdinnern bzw. auf erdähnlichen Planeten miterarbeitete.[119] Bei diesen Gelehrten ergänzten sich geophysikalische, geodätische und astrophysikalische Fragestellungen. Geophysikalische und geologische Bedeutung hatten weitere Schwerkraftmessungen, die Massenlagerungen in der Erde klärten und durch die verfeinerte Anwendung der Torsions-Drehwaage Roland von Eötvös' auf wissenschaftliche Grundlagen gestellt wurden.[120] Die

[116] Vgl. F. Becker, Geschichte der Astronomie, 2. Aufl., Bonn 1947, S. 90.

[117] Vgl. hierzu die Angaben von J. Bauschinger in: Deutsche Forschung, H. 12: Astronomie und Astrophysik, Berlin 1930, S. 7ff.

[118] Vgl. die Angaben von H. Ludendorff in ebenda, S. 16ff.

[119] Vgl. H.-J. Treder, Zur Geschichte der Physik ... In: a. a. O., S. 37.

[120] Zur allgemeinen Bedeutung der hier zugrunde liegenden Eötvös'schen Leistung vgl. ebda., S. 36., wo auf folgende 3 Momente verwiesen wird:

a) Neue Stufe der Präzision der Bestimmung des Schwerefeldes der Erde;

b) fundamentale Bedeutung für die allgemeine Relativitätstheorie;

c) bahnbrechend für die Geophysik des Erdfeldes.

Seismik, die auch über die verfeinerte Erdbebenforschung hinausschritt, ermöglichte für den Bergbau wichtige Aufschlüsse über die feinere Struktur der Erdrinde; gleichzeitig gelang es, viele Kilometer ins Erdinnere vorzudringen. Die Untersuchung des Erdmagnetismus schritt voran, wozu in Deutschland die Konstruktion moderner Feldapparate beitrug. In der Sowjetunion vertieften diese Arbeiten die Kenntnis der Kursker Magnetanomalie und der sie verursachenden Eisenerzlager.

Zunehmende Aufmerksamkeit erregte die Kontinentalverschiebungstheorie Alfred Wegeners (1911/12 entwickelt; dargestellt in „Die Entstehung der Kontinente und Ozeane" 1915; 4. Aufl. 1929). Wegener wies die übliche Vorstellung fester Verankerung der „Kontinente" zurück. Die weitgehende Parallelität der Küsten beiderseits des Atlantiks und die damit übereinstimmende Existenz der Mittelatlantischen Schwelle ließ ihn den Gedaken von den horizontalen Primärbewegungen der „Kontinente" aufwerfen, wobei er unter letzteren die aus Sedimenten und kieselsäurereichen Magmasgesteinen bestehende Sialschicht verstand, die sich auf der schweren ozeanischen Simaschicht verschieben würde. Wegeners damals umstrittene Theorie wurde bahnbrechend für den Mobilismus; heute wird von der „Wegenerschen Revolution in der Geologie" gesprochen. Präzisiert und erweitert, wurde sie zum Ausgangspunkt heutiger Vorstellungen über den Aufbau der oberen (litosphärischen) Erdfestschichten aus sich verschiebenden Platten. [121]

Die Geochemie war durch V. I. Vernadskij in der Sowjetunion und Frank W. Clarke in den USA begründet; ihre Grundlagen wurden unter ihrer Führung gefestigt. Vernadskij, der die Biogeochemie als neuen Zweig der Geochemie begründete, hat die „Biosphäre" begrifflich miterfaßt und die Verflechtungen der Geowissenschaften mit der Biologie untersucht. Geochemische und mineralogische Analysen wurden bis in abgelegene Gebiete z. B. Mittelasiens (A. E. Fersman), Amerikas oder Australiens weitergeführt. Neben der mineralogischen und petrographisch-petrogenetischen Grundlagenforschung nahm die praxisbezogene Erkundung vor allem von Bodenschätzen noch größeren Raum ein.

Die eigenständige Entwicklung der Meteorologie schritt voran. Der Norweger Wilhelm Bjerknes begründete vorerst die dynamische Meteorologie. 1921 schuf er den Begriff der Polarfront für die Schnittlinie der Grenzfläche polarer und subtropischer Luftmassen mit der Erdoberfläche und bezeichnete so die instabile Zone der Zyklonenbildung. Gleichzeitig betonte Heinrich von Ficker die meteorologische Bedeutung der Stratosphäre und entwickelte die Wettervorhersage methodisch weiter. Bedeutsam wurde die atmosphärische Strömungsforschung.

---

[121] Vgl. hierzu E. C. Kraus, Die Entwicklungsgeschichte der Kontinente und Ozeane, 2. Aufl. Berlin 1971, S. 13ff.; ders., Laurasia. Ein Beitrag zur Paläo-Morphologie der Erde. In: Zum gegenwärtigen Stand von Naturwissenschaft und Medizin, in Übersichten gegeben von Mitgliedern der Leopoldina zum Anlaß der 65. Wiederkehr des Geburtstages des XXII. Präsidenten Kurt Mothes (Nova Acta Leopoldina NF, Nr. 173, Bd. 30), S. 137f. Dazu auch J. D. Bernal, a. a. O., S. 510f.

Die meteorologische Erschließung größerer Höhen wurde vorangetrieben. Bedeutsam wurde die Erforschung arktischer Wettereinflüsse.

Intensiviert wurden — auch im Zusammenhang zur Meteorologie — ozeanologische und limnologische Forschungen. Hier war die Fahrt des Vermessungsschiffes „Meteor" 1925—1927 bedeutsam, die zur Klärung von Wasser-, Salzgehalts-, Strömungs-, Plankton- und Meeresgrundverhältnissen, meteorologischen Zusammenhängen und anderen Forschungsproblemen des mittleren und südlichen Atlantik beitrug. Ertragreich wurde die Deutsche Limnologische Sunda-Expedition unter August Thienemann, die eine vielgestaltige tropische Biosphäre miterschloß.

In den Geowissenschaften zählten Gelehrte wie Albrecht Penck, Josef Pompeckj, Arrien Johnsen, Gustav Hellmann und Heinrich von Ficker zu den Ordentlichen Mitgliedern der Berliner Akademie. Die Akademie wählte Gelehrte wie die Meteorologen Wilhelm Bjerknes, Felix Exner, Wladimir Köppen und George Clarke Simpson, die Geologen Hugo Bücking, Friedrich Becke, Alfred Bergeat, Gerard de Geer, Arvid Högbom, Waldemar Brögger, den Paläontologen Louis Dollo, den Geographen Joseph Partsch und die Forschungsreisenden Sven Hedin, Fridtjof Nansen und Fritz Sarasin zu Korrespondierenden Mitgliedern.

Die Wechselbeziehung der Chemie zur industriellen Praxis auf der einen und zu den Nachbarwissenschaften auf der anderen Seite verdichtete sich zunehmend; zugleich vertiefte sich die inhärente Entwicklung der chemischen Wissenschaft.[122] Mit der Weiterentwicklung der technischen Großsynthese von Farbstoffen und Pharmazeutika, vor allem mit der fabrikmäßigen Durchsetzung der Ammoniaksynthese nach Haber-Bosch gewannen die Forschung und die moderne Verfahrenstechnik zunehmenden Einfluß auf die Produktion. Seit den zwanziger Jahren intensivierte sich jener Prozeß, in welchem „die chemische Industrie ... in zunehmendem Maße zum Anwendungsgebiet der Naturwissenschaft des chemischen, physikalischen und biologischen Sektors" wurde.[123] Die wissenschaftliche chemische Technologie wurde jetzt ausgebaut. In der Sowjetunion begann ein planmäßiger Aufbau chemischer Forschungseinrichtungen. Deutsche Konzerne und staatliche Instanzen intensivierten die chemische Forschung; die Fusion der Betriebe zum IG Farben-Konzern war hierin ein Einschnitt. Auf profitable „angewandte" Forschungen orientiert, erkannte das deutsche Chemiekapital aber auch die Bedeutung chemischer Grundlagenforschung: Zweckbestimmte und Grundlagenforschungen waren bereits eng verflochten.[124]

---

[122] Die Ausarbeitung der Aussagen zur Entwicklung der Chemie wurde durch die wertvolle Unterstützung ermöglicht, die Akademiemitglied Prof. Dr. W. Schirmer in Aussprachen mit dem Autor gab. Wertvolle Hinweise gaben auch die Akademiemitglieder Prof. Dr. E. Thilo, Prof. Dr. G. Rienäcker und Prof. Dr. A. Rieche. Allen genannten Herren sie für die fachspezifische Unterstützung bei der Erarbeitung gedankt.

[123] W. Schirmer, Einfluß der physikalisch-chemischen Grundlagenforschung auf die chemische Verfahrenstechnik, Berlin 1962, S. 6.

[124] Vgl. ebda.

Gleichzeitig bestimmten wissenschaftsinhärente Entwicklungen und neue physikalische Erkenntnisse den Aufschwung der Chemie. Die physikalische Chemie blieb ein Vermittlungsglied zur industriellen Technologie wie zur physikalischen Forschung.

Der Einfluß der Physik zeigte sich an der Anwendung der Interferenz von Röntgenstrahlen am Kristallgitter auf die anorganische und organische Strukturanalyse, am Bau des Massenspektrographen, an der massenspektrographischen Bestimmung nichtradioaktiver Elemente als Isotopengemische und der Feststellung der Ganzzahligkeit von Atomgewichten durch Francis William Aston (1920). Ernest Rutherfords künstliche Elementenumwandlung (1919), Niels Bohrs Erklärung des Periodensystems der Elemente über das von ihm mitentwickelte Atommodell gehören auch in die Geschichte der Chemie. Die Entdekkung des Protactiniums (1918) durch Otto Hahn und Lise Meitner ergab sich aus der Radiochemie und -physik; die Auffindung des Hafniums durch Georg von Hevesy und D. Coster (1923) war ein weiterer Erfolg des Periodensystems.[125] 1925 gaben Walter und Ida Noddack die röntgenoskopische Entdeckung des Rheniums auch über die Berliner Akademie bekannt.[126]

Vor allem zeigte die Entdeckung radioaktiver Elemente und Isotope, an der Otto Hahn führend beteiligt blieb „daß ein neues Zeitalter auch der anorganischen Chemie im Anbruch war".[127]

Weitere physikalische, physikalisch-chemische und anorganische Grundlagenerkenntnisse wirkten sich aus. 1916 veränderten Fritz Paneth und Otto Hönigschmid in Verbindung zur Isotopie den Elementbegriff[128]; Walter Kossel und Gilbert N. Lewis führten die Elektronentheorie der Valenz über das Bohrsche Atommodell weiter[129], das Valenzproblem ist jedoch bis heute aktuell. Im Anschluß an die Quantentheorie begründeten die Arbeiten Walter Heitlers und Fritz Londons zur chemischen Bindung die Quantenchemie (1927). Quantenphysik und theoretische Chemie verflochten sich in der Molekül- und Bindungsforschung: 1931 formulierte Erich Hückel eine Regel, nach der π-Elektronen in

---

[125] Vgl. Die Naturwissenschaften 6/1918, 324; Berichte d. Dt. Chem. Ges. 1921, 69 (Hahn/Meitner); Berichte d. Dt. Chem. Ges. 56/1923. 1503; Nature 111/1923, 79 (v. Hevesy/Coster); Proc. Roy. Soc. Ser. A 97/1920, Sp. 11; Phil. Mag. 40/1920, Sp. 628 (Aston); Nature 107/1921, 104; Naturwiss. 11/1923, 607 (Bohr). Der erste direkte Erfolg des Periodensystems war die Entdeckung des Germaniums durch Clemens Winkler (1887); von Hevesy/Coster stützen sich bei der Auffindung des Hafniums auf die Röntgenspektroskopie (Moseleysches Gesetz).

[126] Vgl. I. u. W. Noddack/O. Berg, in: Sb., Phys.-math. Kl., Jg. 1925, S. 400; dies., in: Die Naturwissenschaften 13/1925, S. 567.

[127] E. Thilo, Die anorganische Chemie heute. In: Zum gegenwärtigen Stand von Naturwissenschaften und Medizin, in Übersichten gegeben von Mitgliedern der Leopoldina aus Anlaß der 65. Wiederkehr des Geburtstages des XXII. Präsidenten Kurt Mothes, a. a. O., S. 67.

[128] Vgl. Zs. f. phys. Chemie 91/1916, 171 (Paneth); Berichte d. Dt. Chem. Ges. 1916, 1860 (Hönigschmid).

[129] Vgl. Annalen der Phys. 49/1916, 229 (Kossel); Journ. American Chem. Soc. 38/1916, 762 (Lewis).

bestimmter Zahl und Anordnung ein stabiles Resonanzsystem bilden[130]; der Weg zur Molekular Orbital Methode (E. Hückel, Friedrich Hund) war beschritten.

1931 faßte Lars Onsager seine weiterführenden Forschungsergebnisse zur Thermodynamik irreversibler Prozesse zusammen und legte quantenmechanische Korrekturen für Peter Debyes Berechnungen zur elektrischen Feldstärke innerhalb des Dielektrikums sowie der Molpolarisation vor. Gleichzeitig publizierte R. Wierl seine physikalisch und chemisch bedeutsamen Erkenntnisse zur „Elektroneninterferenz bei Gasen"; die Hume-Rothery-Regel über die Gesetzmäßigkeiten bei der Bildung von Metallkristallen entstand; Veröffentlichungen I. N. Stranskys trugen zur Theorie des Kristallwachstums bei (seit 1928).

Zwischen 1923 und 1927/28 entwickelte Johannes Nicolaus Brönsted eine Säure-Basen-Theorie, nach der ein Molekül oder Ion eine Säure als Protonenspender, eine Base als Protonenempfänger darstellt; Säuren sind Teilchen in Lösung in Gleichgewicht mit ihren korrespondierenden Basen und Protonen. 1926 definierte G. N. Lewis Säuren und Basen als Stoffe, die H^+-Ionen abgeben bzw. aufnehmen. Die Untersuchungen William Henry und William Lawrence Braggs über die Atomzustände in Kristallgittern (1920), die auf der Entdeckung v. Laues, Friedrichs und Knippings aufbauten, leiteten die moderne Kristallchemie ein. Gustav Tammann führte grundlegende Arbeiten zu den chemischen Aggregatzuständen durch (1921).

Auf den Katalyse-Vorgängen als bestimmenden Wirkprinzipien beruhten industrielle Verfahrenstechnologien; die Katalyseforschung führte auch in die Probleme der organischen und Biochemie. Nach Wilhelm Oswalds Bemühungen um die experimentelle Grundlegung und begriffliche Klärung[131] wurde die Katalyse vor allem experimentell erfolgreich bearbeitet; ihre theoretische Durchdringung ist bis heute nicht vollendet. Praktische Bedeutung hatte die katalytische Methanolsynthese, die Alwin Mittasch im Anschluß an Matthias Pier und Walther Nernst 1923 im Ammoniaklaboratorium der BASF durchführte. Die theoretische und experimentelle Vertiefung wurde fortgeführt. V. N. Ipateiv, der die Katalyse-, Hochdruck- und Temperature'nwirkung auf chemische Reaktionen untersuchte, wurde zu einem Pionier moderner organischer Hochdrucksynthesen; die Multiplett-Hypothese von A. A. Balandin trug zur Deutung der katalytischen Aktivität von Metallen bei Hydrierungen und Dehydrierungen bei[132]. Seit 1929 untersuchten Karl Friedrich Bonhoeffer und Paul Harteck den p-Wasserstoff und seine katalytische Umwandlung; auch diese Arbeiten wurden später weitergeführt.[133] Rudolf Schenck gab Forschungs-

---

[130] Vgl. H. Wieland, Blick auf die organische Chemie im Jahre 1965. In: Zum gegenwärtigen Stand von Naturwissenschaften und Medizin, ... a. a. O., S. 84, dazu auch R. Breslow/C. Yuan, The Sym. Triphenylcyclopropenylaction, a novel Aromatic System (Journ. Americ. Chem. Soc. 80/1958, 5991ff.

[131] Vgl. u. a. W. Langenbeck, Lehrbuch der organischen Chemie, 20. Aufl. Dresden/Leipzig 1964, S. 523ff. („Zur Geschichte der Katalyse").

[132] Vgl. Zs. f. phys. Chemie, Bd. 126 (1927), S. 267; Zs. f. phys. Chemie, Abt. B, Bd. 2/1928, S. 289.

[133] Vgl. Ber. d. Dt. Chem. Ges. 4/1929, S. 113.

ergebnisse über die „katalytische Affinitätsbeeinflussung durch Zusätze", seit 1927 bekannt.[133a]

Für die allgemeine Chemie und die chemische Kinetik wurden die Arbeiten Max Bodensteins in Deutschland und N. N. Semenovs in der Sowjetunion bedeutsam. Bodenstein setzte die Untersuchungen photochemischer Kettenreaktionen fort.[134] Semenovs Theorie der chemischen Kettenreaktionen (1927), die auf Arbeiten der Leningrader Forscher J. B. Chariton und Valta (1926) und Ergebnissen Bodensteins aufbaute, führte tief in den Mechanismus chemischer Prozesse.

Bis 1925 entwickelte Jaroslav Heyrovsky in der Polarographie ein wesentliches chemisches Untersuchungsverfahren. The Svedberg bestimmte mit der verbesserten Ultrazentrifuge das Molekulargewicht des Hämoglobins und anderer Substanzen. An die Entdeckung des Raman-Effektes (1928) schloß sich die Entwicklung der Spektrographie, die in der Molekül-, Resonanz-, Elektronenspinresonanz- und Massenspektrographie zu Instrumentarien moderner chemischer Analyse und Strukturaufklärung führte.

Eigenschaften und Struktur von Metallen wurden erforscht. Auf Grund der Bedeutung der Metalle, zu denen ein großer Teil aller Elemente gehört, wurde die Metallchemie immer mehr zum Schwerpunkt der Forschung, die sich in Verbindung zur Physik und ihren Methoden entfaltete. 1921 klärten Arne F. Westgrén und G. Phragmén Strukturen von Eisenmodifikationen durch röntgenologische Kristallgitteruntersuchungen des Eisens. Hier begann die in mehreren Ländern entwickelte Röntgenstrukturanalyse von Metallen, die den Atombau von Metallen und Legierungen sowie die Gitterstrukturveränderungen beim Härten und bei der Verformung erkennbar machte.[135]

1919 hatte der Amerikaner Hoopes Reinstaluminium dargestellt; die späterhin technisch bedeutsame Reinstdarstellung von Metallen begann. In der Sowjetunion untersuchte N. S. Kurnakov weiterhin Zusammenhänge zwischen Gehalt und Eigenschaften von Metallegierungen, womit ihre rationelle, materialgünstige Gewinnung erleichtert wurde. Bedeutsam wurden die Nichteisenmetall-Arbeiten Gustav Tammanns, die röntgenologischen Metallegierungsanalysen Friedrich Körbers, die entsprechenden und die mechanischen Untersuchungen Oswald Bauers an Reinstmetallen und andere. Die sogenannte physikalische Methode in der Metallchemie begann sich durchzusetzen.

Alfred Stocks Arbeiten zur Siliziumwasserstoff-Chemie bereiteten die Entwicklung der Silikone vor; bedeutsam wurden die Forschungen von Otto Ruff zur Chemie des Fluors und der Fluorverbindungen; seit 1928 veröffentlichte Egon Wiberg Arbeiten zur Konstitution neuer Borwasserstoffe.

[133a] Vgl. Zs. für anorgan. Chemie 166/1927, S. 148ff.

[134] Vgl. Zs. f. phys. Chem. 85/1913, 329ff.; Zs. f. Elektrochem. 38/1932, 911 etc. Den Begriff der Kettenreaktion prägte J. A. Christiansen 1923.

[135] Vgl. A. Sworykin/N. I. Osmowa/W. I. Tschernyschew/S. W. Schuchardin, Geschichte der Technik, Leipzig 1964, S. 648.

Neu entfalteten sich — vor allem über Arbeiten Wilhelm Klemms (seit 1930) — die Magnetochemie sowie — im Anschluß an die Untersuchungen Richard Zsigmondys und Henry Siedentopfs und an die Arbeiten Wolfgang Ostwalds, Jean Perrins, Irving Langmuirs, The Svedbergs — die Kolloidchemie.

Der Aufschwung der physikalischen und anorganischen Chemie zeigte sich auch in der „Theorie der totalen Ionenspaltung der starken Elektrolyte" (Peter Debye, E. Hückel 1923), in den Arbeiten von Wilhelm Biltz, Gustav Franz Hüttig und Hans Georg Grimm über „Gesetzmäßigkeiten der Bildung von Ammoniakaten" (1923, 1925) sowie in denen G. F. Hüttigs über „Reaktionen im festen Zustande" (seit 1924). Hugh S. Taylor begann Untersuchungen zur „Theorie der festen Oberflächen mit aktivem Zentrum" zu veröffentlichen[136]; 1931 legte er eine Theorie aktiver Zentren in der Oberfläche der Festkörper-Katalysatoren vor. Physikalisch-chemische Probleme der Grenz- und Oberflächen sowie der Festkörper wurden bedeutsamer.

Karl Ziegler untersuchte 1923/24 Bildung und Eigenschaften freier Radikale des dreiwertigen Kohlenstoffs; dies trug zu Mesomerie- und Resonanzvorstellungen und Modellüberlegungen über die Radikalbildung bei. Hierher gehörten Arbeiten Paul Sabatiers über „Die Katalyse in der organischen Chemie" (1927) und Wolfgang Langenbecks „Untersuchungen über die Synthese organischer Katalysatoren" (1927ff.).

Die theoretischen und physikalischen Komponenten gewannen in der organischen Chemie an Bedeutung. Zugleich wurden die analytischen und synthetischen Methoden weiterentwickelt. Die organische Chemie, in der eine Vielzahl industriell bedeutsamer Entdeckungen und technologischer Erfindungen erarbeitet wurden, behielt ihre Relevanz für die wirtschaftliche Praxis.[137]

Polymere wurden für die anorganische und organische Chemie, für die Biogeochemie und Biologie bedeutsam. 1920 begann Hermann Staudinger die Untersuchung von Hochpolymeren[138]; 1922 schuf er in der Strukturbestimmung des Kautschuks und künstlicher Hochpolymere erste Grundlagen der makromolekularen Chemie. 1926 begann er Erkenntnisse zur Struktur makromolekularer Kolloidteilchen zu veröffentlichen[139]; seit 1930 klärte er quantitative Beziehungen zwischen Viskosität und Molekulargröße gelöste Kolloide auf und entwickelte ein Viskosegesetz. Zu der Zeit begann die röntgenographische Strukturaufklärung von Hochpolymeren. Staudingers makromolekulare Forschungen bereiteten die spätere Kunststoffsynthese vor und stimulierten die biologische und medi-

---

[136] Vgl. Zs. f. anorg. Chem. 184/1924, S. 180ff. (Hüttig; Journ. Amer. chem. Soc. 46/1924, S. 43ff u. passim; Zs. f. Elektrochemie 35/1929, S. 542ff. (Taylor und Mitarb.).

[137] Vgl. zur Entwicklung der organischen Chemie auch A. Rieche, Grundriß der technischen organischen Chemie, 2. Aufl. Leipzig 1961.

[138] Vgl. Ber. d. Dt. Chem. Ges. 53/1920, 1073. B. Philipp, Grundlagen der makromolekularen Chemie, WTB, Bel. 18, Berlin 1964, S. 57.

[139] Vgl. zu den Strukturforschungen makromolekularer Kolloidteilchen durch Staudinger und seine Mitarbeiter: Helv. Chim. Acta 8/1925, 41ff.; Ber. d. Dt. Chem. Ges. 59/1926, S. 3019ff. sowie ebenda, Jg. 60, 1782 u. 62, 241(u. ff.)

zinische Forschung. Zur Faserstoff-Forschung, die sich zunächst auf die künstliche Verformung natürlicher Polymeren (Zellulose) konzentrierte, trugen die textilmikroskopischen Arbeiten Aloys Herzogs bei.

1930 begann Walter Reppe mit Arbeiten, die zur modernen Acetylenchemie und damit zur Synthetisierung vieler Kunststoffe führten. Um 1932 setzte die Erarbeitung linearer Polykondensate ein. Auf Forschungen Fritz Klattes aufbauend, begannen die IG Farben-Werke in Ludwigshafen und Bitterfeld um 1930 die Produktion des Polyvinylchlorids (PVC). Grundlegende Beiträge zur Entwicklung synthetischer Fasern (Polyester und Polyamid) leistete der Amerikaner Wallace Hume Carothers seit 1929.[140] 1932 hatte er, wie Hermann Klare betont, „eigentlich das Prinzip der Herstellung synthetischer Fasern aus unzersetzt schmelzenden linearen Hochpolymeren gefunden, welches sich letzten Endes in der Polykondensation, dem Verformen der geschmolzenen Polykondensaten zu Fäden, und im anschließenden Kaltstreckprozeß dokumentiert".[141] Von Polyestern ausgegangen, fand er 1934 die größere Eignung bestimmter Polyamide für die Faserproduktion. Paul Schlack befaßte sich im Berliner Aceta-Werk mit ähnlichen Arbeiten, die er in der Wirtschaftskrise 1931 unterbrach. Die endgültigen Voraussetzungen der amerikanischen Nylon- und der deutschen Perlon(Dederon) produktion entstanden bis zum Ausgang der dreißiger Jahre durch Paul Schlack und seine Mitarbeiter und über die Erkenntnisse Carothers'.

Gleichzeitig wurden die Arbeiten zur Synthetisierung von Treibstoffen und Kautschuk verstärkt. Franz Fischer und Hans Tropsch (Mülheim) führten die katalytische Benzinsynthese aus Kohlenmonoxyd und Wasserstoff seit 1922 durch. Fast gleichzeitig begann die technologische Entwicklung des von Friedrich Bergius (1913) erarbeiteten Hochdruck-Kohlehydrierungsverfahrens in den BASF Ludwigshafen. Bis 1925 war das Fischer-Tropsch-Verfahren ausgearbeitet, 1932 begann in den Leuna-Werken die Produktion von Benzin aus Braunkohle.

Dem Nachweis der Zusammensetzung des Naturkautschuks aus Isopreneinheiten durch Carl Harries (1919) kam neben den makromolekularen Arbeiten Staudingers große Bedeutung zu. Bereits um 1900 führte J. Kondakov in Rußland eine in der Geschichte des künstlichen Kautschuks wichtige Methylbutadien-Polymerisation durch. Der deutsche Butadien-Kautschuk des ersten Weltkriegs war noch unelastisch. Brauchbare Kautschuksorten wurden ab 1926 gewonnen: Die langjährigen Vorarbeiten leisteten S. V. Lebedev in der Sowjetunion und Fritz Hofmann in Deutschland. Auf Lebedevs Arbeiten aufbauend, begann die Sowjetunion 1932 die Produktion synthetischen Kautschuks. Fü die spätere deutsche Produktion wurde die Butadien-Mischpolymerisation (mit Styrol bzw. Acrylnitril; durch Erich Konrad und Mitarbeiter seit 1930) wichtig.

Bedeutsam wurden die Beiträge N. Selinskijs in der Sowjetunion zur Entwicklung der Petrochemie, die zu aromatischen Kohlenwasserstoffen aus dem

---

140 Vgl. H. Klare (unter Mitarbeit von E. Fritzsche und V. Gröbe), Synthetische Fasern aus Polyamiden. Technologie und Chemie, Berlin 1963, S. 4. Eine der frühen Originalarbeiten von Carothers/Hill findet sich in Journ. Amer. Chem. Soc. 54/1932, 1579.

141 H. Klare, a. a. O., S. 4.

Erdöl und damit zu Grundlagen der Synthese von Farbstoffen, Medikamenten, Plasten, künstlichem Kautschuk usw. führten.

Zu den führenden Organikern in Deutschland gehörte neben Forschern wie Richard Willstätter und Heinrich Wieland auch Karl Freudenberg, der seit 1922 über „sterische Reihen" publizierte und Zuckerforschungen durchführte und 1929 mit der Veröffentlichung von Ergebnissen seiner Zellulose- und Ligninforschungen begann. Otto Diels und Kurt Alder entdeckten 1928 die Dien-Synthese. Hans Meerwein trug seit 1927 wesentlich zur Erkenntnis von Ionenreaktionen in der organischen Chemie bei.

An der Grenze zwischen Chemie und Biologie entwickelte sich die Biochemie, die sich mit der Untersuchung von Vorgängen im lebenden Organismus befaßte. Hier wurde vor allem erkannt, daß die menschliche Gesundheit und Lebensfähigkeit „in entscheidender Weise von der Anwendung oft nur in Spuren vorkommender Stoffe in der Nahrung abhängig sind."[142] Die Kenntnisse zur Konstitution und Wirkungsweise der Vitamine und Hormone erweiterten sich; die Enzyme (Fermente) — nunmehr auch Arbeitsgebiet Richard Willstätters — wurden zunehmend als „katalytische" Wirkstoffe chemischer Reaktionen im lebenden Organismus erkannt: Als „Wissenschaft von den Enzymen, den durch sie bewirkten Reaktionen und deren Wechselwirkungen"[143] war die Biochemie jedoch noch nicht definiert.

1922 entdeckte Herbert McLean Evans das Vitamin E (Tocopherol); 1926 isolierten B. C. P. Jansen und W. F. Donath das Vitamin B1 (Aneurin)[144]; Adolf Windaus, R. Pohl und A. F. Heß klärten die Bildung des antirachitischen Vitamins D1 durch Ultraviolettbestrahlung des in seiner Konstitution von Windaus zuvor geklärten Ergosterins[145]; Windaus, der u. a. auch die Zusammensetzung des Cholesterins geklärt hatte und überhaupt an der Entwicklung der Steroidchemie vor Forschern wie Heinrich Wieland und Adolf Butenandt führend beteiligt war[146], zerlegte mit seinen Mitarbeitern das Vitamin D in die Komponenten D1 und D2, isolierte ein Präparat D1 und gewann reines D2, das mit dem englischen „Calciferol" identisch war.[147] Die englische Forschergruppe (R. B. Bourdillon, F. A. Askew, T. C. Angus, H. M. Bruce) veröffentlichte ihre Ergebnisse zwischen 1930 und 1932. Nach der Strukturaufklärung der Porphyrine und Porphyrinderivate klärte Hans Fischer 1927 die Konstitution des Hämins, das er 1929 synthetisierte.[148] Albert von Szent-György isolierte 1928

---

[142] A. Scheunert, Ziele und Aufgaben der Ernährungsforschung. In Berichte und Mitteilungen aus dem Institut für Ernährungsforschung und der Anstalt für Vitaminforschung PotsdamRehbrücke, Bd. I, H. 1, Berlin 1956, S. 3.

[143] H. Konopatzky, Biochemie und Grenzgebiete. In: A. Mette/I. Winter (Hrsg.), Geschichte der Medizin. Einführung in ihre Grundzüge, Berlin 1968, S. 305.

[144] Vgl. Proc. Konikl. Nederland. Akad. Wetenschap 35/1926, S. 923.

[145] Vgl. Nachr. Ges. d. Wiss. Göttingen 175/1926.

[146] Vgl. Ann. d. Chem. 489/1931, S. 252; 492/1932, S. 226.

[147] Vgl. Proc. Roy. Soc. Ser. B. 107/1930, S. 76; 108/1931, S. 340, 568; 109/1932, S. 488.

[148] Vgl. Ber. d. Dt. Chem. Ges. 60/1927, S. 2622ff.; Annalen der Chemie 468/1929, S. 48f. (H. Fischer zusammen mit K. Zeile).

die Ascorbinsäure aus Früchten und klärte bald darauf ihre Identität mit dem Vitamin C.

Adolf Butenandt, der gleichzeitig mit Edvard Adalbert Doisy 1929 das erste Hormon (Östron) isolierte[149], stellte 1931 das kristallisierte männliche Sexualhormon (Andosteron) rein dar. Bis 1931 klärten Paul Karrer, Hans von Euler-Chelpin und Richard Kuhn den Aufbau des Vitamins A.[150] 1926 gelang James B. Sumner erstmals die Kristallisation und der Nachweis des Eiweißaufbaues eines Enzyms, der Urease. 1930 erreichte John Howard Northrop die Reindarstellung der kristallisierten Enzyme (Fermente) Pepsin und Trypsin. Paul Karrer klärte die Konstitutionsformel für ein natürliches Carotin.[151]

Die Bedeutung der Forschungen Heinrich Bredereck, der seit 1932 Nucleoside, später Nucleinsäuren und Nucleosidasen untersuchte[152], zeigte sich erst in der modernen molekularbiologischen Erkenntnis der Nucleinsäuren als Bausteinen der lebenden Zelle. Die Wissenschaft drang über die Erforschung der Vitamine, Hormone und Enzyme zu grundlegenden biochemischen Vorgängen im lebenden Organismus vor. Forschungsergebnisse wie die Gewinnung des Hormons Insulin durch Frederick G. Banting und Charles Herbert Best (1921) und seine Kristallisation durch John J. Abel (1925) wurden für die Bekämpfung der Zuckerkrankheit entscheidend. 1923 gaben Bernhard Heymann, Richard Kothe und Oskar Dressel die Entdeckung des Germanins, des Heilmittels gegen die Schlafkrankheit, bekannt[153]: für die Bayer-Werke und die spätere IG-Farben wurde das „Bayer 205" wie das Malaria-Heilmittel Plasmochin (W. Schulemann, F. Schönhofer, A. Wingler 1926) und andere Chemotherapeutika zur Waffe im kapitalistischen Konkurrenzkampf.[154] 1932 entdeckte Gerhard Domagk die Heilwirkung des späterhin erst eingesetzten Sulfonamids Prontosil; Walter Kikuth führte das von Friedrich Mietzsch und Hans Mauss entdeckte Atebrin in die Therapie ein. Bereits 1928 entdeckte der Bakteriologe Alexander Fleming die wachstumshemmende Wirkung des Penicilliums notatum gegenüber Bakterien; das Penicillin wurde erst viel später entwickelt.

Der Physikochemiker Fritz Haber sprach im Jahre 1922 vom „Zeitalter der Chemie".[155] Die Revolutionierung naturwissenschaftlicher Erkenntnisse ging

---

[149] „Die Naturwissenschaften" 17/1929, S. 879; Journ. biol. Chem. 86/1929, S. 499.

[150] Vgl. Chim. Acta, 14/1931, S. 2489 (Mitteilung Karrers).

[151] Ebda, 13/1930, S. 1084.

[152] Vgl. Ber. d. Dt. Chem. Ges. 65/1932, S. 1830 u. ff.

[153] Vgl. Zs. f. angew. Chem. 37, 585.

[154] C. Duisberg, der Exponent der IG-Farben, verwies 1929 in einer in Japan gehaltenen Rede auf die Bedeutung von Präparaten wie das Plasmochin, das Narkoticum Avertin und das Schmerzstillungsmittel Compral für die deutschen Monopole: „Durch all das vermochten wir uns die Voraussetzungen zu schaffen, um trotz mancher Rückschläge und vieler Hemmungen die alte Stellung am Weltmarkt wiederzugewinnen." C. Duisberg, Japan und Deutschland. In: Ders., Abhandlungen, Vorträge und Reden aus den Jahren 1922—1933, Berlin 1933, S. 594).

[155] Vgl. F. Haber, Das Zeitalter der Chemie, seine Aufgaben und seine Leistungen. In: Deutsche Revue, Februar 1922 (Sonderdruck).

jedoch von der Physik aus. Der Aufschwung der Chemie ging schnell voran; vor allem verflochten sich hier Wissenschaft und Praxis immer enger. Hierauf bezog sich Haber, der neben Walther Nernst, Max Bodenstein, Wilhelm Schlenk, Karl Andreas Hofmann und Otto Hahn sowie zunächst neben Emil Fischer und und Ernst Beckmann die Chemie auch als Ordentliches Mitglied der Berliner Akademie vertrat. Die Reihe der neugewählten Korrespondierenden Mitglieder war klein, umfaßte aber mit Theodor Curtius, Carl Engler, Gustav Tammann und William Henry Bragg bekannte Wissenschaftler, zu denen der Pharmakologe Hans Horst Meyer und der Exponent der Bayer-Werke und der IG-Farbenindustrie Carl Duisberg traten; Richard Willstätter war nunmehr von München aus Auswärtiges Mitglied. In den Vorträgen und Abhandlungen wie in der Wahlpolitik der Akademie reflektierte sich die schnell wachsende Bedeutung der Chemie in Wissenschaft und Wirtschaft jedoch nur begrenzt.

Die Biologie schritt in Grundlagenerkenntnissen und in der botanischen, zoologischen und humanbiologischen Forschung voran. Spezialisierungs- und Integrationsprozesse wirkten in der Aufnahme chemischer und auch physikalischer Erkenntnisse, in der breiten Bedeutung der Biochemie und biologischer Disziplinen wie der Genetik.

Mit der Wiederentdeckung der Mendelschen Vererbungsregeln durch Hugo de Vries (der auch die Mutationstheorie begründete), Carl Correns und Gustav von Tschermak-Seysenegg hatte um 1900 die Entwicklung der klassischen Genetik begonnen. Thomas Hunt Morgan führte seit 1910 den Nachweis der Lokalisation und linearen Kopplung der Erbträger (Gene) auf den Chromosomen des Zellkerns; er zeigte die Austauschbarkeit der Gene zwischen homologen Chromosomen. C. Correns, Theodor Boveri und Erwin Baur erkannten die Bedeutung des Plasmas als Erbträger. Diese Tatsache betonten Hans Winkler (1924), C. Correns (Internationaler Genetikerkongreß 1927 in Berlin) und V. Grégoire (1928). 1922 verwiesen Otto Renner und Julius Schwemmle auf die Bedeutung der Zellorganellen grüner Pflanzen (Plastiden) für die Vererbung; Genome, Plasmone und Plastome wurden als Vererbungsträger erkannt. Ihr funktioneller Zusammenhang war nicht geklärt; offen blieb das Wesen der Mutationen; korpuskuläre und physiologisch-funktionelle Auffassungen des Gens als des Grundbegriffs der Genetik standen sich gegenüber: viele Fragen traten auf, die z. T. erst von der modernen Molekulargenetik beantwortet werden.

Mit der Induzierung künstlicher Mutationen (zuerst durch Nadson und Philipov 1925) begann um 1930 eine neue Phase auf dem Wege zur dynamischen Auffassung der Vererbungsvorgänge. Der Amerikaner Hermann Joseph Muller, der über seine Untersuchungen am klassischen Objekt der Vererbungsforschung, der Taufliege (Drosophila melanogaster) auf dem V. Internationalen Genetikerkongreß 1927 in Berlin berichtete, und im folgenden Jahre Louis J. Stadler beim Mais steigerten die Mutationsrate um mehr als das Tausendfache. Die erste Brücke zur Physik war geschlagen, der Weg zur Strahlengenetik beschritten. 1929 erzielte Hans Stubbe in Deutschland ähnliche Ergebnisse beim Löwenmaul (Antirrhinum magus). Seit Ende der zwanziger Jahre wurden durch die experimentelle Auslösung von Genmutationen neue züchterisch wertvolle Pflanzenformen gewonnen. Durch Art- und Gattungskreuzungen und nachfolgende Verdoppelung der Chromosomensätze, z. B. bei Kohl-Rettich-Bastarden durch den sowjetischen Genetiker G. D. Karpečenko (1928), aber auch durch Resynthetisierung einer Hohlzahnart (Galeopsis tetrahit) durch den Schweden Arne Müntzing (1930) konnten neue Pflanzenarten hergestellt bzw. die Entstehung schon bekannter Arten experimentell wiederholt werden. N. I. Vavilov, N. N. Kol'cov und A. Serebrovskij haben um die Genetik zu jener Zeit große Verdienste erworben. Vavilov, dessen Genzentrentheorie weltbekannt wurde, die er über dem auf zahlreichen großem Sammelreisen gesammelten und später in der Sowjetunion angebauten Pflanzenmaterial konzipierte, wurde zum Organisator breit angelegter genetischer und züchterischer Arbeiten auf der Basis der in den verschiedenen Gebieten des Landes errichteten Stationen und der dort vorhandenen vielfältigen Pflanzenformen.[156] In Deutschland half Erwin Baur den zeitweise gefährdeten Anschluß an die internationale (angewandte) Genetik zu behaupten. 1930 bezeichnete er in seiner „Einführung in die experimentelle Vererbungslehre" die Fähigkeit des Organismus, auf verschiedene Bedingungen mit der Ausbildung unterschiedlicher phänotypischer Merkmale zu reagieren, als Reaktionsnorm des Organismus. Cyrill Norman Hinshelwood zeigte, daß sich gewisse Bakterien unter bestimmten Bedingungen auf genetischer Basis neuen Nahrungsquellen anpassen; er steigerte ihre antitoxische Widerstandsfähigkeit. Probleme des Verhältnisses endogener und exogener Faktoren, der Wirkung von Erbanlagen und Umwelt wurden aufgeworfen. Die Behauptung, daß es eine Vererbung erworbener Eigenschaften gäbe, war nicht überwunden, obwohl von der Genetik kein entscheidender Beweis hierfür bisher geliefert worden war. Die These des dialektischen Determinismus, „daß der Effekt äußerer Einwirkungen von den inneren Bedingungen eines Systems abhängt", wurde indessen durch die Wissenschaft zunehmend bestätigt.[157] Gleichzeitig wuchs der Einfluß des Rassismus auf die Humangenetik in Deutschland: Hans F. K. Günther propagierte ihn in seiner bereits präfaschistischen „Rassenlehre" (1921); in Äußerun-

---

[156] Vavilovs Arbeit: The Law of homologous series in variation (J. Genet. 12, 47–89, 1922) wird in der modernen Genetik und Züchtungsforschung vielfach zitiert. Vgl. z. B. H. Stubbe, On the relationships between the Spontaneous and Experimentally Induced Form Diversity and on Some Experiments on the Evolution of Cultivated Plants. In: Ders. (Hrsg.), Induzierte Mutationen und ihre Nutzung. Erwin-Baur-Gedächtnisvorlesungen IV 1966. Abh. d. DAW zu Berlin, Klasse für Medizin, Jg. 1967, Nr. 2, S. 106; V. B. Enken (Novosibirsk), Manifestation of Vavilov's Law of Homologous Series in Hereditary Variability in Experimental Mutagenesis. In: Ebda., S. 123ff. Zu Vavilov vgl. auch: Rasvitie Biologii v SSSR, Moskau 1967, S. 23; H. Stubbe, Über die deutsch-sowjetischen Wechselbeziehungen im Bereich der Naturwissenschaften, insbesondere der Biologie und Landwirtschaftswissenschaften. Deutsche Akademie der Landwirtschaftswissenschaften zu Berlin, Sb., Bd. XVI, H. 11, S. 19f. Akademiemitglied Prof. Dr. H. Stubbe gab zu den biologischen Aussagen wertvolle Hinweise, für die auch hier gedankt wird.

[157] Vgl. R. Löther, Biologie und Weltanschauung. Eine Einführung in philosophische Probleme der Biologie vom Standpunkt des dialektischen und historischen Materialismus, Leipzig/Jena/Berlin 1972, S. 54.

gen von Eugen Fischer, der den Rassismus unter der faschistischen Diktatur nicht weniger aggressiv vertrat, trat er zunehmend hervor.

Biologen und Biochemiker begannen in Fragen der Entstehung und des Wesens des Lebens einzudringen. Dies waren biologische Grundprobleme, die erst durch die moderne allgemeine und Molekularbiologie erforscht wurden. Aber 1928 entdeckte Karl Lohmann z. B. im Adenosintriphosphat (ATP) einen Träger biologisch verwertbarer chemischer Energie, der „im Zellstoffwechsel fast aller Lebewesen eine dominierende Stellung einnimmt" und die Materialbasis für die Synthese eines der bedeutsamsten Stoffe der modernen Biowissenschaften wurde, des 1958 entdeckten „zyklischen AMP" (Adenosin-3',5'-Monophosphat), das seitdem als Wirkungsvermittler von Hormonen und nervalen Überträgersubstanzen nachgewiesen wurde.[158] Schon 1924 gab der sowjetische Biochemiker A. I. Oparin eine dialektisch-materialistische Analyse früherer und derzeitiger Auffassungen zur Entstehung des Lebens und der hierin wesentlichen geochemischen und biochemischen Kenntnisse. Oparin, John D. Bernal und andere entwickelten hieraus schließlich die Auffassung, daß sich unter bestimmten Bedingungen in geochemischen und kosmischen Prozessen aus einfachen Substanzen komplizierte organische Verbindungen wie Proteine und Nukleinsäuren bilden, die zum Ausgangspunkt der Entwicklung von Lebewesen aus polymolekularen kolloidchemischen Komplexen (Koazervatsystemen) wurden. So entstand der Ansatz einer dialektisch-materialistischen Theorie der Entstehung des Lebens, der die moderne Forschung befruchtete und umgekehrt von ihr bestätigt wurde.

Der Berliner Kreis um Carl Correns, Max Hartmann und Richard Goldschmidt blieb eines der Zentren biologischer und genetischer Forschung. Max Hartmann, durch seine Protozoenforschungen und seine Arbeiten zum Sexualitätsproblem bekannt, veröffentlichte 1925 die „Allgemeine Biologie. Eine Einführung in die Lehre vom Leben", in der er vitalistischen und mechanistischen Auffassungen entgegentrat; er vertrat dabei bürgerlich-philosophische Positionen in Anlehnung an die Erkenntnistheorie und Ontologie Nicolai Hartmanns. 1925 publizierte er einen Vortrag über „Biologie und Philosophie", in dem er den Vitalismus und den Mechanismus zurückwies, das Problem der Zweckmäßigkeit im Lebendigen rational behandelte und dialektische Ansätze zur Kausalität und zum Determinismus in der Biologie vortrug.[159] Max Hartmanns philosophische Position blieb trotz ihrer materialistischen und dialektischen Ansätze widersprüchlich und metaphysisch beeinflußt.

Die Entwicklungsphysiologie schritt unter chemischen, physikalischen sowie morphologischen Aspekten voran. Grundsätzlich wichtig — auch im Ringen gegen den Entwicklungsmechanismus — war die Entdeckung des Organisator-

---

[158] Vgl. H. Konopatzky, Biochemie und Grenzgebiete. In: A. Mette/I. Winter (Hrsg.), Geschichte der Medizin, a. a. O., S. 311; auf die Erkenntnis K. Lohmanns verweist z. B. A. Wollenberger, Ein neues Wunderkind der Biologie. In: Spektrum, H. 6/1972, S. 13.

[159] Vgl. W. Wächter, Naturforschung und kritische Ontologie. Zum philosophischen Wirken Max Hartmanns. Rostocker philosophische Manuskripte, H. 4, Universität Rostock 1967, S. 35.

bezirkes und des Organisatoreffektes der Embryonalentwicklung durch Hans Spemann und seine Mitarbeiter: sie zeigten, daß die Transplantation von Teilen von Eiern in einem frühen Entwicklungsstadium zur Herausbildung eines vollen Organismus führen kann.[160]

Die Erforschung der Vitamine und anderer essentieller Bestandteile und vor allem die Erkenntnis alimentärer Besonderheiten des Eiweißstoffwechsels vertiefte die Stoffwechselphysiologie entscheidend. Die Forschung griff über die Leistungen Max Rubners hinaus, der die Atmungs- und Stoffwechselphysiologie zu einem gewissen Abschluß brachte (direkte und indirekte Kalorimetrie; Isodynamiegesetz, experimenteller Nachweis der Gültigkeit des Energie-Erhaltungsgesetzes im Warmblüterorganismus); überwunden wurde auch Rubners mechanistische Auffassung der Lebensvorgänge.[161] Die Arbeiten Emil Abderhaldens (ab 1912), E. F. Terroines (1927), Karl Thomas' (1930) und anderer klärten Besonderheiten des Eiweißstoffwechsels auf. Otto Meyerhof und E. Lundsmark beantworteten Fragen der Glykose- und der Milchsäurebildung in der Muskulatur; Otto Heinrich Warburgs Enzym(Ferment-)- und Gärungsforschungen trugen maßgeblich zur komplexen Erfassung elementarer Lebensvorgänge bei. Warburg erkannte die enzymatischen und coenzymatischen Grundlagen der Zellatmung; er überwand konträre Hypothesen, indem er die biologische Oxydation untersuchte und eine Theorie der Zellatmung vorlegte.[162] Seine Fermentuntersuchungen regten die Tumorforschung an. Carl Neuberg führte seine Gärungsforschungen weiter.[163] Allgemein gewann die Mikrobiologie (Bakteriologie) für die Medizin weiterhin an Bedeutung. Die Erforschung der Wirkungsweise der innersekretorischen (endokrinen) Drüsen schritt voran: Die hormonale Steuerungsfunktion der Hypophyse wurde aufgeklärt; der Zusammenhang zwischen endokrinen und nervalen Vorgängen wurde deutlicher. Edgar Douglas Adrian, Henry H. Dale und H. W. Dudley, Hans Berger und andere zeigten die elektrische Natur von Nervenimpulsen; Berger entwickelte den medizinisch-diagnostisch wichtigen Elektro-Enzephalographen.[164]

Für die Biologie und Humanbiologie wurden komplexe Untersuchungen und vergleichende Beobachtungen an hochentwickelten Affen (Anthropoiden) wesentlich. Fruchtbare Beiträge zur Verhaltensforschung leistete Carl von Frisch (Mitteilungsvermögen der Bienen). Zoologie und Botanik wandten sich auch der Biozönose zu. Die Ökologie als Lehre von den Beziehungen der Organis-

---

[160] Vgl. J. D. Bernal, Die Wissenschaft in der Geschichte, a. a. O., S. 606.

[161] Vgl. H. Konopatzky, Biochemie und Grenzgebiete. In: A. Mette I. Winter (Hrsg.), Geschichte der Medizin, a. a. O., S. 310.

[162] Vgl. ebenda, S. 311. Dazu u. a. O. Warburg, Ideen zur Fermentchemie der Tumoren. Abhdl. d. DAW zu Berlin, Math.-nat. Kl., Jg. 1947, Nr. 3, S. 2f.

[163] Arbeiten Neubergs erwähnen O. Hanč/A. Čizinska, Zusammenhänge zwischen Steroidumwandlung und Eigenmetabolismus der Mikroorganismen. In: Symposium über die biochemischen Aspekte der Steroidforschung. Jena, 18. bis 21. September 1967. Abhdl. d. DAW zu Berlin, Kl. f. Medizin, Jg. 1968, Nr. 2, S. 90.

[164] Vgl. J. D. Bernal, a. a. O., S. 613.

men zu ihrer Umwelt entfaltete sich in ihren Grundlagen, woran führende Berliner Biologen mitgewirkt haben.

Die botanische und zoologische Sammlungs- und Systematisierungsarbeit wurde global weitergeführt. In der botanischen Systematik waren Richard von Wettstein und der Berliner Botaniker Adolf Engler seit langem führend tätig. Die botanische und zoologische Taxonomie, die auf Ergebnisse der Morphologie und Anatomie, der Physiologie, der Genetik, der Evolutionsforschung und anderer Bereiche der Biologie angewiesen blieb, stand nicht im Mittelpunkt des Interesses der Biologen.

Die beschreibende und systematisierende Botanik und Zoologie blieb jedoch das eigentliche biologische Arbeitsfeld der Berliner Akademie. Bedeutende Biologen wie Carl Correns, Karl Heider, Willy Kükenthal, Richard Hesse, Adolf Engler und Ludwig Diels, Physiologen wie Max Rubner und Wilhelm Trendelenburg und Anatomen wie Rudolf Fick waren ihre Ordentlichen Mitglieder; zu den neugewählten 23 Korrespondierenden Mitgliedern aus biologischen Disziplinen zählten die Zoologen Hans Spemann und Hans Lohmann, der Forstzoologe Ludwig Rhumbler, die Botaniker Richard von Wettstein, Friedrich Oltmanns, Svante Murbeck, Hans Winkler und Nordal Wille, der Pflanzenphysiologe Hans Molisch, die Physiologen Johannes von Kries und Graham Lusk, die Anatomen Ross Granville Harrison und Ferdinand Hochstetter, der Histologe Viktor Ebner.

Tierische und pflanzliche Züchtungsforschung, Pflanzen- und Tierernährung wurden als Bereiche angewandter Biologie durch die Landwirtschaft stimuliert. Zugleich entwickelte sich die Biologie — wiederum in vielfacher Verflechtung besonders zur Chemie — als Grundlage der Medizin. Auf die Bedeutung biochemischer, physiologischer und mancher chemotherapeutischer Forschungsergebnisse für die medizinische Forschung und Praxis wurde bereits verwiesen.

Der Sieg der Oktoberrevolution und die Umgestaltung der gesellschaftlichen Verhältnisse ermöglichten in der Sowjetunion einen qualitativ neuen Entwicklungsweg der medizinischen Forschung und der ärztlichen Betreuung der Bevölkerung. Das Werden der neuen Gesellschaft stimulierte die Medizin, die dabei durch die Erkenntnisse von Gelehrten wie I. P. Pavlov und anderen mitgeformt wurde. Insgesamt verbreiterte sich die medizinische Wissenschaft im internationalen Maßstab, indem Wissenschaftler vieler Länder immer stärker zur Vertiefung und Erweiterung des Erkenntnisstandes in verschiedensten Teilgebieten beitrugen. Obwohl die Nachkriegsbedingungen im bürgerlichen Deutschland gravierende Engpässe für die Medizin in Forschung und Praxis mit sich gebracht hatten, kam der deutschen medizinischen Forschung am Fortschritt der Erkenntnisse auch weiter ein Anteil zu, der in verschiedenen Fachgebieten allerdings unterschiedlich war. Ein Wandel zeichnete sich in den allgemeinen Grundlagen medizinischen Denkens ab. Auf das rein naturwissenschaftliche Denken, das sich unter dem Eindruck der Zellularpathologie Rudolf Virchows entwickelt hatte, waren auch geisteswissenschaftlich orientierte, von verschiedenen Strömungen der bürgerlichen Philosophie (Neukantianismus,

Lebensphilosophie, Existentialismus) beeinflußte Auffassungen gefolgt[165]; die Psychoanalyse gewann an Einfluß — am stärksten allerdings außerhalb der wissenschaftlichen Forschung und Lehre. In den zwanziger Jahren wurde die Entwicklung der medizinischen Erkenntnis auch dadurch gefördert, daß die morphologische Denkweise durch die funktionelle Betrachtung überwunden wurde. Gustav Rickers „Relationspathologie" betonte die Bedeutung der innervierten (nervlich gesteuerten) Blutstrombahn in ihren Beziehungen zu den davon abhängigen Zellen. Die Ausrichtung auf die Einzelzelle war überwunden. Pathologische Vorgänge wurden als Störungen funktioneller Zusammenhänge im Gesamtorganismus aufgefaßt. Dies alles berührte sich mit der Permeabilitätspathologie (Hans Eppinger, Robert Rössle).[166]

Die pathologische Anatomie, die Rudolf Virchow führend repräsentiert hatte, entwickelte sich auf breiterer internationaler Basis. Die Genese der Entzündungen z. B. blieb zwar umstritten; die Allergielehre wurde auch methodologisch weitergeführt; die Morphologie führte die Klassifizierung von Gewächsen auf Grund ihrer histologischen Feinstruktur voran.[167] Morphologische Forschungen wurden z. B. zur Herztätigkeit, zum Hochdruck, zu Durchblutungs- und Kreislaufstörungen durchgeführt; die morphologische Untersuchung biochemisch bekannter Stoffwechselstörungen wurde trotz der noch ungenügenden histochemischen Grundlagen fortgesetzt. Die spezielle Pathologie vertiefte oder klärte die Krankheitsbilder der Organe und der Gefäße.

Für die Entwicklung der inneren Medizin kam der methodischen und instrumentellen Ausgestaltung der Diagnostik größte Bedeutung zu: Die kardiale Diagnostik wurde durch die Herzkathetisierung verbessert (Selbstversuch Werner Forssmanns 1929); wesentliche Erweiterungen erfuhr die Röntgendiagnostik z. B. in der Darstellungsmethode A. Sicards und Jacques Forestiers für Hohlräume im Röntgenbild, im Röntgenschichtverfahren und anderen Methoden. Die Gastroskopie wurde instrumentell und methodisch realisiert (Rudolf Schindler 1923, 1932).

In Deutschland förderte Friedrich Kraus die innere Medizin, der auch die verfeinerte Röntgendiagnostik, die Hämatologie, die Kalorimetrie Rubners in die klinische Arbeit einbezogen hatte. Kraus, der 1920 sein Werk „Allgemeine und spezielle Pathologie der Person" veröffentlichte, Gustav von Bergmann und Theodor Brugsch, der an der Entwicklung der Konstitutionslehre gemeinsam mit Kraus beteiligt war, waren führende Vertreter der klinischen Pathologie. Seit 1923 veröffentlichte August Bier seine klinischen Abhandlungen über die „Regeneration beim Menschen", in denen die Regeneration von Gefäßen, Geweben, Muskeln, Sehnen und Knochen behandelt und die Wirkung von Vita-

---

[165] Vgl. hierzu A. Thom/K. Weise, Medizin und Weltanschauung, Leipzig/Jena/Berlin 1973 S. 7ff.
[166] Vgl. L.-H. Kettler, Pathologische Anatomie. In: A. Mette/I. Winter (Hrsg.), Geschichte der Medizin, a. a. O., S. 276f.
[167] Vgl. ebda., S. 277.

minen und Hormonen untersucht wurde.[168] Auf chirurgischem Gebiet veröffentlichte Ferdinand Sauerbruch 1920 sein Werk „Die Chirurgie der Brustorgane", in dem er den Stand der von ihm entwickelten Thoraxchirurgie zusammenfaßte. Die Chirurgie wurde in großer Breite weiterentwickelt[169], wofür der Ausbau der Anästhesie zur wesentlichen Voraussetzung wurde. 1924 begann Lorenz Böhler seine unfallchirurgischen Arbeiten; Martin Kirchner gelang die Entfernung eines Embolus aus der Lunge; 1928 führte Franz Keysser die elektrochirurgische Behandlung maligner Tumoren ein. Schüler bekannter Chirurgen — in Deutschland z. B. um Ferdinand Sauerbruch — blieben bedeutsam. Harvey Cushing, Schüler des Schweizer Chirurgen Theodor Kocher, begründete z. B. die moderne Neurochirurgie.[170] In der Gynäkologie schritt die Diagnostik und die operative Technik voran. Bedeutsam wurde auch hier die Hormonforschung (Follikelhormon; Schwangerschaftsnachweis Selmar Aschheims und Bernhard Zondeks und anderes).[171]

Dringend war das Carcinomproblem auch für die Kliniker. Angesichts der Vielfalt der Probleme wurde die Früherkenntnis von Carcinomen zu einer entscheidenden Frage. Hier erleichterte die Konstruktion des Kolposkops durch Hans Hinselmann (1925) den Gynäkologen die Diagnose des Follumcarcinoms. Ein Weg zur zytologischen Krebserkennung, den G. N. Papanicolaou und Traut 1928 angegeben hatten, wurde vorerst wenig beachtet.

Nachdem die Sozialhygiene an deutschen Universitäten lange unbeachtet blieb, war die Berufung Alfred Grotjahns an die Berliner Universität wesentlich, der die Forschung hier gegen manche Widerstände aktivierte. Sozialdarwinistische und rassenhygienische Postulate gewannen in Deutschland jedoch an Einfluß. In der Berliner Akademie vermochte sich der Aufschwung in der medizinischen Forschung nur über Disziplinen wie die Anatomie und die Physiologie oder über biologisch-biochemische Bereiche zu reflektieren. Klinische Mediziner fanden in der Reihe ihrer Mitglieder noch keinen Platz.

In der Medizin wie in der Biologie, Chemie oder Physik zeigte sich auch in diesen Jahren anschaulich, daß der wissenschaftliche Fortschritt sich unter anderem in enger Verbindung zur Weiterentwicklung der apparativen Technik vollzieht. Zugleich trat noch deutlicher in Erscheinung, daß das Wechselverhältnis von Wissenschaft und Produktion durch die Technik vermittelt wird. Führende Gelehrte der Berliner Akademie sahen diese Zusammenhänge zwischen experimentellen Naturwissenschaften und Technik, zwischen Wissenschaft, Technik

---

168 Vgl. K. Vogeler, Die Chirurgie unter August Bier 1907—1932. In: Das Universitätsklinikum in Berlin. Seine Ärzte und seine wissenschaftliche Leistung 1810—1933, Leipzig 1939, S. 120ff.

169 Vgl. H.-J. Serfling/F. Flemming, Chirurgie. In: A. Mette/I. Winter (Hrsg.), Geschichte der Medizin, a. a. O., S. 346ff.

170 Vgl. zur Chirurgie zusammenfassend H.-J. Serfling/F. Flemming, a. a. O., S. 341ff.; Aschoff/Diepgen/Goerke, Kurze Übersichtstabelle zur Geschichte der Medizin. 7. Aufl. Heidelberg 1960, S. 66.

171 Vgl. H. Igel, Geburtshilfe und Gynäkologie. In: A. Mette/I. Winter (Hrsg.), a. a. O., S. 349ff.

und Produktion in den Grenzen eines bürgerlichen Wissenschaftsverhältnisses. Die Bedeutung der Technik, ihre wachsende Verflechtung mit der wissenschaftlichen Forschung kam in der Arbeit der Akademien der Wissenschaften in Deutschland jedoch wenig zur Geltung.

Die technische Entwicklung vollzog sich auch weiterhin unter dem Einfluß der Empirie und der Wissenschaft. Die Bedeutung der Empirie war immer noch groß. Zugleich entfalteten sich die technischen Wissenschaften verstärkt; die Bedürfnisse der industriellen Technik stimulierten die physikalische, chemische und mathematische Forschung; der Aufschwung der theoretischen Physik, aber auch der Geophysik und anderer Disziplinen kam den technischen Wissenschaften zugute.

Die Steigerung der Elektroenergieversorgung, die für die Industrieentwicklung entscheidend war, vollzog sich besonders über den Ausbau von Wärmekraftwerken, in geringerem Umfange über den der Wasserkraftwerke.[172] Für die Entwicklung schnell laufender Turboaggregate wurden die Überlegungen des tschechischen Technikers Viktor Kaplan zur Erhöhung der Umlaufgeschwindigkeit von Turbinen (1912) wichtig; die Wasserturbine mit verstellbaren Laufschaufeln trat zur Francisturbine.[173] Die Vollendung des damals größten Dnepr-Wasserkraftwerkes in der Sowjetunion (1932) leitete auf diesem Gebiet neue Größenordnungen ein. Die Starkstromtechnik wurde intensiviert; Hochspannungslaboratorien und Transformatoren ermöglichten die Erweiterung des Starkstromnetzes; elektrische Übertragungsnetze wurden ausgebaut. In der Industrie setzte sich der Elektroantrieb von Maschinenanlagen weitgehend durch. Zwar wurden hier auch Verbrennungsmotoren eingesetzt; die Forschungsarbeiten, die Entwicklung und Produktion solcher Motoren wurde jedoch vordringlich durch den Automobil-, Traktoren- und Flugzeugbau und das Kriegswesen stimuliert, wobei auch effektivere Kolbenmotoren mit langer Nutzbarkeit und geringem Gewicht für das Flugwesen entwickelt wurden. In Deutschland untersuchte Adolf Nägel z. B. Verbrennungsvorgänge im Gas- und Dieselmotor. Die Entwicklung von Gasturbinen schritt voran. Zukunftweisende Vorarbeiten zur Konstruktion von Strahltriebwerken wurden geleistet, um höhere Flugzeuggeschwindigkeiten zu erreichen und Raumflüge zu ermöglichen. Der russische Gelehrte K. E. Ciolkovskij, der Pionier der Raketen- und Raumfahrttechnik, untersuchte auch das Problem des rückstoßgetriebenen Flugzeuges; zur Konstruktion von Luftstrahltriebwerken leisteten Robert Esnault-Peltérie (nach R. Lorin) in Frankreich, Frank Whittle in England, V. I. Bazarov in der Sowjetunion und andere wertvolle Vorarbeiten; die Theorie des Raketen- und Raumfluges bereicherte (analog zu Ciolkovskij und nach ihm) der Deutsche Hermann Oberth; nach theoretischen Vorarbeiten startete Robert Goddard (USA) 1926 eine Flüs-

---

172 Vgl. hierzu: Weltgeschichte, Bd. 9, a. a. O., S. 577.

173 Vgl. A. A. Sworykin/N. J. Osmowa/W. J. Tschernyschew/S. W. Schuchardin, Geschichte der Technik, a. a. O., S. 404.

sigkeitsrakete; E. A. Zander schuf zwischen 1930 und 1933 in der Sowjetunion Triebwerke für Flüssigkeitsraketen.[174]

In Maschinenbau und Metallurgie war man auf die wissenschaftliche Durchdringung zunehmend angewiesen. Die Rationalisierung und Spezialisierung des Maschinenbaues schritt voran; die Mechanisierung des Gießereiwesens und die Tendenz zur Automatisierung der Metallbearbeitung entfalteten sich, das Elektroschweißen wurde entwickelt (I. O. Paton/Sowjetunion, seit ca. 1930). Die Metallurgie mußte den wachsenden Anforderungen vor allem der Industrie, des Bau- und Verkehrswesens an mechanische und chemische Eigenschaften der Metalle (Formbarkeit, Elastizität, Zerreiß-, Knick- oder Korrosionsfestigkeit u. a.) gerecht werden. Dies führte zur Verbesserung physikalisch-chemischer und technologischer Grundlagen und zur Rationalisierung der Produktion, was durch den Aufschwung der Metallchemie — einschließlich der Grundlagenforschung z. B. zum Atombau und zur Metallstruktur sowie der technologischen Forschung und Entwicklung auf den Gebieten der Schwer- und Leichtmetalle und anderen — ermöglicht wurde.

Einen schnellen Ausbau erfuhr das Verkehrs- und Transportwesen, was sich in der Weiterentwicklung von Kraftwagen wie von Lokomotiven und der entsprechenden Verkehrsanlagen auswirkte. Neben die weiterentwickelte Hochdruckdampflokomotive trat der Bau elektrischer Zugmaschinen, von Dieselzugmaschinen und -triebwagen für den Schienenverkehr. In der Schiffahrt ersetzten Verbrennungsmotoren zunehmend die Dampfmaschine; Großtransport- und Tankschiffe und schnellere Passagierdampfer neuer Größen wurden gebaut.

Im Flugzeugwesen richteten sich hohe Anforderungen an Forschung und Entwicklung auf das Material, die Motoren und die aerodynamischen Grundlagenprobleme, die mit den zunehmenden Geschwindigkeiten und Höhen des Luftverkehrs bestimmend wurden. An der Strömungsforschung, die auch durch die Schiffahrt, den Wasserkraftwerk- und Kanalbau usw. stimuliert wurde, war Ludwig Prandtl in Göttingen führend beteiligt; seine Arbeitsweise „mit einer Verbindung von physikalischer Analyse, mathematischer Nachbildung und experimenteller Prüfung ... trug wesentlich zur schnellen Entwicklung des Flugzeugbaues bei."[175] Prandtl und seine Mitarbeiter fundierten die Strömungslehre in den drei Hauptrichtungen der Potentialströmungen, der Grenzschichtströmungen und der Strömungen mit starker Verwirbelung. Große Bedeutung gewann die hydro- und aerodynamische Schule um N. R. Žukovskij in der Sowjetunion. Žukovskij, der „Vater der russischen Luftfahrt" (Lenin) und erste Direktor des

[174] Vgl. Sworykin/Osmowa/Tschernyschew/Schuchardin, a. a. O., S. 501ff. G. Wissmann, Geschichte der Luftfahrt von Ikarus bis zur Gegenwart, 3. Auflage Berlin 1969, S. 419f. Ein Schreiben Oberths, der für das deutsche Heereswaffenamt arbeitetete, an Ciolkowskij von 1929 wiedergegeben auszugsweise bei J. P. Murav'ev, W. I. Lenin und die sowjetisch-deutschen Kulturbeziehungen in der Weimarer Republik. In: ZfG 6/1971, S. 801.

[175] Vgl. W. Albring, Aufgaben und Möglichkeiten der Strömungslehre bei der Entwicklung des Maschinenbaues. Mitteilungen der Sektion für Maschinenbau. Abh. d. DAW zu Berlin, Kl. f. Mathematik, Physik und Technik, Jg. 1956, Nr. 3, S. 7.

Moskauer Zentralen Aero- und Hydrodynamischen Instituts, erarbeitete theoretische und experimentelle Methoden zur Bestimmung von Widerstand und Auftrieb bei der Bewegung eines festen Körpers in einer Flüssigkeit und trug zur Wirbeltheorie der Schiffsschraube bei.[176] Wurden die Grundlagen für die Luftfahrt in der angewandten physikalisch-mathematischen Forschung geschaffen, so war die Konstruktion von Ganzmetallflugzeugen ein Einschnitt in der Entwicklung und Produktion, der in Deutschland durch Hugo Junkers, Claude Dornier und andere kapitalistische Unternehmer vollzogen wurde, wobei Profitinteressen und Wiederaufrüstungsbestrebungen mitbestimmend wurden.[177] An den Konkurrenzkämpfen der kapitalistischen Flugzeugindustrie waren auch amerikanische, britische, französische und italienische Konzerne beteiligt. In der Sowjetunion, wo die Entwicklung und Konstruktion zunächst durch die Erfordernisse des Bürgerkrieges stimuliert wurde, gehörte der Žukovskij-Schüler A. N. Tupolev, der weitsichtig die Ganzmetallbauweise vorantrieb, zu den Pionieren des Flugzeugbaues.[178]

Einen schnellen Aufschwung erfuhren Elektronik und Schwachstromtechnik, die durch das Nachrichten- und Radiowesen stimuliert wurden. Erste Anregungen zur Vakuum-Elektronik gab die voneinander unabhängige Erfindung der Gitterelektrode und der Diode durch den Amerikaner Lee de Forest und den Wiener Physiker Robert von Lieben 1906.

Die Erzeugung und Verstärkung von Wellen war ermöglicht, der Weg zur drahtlosen Telegraphie und zum Radio gegeben.[179] Die Überführung in die Massenproduktion war kostspielig, dauerte in den USA etwa 10 Jahre, in Europa 20 bis 30 Jahre und wurde vor allem empirisch weitergeführt.[180] An der Weiterentwicklung der Elektronenröhre, die die Entfaltung der Nachrichtentechnik — einschließlich des notwendigen Relaissystems, der Funktechnik, des Rundfunks und der Frühstadien des Fernsehens — nunmehr ermöglichte, war Heinrich Barkhausen in Dresden führend beteiligt.[181]

In der Radiotechnik wurde z. B. das seit 1905 bekannte Richtstrahlerprinzip um 1920 angewandt; die ersten Radioversuchssendungen wurden seit 1913 durchgeführt; Senderöhren und Empfangsanlagen wurden verbessert, woran

---

[176] Vgl. A. T. Grigorjan/I. B. Pogrebysski, Die Entwicklung der Mechanik in der UdSSR seit 1917. In: NTM. Schriftenreihe für Geschichte der Naturwissenschaften, Technik und Medizin, H. 11/1968, S. 24f.

[177] Vgl. G. Wissmann, Geschichte der Luftfahrt von Ikarus bis zur Gegenwart, a. a. O., S. 374ff.

[178] Vgl. ebda,. S. 385ff.; K.-H. Baborski, Vom Schwingenflügler zum Raketenflugzeug. Luftfahrtgeschichtliche Daten und Taten, Leipzig 1963, S. 102ff.

[179] Vgl. J. D. Bernal, Die Wissenschaft in der Geschichte, a. a. O., S. 495.

[180] Vgl. R. Rompe, Vortrag zur Eröffnung der Konferenz über wissenschaftliche Grundlagen der modernen Technik. In: Elektrotechnik und Maschinenbau. Vorträge, gehalten auf der Konferenz der Forschungsgemeinschaft der DAW zu Berlin am 8. und 9. 12. 1960 in Berlin-Adlershof, Berlin 1961, S. 13.

[181] Vgl. dazu auch H. Barkhausen, Die Entwicklung der Schwachstromtechnik. In: 125 Jahre Technische Hochschule Dresden. Festschrift. Herausgegeben im Karl-Marx-Jahr 1953, S. 151ff.

z. B. in der Sowjetunion M. A. Bonč-Bruevič beteiligt war.[182] Bis 1927 entwickelten Spezialisten des Siemens & Halske-Konzerns die Tonfrequenz-Mehrfachtelegraphie. Seit längerem war das breite Frequenzband der meisten Leitungen und Kabel bekannt; um 1920 war das Trägerfrequenzverfahren ausgearbeitet, das die Führung mehrerer gleichzeitiger Telefongespräche auf einer Leitung durch die Ausnutzung freier Teile des Frequenzbandes ermöglichte. Am technischen Ausbau des deutschen postalischen Fernsprechwesens hatte Karl Willy Wagner besonderen Anteil, der auch der Berliner Akademie angehörte. In der Mitte der zwanziger Jahre waren in Deutschland, in den USA und in der Sowjetunion optische Formen der Tonaufzeichnung auf Filmen gefunden; der entscheidende Schritt zum Tonfilm war getan. 1924 erarbeitete August Karolus ein System der Bildtelegraphie unter Verwendung der Kerr-Zelle. P. V. Šmakov (Sowjetunion), C. F. Jenkins (USA) und John Logie Baird (England) entwickelten 1925/26 unabhängig voneinander Fernsehgeräte mit mechanischer Abtastung; 1930 begann in den USA, in der Sowjetunion und in Deutschland — gestützt auf die Erfolge der Vakuumtechnik, des Röhrenverstärker-, Fotoelementen- und Elektronenstrahlröhrenbaues — die eigentliche Erarbeitung des elektronischen Fernsehens.

Eine Reihe physikalischer und technischer Erkenntnisse wurden in der technischen Praxis erst viel später wirksam. Dies galt für die entscheidende Leistung Edward Viktor Appletons, dem seit den zwanziger Jahren der Nachweis gelang, daß die kurzen Radiowellen von ionisierten atmosphärischen Höhenschichten wieder zur Erde reflektiert werden: Die Ionosphäre war entdeckt, in ihrer Höhe bestimmt und in ihrer Bedeutung für die drahtlose Übertragung erklärt; die Grundlage für die späteren Radargeräte war geschaffen.[183] Weitere Beispiele für diese Wirkung auf weite Sicht verbinden sich mit den Namen von Gustav Hertz und Abram Joffe. Gustav Hertz, der als einer der Bahnbrecher moderner Physik sich auch für die Entwicklung der Forschungstechnologie einsetzte, schuf 1932 mit dem Verfahren zur Trennung von Neon-Isotopen über die Gasdiffusion eine wesentliche Voraussetzung für die moderne Technik der Kernenergiegewinnung[184] A. F. Joffe, in der Sowjetunion an der Spitze jüngerer Physiker, verwies 1929 auf die Möglichkeit, über einen thermo-elektrischen Halbleiter-Generator Elektroenergie zu gewinnen, 1932 stellte er bei Beleuchtung stromliefernde

---

[182] Vgl. Sworykin/Osmowa/Tschernyschew/Schuchardin, a. a. O., S. 533f.

[183] Vgl. J. D. Bernal, Die Wissenschaft in der Geschichte, a. a. O., S. 494.

[184] Die Akademie der Wissenschaften der DDR ehrte Gustav Hertz anläßlich seines 80. Geburtstages am 22. Juli 1967 durch eine Festschrift: Gustav Hertz in der Entwicklung der modernen Physik. Abh. d. DAW zu Berlin, Kl. f. Math. Phys. u. Techn., Jg. 1967, Nr. 1. Vgl. darin die Würdigung des Lebenswerkes von Gustav Hertz von W. Hartmann sowie den Aufsatz von R. Rompe und M. Steenbeck, Gustav Hertz in der Entwicklung der modernen Physik. Vgl. auch den rückschauenden Bericht von Gustav Hertz, in dem auf die Elektronenstoßversuche von 1913 und auf die hier im Text erwähnten Forschungsergebnisse eingegangen wird. Fruchtbare Jahrzehnte für die Physik. Gespräch mit Akademiemitglied Gustav Hertz. In: Spektrum H. 2/1975, S. 8ff. (hier S. 10f).

Fotozellen her; er wurde zum Mitinitiator der sowjetischen Halbleiter- und Festkörperphysik.[185]

Die Vertiefung und Anwendung physikalischer Erkenntnisse führte dazu, daß um 1930 international eine Wende in den Wechselbeziehungen zwischen Naturwissenschaft und Technik begann. Drei fundamentale, weitwirkende Einsichten haben hierzu entscheidend beigetragen, die im Zusammenhang mit der Entwicklung der Naturwissenschaften jeweils für sich bereits erwähnt wurden: „... 1. die Zurückführung der chemischen Valenzkräfte auf das quantenmechanische Verhalten von Elektronen in Molekülen durch Heitler und London (Berlin 1927) als Grundlage für die gesamte anorganische und organische Chemie, 2. die Zurückführung des Unterschiedes von Metall und Isolator auf das quantenmechanische Verhalten von Elektronen im festen Zustande durch Arnold Sommerfeld (München 1930) als Grundlage für die Elektronentheorie der Metalle, Halbleiter und überhaupt Festkörper, 3. die Erkenntnis, daß aus quantenphysikalischen Gründen Elektronen nicht Kernbausteine sein können und daß die Kerne aufgebaut sein müssen aus Protonen und Neutronen mit bis dahin unbekannten Anziehungskräften, durch Heisenberg (Leipzig 1932), Tamm, Ivanenko (Leningrad 1932), als Grundlage für die Kernphysik und -technik."[186] Es war also eine Wende auf weite Sicht, mit der Erkenntnisse der Quantentheorie, der Materie- bzw. Kernstruktur in der angewandten Forschung und der modernen chemischen und physikalischen Technologie wirksam wurden.

So hat sich die Technik zwischen 1917 und 1933 stürmisch entwickelt. In der kapitalistischen Welt hatte Deutschland an der Entwicklung der Technik einen wesentlichen Anteil. Der Aufschwung der Technik konnte sich in der Wissenschaftsgeschichte der Berliner Akademie nur begrenzt auswirken. Der Nachrichtentechniker Karl Willy Wagner und der Kraftmaschinentechniker Johannes Stumpf traten als Ordentliche Mitglieder zu Heinrich Müller-Breslau und Hermann Zimmermann; zum Korrespondierenden Mitglied wurde Hugo Junkers gewählt.

c) Zur Entwicklung der Geisteswissenschaften im bürgerlichen Deutschland

Die Berliner Akademie sah ihre Aufgaben in der Förderung und Durchführung mathematisch-naturwissenschaftlicher *und* geisteswissenschaftlicher Forschung. In ihrer Arbeit wurden die bürgerlichen Geisteswissenschaften sogar betont, wobei traditionelle Disziplinen wie die Geschichte, die Altertumswissenschaften und die Orientalistik oder die Neuphilologien wiederum im Vordergrund standen.

---

[185] Vgl. u. a. Sworykin/Osmowa/Tschernyschew/Schuchardin, a. a. O., S. 568, 614 sowie die chronologische Tabelle ebenda, S. 798.

[186] R. Rompe, Grundlagenforschung und Technik. Sb. der DAW zu Berlin, Kl. für Math., Phys. und Techn., Jg. 1967, Nr. 1, Berlin 1967, S. 37.

Die weltanschaulich-ideologische und theoretisch-methodologische Grundlagenkrise der bürgerlichen Geisteswissenschaften verschärfte sich seit dem Sieg der Oktoberrevolution; Agnostizismus, Irrationalismus und Fortschrittsfeindlichkeit, die sich letztlich gegen die revolutionäre Arbeiterbewegung und den historisch-dialektischen Materialismus richteten, vertieften sich seitdem. Dies reflektierte sich an der Akademie insoweit, als ihre Mitglieder an der Diskussion von Grundlagenproblemen beteiligt waren. Insgesamt stand die Akademie jedoch nicht im Vordergrund der ideologisch-politischen Interessen der herrschenden Klasse.

Ideologische Positionen der offenen Konterrevolution wurden in Deutschland vor allem durch militaute Publizisten weitergebildet. Mit der Mystifizierung eines ,,Dritten Reiches" und der demagogischen These vom ,,preußischen Sozialismus" exponierte sich Arthur Moeller van den Bruck als aggressiver Antimarxist und Präfaschist neukonservativer Prägung.[187] Oswald Spenglers ,,Untergang des Abendlandes" repräsentierte jene pseudowissenschaftliche Zyklentheorie und ,,Kulturmorphologie", die Aufstieg, Blüte und Verfall als angeblich gesetzmäßige Entwicklungsstadien großer ,,Kulturkreise" postulierte. Damit war wissenschaftliche Erkenntnis durch irrationalistisch-biologistische ,,Wesensschau" ersetzt. Jede Herrschaft der ,,Masse" ,des ,,vierten Standes" wurde als ,,das Ende, das radikale Nichts" verleumdet[188], auf den Cäsarismus, die konterrevolutionäre Diktatur wurde als angeblich notwendige Herrschaftsform verwiesen, mit der der Untergang der abendländischen Kultur aufzuhalten sei.[189] Spengler, der die bürgerliche Trennung von Kultur und Zivilisation rezipierte, forderte jedoch aktivistisch, die Jugend solle sich der Technik statt der Lyrik, der Marine statt der Erkenntnistheorie zuwenden.[190] Seine Apologie des römischen Imperiums und des wiederkehrenden Cäsarismus entsprachen dem Weltmacht- und Diktaturstreben des deutschen Finanzkapitals.[191] Dieses Hauptwerk Spenglers, das unter konservativen Intellektuellen ein Echo fand[192], wurde auch an der Berliner

[187] Vgl. hierzu: J. Petzold, Zur Funktion des Nationalismus. Moeller van den Brucks Beitrag zur faschistischen Ideologie, In ZfG 11/1973, S. 1285ff.

[188] Vgl. O. Spengler, Der Untergang, des Abendlandes. Umrisse einer Morphologie der Weltgeschichte. Zweiter Band, Welthistorische Perspektive, München 1922, S. 445.

[189] Vgl. ebenda, S. 382, wo Spengler die ,,zweite Religiosität" als das notwendige Gegenstück ,,zum Cäsarismus, der endgültigen politischen Verfassung später Zivilisation" bezeichnet.

[190] Vgl. O. Spengler, a. a. O. Erster Band, Gestalt und Wirklichkeit, München 1920, Einl., S. 57. Siehe hierzu auch D. Ulle, Technik und Kultur im modernen Imperialismus, Berlin 1968, S. 48ff. (hier S. 56f.)

[191] Vgl. J. Petzold, Das politische Programm Oswald Spenglers im System der imperialistischen Ideologie. In: DAW zu Berlin, Zentralinstitut für Geschichte, Jahrbuch für Geschichte, Bd. 5, Berlin 1971, S. 175ff.

[192] Spenglers pseudowissenschaftliches Werk hatte eine große Auflagenhöhe während der Weimarer Republik: 1. Bd. 113000; 2. Bd. 91000. (Vgl. J. Kurucz, Struktur und Funktion der Intelligenz während der Weimarer Republik. Schriften des Instituts für empirische Soziologie in Saarbrücken, Köln 1967. S. 165). Spenglers Einfluß zeigte sich z. B. anläßlich der Verhandlungen um die Neubesetzung des Leipziger Lehrstuhls des Historikers Walter Goetz Ende 1932 und Anfang 1933. Als sich die Berufung Hermann Aubins zerschlug, wurde

Akademie diskutiert. Mit Spengler, dessen Auffassungen hier umstritten waren, und den Akademiemitgliedern Eduard Meyer, Heinrich Lüders und Otto Franke wurde 1924 für kürzere Zeit eine gemeinsame Publikation zur Einordnung der zentralasiatischen Turfan-Funde auf Verlagsebene erwogen.[193]

Neokonservative Ständestaats-Vorstellungen wurden von Othmar Spann in einer klerikal-„universalistischen" und „organischen" Staats- und Wirtschaftslehre vertreten. Als Exponent antidemokratischer Staats- und Rechtsauffassungen bereitete Carl Schmitt, der die dezisionistische Lehre vom Freund-Feind-Verhältnis vertrat und die autoritäre Diktatur forderte, den Faschismus vor. Er ging dabei von der Lebensphilosophie aus und stützte sich juristisch auf den Artikel 48 der Weimarer Verfassung, um zunächst die Machtstellung des Reichspräsidenten zum Ausbau der Präsidialdiktatur zu benutzen.[194]

Der Einfluß offen konterrevolutionärer Auffassungen wuchs besonders, als die deutsche Großbourgeoisie ab 1929/1930 ihre antidemokratische Politik auf die Diktatur und den Faschismus ausrichtete, während sich mit der kapitalistischen Weltwirtschaftskrise die Existenzangst bürgerlicher Intellektueller steigerte und deren Radikalisierung begünstigte.

Ein führender bürgerlicher Ideologe wie Werner Sombart, der als Apologet des Kapitalismus und Antimarxist auch evolutionaristisch entstellte Marxsche Erkenntnisse aufgegriffen hatte, trat als offener Feind des Sozialismus auf, wobei er den sogenannten „deutschen Sozialismus" propagierte und sich auf die „Autarkie" der Wirtschaft orientierte. Der Parteiensoziologe Robert Michels verwandte sich für den italienischen Faschismus.[195] Geopolitische Auffassungen wurden besonders im Bereich des deutschen Imperialismus zum ideologischen Instrument neuerlichen Weltmachtstrebens ausgestaltet[196]: Hier wurde die Lehre

---

die Berufung Spenglers erwogen. (Vgl. G. Heitz, Rudolf Kötzschke 1867—1949. Ein Beitrag zur Pflege der Siedlungs- und Wirtschaftsgeschichte in Leipzig. In: Karl-Marx-Universität Leipzig 1409—1959. Beiträge zur Universitätsgeschichte, Zweiter Band, Leipzig 1959, S. 272f.).

[193] Das Projekt zerschlug sich infolge der bereits vorhandenen Verlagsbindungen des Mitentdeckers der Texte, Albert Le Coq. (Vgl. O. Franke, Erinnerungen aus zwei Welten, (West-)Berlin 1954, S. 172f; dazu auch: E. Wende, C. H. Becker, Mensch und Politiker, Stuttgart 1959, S. 147f.).

[194] Schmitts konterrevolutionär-autoritäre Staatslehre, die hier erst am Anfang ihrer Entwicklung stand (1921: „Die Diktatur"), bekam unter der faschistischen Diktatur „offiziellen" Charakter, seine Lehren erlebten in der BRD in den fünfziger Jahren eine Renaissance. Vgl. hierzu: K. H. Ruch, Grundaspekte der neukonservativen Parlamentarismus-Kritik in der politischen Theorie Carl Schmitts. In: Wiss. Zs. der Martin-Luther-Universität Halle-Wittenberg, Ges.- u. sprachw. Reihe, H. 6/1970, S. 1ff.

[195] Michels, der seit 1920 Lehraufträge in Italien und den USA hatte und seit 1928 in Perugia und Rom als Professor bzw. Lehrbeauftragter wirkte, war durch seine Arbeit „Die Soziologie des Parteiwesens" (1910, 2. Aufl. 1925) bekannt geworden; 1925 veröffentlichte er „Sozialismus und Faschismus als politische Strömungen in Italien", 1930 folgte „Italien von heute".

[196] Vgl. G. Heyden, Kritik der deutschen Geopolitik, Wesen und soziale Funktion einer reaktionären soziologischen Schule, Berlin 1958.

von der angeblich determinierenden Rolle des Raumes weiterentwickelt und mit der aggressiven These verbunden, daß die sozialen Probleme durch die imperialistische Expansion gelöst würden; führende Geopolitiker fanden das Interesse des Finanzkapitals.[197] Zu den Wegbereitern des Faschismus gehörten Ideologen wie Ernst Jünger mit seinem Buch „Der Arbeiter, Herrschaft und Gestalt".

In diesen späteren Jahren verstärkten sich Skeptizismus und Pessimismus gegenüber dem Wert des Rationalen und der wissenschaftlichen Erkenntnis in der bürgerlichen Intelligenz. „Im Augenblick stehen wir im Zeichen eines aufgelösten Weltbildes mit der Erkenntnis menschlicher Insuffizienz gegenüber den erkennbaren oder geahnten Problemen einer neuen Erkenntniskritik", erklärte auch Carl Heinrich Becker 1930.[198] Der wachsende Erkenntnispessimismus war mit zunehmender Einsicht in die Fragwürdigkeit bürgerlicher Bildungsgrundlagen einschließlich des traditionellen Geschichtsbildes verbunden[199]: Dies ergab sich aus der Furcht vor der Kraft des Volkes und der revolutionären Arbeiterbewegung im besonderen. Zugleich setzte sich die Differenzierung unter bürgerlichen Wissenschaftlern und Kulturschaffenden fort. Eine noch kleine Minderheit von Wissenschaftlern und Kulturschaffenden fand aus dem Bürgertum zur Arbeiterbewegung und zur Kommunistischen Partei Deutschlands. Auch bürgerliche Humanisten wandten sich gegen den vordringenden Irrationalismus und vertraten antinazistische und antiimperialistische Positionen. Thomas Mann trat 1929 den „irrationalen Sympathien der neuen Lebensforschung" entgegen, auf die sich alle zukunftsfeindlichen Kräfte beriefen und von denen das „Verlangen nach Stillstand, Restauration, Umkehr auf dem Wege der Bewußtseinswerdung und Erkenntnis getragen wird."[200]

In den Geisteswissenschaften vermochten sich humanistisch-demokratische oder bürgerlich-antiimperialistische Denkansätze gegenüber der gesellschaftlichen Gesamtentwicklung im bürgerlichen Lager nicht durchzusetzen. Für die

---

[197] Vgl. C. Duisberg, Wirtschaft und Geopolitik. In: Zs. f. Geopolitik, H. 9/Sept. 1929. Wiedergabe in: Abhandlungen, Vorträge und Reden aus den Jahren 1922—1933. Von Carl Duisberg, a. a. O., S. 322f. Hier wird die Bedeutung der Lehren Karl Haushofers für die ökonomische und politische Expansionspolitik des deutschen Monopolkapitals ausdrücklich gewürdigt.

[198] C. H. Becker, Das Problem der Bildung in der Kulturkrise der Gegenwart, Leipzig 1930, S. 17.

[199] „Das Charakteristische der gegenwärtigen Kulturkrise liegt in der Erschütterung der bisherigen Bildungsgrundlagen sowie in dem jede intensive Bildung bedrohenden Problem der Massen", betonte Becker zusammenfassend im gleichen Vortrag (Ebenda, S. 33).

[200] Vgl. Th. Mann, Gesammelte Werke in zwölf Bänden, Bd. XI, Berlin/Weimar 1965, S. 213. Ebenda, heißt es weiterhin: „Ist der Geist nur ein ohmächtiger Feind des Lebens, sind Natur, Trieb, Macht, Instinkt, das Ein-und-Alles der Weltgestaltung, und ist diese Entdeckung das Neueste und Jugendlichste, nun, dann ist alles Alte in Wahrheit das Neue und Junge, alles Vor- und Untervernünftige das Wahre und Rettende; und wer von Ideen spricht, von Freiheit etwa, von Gerechtigkeit, der versteht nicht die Zeichen der Zeit und gehört der ‚zurückbleibenden Humanität'. Dann ist jeder Versuch, der Vernunft über den Instinkt — und zwar über den schlechten Instinkt — zum Siege zu verhelfen, ein Verbrechen wider das Leben. . ."

ideologische Differenzierung blieben großbürgerliche Klasseninteressen evident. Neben die Lehren Carl Schmitts und anderer trat z. B. in der „Reinen Rechtslehre" Hans Kelsens die für lange wirksamste neopositivistische Staats- und Rechtstheorie.[201] In ihr wurde ein unüberbrückbarer Graben zwischen Sein und juristischem Sollen sowie zwischen Kausalwissenschaften und juristischen Formalwissenschaften postuliert und jede kausalgesetzliche Ableitbarkeit der Rechtsnormen geleugnet; Kelsen behauptete die politisch-moralische Wertfreiheit, die vorgebliche Indifferenz des Rechts, dessen Klassencharakter er negierte. Der juristische Positivismus begünstigte damit das reaktionäre Vordringen.

Elastischere Tendenzen in den ideologischen Grundlagen der Geisteswissenschaften, die bei Kelsen wirksam wurden, zeigten sich im zunehmenden Einfluß der Auffassungen Max Webers, des 1920 verstorbenen geistigen Repräsentanten der deutschen Großbourgeoisie.[202] Weber, der die Krisensituation bürgerlicher Kultur empfand und der zunehmenden Erstarrung des imperialistischen Herrschaftssystems entgegenwirken wollte[203], war in der Monarchie für eine politische Akzentverschiebung im imperialistischen Herrschaftssystem zugunsten der Bourgeoisie eingetreten. Politisch und theoretisch stets ein Feind der revolutionären Arbeiterbewegung und des historischen Materialismus, wurde er in den revolutionären Ereignissen 1917—1919 zu einem Wortführer des Antikommunismus, der die revolutionären Kräfte notfalls mit amerikanischer Hilfe niederschlagen wollte.[204] In seiner agnostizistischen und subjektivistischen Geschichtstheorie knüpfte er an den Neukantianer Wilhelm Windelband an.[205] Kultur erklärte er als einen „vom Standpunkt des Menschen aus mit Sinn und Bedeutung bedachte(n) endliche(n) Ausschnitt aus der sinnlosen Unendlichkeit des Weltgeschehens."[206] Seine These von der „Wertfreiheit" in den Sozialwissenschaften, seine Kategorie des „Idealtypus" beeinflußten die bürgerliche deutsche Ge-

---

201 Vgl. hierzu H. Klenner, Rechtsleere. Verurteilung der Reinen Rechtslehre, Berlin 1972.

202 „Ich bin ein Mitglied der bürgerlichen Klasse, fühle mich als solches und bin erzogen in ihren Anschauungen und Idealen" erklärte Weber in seiner Freiburger Antrittsrede 1895. Vgl. G. Korf, Ausbruch aus dem ‚Gehäuse der Hörigkeit'? Kritik der Kulturtheorien Max Webers und Herbert Marcuses, Berlin 1971, S. 32).

203 Vgl. ebenda, S. 11ff.

204 Vgl. Marianne Weber, Max Weber. Ein Lebensbild, Tübingen 1926, S. 645.

205 Vgl. zu Weber u. a.: Die Deutsche Philosophie von 1895—1917, Berlin 1962, S. 59ff.; Fragen der marxistischen Soziologie, T. II: Ökonomie und Gesellschaft in der deutschen bürgerlichen Soziologie. Sonderband der Wiss. Zs. d. Humboldt-Universität zu Berlin, Berlin 1964, S. 85ff.; I. S. Kon, Die Geschichtsphilosophie des 20. Jahrhunderts. Kritischer Abriß. Bd. I, Berlin 1964, S. 136ff., ders., Der Positivismus in der Soziologie. Geschichtlicher Abriß, Berlin 1968, S. 131ff.; G. Lozek/G. Meier/W. Schmidt/W. Berthold, (Hrsg.) Unbewältigte Vergangenheit, (Berlin 1971, S. 80ff.; G. Korff.; a. a. O.; K. Braunreuther, Max Weber (1864—1920) — der bedeutendste Vertreter der bürgerlichen Soziologie in Deutschland. Eine wissenschaftsgeschichtliche Studie. In: Probleme der politischen Ökonomie. Jahrbuch des Instituts für Wirtschaftswissenschaften der DAW, Bd. 7, Berlin 1964, S. 337ff; I. Streisand, Max Weber, Politik, Soziologie und Geschichtsschreibung. In: Studien über die deutsche Geschichtswissenschaft, Bd. II, Berlin 1965, S. 175ff.

206 Zit. nach F. Wagner, Geschichtswissenschaft, Freiburg/München 1951, S. 371.

schichts- und Gesellschaftstheorie in den zwanziger Jahren, vor allem jedoch nach dem zweiten Weltkrieg.[207] In dieser Kategorie zeigte sich der subjektive Idealismus und erkenntnistheoretische Agnostizismus Webers besonders.[208]

Der Methodenpluralismus wirkte sich in den Grundlagen der bürgerlichen Geisteswissenschaften weiterhin aus. Seit längerem sahen bürgerliche Gelehrte die ideologisch-theoretische und methodologische Vielfalt und gegenseitige Isolierung der Disziplinen jedoch als Gefahr an.[209] Das bürgerliche Krisenbewußtsein drängte seit 1917 verstärkt zur Zusammenschau geisteswissenschaftlicher Forschungsergebnisse; dies führt auch in die Wissenschaftsgeschichte der Akademie.

Insgesamt gab es vielfältige Krisensymptome in den Grundlagen der Geisteswissenschaften. Auch damals galt die Feststellung: „Die prekäre geschichtliche Situation der modernen Bourgeoisie in der Epoche des Imperialismus zwingt daher ihre geistigen Repräsentanten, entweder zu erkenntnistheoretischen Sophismen Zuflucht zu nehmen oder auf den Glauben an die Macht der Wissenschaft überhaupt zu verzichten."[210]

In der bürgerlichen Philosophie wirkten verschiedene, historisch verbundene und inhaltlich voneinander abhängige Strömungen. Der Neopositivismus wurde systematisch ausgebaut, wobei sich die Wiener Schule und der Berliner Kreis in jenen Jahren zu Diskussionszentren und Ausstrahlungspunkten entwickelten. Neopositivistische Auffassungen wirkten besonders auf naturwissenschaftlich interessierte Kreise aus der bürgerlichen Intelligenz. Sie wurden in philosophisch-physikalischen Grundlagendiskussionen auch durch Angehörige des „Kopenhagener Kreises" vertreten. Unter den Berliner Physikern und Akademiemitgliedern trat ihnen vor allem Max Planck entgegen. Der Neopositivismus, der über subjektiv-idealistische und empiriokritizistische Positionen nicht hinausgelangte, beschränkte die Erkenntnistheorie auf die Deutung subjektiv gegebener „Erfahrungstatsachen" und erhob die logische Analyse zum Kriterium des Wahrheitsgehalts von Aussagen. Das Gebiet der Logik wurde zwar stimuliert. Mit der Orientierung auf die semantische Satzanalyse wurde der Gegenstand der Erkenntniskritik jedoch unzulässig eingeschränkt, der Widerspiegelungscharakter der Erkenntnis, das aktive Verhältnis des Erkenntnisprozesses zur Praxis und im letzten die Existenz der objektiven Realität und ihrer Gesetzmäßigkeiten wurde geleugnet.[211] In der Akademie blieb der Neopositivismus als erkenntnistheoretische bzw. philosophische Strömung ohne größeren Einfluß. Mit der Wis-

[207] Vgl. G. Lozek/G. Meier/W. Schmidt/W. Berthold, a. a. O., S. 27.

[208] Zur Weberschen Lehre vom „Idealtypus" vgl. I. S. Kon, Die Geschichtsphilosophie des zwanzigsten Jahrhunderts kritischer Abriß, Bd. I, a. a. O., S. 136ff.; ders., Der Positivismus in der Soziologie, a. a. O., S. 140ff.; Die deutsche Philosophie von 1895—1917, a. a. O., S. 64.

[209] „Wo sind die Mittel, die Anarchie der Überzeugungen, die hereinzubrechen droht, zu überwinden? An der Lösung der Probleme, welche sich an dieses in langer Reihe anschließen, habe ich mein Leben gearbeitet. Das Ziel sehe ich ...", hatte Wilhelm Dilthey im Jahre 1903 mit Hinweis auf seine Schüler erklärt.

[210] L. Stern, Gegenwartsaufgaben der deutschen Geschichtsforschung, Berlin 1952. S. 32.

[211] Vgl. auch I. S. Narski, Positivismus in Vergangenheit und Gegenwart, Berlin 1967.

senschaftsauffassung des älteren Positivismus berührte sich z. B. hier die Betonung der Materialsammlung und Detailforschung.

Der Neukantianismus, der seinen Höhepunkt überschritten hatte, wirkte in der Marburger und der südwestdeutschen Schule weiter und beeinflußte die bürgerliche Wissenschaftsauffassung und Methodologie. Dies galt besonders für die neukantianische Wertphilosophie des südwestdeutschen Kreises um Heinrich Rickert. Rickert, als Lehrer einflußreicher bürgerlicher Philosophen auch indirekt weiterhin wirksam, postulierte die Trennung zwischen „generalisierenden" Natur- und „individualisierenden" Geisteswissenschaften, durch die der Subjektivismus und Irrationalismus in den Geisteswissenschaften vertieft wurde[212]: diese Trennung wirkte auch an der Akademie, in der sie durch Wilhelm Dilthey eine spezifische Grundlegung erfahren hatte.

Die Phänomenologie Edmund Husserls, die die rationale Erkenntnis durch eine intuitive „Wesensschau" zu ersetzen suchte, gewann an Einfluß. Dialektische Elemente enthielt die Ontologie des späteren Akademiemitgliedes Nicolai Hartmann; trotz ihrer materialistischen Ansätze im Idealismus verbleibend, vermochte sie das Verhältnis von Wesen und Erscheinung nicht dialektisch-materialistisch zu erklären; Hartmanns rationale Denkansätze wirkten jedoch auf Teile der naturwissenschaftlich-technischen Intelligenz.[213]

Die Aktivität des Neothomismus steigerte sich seit den zwanziger und beginnenden dreißiger Jahren.[214] Sie zeigte sich auch in den Arbeiten des späteren Korrespondierenden Akademiemitgliedes Martin Grabmann, der sich besonders mit Thomas von Aquino befaßte. Der Neothomismus, der die Lehren des Aquinaten zum Gipfelpunkt des Denkens und letztlich zum Ausdruck göttlicher Eingebung erklärte, knüpfte gleichwohl an die moderne bürgerliche Philosophie, an die Phänomenologie und den Existentialismus an. Objektiv-idealistisch und teleologisch, suchte er den Widerspruch zwischen Offenbarung und wissenschaftlicher Erkenntnis pseudorational zu überbrücken; dabei sollte auch die Analogie (Analogia entis) helfen, neothomistische Gottesbeweise weiterhin aufrecht zu erhalten. Der Neothomismus verschleierte die Klassengegensätze und verteidigte das Privateigentum; er verband sich meist mit konservativen, hierarchisch-elitären Staats- und Gesellschaftslehren.[215]

Irrationalistische und agnostizistische Einflüsse wirkten über den Neuhegelianismus, den neben Georg Lasson, Richard Kroner oder Hans Freyer auch das Berliner Akademiemitglied Eduard Spranger sowie Giovanni Gentile und Bene-

---

212 Zur Kritik der Positionen Windelbands und Rickerts vgl. F. Fiedler, Von der Einheit der Wissenschaften, Berlin 1964, S. 68ff.; G. Klaus/H. Schulze, Sinn, Gesetz und Fortschritt in der Geschichte, Berlin 1967, S. 7ff., S. 41ff.; I. S. Kon, Die Geschichtsphilosophie des 20. Jahrhunderts ... Bd. I, a. a. O., S. 109ff.

213 Vgl. E. Albrecht, Die Erkenntnis- und Seinsproblematik in der Ontologie Nicolai Hartmanns. In: Wissenschaftliche Annalen, H. 6/1957, S. 395ff.

214 Vgl. z. B.: I. Maritain, Antimodern. Die Vernunft in der modernen Philosophie und Wissenschaft und in der aristotelisch-thomistischen Erkenntnisordnung (1930).

215 Vgl. zusammenfassend zum Neothomismus: Geschichte der Philosophie, Bd. VI, a. a. O., S. 462ff.

detto Croce vertraten. Die Neuhegelianer suchten die progressive Widerspruchsdialektik Hegels zu eliminieren und interpretierten sein Werk metaphysisch-irrationalistisch. In der Negierung des Kerns der Hegelschen Dialektik, im geschichtstheoretischen Pessimismus und in der Relativierung der Geschichte berührten sie sich mit dem Neukantianismus, während sich die Kontinuität zu Hegel auf die objektiv-idealistische Identifizierung der Geschichte der Menschheit mit der Geschichte des Geistes reduzierte. An der Akademie verbanden sich bei Eduard Spranger im Anschluß an Wilhelm Dilthey Neuhegelianismus und Lebensphilosophie. Benedetto Croce, der Kausalität, objektive Gesetzmäßigkeit und ihre Erkennbarkeit in der Geschichte gleichfalls negierte, postulierte wie Spranger die Einzelpersönlichkeit und die Elite als geschichtsbildende Kräfte.[216] Der Neuhegelianismus, der sich mit verschiedenen Strömungen bürgerlicher und mit der revisionistischen Ideologie verbinden konnte, wurde vor allem zum Wegbereiter profaschistischer Einflüsse.

In dieser Richtung wirkten die Lebensphilosophie und der Existentialismus. In der Lebensphilosophie, die in ihrer aktivistischen, vor allem auf Friedrich Nietzsche zurückgehenden Ausprägung wie in ihrer kontemplativen, insbesondere an Wilhelm Dilthey anknüpfenden Form zur Verbreitung des offenen Irrationalismus und Subjektivismus beitrug, wurden die Irrationalität des Geschichtsablaufes postuliert, aber auch ahistorische Ordnungstypologien im Anschluß an Dilthey oder Max Weber konstruiert: In jedem Fall wurde der gesetzmäßige, vom Menschen gestaltete historische Fortschritt geleugnet. Die Feindschaft gegen Aufklärung und französische Revolution verband sich mit der bewußten Entgegensetzung von individueller Freiheit und Geschichtsablauf, die sich gegen den Gesellschaftsoptimismus der Arbeiterbewegung und ihre dialektische Auffassung von Freiheit und Notwendigkeit richtete. Die Lebensphilosophie vermochte die Geschichte nicht wissenschaftlich zu bewältigen; sie relativierte den historischen Prozeß.

Im Existentialismus, der ausgeprägten „Philosophie der Krise"[217], die zu Ausgang der Weimarer Republik unter bürgerlichen Intellektuellen Verbreitung fand, erfuhr die Frontstellung gegen Wissenschaft und Geschichte ihre scharfe Zuspitzung. Die Existentialphilosophie verabsolutierte die individuelle menschliche Existenz als angeblich einzige, absolute „Realität" und trieb den Subjektivismus und Individualismus ins Extrem. Agnostizismus und Fortschrittsfeindlichkeit erhielten hier bei Martin Heidegger ihren scharfen Ausdruck.[218] Von ihm wurde auch die Frage nach dem Sinn des Seins später eliminiert; „Die Frage nach dem ‚Sinn von Sein'" konkretisierte sich „. . . zur Begründung eines ‚völkischen', eines ‚deutschen' Daseins" und damit — wie Wilhelm Raymund Beyer zeigte — zur aktiven faschistischen Position.[219]

---

[216] Vgl. I. S. Kon, Die Geschichtsphilosophie des 20. Jahrhunderts . . ., Bd. I, a. a. O., S. 210ff.
[217] Ebda., S. 199.
[218] Vgl. R. Beyer, Vier Kritiken. Heidegger-Sartre-Adorno-Lukacz, Köln 1970, S. 89 ff.
[219] Vgl. ebda., bes. S. 36ff.

Philosophische Auffassungen von Mitgliedern der Berliner Akademie divergierten vielfach und bedürfen differenzierter Einschätzung, die weitere spezielle Untersuchungen erfordert. Bürgerliche Klassenpositionen waren in allen Stellungnahmen zu philosophischen Fragen der Wissenschaftsentwicklung oder zu theoretisch-methodologischen Grundlagen von Einzeldisziplinen bestimmend. Die Akademie war jedoch nur partiell in die aktuellen Diskussionen von Grundfragen bürgerlicher Philosophie einbezogen; vor allem Eduard Spranger legte philosophische und kulturphilosophische Arbeiten vor. Mit Spranger, Heinrich Maier und Carl Stumpf vertraten nur 3 Mitglieder die bürgerliche Philosophie als Forschungsdisziplin; Benno Erdmann verstarb 1921; Ernst Troeltsch starb kurz nach seiner Wahl im Jahre 1923; nur 3 Vertreter der Philosophie wurden zu Korrespondierenden Mitgliedern gewählt, von denen Benedetto Croce wirkungsgeschichtlich bedeutsam wurde.

Seit dem Sieg der Oktoberrevolution begann eine neue Etappe auch in der bürgerlichen Soziologie, die die soziale Wirklichkeit weniger denn je zu erfassen vermochte: Sie negierte die Rolle der Klassen und des Klassenkampfes und die historische Mission der Arbeiterklasse; sie blieb in ihren verschiedenen, oft erheblich divergierenden Strömungen durch die gemeinsame Feindschaft gegen die revolutionäre Arbeiterbewegung und den Marxismus-Leninismus gekennzeichnet. Neukonservativ- oder profaschistisch-elitäre begegneten sich hier mit liberalen oder vom Revisionismus beeinflußten Auffassungen. Die Defensivpositionen der bürgerlichen Soziologie zeigten sich auch in der verzerrten Rezeption Marxschen Denkens, wobei Einzelaspekte aus ihrem Systemzusammenhang gerissen und funktionell umgedreht wurden. 1922 befaßte sich der deutsche Soziologenkongreß jedoch mit der Problematik der Revolution: Die realen welthistorischen Prozesse zwangen auch bürgerliche Soziologen, sich mit ihnen auseinanderzusetzen.

Ein Schwerpunkt blieb die Ausgestaltung bereits früher begründeter soziologischer Schulen und Richtungen. Besonderen Einfluß übten die soziologischen Auffassungen aus, die von Max Weber entwickelt worden waren; dabei wird auf methodologischem Gebiet wie im Hinblick auf die religionssoziologischen und ökonomischen Fragen besonders deutlich, daß Max Weber seine Auffassungen als einen Alternativversuch zum historischen Materialismus entwickelt hatte. Zunehmende Verbreitung fand in Deutschland auch die Lehre von Ferdinand Tönnies, der „Gemeinschaft" und „Gesellschaft" konfrontierte und damit der marxistischen Erkenntnis von der Bedeutung des Klassenkampfes zu begegnen suchte; seine utopische Konstruktion einer harmonischen menschlichen „Gemeinschaft" wirkte auch auf revisionistische Theoretiker.

Die Untersuchung des Ideologiebegriffes und der Stellung der Intelligenz wurde intensiviert. Karl Mannheim orientierte auf jene Begriffsdeutung, nach der Ideologie schlechthin falsches Bewußtsein, Diskrepanz von Bewußtseinsinhalt und Realität bedeuten sollte; sein Werk „Ideologie und Utopie" (1929) begründete die bürgerliche Wissenssoziologie, die den Marxismus und seine bewußte Parteilichkeit bis heute als Ausdruck „falschen" Bewußtseins abzuqualifizieren sucht: sie abstrahiert dabei von der Klassenfunktion, der Weltanschauung und Philosophie der Arbeiterklasse, aus denen sich die Notwendigkeit und reale Möglichkeit der Wahrheitserkenntnis ergeben; sie leugnet zugleich die klassenbedingten Grenzen bürgerlichen Erkenntnisstrebens und deutet die Intelligenz als über den Klassen freischwebende, zur Erkenntnis berufene Elite.

Seit den späteren zwanziger Jahren begann mit Arbeiten Franz Oppenheimers und Max Horkheimers die Entwicklung der „Frankfurter Schule", die auch Erkenntnisse von Karl Marx für ihre pseudowissenschaftliche Kritik sekundärer Erscheinungen des Kapitalismus verwandte. Konservative und profaschistische Gelehrte wie Werner Sombart, Othmar Spann oder Hans Freyer wandten sich gegen diese Schulen, die flexiblere Formen bürgerlichen Gesellschaftsdenkens entwickelten.

Die Soziologie gehörte zu den während der zwanziger Jahre zunehmend diskutierten Disziplinen der bürgerlichen Geistes- und Sozialwissenschaften. In der Berliner Akademie wirkten sich soziologische Fragestellungen und Auffassungen jedoch wenig aus; soziologische Fachstellen gab es nicht.

In den bürgerlichen Wirtschaftswissenschaften zählte die Akademie in Max Sering einen führenden Nationalökonomen zu ihren Mitgliedern, der sich vorwiegend mit agrarhistorischen und agrarökonomischen Fragen befaßte, aber auch in den allgemeinen Bemühungen um die theoretisch- und historisch-ökonomische Festigung des Kapitalismus seinen Platz hatte.

Die Schwierigkeiten und Widersprüche der bürgerlichen Wirtschaftswissenschaften vertieften sich seit 1917/18. Mit der Entfaltung der allgemeinen Krise, der Verschärfung des Grundwiderspruches und der zunehmenden Zersetzung des Gesamtsystems des Kapitalismus erwies sich die Apologetik eines unverändert bleibenden Kapitalismus immer deutlicher als überholt.[220] Die Ökonomen wurden zunehmend mit Tatsachen konfrontiert, in denen sich die Widersprüchlichkeit und Fäulnis des Kapitalismus reflektierte. Sie sahen sich genötigt, nach den Gefahren für ihr eigenes Wirtschafts- und Gesellschaftssystem zu fragen und ihre Theorien zu modifizieren. Manche begannen, das Verhältnis von Staat und Wirtschaft neu zu durchdenken und dabei das Dogma von der Nichteinmischung des Staates in die kapitalistische Wirtschaft in Frage zu stellen, nachdem das Versagen des vielgepriesenen Mechanismus der freien Konkurrenz unübersehbar wurde. Sie mußten sich auch mit der Monopolisierung der kapitalistischen Wirtschaft befassen, wobei sie Monopol und Großproduktion jedoch weitgehend gleichsetzten und eine vielfältige Apologetik des Monopolkapitals entwickelten. Sie sprachen bereits von der „Transformation" des Kapitalismus, da dessen offene Verteidigung immer komplizierter und unwirksamer wurde. In allem wurde auch die revisionistische Wirtschaftstheorie relevant. Ihre Vertreter behaupteten, der Monopolisierungsprozeß würde zur Überwindung der

---

220 Vgl. hierzu und zum folgenden Autorenkollektiv, Geschichte der ökonomischen Lehrmeinungen, Berlin 1965, S. 390ff.

kapitalistischen Konkurrenz beitragen; im Jahre 1927 wurde auf dem Kieler Parteitag der SPD hierzu z. B. die Theorie vom „organisierten Kapitalismus“ vorgetragen.

Auch in der bürgerlichen deutschen Wirtschaftswissenschaft wurde das Prinzip der freien Marktwirtschaft weiterhin verteidigt. Liberalisierende Wachstumstheorien gewannen an Einfluß.[221] Seit den zwanziger und beginnenden dreißiger Jahren entwickelten sich hier jedoch die ersten Auseinandersetzungen zwischen Apologeten der Marktwirtschaft und Verfechtern staatsmonopolistischer Regulierungsmaßnahmen.

In Deutschland, wo die Entwicklung des staatsmonopolistischen Kapitalismus bereits im ersten Weltkrieg einen hohen Grad erreicht hatte, wurden bald nach der Novemberrevolution die ersten Pläne zur staatsmonopolitischen Regulierung der Wirtschaft ausgearbeitet. Staatsmonopolistische Vorstellungen entwickelten sich in unterschiedlichen Formen, die wesentlich durch den Wandel des Kräfteverhältnisses und die jeweiligen ökonomischen, politischen und ideologischen Bedürfnisse der Bourgeoisie bestimmt wurden; im letzten ergab sich ihre Ausprägung daraus, daß die Produktivkräfte über die bestehenden kapitalistischen Produktionsverhältnisse hinausgewachsen waren.

Angesichts des bisher ungekannten Ausmaßes der Weltwirtschaftskrise 1929 bis 1932, von der die bürgerliche Wirtschaftswissenschaft völlig unvorbereitet getroffen wurde[222], vergrößerte sich der Kreis jener Theoretiker, Publizisten und Politiker, die in der Ausarbeitung und Propagierung staatsmonopolistischer Theorien meist an John Meynard Keynes anknüpften. 1931/32 wurden längerfristige staatsmonopolistische Regulierungsmaßnahmen auch von Vertretern des Kapitals zunehmend propagiert.[223] Dabei gingen die staatsmonopolistischen Programme über die Krisenpraxis der ersten Präsidialregierungen hinaus: In ihnen wurden (durch Kreditschöpfung auf Steuervorgriff zu finanzierende) Arbeitsbeschaffungsmaßnahmen, Erweiterungen des staatlich gelenkten Wirtschaftssektors und meist Maßnahmen in Richtung auf die „Wirtschaftsautarkie“ gefordert. Im Deutschland des Jahres 1932 verband sich dies weithin mit der Orientierung auf militaristisch-autoritäre oder faschistische Herrschaftskonzeptionen, die in der Ausrichtung reaktionärster Monopolkreise auf Diktatur und Faschismus, aber auch in Verbindungen z. B. des Tatkreises und anderer Publizisten zur Reichswehrführung oder zur faschistischen Bewegung ihre reale poli-

---

[221] Vgl. hierzu H. Meißner, Theorie des Wirtschaftswachstums. Hoffnung und Dilemma der bürgerlichen Ökonomie, Berlin 1972, S. 18.

[222] Vgl. z. B. G. Bondi, Die Weltwirtschaftskrise im Spiegel westdeutscher Geschichtsschreibung. In: Jahrbuch für Wirtschaftsgeschichte II/1965, S. 12; Der Imperialismus in der BRD, Berlin 1971, S. 40.

[223] Dies geschah z. B. durch Robert Friedländer-Prechtl, Heinrich Dräger und Wilhelm Lautenbach, den der kapitalistische Ökonom W. Röpke den „deutschen Keynes“ nannte. Vgl. die Faktenangaben bei W. Grotkopp, Die große Krise, Düsseldorf 1954, S. 35ff.; G. Kroll, Von der Weltwirtschaftskrise zur Staatskonjunktur, (West-)Berlin 1958, S. 379ff., 435ff.; K. D. Bracher/W. Sauer/G. Schulz, Die nationalsozialistische Machtergreifung, Köln/Opladen 1960, S. 401.

tische Grundlage hatten.[224] Das Vordringen der Theorien des staatsmonopolistischen Kapitalismus in der bürgerlichen wirtschaftswissenschaftlichen Forschung und Lehre in Deutschland bedarf weiterer Analyse; bis 1932 war hier nur ein Anfang erreicht.

In den gleichen Jahren beeinflußte der sozialistische Aufbau in der Sowjetunion die ökonomischen und politischen Auffassungen einzelner Intellektueller und Wissenschaftler. Auf Initiative Arvid Harnacks, des späteren antifaschistischen Widerstandskämpfers, bildete sich an der Universität Gießen und dann an der Berliner Universität ein Kreis interessierter Wirtschaftler, der die sozialistische Planwirtschaft in der Sowjetunion zu studieren begann und die kapitalistische Krise diskutierte. Im Winter 1930/31 entstand die „Arbeitsgemeinschaft zum Studium der sowjetrussischen Planwirtschaft (Arplan)", die unter der Geschäftsführung Harnacks bis 1933 gewirkt hat.[225]

Seit Ausgang des 19. Jahrhunderts hatten sich in der bürgerlichen Geschichtswissenschaft wesentliche Veränderungen vollzogen.[226] Die Herausbildung des kapitalistischen Weltmarktes sprengte das europazentrische Geschichtsbild räumlich-geographisch; die Frage nach dem Wesen und Werden auch außereuropäischer Völker und Kulturen wurde relevant. Die Ergebnisse der Archäologie erweiterten das Geschichtsbild zeitlich, indem frühere Kulturen wissenschaftlich einzuordnen waren. Zugleich erweiterte sich die Geschichtswissenschaft über die politische, Kultur- und Geistesgeschichte hinaus; der Einfluß des Marxismus zwang die bürgerliche Geschichtsschreibung zusätzlich zur Beachtung ökonomischer und sozialer Erscheinungen. Das historische Material drängte auf Einordnung und Verallgemeinerung; dies verlangte die Erkenntnis der Gesetzmäßigkeiten des Geschichtsprozesses und der inneren Zusammenhänge zwischen den aufgefundenen Erscheinungen. Die Grundlagenkrise in den Geisteswissenschaften zeigte sich jedoch darin, daß die bürgerliche Geschichtstheorie und -methodologie die theoretische Durchdringung weniger denn je zu vollziehen vermochte. Irrationalismus und individualisierende Methode bestimmten die theoretisch-methodologischen Grundlagen der Geschichtswissenschaft verstärkt; dies stützte sich auf die von Windelband, Dilthey und Rickert betonte Entgegensetzung von Natur- und Geisteswissenschaften.[227] Die Krise des deutschen Späthistorismus gaben auch bürgerliche Geschichtsdenker wie

[224] Vgl. zum Tatkreis die Artikel von W. Schlicker. In: Sachwörterbuch der Geschichte Deutschlands und der deutschen Arbeiterbewerung. Bd. 2, Berlin 1970, S. 648ff. und von K. Ludwig. In: Die bürgerlichen Parteien in Deutschland. Bd. II, Leipzig 1970, S. 672ff.

[225] Vgl. G. Kesselbauer, Arvid Harnack, Wissenschaftler und Revolutionär. In: Forschen und Wirken, Bd. I, Berlin 1960, S. 577ff.

[226] Vgl. zum folgenden I. S. Kon, Fragen der Theorie der Geschichtswissenschaft in der modernen bürgerlichen Geschichtsschreibung. In: ZfG, H. 5/1959, S. 976ff.

[227] In einer Antrittsvorlesung von 1930, die dies betont, hieß es z. B.: „Die Naturwissenschaft hat also ein anderes Erkenntnisziel als die Historie . . ., darum sind ihre Methoden andere und ist auch gleichsam ihr wissenschaftliches Ethos ein anderes . . ." (K. Borries, Grenzen und Aufgaben der Geschichte als Wissenschaft. Philosophie und Geschichte, H. 29, Tübingen 1930, S. 11).

Ernst Troeltsch oder Karl Heussi in ihren Werken zu.[228] Im individualisierenden, agnostizistischen und subjektivistischen Gehalt des Historismus lag eine Hauptursache dafür, daß die Krise der Geschichtswissenschaft aus bürgerlichen Positionen unüberwindbar war. Den prinzipiellen Agnostizismus des Historismus, der fortschrittsfeindlich blieb und das historische Geschehen relativierte, hat Werner Krauss an Dilthey gekennzeichnet: „Geschichte im ganzen bleibt also unerklärlich und nur das abgeschlossene geschichtliche Phänomen ist verstehbar. Man kann wohl auf seinen Ursprung zurückgehen, doch sein Entstehen niemals als Wirkung einer Ursache folgern. In dieser Wendung (Diltheys, d. Verf.) tritt schon das Historismus-Problem mit aller Schärfe hervor: Der Sinnbereich der Geschichte zerfällt in ein Nacheinander geschichtlicher Phänomene. Immer stärker wird die optimistische Geschichtsauffassung durch lähmende Zweifel verhängt ..."[229]

Die Traditionen des preußisch-deutschen Machtstaates und die Apologetik imperialistischer Politik bestimmten die bürgerliche deutsche Historiographie, die vordringlich durch eine politische Personen -und Ereignisgeschichte und in zweiter Linie durch eine nicht weniger reaktionäre Geistesgeschichtsschreibung im Sinne vor allem Friedrich Meineckes beherrscht wurde; selbst der Ruf nach der Kulturgeschichte, den Karl Lamprecht seinerzeit an die bürgerliche Geschichtsforschung gerichtet hatte, verhallte wenig beachtet. Die Vertreter des deutschen Historismus isolierten die von ihnen betonte politische gegenüber der Wirtschaftsgeschichte und vermieden die Einbeziehung soziologischer Aspekte, gegen die sich Friedrich Meinecke z. B. expressis verbis wandte.[230] Unter den Akademiemitgliedern setzte sich allein Otto Hintze für eine historisch-soziologische Typologie und Strukturgeschichte zur Grundlegung und Festigung der krisenbedrohten bürgerlichen Geschichtstheorie und Geschichtsschreibung ein, woraus sich das Interesse moderner imperialistischer Geschichtstheoretiker für ihn vor allem erklärt.[231] Die Kontinuität von der historischen Schule des 19. Jahr-

---

[228] Vgl. E. Troeltsch, Der Historismus und seine Probleme, 1922, ders., Der Historismus und seine Überwindung (postum) 1924; K. Heussi, Die Krise des Historismus, 1932.

[229] W. Krauss, Literaturgeschichte als geschichtlicher Auftrag, In: Ders., Aufsätze zur Literaturgeschichte, Leipzig 1968, S. 63.

[230] Der „moderne Bildungsmensch" würde die „reine Anschauung der geschichtlichen Dinge" nicht mehr verlangen, erklärte Meinecke. Dagegen stünde auch die Soziologie in hoher Wertschätzung, denn sie wäre nützlich, weil sie auf Tagesfragen antworte und „jenes Bedürfnis nach raschen und kühnen Synthesen des Lebens" befriedige: Die Soziologie wurde also unter dem Druck der „Tagesbedürfnisse" anerkannt — die Aufnahme in das methodologische Instrumentarium blieb ihr jedoch verwehrt. (Zit. aus F. Meinecke, Die deutsche Geschichtswissenschaft und die modernen Bedürfnisse. In: Ders., Zur Theorie und Philosophie der Geschichte, hrsg. v. E. Kessel, Stuttgart 1959, S. 176. Zit. auch bei H. Schleier, Die Stellung der bürgerlichen Geschichtsforschung zur Soziologie in der Zeit der Weimarer Republik. In: DAW zu Berlin, Zentralinstitut für Geschichte, Jahrbuch für Geschichte, Bd. 5/1971, S. 249).

[231] Von Ernst Troeltsch, der als Religionsphilosoph und -soziologe schon früher in Verbindung zu Max Weber für die Einbeziehung soziologischer Aspekte eintrat, der Akademie als Ordentliches Mitglied aber nur kurz angehörte, kann hier abgesehen werden.

hunderts bis zum Historismus der zwanziger Jahre betonte Erich Rothacker 1920[232] — er hat sich seit 1933 offen zum Faschismus bekannt. Friedrich Meinecke und Ernst Troeltsch suchten transzendentale Aspekte in der bürgerlichen Geschichtsphilosophie in unterschiedlicher Prägung zur Geltung zu bringen.

Historiker wie Hermann Oncken, Friedrich Meinecke, Paul Joachimsen oder Felix Rachfahl bemühten sich um das geschichtstheoretische und historiographische Erbe Leopold von Rankes.[233] In der Ranke-Renaissance verflochten sich individualisierende Methode und konservatives Machtstaatsdenken auf dem Boden der politisch-ideologischen Interessen der deutschen Bourgeoisie: Die Berufung auf Ranke — die meist mit der auf Bismarck zusammenfiel — diente trotz mancher Auffassungsunterschiede weithin dazu, die Weltmachtansprüche und die reaktionäre Innenpolitik des deutschen Imperialismus zu untermauern.

Die Analyse der Beziehungen zwischen den europäischen Großmächten, zurückgeführt bis vor den deutsch-französischen Krieg 1870/71 und in die Politik Bismarcks, blieb ein Schwerpunkt bürgerlicher deutscher Historiographie, der es um die historische Entlastung Preußen-Deutschlands von der entscheidenden Mitschuld am Weg in den ersten imperialistischen Weltkrieg zu tun war. Eine breite Bismarck-Apologetik wurde durch die Herausgabe der Werke Bismarcks (sogenannte Friedrichsruher Ausgabe, seit 1924) erneut stimuliert und fand in zahlreichen Darstellungen und Spezialuntersuchungen ihren Niederschlag: Hier beteiligten sich neben Hermann Oncken[234] Neurankeaner wie Erich Marcks, Max Lenz oder Erich Brandenburg, der junge Hans Rothfels oder später Arnold Oskar Meyer und Otto Westphal, letztere aus aggressiv-reaktionären Positionen. Schwerpunkt der Entlastungsoffensive gegen die Kriegsschuldthese der Versailler Siegermächte war die Apologetik preußisch-deutscher Außenpolitik von den neunziger Jahren bis 1914, zu der viele Darstellungen und Memoirenwerke beitrugen; erhebliche Wirkung erzielte die amtliche Aktenpublikation „Die große Politik der europäischen Kabinette 1871—1914" (40 Bände, 1922—1927).[235] Der Entlastung imperialistischer deutscher Kriegspolitik dienten Publikationen zur Vorgeschichte des militärisch-politischen Zusammenbruchs von 1918, die wiederum durch zahlreiche Memoirenwerke ergänzt wurden; die Akademie und

---

[232] Vgl. E. Rothacker, Einleitung in die Geisteswissenschaften, 1920; ders., Logik und Systematik der Geisteswissenschaften. In: Handbuch der Philosophie, München/Berlin 1926; ders., Die Grenzen der Geisteswissenschaften. In: Gedächtnisschrift für Georg von Below, Berlin 1928.

[233] Vgl. H. Schleier, Die Ranke-Renaissance. In: Studien über die deutsche Geschichtswissenschaft, Bd. II, hrsg. von J. Streisand, Berlin 1965, S. 99ff. (bes. S. 130). Eine historisch-kritische Ranke-Ausgabe leitete Paul Joachimsen ein; ab 1925 gab er im Auftrage der neugegründeten „Deutschen Akademie" in München eine auf 24 Bände berechnete Gesamtausgabe von Rankes „Historischen Meisterwerken" heraus.

[234] H. Oncken publizierte 1926 „Die Rheinpolitik Napoleons III. von 1863—1870 und der Ursprung des Krieges 1870".

[235] Vgl. hierzu F. Klein, Über die Verfälschung der historischen Wahrheit in der Aktenpublikation „Die Große Politik der Europäischen Kabinette 1871—1914". In: ZfG 2/1959, S. 518ff.

ihre Historiker, die die historische Distanz zum Zeitgeschehen zu wahren suchten, verfolgten diese Arbeiten gleichwohl aufmerksam.

In den Werken des Reichsarchivs[236] und des Marinearchivs, in Darstellungen Hermann Stegemanns[237] und anderer zur militärischen Geschichte des Krieges wurde die Verantwortung der geschlagenen deutschen Generalität für die Niederlage im ersten Weltkrieg geleugnet. Der in der Weimarer Republik getarnt aufrecht erhaltene Generalstab war führend an der historischen Untermauerung der durch den Kriegsverlauf ad absurdum geführten Blitzkriegsstrategie beteiligt, da diese Strategie den Widerspruch zwischen den weitgespannten Expansionszielen des deutschen Imperialismus und dem realen Kräfteverhältnis auch weiterhin überbrücken sollte[238]: Hieraus resultierten auch die Bemühungen von Kriegshistorikern um den Aufbau eines Schlieffenmythos und um die Apologetik imperialistischer deutscher Blitzkriegs- und Umfassungsstrategie, die im ersten Weltkrieg vorgeblich nur durch die inkonsequente Anwendung der Lehren des Grafen Alfred von Schlieffen gescheitert seien und in einem zukünftigen „totalen" Krieg zum Erfolge führen würden. Antikommunismus und Antisowjetismus, die die bürgerliche deutsche Historiographie weithin beherrschten, kamen auch in der Kriegsgeschichtsschreibung zum Ausdruck.[239]

Die revolutionäre Entwicklung der Jahre 1917 bis 1919, die militärische Niederlage und das Erstarken der revolutionären Arbeiterbewegung nötigten einzelne bürgerliche Historiker zur Modifizierung ihrer Geschichtskonzeptionen. Dies galt z. B. für das Verhältnis von Geist und Macht, deren Identität Friedrich Meinecke vor 1914 in der Geschichte nachweisen wollte: Auf die geschichtsideologische und politische Bedeutung und die Grenzen seiner Modifizierungsbemühungen wird an entsprechender Stelle zurückzukommen sein.

Der Rechtskurs in der bürgerlichen deutschen Geschichtsschreibung gewann an Boden. Gerhard Ritter orientierte z. B. auf eine nationalistische, besonders gegen Frankreich gerichtete Machtpolitik des deutschen Imperialismus[240]; Aspekte einer revisionistischen Ostforschung gewannen an Boden, während eine Minderheit von Osteuropahistorikern für die Anerkennung der Grenzen und die

---

236 Vgl. R. Brühl, Militärpolitik und Kriegsgeschichtsschreibung, Berlin 1973, S. 273ff.

237 Vgl. H. Stegemann, Geschichte des Weltkrieges, Stuttgart 1917—1925 (4 Bände).

238 Vgl. hierzu H. Otto, Schlieffen und der Generalstab, Berlin 1966 (Militärhistorische Studien, NF8); G. Förster, Totaler Krieg und Blitzkrieg, Berlin 1967 (Militärhistorische Studien, NF10), S. 16ff.; W. Wünsche, Strategie der Niederlage. Zur imperialistischen deutschen Militärwissenschaft zwischen den beiden Weltkriegen, Berlin 1961, S. 14ff.

239 „Der größte und auch militärische Feind Europas ist das bolschewistische Rußland, die Sowjetunion schrieb ein deutscher Generalstabsoffizier 1932 (Zit., nach W. Wünsche, a. a. O., S. 16).

240 Dies geschah besonders in der Stein-Biographie Gerhard Ritters (1930). Vgl. auch W. Berthold, Der politisch-ideologische Weg Gerhard Ritters, eines führenden Ideologen der deutschen Bourgeoisie. In: ZfG 5/1958, S. 961ff.; ders., ... groß hungern und gehorchen. Zur Entstehung und politischen Funktion der Geschichtsideologie des westdeutschen Imperialismus, untersucht am Beispiel von Friedrich Meinecke und Gerhard Ritter, Berlin 1960.

Verständigung auch mit der Sowjetunion eintrat. Konservative Fortschrittsfeindlichkeit und Machtstaatsapologetik leisteten faktisch der Diktatur Vorschub. Erich Marcks sprach sich z. B. 1932 für die Mitregierung des Hitlerfaschismus aus[241]; für den Ausbau der Präsidialdiktatur traten auch Gelehrte wie Friedrich Meinecke ein.

Das Vordringen aggressiv-militanter Auffassungen reflektierte sich vor allem seit 1929/30 im bürgerlichen Geschichtsdenken, in dem unter anderem auch geopolitische Geschichtstheorien Einfluß gewannen. Erich Keyser orientierte in seiner „Geschichtswissenschaft" (1931) auf den „Raum", die Bevölkerung und eine nationalistische Volkskunde und suchte Historiographie und revisionistische Ostkunde zu verbinden. Adolf Helbok, seit 1932 aktiv am Atlas der deutschen Volkskunde beteiligt, forderte eine präfaschistische Volksgeschichte, wobei das „Volk" als „Lebensboden" mythisiert und von der „Blutsgemeinschaft" gesprochen wurde.[242]

Mit einigen wenigen linksbürgerlichen Historikern, die der aggressiven imperialistischen Geschichtstheorie und -apologetik entgegentraten, wandte sich der junge Eckart Kehr damals gegen die imperialistische These vom Primat der Außenpolitik, die mit Berufung auf Ranke vertreten wurde; er bezog gesellschaftliche und innenpolitische Aspekte in die Kritik imperialistischer Vorkriegsaußenpolitik ein und betonte, daß die deutsche Regierung um 1900 ihre Außenpolitik „nicht mehr im Interesse der deutschen Nation geführt hat, sondern nur noch im Interesse einer Klasse, daß sie nicht mehr die Regierung eines Nationalstaates war, die sich hinter den ausgehöhlten Formen des Nationalstaates zu verbergen suchte".[243] Kehr und seine Freunde gelangten jedoch über eine linksbürgerliche, auch soziologische und ökonomische Faktoren berücksichtigende Forschung nicht hinaus.

Zu Beginn der dreißiger Jahre wurden selbst die wenigen liberal-bürgerlichen Historiker wie Veit Valentin („Geschichte der deutschen Revolution 1848/49", 1931) von rechts her scharf kritisiert.[244]

Machtpolitisch-etatistische und ideengeschichtliche Aspekte bestimmten weithin die Forschungen zur allgemeinen Geschichte. Der Sinologe Otto Franke betonte die Bedeutung des Konfuzianismus für die Entwicklung Chinas und untersuchte die Genesis des chinesischen Staates, auf den er sich in seiner „Geschichte des chinesischen Reiches" (1930—1937) jedoch einseitig orientierte, während er

---

241 Vgl. G. Lozek, Friedrich Meinecke — ein Stammvater der NATO — Historiker. In ZfG 7/1962, S. 1573, Anm. 141.

242 H. Schleier, Die Stellung der bürgerlichen deutschen Geschichtsforschung zur Soziologie in der Zeit der Weimarer Republik, a. a. O., S. 239ff.

243 E. Kehr, Schlachtflottenbau und Parteipolitik 1894—1901, Berlin 1930. Wiedergabe in: A. S. Jerussalimski, George W. Hallgarten und seine Darstellung der Außenpolitik des deutschen Imperialismus. In: ZfG 4/1962, S. 855.

244 Vgl. zur Einschätzung Valentins und der bürgerlichen Valentin-Kritik H. Schleier, Veit Valentin. In: Studien über die deutsche Geschichtswissenschaft, Bd. II, a. a. O., S. 327ff.

die ökonomischen und sozialen Faktoren weitgehend negierte.[245] Darstellungen zur europäischen Expansions- und Kolonialpolitik wie Adolf Reins „Die europäische Ausbreitung über die Erde" (1931) hatten als Apologetik des Kolonialismus eine programmatische Funktion.[246]

Die bürgerliche deutsche Mediävistik wurde durch die politischen Interessen und das Machtstaatsdenken der herrschenden Klasse gleichfalls erheblich beeinflußt: Aus solchen Positionen wurde eine Vielzahl von Darstellungen zur politischen, Rechts- und Ideengeschichte des Früh-, Hoch- und Spätmittelalters erarbeitet. Zugleich entstanden viele Quellenpublikationen (auch zur Regionalgeschichte), was sich andererseits mit dem weiteren Aufschwung der historischen Quellenkritik, Paläographie und anderer Hilfswissenschaften der Geschichte verband. Die Edition mittelalterlicher Geschichtsquellen blieb ein Schwerpunkt der Arbeit, an der die Akademien weiterhin beteiligt waren. Die Ergebnisse bürgerlicher Geschichtsforschung wurden jedoch durch die klassenbestimmte Auswahl der Quellen, durch die Negation des Ringens fortschrittlicher und revolutionärer Kräfte und die ungenügende Beachtung der Lebensweise und Kultur werktätiger Klassen und Schichten geprägt. Wirtschafts- und sozialhistorische Quellen, im Interesse der herrschenden Kräfte einseitig ausgewählt, blieben methodisch isoliert; die Bedeutung ökonomischer und sozialer Faktoren für die politische und geistige Entwicklung wurde auch hier negiert. Die Isolierung bestand nicht zuletzt darin, daß sich die bürgerliche Forschung vordringlich und fast allein auf die schriftlichen Quellen (Chroniken und ähnliches, Urkunden, Akten, Briefe, Rechtszeugnisse) beschränkte; die Urkundenlehre (Diplomatik) wurde als ein traditioneller Schwerpunkt der Arbeit weiter gepflegt; zur Archäologie gab es dagegen nur wenige Verbindungen. Schwerpunkt mittelalterlicher Quellenforschung blieb die Arbeit an den Monumenta Germaniae Historica. Führende Mediävisten, die an der Weiterentwicklung quellenkritischer Methoden beteiligt waren, wandten sich gegen Mythisierungen der mittelalterlichen Kaisergeschichte, die z. B. Ernst Kantorowicz („Kaiser Friedrich", 2 Bände 1927—31) in Anlehnung an den Kreis um Stefan George vortrug.

Die politisch-ideologische Entwicklung in den imperialistischen Staaten reflektierte sich auch in der bürgerlichen Mediävistik. Weitgespannte Untersuchungen führender Mediävisten waren als Beiträge zur Auseinandersetzung mit der Geschichtsauffassung des historisch-dialektischen Materialismus konzipiert. Dies galt z. B. für die Arbeiten von Alfons Dopsch, der bereits 1912/13 ein zweibändiges Werk zur Wirtschaftsentwicklung der Karolingerzeit veröffentlicht hatte und nunmehr in seiner Arbeit „Die wirtschaftlichen und sozialen Grundlagen der europäischen Kulturentwicklung von Cäsar bis zu Karl dem Großen"

---

245 Vgl. auch die Einschätzung des Werkes von O. Franke bei E. Erkes, Geschichte Chinas von den Anfängen bis zum Eindringen des ausländischen Kapitals, Berlin 1956, S. 5f.

246 A. Rein, die europäische Ausbreitung über die Erde, Potsdam 1931, S. 393. Bereits einleitend hieß es hier: „Die Welteroberung, die durch Jahrtausende hindurch von allen großen Völkern vergeblich erstrebt worden ist, vollbringt das germanisierte Abendland." (Ebda., S. 5).

(1918/20) ein einseitig evolutionäres Bild des historischen Prozesses entwarf, wobei er die sozialökonomischen Formationen bewußt negierte. Die Arbeiten Dopschs und anderer führten in die geschichtstheoretischen Grundlagenauseinandersetzungen, die sich seit 1917 verschärften. Die Schwerpunktanliegen bürgerlicher Mediävistik müssen, ähnlich wie in der neuzeitlichen Historiographie, aus den politischen und ideologischen Zusammenhängen dieser Auseinandersetzungen verstanden werden. In Deutschland wurden die alten Probleme des Sybel-Ficker-Streites aufgegriffen, die auf Differenzen um die groß- oder kleindeutsche Reichsgründung und die Ostexpansion zurückgingen. 1927 erneuerte Georg von Below, einer der offenen Apologeten des reaktionären Preußentums, das Sybelsche Verdikt mittelalterlicher Kaiser- und Italienpolitik, die den Niedergang des mittelalterlichen Reiches zur Folge gehabt hätte.[247] Hermann Oncken verwies auf die „Achsendrehung" von der nordsüdlichen zur westöstlichen Expansion, die nach dem Rückschlag in Italien eingesetzt habe: im Osten sei eine weltgeschichtliche Leistung vollbracht worden, „deren bleibende Bedeutung die Italienpolitik von ehedem weit überflügelt."[248] Demgegenüber erklärte Albert Brackmann die Fragestellung Italien- und Kaiserpolitik *oder* Ostexpansion für ahistorisch und für politisch untragbar. Nichts sei „gefährlicher für ein großes Volk . . ., als wenn ihm klar gemacht wird, daß es in den größten Zeiten seiner Geschichte auf falschem Wege" war[249]; es käme auf den „freudigen Stolz" auf die „große Vergangenheit" an, hieß es in dieser Glorifizierung feudaler Expansion. Brackmann sprach den deutschen, aber auch den französischen und italienischen Historikern das Recht ab, die Expansionspolitik des mittelalterlichen Kaisertums zu verurteilen. „Das universale Kaisertum, das am 25. Dezember 800 entstand, war von vornherein mit dem universalen Papsttum in engster Schicksalsgemeinschaft verbunden, weil beide sich aufbauten auf dem Untergrunde der universalen Christenheit."[250] Von hier aus, nicht vom Schicksal also der von feudalexpansiver Politik betroffenen Völker, müsse geurteilt werden, forderte Brackmann.

Forschungen zur Herrschaftsideologie des mittelalterlichen Kaisertums, zu den geistesgeschichtlichen und ideologischen Grundlagen der Auseinandersetzungen zwischen Kaisertum und Papsttum oder zur politischen Stellung und

---

[247] Vgl. G. v. Below, Die italienische Kaiserpolitik des deutschen Mittelalters mit besonderem Hinblick auf die Politik Friedrich Barbarossas, München 1927 (Beiheft 10 der HZ). Dazu auch B. Schmeidler, Königtum und Fürstentum in Deutschland in der mittelalterlichen Kaiserzeit. In: Preußische Jahrbücher, Bd. 208, 1927; F. Kern, Der Deutsche Staat und die Politik des Römerzuges. In: Aus Politik und Geschichte. Gedächtnisschrift für Georg v. Below, Berlin 1928, S. 32ff.

[248] Vgl. H. Oncken, Nation und Geschichte. Reden und Aufssätze 1919—1935, Berlin 1935, S. 45. Zit. in: F. Schneider, Neuere Anschauungen der deutschen Historiker zur Beurteilung der deutschen Kaiserpolitik des Mittelalters, 2. Aufl., Weimar 1936, S. 41.

[249] Zit. nach F. Schneider, a. a. O., S. 41f. (ebda., S. 70f. die Quellen)

[250] A. Brackmann, Zur politischen Bedeutung der kluniazensischen Bewegung. In: HZ 139/1929, S. 34—47. Wiedergabe in: Wissenschaftliche Buchgesellschaft „Libelli", Bd. XXVI, Darmstadt 1955, S. 11.

zur Genesis der Ostexpansion gehörten zu den Schwerpunkten der deutschen Mediävistik, die auch zur Geschichte des Städtewesens und des Handels vielfältiges Material erschloß. Überall aber wurde der Zusammenhang zur Politik, zur Ideologie und zur geistesgeschichtlichen Entwicklung im bürgerlichen Deutschland jener Jahre sichtbar.

Die Geschichte gehörte mit verschiedenen Teil- und Grenzbereichen zu den an der Akademie gepflegten Disziplinen der bürgerlichen Geisteswissenschaften. Die Grundlagenkrise der bürgerlichen Geschichtswissenschaft, die sich seit der Oktoberrevolution verschärfte, reflektierte sich auch an der Akademie, der mit Dietrich Schäfer, Albert Brackmann, Paul Kehr, Michael Tangl, Friedrich Meinecke, Otto Hintze, Max Lenz, Erich Marcks und Hermann Oncken führende bürgerliche Mediävisten und Historiker der Neuzeit als Ordentliche Mitglieder angehörten; die bürgerliche Rechtsgeschichte vertraten Emil Seckel, Ulrich Stutz und Ernst Heymann; die christliche Religions- und Kirchengeschichte repräsentierten Adolf von Harnack, Karl Holl und Hans Lietzmann aus protestantisch-theologischer Sicht.

Eine zeitliche und räumliche Erweiterung erfuhr die vor- und frühgeschichtliche Archäologie, in der auch die Methodik der Grabung und Fundbestimmung weiterentwickelt wurden, wobei sich die Verbindungen zu Nachbarwissenschaften wie der Geologie und der Biologie festigten. Die menschliche Abstammungs- und Urgeschichte, die Forscher wie Charles Darwin, Ernst Haeckel oder Rudolf Virchow weitgehend hypothetisch über den anatomischen und embryonalen Vergleich zu vertiefen suchten, blieb auch nach den Funden von homo erectus-Überresten auf Java (Trinil) oder in China (Peking) archäologisch noch relativ wenig belegt. Eine Vielzahl von Funden vertiefte dagegen die Kenntnisse zur späteren Vor- und Frühgeschichte vor allem Europas. Im imperialistischen Deutschland überschnitten sich die wissenschaftliche Durchdringung und methodische Vertiefung mit dem Vordringen germanozentrischer Auffassungen, die besonders von Gustav Kossinna (im Anschluß an Lehren Gobineaus und anderer) vertreten wurden. Gegenüber diesen an den Universitäten vordringenden Tendenzen bezog Carl Schuchhardt, der Archäologe der Berliner Akademie, der aus den Ausgrabungen der klassischen Archäologie in Kleinasien gekommen war und die Methodik seit der Ausgrabung des römischen Kastells Haltern oder der „Römerschanze“ bei Potsdam vertieft hatte, auch die slawische Frühgeschichte weiterhin in die Forschung ein; zusammenfassende Untersuchungen führte er nunmehr zur welthistorischen Entwicklung der Burg weiter. Schuchhardt gehörte zu jenen Repräsentanten bürgerlicher Archäologie, denen die Forschung auch da weiterführende Impulse verdankt, wo sie über ihre Einzelergebnisse inzwischen hinweggeschritten ist und über prinzipiell neue methodologische Aspekte aus dialektisch-materialistischer Sicht verfügt.[251] Weitergeführt wurden

[251] Auf die Bedeutung Schuchhardts verwies Akademiemitglied Prof. Dr. J. Herrmann in das Gesamtgebiet der Archäologie und der Altertumswissenschaften betreffenden Stellungnahmen, für die auch hier gedankt wird.

die Ausgrabungen zur slawischen Frühgeschichte von tschechischen und polnischen Archäologen; sowjetische Gelehrte erschlossen weitere Zentren früher, antiker und mittelalterlicher Kultur vor allem im Süden Rußlands und auf der Krim, aber auch in den transkaukasischen Republiken. In Deutschland blieben auch die Gebiete am Rhein, Main und Neckar Schwerpunkte archäologischer Arbeit, die hier von den führenden Kräften der Limes-Grabungen weitergeführt wurden (Trier).

Fortgesetzt hat sich der Aufschwung der Altertumswissenschaften, der Gräzistik und Latinistik, der griechisch-römischen Archäologie und der Forschungen zur alten Geschichte. Die Erfassung und Auswertung eines großen Quellenmaterials schritt voran; die Differenzierung, die in der eigenständigen Entwicklung der alten Geschichte wie in der Spezialisierung von Philologen zum Ausdruck kam, hatte auch zur Verselbständigung der Byzantinistik (John B. Bury, Karl Krumbacher, Heinrich Gelzer, August Heisenberg, F. J. Uspenskij, E. E. Lipšic, M. V. Levčenko und andere) oder der mittellateinischen Philologie (Ludwig Straube, Paul Lehmann, Karl Strecker) und anderer Disziplinen geführt. Obwohl in seiner internationalen Bedeutung gegenüber den Vorkriegsjahren reduziert, blieb Berlin ein Zentrum altertumswissenschaftlicher Forschung. Hier war Ulrich von Wilamowitz-Moellendorff auch jetzt der Repräsentant einer auf die Einheit aller Bereiche und Probleme des eigentlichen griechisch-römischen Altertums abzielenden („totalen") Forschung.[252] Das Institut für Altertumswissenschaften der Berliner Universität blieb ein Zentrum bürgerlicher deutscher Altertumswissenschaft, die eine Fülle wertvoller Tatsachen und Einzelerkenntnisse bereitgestellt hatte und innerhalb ihrer gesellschaftlich bedingten Grenzen methodisch weitergewirkt hat. Die Berliner Akademie war hieran durch die Bearbeitung oder Mitgestaltung der großen, von ihren Mitgliedern Theodor Mommsen, Hermann Diels und Ulrich von Wilamowitz-Moellendorf eingeleiteten oder neu organisierten und auf lange Sicht geplanten Inschriftencorpora und Textausgaben beteiligt; die Edition patristischer Quellen blieb hier jedoch ein abgetrenntes Arbeitsgebiet der historischen Theologie.

Ein Schwerpunkt der klassischen Philologie blieb die griechische und römische Geistesgeschichte, vor allem die Geschichte der Literatur und Dichtkunst sowie

---

252 U. v. Wilamowitz hat diese Auffassung mit den Worten gekennzeichnet: „Die Philologie, die immer noch den Zusatz klassisch erhält, obwohl sie den Vorrang, der in dieser Bezeichnung liegt, nicht mehr beansprucht, wird durch ihr Objekt bestimmt, die griechisch-römische Kultur in ihrem Wesen und allen Äußerungen ihres Lebens. Diese Kultur ist eine Einheit, mag sie sich auch an ihrem Anfang und ihrem Ende nicht scharf abgrenzen lassen . . . Weil das Leben, um dessen Verständnis wir ringen, eine Einheit ist, ist unsere Wissenschaft eine Einheit. Eine Aussonderung der Disziplinen Philologie, Archäologie, Alte Geschichte, Epigraphik, Numismatik, neuerdings auch Papyrologie, hat lediglich in der Beschränktheit des menschlichen Könnens ihre Berechtigung und darf auch in dem Spezialisten das Bewußtsein des Ganzen nicht ersticken." (U. v. Wilamowitz, Geschichte der Philologie, Nachdruck der 3. Auflage von 1927, Leipzig 1959, S. 1) Auf das hier angedeutete Programm, das eine „ideologiefreie" Altertumswissenschaft in ihrer Einheit implizierte, verwies Akademiemitglied Prof. Dr. W. Hartke in Aussprachen und schriftlichen Stellungnahmen, für die auch hier gedankt wird.

des philosophischen und frühen einzelwissenschaftlichen Denkens in Griechenland. Hier arbeiteten Gelehrte wie von Wilamowitz-Moellendorff, der zu fast allen Gebieten der Philologie und der historischen Quellenkunde beitrug, Hermann Diels, der vor allem Texte der Vorsokratiker und der frühen Atomistik erschloß und Werner Jaeger, der im Unterschied zu seinem Lehrer von Wilamowitz die griechische Geistesgeschichte unter dem spezifischen Aspekt der Verwirklichung hellenischer Bildungsideale untersuchte und von hier aus zu den besten Kennern der Philosophie des klassischen und nachklassischen Griechenland gehörte. In mancher Hinsicht gelangte er in die geistige Nähe Friedrich Nietzsches in dessen altphilologischer Frühzeit („philosophia fit quae fuit philologia").

Die Kontinuität zwischen griechischer und römischer Geistesgeschichte blieb ein leitender Gesichtspunkt. Philologen wie Eduard Norden, der vor allem die römische Literatur, Dichtkunst, Philosophie und literarische Geschichtsquellen Roms bearbeitete, stellten gleichzeitig die Eigenständigkeit der kulturellen und geistigen Entwicklung Roms heraus. Die klassische Philologie fand nunmehr für Griechenland in der Platon-Monographie (1919/20), dem Pindaros (1922), der „Griechischen Verskunst" (1921) oder den „Griechischen Tragödien" (1923/26) Ulrich von Wilamowitz' sowie in Werner Jaegers „Aristoteles. Grundlegung der Geschichte seiner Entwicklung" (1923) einen fortwirkenden Niederschlag. Auch hier wurden die ökonomisch-sozialen Voraussetzungen griechisch-römischer Kulturentwicklung jedoch weitgehend negiert; ideologisch-politische Zusammenhänge der griechischen Gesellschaft wurden vor allem von Wilamowitz kaum berücksichtigt. Führende Berliner Altphilologen gelangten zwar zu gesellschaftlichen Einzelerkenntnissen, die jedoch im gesellschaftlichen Rahmen ihrer Zeit im Ansatz verblieben und nicht fruchtbar wurden. Ulrich von Wilamowitz-Moellendorff verwies auf die Grenzen der aristokratischen Polisidee Platons, die ihren Menschen unfrei gemacht habe; Werner Jaeger erkannte die ungelöste Spannung zwischen Idee und Erfahrungswelt, Ethik und Politik bei Aristoteles, dessen Vorstellungen vom „besten Staat" auch für ihn Utopie bleiben mußten.[253] Die historische Funktion der Arbeitsteilung, der antiken Warenwirtschaft und des sich ausbreitenden Herr-Sklave-Verhältnisses, aber auch der Gegensätze in der freien Bevölkerung wurde nicht erkannt. Dies waren jedoch die Grundlagen für die Entwicklung der Polis oder des Handels, die Griechenland mit anderen Kulturzentren verbanden; diese sozialen und ökonomischen Faktoren waren auch für die römische Welt und die Staaten des Hellenismus bestimmend. Die scholē (σχολȳ) und die energeia (ενεργεια), die Muße und das Wirken in ihr, die den Besitzenden vorbehalten blieben und das hohe Niveau antiker Kultur ermöglichten, erfahren von hier aus ihre Einordnung.[254]

Führende Altphilologen empfanden die Grundlagenkrise der bürgerlichen Geisteswissenschaften und suchten ihr entgegenzuwirken. Sie standen vor der

---

[253] Vgl. hierzu zusammenfassend E. Ch. Welskopf, Probleme der Muße im alten Hellas, Berlin 1962, S. 207, 250, 259.

[254] Vgl. ebda., S. 258, 293.

Tatsache, daß die Altertumswissenschaften ihre frühere Breitenwirkung in der bürgerlichen Intelligenz verloren hatten. Ulrich von Wilamowitz' Orientierung auf die Einheit der Altertumswissenschaft, auf die „totale" Erforschung vor allem der Kultur des „klassischen" Griechenland hatte dies nicht verhindert; sie hatte eine breite Tatsachenforschung stimuliert, mit der indessen auch für die herrschenden Kräfte unbequeme Einsichten zutage treten konnten. Zugleich standen führende Gelehrte unter dem Eindruck der revolutionären Ereignisse von 1917 bis 1919: „Die Revolution hat die allgemeine Krise auch in die Gebiete geistigen Schaffens getragen, die wie Kirche und Schule, durch den Einfluß ihrer weitverzweigten Organisation den Geist des öffentlichen Lebens mitbestimmen", stellte Werner Jaeger 1919 fest.[255] Jaeger distanzierte sich auch von der „totalen" Auffassung seines Lehrers von Wilamowitz, obgleich auch diese offen elitär und konservativ bestimmt war. Er selbst trat für eine nicht weniger elitäre, ausgeprägt idealistisch-geistesgeschichtliche Weiterentwicklung der Altertumswissenschaften ein und betonte eine politische Humanismusauffassung, in der die Harmonie zwischen Besitzenden und wirtschaftlich Schwachen postuliert wurde; der Humanismus war für ihn eine kontemplative Bildungsmacht, eine Renaissance der klassischen griechischen Kultur, die nur eine geistige Elite nacherleben könne.

In Griechenland lag ein Ausgangspunkt moderner humanistischer Bildung und philosophischen Denkens unserer Zeit.[256] Die bürgerliche Altphilologie im Sinne Jaegers engte den Humanismusgedanken jedoch ein, wobei sie humanistisches Denken und Gestalten anderer Völker — trotz des wachsenden Interesses bürgerlicher Intellektueller für die Kultur des nahen Orients, Indiens und Chinas — wenig beachtete. Jaeger, der auch gesellschaftlich elitäre und konservative Auffassungen — wenngleich weniger militant als von Wilamowitz — vertrat, hat Deutschland wenige Jahre nach der Errichtung der faschistischen Diktatur persönlich tief enttäuscht verlassen. So wie die anderen Vertretern der Altertumswissenschaften, die jedoch weniger wirksam geworden sind, blieb auch er ein Exponent bürgerlicher Wissenschaft, die zwar mannigfache Tatsachen antiker Kultur erschloß, wesentliche, in der Aufstiegsphase des Bürgertums bereits rezipierte Erkenntnisse jedoch negierte.

Die Erforschung der griechischen und römischen Geschichte schritt in der Erschließung weiterer Kenntnisse voran, wobei sich Althistoriker unter dem Druck des historischen Materialismus auch mit der Wirtschafts- und Sozialentwicklung befaßten, ohne ihre Triebkräfte und ihre Spezifika zu erkennen; die politische Geschichte und hier wiederum insbesondere die Genesis der griechischen Stadtstaaten und des römischen Staates und ihrer Machtkämpfe dominierten weiterhin. In seiner „Griechischen Geschichte im Rahmen der Altertumsgeschichte" (1924) ging Ulrich Wilcken zu Recht davon aus, „daß die

---

[255] W. Jaeger, Der Humanismus als Tradition und Erlebnis. In: Ders., Humanistische Reden und Vorträge, (West-)Berlin 1960, S. 17.

[256] Vgl. G. Kröber (Hrsg.), Wissenschaft und Weltanschauung in der Antike. Von den Anfängen bis Aristoteles, Berlin 1966.

Griechen, wiewohl sie ihr Bestes und Höchstes aus sich selbst geschaffen haben, doch auch manches fremde Kulturelement übernommen und sich angepaßt haben". Er zeigte die Wirkung Ägyptens und Vorderasiens auf die griechische Kultur, ihre erneute und tiefere Verflechtung mit dem Orient seit Alexander von Mazedonien[257], dessen Biograph Wilcken 1931 geworden ist. Die universalere bürgerliche Auffassung von der alten Geschichte, für die mit ihm der führende Althistoriker und Orientalist Eduard Meyer eintrat, verband sich auch bei Ulrich Wilcken mit der Negierung ökonomischer und sozialer Grundlagen der Entwicklung Griechenlands und mit elitären Aspekten, die z. B. in der Verkennung der attischen Demokratie und in der Auffassung des Perikles als „Führer" zum Ausdruck kam.

Die historische Entwicklung und Bedeutung des Hellenismus, von Gustav Droysen bereits im 19. Jahrhundert betont, blieb ein Forschungsgegenstand von Althistorikern verschiedener Länder.[258] In den auch in Deutschland bekannt gewordenen Arbeiten Michail Rostovcevs, denen ein umfangreiches chronikalisches und urkundliches, epigraphisches, papyrologisches, archäologisches und numismatisches Quellenmaterial zugrunde lag, wurde vor allem die hellenistische und spätrömische Wirtschafts- und Kulturentwicklung untersucht. Rostovcev, der 1924 und 1926/27 sein Werk „A History of the Ancient World" (deutsch 1940) veröffentlichte, suchte auch ökonomische und soziale Erscheinungen in eine bürgerliche, im letzten von der Feindschaft gegen die Massen und gegen den historischen Materialismus diktierte Auffassung von der alten Geschichte zu integrieren; dabei lehnte er die Existenz sozialökonomischer Formationen ab und trug Begriffe des Kapitalismus modernisierend in die alte Geschichte hinein.[259]

In der klassischen Archäologie wurden in starkem Maße frühere Grabungen weitergeführt und bereits entwickelte Methoden weiter ausgebildet, wobei deutsche Fachleute seit den zwanziger Jahren an den Arbeiten wieder beteiligt waren. Die britischen Ausgrabungen in Knossos hatten bereits vor dem Weltkrieg wertvollste, von Arthur Evans (1909, 1921—35) publizierte Erkenntnisse über das Wesen und die Mittlerstellung kretisch-mykenischer Kultur erbracht.[260]

---

257 U. Wilcken, Griechische Geschichte im Rahmen der Altertumsgeschichte, 8. Aufl. Berlin 1958, hrsg. v. G. Klaffenbach, S. 9. Dort heißt es weiterhin: „Nur durch eine universalhistorische Betrachtung kann man daher zu einer vollen Würdigung der einzigartigen Leistungen des griechischen Volkes zu kommen hoffen. Es hat sich denn auch immer mehr die Einsicht durchgesetzt, daß die ‚Alte Geschichte' die gesamte Mittelmeerwelt einschließlich des alten Orients zusammenfassen muß."

258 Vgl. z. B. P. Jouguet, L'Imperialisme macédonien et l'Hellénisation de l'Orient, 1926. In neueren Auflagen erschienen die Werke von K. J. Beloch, Griechische Geschichte IV 1/2 und J. Kaerst, Geschichte des Hellenismus, I/II.

259 Hierauf verwies A. B. Ranowič in seiner Rezension zu M. Rostovcevs späterem Werk „The Social and Economic History of the Hellenistic World. (Wiedergabe der Rez. in einer Reihe von Ranowič Aufsätzen zur Alten Geschichte, hrsg. von G. Bockisch in der Reihe „Lebendiges Altertum"/Bd. 4, Vgl. ebenda, S. 72ff. die zusammenfassende Einschätzung zum Werke Rostovcevs).

260 Vgl. A. Evans, The Palace of Minos at Knossos, London 1921—1935 (4 Bände).

Deutsche Grabungen Georg Karos klärten die befestigte Unterstadt von Tiryns. Abgeschlossen wurden die langjährigen Grabungen am Didymatempel bei Milet und die Ausgrabung des Asklepios-Heiligtums auf Kos, der von Rudolf Herzog seinerzeit wiedergefundenen Lehrstätte des Hippokrates.[261] Die österreichisch-türkischen Grabungen im antiken Ephesos richteten sich vor allem auf die jüngeren Artemis-Tempel und die Reste der hellenistischen und byzantinischen Stadt. Theodor Wiegand und Martin Schede nahmen die Ausgrabung des Heratempels auf Samos, dem Sitz des Polykrates, wieder auf. Bedeutsam wurden die weiteren Ausgrabungen des Aphaia-Tempels in Aegina. Überall durchdrangen sich die Erforschung der Geschichte der antiken materiellen und geistigen Kultur und Kunst untrennbar. Dies galt für die auch unter deutscher Beteiligung weitergeführte Erschließung pompejanischer Wandmalereien; es galt in größerem Maße für die unter der Leitung Theodor Wiegands wiederaufgenommenen Grabungen in Pergamon, der Hauptstadt des hellenistischen Attalidenstaates, über die Wiegand vor der Akademie berichtete.[262] Die endgültige Aufstellung des Pergamon-Altars erfolgte unter Wiegands Oberleitung bis 1929 in Berlin; am 2. Oktober 1930, zur Hundertjahrfeier der Berliner Staatlichen Museen, wurde der Altar, der nunmehr neue Aspekte archäologisch-musealer Gestaltung verdeutlichte, für die Öffentlichkeit freigegeben.[263] Die Akademiemitglieder Theodor Wiegand und Gerhart Rodenwaldt haben auch als Wissenschaftsorganisatoren große Bedeutung erlangt; Rodenwaldt hat als führender Archäologe und Kunsthistoriker auf die Förderung des wissenschaftlichen Nachwuchses auch über Deutschland hinaus Einfluß genommen.[264]

Die klassischen Altertumswissenschaften gehörten zu den Schwerpunkten der bürgerlichen Geisteswissenschaften an der Berliner Akademie. Mit Hermann Diels, Ulrich von Wilamowitz-Moellendorff, Eduard Norden und Werner Jaeger vertraten weithin bekannte Gelehrte als Ordentliche Mitglieder hier die klassische Philologie, Eduard Meyer und Ulrich Wilcken die alte Geschichte, Johannes Dragendorff, Theodor Wiegand und Gerhart Rodenwaldt die klassische Archäologie. Zu den Korrespondierenden Mitgliedern gehörten die klassischen Philologen Joseph Bidez, Carl Robert, Eduard Schwartz, August Danielsson, Johannes Mewaldt und Felix Jacoby, die Archäologen René Cagnat, Bernard Haussoulier, Christian Hülsen, Percy Gardner, Wilhelm Fröhner, Franz Cumont, Adolf Wilhelm, Martin Nilsson, Franz Studniczka, Paul Wolters, Franz Winter und Ernst Fabricius sowie der Althistoriker Michail Rostovcev.

---

[261] Vgl. u. a. Alte und orientalische Philologie. In: Deutsche Forschung. Aus der Arbeit der Notgemeinschaft der Deutschen Wissenschaft, H. 1/1928, S. 28.

[262] Vgl. Th. Wiegand, Bericht über die Ausgrabungen in Pergamon 1927. Abhdl., Phil.-hist. Klasse, 3/1928.

[263] Vgl. auch die historische Übersicht zur Geschichte der klassischen Archäologie in den Berliner Museen in: E Rohde, Griechische und römische Kunst in den Staatlichen Museen zu Berlin, Berlin 1968, S. 21f.

[264] Hierauf verwies Frau Dr. E. Rohde von den Staatlichen Museen zu Berlin. Frau Dr. Rohde wird hier für ihre Hinweise zur klassischen Archäologie gedankt.

Die Orientalistik blieb ein weiterer Schwerpunktbereich der Akademie.

Die Erforschung altorientalischer Kulturen wurde durch das Vordringen universalerer Aspekte im bürgerlichen Geschichtsbild, durch die Ergänzung des Europazentrismus durch eine kapitalistische Weltgeschichte zunehmend stimuliert. Wissenschaftsinhärente Erkenntnisbedürfnisse durchdrangen sich hier auch weiterhin mit dem Einfluß imperialistischer Expansionsinteressen; die erwachenden nationalen Interessen orientalischer Völker traten jedoch hinzu: Vor 1914 eine Domäne europäischer Forscher, zu denen amerikanische Gelehrte traten, begann die Altorientalistik auch zum Arbeitsgebiet orientalischer Staaten und ihrer Gelehrten zu werden.[265]

Frühere Grabungen wurden auch in den Gebieten altorientalischer Kulturen wiederaufgenommen und breiter ausgewertet; zugleich wurden neue Arbeitsfelder erschlossen. Einblicke bis in Kulturschichten des 4. Jahrtausends ermöglichten die von Julius Jordan geleiteten deutschen Grabungen in Warka (Irak), die 1928 wiederaufgenommen wurden und nunmehr zur Aufdeckung der durch das Gilgamesch-Epos bekannten sumerischen Tempelstadt Uruk (Erech) führten;[266] die von der Akademie 1929—1940 hierüber veröffentlichten 11 Grabungsberichte demonstrierten den sumerischen Charakter Uruks; die Funde führten jedoch bis in das Seleukidenreich. Das Frühstadium der Stadt und des Staates verdeutlichten die Ausgrabungen Charles Leonard Woolleys an der Zikkurat und den Gräbern des sumerischen Ur in ihrer weiteren sozialen Differenzierung.[267] Forscher aus Indien und England (R. D. Banerji, John Marshall) erschlossen ähnliche Entwicklungsstufen im mittleren und unteren Industal (Mohenjo Daro, Harappa). Auf eine iranische Frühkultur des 4. und 3. Jahrtausends verwies Ernst Herzfeld, der mit anderen damals auch die Beziehungen zwischen frühorientalischen Kulturzentren betonte.[268] Die altägyptische Kultur fand erneut stärkeres Interesse, als Howard Carter 1922 das Pharaonengrab Tut-ench-Amuns mit kostbarsten Totenbeigaben auffand.

Bedeutsam war die weitere Erschließung der in akkadisch-babylonischer Keilschrift geführten Tontafel-Korrespondenz Amenophis' III. und IV. (1887/88 im mittelägyptischen Tell el Amarna aufgefunden und in den Berliner, Londoner und Kairoer Museen aufbewahrt). Hinweise aus dem Tell el Amarna-Archiv

---

265 G. Rodenwaldt, Moderne Ausgrabungen und historische Wissenschaften. In: Deutsche Forschung, H. 11/1929, S. 52. Für Hinweise zur Entwicklung der Orientalistik wird Herrn Dr. D. Opitz (Potsdam) gedankt. Für eine Durchsicht der orientalistischen Aussagen wird Frau Dr. E. Klengel (Vorderasiatisches Museum Berlin) gedankt.

266 Vgl. zusammenfassend für die ersten Grabungsphasen J. Jordan, Die Ausgrabungen der Notgemeinschaft der Deutschen Wissenschaft in Warka. In: Deutsche Forschung, H. 13/1930, S. 137ff.; ders., Fortsetzung der Ausgrabungen in Warka in der Zeit vom 16. Oktober 1929 bis Mitte Februar 1930. In: Ebenda, S. 153ff.

267 Vgl. C. L. Woolley, Vor 5000 Jahren. Die Ausgrabungen von Ur und die Geschichte der Sumerer, Stuttgart 1929.

268 Vgl. E. Herzfeld, Völker- und Kulturzusammenhänge im Alten Orient. In: Deutsche Forschung, H. 5/1928, S. 33ff.

bestätigten seinerzeit die Existenz des Hethiterreiches und orientierten die Forschung auf die Reste hethitischer Kultur, die insbesondere im türkischen Boghazköy (Hattuscha, der Hauptstadt des Hethiterreiches) erschlossen wurden.

An der sprachlichen Erschließung der vor allem durch Grabungen Hugo Wincklers und seiner Helfer (1906/07, 1911/12, im Auftrage der Deutschen Orient-Gesellschaft) aufgefundenen Keilschrift-Tontafeln aus dem Hethiterreich war der tschechische Forscher Bedřich Hrozný führend beteiligt. Die Arbeiten Hroznýs, F. Sommers, Albrecht Goetzes, des Schweizers Emil Forrer (der auch in der Berliner Akademie publizierte) und anderer leiteten die wissenschaftliche Hethitologie ein, die auf gesicherte Quellengrundlagen gestellt wurde[269] und die Erforschung von Sprache, Geschichte und geistiger Kultur mit der Erschließung architektonischer und anderer künstlerischer Funde sowie Resten der materiellen Kultur im weiten Sinne verband. Allmählich erschloß sich hier — ohne daß bestimmende soziale Zusammenhänge erkannt wurden — eine staatlich organisierte frühorientalische Klassengesellschaft, die zeitweilig neben Ägypten und Mesopotamien ein drittes Zentrum im Orient bildete und dann Kleinasien und Teile Syriens staatlich umfaßte. Nachdem imperialistischer Krieg und Kriegsfolgen zunächst zum Abbruch der deutschen Ausgrabungen führten, nahm die Deutsche Orient-Gesellschaft 1928/29 Grabungen in der arsakidisch-sassanidischen Hauptstadt Ktesiphon auf; im benachbarten seleukidischen Seleukia arbeiteten amerikanische Archäologen. Die Erschließung der von Seleukos I. an einer Karawanenstraße am mittleren Euphrat gegründeten Militärsiedlung Europos, über die Rostovcev nach ihrer Wiederentdeckung (1920) berichtete, führte in die Verflechtung griechischer und orientalischer Kultur in hellenistischer Zeit. Seine früheren Grabungen im jüngeren Babylon Nebukadnezars II. wertete Robert Koldewey auf deutscher Seite weiterhin aus.

Philologen waren an der Erschließlung orientalischer Kulturen aktiv beteiligt. Hier kam auch den Forschungen Bruno Meißners für Babylonien und Assyrien, Eduard Sachaus für das aramäische Sprachgebiet und die Geschichte des frühislamischen Arabien oder Kurt Sethes für Ägypten erhebliche Bedeutung zu. Detaillierte und weitverzweigte Forschungen zur indischen Geistesgeschichte und Literatur, an denen Heinrich Lüders beteiligt war, wurden weitergeführt.

Kunstdenkmäler und Schriftgut aus den ostturkestanischen Turfan-Oasen wurden vor 1914 vor allem durch englische (Aurel Stein), russische (S. F. Ol'den-

---

[269] B. Hrozný, der 1924/25 in Kleinasien Ausgrabungen durchführte und im alten Kanesch assyrische Schrifttafeln entdeckte, stand in hohem internationalen Ansehen. Er gab 1927 z. B. einen „Vorläufigen Bericht über die tschechoslovakischen Ausgrabungen von Kültepe" und war 1928 Referent auf dem internationalen Sprachwissenschaftler-Kongreß in Den Haag und auf dem internationalen Etruskologen-Kongreß in Florenz und Bologna. Über Genesis und Erkenntnisse hethitischer Forschung vgl. auch O. R. Gurney, Die Hethiter. Ein Überblick über Kunst, Errungenschaften und gesellschaftlichen Aufbau eines großen Volkes in Kleinasien im zweiten Jahrtausend vor unserer Zeitrechnung, Dresden 1969, S. 13ff., sowie die entsprechenden Angaben bei E. u H. Klengel, Die Hethiter und ihre Nachbarn, Eine Kulturgeschichte Kleinasiens von Catal Hüyük bis zu Alexander dem Großen, Leipzig 1968, bes. S. 51ff.

burg u. a.) und deutsche Forscher erschlossen. Die 4 deutschen Turfan-Expeditionen Albert Grünwedels und Albert von Le Coqs trugen damals zur Aufklärung der Mittlerstellung ostturkestanischer Stadtstaaten bei. Hier, in den Knotenpunkten der Seidenstraße und des Karawanenhandels, zwischen hellenistischer, römischer, indischer und fernöstlicher Kultur, entstand bei Tocharern und Uiguren eine synkretistische, hellenistisch beeinflußte Kultur und ein religiöser, aus dem Buddhismus, dem Manichäismus und dem nestorianischen Christentum gespeister Synkretismus.[270] Die Bedeutung der Schriftfunde der Reisen Grünwedels und Le Coqs für die orientalische Kultur-, Geistes- und Religionsgeschichte, für die Indologie, die Mongolistik, die Sinologie, Turkologie und die kulturellen Beziehungen der riesigen Gebiete zwischen Europa und dem fernen Osten wurde zunehmend erkannt. A. v. Le Coq berichtete nunmehr ausführlich über seine Expeditionen.[271] Die Berliner Akademie, Mitinitiatorin der Expeditionen und legitime Bewahrerin der hier aufgefundenen Turfan-Handschriften und -Drucke, an ihrer Bearbeitung maßgeblich beteiligt, unterstrich ihre Bedeutung noch 1930.[272] Die Akademie der Wissenschaften der DDR setzt heute in Zusammenarbeit mit der Akademie der Wissenschaften der UdSSR die Bearbeitung der Fragmente alttürkischen Schrifttums fort, die sich in ihren Sammlungen befinden.

Die Altorientalistik war an der Akademie in relativer Breite vertreten. Der Althistoriker Eduard Meyer, der Philologe und Erforscher ostasiatischer Sprachen und Kulturen Friedrich Wilhelm Karl Müller, der Indologe Heinrich Lüders, der Assyriologe Bruno Meißner, der Altorientalist, Kenner des Frühislam und Arabist Eduard Sachau, die Ägyptologen Adolf Erman und Kurt Sethe sowie nacheinander die Sinologen Johann Jakob Maria de Groot und Otto Franke gehörten ihr als Ordentliche Mitglieder an. Zu den Korrespondierenden Mitgliedern gehörten die Semitisten Franz Praetorius, Rudolf Eugen Geyer, Carl Vilhelm Zettersteen, die Ägyptologen Hermann Junker und James Henry Breasted, die Indologen Hermann Georg Jacobi, Willem Caland, Sten Konow und

---

270 Vgl. zur historischen Einordnung: Weltgeschichte in zehn Bänden, Bd. 2, Red. S. L. Utčenko (Leiter), Berlin 1962, S. 457, 520, 702ff. Dazu u. a. E. Waldschmidt, Religiöse Strömungen in Zentralasien. Zur Verbreitung der Christen und Manichäer in Ostturkestan. In: Deutsche Forschung, H. 5/1928, S. 68ff.

271 Vgl. A. v. Le Coq, Auf Hellas Spuren in Ostturkestan, Berichte und Abenteuer der II. und III. deutschen Turfan-Expedition, Leipzig 1926; ders , Die Buddhistische Spätantike in Mittelasien. T. I—IV, Berlin 1922/24; ders., Bilderatlas zur Kunst und Kulturgeschichte Mittel-Asiens, Berlin 1925.

272 „Nur ein kleiner Teil der Handschriften ist bis jetzt kritisch bearbeitet und herausgegeben. Aber es kann ohne Übertreibung gesagt werden, daß schon durch diese Veröffentlichungen die Geschichte ganz Asiens, von Persien bis China und von Sibirien bis Indien, in völlig neues Licht gerückt worden ist. Ostturkestan war seit den Zeiten des Römischen Reiches das Durchgangsland für den Verkehr zwischen Orient und Okzident, und alle Völker, die als Händler oder Eroberer diese Straße zogen oder sich als Kolonisten im Lande niederließen, haben literarische Spuren ihrer Anwesenheit in Turkestan hinterlassen." (Denkschrift der preußischen Akademie der Wissenschaften zur Erweiterung ihrer Tätigkeit, 1930. In: AAW II: Ia, Bd. 12, Bl. 79, S. 10).

Alfred Hillebrandt, der Turkologe Wilhelm Bang Kaup, der Sprachwissenschaftler Richard Ludwig Enno Littmann, der Orientalist und Erforscher der Geschichte und Literatur asiatischer Völker S. F. Ol'denburg und der bereits genannte Althistoriker Michail I. Rostovcev.

Die vielfachen Anstrengungen auf philologischen Gebieten drängten auf die methodologische Durchdringung der Sprachwissenschaften, in denen die Grundlagenkrise der bürgerlichen Geisteswissenschaften sich unter philosophischem Aspekt jedoch zunehmend auswirkte. Der Einfluß positivistischer, vor allem an Ludwig Wittgensteins „Tractatus logico-philosophicus" anknüpfender Auffassungen wuchs. Der Positivismus, der Einzelforschungen zur Logik, Sprachlogik und Semantik stimulierte, versagte als Grundlage der Sprachforschung jedoch, da er in das Wesen sprachlicher Erscheinungen nicht vordrang und ihre objektiven Gesetzmäßigkeiten nicht aufklärte.[273] Die vielschichtige, widerspruchsvolle Entwicklung bürgerlichen Denkens zeigte sich gleichzeitig im Strukturalismus, der hier vor allem in den Lehren des 1913 verstorbenen Schweizer Sprachwissenschaftlers Ferdinand de Saussure vordrang.[274] Der Strukturalismus, der jetzt noch in den Anfängen stand, verabsolutierte die strukturellen Aspekte der Sprache; ähnlich wie der Neopositivismus negierte er, daß die Sprache ein Abbild der objektiven Realität zu geben vermag und vertrat agnostizistische Positionen, indem er die Einheit von Sprache, Denken und Wirklichkeit nicht berücksichtigte.[275] Die dritte sprachphilosophische Richtung, die ebenfalls bis heute in der BRD einflußreich ist und sich seit Ende der zwanziger und Beginn der dreißiger Jahre herauszubilden begann, geht vor allem auf Leo Weisgerber zurück, der in seinem Buch „Muttersprache und Geistesbildung" (1929) in Verbindung zu Edmund Husserl, zum Existentialismus und zu Hans Freyer irrationalistische und nationalistische Auffassungen vortrug und dabei der Volksgemeinschaftsideologie sowie der These vom „Schicksalraum" den Weg ebnete.[276]

An der Berliner Akademie wurde die vergleichende Sprachwissenschaft durch Wilhelm Schulze als Ordentliches Mitglied vertreten. Dort wurde vor allem die Germanistik als philologische Einzeldisziplin über die entsprechenden Unternehmen weiterhin gefördert. In der engeren Sprachwissenschaft wirkte hier besonders der Germanist Arthur Hübner, während sich Gustav Roethe, Julius Petersen und Konrad Burdach auf literarhistorische Fragen im weiteren Sinne konzentrierten; der Anglist Alois Brandl repräsentierte die neuere Philologie vorwiegend über die Geschichte der englischen Literatur. Als neugewähltes

---

273 Vgl. E. Albrecht, Bestimmt die Sprache unser Weltbild? Kritik der gegenwärtigen bürgerlichen Sprachphilosophie, Berlin 1972, S. 15ff. Auf die Arbeit von G. Helbig, Geschichte der neueren Sprachwissenschaft. Unter dem besonderen Aspekt der Grammatiktheorie, Leipzig 1973, die hier noch unberücksichtigt blieb und als umfangreiche „kritische Bestandsaufnahme" weiterführt, sei an dieser Stelle verwiesen.

274 F. de Saussures Hauptwerk Cours de Linguistique générale erschien keineswegs zufällig unter dem Titel „Grundfragen der allgemeinen Sprachwissenschaft" 1931 in Deutschland.

275 Vgl. E. Albrecht, a. a. O., S. 83ff.

276 Vgl. ebda., S. 102f.

Mitglied war Max Vasmer vor allem unter dem in der deutschen Fachwissenschaft betonten sprachgeschichtlichem Aspekt ein Exponent bürgerlicher deutscher Slawistik. Der Romanist Heinrich Morf verstarb 1921, der Keltologe Kuno Meyer bereits 1919. Insgesamt haben sich Einflüsse des älteren Positivismus auf die sprachwissenschaftlichen Arbeiten der Akademie und ihrer Mitglieder stärker ausgewirkt.

In der neuzeitlichen Literaturgeschichte, in der auch der bereits erwähnte Anglist Alois Brandl wirkte, blieb die deutsche Literatur, die Gustav Roethe, Konrad Burdach, Julius Petersen und später auch Arthur Hübner als Ordentliche Mitglieder vertraten, ein Schwerpunkt der Publikationstätigkeit und der eigenen Arbeiten der Akademie. Als Korrespondierende Mitglieder vertraten die führenden bürgerlichen Germanisten Edward Schröder, Bernhard Seuffert, Carl von Kraus, Wilhelm Braune und Gustav Ehrismann sprach- und literaturwissenschaftliche Arbeitsbereiche.

Die bürgerliche deutsche Literaturwissenschaft wurde durch die revolutionären Ereignisse von 1917 und 1918/19 tief beeinflußt. Die Traditionen einer vor allem auf die Materialsammlung und Detailinterpretation ausgerichteten Forschung wirkten zwar weiter; Einflüsse fortschrittsfeindlichen, irrationalistischen Denkens verstärkten sich jedoch.

Die bürgerliche deutsche Literaturgeschichte blieb durch die Auffassungen Wilhelm Scherers und seines Schülers Erich Schmidt in der Biographik, aber auch in den Analysen zur Werkentstehung oder zur Erlebniswelt und zum Milieu der Dichter beeinflußt. „Auf dem Gebiet der Dichterbiographie wurden die Umweltbezüge in strengstem Determinismus mit bewundernswerter Akribie verdichtet“, vermerkt Werner Krauss hierzu. „Aber auch hier war das Ergebnis nur die Summierung aller erdenklichen Determinanten, deren besondere Wirkung auf das entäußerte menschliche Wesen unbestimmt blieb. Daher das charakteristische Argument der Positivisten, daß man zunächst noch im Stadium der vorbereitenden Arbeit verharren müsse — ein unendlicher Aufschub, der die Empörung des betrogenen Menschen schließlich auch in die Wissenschaft selbst hineintragen mußte.“[277] Mit dem Imperialismus wurde um 1900 jedoch eine Reaktion auf den literarhistorischen Positivismus wirksam, Diltheys lebensphilosophische Geisteswissenschaft mit ihrer Trennung von Natur- und Geisteswissenschaften beeinflußte die Methodologie.[278] Die geisteswissenschaftliche Methodologie kam auch in der Strukturpsychologie Eduard Sprangers zur Geltung, die in die Wissenschaftsgeschichte der Berliner Universität und Akademie führt. Sie wirkte durch eine formalästhetisch-topologisierende Betrachtung, in der die Stilanalyse im

---

277 W. Krauss, Aufsätze zur Literaturgeschichte, 2. Aufl., a. a. O., S. 47.

278 Der Romanist Leo Spitzer beschrieb ihre gefährlichen Konsequenzen aus der vom Faschismus erzwungenen Emigration: „Zuviel trivialisierte Geisteswissenschaft ist offenbar einem Volke ebenso ungesund wie zu viel trivialisierte Musik . . . Die Verführung zum Toxin der billigen Synthese, zum allzuschnellen Aufschwung in künstlerische Paradiese des Gedankens, diese Haschisch-Wirkungen einer unverpflichteten geisteswissenschaftlichen Spekulation sollte der gewandelte Deutsche hinfort meiden.“ (Zit. ebda., S. 29).

Sinne Heinrich Wölfflins betont wurde: Einfluß gewannen hier Oskar Walzel und Fritz Strich, die intensive Sprachanalysen forderten und sich hierin mit Karl Voßler, dem Haupt der „idealistischen Philologie" und der formalästhetischen Methode, trafen. Voßler, der die Autonomie der Kunst postulierte und die Rückbesinnung auf die Sprache als das Wesen der Dichtkunst betonte, erklärte die Beziehungen zwischen Dichtkunst, Ökonomie und Gesellschaft für irrelevant.[279]

Die bürgerliche Kritik am Positivismus der Scherer-Schule erfolgte weitgehend von rechts und richtete sich faktisch auch gegen ihre Faktenakribie. Ein irrationalistischer, in romantisierender wie in biologistischer und rassistischer Ausprägung reaktionärer Volkstumsbegriff gewann an Einfluß, der z. B. in Joseph Nadlers katholisch-völkischer „Literaturgeschichte der deutschen Stämme und Landschaften" Ausdruck fand. Die Subjektivierung der Literaturgeschichte bis zur sinnbildlichen „Deutung", zur Unterordnung unter eine fortschrittsfeindliche Mythenbildung und Symbolistik setzte sich über Rudolf Ungers Hamann-Biographie (1911), über Friedrich Gundolfs „Shakespeare und der deutsche Geist" (1911) und seine Biographien Goethes (1916), Stefan Georges (1920) und Heinrich von Kleists (1922) fort: „Geschichte ist niemals gleichbedeutend mit Rekonstruktion irgendeines Gewesenen, mit der möglichen Annäherung auch nur an eine gewesene Wirklichkeit ... Sie ist vielmehr gerade die Entwirklichung dieser ehemaligen Wirklichkeit ... Nur als Bild, als Gestalt, nur als Mythos also lebt sie ... nicht als Erkenntnis." Diese wissenschafts- und geschichtsfeindliche Feststellung aus der Nietzsche-Biographie Ernst Bertrams (1918) traf sich mit ähnlichen Postulaten Oswald Spenglers.[280]

Die Irrationalisierung der Geisteswissenschaften trat seit 1917 in der Literaturwissenschaft noch stärker in Erscheinung. Auch hier blieb der Methodenpluralismus jedoch wirksam. Traditionen der Scherer-Schule wirkten weiter. An der Berliner Akademie vertraten Gustav Roethe, Julius Petersen und Konrad Burdach aus z. T. unterschiedlichen Positionen eine idealistische, konservativ-elitäre Germanistik in der Nachfolge Scherers und Erich Schmidts. Roethe, Burdach, Petersen und Arthur Hübner führten die Sammlung und Aufbereitung sprachlicher und literarischer Zeugnisse weiter. Hier verfolgte Konrad Burdach in seinem Werk „Vom Mittelalter zur Reformation" eine weitgefaßte, idealistische und konservative Konzeption, auf die zurückzukommen ist. Gesellschaftlich konservativ, woran insbesondere Roethe keinen Zweifel ließ, führten die Germanisten der Akademie die durch Scherer weiterhin ausgestalteten philologisch-kritischen Methoden fort; die von ihnen gepflegte Akribie wurde durch

---

[279] „Wissenschaft und darstellende Kunst mögen festen wirtschaftlichen Bodens bedürfen. Aber die Dichtung ist eine Blume, die zwischen Fels und Eis, bei Frost und Gewitter noch fröhlich gedeiht." (Zit. nach O. Benda, Der gegenwärtige Stand der deutschen Literaturwissenschaft, Wien/Leipzig 1926, S. 25).

[280] „Geschichte wissenschaftlich behandeln zu wollen, ist ... immer etwas Widerspruchsvolles ... Über Geschichte soll man dichten." (Zit. nach R. Weimann, Literaturgeschichte und Mythologie. Methodologische und historische Studien, Weimar 1971, S. 25).

spekulative und irrationale Tendenzen jedoch behindert, deren Vordringen auch sie unterstützten. Zugleich gehörte Julius Petersen zu den Initiatoren der nationalistischen „Deutschkunde"-Bewegung, die unter der faschistischen Diktatur kulminierte, jedoch bereits während der Weimarer Republik zunehmend an Einfluß gewann.[281] Die Verbindung der Sprach- und Literaturgeschichte mit der Volkskunde zu einer völkischen „Deutschkunde", die die „Volksseele" ergründen sollte, wurde vor allem durch Julius Petersen vorangetrieben. Gleichzeitig gehörten auch sprach- und literaturwissenschaftliche Unternehmen zu den weiterwirkenden Leistungen der Akademie.

In der bürgerlichen Volkskunde wurde die Materialsammlung und -aufbereitung intensiv fortgesetzt; dabei galt die Aufgabenstellung des Berliner Germanisten und Akademiemitgliedes Karl Weinhold, der die Erforschung sämtlicher Lebensäußerungen des „Volkes" als Aufgabe der Volkskunde bezeichnet hatte. Es fehlte nicht an positivistischen Einflüssen; zugleich wirkte hier mit der vordringenden Volkstumsideologie ein Volksbegriff, der die Klassengegensätze verschleierte. Die Fortschrittsfeindlichkeit der herrschenden Klassen und ihr eigener Konservatismus hinderte die Volkskunde daran, die objektiv längst dringliche Forderung nach der Erforschung der Kultur und Lebensweise werktätiger Klassen und Schichten breit und methodisch fundiert aufzugreifen. In den Grenzen bürgerlicher Gesellschaftsauffassung, in der der Ständebegriff relevant war, wurden durch umfangreiche Materialsammlungen jedoch wertvolle Arbeiten durchgeführt; dabei blieb John Meier der führende bürgerliche Forscher und Organisator volkskundlicher Arbeiten.

Bemühungen um die Grundlagen der Volkskunde wurden im bürgerlichen Deutschland besonders von rechts her, unter fortschrittsfeindlichen Vorzeichen, unternommen. In seiner konservativ-elitären Lehre vom „gesunkenen Kulturgut" („Grundzüge einer deutschen Volkskunde" 1922) vertrat Hans Naumann die These: „Volksgut ist in den Oberschichten gemacht" und antizipierte letztlich die Herrenmenschentheorie[282], er forderte, die Forschung auf ein konservatives „Bauerntum" zu orientieren, wobei die reale Differenzierung der Bauern, ihre unterschiedliche Stellung in der Produktion und in den Klassenauseinandersetzungen negiert und faktisch ideologische Vorarbeit für den Faschismus geleistet wurde. Naumanns Auftreten führte zu methodologischen und ideologischen Differenzen in der bürgerlichen Volkskunde: Hier wandte sich Adolf Spamer gegen die elitären Auffassungen Naumanns und seine These, daß die „Unterschichten" rein rezeptiv und kulturell unfruchtbar seien; in diesen Dis-

---

281 Angaben hierzu enthält die Arbeit von E. Lämmert, Germanistik — eine deutsche Wissenschaft. In: Nationalsozialismus und die deutsche Universität, (West-)Berlin 1966, S. 78ff. (86f.). Vgl. zu den Positionen dieses Sammelbandes auch die Hinweise von W. F. Haug, Der hilflose Antifaschismus. Zur Kritik der Vorlesungsreihen über Wissenschaft und NS an deutschen Universitäten, 2. Auflage Frankfurt/M. 1968.

282 Faktenangaben hierzu: I. Weber-Kellermann, Deutsche Volkskunde zwischen Germanistik und Sozialwissenschaften, Stuttgart 1969, S. 56ff.

kussionen wurde demgegenüber die qualitative Umwandlung und Neugestaltung auch empfangenen Kulturgutes in einer veränderten Umwelt nachgewiesen.

Die Akademie war eine repräsentative wissenschaftliche Institution im bürgerlichen Deutschland. Sie hat die Wissenschaftsentwicklung in den einzelnen Disziplinen durch die Publikation von Forschungsergebnissen von Mitgliedern und anderen Gelehrten und durch ihre wissenschaftlichen Unternehmen in unterschiedlichem Maße gefördert. Ihre eigene Stellung in der Wissenschaft wurde im besonderen von den persönlichen wissenschaftlichen Leistungen ihrer Mitglieder bestimmt. Auf ihre Stellung in der Wissenschaft wird in den entsprechenden Abschnitten der folgenden Kapitel für die Jahre zwischen 1917 und 1933 näher eingegangen.

KAPITEL II

Zur Entwicklung der Berliner Akademie von der Großen Sozialistischen Oktoberrevolution bis zum Ende der revolutionären Nachkriegskrise

1. Zur Stellung der Akademie in der gesellschaftlich-politischen Entwicklung

Im Jahre 1917, als der Sieg der Großen Sozialistischen Oktoberrevolution die neue historische Epoche einleitete, war die Akademie der Wissenschaften in Berlin eine weithin bekannte Wissenschaftsinstitution des bürgerlichen Deutschlands; sie blieb dies unter den gesellschaftlichen Bedingungen der folgenden Jahre ausgeprägt. Ihre Struktur und Arbeitsweise wurde durch das Statut von 1881 mit den wenigen Ergänzungen der Folgezeit bestimmt. Sie war in zwei Klassen — die physikalisch-mathematische und die philosophisch-historische Klasse — eingeteilt; das Plenum der Akademie faßte die Mitglieder der beiden Klassen regelmäßig zusammen. Die laufenden Geschäfte der Akademie wurden durch das Sekretariat geführt, das aus den vier gewählten Sekretaren der beiden Klassen bestand. Die Sekretare lösten sich als Vorsitzende Sekretare in regelmäßigem viermonatigem Turnus ab.

Die Geschichte der Akademie muß auch für die Jahre seit 1917/18 in ihren Verflechtungen mit der Geschichte der Universität, der Kaiser-Wilhelm-Gesellschaft, der Physikalisch-Technischen Reichsanstalt, der Technischen Hochschule und anderer großer Wissenschaftsinstitutionen und Institute in und um Berlin gesehen werden. Die Tatsache, daß die Akademie auch in den Jahren der Weimarer Republik führende Vertreter verschiedener, ihrem Aufbau entsprechender Wissenschaftsdisziplinen aus diesen Einrichtungen zu ihren Mitgliedern zählte, hat sich auf ihre Stellung wesentlich ausgewirkt. Die Wahl neuer Akademiemitglieder — Ordentlicher, Korrespondierender oder Ehrenmitglieder — blieb eine wissenschaftspolitische Entscheidung, in der vielfältige Faktoren wirksam wurden: Einschätzungen des Standes der Forschung und der wissenschaftlichen Bedeutung von Gelehrten, aber auch konkrete Einflüsse der gesellschaftlichen Verhältnisse im imperialistischen Deutschland kamen hier zur Geltung.

Gesellschaftlich-politische Stellungnahmen der Akademie, die in den öffentlichen Sitzungen zusammenfassend vorgetragen wurden, fanden in der bürgerlichen Öffentlichkeit Beachtung. Bürgerliche Presseorgane haben über diese öffentlichen Festsitzungen, die in der Akademie auch weiterhin jeweils im Januar (zum „Friedrichstag") und im Juli (zum „Leibniztag") stattfanden, berichtet. In den traditionellen Festansprachen des Vorsitzenden Sekretars und in den wissenschaftlichen Festvorträgen von Akademiemitgliedern aus den natur- oder geisteswissenschaftlichen Bereichen kamen persönliche Auffassungen führender Gelehrter zum Ausdruck. Zugleich stellten die Festansprachen der Sekretare offiziöse Stellungnahmen dar, in denen die Haltung der Akademie zu Fragen der gesellschaftlich-politischen Entwicklung sowie zur Entwicklung der Wissenschaft, der Wissenschaftspolitik und Forschungsorganisation dargelegt wurde.

Die Mitglieder der Berliner Akademie waren mit der bürgerlichen Gesellschaft und der politischen Ordnung in Deutschland verbunden. Dies galt auch jetzt für nahezu alle führenden Gelehrten im imperialistischen Deutschland; es kam in Berlin, der Hauptsadt des Hohenzollernstaates bis 1918, unmittelbar zum Ausdruck. Aus den gesellschaftlichen Bindungen der Gelehrten ergab sich allgemein, daß sie die zukunftweisende Bedeutung des Sieges der sozialistischen Oktoberrevolution nicht zu erkennen vermochten. Aus ihnen folgte zugleich, daß sie meist im Einflußbereich der Innen- und Außenpolitik und der Kriegführung des deutschen Imperialismus verblieben und nicht erkannten, daß die Auffassung von der angeblichen Pflicht zur „Vaterlandsverteidigung" unter den gegebenen Bedingungen nur den Interessen einer kleinen Minderheit imperialistischer und militaristischer Kräfte diente. Auch auf Akademiemitglieder wirkte die spekulative Hoffnung, daß die revolutionäre Entwicklung seit der russischen Februar- und Oktoberrevolution das militärische und politische Kräfteverhältnis zugunsten des imperialistischen Deutschlands verändern könnte. Bezeichnender waren auch hier die zunehmenden Besorgnisse gegenüber der wachsenden Ausstrahlungskraft der Revolution. Gleichzeitig gehörten besonders führende Vertreter bürgerlicher Geisteswissenschaften auch an der Akademie zu den Befürwortern annexionistischer Kriegszielforderungen, über deren Umfang und Stoßrichtung ihre Auffassungen in Übereinstimmung mit dieser oder jener Gruppierung im bürgerlichen Lager differierten.[1] Hoffnungen auf eine neue militärische Offensive, aber auch auf die Friedensverhandlungen von Brest-Litowsk nährten solche Auffassungen.[2] Aus den gleichen Bindungen arbeiteten führende bürgerliche Naturwissenschaftler nach wie vor für den „Kriegseinsatz" naturwissenschaftlicher und technischer Forschung und Entwicklung in Deutschland.

Gleichzeitig war jedoch erkennbar, daß der imperialistische Krieg den Widerspruch zwischen wissenschaftlicher Verantwortung und den Konsequenzen der gesellschaftlichen Bindungen von Gelehrten verschärft hatte. Die Differenzierungen im Verhältnis zur imperialistischen Politik und Kriegführung — zu den

---

[1] Vgl. hierzu die zusammenfassende Darstellung: Deutsche Akademie der Wissenschaften zu Berlin, Zentralinstitut für Geschichte. Arbeitsgruppe Erster Weltkrieg, Leitung Fritz Klein, Deutschland im ersten Weltkrieg. Bd. 3, November 1917 bis November 1918. Von einem Autorenkollektiv unter Leiung von Joachim Petzold, 2. Aufl., Berlin 1970, S. 80ff. Auf diese Zusammenhänge wurde für die Zeit bis 1917 im Teil 1 dieser Studien an entsprechender Stelle verwiesen.

[2] Vgl. u. a. Deutsch-sowjetische Beziehungen von den Verhandlungen in Brest-Litowsk bis zum Abschluß des Rapallovertrages Dokumentensammlung, Bd. I: 1917—1918, Berlin 1967 hrsg. v. W. S. Semjonow/W. M. Chwostow/L. Stern/St. Doernberg u. a.

Fragen der Kriegsziele, des uneingeschränkten U-Boot-Krieges oder der innerpolitischen Reformen — hatten sich seit 1917 zunehmend vertieft, je mehr der abenteuerliche, illusionäre Charakter und die blutigen Konsequenzen des imperialistischen Krieges zutage traten und je unübersehbarer der Antiimperialismus und Antimilitarismus eine breite Massenbasis in Deutschland hatte. Auch an der Akademie mehrten sich die Besorgnisse gegenüber dem Katastrophenkurs der Militärdiktatur; auch hier gab es partielle Einsichten, die über die Kriegspolitik in diesem oder jenem Maße kritisch hinauswiesen.

Augenfälliger blieb, daß führende Gelehrte sich dem politischen Kurs verschiedener Fraktionen der herrschenden Klasse faktisch einordneten. Die Akademiemitglieder Dietrich Schäfer, Karl Holl, Gustav Roethe, Ulrich von Wilamowitz-Moellendorff sowie Eduard Schwartz, der der Münchener Akademie als Ordentliches und der Berliner als Korrespondierendes Mitglied angehörte, waren z. B. im Vorstand der chauvinistischen „Deutschen Vaterlandspartei".[3] Gleichzeitig hatten sich Männer wie Friedrich Meinecke, Ernst Troeltsch oder Adolf von Harnack unter dem Zwange des sich verändernden inneren und äußeren Kräfteverhältnisses zu „Vernunftsdemokraten" im konstitutionellen Sinne gewandelt: Sie waren zu Zugeständnissen bereit, um die bestehende Ordnung in der Dynamik des Geschehens, angesichts des Erstarkens der Kräfte der Demokratie und des Sozialismus, zu erhalten.[4] „Die demokratische Bewegung ist da und wirkt mit elementarer Gewalt: Es wäre töricht, ihr unter allen Umständen Widerstand leisten zu wollen . . .", schrieb Otto Hintze.[5] Gemeinsamkeiten bürgerlicher Gelehrter verschiedener Provenienz lagen unter anderem in der Forderung nach dem „Kordon" gegen das revolutionäre Rußland, nach der Annexion von Randgebieten des ehemaligen Zarenreiches[6]. Im Herbst 1918 setzten sich Befürworter unterschiedlicher Auffassungen zur Kriegsziel- und Reformfrage — an ihrer Spitze als Vertreter militant-konservativer Vorstellungen Gustav Roethe und als Exponent bürgerlich-liberaler Auffassungen Ernst Troeltsch, damals noch Korrespondierendes Mitglied der Akademie — in Aufrufen für die innere „Einheit des deutschen Volkes" und damit auch für die Überbrückung von Differenzen in der herrschenden Klasse ein.[7]

---

[3] K. Schwabe, Wissenschaft und Kriegsmoral. Die deutschen Hochschullehrer und die politischen Grundfragen des Ersten Weltkrieges, Göttingen/Zürich/Frankfurt 1969, S. 266, Anm. 253. Dazu: F. Klein, Neuere Veröffentlichungen in der BRD zur Geschichte und Vorgeschichte des ersten Weltkrieges. In: ZfG 2/1972, S. 206f. sowie die Rez. in DLZ 12/1971, Sp. 1051ff. (W. Schlicker).

[4] Friedrich Meinecke sagte dazu rückblickend: „Damals aber konnte die Zukunft von solchen, die nach echter Volksgemeinschaft und sozialer Versöhnung im furchtbaren Daseinskampfe strebten, gar nicht anders gesehen als wir es taten. Keine Ideologie, sondern . . . ein im Grunde konservatives Ideal lenkte unser Handeln". (F. Meinecke, Straßburg/Freiburg/Berlin 1901—1919. Erinnerungen, Stuttgart 1949, S. 244). Weitere Belege und Hinweise: K. Schwabe, a. a. O., S. 259, Anm. 150 (v. Harnack, Hintze, Hartung).

[5] Zit. nach K. Schwabe, a. a. O., S. 148.

[6] Vgl. ebda., S. 167.

[7] Vgl. ebda., S. 269, Anm. 29.

Unter den Ordentlichen Akademiemitgliedern blieb Albert Einstein ein konsequenter Gegner imperialistischer Kriegspolitik. Als bürgerlicher Antimilitarist, Pazifist und Mitglied des „Bundes Neues Vaterland" wurde er im Auftrage des Oberbefehlshabers in den Marken bereits seit 1915 politisch überwacht.[8] Durch persönliches Erleben gerade in der letzten Zeit des imperialistischen Krieges hat Emil Fischer zunehmenden Abstand von der Kriegspolitik gewonnen, ohne indessen ihre gesellschaftlichen Hintergründe zu durchschauen.[9] Max Planck hatte sich schon früher gegen die chauvinistische Forderung gewandt, noch bestehende formale Verbindungen zu Gelehrten und Institutionen der Ententeländer zu zerschlagen.

Die Akademie hat ihre offiziellen Stellungnahmen zur gesellschaftlichen und politischen Entwicklung insbesondere in ihren öffentlichen Sitzungen am 24. Januar und am 4. Juli 1918 durch ihre Vorsitzenden Sekretare Wilhelm von Waldeyer-Hartz und Hermann Diels abgeben lassen. Die Akademie, die hier ihre Bindungen an die bestehende Ordnung betonte, blieb zugleich um die Wahrung des fiktiven Anspruches bemüht, als Pflegestätte der Wissenschaft außerhalb konkreter, parteigebundener Politik zu stehen. „Die Akademie ist nicht berufen, Partei zu nehmen, wohl aber einen Wunsch und eine Mahnung zum Wohle des gesamten Vaterlandes und ihres preußischen Heimatlandes zu äußern", umschrieb der Vorsitzende Sekretar, der Anatom von Waldeyer-Hartz, am 24. Januar 1918 diese Situation.[10] Auf diese Weise unterstrich die Akademie die prinzipielle Übereinstimmung ihrer Mitglieder zu diesem Zeitpunkt der heranreifenden militärischen und politischen Krise des imperialistischen Deutschlands besonders. v. Waldeyer setzte sich für einen Frieden ein, bei dem Elsaß-Lothringen auf jeden Fall zu halten sei. Zugleich rief er zur inneren „Einheit" im Interesse der „Vaterlandsverteidigung" auf und riet zur dilatorischen Behandlung innenpolitischer Reformmaßnahmen.[11] Darin wirkten sich Ereignisse wie die noch andauernde Massenstreikbewegung auf der einen und Meinungsverschie-

---

[8] Vgl. Staatsarchiv Potsdam, Pr. Br. Rep. 30 C Tit. 95 Sect. 7, Nr. 1584, Bl. 87 (Schreiben Pol.-Präs. Berlin/Abt. VII an Oberkommando in den Marken v. 25. 4. 1917).

[9] Emil Fischer verstarb 1919. Die Akademie sah sich in ihrem Nachruf veranlaßt, auf die „bangen Ahnungen" hinzuweisen, die ihn „auch schon während unserer Siege" erfüllt hätten. Er habe „aber sein ganzes Wissen und Können gern dem Vaterlande zur Verfügung gestellt. Mit seiner Sachkenntnis und Organisationsgabe diente er vielen Behörden und Kriegsgesellschaften, wodurch er Teilnehmer an zahllosen Sitzungen wurde." (Vgl. Sb., Jg. 1920, S. 703, Gedächtnisrede E. Beckmanns).

[10] Sb., Jg. 1918, Bd. I, S. 9.

[11] „Daß die inneren kritischen Vorgänge mit den äußeren, die jetzt unsere ganze Kraft anspannen, zusammenfallen, ist wohl die schwerste Belastungsprobe, die das Deutsche Reich, schon sobald nach seiner Gründung, auszuhalten hat. Die Probe ist bis jetzt bestanden ... So möge denn die Einigkeit, die in den Augusttagen 1914 mit so elementarer Gewalt hervorbrach, uns erhalten bleiben. Nicht in Hast und Eile sollen die innerpolitischen Fragen gelöst werden, nicht in der unberechtigten Sorge, daß die jetzt eingeleitete Entwicklung nicht zum guten Ziele komme. Jetzt sei für jede Partei, für jeden Mann nur eine Sorge: die siegreiche Verteidigung des Vaterlandes." (Ebda., S. 10).

denheiten der herrschenden Klasse in der Kriegsziel- und Reformfrage auf der anderen Seite aus.

In ähnlicher Richtung wie der Vorsitzende Sekretar v. Waldeyer-Hartz äußerte sich Eduard Meyer, der führende Althistoriker, in seiner anschließenden Festansprache zum Thema „Vorläufer des Weltkrieges im Altertum". Er vertrat dabei die These, daß „mit dem Ausbruch des Weltkrieges am 4. August 1914 . . . eine neue Etappe der Weltgeschichte begonnen" hätte.[12] Kriege bezeichnete er für Altertum und (imperialistische) Gegenwart als geschichtsbestimmende Faktoren. Der römische Staat habe, gestützt auf die feste Organisation Italiens unter seiner politischen Leitung, den karthagischen Gegner niedergerungen und auch in Krisenzeiten den Kampf „auf Tod und Leben" durchgestanden. Entscheidend sei auch für den Verlauf der großen Kriege in der antiken Welt die Stellung zur Seemacht gewesen. Eduard Meyer vermochte den „ungeheuren Rückgang der Weltkultur durch den jetzt tobenden Krieg" nicht zu leugnen. Gefahren würden jedoch vom Frieden drohen, indem an die Stelle der „Zwangsgewalt" der Kriegszeit die Bewegungsfreiheit trete; das deutsche Reich — hier als Synonym für den deutschen Imperialismus gebraucht — werde die großen Aufgaben der Zukunft jedoch bewältigen.

Die Festansprache, die Hermann Diels als Vorsitzender Sekretar anläßlich der Leibniz-Feier am 4. Juli 1918 vor der Akademie hielt, war zuückhaltender als die Festreden von v. Waldeyer-Hartz und Eduard Meyer am 24. Januar 1918. Diels lenkte die Aufmerksamkeit auf die Gründung der internationalen Assoziation der Akademien im Jahre 1899.[13] Er erinnerte daran, daß er im Sommer jenes Jahres Leibniz „ als den großen Friedensfreund, als den Organisator der völkerverbindenden Wissenschaft" gefeiert hatte: Die Gründung der internationalen Assoziation hätte unter den gleichen Vorzeichen friedlicher wissenschaftlicher Zusammenarbeit gestanden. Diese Zusammenarbeit — von Diels idealisiert — sei mit dem Weltkriege zusammengebrochen. Auch Diels, der nationalistische Tendenzen auf der kriegführenden Gegenseite verurteilt hatte, vermochte unter den gegebenen Bedingungen traditionsgebundene gesellschaftliche Vorstellungen nicht zu überwinden. Es war Ausdruck seiner bürgerlich-liberalen Haltung, wenn er die Frage bejahte, ob die Erinnerung an die Friedensliebe von Leibniz jetzt im Kriege sinnvoll sei. Leibniz' synthetische Größe, mit der er auch „Praxis und Theorie, Altertum und Moderne, Naturforschung und Geisteswissenschaft . . . umspannte", wußte zugleich „kosmopolitischen Weitblick mit wärmster Vaterlandsliebe auf das glücklichste zu vereinen".

Diels orientierte für die Nachkriegszeit faktisch bereits auf eine elastischere bürgerliche Wissenschaftspolitik. Sein wissenschaftliches Anliegen blieb die Erschließung antiken Kulturerbes. Es war ihm besonders um die Weiterführung des Corpus Medicorum Graecorum zu tun, wozu internationale Kooperationen notwendig waren und zugleich deutsche Prioritäten möglichst gewahrt werden

---

[12] Vgl. zum folgenden den Festvortrag Eduard Meyers. In: ebda., S. 18ff.

[13] Zum folgenden vgl. die Ansprache von H. Diels in: Sb., Jg. 1918, S. 677ff.

sollten. Er führte die Leibniz-Ausgabe als ein Beispiel internationaler Zusammenarbeit an: Hier traten die gesellschaftlich-politischen Hemmnisse dieser Zusammenarbeit, die sich aus imperialistischen Gegensätzen ergaben und mit Prioritätsansprüchen aus den beteiligten bürgerlichen Staaten verbunden waren, jedoch in der Folge deutlich hervor.

Diels behandelte allgemeine gesellschaftliche und wissenschaftspolitische Fragen hier auch weiterhin unter dem spezifischen Aspekt des klassischen Philologen und des Sekretars der Akademie. Auch dabei waren traditionelle gesellschaftlich-politische Bindungen und das Unvermögen zur Einschätzung der tatsächlichen Lage des imperialistischen Deutschlands nicht zu übersehen. Er wandte sich jedoch gegen jene nationalistischen Sprachpuristen, die im Kriege verstärkt für die Ausmerzung aller Fremdwörter aus der deutschen Sprache eintraten. Die Akademie habe mit den Arbeiten ihrer Deutschen Kommission, mit der Übernahme des Grimmschen Wörterbuches und der Weiterführung literarischer Editionsarbeiten wichtige Aufgaben der Sprachforschung und Sprachpflege übernommen. Sie dürfe sich nicht zur sprachreglementierenden Behörde entwikkeln; aber sie habe die wissenschaftliche Pflicht, sich gegen jene unwissenschaftlichen, die Sprachentwicklung hemmenden „puristischen" Bestrebungen zu verwahren, und sie habe dies in einer Eingabe an das preußische Kultusministerium auch getan. „Denn fast alles, was Wissenschaft und Technik heißt, ist ein Erbe des klassischen Altertums . . ." Die alten Pfeiler der Wissenschaft, „auch wenn sie aus Rom und Hellas, aus Bagdad oder Paris stammen sollten", müßten bleiben. „. . . und wir benutzen sie gerne als Brückenpfeiler für den allgemeinen Völkerverkehr, ohne den weder Wissenschaft noch Handel und Gewerbstätigkeit auf die Dauer bestehen können."[14]

Auch hier sprach aus Diels der Altphilologe und der bürgerliche Wissenschaftsorganisator, der politisch elastischer war, die realen Möglichkeiten wissenschaftlicher Kooperation unter den konkreten gesellschaftlichen und politischen Verhältnissen jedoch nicht einzuschätzen wußte. Diels bekannte sich zur herrschenden Ordnung. Wie einer seiner Vorgänger als Sekretar der Akademie, Moriz Haupt, so würdige nun er — vor dem angeblich entscheidenden militärischen Schlage des Hohenzollernstaates — Leibniz' „vaterländische", auf die „Erhaltung des deutschen Reiches und der deutschen Sprache" gerichtete Bestrebungen. Diels, der von der imperialistischen Politik und Kriegführung ausging, wandte sich zugleich gegen bestimmte Konsequenzen des wissenschaftsfeindlichen Nationalismus.

Auch an der Akademie erwies sich die Verflechtung von Wissenschaft und Politik 1918 mit besonderer Deutlichkeit. Auf wissenschaftliche Leistungen, die auch in jener letzten Phase des Weltkrieges — insbesondere in den Bereichen theoretisch-naturwissenschaftlicher Forschung — vollbracht wurden, wird an anderer Stelle eingegangen. Im Weltkrieg hatte der Imperialismus in einem bis dahin unbekannten Ausmaße die humanistische Funktion der Wissenschaft in

---

[14] Ebda., S. 685.

ihr Gegenteil verkehrt. Die internationale wissenschaftliche Kommunikation und Kooperation gehörte zu den notwendigen Bedingungen der Forschung, auf die sich die Aufmerksamkeit bürgerlicher Gelehrter auch an der Akademie im Hinblick auf einen künftigen Frieden intensiver als zuvor richtete.[15] Zwischen diesen unmittelbaren wissenschaftlichen Interessen und den Bindungen von Gelehrten an die kapitalistische Ordnung bestand eine objektive Diskrepanz. Es war die gleiche Ordnung, welche die wissenschaftliche Zusammenarbeit auch vor 1914 mit imperialistischen Interessengegensätzen und nationalistischen Vorurteilen belastet hatte und sie im Weltkrieg zwischen den kriegführenden Mächtegruppen zerschlug. Ein imperialistischer Friedensschluß lief im letzten auf die Fortführung des Krieges mit anderen Mitteln hinaus und erschwerte die wissenschaftliche Zusammenarbeit auch für die Zukunft.

Im Herbst 1918 war in Deutschland eine revolutionäre Situation herangereift. Die herrschenden Kräfte, militärisch geschlagen und mit ihrer Intervention gegen die junge Sowjetmacht gescheitert, vermochten ihre Herrschaft in den bisherigen Formen nicht mehr aufrechtzuerhalten und griffen zu Reformversuchen, die sich ebenso schnell als unwirksam erwiesen. Der Kampf der revolutionären deutschen Arbeiterbewegung gegen Imperialismus und Krieg wirkte sich in schnell wachsender Breite aus. Angesichts der ungeheuren Blutopfer und der aufs äußerste gesteigerten Not waren die breiten Massen nicht mehr gewillt, in der bisherigen Weise weiterzuleben. Die ökonomischen, sozialen und politischen Widersprüche drängten auf die antiimperialistische Revolution, die nur unter der Führung der Arbeiterklasse durchgeführt werden konnte und zur sozialistischen Revolution hinführen mußte.

Die Novemberrevolution blieb jedoch eine unvollendete antiimperialistische Volksrevolution bürgerlich-demokratischen Charakters. Großbourgeoisie und Opportunismus verhinderten die Lösung der Machtfrage zugunsten der antiimperialistischen Kräfte. An die Stelle der Monarchie trat die großbürgerliche Republik, in der das Finanzkapital, gestützt auf führende Kräfte des alten Staatsapparates, die Macht ausübte.[16]

Geändert hatte sich das innen- und außenpolitische Kräfteverhältnis. Von größter Tragweite war die Gründung der KPD. Mit ihr vollzogen die fortschritt-

[15] In der (internen) Sekretariatssitzung v. 10. 1. 1918 hatte selbst Roethe die Frage angeregt, „ob man nicht wegen der Herstellung des früheren Handschriften-Leihverkehrs, der bei den Friedensverhandlungen ausdrücklich festzulegen sei, höheren Ortes vorstellig werden sollte". Eine Eingabe dieser Art sollte daraufhin in der phil.-hist. Klasse und anschließend im Plenum beraten werden (Vgl. AAW II: Vg, Bd. 5, Sekretariatsprotokolle 1918). Hinter dieser Anregung stand die Hoffnung Roethes auf einen baldigen „Siegfrieden" und zugleich die Tatsache, daß auch der nationalistische Germanist auf den wissenschaftlichen Handschriftenaustausch angewiesen war.

[16] Vgl. W. Ruge, Deutschland von 1917 bis 1933, Berlin 1967, S. 57. Zur Einschätzung der Novemberrevolution vgl. auch: Klassenkampf, Tradition, Sozialismus. Von den Anfängen der Geschichte des deutschen Volkes bis zur Gestaltung der entwickelten sozialistischen Gesellschaft. Grundriß. Herausgegeben vom Zentralinstitut für Geschichte der Akademie der Wissenschaften der DDR, Berlin 1974, S. 388ff.

lichsten Kräfte der deutschen Arbeiterklasse den historisch notwendigen Schritt zur marxistisch-leninistischen Partei, die in der Folge an der Spitze des Kampfes gegen den Imperialismus, für den Frieden, die Demokratie und den sozialen Fortschritt gestanden hat.

Den in Deutschland herrschenden Kräften ging es fortan um die Festigung ihrer gerade noch behaupteten Machtstellung; sie erstrebten letztlich die Liquidierung der revolutionären Arbeiterbewegung und die Beseitigung der in der Revolution erzwungenen Rechte. Nach außen suchten sie die Folgen der eigenen, im Versailler Vertrag fixierten Niederlage zu überwinden und die frühere Expansionspolitik wieder aufzunehmen. Ihnen kam zugute, daß die Erhaltung ihrer Machtgrundlagen als Bollwerk gegenüber dem Sozialismus zugleich das Ziel der Versailler Siegermächte war. Sie rechneten mit dem Antikommunismus der imperialistischen Siegermächte, bezogen aber auch die Gegensätze zwischen den letzteren in ihr Kalkül ein. Konfrontiert mit der Leninschen Politik der friedlichen Koexistenz und dem Druck der eigenen innen- und außenpolitischen Situation ausgesetzt, wurden sie 1922 zum Abschluß des deutsch-sowjetischen Rapallo-Vertrages genötigt, in dem sich eine neue Qualität internationaler Beziehungen ankündigte. Am Charakter und an der Zielsetzung der Politik des deutschen Imperialismus hatte sich nichts geändert; ihre konkreten Möglichkeiten wurden durch die besonderen Bedingungen der allgemeinen Krise im kapitalistischen Deutschland bestimmt. Es gab auch fortan Auseinandersetzungen um Formen und Wege der Innen- und Außenpolitik, die sich wiederum in der Wissenschaftspolitik reflektierten: Mutatis mutandis traten hier alte taktische Differenzierungen der Vorkriegs- und vor allem der Kriegsjahre in Erscheinung. Die deutsche Großbourgeoisie verschärfte die inflationäre Entwicklung; sie bürdete die Kriegs- und Reparationslasten den Werktätigen auf. Ihre Politik führte Deutschland in die tiefe Krise des Jahres 1923, die schließlich die großbürgerliche Ordnung in Deutschland erschütterte.

Das Verhältnis von Wissenschaft und Gesellschaft in der Weimarer Republik wurde dadurch bestimmt, daß der Imperialismus sich in den Kämpfen der Novemberrevolution und der revolutionären Nachkriegskrise behauptet hatte. Gesellschaftliche Funktion und Relevanz der Wissenschaft und der wissenschaftlichen Institutionen wurden durch jene komplizierten politisch-ökonomischen, ideologischen und gesamtgesellschaftlichen Bedingungen in Deutschland weitgehend geprägt, die sich seit 1918 in den Auseinandersetzungen zwischen imperialistischen und antiimperialistischen Kräften herausbildeten.

Der deutsche Imperialismus war nach der Novemberrevolution und der Niederlage im Weltkrieg ökonomisch, politisch und militärisch geschwächt. Die weitgehende Einengung seiner militärischen Machtgrundlagen und der erhebliche Verlust industrieller Rohstoffbasen fanden im Versailler Vertrag ihren Niederschlag[17]: Hier lagen zusätzliche Anlässe für die offene oder verschleierte

[17] Vor allem in dem 1871 annektierten Lothringen sowie in Oberschlesien verlor der deutsche Imperialismus die Basis für 75% seiner Eisenerzförderung und 83% seiner nachgewiesenen Eisenerzlagerstätten (Vergleich zu 1913).

Aggressivität des Finanzkapitals in der Weimarer Republik. Hieraus folgte aber auch, daß die deutschen Monopole zur Sicherung und Steigerung ihrer Profite stärker als zuvor auf den Einsatz der Forschung für die Steigerung der Produktion angewiesen waren. Führende Vertreter des Monopolkapitals wurden sich zunehmend bewußt, daß die Wiedererringung früherer Weltmachtpositionen im Sinne einer Formulierung Fritz Habers von der Effektivität jeder Arbeitsstunde und damit auch vom Einsatz der Forschung abhing. Dies galt im besonderen Maße für die „neuen Industrien", für die Chemie- und Elektromonopole, deren Spitzenstellung auf dem kapitalistischen Vorkriegsweltmarkt durch den bewußten Einsatz der naturwissenschaftlich-technischen Forschung und durch die technologische Umsetzung neuer Erkenntnisse in der Produktion entwickelt worden war.[18] Die Vorrangstellung der deutschen Chemieindustrie war während des Weltkrieges in dem Maße verlorengegangen, in dem eine amerikanische, britische und französische Konkurrenzindustrie ausgebaut wurde. Nunmehr setzten sich führende Vertreter des deutschen Chemiekapitals besonders für eine Entwicklung der Wissenschaft ein, die ihren Interessen entsprach und vor allem den Einsatz von Forschungsergebnissen in der Produktion ermöglichte.

Carl Duisberg, der ein höheres qualitatives Niveau der kapitalistischen Produktion in Deutschland forderte, unterstrich damit auch den Zusammenhang zwischen dem Drängen der Monopole nach neuerlicher ökonomischer Expansion und nach intensiver Nutzung von Forschung und Technik.[19] Als Wortführer des deutschen Chemiekapitals wandte er sich gegen Forderungen der Entente, chemische Forschungsergebnisse und Verfahrenskenntnisse auszuliefern und damit Grundlagen eigener Konkurrenzfähigkeit zu liquidieren.[20] Es ging also nach Beendigung der militärischen Auseinandersetzung um die verschärfte Weiterführung des ökonomischen Konkurrenzkampfes, um Rohstoff- und Absatzmärkte, an deren Beherrschung die Konzerne der exportintensiven Industrien Deutschlands besonders beteiligt sein wollten. Die Verbindung von Wissenschaft und Produktion drückte Duisberg in der programmatischen Formulierung aus: „Es äßt sich in der Industrie unendlich viel erreichen, wenn man die Technik auf

---

[18] Weltgeltung auf der Basis der Forschung hatte vor allem die deutsche Teerfarben- und Medikamentenindustrie besessen: fast 90% des Weltbedarfs an synthetischen Farben wurden in Stammbetrieben der späteren IG Farbenindustrie AG produziert (Vgl. R. Sonnemann, H. Etzold, Empirie und Wissenschaft in der Geschichte der chemischen Industrie. In: Wirtschafts- und sozialgeschichtliche Aspekte der wissenschaftlich-technischen Revolution. Wiss. Beiträge d. Martin-Luther-Universität Halle-Wittenberg, Halle 1968, S. 94f.).

[19] Vgl. Verhandlungen der Sozialisierungs-Kommission über die Reparationsfragen (Sitzung vom 12. Juli 1921, Sitzungsber. Band I, S. 100ff.). In: Abhandlungen, Vorträge und Reden aus den Jahren 1882—1921. Von Carl Duisberg. Herausgegeben zu seinem 60. Geburtstage vom Aufsichtsrat und Direktorium der Farbenfabriken vorm. Friedr. Bayer & Co., Berlin/Leipzig 1923, S. 846 („Wollen wir unseren Absatz vergrößern, so müssen wir fremde Erzeugnisse durch bessere verdrängen.").

[20] Vgl. Maßnahmen der Entente gegen die deutschen Werke. (Ausführungen C. Duisbergs in der Sitzung am 28. November 1921; Sitzungsbericht, S. 316ff.). In: ebda., S. 847ff.

eine höhere wissenschaftliche Basis stellt, und wenn man dann versucht, die Verfeinerung soweit als möglich zu treiben.“[21]

Nach der „Wehrkraft“ galt die Wissenschaft bereits vor 1914 zunehmend als ein Faktor imperialistischer Politik. Die Vorgänge um die Gründung der Kaiser-Wilhelm-Gesellschaft hatten gezeigt, daß das Monopolkapital auf den Ausbau des Wissenschaftsgefüges im bürgerlichen Deutschland drängte, das ihren eigenen Bedürfnissen nicht mehr genügte. Im bürgerlichen Lager gab es zudem Stimmen, die auch mit der bisherigen Nutzung der Wissenschaft für eine expansive Kulturpolitik gegenüber dem Ausland unzufrieden waren.[22] Die ökonomische Machteinbuße des deutschen Imperialismus, die militärische Schwächung durch die Weltkriegsniederlage und die Novemberrevolution 1918 führten zu einer Veränderung der Akzente zwischen „Wehrkraft“, Wirtschaft und Wissenschaft in den Überlegungen der maßgebenden großbürgerlichen Kreise. Die Auffassung gewann an Boden, nach der die Kultur- und die ihr zugeordnete Wissenschaftspolitik nunmehr zu einem mitbestimmenden Faktor inneren und äußeren Wiedererstarkens ausgebaut werden sollte. Die Entwicklung in diesem Sinne „kulturpolitisch“ orientierter Vorstellungen hatte bereits 1917 in einer Denkschrift des Orientalisten Carl Heinrich Becker ihren Niederschlag gefunden. Ein zielbewußtes Programm hierzu entwickelte Becker, als Staatssekretär und später als langjähriger preußischer Minister für Wissenschaft, Kunst und Volksbildung einer der maßgebenden Verfechter einer großbürgerlich-liberalen Wissenschaftspolitik, 1919 in der Denkschrift „Kulturpolitische Aufgaben des Reiches“: „Kulturpolitik heißt bewußte Einsetzung geistiger Werte im Dienste des Volkes oder des Staates zur Festigung im Innern und zur Auseinandersetzung mit anderen Völkern nach außen“. Nach seiner politischen und wirtschaftlichen Ausschaltung habe Deutschland „im Ringen der Völker nur noch seinen Ideengehalt als Einsatz“.[23] Aktive Kulturpolitik wurde zum Mittel der Überwindung so-

---

[21] Verhandlungen der Sozialisierungskommission über die Reparationsfragen (Sitzung vom 12. Juli 1921 ...). In: a. a. O., S. 844.

[22] In der herrschenden Klasse war die Forderung aktiver Kulturpolitik längst nicht mehr unbekannt. So hieß es in einer vertraulichen Denkschrift der „Gesellschaft zur Förderung auswärtiger Kulturpolitik“ vom Dezember 1913: „Heute ist die Überzeugung, daß der deutsche wirtschaftliche Export der Unterstützung und Pflege des geistigen Ansehens bedürfe, in industriellen Kreisen etwas Gewohntes.“ (ZStA Merseburg, Rep. 92, Nachlaß Schmidt-Ott, AL XXVII, (unfol.). Auf der anderen Seite hatte der Reichskanzler Bethmann-Hollweg am 21. 6. 1913 in einem Brief an Karl Lamprecht die Unterschätzung dieses Gebiets imperialistischer Außenpolitik eingeräumt: „Ich bin mit Ihnen von der Wichtigkeit, ja der Notwendigkeit einer auswärtigen Kulturpolitik überzeugt ... Auch Deutschland muß, wenn es Politik treiben will, diesen Weg gehen ... Ich glaube auch, daß die Wichtigkeit der in dieser Beziehung zu leistenden Aufgabe bei uns noch von zu wenigen erkannt ist. Wir sind ein junges Volk, haben vielleicht allzu viel noch den naiven Glauben an die Gewalt, unterschätzen die feineren Mittel und wissen noch nicht, daß, was die Gewalt erwirbt, die Gewalt allein niemals erhalten kann.“ („Vossische Zeitung“ v. 12. 12. 1913. Denkschrift und Brief Bethmanns in: S. Grundmann, Der deutsche Imperialismus, Einstein und die Relativitätstheorie. In: Relativitätstheorie und Weltanschauung. Zur philosophischen und wissenschaftspolitischen Wirkung Albert Einsteins, Berlin 1967, S. 157.).

[23] C. H. Becker, Kulturpolitische Aufgaben des Reiches, Leipzig 1919, S. 13, 15.

zialer, konfessioneller und stammesbedingter Gegensätze erklärt.[24] C. H. Becker konzentrierte sich hier auf die ideologische Funktion der Wissenschaft; er behielt ihre Bedeutung für die kapitalistische Wirtschaft unausgesprochen im Auge. Duisberg wiederum ging von der Funktion der Wissenschaft als Produktivkraft aus und suchte ihre Entwicklung im Interesse des Kapitals zu fördern, ohne deshalb ihre Bedeutung für die bürgerliche Ideologie zu unterschätzen. Viele bürgerliche Wissenschaftspolitiker bekannten sich zu Vorstellungen im Sinne C. H. Beckers, die letztlich den Einsatz der Wissenschaft für die Wiedererringung von Weltmachtspositionen forderten. „Man kann darüber streiten", schrieb der einflußreiche Zentrumspolitiker und Sprecher des Haushaltsausschusses des Reichstages Georg Schreiber 1922, „ob wir noch eine politische Großmacht bedeuten; jedenfalls muß das Deutschland der Zukunft als eine Großmacht des Geistes und des Wissens erhalten bleiben."[25]

Diese und ähnliche wissenschaftspolitische Vorstellungen blieben in den herrschenden Klassen nicht unbestritten und erfuhren nicht zuletzt von rechts her Kritik. Ihnen kam jedoch erhebliche Bedeutung zu, zumal sie den Gesamtinteressen des deutschen Imperialismus unter den gegebenen Bedingungen auf weite Sicht entsprachen.

Die gesellschaftliche Entwicklung und die Herausbildung neuer wissenschaftspolitischer Vorstellungen fanden an der Akademie ihren spezifischen Niederschlag. So deutlich die Anzeichen der politischen Krise und des militärischen Zusammenbruchs waren — auch die Leitung der Akademie vermochte für die Ereignisse seit Herbst 1918 und vor allem für den Ausbruch der Revolution kein Verständnis aufzubringen.[26] Vor dem Plenum sprach Max Planck als Vorsitzender Sekretar am 14. November 1918 zunächst besorgt über das revolutionäre Geschehen, das für die eng mit dem Aufstieg der preußisch-deutschen Hohenzollernmonarchie verbundene Akademie „eine der ernstesten Krisen ihrer Geschichte" gebracht habe. Deutlich wurde in dieser Rede, daß auch auf Planck die konservativ-monarchistischen Traditionen der wilhelminischen Zeit weiterhin wirkten. Entsprechend einem Sekretariatsbeschluß vom 11. November, der wohl von ihm angeregt war, rief er die Akademiemitglieder jedoch zur Fortsetzung ihrer wissenschaftlichen Arbeit auf. Es gelte, die führende Stellung der deutschen Wissenschaft zu bewahren und sich auf die „idealen Güter der Gedankenwelt" zu besinnen. „Sofern die Akademie an der sorgsamen Pflege des ihr aus diesem Schatz anvertrauten Pfandes festhält, handelt sie nicht nur rückschauend treu dem Geiste ihres Stifters Leibniz, sondern auch in kluger Voraussicht auf die Zukunft."[27] In dieser Stellungnahme waren wissenschaftliches Ver-

---

[24] Ebda., S. 5.

[25] G. Schreiber, Deutsche Kulturpolitik und der Katholizismus, Freiburg 1922, S. 9.

[26] In der Sekretariatssitzung am 11. November 1918 berichtete Planck über die „Vorgänge im Akademiegelände, die sich tags zuvor, im Anschluß an die Revolution, abspielten". Beschlossen wurde dabei, „daß die regelmäßigen Arbeiten der Akademie, einschließlich der Sitzungen, so weit wie irgend möglich fortzusetzen sind". (AAW II: V g, Bd. 5).

[27] Sb., Jg. 1918, S. 993. (Die Gesamtansprache Plancks vgl. ebda., S. 992 ff.).

antwortungsbewußtsein und traditionelle Bindungen an die bürgerliche deutsche Wissenschaftspolitik eng miteinander verbunden. Eine ähnliche Auffassung vertrat Max Planck am Leibniztag 1919, als er sich gegen das imperialistische Friedensdiktat der Versailler Siegermächte wandte. Auch hier appellierte er an die wissenschaftliche Verantwortung der Akademiemitglieder. „Denn die Wissenschaft gehört mit zu dem letzten Rest von Aktivposten, die uns der Krieg gelassen hat ... Und gerade diese idealen Güter werden uns am allernötigsten sein, wenn wir auf die Wiederaufrichtung unseres Vaterlandes hoffen wollen ... Darum war eine treue zielbewußte Pflege der geistigen Güter niemals nötiger als in der jetzigen Welt der beginnenden allgemeinen wirtschaftlichen Verarmung."[28]

Plancks historische Bedeutung muß selbstverständlich an seinem überragenden Beitrag zur Entwicklung des naturwissenschaftlichen Fortschritts gemessen werden, der an der Akademie in langen Jahren seinen Ausdruck fand. Hier geht es zunächst um seine gesellschaftlich-politischen Positionen, soweit sie sich in der Akademie auswirkten oder für ihre Mitglieder exemplarische Bedeutung hatten. In Plancks Äußerungen wirkten tiefe Einsichten in die Notwendigkeit wissenschaftlichen Fortschritts, in ihnen zeigten sich zugleich Einflüsse bürgerlichen Gesellschaftsdenkens und bürgerlicher Wissenschaftspolitik. Zu Recht wandte er sich an das Verantwortungsbewußtsein der Akademiemitglieder, mußte doch der Wissenschaft nach den Jahren des Blutvergießens, des Hungers, des Verfalls der Produktivkräfte, der geistigen Stagnation und der wissenschaftlichen Desorientierung eine wachsende Bedeutung zufallen. Zugleich klangen auch hier Gesichtspunkte jener bereits erwähnten Vorstellungen an, die führende bürgerliche Wissenschaftspolitiker in den folgenden Monaten und Jahren entwickelten. Planck trat zugleich für die Wiederaufnahme der internationalen wissenschaftlichen Zusammenarbeit ein, die dem wahren Charakter der Wissenschaft entspräche. Er blieb um das internationale Ansehen der deutschen Wissenschaft und der Berliner Akademie stets besorgt und hat in den langen Jahren seines Wirkens als Sekretar manchen chauvinistischen Vorstößen entgegengewirkt.

Auch an der Akademie wirkten jene Positionen, die sich in den Kriegszieldiskussionen des ersten Weltkrieges besonders ausgeprägt hatten. Einflüsse der nationalistischen Propaganda der herrschenden Klasse erhielten in den Diskussionen um den Waffenstillstand und den imperialistischen Friedensvertrag von Versailles Auftrieb. Auch Mitglieder der Akademie waren in die Kampagne gegen die Forderung der Siegermächte einbezogen, eine Reihe von imperialistischen Militärs und Politikern einschließlich Wilhelms II. als Kriegsverbrecher auszuliefern. Gegen die Auslieferungsforderung und die vorgesehene Aburteilung durch alliierte Gerichtsinstanzen veröffentlichte die bürgerliche Berliner Presse am 13. Juli 1919 eine Protesterklärung, die von Eduard Meyer verfaßt und zusammen mit Dietrich Schäfer, Gustav Roethe, Ulrich von Wilamowitz-Moellendorff, Wilhelm Schulze, Eduard Sachau, Karl Holl, Heinrich

---

[28] Sb., Jg. 1919, S. 548. (Gesamtansprache ebda., S. 547ff.).

Lüders, Theodor Wiegand, Ulrich Wilcken, Reinhold Seeberg, Alois Riehl, Theodor Schiemann, Friedrich Delitzsch, Heinrich Schäfer, Kuno Meyer und anderen unterzeichnet war.[29] Die Erklärung richtete sich, wie Eduard Meyer betonte, an die Öffentlichkeit im bürgerlichen Deutschland. Zu den Professoren und Hochschullehrern, die sie in der Folge noch unterzeichneten, gehörten Rudolf Fick, Theodor Liebisch, Paul Guthnick, Wilhelm Branca, Johann Jakob Maria de Groot und Friedrich Hiller von Gaertringen.

Damit wurde auch die Akademie faktisch in jene Propaganda gegen den Vertrag von Versailles einbezogen, die im Anschluß an die Bestimmungen dieses imperialistischen Friedensdiktates nationalistische Stimmungen stimuliert hat.[30] Gegenüber der Forderung der Siegermächte, die Akademiemitglieder Fritz Haber und Walther Nernst wegen ihrer Aktivität im „Kriegseinsatz" der bürgerlichen deutschen Forschung auszuliefern, stimmte das Sekretariat der Akademie am 24. Juli 1919 einer von Haber formulierten und von dem gleichfalls anwesenden Nernst eingebrachten Erklärung an die neutralen Akademien zu.[31] In dieser Erklärung wurde von der angeblichen sittlichen Pflicht zur „Vaterlandsverteidigung" ausgegangen und die Kriegsarbeit Habers und Nernsts, die „die deutsche Heerführung mit neuen Kriegsmitteln vertraut gemacht" habe, verteidigt. Darüber hinaus hat sich das Plenum am 7. Februar 1920 allgemein gegen die Auslieferungsforderung gewandt.[32] Bereits am 13. März 1919 hatte es dem Antrag des Geographen Albrecht Penck zugestimmt, an einer von der Gesellschaft für Erdkunde veranstalteten Begrüßungsfeier für den früheren Gouverneur des imperialistischen deutschen Kolonialgebietes Ostafrika, Heinrich Schnee, und den früheren Schutztruppenkommandeur Paul von Lettow-Vorbeck teilzunehmen.[33] So zeigten sich die Auswirkungen imperialistischer Propaganda — der Apologetik für die Hindenburg, Ludendorff oder Lettow-Vorbeck und damit für die imperialistische Politik und Kriegführung zwischen 1914 und 1918 — auch in Stellungnahmen der Akademie.

---

[29] Vgl. zum folgenden: Für Ehre, Wahrheit und Recht. Erklärung deutscher Hochschullehrer zur Auslieferungsfrage, Berlin 1919. (Hierin: Erklärung mit Aufforderung zur Zustimmung, unterzeichnet von den oben angeführten und einigen anderen Gelehrten und dem Geschäftsführer des Bundes Heimatschutz W. Lindner; Erläuterungen Eduard Meyers, Namensliste/ Auswahl von Unterzeichnern).

[30] Vgl. hierzu W. Ruge, Zur chauvinistischen Propaganda gegen den Versailler Vertrag 1919 bis 1929. In: DAW zu Berlin, Institut für Geschichte, Jahrbuch für Geschichte, Bd. I, Berlin 1967 (S. 65ff.).

[31] Vgl. AAW II: V g, Bd. 5 (Protokoll der Sekretariatssitzung vom 24. Juli 1919) Der Antrag wurde — möglicherweise auf Initiative Plancks — zurückgestellt, bis „amtlich die Forderung auf Auslieferung offiziell gestellt wird". Gustav Rothe forderte hier, „daß die Eingabe der Akademie an die Neutralen auf keinen Fall eine Bitte enthalten dürfe, sie solle vielmehr eine Solidaritätserklärung der Akademie mit ihren beiden bedrohten Mitgliedern darstellen." Die zunächst im Sekretariat beschlossene Mitteilung des Protokolls an das Plenum unterblieb dann, wie Diels im Nachtrag zum Sekretariatsprotokoll mitteilt, auf Wunsch W. Nernsts.

[32] Vgl. AAW II: Va, Bd. 97 (Gesamtsitzungsprotokoll v. 7. 2. 1920).

[33] Vgl. AAW II: Va, Bd. 96 (Gesamtsitzungsprotokoll v. 13. 3. 1919).

Konservative und nationalistische Einflüsse kamen in Stellungnahmen der Sekretare Gustav Roethe, aber auch Max Rubner zum Ausdruck. Als Vorsitzender Sekretar betonte Gustav Roethe am 23. Januar 1919 die traditionellen Bindungen an die gestürzte Monarchie.[34] Er behauptete, daß weite Kreise des deutschen Volkes „der alten Arbeitslust entfremdet scheinen" und forderte hier schnelle Abhilfe — was sich faktisch gegen den in der Novemberrevolution erkämpften Achtstundentag und das Streikrecht richten mußte. Gustav Roethe, der unter anderem den Vorsitz des berufsständischen Reichsausschusses der Hochschullehrer in der Deutschnationalen Volkspartei (DNVP) übernommen hatte, war ein Wortführer der Restauration der Monarchie und ein offener Gegner der (großbürgerlich-parlamentarischen) Weimarer Republik[35]; er betonte auch vor dem Forum der Akademie die Kontinuität bürgerlicher Wissenschaftspolitik aus restaurativer Sicht. Der „Geist freier und nationaler Wissenschaft" sei berufen, am „Aufbau der schwer betroffenen Heimat bedeutend mitzuschaffen", hieß es in dieser Ansprache.[36] Bei Gustav Roethe waren „nationale" Wissenschaft und nationalistische Ideologie untrennbar verbunden.

Die sozialen und politischen Auseinandersetzungen der revolutionären Nachkriegskrise reflektierten sich unter den gegebenen gesellschaftlichen Bedingungen auch in der Akademie; ihre Auswirkungen traten im einzelnen unterschiedlich in Erscheinung. Direkte Stellungnahmen gegen die revolutionäre Bewegung in Deutschland und die junge Sowjetmacht in Rußland in Ansprachen Max Rubners, des führenden Physiologen und Akademiesekretars, blieben hier indessen Ausnahmen.[37] Sie fielen mit dem Vorgehen reaktionärer Kräfte seit dem Kapp-Putsch, aber auch mit konterrevolutionären Aktivitäten an Universitäten und Hochschulen damals zusammen.

Mit dem Treiben konterrevolutionärer Extremisten wurde die Akademie konfrontiert, als die Hetzpropaganda gegen ihr berühmtes Mitglied Albert Einstein 1920 ihren Höhepunkt erreichte.[38] Einstein hat jene Gruppe „völkischer" Agi-

---

[34] Vgl. hierzu Sb., Jg. 1919, S. 17ff. (hier besonders S. 20).

[35] Belege zur Position Roethes, der in der Akademie nicht allein stand und z. B. in Ulrich v. Wilamowitz-Moellendorff, dem führenden Altphilologen, einen gesellschaftlich-politischen Gefährten hatte, finden sich bei K. Töpner, Gelehrte, Politiker und politisierende Gelehrte. Die Revolution von 1918 im Urteil deutscher Hochschullehrer, Göttingen/Zürich/Frankfurt 1970, S. 68f. Die Arbeit Töpners, eines Schülers von H.-J. Schoeps, hat nur als Materialsammlung Bedeutung (Rez. v. W. Schlicker in DLZ, H. 12/1972, Sp. 1023f.).

[36] Sb., Jg. 1919, S. 20.

[37] Sb., Jg. 1920, S. 67ff. (Ansprache Rubners v. 22. 1. 1920); Jg. 1921, S. 472ff. (Ansprache v. 30. 6. 1921).

[38] Den folgenden Ausführungen liegen Berichte und Artikel aus der zeitgenössischen bürgerlichen Presse („Berliner Tageblatt und Handelszeitung", „Tägliche Rundschau"), aus Zeitschriften („Die Naturwissenschaften", Verhandlungen der Versammlungen der Gesellschaft Deutscher Naturforscher und Ärzte 1920 u. 1922 u. a.) sowie Äußerungen Max von Laues zugrunde. Vgl. hierzu W. Schlicker, Physiker im gesellschaftlichen Spannungsfeld. Albert Einstein und die politische Reaktion im imperialistischen Deutschland nach dem ersten Weltkrieg. In: Wissenschaft und Fortschritt, H. 8/1975, S. 343ff. Dazu auch: S. Grundmann; Das moralische Antlitz der Anti-Einsteinliga. In: Wissenschaftliche Zeit-

tatoren und obskurer Hochstapler wie Paul Weyland sowie reaktionärer Physiker und Techniker wie Ernst Gehrcke und L. C. Glaser, die sich damals als chauvinistische und rassistische Propagandaorganisation unter der demagogischen Bezeichnung „Arbeitsgemeinschaft deutscher Naturforscher zur Erhaltung reiner Wissenschaft e.V." zusammenfand, ironisch als „antirelativistische G.m.b.H." bezeichnet. Diese Kräfte, auch als „Anti-Einstein-Liga" berüchtigt geworden, entfachten ein Kesseltreiben gegen Einstein. Zugleich verschärfte der Experimentalphysiker und Nobelpreisträger Philipp Lenard nunmehr auf zunehmend unsachlicher Ebene seine Angriffe gegen ihn. Insgesamt spitzte sich eine Entwicklung aufs äußerste zu, die zu den dunkelsten Kapiteln deutscher Wissenschaftsgeschichte in den Jahren der Weimarer Republik gehört. Obwohl die Gruppe um den aktiven „deutsch-völkischen" Agitator und Obskuranten Weyland nur eine ihrer zwanzig angekündigten Versammlungen gegen Einstein mit größerer Beteiligung zustande brachte, trug sie wesentlich zur Entfaltung einer Hetzkampagne rechtsradikaler Presseorgane bei. Einstein selbst ließ eine Antwort in der Presse veröffentlichen, in der er darauf verweisen konnte, daß alle namhaften Theoretiker auf seiner Seite stünden.[39] Max von Laue, aber auch Max Planck sowie Walther Nernst und Heinrich Rubens traten sofort für Einstein ein; öffentliche Stellungnahmen und Gegenerklärungen gingen hier vor allem von Max von Laue aus.[40] Die Auseinandersetzungen erreichten auf der Tagung der Gesellschaft Deutscher Naturforscher und Ärzte, die vier Wochen

---

schrift der TU Dresden, H. 5/1967, S. 1623. Hierzu wie allgemein zur Biographie Einsteins vergl. neuerdings u. a. die Materialien in B. Hoffmann/H. Dukas, Albert Einstein Creator and Rebel, New York 1972 (hier S. 143 ff.).

39 Vgl. Meine Antwort. Über die relativitätstheoretische G.m.b.H. Von Albert Einstein. In: Berliner Tageblatt, Nr. 402 v. 27. 8. 1920.

40 Vgl. u. a.: Zur Erörterung über die Relativitätstheorie. Entgegnung an Herrn Paul Weyland. Von Max v. Laue. In: Tägliche Rundschau vom 29. 8. 1920. Am 25. 8. 1920 — am Tage nach der Berliner Hetzveranstaltung der „Anti-Einstein-Liga" — berichtete Laue an Sommerfeld in München, daß er gemeinsam mit Nernst und Rubens „eine kurze, aber energische Erklärung gegen dies Treiben" an alle größeren Berliner Zeitungen geschickt habe (Albert Einstein/Arnold Sommerfeld, Briefwechsel, a. a. O., S. 65. (Text der Erklärung ungekürzt nach „Berliner Tageblatt" v. 26. 8. 20 bei W. Schlicker, a. a. O.). Über die Empörung Max Borns und seiner Frau, mit denen Einstein persönlich befreundet war, sowie Arnold Sommerfelds, mit dem ihn ebenfalls enge wissenschaftliche und persönliche Beziehungen verbanden, geben der Brief Hedi Borns vom 8. 9. 1920 an Einstein (Albert Einstein, Hedwig und Max Born, Briefwechsel 1916—1955, a. a. O. S. 58f.) sowie der Brief Sommerfelds an ihn vom 3. September 1920 (Albert Einstein/Arnold Sommerfeld-Briefwechsel, a. a. O., S. 67f.) Auskunft. Die Borns hielten Einsteins persönliche Presseerwiderung vom 27. 8. 1920 nicht für richtig; Einstein selbst stimmte ihnen in seiner Antwort nachträglich zu. Sommerfeld hatte mit Planck über eine Abwehrerklärung gegen die Demagogie und eine Vertrauenskundgebung für Einstein beraten, die für die Nauheimer Tagung vorgesehen war und vom Vorsitzenden der Gesellschaft Deutscher Naturforscher und Ärzte, Friedrich von Müller/München, öffentlich verlesen werden sollte: Die Eröffnungsrede v. Müllers enthielt dann eine klare Absage an die demagogischen Angriffe gegen Einstein; die sachliche Würdigung würde im Kreis der Fachgelehrten erfolgen, wie dies der Bedeutung des genialen Schöpfers der Theorie entspräche.

später, vom 15. bis 20. September 1920, in Bad Nauheim stattfand, einen neuen Höhepunkt, wobei Einsteins wissenschaftliche Auffassung jetzt reaktionären politischen Angriffen Lenards ausgesetzt war.[41] Rechtsradikale Kräfte suchten die Situation in ihrer Pressekampagne auszunutzen. Es war kein Zufall, daß diese Hetze gegen Einstein, den aktiven Pazifisten, exponierten Gegner des Militarismus und sozial eingestellten Demokraten, 1920, im Jahre des konterrevolutionären Putsches der Kräfte um Kapp und Lüttwitz, einen ersten Höhepunkt erreichte. Ein Zusammenhang, der sich letztlich aus der imperialistischen Grundtendenz zur „Negation der Demokratie" im Sinne Lenins ergibt, bestand auch zwischen dem erneuten Aufflammen dieser fortdauernden Hetze 1922 — Ausdruck dafür waren die Vorgänge auf der Naturforscherversammlung in Leipzig[42] — sowie der weiteren Offensive des konterrevolutionären Extremismus, die zu dem Mord an dem großbürgerlichen Weimarer Außenminister Walther Rathenau führte. Im gleichen Jahr 1922 veröffentlichte Johannes Stark die Broschüre „Die gegenwärtige Krisis in der deutschen Physik" — in der er — unter Berufung auf Albert Vögler von der Schwerindustrie — sich gegen die angebliche Unterschätzung der angewandten Physik sowie gegen die Relativitäts- und Quantentheorie wandte und Albert Einstein, aber auch Walther Nernst angriff.[43]

Wie Albert Einstein selbst die Situation einschätzte, ergibt sich aus seinem Brief an seinen Freund Maurice Solovine in Paris vom 16. August 1922: „Hier

[41] Vgl. hierzu Hermann Weyl, Die Relativitätstheorie auf der Naturforscherversammlung in Bad Nauheim. In: Jahresberichte der Deutschen Mathematiker-Vereinigung, Jg. 31/1922, S. 51f. Physikalische Zeitschrift, Jg. 1921, vor allem S. 666ff.; Albert Einstein, Hedwig und Max Born, Briefwechsel, a. a. O., S. 60f., wo Born abschließend vermerkt: „Die große Gefahr des Antisemitismus für die deutsche Wissenschaft wurde damals in Nauheim zum ersten Male in Umrissen sichtbar". Auf die reaktionären Entstellungen der Diskussionen in Bad Nauheim haben Laue, Hilbert und Born öffentlich geantwortet.

[42] Max von Laue übernahm für Einstein auf der Leipziger Versammlung der Gesellschaft Deutscher Naturforscher und Ärzte den Bericht zur Relativitätstheorie. Bereits zuvor hatten reaktionäre Kräfte jedoch Protestaktionen inszeniert, die dann im Auftreten Lenards auf der Tagung kulminierten. Ein Bericht eines Vertreters des preußischen Kultusministeriums über die Leipziger Naturforscherversammlung findet sich in ZStAM, Rep. 76 Vc Sekt. I Tit. XI Teil I, Nr. 8, Bd. V, Bl. 238ff. Der ungenannte Ministerialmitarbeiter hat an dieser von über 8000 Teilnehmern besuchten 100. Jubiläumsversammlung selbst teilgenommen. Er berichtet — auf der „wendigeren" wissenschaftspolitischen Linie der preußischen Regierung — über den in „durchaus unsachlicher und unwürdiger Weise" durch Lenard, Gehrcke und einige „durchweg ganz Unberufene" erneut in die Öffentlichkeit getragenen Streit gegen die Relativitätstheorie (Bl. 242, S. 9 des Berichts), über die in Leipzig zum Verkauf angebotene, im folgenden zu erwähnende Broschüre Starks. Das dort verteilte Flugblatt der reaktionären Gegner Einsteins und der Relativitätstheorie ist dem Bericht im Anhang beigefügt.

[43] In dem in Anm. 42 angeführten Ministerialbericht über die Leipziger Tagung wird auf die starke Betonung der angewandten Physik für Lehre und Forschung durch Stark verwiesen. Dann heißt es: „Ich kann mich des Eindrucks nicht erwehren, daß er damit im wesentlichen eine Propaganda für seine eigene Berufung auf einen Lehrstuhl der Physik betreiben will, und daß er dabei auf einen seitens der Industrie ausgeübten Druck hofft . . ." Gemeint ist hier: J. Stark, Die gegenwärtige Krisis in der deutschen Physik, Leipzig 1922. (Ebda., S. 24 im Abschnitt „Die Einseitigkeit der modernen Physik und ihre Abkehr von der Anwendung" die Berufung auf Albert Vögler).

sind erregte Zeiten seit dem Mord an Rathenau. Ich werde auch immer gewarnt, habe mein Kolleg aufgegeben und bin offiziell abwesend, aber in Wahrheit doch hier. Der Antisemitismus ist sehr groß."[44] Bereits 1920 war es Einstein zumindest für kurze Zeit nicht leicht gefallen, in Deutschland zu bleiben.[45]

Die präfaschistische Offensive gegen Albert Einstein, die 1922 nicht beendet war, wenngleich sie in der Folge abflaute, bedeutete eine Warnung für die deutsche Wissenschaft. Für die Akademie und ihre führenden Gelehrten warf sie Fragen auf, die den Inhalt und die Konsequenzen ihres eigenen Konservatismus sowie unmittelbar ihr wissenschaftliches und humanistisches Verantwortungsbewußtsein betrafen. Das Vorgehen der Lenard, Stark, Gehrcke und der sie unterstützenden konterrevolutionären Kräfte wurde auch im preußischen Ministerium für Wissenschaft, Kunst und Volksbildung nicht gebilligt, da es den dort gepflegten wissenschaftspolitischen Vorstellungen widersprach. Die Akademie ist der „vertraulichen Anregung" des Ministeriums jedoch nicht gefolgt, sich in der Öffentlichkeit korporativ hinter Albert Einstein zu stellen. Aus unterschiedlichen Positionen vertraten Gustav Roethe und Max Planck in der Sekretariatssitzung vom 21. Oktober 1920 die Auffassung, „daß die gegen Hrn. Einstein gerichteten Kundgebungen für die Akademie keinen Anlaß zu einer öffentlichen Erklärung abgeben."[46] Maßgebend war letztlich die Motivierung und das Niveau der Gegner Einsteins. Planck wollte auch die Akademie aus Debatten auf der Ebene der Weyland und ähnlicher Elemente heraushalten. Er hatte sich zunächst, den Intentionen der Leitung der Gesellschaft Deutscher Naturforscher und Ärzte gemäß, auf die wissenschaftliche Diskussion in Bad Nauheim orientiert, von der er die Anerkennung der Leistungen Einsteins erhofft hatte. Es war ihm auch nach Bad Nauheim noch darum zu tun, einen offenen Eklat unter den Physikern zu vermeiden. Seiner Verhandlungsführung in Bad Nauheim

---

[44] Albert Einstein, Briefe an Maurice Solovine, Berlin 1960, S. 42. Auf die Bitte, eine von der „Mathematisch-Physikalischen Arbeitsgemeinschaft" („Mapha") an der Berliner Universität abgebrochene Vorlesung aus dem Sommersemester 1922 wieder aufzunehmen, antwortete Einstein am 20. September 1922: „Ich habe die Vorlesung im Sommer-Semester abbrechen müssen, weil mir im Interesse der persönlichen Sicherheit dringend geraten wurde, in dieser Zeit keinerlei öffentliche Funktionen auszuüben. Das nächste Semester kann ich leider nicht lesen, weil ich von Berlin abwesend bin. Es hat mich gefreut, daß Sie durch ihren Wunsch soviel Interesse an der Sache bekundet haben; ich will bestrebt sein, das schuldig Gebliebene möglichst bald und vollständig nachzuholen." (Archiv der Humboldt-Universität Berlin, ASTA 129, Bl. 189. Zit. bei F. Herneck, Die Einstein-Dokumente im Archiv der Humboldt-Universität zu Berlin. In: NTM, H. 2/1973, S. 34f.)

[45] In seinem oben angeführten Brief vom 3. 9. 1920 war es Sommerfeld auch darum gegangen, Einstein zum Verbleiben in Deutschland zu veranlassen. Daß die wissenschaftliche Diskussion um die Relativitätstheorie auch fruchtbare Aspekte aufwies — zuvor auch in bestimmten Argumentationen Lenards — zeigt H.-J. Treder in: Philosophische Probleme des physikalischen Raumes, Berlin 1974, S. 265ff.; 275ff. Beachtet wurde Lenards Auftreten setzt wegen seines aus der Vorkriegszeit stammenden internationalen Rufes als experimenteller Physiker; als Theoretiker hätte er keine besonderen Leistungen aufzuweisen, hat Einstein in seinem Artikel „Meine Antwort" betont.

[46] AAW II: V g Bd. 5.

war es zu verdanken, daß die Sitzung auf der Naturforscherversammlung überhaupt einen normalen Verlauf nehmen konnte. Auch er ging dabei aber von einer Fehleinschätzung der Positionen reaktionärer Physiker wie Lenard vor allem aus, mit denen eine sachlich-wissenschaftliche Diskussion nunmehr unmöglich wurde.[47] Das persönliche Eintreten ihrer Mitglieder Max von Laue, Walther Nernst, Heinrich Rubens und Max Planck für Einstein und seine wissenschaftliche Leistung gereichte der Akademie zur Ehre. Die gleiche Haltung wahrten Männer wie David Hilbert, der seit 1913 Korrespondierendes Mitglied der Akademie war, sowie Arnold Sommerfeld und Max Born, die es in den folgenden Jahren geworden sind und Einstein auch persönlich nahestanden; ähnliches galt für die Haltung von Hermann Weyl.

Das Auftreten führender Naturwissenschaftler kann als symptomatisch auch für andere Gelehrte der Akademie angesehen werden. Bürgerliche Bindungen — die sich auch hier unterschiedlich akzentuierten — schlossen bei jenen Gelehrten, die für Einstein und die Relativitätstheorie eintraten, die Billigung einer ultrareaktionären und rassistischen Hetze aus, die sich demagogisch-pseudowissenschaftlicher Methoden bediente und die Grundlagen ihrer eigenen Forschungsarbeit in Frage stellte. Albert Einstein war für diese Männer einer der größten Physiker, den sie als ihren Kollegen schätzten. Sie handelten hier in erster Linie aus ihrem wissenschaftlichen Verantwortungsbewußtsein. Die bürgerlichen Grenzen ihres Humanismus ließen sie die politischen Hintergründe der Kampagne gegen Einstein nicht erfassen, die sich in letzter Instanz aus dem Wesen jener kapitalistischen Ordnung ergab, an welche auch sie nach 1918 gebunden blieben.

Am 27. Januar 1921 setzte Heinrich Lüders, der führende Indologe, in seiner Ansprache als Vorsitzender Sekretar in einer unmittelbar bildungs- und hochschulpolitischen Frage andere Akzente. Er ging auf die progressive Forderung ein, die allgemeine Volksbildung zu heben und auch den Werktätigen ein Hochschulstudium zugänglich zu machen. Er begrüßte das wachsende Interesse breiter Schichten an der Wissenschaft, die sich vom Leben nicht entfernen dürfe. Obwohl die Akademie ihre Aufgabe in der Pflege „reiner Wissenschaft" sähe, hätte sie sich in diesen Wintermonaten mit Vorträgen an die Öffentlichkeit gewandt. Lüders wandte sich jedoch gegen die Vorstellung, daß „die Wissenschaft jemals das Allgemeingut eines Volkes werden könnte . . ."[48] Bestrebungen, die gesamte Bildung des Volkes zu heben, wären mit dem Preis verbunden, „daß alles, was über das Mittelmaß hinausragt, abgetragen und niedergerissen werde. Die geistige Hochebene . . . wird niemals Wirklichkeit werden . . . das Ergebnis würde nur sein, daß nach fruchtlosem Mühen das Niveau . . . tiefer und tiefer sinken würde. Das rechte Bild für die Gesamtbildung kann nicht die Ebene,

[47] Lenards Arbeit „Gravitation, Äquivalenz und Relativität" (1917) war wissenschaftlich noch ernst zu nehmen; ab 1920 begannen die Entgleisungen mit dem Übergang zur faschistisch bestimmten Position. (Vgl. auch H.-J. Treder, Philosophische Probleme des physikalischen Raumes, a. a. O., S. 269).

[48] Vgl. zum folgenden Sb., Jg. 1921, S. 103ff. (Rede v. Lüders am 27. 1. 1921).

sondern nur die Pyramide sein . . . jeder mag die Stufe erklimmen, zu der ihn seine Kräfte befähigen . . ."[49] Die Ansprache zeigte, daß auch führende Gelehrte und Akademiemitglieder durch elitäre Bildungsvorstellungen weiterhin beeinflußt wurden. Für die Weimarer Republik blieb die Aufrechterhaltung des bürgerlichen Bildungsprivilegs und der weitere Ausschluß der Werktätigen von den Hochschulen kennzeichnend. Die gesellschaftliche Entwicklung machte alle Reformbestrebungen im Hochschulwesen zunichte. Nicht einmal bürgerlich-liberale Vorstellungen zur Hochschulreform sind verwirklicht worden.

In ihrer Plenarsitzung am 25. Januar 1923, als die revolutionäre Nachkriegskrise ihrem Höhepunkt zueilte, protestierte Max Rubner als Vorsitzender Sekretar vor der Akademie gegen den französischen Ruhreinmarsch.[50] Die gemeinsame Verantwortung des französischen und des deutschen Imperialismus für die Entwicklung an Ruhr und Rhein hat auch der Repräsentant der Akademie nicht erkannt. Er klagte das französische Volk an, obwohl es in Wahrheit um die historische Schuld der Poincaré und Cuno und ihrer Hintermänner ging. Traditionen und eigene gesellschaftliche Stellung machten es ihm unmöglich, die Aktionseinheit der deutschen Werktätigen und den gemeinsamen Kampf der deutschen und der französischen Arbeiterklasse gegen die Katastrophenpolitik der herrschenden Kräfte in Deutschland und Frankreich als historisch notwendigen Ausweg aus der Krise zu erkennen.

Insgesamt geht es hier um gesellschaftlich-politische Positionen der Akademie als repräsentativer wissenschaftlicher Körperschaft, die sich in Stellungnahmen ihrer führenden Vertreter verdeutlichten. Auch die Akademie betonte ihre Integration in die bürgerliche Ordnung, sie stand auf dem Boden bürgerlicher deutscher Wissenschaftspolitik. Dabei wirkten sich die Diskrepanzen zwischen den politischen Interessen der herrschenden Klasse und der eigenen Integration in die bürgerliche Gesellschaft auf der einen und dem wissenschaftlichen Verantwortungsbewußtsein führender Gelehrter auf der anderen Seite aus, die bei Max Planck und ganz besonders im Eintreten von Akademiemitgliedern für Albert Einstein und die Relativitätstheorie sichtbar wurden und in Akademieansprachen von Hermann Diels anklangen. Von den Mitgliedern der Akademie hatte allein Albert Einstein Verständnis für die deutsche Novemberrevolution 1918 aufgebracht, in der die antiimperialistische Volksbewegung damals kulminierte.[51] Unverkennbar blieb: An der Akademie wirkte das bürgerliche Denken, das an den wissenschaftlichen Einrichtungen unter den gegebenen Bedingungen verbreitet war und auch die Positionen der mit der Akademie personell eng verbundenen Berliner Universität in den Jahren nach den revolutio-

---

[49] Ebda., S. 107.

[50] Sb., Jg. 1923, S. XXV.

[51] Einstein gehörte auch jetzt dem Arbeitsausschuß des Bundes „Neues Vaterland" (BNV) an, der die Novemberrevolution aus linksbürgerlich-pazifistischer Position begrüßt hatte. Vgl. dazu E. Gülzow, Der Bund „Neues Vaterland". Probleme der bürgerlichen pazifistischen Demokratie im ersten Weltkrieg (1914—1918), Bd. II, Phil. Diss. (ms.) Berlin 1969. S. 414ff.

nären Ereignissen von 1917 bis 1919 besonders prägte.[52] Akademie und Universität blieben Wirkungsstätten führender und mancher überragender Gelehrter vieler Disziplinen. Aber auch hier blieb ein tiefer Gegensatz zwischen Wissenschaft und Gesellschaft wirksam. Dieser objektive Gegensatz stand hinter Diskrepanzen zwischen weiterwirkenden wissenschaftlichen Leistungen, die für die historische Einschätzung von Gelehrten bestimmend blieben, und manchen zeitgebundenen gesellschaftlichen Einflüssen und Bindungen, die im politischen und ideologischen Bereich ihren differenzierten Ausdruck fanden. Es bedurfte erst der revolutionären gesellschaftlichen Veränderungen seit 1945 auf dem Boden der Deutschen Demokratischen Republik, um den Gegensatz zwischen Wissenschaft und Imperialismus auch für die Akademie mit allen seinen Auswirkungen zu überwinden.

2. Zur Stellung der Akademie in der bürgerlichen Forschungspolitik

a) Bedingungen bürgerlicher deutscher Forschungspolitik und Positionen der Akademie im bürgerlichen Wissenschaftsgefüge nach 1917/18

Kontinuität und Wandel imperialistischer Forschungspolitik und Forschungsorganisation unterlagen auch für die Akademie nach 1918 den komplizierten Bedingungen eines veränderten inneren und äußeren Kräfteverhältnisses. Immer deutlicher erwies sich, daß die herrschenden Kräfte in Deutschland nur auf weite Sicht an die Realisierung jener wissenschaftspolitischen Vorstellungen denken konnten, die unmittelbar nach der Revolution und der militärischen Niederlage entwickelt worden waren. Der Vergleich mit den ökonomischen und politischen Realitäten der Nachkriegszeit verdeutlicht die prekäre Situation, in welche die bürgerliche deutsche Forschungspolitik zunehmend geriet. Auch an der Akademie erkannten führende Gelehrte die Widersprüche zwischen der kulturpolitischen Orientierung C. H. Beckers, Georg Schreibers und anderer und den tatsächlichen Bedingungen der Wissenschaftsentwicklung, die sich mit der Entfaltung der allgemeinen Krise im bürgerlichen Deutschland besonders kompliziert gestalteten. „Die These, daß die Wissenschaft für unseren Staat die

[52] An der Berliner Universität amtierten als Rektoren zu dieser Zeit Eduard Meyer und Reinhold Seeberg, die restaurative Positionen vertraten. Vgl. allgemein auch: Geschichte der Universität Jena 1548/58–1958. Festgabe zum vierhundertjährigen Universitätsjubiläum. Im Auftrage von Rektor und Senat verfaßt und herausgegeben von einem Kollektiv des Historischen Instituts der Friedrich-Schiller-Universität Jena unter Leitung von Prof. Dr. phil. habil. Max Steinmetz, Bd. I, Jena 1958, S. 526ff.; Geschichte der Universität Rostock 1419 bis 1969. Festschrift zur 550-Jahr-Feier der Universität. Im Auftrage des Rektors und des wissenschaftlichen Rates verfaßt und herausgegeben von der Forschungsgruppe Universitätsgeschichte unter der Leitung von Günter Heidorn, Gerhard Heitz, Johannes Kalisch, Karl-Friedrich Olechnowitz, Ulrich Seemann, Band I, Berlin 1969, S. 157ff.

einzige Kraft geworden sei, mit der wir uns aufrichten können, steht im grellen Gegensatz zu der finanziellen Lage der Geistesarbeiter und der Gelehrten überhaupt", erklärte Max Rubner, der Sekretar der Akademie, anläßlich der „Reichsgründungsfeier" der Berliner Universität 1922.[53]

Mit dem Hinweis auf die finanzielle Notlage der Wissenschaft hatte Rubner hier nur eine jener Formen angeführt, in denen die Problematik bürgerlicher Wissenschaftspolitik verstärkt zum Ausdruck kam. Angesichts der scharfen Klassenauseinandersetzungen und der Machteinbuße des deutschen Imperialismus nach der Revolution und der Weltkriegsniederlage, angesichts der Existenz eines jungen sozialistischen Staates, der die Machtsphäre des Imperialismus einengte, seine Widersprüche verschärfte und ihn fortan mit der Systemauseinandersetzung immer mehr konfrontierte, waren die herrschenden Kräfte in Deutschland auch auf die Entwicklung der Produktivkräfte und die Nutzung des Fortschritts in Technik und Wissenschaft verstärkt angewiesen und drängten zugleich auf die eigene ideologische Konsolidierung. Deutschland war vorerst das schwächste Glied des Imperialismus; es war zum Knotenpunkt der imperialistischen Widersprüche geworden. Folgerichtig fand hier Lenins Feststellung, daß der Fortschritt der Wissenschaften wie jeder Fortschritt unter kapitalistischen Bedingungen mit der Vertiefung von Widersprüchen verbunden ist[54], fortan eine spezifische Bestätigung.

Die allgemeine Krise des Kapitalismus, die in der weiteren Erschütterung der philosophischen und weltanschaulichen Grundlagen bürgerlicher Wissenschaft ihren Niederschlag fand, wirkte sich auch in der Haltung von Intellektuellen aus, von denen Clara Zetkin schrieb: „Die Krise der Intellektuellen ist zugleich die Krise der geistigen Arbeit in der bürgerlichen Gesellschaft. Die Intellektuellenkrise tritt uns heute in allen kapitalistischen Ländern entgegen, selbstverständlich in verschiedenem Umfange, mit verschiedener Wucht, ist aber dem historischen Sinn und der Entwicklungsrichtung nach überall die gleiche . . ."[55] Nicht zuletzt in Deutschland zeigten sich regressive Einflüsse der herrschenden Klasse auch unter Wissenschaftlern; Clara Zetkin verwies hier auf Erscheinungen, in denen die Intellektuellenkrise offen zum Ausdruck kam. Symptomatisch war aber auch, daß die Diskrepanz zwischen Erkenntnisstreben und wissenschaftlichem Ethos auf der einen und gesellschaftlichen Bindungen an die niedergehende kapitalistische Ordnung auf der anderen Seite sich immer deutlicher, wenn auch oft unterschiedlich auswirkte. Die Fiktion von der „reinen" Wissenschaft — hinter der verschiedene Motive stehen konnten — blieb ein Weg, auf dem Gelehrte den ethischen und wissenschaftlichen Konsequenzen ihrer eigenen Bindungen zu entgehen suchten.

---

[53] Reichsgründungsfeier der Friedrich-Wilhelms-Universität zu Berlin am 18. Januar 1922. Rede des Prof. Dr. Rubner, Manuskriptdruck, Berlin 1922, S. 23. In: ZStA Potsdam, Reichsministerium für Wissenschaft, Kunst und Volksbildung, Nr. 1244, Bl. 8.

[54] Vgl. W. I. Lenin, Werke, Bd. 2, Berlin 1961, S. 182.

[55] Clara Zetkin, Die Intellektuellenfrage. Aus dem Referat auf dem V. Kongreß der Kommunistischen Internationale. In: Ausgewählte Reden und Schriften. Bd. III, Berlin 1960, S. 9.

Es geht hier nicht allein um geistige und politische Auswirkungen der kapitalistischen Ordnung, in der sich die allgemeine Krise nunmehr entfaltete. Hinzu kam vielmehr, daß sich die materiellen Voraussetzungen wissenschaftlicher Arbeit in Deutschland nach 1918 in besonderem Maße verschlechterten.

Die zunehmende, vom deutschen Monopolkapital ins Extrem getriebene Inflation wurde hier zur unmittelbaren Gefahr. Der Währungsverfall, mit dem auch erhöhte Forschungsaufwendungen nicht mehr Schritt hielten, führte dazu, daß die notwendigste Ausstattung und Vervollständigung von Forschungseinrichtungen und Bibliotheken in Frage gestellt war, Forschungen nicht mehr finanziert werden konnten und immer mehr auf die Drucklegung und damit auf die Veröffentlichung von Forschungsergebnissen verzichtet werden mußte.

Auch für die Akademiegeschichte hatte die Tatsache grundsätzliche Bedeutung, daß die deutsche Großbourgeoisie gerade unter diesen erschwerten Bedingungen ihren maßgebenden Einfluß auf die Forschung nach 1918 festigte. Die weitere Verschmelzung des Monopolkapitals mit dem bürgerlichen Staatsapparat ermöglichte in der Forschung den Ausbau jener staatsmonopolistischen Komponenten, deren relativ große Bedeutung sich in Deutschland vor dem ersten imperialistischen Weltkrieg besonders bei der Gründung der Kaiser-Wilhelm-Gesellschaft gezeigt hatte. Monopole und Staat setzten alte und auch neue Formen der Forschungslenkung ein, um die Effektivität des Forschungspotentials auch unter den erschwerten Bedingungen der Nachkriegsjahre möglichst zu gewährleisten. Stellung und Funktion der einzelnen Wissenschaftsinstitutionen in der bürgerlichen Forschungspolitik waren unterschiedlich, was sich in einer Vielfalt differenzierter wissenschaftspolitischer und forschungsorganisatorischer Maßnahmen auswirkte. Der Finanzierung der wissenschaftlichen Institutionen und der Forschungsvorhaben kam in dieser Forschungspolitik naturgemäß besondere Bedeutung zu. Finanzielle Mittel des Staates und der Monopole, auf deren Unzulänglichkeit allgemein bereits verwiesen wurde, wurden zur Finanzierung der Forschung oft in gegenseitiger Ergänzung eingesetzt. Auf diesem Wege wurde die bürgerliche Forschungspolitik gesichert, wobei staatsmonopolistische Einflüsse verstärkt wurden.

Die Akademie war eine selbständige wissenschaftliche Körperschaft des öffentlichen Rechts. Staatlicherseits war sie dem preußischen Ministerium für Wissenschaft, Kunst und Volksbildung zugeordnet, aus dessen Etatmitteln sie den staatlichen Teil ihrer Gelder erhielt. Sie hatte im Jahre 1913 für ihre Arbeiten, für Sach- und Personalkosten eine Etatsumme von 332400 Mark — etwas weniger als die Hälfte der Etatsumme der Berliner Universität für Forschung und Lehre — erhalten.[56] Im Rechnungsjahr 1918 erhielt sie die Summe von 351780 Mark aus dem preußischen Staatsfonds; ihr Etat war also seit 1913 kaum erhöht worden.[57] Am Ende des gleichen Rechnungsjahres verfügte sie darüber

[56] Angegeben nach K. Griewank, Staat und Wissenschaft im Deutschen Reich. Zur Geschichte und Organisation der Wissenschaftspflege in Deutschland, Schriften zur deutschen Politik, hrsg. v. Georg Schreiber, H. 17/18, Freiburg 1927, S. 111.

[57] Vgl. AAW II: XII c, Bd. 23, Bl. 107.

hinaus über ein Stiftungskapital von 4022240 Mark und eine als Hauptfonds der Akademie bezeichnete Summe von 741200 Mark, insgesamt also über ein Eigenkapital von 4763440 Mark. Die größten der Stiftungskapitalien, durch welche die Akademie in gewissem Maße und im einzelnen unterschiedlich in das kapitalistische Stiftungswesen einbezogen blieb, waren:

die Heckmann-Wentzel-Stiftung mit	1854700 Mark,
die Albert-Samson-Stiftung mit	935570 Mark,
der Ernest-Solvay-Fonds mit	309220 Mark,
die Paul-Rieß'sche Stiftung mit	244200 Mark,
die Akademische Jubiläumsstiftung mit	119800 Mark,
die Theodor-Mommsen-Stiftung mit	100500 Mark,
die Eduard-Hitzig-Stiftung mit	91100 Mark,
die Eduard-Gerhard-Stiftung mit	69750 Mark,
die Helmholtz-Stiftung mit	67900 Mark.[58]

Zur Verwendung kamen gemäß den Stiftungsstatuten meist die Zinsen der Stiftungskapitalien, die für die Akademie zur Förderung wissenschaftlicher Unternehmungen innerhalb und außerhalb ihrer eigenen Arbeiten erhebliche Bedeutung hatten. Die Zwecksetzungen der Stiftungen waren in den Stiftungssatzungen festgelegt; die Akademie hat einen Teil ihrer wissenschaftlichen Unternehmungen hiermit ganz oder partiell finanziert. 1919 übernahm sie eine zusätzliche Stiftung von 750000 Mark, die der Chemiker Emil Fischer zur Förderung junger Chemiker vorgesehen hatte; das hierfür eingesetzte Kuratorium und die physikalisch-mathematische Klasse haben die ersten Zinssummen — dem Wunsche Emil Fischers gemäß — für die Förderung ehemaliger junger Mitarbeiter seines Instituts bestimmt.[59] Kurze Zeit nur blieben die Zinsen aus dem zuvor erwähnten, 1920 verfügbar gewordenen Stiftungskapital des verstorbenen Berliner Amtsgerichtsrates Paul Rieß in diesen Jahren der Inflation verfügbar. Ähnlich verhielt es sich mit der „Hippokrates-Stiftung" eines anonym gebliebenen Berliner Großkaufmanns, der 150000 Mark zur Mitfinanzierung der

[58] Angegeben nach ebda. Es folgten: Die Dr. Carl-Güttler-Stiftung mit 54400, Die Steinersche und die Bopp-Stiftung mit je rd. 49000, die Graf-Loubat-Stiftung mit 38000, die Stiftung der kirchen- und religionsgeschichtlichen Studien im Rahmen der römischen Kaiserzeit mit rd. 24000, die Stiftung zur Förderung der Sinologie mit 15000, die Hermann-Vogel-Stiftung mit rd. 18000 und schließlich der Fonds der Bradley-Medaille mit 2000 Mark. Für eine der großen Stiftungen, die 1859 gebildete Humboldt-Stiftung für Naturforschung und Reisen, liegen Angaben für 1913 und 1932 vor: Das Kapital betrug hier 1913 238900 RM, 1932 118375 RM (AAW II: XIIIc, Bd. 8, Bl. 33). Für wertvolle Hinweise zu den Stiftungen und wissenschaftlichen Unternehmungen sowie zur Stellung der Akademie dankt der Verf. Herrn Dr. R. Klar vom wiss. Sekretariat des Präsidenten der AdW der DDR.

[59] Vgl. hierzu das Protokoll der Plenarsitzung v. 31. 7. 1919. In: AAW II: Va, Bd. 96. Ein Auszug aus dem Testament Fischers findet sich in ZStAM, Rep. 76 Vc Tit. 23 Litt. F. Nr. 54, Bl. 3. Statut der Fischer-Stiftung: Abhdl., Phys.-math. Kl., Jg. 1919, S. XVII f. Vergabe der ersten Zinssummen an M. Bergmann (KWI für Faserstofforschung), Helferich (1. chem. Institut Univ. Berlin) — je 8000.— und Scheibler (organ.-chem. Labor TH Bln.) in: Abhdl., Phys.-math. Kl., Jg. 1921, S. XVII.

Hippokrates-Ausgabe gestiftet hatte, die im Rahmen des Corpus Medicorum Graecorum vorgesehen war.[60] Die Zinsen der Julius-Rodenberg- und der Wilhelm-Tschorn-Stiftung, die der Akademie erst 1923 — im Jahre des Höhepunktes der Inflation — vermacht worden waren, wurden faktisch kaum wirksam.[61]

Für die Verteilung der Finanzmittel blieben der Geldverwendungsausschuß der Gesamtakademie und — seit langem mit steigender Bedeutung — die Geldverwendungsausschüsse der beiden Klassen zuständig.[62] Immer deutlicher zeigte sich, daß die staatlichen Etatmittel auch im Rahmen der relativ begrenzten wissenschaftlichen Arbeiten an der Akademie infolge der fortschreitenden Inflation völlig unzureichend waren, während die Stiftungskapitalien zunehmend verfielen. Hier entwickelte sich eine Gesamtsituation, an der z. B. eine Ergänzungsbewilligung von 350000 Mark im Dezember 1920 nur wenig ändern konnte.[63] Am 28. Dezember 1922 verwies die Akademie gegenüber dem preußischen Kultusministerium auf die „ganz ungeheure Steigerung" der Druckkosten in den letzten Monaten, die ohne Etatüberschreitungen zur sofortigen Einstellung des Druckes der Sitzungsberichte und Abhandlungen nötigen würde. Der Schriftenaustausch mit anderen gelehrten Gesellschaften, besonders des Auslandes, würde fortfallen. „Damit würde die deutsche Wissenschaft einen Schaden erleiden, dessen katastrophale Wirkung nicht verkannt werden darf."[64] Die Etatüberschreitung wurde daraufhin zwar genehmigt; aber am 1. Juni 1923 erklärte die Akademie, daß sie infolge des Währungsverfalls jene Unternehmungen nicht mehr finanzieren könnte, die bisher allein aus Stiftungsmitteln unterhalten wurden.[65] Am 19. Oktober 1923 hieß es zusammenfassend an das Kultusministerium: „Daß die Geldbeträge, welche das Ministerium in voller Würdigung der Umstände im Laufe der letzten Wochen und Monate für die Fortführung der verschiedenen wissenschaftlichen Unternehmungen der Akademie bewilligt hat, völlig unzureichend sind, bedarf angesichts der inzwischen eingetretenen Geldentwertung

---

[60] Statut der Paul-Rieß-Stiftung: Abhdl., Phys.-math. Kl., Jg. 1919, S. XVII f. Statut der Hippokrates-Stiftung: Abhdl., Phys.-math. Kl. Jg. 1921, S. XVIII. Als kleinere Stiftung dieser Zeit sei etwa die jetzt erst wirksam gewordene des 1880 verstorbenen Mitherausgebers des Jahrbuches für die Fortschritte der Mathematik, Max Henoch, erwähnt; das Kapital betrug 20000.—, die Zinsen sollten für die Fortführung dieses Jahrbuches verwandt werden. (Statut: Abhdl., Phys.-math. Kl. Jg 1920, S. XVII).

[61] Die Julius-Rodenberg-Stiftung sollte mit 750000.— RM den Forschungen Burdachs, mit 250000.— RM weiteren Arbeiten zur dt. Sprach- und Literaturgeschichte zukommen. (Statut Sb., Jg. 1923, S. 33 — Gesamtsitzung v. 8. 2. 1923). Die von W. Tschorn am 17. 1. 1923 bei der Akademie errichtete Stiftung umfaßte 1,5 Mill. RM und war allgemein für die wiss. Arbeiten der Akademie gedacht. (Statut ebda., S. 91 — Gesamtsitzung v. 26. 4. 1923). Ohne Rodenberg- und Tschorn-Stiftung offenbar betrug das Stiftungskapital schließlich rd. 5 Mill. RM (AAW II: Ia, Bd. 12).

[62] Auf die seit den Statuten von 1881 immer mehr steigende Bedeutung der Geldverwendungsausschüsse der Klassen wird in AAW II: XIIc, Bd. 23, Bl. 27 verwiesen.

[63] Vgl. ebda., Bl. 199 (Sitzungsprotokoll der phil.-hist. Kl. v. 2. 12. 1920); ebda., Bl. 202 (Protokoll des Gesamtgeldverwendungsausschusses v. 9. 12. 1920).

[64] AAW II: XII c, Bd. 24, Bl. 142.

[65] Vgl. AAW II: XIIc, Bd. 25, Bl. 60.

kaum einer besonderen Begründung. Die Berechnungen, welche den Anträgen der Akademie zu Grunde lagen, und bei denen sie durchweg von dem Bestreben nach äußerster Sparsamkeit geleitet gewesen ist, liegen so weit zurück, daß die erbetenen Beträge angesichts der gegenwärtigen Preisbildung geradezu zu nichts zusammen gesunken sind."[66]

In den Festansprachen der Vorsitzenden Sekretare, so etwa in den Ansprachen von Max Planck und Hermann Diels zu den Leibniztagen der Jahre 1919 und 1920 oder in der Ansprache Max Rubners in der Plenarsitzung am Leibniztag von 1921, finden sich die öffentlichen Hinweise auf die steigende Finanzkrise der bürgerlichen deutschen Wissenschaft und der Akademie. Daß es sich hier letztlich um Konsequenzen imperialistischer Widersprüche handelte, wurde an der Akademie nicht erkannt. Hermann Diels verwies am 1. Juli 1920 auf die Verantwortung des bürgerlichen Staates für die Aufrechterhaltung der Forschung: „Die Regierung ist verpflichtet, dem Huhn, das die goldenen Eier legen soll, das Futter nicht vorzuenthalten . . ."[67] Max Rubner forderte 1921 die Überwindung des „materiellen Tiefstandes" der Gelehrten und kritisierte „die Unterschätzung der geistigen Arbeit", die auf allen möglichen Gebieten zu verzeichnen sei und sich auch darin zeigen würde, „daß die wissenschaftlichen Publikationen auf dem Arbeitsmarkt ganz außer Kurs" stünden.[68]

Die Auswirkungen des Währungsverfalls auf die akademischen Unternehmen werden an entsprechender Stelle behandelt. Insgesamt hatte sich auch für die Akademie bis 1923 eine Finanzkrise großen Ausmaßes entwickelt. Unter den gegebenen gesellschaftlichen Bedingungen ermöglichten Beihilfen deutscher, aber auch amerikanischer Finanzkreise die Weiterführung verschiedener Forschungen. Dies verstärkte den Einfluß des Kapitals in gewissem Maße auch an der Akademie, was 1921 in der Wahl Carl Duisbergs zum Korrespondierenden Akademiemitglied seinen besonderen Ausdruck fand. Der allgemein wachsende Kapitaleinfluß in der Wissenschaft fand unter den Gelehrten manchmal ein besorgtes Echo. Dies konnte dann in der Forderung nach der Konzentration auf die „reine Wissenschaft" seinen Ausdruck finden.[69] Selbst der Jurist Ernst Heymann sprach unter dem Eindruck von Schwierigkeiten mit dem Verleger de Gruyter gelegentlich von der „Herrschsucht der Trustmagnaten, die dem wissenschaftlichen Buchhandel sehr gefährlich werden können."[70]

Zu gleicher Zeit wirkten sich die imperialistischen Widersprüche zwischen den Siegermächten des ersten Weltkrieges und dem bürgerlichen Deutschland auf die deutsche Wissenschaft und auf die Stellung der Akademie in der Forschungs-

---

[66] Ebda., Bl. 40; ZStA Merseburg, Rep. 76 Vc Sekt. 2 Tit. 23 Litt. F Nr. 17, Bl. 258f.

[67] Sb., Jg. 1920, S. 683.

[68] Sb., Jg. 1921, S. 478.

[69] Zu den Vorstellungen über die „reine Wissenschaft" vgl. auch G. Wendel, Die Kaiser-Wilhelm-Gesellschaft 1911—1914. Zur Anatomie einer imperialistischen Forschungsgesellschaft. Studien zur Geschichte der Akademie der Wissenschaften der DDR. Bd. 4. Hrsg. im Auftrag des Präsidenten der Akademie der Wissenschaften der DDR von Heinrich Scheel, Berlin 1975. S. 40ff.

[70] Zit. nach AAW II: VII, Bd. 1, H. 12.

politik aus. Der Weltkrieg hatte zur Zerschlagung der internationalen Wissenschaftszusammenarbeit geführt, wobei sich — wider die bessere Einsicht Max Plancks und anderer — deutsche Gelehrte aktiv beteiligt hatten. Zerschlagen waren damit die internationale Assoziation der Akademien und die internationalen wissenschaftlichen Fachverbände. Die damals maßgebenden Kreise der Siegermächte suchten ihre internationale wissenschaftspolitische Stellung im Rahmen des imperialistischen Versailler Systems auszubauen. Dabei ging es zunächst um die Durchführung eines Wissenschaftsboykotts, mit der der Konkurrent, das imperialistische Deutschland, weiterhin wissenschaftlich isoliert und sein Wiedererstarken auch auf diesem Wege erschwert werden sollte. Dies war ein wesentlicher, die Schärfe und Relevanz der imperialistischen Gegensätze jener Zeit reflektierender Aspekt der wissenschaftspolitischen Konzeption, die im Oktober und November 1918 auf den beiden Konferenzen von Wissenschaftlern der Siegerstaaten in London und Paris vorgetragen und in den Beschlüssen der Brüsseler Tagung vom 18. bis 28. Juli 1919 bestätigt wurde.[71] Daraufhin wurden der Conseil International des Recherches (International Research Council/IRC) für die Naturwissenschaften und die Union Académique Internationale (UAI) für die Geisteswissenschaften mit dem Sitz in Brüssel gebildet; schrittweise entstanden Fachunionen auf verschiedenen Gebieten. Außerhalb dieser neu entstandenen, zunächst einseitig orientierten internationalen Wissenschaftsorganisationen stand die Wissenschaft in der jungen Sowjetunion, die sich unter schweren Anfangsbedingungen entwickeln mußte. Für das imperialistische Deutschland und seine ehemaligen Verbündeten führte der Boykott zum Ausschluß der Fachverbände und der Gelehrten aus den internationalen Organisationen, Kommissionen und Kongressen, zum Boykott deutscher Zeitschriften und Referateorgane und zur Begründung neuer im Ausland, zur Verlegung von Geschäftsstellen und Institutionen in andere Staaten.[72]

Die konsequente Durchführung der in Paris, London und Brüssel 1918/19 gefaßten Boykottbeschlüsse entsprach den Festlegungen des Versailler imperialistischen Friedensvertrages. Sie widersprach dringenden wissenschaftlichen Bedürfnissen; sie lag weder im allseitigen und gemeinsamen Interesse noch in der Macht der Versailler Siegermächte. Es war charakteristisch, daß Kreise des amerikanischen Kapitals, denen es auch hierbei um die Aufrechterhaltung grundlegender Machtpositionen des deutschen Imperialismus als Bollwerk gegen Sowjetrußland zu tun war, seit Anfang der zwanziger Jahre Verbindungen zu wissenschaftlichen Einrichtungen in Deutschland aufnahmen und finanzielle

---

[71] Vgl. hierzu: B. Schröder-Gudehus, Deutsche Wissenschaft und internationale Zusammenarbeit 1914—1928. Ein Beitrag zum Studium kultureller Beziehungen in politischen Krisenzeiten. Université de Genève, Institut universitaire de hautes Etudes internationales, Thèse No 172, Genève 1966, S. 90ff. Zum folgenden auch E. D. Lebedkina, Meždunarodnyj sovet naučnych sojuzov i Akademija nauk SSSR, Moskau 1974, S. 81ff.

[72] Die Formen des Boykotts werden in einer Denkschrift Karl Kerkhofs von der Reichszentrale für naturwissenschaftliche Berichterstattung aufgeführt, der in dieser Aufzählung gefolgt wird. Text in ZStA Potsdam, RMdI, Nr. 9004, Bl. 161.

Unterstützungen gewährten. Zudem stellten die Widersprüche zwischen den Siegerstaaten die Durchführung des Boykotts zunehmend in Frage.

Die herrschenden Kräfte in Deutschland bedienten sich der Boykottmaßnahmen, um nationalistische Stimmungen zu schüren. Die unmittelbaren Folgen der Inflation und des Boykotts waren jedoch ernst. Die bürgerliche deutsche Wissenschaftspolitik orientierte sich zunächst auf die Eindämmung materieller Krisenfolgen und auf den Kampf gegen die Boykottpolitik, ohne weitergefaßte wissenschaftspolitische Vorstellungen aus den Augen zu verlieren.

Die deutsche Großbourgeoisie konzentrierte ihre eigenen Kräfte und Mittel vor allem auf die Festigung und den Ausbau konzerneigener Forschungslaboratorien. Sie sicherte ihre Positionen in der Kaiser-Wilhelm-Gesellschaft und in anderen Forschungseinrichtungen. Durch den Aufbau von Förderungsorganisationen nach dem Muster der unter Führung Duisbergs gebildeten „Gesellschaft von Freunden und Förderern der Universität Bonn“[73], durch die finanzielle Unterstützung von Instituten, Forschern oder Forschungsvorhaben sowie durch Vertragsbindungen von Naturwissenschaftlern und Technikern sicherte sie die Wahrung ihrer Forschungsinteressen an den Technischen Hochschulen, in den naturwissenschaftlich-technischen Instituten der Universitäten und Hochschulen und anderen Einrichtungen.[74] In Carl Duisberg hat sich die Führungsstellung der Monopole im allgemeinen und des Chemiekapitals im besonderen in der bürgerlichen Wissenschaftspolitik und Forschungsorganisation fortan geradezu personifiziert. Dies galt zunächst im unmittelbaren Bereich der chemischen Forschung: „Es gab so gut wie keinen chemischen Lehrstuhl in Deutschland und kein chemisches Institut, bei dem er nicht seine Hand im Spiel gehabt hätte. Er war allen Universitätsreferenten (d. h. den zuständigen Beamten in den Kultusministerien der Länder, d. Verf.) unentbehrlich bei der Schaffung von Mitteln für wissenschaftliche Institute, daher einflußreich auch in Berufungsfragen ...“, schrieb Friedrich Glum, der als langjähriger Generalsekretär bzw. Generaldirektor der Kaiser-Wilhelm-Gesellschaft über intimste Kenntnisse der Rolle des Großkapitals in der bürgerlichen Wissenschaft verfügte.[75] Duisberg wird hier nur als exponiertes Beispiel für die intensiven Bemühungen des Kapitals um die Beherrschung der Wissenschaft genannt. Diese Bemühungen richteten sich auf die staatsmonopolistische Ausgestaltung jenes Gefüges von Institutionen, Gremien und Organisationen, über das die Forschung in Deutschland gelenkt wurde.

---

[73] Vgl. z. B. die aufschlußreichen Begrüßungsreden auf der 1. bis 5. Hauptversammlung der „Gesellschaft von Freunden und Förderern der Universität Bonn“ am 6. 7. 1918, 2. 8. 1919, 18. 12. 1920, 23. 7. 1921, 22. 7. 1922. In: Abhandlungen, Vorträge und Reden aus den Jahren 1882—1921 von Carl Duisberg, a. a. O., S. 912ff.

[74] Vgl. H. Etzold, Monopol und Wissenschaft. Der Einfluß der Chemiemonopole auf die naturwissenschaftlich-technische Lehre und Forschung in Deutschland in der ersten Phase der allgemeinen Krise des Kapitalismus (1918—1932), sc. phil. Diss. Dresden 1970, S. 157ff.

[75] F. Glum, Zwischen Wissenschaft, Wirtschaft und Politik. Erlebtes und Erdachtes in vier Reichen, Bonn 1964, S. 269f.

Auf der Ebene des bürgerlichen Staates waren die Reichsbehörden – vor allem das Reichsinnenministerium mit der hier zuständigen Abteilung III für „Bildung und Schule" – neben der preußischen Regierung und ihrem Ministerium für Wissenschaft, Kunst und Volksbildung und den entsprechenden Kulturinstanzen der anderen Länder aktiver als zuvor in die Wissenschaftspolitik und Forschungsorganisation der herrschenden Klasse eingeschaltet.

Die Akademien, an deren Struktur und Arbeitsweise sich nach 1918 nichts geändert hatte, standen nicht im Vordergrund des wissenschaftspolitischen Interesses des Großkapitals. Ihre Aufgabe wurde auch jetzt „in der Pflege und Förderung eigener und fremder Forschung mit den einer Akademie eigenen", d. h. begrenzten Mitteln gesehen.[76] Die Berliner Akademie blieb eine Gelehrtenvereinigung, deren Hauptaufgaben im Vortrag, in der Erörterung und vor allem in der Publikation von Forschungsergebnissen, in der Unterstützung einzelner Forschungsarbeiten sowie in der Organisation und Durchführung von Gemeinschaftsunternehmen bestanden.

Nach der Vorstellung führender Gelehrter wie Max Planck war der Akademie eine Aufgabe im Ringen um die Einheit der Wissenschaft gestellt. Die Akademie sollte über die immer stärker auseinanderstrebende Spezialforschung hinweg zur wissenschaftlichen Integration beitragen. Aber unter den gegebenen gesellschaftlichen Bedingungen vermochte sie nur in engen Grenzen „den Zusammenschluß der einzelnen Wissenschaften in gemeinschaftlicher Arbeit zu fördern", wie Max Planck in seinem Nachruf auf Heinrich Rubens 1923 gefordert hatte.[77] Die Mitgliedschaft von Gelehrten wie Albert Einstein, Max Planck, Max von Laue und – später – Erwin Schrödinger führte dazu, daß wesentliche Erkenntnisfortschritte vor allem in der theoretischen Physik und ihren Grenz- und Nachbargebieten vor der Akademie vorgetragen und in ihren Sitzungsberichten oder Abhandlungen veröffentlicht wurden. In unterschiedlichem Maße galt dies auch für andere Bereiche vor allem der Naturwissenschaften. Die Beibehaltung alter Schwerpunkte bürgerlicher Wissenschaft in den akademischen Gemeinschaftsunternehmen engte die wissenschaftliche Stellung der Akademie indessen zusätzlich ein. Damit wurde deutlich, daß die Traditionen bürgerlicher Wissenschaftspflege aus dem 19. Jahrhundert die wissenschaftliche Schwerpunktbildung an der Akademie trotz mancher Modifikationen zu einseitig und im Widerspruch zu den Bedürfnissen der Praxis bestimmten.

---

[76] W. Oberhummer, Die Akademien der Wissenschaften. In: W. Schuder (Hrsg.), Universitas Litterarum. Handbuch der Wissenschaftskunde, (West-)Berlin 1955, S. 702. Die dort folgende Darlegung der Wege akademischer Wissenschaftsförderung beschränkt sich auf die Akademien kapitalistischer Staaten, für die sie Kontinuitäten bis in die neueste Zeit verdeutlicht.

[77] Gedächtnisrede Plancks auf Rubens v. 28. 6. 1923. Zit. nach: Max Planck in seinen Akademieansprachen, Berlin 1948, S. 73. Vgl. zu Planck auch W. Schlicker, Zu Max Plancks Bedeutung für die Leitung der Wissenschaft und Organisation der Forschung. Unter besonderer Berücksichtigung seines Wirkens in der Weimarer Republik. In: Jahrbuch für Wirtschaftsgeschichte II/1975, S. 161 ff.

Einen spezifischen Ausdruck fand dieser Widerspruch im Hinblick auf den Erkenntnisfortschritt in den praxisverbundenen Bereichen der Naturwissenschaft und der Technik. Die Akademie verstand sich als Repräsentantin „reiner" Wissenschaft und wollte damit ihre Orientierung auf die Grundlagenforschung betonen. Hiervon ausgehend, wies sie am 24. Januar 1922 den Vorschlag zurück, ihren eigenen Wirkungskreis durch die Angliederung einer dritten, „technischen" Klasse zu erweitern.[78] Dieser Vorschlag war bereits am 24. Oktober 1919 für eine Vertreterversammlung der Hochbauabteilungen der Technischen Hochschulen in Preußen formuliert und durch den Rektor der TH Berlin als Eingabe an das Preußische Kultusministerium gereicht worden.[79] Bisher sei, so hieß es hier, die Wahl in die Akademie auf jenen Kreis technischer Wissenschaftler beschränkt gewesen, der für die Wahl in die physikalisch-mathematische Klasse in Frage kam. Infolgedessen sei nur eine so geringe Zahl von Technikern gewählt worden, daß die wissenschaftliche Leistung der Technischen Hochschulen in der Zusammensetzung der Akademie keine gerechte Berücksichtigung fände. Es bestünde ein dringendes Bedürfnis der ordentlichen Professoren an den Technischen Hochschulen, in die Akademie einbezogen zu werden. Dies bedeute zwar eine Umstrukturierung; die hierfür notwendigen Geldmittel würden sich jedoch bei dem großen Interesse an der Technik „durch große Stiftungen von privaten und industriellen Seiten ohne neue Belastung der Staatskasse von selbst einstellen."

Die Akademie hat offenbar erst auf eine zweite, analoge Eingabe des Reichsbundes Deutscher Technik vom 21. November 1921 mit ihrem Gutachten geantwortet.[80] Dabei setzte sie, indem sie von sich aus auf die traditionelle, in der Folgezeit jedoch seltener angewandte Form des Gutachtens zurückgriff, auch in Rechnung, daß der 1918 gegründete Reichsbund Deutscher Technik e.V. über eine gewisse Resonanz unter Technikern verfügte.[81] Die Eingabe des Reichsbundes ging von der These aus, daß „die Einordnung der Technik unter ihre Mutterwissenschaften . . . nicht mehr . . . den tatsächlichen Verhältnissen . . . und der Bedeutung der Technik im Leben des Volkes" entspräche. Die Technik sei mehr geworden „als eine Anwendung anderer Wissenschaften", sie habe „ihren eigenen Gedankeninhalt, ihre eigenen Ziele, welche auf einer Verkettung der naturwissenschaftlichen Erkenntnis mit wirtschaftlichen und sozialen Gesichtspunkten beruhen". Sie wirke bei allen „Großtaten menschlichen Geistes, bald als Dienerin, bald als Gehilfin, bald Meisterin und Herrin" mit, und sie sei in Deutschland im Begriff, den ihr für die wirtschaftliche Rekonsolidierung zugeschriebenen Erwartungen zu entsprechen. Die Akademie würde in ihrer gege-

---

[78] Vgl. den Text des Gutachtens in ZStA Merseburg, Rep. 76 Vc Sekt. 2 Tit. XXIII Litt. F Nr. 1, Bd. XII, Bl. 250 ff.

[79] Vgl. den Text dieser auf den Rektor der TH Berlin zurückgehenden und mit Unterstützung der Hochbauabteilungen der Technischen Hochschulen Preußens von ihm an das Ministerium gereichten Eingabe in ebda., Bl. 68.

[80] Diese Eingabe ist der in Anm. 78 angeführten gutachtlichen Stellungnahme der Akademie beigefügt. Vgl. ebda., Bl. 253ff.

benen Struktur den Bedürfnissen der Technik nicht gerecht. Für das Bauwesen, so hieß es in dieser zweiten Eingabe, bestünde bereits eine eigene Akademie, die jedoch nur begrenzt ausbaufähig sei. Für Vertreter der anderen Zweige der Technik — die sich nicht nur auf der Mechanik, sondern auch auf der Lehre von der Wärme, von der Elektrizität, vom Licht und auf anderen physikalischen, aber auch auf mathematischen, chemischen, biologischen und mineralogischen Erkenntnissen und auf der strengen Naturwissenschaft überhaupt aufbaue — sei die Aufnahme in die Akademie erforderlich: Aufgezählt wurden 11 Zweige der Technik, die in der Akademie vertreten sein sollten.[82]

Die Akademie erwiderte auf diesen Vorschlag, daß sie die Bedeutung der Technik stets anerkannt habe, was an deren Verhältnis zur „reinen" Wissenschaft jedoch nichts ändere. „Dieses Verhältnis kann der Natur der Sache nach immer nur darin bestehen, daß die Ergebnisse und Lehren der Mathematik und der Naturwissenschaften zur Befriedigung bestimmter Bedürfnisse des täglichen Lebens eine zweckentsprechende Anwendung finden." Auch der Reichsbund würde diese Definition der Technik nicht in Frage stellen. Er erweitere den Bereich der Technik jedoch über Gebühr, indem er ihm schlechthin jede Anwendung von Mathematik und Naturwissenschaft zuordne. Die Verwertung wissenschaftlicher Erfahrungen und Lehrsätze zu praktischen Zwecken sei sehr wohl eine schöpferische Leistung, falle aber nicht in das Gebiet der wissenschaftlichen Tätigkeit. Die Akademie habe allein wissenschaftliche Leistungen durch ihre Mitgliedschaft gewürdigt. Sie habe seit Werner von Siemens Techniker zu ihren Mitgliedern gewählt, wenn sie als Forscher wissenschaftliche Erkenntnisse erarbeiteten. Ihrem wissenschaftlichen Selbstverständnis würde jedoch widersprochen und ihre Struktur wäre sehr bald über Gebühr erweitert, „wenn die Lehren von der praktischen Anwendung der Natur- und Geisteswissenschaft in den Wirkungskreis der Akademie mit einbezogen würden, mit deren Aufgaben sie teils nur in lockerem äußerlichem Zusammenhang, teils sogar in unlöslichem inneren Widerspruch stünden ..." Das Zusammenwirken der mathematisch-naturwissenschaftlichen und der geisteswissenschaftlichen Klasse der Akademie sei durch „die Gemeinschaft und Einheit des Strebens nach der reinen wissenschaftlichen Erkenntnis" ermöglicht worden. Zwischen einer technischen Klasse und den Geisteswissenschaften gäbe es so gut wie gar keine Einheit; mit der Klasse würde ein Fremdkörper eingefügt, der die bisherige Einheitlichkeit der Arbeit sprenge. Aus dem Verzicht auf die praktische Zweckbindung

[81] Der Einfluß des „Reichsbundes" war mit Organisationen wie dem Verein Deutscher Ingenieure (VDI) nicht vergleichbar; ihm waren jedoch 24 Hauptverbände im ganzen Reich angeschlossen; am 1.10.1919 umfaßte er 292450 zahlende Mitglieder; gegen Ende der Weimarer Zeit gehörten ihm noch nahezu 100000 Mitglieder an.

[82] Aufgeführt wurden: Hochbau; Straßen-, Brücken- und Wasserbau; Eisenbahnbau; Kraftmaschinenbau; Arbeitsmaschinenbau; Stark- und Schwachstromelektrotechnik; Schiffbau; Luftschiffahrt; anorganische Chemie, Farbstoffe, medizinische Präparate; Keramik; Bergbau; Apparatebau, Feinmechanik, insbes. opt. Instrumente, Thermometer u. ä.; landwirtschaftl. Technik; Rechtsverhältnisse der Technik: Gebiete also, die ausgesprochen stark praktisch-technische Orientierung bedeutenten.

und der Orientierung auf die reine Wissenschaft, aus der „Unabhängigkeit ihres idealen Wirkens von den Faktoren unseres staatlichen und öffentlichen Lebens", ergäbe sich, wie Adolf von Harnack als Geschichtsschreiber der Akademie betont hätte, das Wesen, aber auch die Bedeutung der Akademie als höchste wissenschaftliche Körperschaft. Die Akademie erhoffe den Verzicht auf strukturelle Erweiterungen, die ihre Wirksamkeit lähmen würden, hieß es abschließend in dem von den vier Sekretaren Heinrich Lüders, Gustav Roethe, Max Planck und Max Rubner unterzeichneten Schreiben.

Die Akademie hat auch in diesen Jahren Wert darauf gelegt, auf ihren Festsitzungen vor allem im Juli wissenschaftspolitische Stellungnahmen in die historische Kontinuität seit dem Wirken ihres Gründers Gottfried Wilhelm Leibniz einzuordnen. Die Leibnizsche Forderung, theoriam cum praxi zu verbinden — die von der Akademie nach 1945 unter den neuen Bedingungen der antifaschistisch-demokratischen Ordnung und des Sozialismus zu einem ihrer Leitsätze erhoben wurde — fand auch dem Sinne nach in den Festansprachen während der hier zu behandelnden zwanziger und beginnenden dreißiger Jahre relativ selten Beachtung. Aber Leibniz' Forderung gab nunmehr faktisch die Orientierung auf die immer engere Verflechtung von Wissenschaft, Technik und Produktion.

Auf diese Verflechtung wurde in manchen Stellungnahmen führender Akademiemitglieder während der zwanziger Jahre eingegangen. Die Akademie hatte auch für jene Zeit zunächst recht, wenn sie in der Förderung der Grundlagenforschung ihre wesentliche Aufgabe sah, die auch ihre Struktur letztlich bestimmen mußte. Aber ihr wissenschaftliches Selbstverständnis war einseitig. Es ging allein von der Bedeutung mathematisch-naturwissenschaftlicher Forschungsergebnisse für die Technik und die industrielle Praxis aus, während es umgekehrt dem Einfluß der Forderungen der Praxis auf die Forschung nicht gerecht wurde. Es berücksichtigte zu wenig, daß in vielen Bereichen der Technik die Wissenschaft an die Stelle der Empirie getreten war und daß die Überleitung von Forschungsergebnissen in die industrielle Praxis zunehmend zu einer wissenschaftlichen Aufgabe wurde.

Die Forderungen der Technischen Hochschulen und des Reichsbundes Deutscher Technik hatten die Akademie mit komplizierten Problemen des Verhältnisses von Theorie und Praxis, von Grundlagen- und angewandter Forschung und Technologie konfrontiert, die durch die objektive Entwicklung der Produktivkräfte, der Technik und der Wissenschaft aufgeworfen wurden. Die Stellungnahme der Akademie, die hier die Einrichtung einer technischen Klasse abgelehnt hat, darf in ihrer praktischen Bedeutung nicht überschätzt werden: Hier handelte es sich um Fragen, die über den Rahmen der Akademie weit hinausgingen, das kapitalistische Wissenschaftsgefüge als Ganzes betrafen und in ihm nicht gelöst worden sind. Die strukturelle Erweiterung der Akademie, die hier vorgeschlagen wurde, hätte dieses Wissenschaftsgefüge modifiziert. An der Akademie hätte sie unter den gegebenen gesellschaftlichen Bedingungen jedoch den Einfluß des Kapitals verstärkt, da sie nur mit zusätzlichen Finanzmitteln aus Kapitalkreisen realisierbar war: Damit wurden gleichzeitig Besorgnisse von Akademiemitgliedern um die Aufrechterhaltung einer letztlich illusionären „Unabhängigkeit" der Forschung tangiert. Zu der vorgeschlagenen Erweiterung ist es nicht gekommen; die Akademie behielt ihre traditionelle Stellung im bürgerlichen Wissenschaftsgefüge. Ihre Entwicklung zur Forschungsakademie, die objektiven wissenschaftlichen und gesellschaftlichen Bedürfnissen auf neuer Ebene entsprach, blieb der sozialistischen Gesellschaft in der Deutschen Demokratischen Republik vorbehalten.

Führende Gelehrte der Akademie waren damals bemüht, bestimmende Zweige der Naturwissenschaften im Rahmen der bestehenden Akademiestruktur stärker zur Geltung zu bringen. 1921 hat Max Planck einen Antrag zur Aufteilung der 100 Stellen für Korrespondierende Mitglieder der physikalisch-mathematischen Klasse eingebracht: Statt wie bisher 10, sollten in Zukunft 15 dieser Stellen dem Fach Physik vorbehalten sein. Die Physiker an der Akademie empfänden es schon lange als unzulänglich, „daß die Anzahl der Korrespondentenstellen für Physik in gar keinem Verhältnis steht zu der inneren und äußeren Entwicklung, welche die Physik in der neueren Zeit genommen hat und zu der Zahl der Gelehrten, welche für diese Stellen in Frage kommen . . ."[83] Die Akademie wurde Plancks Vorstellung insoweit gerecht, als sie die 15 Stellen der Physik vorbehielt — was im Rahmen des Statuts von 1881 aber nur auf Kosten anderer Disziplinen geschehen konnte. Die Stellenzahl der Korrespondierenden Mitglieder für andere Disziplinen, denen in dieser Zeit ebenfalls eine wachsende Bedeutung zukam, mußte verringert werden, um den berechtigten Forderungen der Physiker zu entsprechen. Auch Versuche, die Grundlagenforschung als zentrales Anliegen stärker zur Geltung zu bringen, kollidierten im Grunde mit der Stellung und Bedeutung der Akademie als einer „reinen Gelehrtengesellschaft alten Typs"[84] in einem Forschungsgefüge, dessen wesentliches Potential im bürgerlichen Deutschland in anderen Institutionen konzentriert war.

Die Mitgliedschaft führender Gelehrter der Berliner Universität und anderer in Berlin gelegener Forschungsinstitutionen blieb ein entscheidendes Aktivum der Berliner Akademie. Ihre wissenschaftliche Bedeutung muß im besonderen aus der engen Bindung an die Universität verstanden werden. „Für die Akademien ist es eine Lebensfrage, daß die Universitäten auf ihren alten Höhepunkten gehalten werden, nicht nur wegen der Gemeinsamkeit wissenschaftlicher Interessen im allgemeinen, sondern vor allem auch deshalb, weil bei der Beschränktheit der Mittel für persönliche (personelle, d. Verf.) Ausgaben die Akademien für die Auswahl ihrer Mitglieder stets in erster Linie auf die Dozenten an den Universitäten, die sich an den Sitzen der Akademien befinden, angewiesen sein werden. Geht der Lehrstuhl für ein Fach verloren, so kann das auch einen schweren Verlust für die Akademie bedeuten", erklärte Heinrich Lüders am 27. Januar

---

[83] Vgl. AAW II: Ia, Bd. 8, Bl. 184.
[84] Diese Kennzeichnung traf Präsident Prof. Dr. H. Klare in der Festsitzung der AdW und der anderen wissenschaftlichen Institutionen der DDR am 3. 10. 1974. (Vgl. Neues Deutschland Nr. 274 v. 4. 10. 1974, S. 3).

1921.[85] Der wissenschaftliche Ruf und die langjährigen wissenschaftspolitischen Erfahrungen führender Gelehrter waren die entscheidende Ursache dafür, daß die Akademie ihren Platz in der bürgerlichen Wissenschaftspolitik und Forschungsorganisation behauptete, ohne selbst in entscheidenden Disziplinen eine Forschungseinrichtung zu sein: Es waren die gleichen Gelehrten, die auch über die Universität, über andere Forschungseinrichtungen sowie über führende Positionen in Verbänden, wissenschaftlichen Kommissionen und Ausschüssen wissenschaftspolitisch und -organisatorisch tätig waren. Die Akademie und ihre Mitglieder waren an vielen wissenschaftspolitischen und -organisatorischen Überlegungen und Auseinandersetzungen während der Jahre der Weimarer Republik beteiligt.

Die Berliner Universität, mit der die Akademie so eng verbunden blieb, behauptete auch in den folgenden Jahren eine führende Stellung unter den nunmehr 23 deutschen Universitäten. Von den 7 Universitätsrektoren der Jahre zwischen 1917 und 1923 gehörten 5 — Albrecht Penck 1917/18, Eduard Meyer 1919/20, Emil Seckel 1920/21, Walther Nernst 1921/22 und Gustav Roethe 1923/24 — der Akademie als Ordentliche Mitglieder an.[86] Im Senat der Universität war die Akademie z. B. 1922 durch den Rektor Walther Nernst, den Prorektor Emil Seckel, die Dekane der theologischen und der philosophischen Fakultät Karl Holl und Erhard Schmidt sowie durch die Senatoren Max Rubner, Heinrich Lüders und Ulrich Wilcken vertreten.[87] Von den jeweils 10 Ordinarien der theologischen und der juristischen Fakultät der Universität waren 2 bzw. 3 zugleich Ordentliche Mitglieder der Akademie. Recht groß war die Diskrepanz in der medizinischen Fakultät, wo nur 4 von 24 Ordinarien, unter denen sich berühmte Vertreter ihrer Disziplinen befanden, zugleich der Akademie angehörten. In der philosophischen Fakultät waren zu jener Zeit noch die natur- und die geisteswissenschaftlichen Disziplinen vereinigt, woraus sich die große Zahl von 76 ordentlichen Professoren erklärt. 40 von ihnen waren bereits in den Jahren bis 1923 Ordentliche Mitglieder der Akademie, 5 weitere wurden in den späteren Jahren der Weimarer Republik hinzugewählt. Albert Einstein, Konrad Burdach, Friedrich Wilhelm Karl Müller und Johannes Dragendorff gehörten der Fakultät als „lesende Mitglieder der Akademie der Wissenschaften" an. Schließlich gab es an dieser Fakultät auch den Ausnahmefall, daß mit dem vergleichenden Turkologen Willy Bang Kaup ein außerordentlicher Professor Korrespondierendes Akademiemitglied war; die Wahl war im Jahre vor seiner Berliner Berufung erfolgt.

[85] Sb., Jg. 1921, S. 108.

[86] Vgl. Die Rektoren der Humboldt-Universität zu Berlin. Hrsg. v. d. Universitätsbibliothek der Humboldt-Universität, Halle 1966, S. 180ff. Als Rektoren amtierten außerdem der Theologe R. Seeberg 1918/19 und der Pharmakologe Heffter im Rektoratsjahr 1922/23.

[87] Vgl. zum folgenden Handbuch über den Preußischen Staat. Hrsg. vom Preuß. Staatsministerium für das Jahr 1922, 128. Jg., Berlin 1922, S. 95ff. Senatsmitglieder der Universität waren außerdem der Jurist Wollenberg als Universitätsrichter, die Dekane der juristischen und der medizinischen Fakultät Kohlrausch und Bonhoeffer sowie die Senatoren F. Cohn (Astronomisches Recheninstitut), Seeberg und R. Schmitt (letzterer war Historiker).

Die Berliner Universität war auch in den Jahren der Weimarer Republik ein Zentrum der Weiterentwicklung verschiedener Wissenschaftsdisziplinen. In der Physik z. B. blieb das von Heinrich Rubens und nach seinem Tode von Max von Laue geleitete Kolloquium ein Ereignis, das an jedem Mittwoch die Berliner Physiker aus den staatlichen Instituten und den Konzernlabors, unter ihnen weltbekannte Gelehrte wie Max Planck, Albert Einstein, Emil Warburg und Ferdinand Kurlbaum neben den Veranstaltern Heinrich Rubens und Max von Laue, vereinigte.[88] In den physikalischen Instituten der Universität wirkten Max Born (1915–1919) und Wilhelm Westphal als außerordentliche Professoren, James Franck (1911–1919), Gustav Hertz und Peter Pringsheim als Privatdozenten. So blieb insbesondere der physikalische Bereich ein Anziehungspunkt der Berliner Universität, was auch der Akademie zugute kam.

Im Vergleich zur Universität kam den Verbindungen der Akademie zur Technischen Hochschule geringere Bedeutung zu. Die Berliner Technische Hochschule war jedoch eine führende Institution technischer Forschung und Lehre; an ihr arbeiteten bekannte Vertreter technischer Disziplinen und entsprechender naturwissenschaftlicher Grundlagengebiete. Zu jener Zeit wirkten hier Fachvertreter wie Alois Riedler — einer der Senioren des Maschinenbaues, der schulebildend gewesen war —, der Maschinenbauer Georg Schlesinger, der Vertreter des Elektromaschinenbaues Max Kloß oder — als Honorarprofessoren — der Chemiker und Erforscher der Benzinsynthese Franz Fischer und sein Fachkollege Carl Harries. Max Volmer war seit 1922 hier Ordinarius für physikalische und Elektrochemie. Mit Heinrich Müller-Breslau war ein langjähriger Ordinarius aus dem Bau-Ingenieurwesen (Abt. II), mit Johannes Stumpf ein Vertreter des Maschinen-Ingenieurwesens (Abt. III) und mit dem Chemiker Karl Andreas Hofmann in der Folge ein Exponent der in der Abteilung V der Technischen Hochschule zusammengefaßten Gebiete Chemie und Hüttenwesen zugleich Ordentliches Mitglied der Akademie; in den übrigen vier der insgesamt sieben Abteilungen der TH — es gab hier noch Abteilungen für Architektur, für Schiffs- und Schiffsmaschinenbau, für Bergbau sowie für allgemeine Wissenschaften, insbesondere Mathematik und Naturwissenschaften — war die Akademie nicht vertreten.[89]

Die wissenschaftliche und wissenschaftspolitische Bedeutung der Akademie ergab sich auch aus ihrer personellen Verflechtung mit der Kaiser-Wilhelm-Gesellschaft zur Förderung der Wissenschaften, die von Berlin aus geleitet wurde und deren Institute hier zum größeren Teil konzentriert waren. In dieser großen Wissenschaftsinstitution war ein bedeutendes, vor allem naturwissenschaftlich-technisches Forschungspotential zusammengefaßt. Bereits in ihrer Gründungs- und Frühgeschichte waren tiefgreifende Diskrepanzen zwischen

---

[88] Vgl. zum Physikalischen Kolloquium u. a. A. Deubner, Die Physik an der Berliner Universität von 1910 bis 1960. In: Wissenschaftliche Zeitschrift der Humboldt-Universität zu Berlin. Beiheft zum Jubiläumsjahrgang (IX) 1959/60, S. 85.

[89] Vgl. Handbuch über den Preußischen Staat, a. a. O. S. 107 (zum folgenden S. 108 bis 109).

dem deutschen Finanzkapital, das die Gesellschaft beherrschte, und den Gelehrten, die auf die Erweiterung der Forschungsmöglichkeiten in Deutschland vor allem im Interesse der Grundlagenforschung drängten, in Erscheinung getreten.[90] Unter den gegebenen gesellschaftlichen Bedingungen gaben die Institute der KWG führenden Gelehrten die Möglichkeit, sich auf Forschungsaufgaben ihrer Disziplin zu konzentrieren, wobei sie den von ihnen selbst erkannten wissenschaftlichen Bedürfnissen in sehr unterschiedlichem Maße folgen konnten. Den Monopolen war es darum zu tun, Spitzenkräfte zu gewinnen und zu halten — woraus sich die Orientierung auch jetzt ergab, Institute und Einrichtungen um führende Vertreter verschiedener Wissenschaftsdisziplinen aufzubauen. Zugleich fanden die wachsenden Vergesellschaftungstendenzen in der Forschung darin ihren Ausdruck, daß die herrschenden Kräfte die Institute der KWG in relativ hohem Maße mit Mitarbeitern, Assistenten und technischen Kräften ausstatteten, so daß die KWG in ihren Instituten nicht nur apparativ, sondern auch auf der personellen Ebene großenteils gut ausgestattet war. Das Kapital, das die Forschung in der KWG in seinem Interesse ausrichtete, brauchte den wissenschaftlichen Rat und die Erfahrungen der Gelehrten auch in den leitenden Gremien der Gesellschaft; die Wissenschaftler hatten nur über diese Mitarbeit die Möglichkeit, auf die wissenschaftliche Entwicklung der Institute einzuwirken. Dem Senat der KWG gehörten so z. B. 1922 neben ihrem Präsidenten Adolf von Harnack die Akademiemitglieder Carl Correns, Albert Einstein, Fritz Haber, Walther Nernst und Max Planck an. Über den Senat und den Verwaltungsausschuß, das eigentliche geschäftsführende Gremium, dirigierten führende Monopolvertreter wie Gustav Krupp von Bohlen und Halbach, Franz von Mendelssohn, Eduard Arnhold, Fritz Springorum oder Albert Vögler die Entwicklung der Gesellschaft.[91] Direktoren von Kaiser-Wilhelm-Instituten waren zugleich Mitglieder der Akademie: Dies entsprach den Bestimmungen aus der Gründungszeit. Allerdings sind die entsprechenden Gelehrten — der Physikochemiker Fritz Haber, der Biologe Carl Correns, der Physiologe Max Rubner, der Historiker Paul Kehr und selbstverständlich auch Albert Einstein, der mehr nominell an der Spitze eines Instituts für Physik ohne eigene Forschungsmöglichkeiten und Mitarbeiter stand — wegen ihrer großen, zum Teil überragenden wissenschaftlichen Bedeutung zu Akademiemitgliedern gewählt worden — nicht wegen ihrer Eigenschaft als Direktoren bestimmter Einrichtungen der KWG.

Die Akademie war 1922 z. B. durch Karl Heider im Verwaltungsausschuß des KWI für Biologie, durch Adolf von Harnack und Walther Nernst im Verwaltungs-

---

[90] Vgl. hierzu G. Wendel, Die Kaiser-Wilhelm-Gesellschaft 1911—1914. Zur Anatomie einer imperialistischen Forschungsgesellschaft a. a. O. (passim). Herrn Dr. Wendel wird für Hinweise gedankt.

[91] Vgl. Kaiser-Wilhelm-Gesellschaft zur Förderung der Wissenschaften, Bericht, erstattet vom Präsidenten, Oktober 1922 bis Dezember 1923. In: ZStA Potsdam, Reichstag, Nr. 2551, Bl. 20ff. (hier Bl. 29).

rat des KWI für Chemie[92], durch Walther Nernst im Verwaltungsausschuß des KWI für Metallforschung, durch Fritz Haber und Adolf von Harnack im Kuratorium des schlesischen Fritz-von-Friedlaender-Fuld-Kohlenforschungsinstituts sowie durch Dietrich Schäfer im Verwaltungsausschuß des Instituts für Deutsche Geschichte vertreten. Die Leitungsgremien waren auch in diesen Einrichtungen nach dem Vorbild kapitalistischer Aufsichtsräte aufgebaut und geführt.[93]

Das Verhältnis zwischen KWG und Akademie blieb trotz der vielfachen Verflechtungen ein Grundproblem der Akademieentwicklung. Die KWG, die 1922 z. B. aus 18 Instituten unterschiedlicher Größe und Bedeutung bestand[94], umfaßte insgesamt einen wesentlichen Teil jenes naturwissenschaftlich-technischen Forschungspotentials, das der Akademie fehlte. Hier wirkten als Leiter oder führende Mitglieder der Institute z. B. die Biologen Carl Correns, Richard Goldschmidt und Max Hartmann, der Bakteriologe August von Wassermann, der Physiologe Max Rubner, die Hirnforscher Oskar und Cecile Vogt, der Physiologe Otto Warburg, der Biochemiker Carl Neuberg, die Chemiker, Physiko- bzw. Radiochemiker Alfred Stock, Kurt Heß, Fritz Haber und Otto Hahn, die Radiophysikerin Lise Meitner, der Strömungsforscher Ludwig Prandtl und andere bekannte Wissenschaftler.

Die herrschenden Kräfte hatten die Kaiser-Wilhelm-Institute über Nachkriegsschwierigkeiten hinweggebracht und unvermeidliche Umstellungen von der militärischen Forschung und Entwicklung der Kriegsjahre auf die Anforderungen der Nachkriegsjahre an den entsprechenden Stellen vorgenommen. Das Monopolkapital bemühte sich vor allem um den Ausbau und die Neueinrichtung von Instituten mit angewandten, unmittelbarer profitablen Forschungen. Dies galt für die von der Kohlenindustrie finanzierten Kohlenforschungsinstitute in Mülheim und Breslau, für die ähnlich finanzierten Institute für Eisenforschung, Metallforschung und Faserstoffchemie[95]: Diesen mit der chemisch-

---

[92] Vgl. ebda. Mitglied des Verwaltungsausschusses des von Rubner geleiteten KWI für Arbeitsphysiologie war u. a. A. von Harnack; dem Verwaltungsrat des gleichen Instituts gehörte außer von Harnack nach R. Fick an. Zuvor hatten die Akademiemitglieder E. Fischer und W. Nernst z. B. dem Verwaltungsausschuß des KWI für Chemie angehört, der auch hier außer dem Verwaltungsrat bestand. Auf Anforderung des Ausschusses benannte die Akademie E. Beckmann 1920 für den inzwischen verstorbenen E. Fischer hier als ihren Vertreter. (Vgl. AAW II: XIII gg, Bd. 1, Bl. 068, 070).

[93] Vgl. G. Wendel, a. a. O., S. 103ff., S. 107.

[94] U. a. KWI für Biologie, experimentelle Therapie, Hirnforschung, Arbeitsphysiologie, Chemie, physikalische und Elektrochemie, Physik, die Aerodynamische Versuchsanstalt Göttingen. (vgl. u. a.: Handbuch über den Preußischen Staat, a. a. O., S. 94f.)

Leiter des Gründungsausschusses und nachher des Verwaltungsausschusses des KWI für Metallforschung war A. Merton (Frankfurter Metallgesellschaft). Entscheidend für die schon 1917 erfolgte Gründung des KWI für Eisenforschung war die Initiative Albert Böglers. Finanzieller Hauptträger war der Verein Deutscher Eisenhüttenleute, Springorum war Vorsitzender, Vögler Schatzmeister dieses Instituts. (Zur Vorgeschichte dieser Gründung: F. Wever, Aus der Geschichte des Max-Planck-Instituts für Eisenforschung. In: B. Rajewski/G. Schreiber (Hrsg.). Aus der deutschen Forschung der letzten Dezennien, Stuttgart 1956, S. 305).

biologischen Erforschung und technischen Erprobung industriell wichtiger Rohstoffe befaßten Instituten garantiere die KWG „den streng wissenschaftlichen Charakter und das wissenschaftliche Ansehen."[96] Das Chemiekapital, das das Kaiser-Wilhelm-Institut für Chemie z. B. vor unmittelbar bedrohlichen Inflationsfolgen im ureigenen Interesse bewahren half[97], richtete auch in solchen Instituten in den Jahren der von ihm selbst heraufbeschworenen und hochgetriebenen Inflation ein Sparsamkeitsregime ein, das empfindliche Einschränkungen in den äußeren Bedingungen der Forschungsarbeit mit sich brachte. 1920 wurde eine Finanzkrise der KWG zum Anlaß für eine finanzierungspolitische Neuorientierung, mit der der staatsmonopolistische Charakter der Gesellschaft weiterhin gestärkt wurde. Das Kapital überließ die Primärfinanzierung der Kaiser-Wilhelm-Institute vor allem in den Bereichen der Grundlagenforschung — der es gleichfalls große Bedeutung beimaß — dem Staate; die Finanzierung des KWI für Chemie und vor allem die der erwähnten Institute angewandter Forschung behielt es stärker selbst in der Hand, wobei es sich auch hier um den Einsatz staatlicher Mittel bemühte. Als Präsident setzte sich Adolf von Harnack am 20. Mai 1920 gegenüber dem Reichsministerium des Innern für die staatliche Deckung des Defizits der Kaiser-Wilhelm-Gesellschaft ein.[98] Angesichts der latenten, in den Nachkriegsjahren besonders akuten Diskrepanz zwischen den Bedürfnissen der Forschung und den zur Verfügung gestellten Mitteln blieb der Einfluß des Finanzkapitals bei geringem eigenem finanziellen Aufwand erhalten. Das Prinzip der Mehrquellenfinanzierung, das sich hier bereits in relativ ausgeprägten staatsmonopolistischen Formen erkennen läßt, blieb ein Instrument kapitalistischer Interessenwahrung in der Forschung.[99] In der neuen, am 6. Dezember 1921 von der Hauptversammlung der Gesellschaft angenommenen Satzung fand die weitere Verschmelzung von Staat und Monopolen ihren Ausdruck. Von 34 Senatoren wurden 16 vom Hauptausschuß gewählt, 16 vom Reichsinnenministerium und vom preußischen Kultusministerium ernannt, 2 waren Direktoren von Instituten der Gesellschaft, 12 Wissenschaftler sollten fortan im Senat der Gesellschaft vertreten sein.[100]

In der Kaiser-Wilhelm-Gesellschaft wurden wertvolle Beiträge zum Fortschritt der Wissenschaft und zur Entwicklung der Produktivkräfte erbracht.

---

[96] Vgl. ZStA Potsdam, RMdI, Nr. 8970/2, Bl. 44ff. (hier Bl. 51, Denkschrift, S. 8).

[97] So dankte v. Harnack in der Senatssitzung der KWG am 11. Mai 1920 besonders Duisberg, durch den von der Farbenindustrie eine Emil-Fischer-Spende von 15 Millionen Mark zu erwarten sei — damit könne die Arbeit des KWI für Chemie aufrecht erhalten werden. (50 Jahre Kaiser-Wilhelm-Gesellschaft und Max-Planck-Gesellschaft 1911—1961, Göttingen, S. 170).

[98] Vgl. ZStA Potsdam, RMdI, Nr. 8970/2, Bl. 43 (Schreiben v. Harnacks vom 20. 5. 1920. Dazu die dem Schreiben beigefügte, inzwischen dem preußischen Kultusministerium eingereichten Denkschrift ebda., Bl. 44ff.)

[99] Zum Prinzip der Mehrquellenfinanzierung vgl. Autorenkollektiv unter Leitung von G. Speer, Wissenschaft im Klassenkampf, Berlin 1968, S. 131ff., 154ff., 165ff.

[100] Vgl. Satzung der Kaiser-Wilhelm-Gesellschaft zur Förderung der Wissenschaften (Drucksache, 1921). In: ZStA Potsdam, Deutsche Bank, Nr. 21993, Bl. 075ff.

Gleichzeitig war hier die Ausrichtung und vor allem die Nutzung von Forschungen durch die Monopolbourgeoisie gesichert. Der Vergleich zwischen der Struktur und Arbeitsweise der Kaiser-Wilhelm-Gesellschaft und der Akademie zeigt, daß die widersprüchliche Situation der Wissenschaft im Imperialismus in Einrichtungen wie der KWG viel deutlicher zum Ausdruck kam. Mit der Einrichtung und dem Ausbau solcher Institutionen reiner und angewandter Forschung, in denen die Gelehrten sich ohne Rücksicht auf Lehrverpflichtungen auf die Forschungsarbeit konzentrierten, wurde Entwicklungsbedürfnissen der Wissenschaft und der Produktivkräfte entsprochen; unter den gegebenen gesellschaftlichen Bedingungen setzten sich hier jedoch nicht gesamtgesellschaftliche Notwendigkeiten, sondern kapitalistische Profitinteressen auch weiterhin durch, was zur Einseitigkeit und Deformierung von Forschungsschwerpunkten und zu antihumanem Mißbrauch von Forschungspotentialen führen konnte. In der KWG, aber auch in der 1920 unter der Führung des Chemiekapitals aus der früheren Militärversuchsanstalt gebildeten Chemisch-Technischen Reichsanstalt wurden in der Folge auch getarnte Forschungs- und Entwicklungsarbeiten der Reichswehr betrieben.[101] Auch in der Chemisch-Technischen Reichsanstalt, deren Potential begrenzt blieb, hatte das Monopolkapital die Führung; hier zählten die Akademiemitglieder Fritz Haber und Emil Warburg zur Minderheit von Wissenschaftlern im Kuratorium.

Personelle Verbindungen der Akademie bestanden zur Physikalisch-Technischen Reichsanstalt, deren Präsidenten Emil Warburg (Präsident bis 1922,), Walther Nernst (Präsident 1922—1924) und Friedrich Paschen (Präsident 1924 bis 1933) der Akademie als Ordentliche Mitglieder angehörten. Die PTR, der 1923 die Reichsanstalt für Maße und Gewichte angegliedert wurde, war auf dem „Gebiete der reinen und angewandten Physik" nach Friedrich Kohlrasch zurückgetreten.[102] In ihren drei wissenschaftlichen Abteilungen (für Optik und Strahlung, für Elektrizität und Magnetismus, für Wärme und Druck) sowie in den angegliederten chemischen und präzisionstechnischen Laboratorien wurden jedoch wichtige Arbeiten nach einem breit angelegten Arbeitsplan durchgeführt, der folgende Schwerpunkte umfaßte: 1. Arbeit an der Lösung besonders wichtiger natur-

---

[101] „In einiger Hinsicht diente der Reichswehr neben anderen Arbeitsleistungen (Prüfung von Explosionen u. a.) die Chemisch-Technische Reichsanstalt". (G. Schreiber, Deutsche Wissenschaftspolitik von Bismarck bis zum Atomwissenschaftler Otto Hahn, Köln/Opladen 1954, S. 49). Im Dezember 1919 wurde das Staatsinteresse am Fortbestand dieser Institution mit ihren „reichen Erfahrungen auf dem alten Abeitsgebiet" in einer Besprechung ausdrücklich betont. Zugleich unterstrich ein der Nationalversammlung eingereichter Arbeitsplan wirtschaftliche Aufgaben, mit denen auch Monopolinteressen vertreten wurden: Rohstoffuntersuchungen, Rostschutz, Ersatzrohstoff-Ermittlung, Abnutzungsvorgänge in Explosionsmotoren und anderen, (Vgl. H. Etzold, Monopol und Wissenschaft..., a. a. O., S. 226; ebda., S. 231 auch Angaben zum Kuratorium).

[102] Hierauf verweist R. Rompe, Einige Worte über Helmholtz und die Physikalisch-Technische Reichsanstalt. In: Gedanken von Helmholtz über schöpferische Impulse und über das Zusammenwirken verschiedener Wissenschaftszweige. Sb. des Plenums und der Klassen der AdW der DDR 1/1972, S. 59.

wissenschaftlich-technischer Probleme, 2. spezielle Arbeiten zur Förderung technischer Entwicklungen, 3. technische Oberaufsicht über das deutsche Prüfungswesen, 4. Durchführung beantragter Prüfungen.[103] Ähnlich wie bei der PTR gehörten auch die Direktoren des Astrophysikalischen Observatoriums und des Preußischen Meteorologischen Instituts weiterhin der Akademie als Ordentliche Mitglieder an. Das Meteorologische Institut, das aus dem Hauptinstitut in Berlin und dem Potsdamer meteorologisch-magnetischen Observatorium bestand, leitete Gustav Hellmann; das Astrophysikalische Observatorium, gleichfalls in Potsdam gelegen, unterstand zu dieser Zeit Hans Ludendorff. Die Leitung des Preußischen Geodätischen Instituts, das früher als Zentralbüro der internationalen Erdmessung lange Zeit fungiert hatte und mit der Akademie als seinem wissenschaftlichen Gutachterorgan verbunden blieb, war um 1922 zeitweise unbesetzt. Alle drei Einrichtungen hatten internationalen Ruf, der in jüngster Zeit in der Astrophysik und Geodäsie vor allem auf die Leistungen Karl Schwarzschilds und Friedrich Robert Helmerts zurückging, während er sich in der Meteorologie auf die Ergebnisse Gustav Hellmanns und später Heinrich von Fickers stützte. Die Physikalisch-Technische und die Chemisch-Technische Reichsanstalt unterstanden dem Reichsministerium des Innern; für das Geodätische und das Meteorologische Institut und das Astrophysikalische Observatorium war das preußische Kultusministerium zuständig; die Akademie war wissenschaftlich beratend tätig.

Dem gleichen preußischen Ministerium unterstand das Historische Institut in Rom, das zwischen 1903 und 1915 von dem Akademiemitglied der Nachkriegsjahre Paul Kehr geleitet worden war und auch später von ihm in seiner Entwicklung unterstützt wurde. Dem Auswärtigen Amt war das Archäologische Institut des Deutschen Reiches zugeordnet, woraus auch eine gewisse außenpolitische Bedeutung dieser führenden Institution hervorging. Als Generalsekretär (später Präsident) amtierte hier ab 1922 das spätere Akademiemitglied Gerhart Rodenwaldt, während die Akademie in den Leitungen der 3 Zweigstellen in Rom — hier war der bekannte Archäologe Ludwig Curtius Direktor —, in Athen (erst seit 1930 durch Georg Karo wieder besetzt) und Istanbul (Martin Schede) nicht vertreten war; Korrespondierendes Mitglied der Akademie wurde der Leiter der neuen Zweigstelle in Kairo, Hermann Junker.[104] Zu den Einrichtungen, die dem Reichsministerium des Innern unterstanden und mit der Akademie besonders eng verbunden blieben, gehörten die Monumenta Germaniae Historica, in deren Zentraldirektion wiederum das Akademiemitglied Paul Kehr zwischen 1915 und 1929 den Vorsitz ausübte.

Durch die Mitarbeit ihrer Mitglieder Friedrich Meinecke, Paul Kehr, Erich Marcks und Hermann Oncken in der Historischen Kommission des Reichsarchivs war auch die Akademie indirekt und aus gewisser Distanz mit dem Reichsarchiv als einer Nachfolgeinstitution des preußisch-deutschen General-

---

[103] Vgl. ZStA Potsdam, RMdI, Nr. 5555, Bl. 3. Aufgeführt bei H. Etzold, a. a. O. S. 246.
[104] Die Zweigstellen in Istanbul und Kairo wurden nach dem 1. Weltkrieg geschaffen.

stabes verbunden.[105] Im Potsdamer Reichsarchiv entwickelte sich unter der Leitung des ehemaligen Chefs der Kriegsgeschichtlichen Abteilungen des Großen Generalstabes Generalmajor a. D. Hermann Mertz von Quirnheim[106] vor allem ein Zentrum revanchistischer, die geschlagene deutsche Generalität glorifizierender Kriegsgeschichtsforschung, was auch aus den Arbeitsgebieten deutlich erkennbar war. Angegeben wurden: 1. Geschichte des Weltkrieges, 2. Forschungen und Darstellungen aus dem Reichsarchiv, 3. Schlachten und Gefechte des Weltkrieges. Gewisse Modifizierungen in der Arbeitsplanung, die von den beteiligten Historikern angestrebt wurden, blieben im wesentlichen unberücksichtigt.[107] Die politisch-historische und die wirtschaftshistorische Abteilung dieser Institution verschwanden in den Inflationsjahren; die kriegsgeschichtliche Abteilung trat in den Vordergrund; bedeutsam blieb die Archivabteilung als Aufbewahrungs- und Aufbereitungsstätte des Quellenmaterials. Im Reichsarchiv blieb der Einfluß der Militärs gegenüber jenem der bürgerlichen Historiker aus der zugeordneten Kommission bestimmend. Es war ein Instrument der geheimen Generalstabsausbildung der Reichswehr in der Weimarer Republik.

Bereits im Jahre 1920 sah sich die deutsche Großbourgeoisie veranlaßt, weit über den Rahmen der KWG hinaus durch wissenschaftspolitische und forschungsorganisatorische Maßnahmen bedrohlichste Krisenfolgen in ihren wissenschaftlichen Interessenbereichen abzuwehren und ihren Einfluß in der Forschung gleichzeitig zu verstärken. Unter Duisbergs Führung wurde am 15. Juni 1920 die „Emil-Fischer-Gesellschaft zur Förderung der chemischen Forschung" geschaffen. Am folgenden Tage entstand die „Adolf-Baeyer-Gesellschaft zur Förderung der chemischen Literatur" unter dem Vorsitz Carl Boschs, und schließlich wurde die „Justus-Liebig-Gesellschaft zur Förderung des chemischen Unterrichts" unter Duisbergs Vorsitz ebenfalls 1920 ins Leben gerufen.[108] Damit festigte das

---

105 Zum Reichsarchiv vgl. G. Förster/H. Helmert/H. Otto/H. Schnitter, Der preußisch-deutsche Generalstab 1640–1965, Berlin 1966, S. 199. R. Brühl, Militärpolitik und Kriegsgeschichtsschreibung, a. a. O., S. 273ff. Fakten hierzu auch bei H. Heiber, Walter Frank und sein Reichsinstitut für Geschichte des neuen Deutschlands, Stuttgart 1966, S. 125f. (Rez. zu Heibers Buch von J. Streisand, ZfG 10/1968, S. 1327ff.); A. Brennecke, Archivkunde, bearb. von W. Leesch, Leipzig 1953, S. 305f.

106 Mertz v. Quirnheim verfaßte den Text der Memoiren Hindenburgs und war damit selbst an der Apologetik des Militarismus führend beteiligt. Vgl. W. Ruge, Hindenburg. Porträt eines Militaristen, Berlin 1974, S. 215f. Ab 1931 war Hans von Haeften, OM seit 1933, Präsident der Reichsarchivs.

107 Wiedergabe der Arbeitsgebiete nach dem für publizistische Zwecke geschaffenen, damals weit verbreiteten Band „Das Deutsche Reich von 1918 bis heute", herausg. von C. Horkenbach, Berlin 1930, S. 530. Die bürgerlichen Historiker der Reichskommission hatten an eine Aufgabenausdehnung des Reichsarchivs auf die Erfassung und Bearbeitung des Aktenmaterials zur deutschen Geschichte „von 1867 bis zur Gegenwart" gedacht. Im Tätigkeitsbericht des Präsidenten des Reichsarchivs für 1920/21, in dem dies noch seinen Niederschlag gefunden hatte, wurde anschließend jedoch einschränkend auf die fast nur militärische Herkunft der Aktenbestände verwiesen (Vgl. ZStA Potsdam, RMdI, Nr. 2550, Bl. 358 – Abschrift des Tätigkeitsberichts des Präs. d. Reichsarchivs vom 23. 8. 1922).

108 Auf diese und weitere hier behandelte Fragen imperialistischer Wissenschaftspolitik geht unter speziellem Aspekt die oben angeführte Habilschrift von H. Etzold ein. Vgl. auch dies (H.

Chemiekapital in der chemischen Forschung, Lehre und wissenschaftlichen Information mit relativ geringen Zinssummen aus den hierfür zusammengebrachten Kapitalien seinen Einfluß: Die Bedeutung dieser Zusatzförderung blieb angesichts der akuten Finanznot groß, obgleich die Erwartungen der Wissenschaftler im Hinblick auf die Höhe der Mittel enttäuscht wurden.

Die Bedeutung der finanziellen Schwierigkeiten, in welche auch die Akademie zunehmend geriet, reichte über die Grenzen ihrer eigenen Arbeiten insofern hinaus, als ihre Finanzmittel auch zur Zusatzfinanzierung von Forschungsarbeiten und wissenschaftlichen Bedürfnissen außerhalb ihres eigenen Arbeitsbereiches eingesetzt wurden. So erhielt — um nur einige Beispiele zu nennen — das spätere Mitglied der Akademie Max Bodenstein 1919 einen Betrag von 5000,—M für seine photochemischen Arbeiten; 1920 wurde 3000,— M für Forschungen am Würzburger Pathologischen Institut vergeben; die Summe von 1000,— M erhielt der Berliner Pathologe Otto Lubarsch für seine Fleckfieberuntersuchungen; der Chemiker Karl Freudenberg wurde für die Publikation von 2 seiner Arbeiten unterstützt. Der Verlag des Jahrbuches für die Fortschritte der Mathematik, das später von der Akademie herausgegeben wurde, erhielt 1919 und 1920 je 5000,— M, die Deutsche Physikalische Gesellschaft je 10000,— M für die Berichterstattung in der Physik.[109] Beispiele für die Unterstützung von Forschungen und Publikationsvorhaben ließen sich auch für die bürgerlichen Geisteswissenschaften anführen. In den Naturwissenschaften hat die Akademie über ihre physikalisch-mathematische Klasse in begrenztem Umfange auch Forschungen unterstützt, für die sie selbst keine Voraussetzungen hatte.

Im gleichen Jahre 1920 war die Akademie an der Gründung der Notgemeinschaft der Deutschen Wissenschaft aktiv beteiligt. Dies war eine der wichtigsten wissenschaftspolitischen und forschungsorganisatorischen Maßnahmen dieser Zeit, mit der die Bestrebungen zur Konsolidierung und Zentralisation des bürgerlichen Wissenschaftsgefüges, die sich sonst weitgehend auf einzelne Institutionen und Disziplinen beschränkten, auf eine breitere Grundlage gestellt wurden.

Der Gedanke einer Konzentration der Forschungspolitik lag angesichts der weitgreifenden kulturpolitischen Pläne bürgerlicher Wissenschaftspolitiker und der gleichzeitig sich entwickelnden Notlage der Forschung nahe. Friedrich Schmidt-Ott, langjähriger Mitarbeiter Friedrich Althoffs und letzter Kultusminister Preußens vor der Revolution, hatte sich bereits im Aprilheft 1919 der Internationalen Monatsschrift für eine Zusammenfassung der Forschungsfinanzierung und Forschungsorganisation ausgesprochen. Ihm selbst war die Über-

---

Reishaus-Etzold), Die Herausbildung von monopolkapitalistischen Lenkungsorganen der Wissenschaft während der Weimarer Republik unter dem Einfluß der Chemiemonopole. In: Jb. f. Wirtschaftsgeschichte III/1972, S. 13ff.; dies. (H. Reishaus), Monopol und Wissenschaft. Der Einfluß der Chemiemonopole auf die naturwissenschaftlich-technische Lehre und Forschung in Deutschland während der ersten Phase der allgemeinen Krise des Kapitalismus (1918—1932). Aus der Geschichte der Filmfabrik Wolfen, H. 27, Wolfen 1972.

[109] Beispiele für diese auch späterhin fortgesetzte Zusatzfinanzierung nach Abhdl., Phys.-math. Kl., Jg. 1919, S. XIX; Jg. 1920, S. XXI.

nahme eines zu bildenden „Reichskommissariats für Wissenschaft" durch den Staatssekretär Theodor Lewald vom Reichsministerium des Innern nahegelegt worden.[110] Eine solche Forschungszentralisation widersprach den Traditionen und war irreal. Schmidt-Ott orientierte sich auf die Zusammenarbeit der Wissenschaftler aller großen Institutionen und Organisationen in einer weit zu fassenden Förderungsinstitution. „In dieser Auffassung fand ich mich mit Männern der Akademie, wie Planck, Emil Fischer und besonders mit Haber zusammen", schrieb er hierzu rückblickend.[111]

Die Akademie hatte im Februar 1920 unter dem Einfluß Adolf von Harnacks eine Denkschrift des Akademiekartells angeregt, in der die umgehende Zuweisung von mindestens 3 Millionen Mark zur Aufrechterhaltung der Forschung vergeblich gefordert wurde.[112] Die Initiative für die Bildung der Notgemeinschaft ging insbesondere von Fritz Haber aus, der dem Berliner Rektor Eduard Meyer und dem Vorsitzenden Akademiesekretar Max Planck am 29. März 1920 eine Willenserklärung zur Beschleunigung der Gründung vorschlug: Universität und Akademie sollten dabei als auslösende Sprecher fungieren.[113] Im Namen der Akademie bat Max Planck den erfahrensten Vertreter traditioneller Wissenschaftspolitik, Friedrich Schmidt-Ott, um die Übernahme des Vorsitzes.[114] Die Notgemeinschaft war von vornherein für die Zusatzfinanzierung der Forschung durch den Staat und die Monopole gedacht. Friedrich Schmidt-Ott übernahm die Leitung eines vorbereitenden Ausschusses, dem Max Planck, Hermann Diels und Fritz Haber für die Akademie angehörten und zu dem auch die vier übrigen Akademien im Sinne einer Kartellabsprache ihre Vertreter entsandten[115]; die Beauftragten der Universitäten und Hochschulen, die beiden wichtigsten naturwissenschaftlich-technischen Verbände[116] und — durch ihren Präsidenten Adolf von Harnack — die KWG waren ebenfalls vertreten. Die offizielle Gründungssitzung der Notgemeinschaft fand nach längeren Verhandlungen am 20. Oktober 1920 in der Berliner Staatsbibliothek statt.[117] Die zuvor genannten wissenschaft-

---

[110] Vgl. F. Schmidt-Ott, Erlebtes und Erstrebtes 1860—1950, Wiesbaden 1952, S. 174; ders., Die Notgemeinschaft der Deutschen Wissenschaft. Ungedrucktes Manuskript, S. 2. In: AAW, Ms 4: 1966, S. 2.

[111] Vgl. F. Schmidt-Ott, Manuskript, ebda.

[112] Die Wissenschaft sei jetzt, nachdem die „Militärmacht" vernichtet sowie „Industrie und Handel" aufs äußerste geschwächt seien, einer der wichtigsten Aktivposten, wurde auch hier betont. (AAW II: XIIIss, Bd. 1, Bl. 1).

[113] Vgl. AAW II: XIIIss, Bd. 1, Bl. 4f.

[114] Vgl. das Schreiben in AAW II: XIII ss, Bd. 1, Bl. 8f.

[115] Sievers und Le Blanc vertraten die Sächsische, Runge und Edward Schröder die Göttinger, Bezold die Heidelberger, Wolters und nach ihm Eduard Schwartz die Bayerische Akademie. (Manuskript Schmidt-Ott, a. a. O., S. 3).

[116] Der Deutsche Verband naturwissenschaftlich-technischer Vereine und die Gesellschaft Deutscher Naturforscher und Ärzte.

[117] Vgl. zur Gründungsgeschichte: F. Schmidt-Ott, Erlebtes und Erstrebtes, a. a. O., S. 174ff.; K. Zierold, Forschungsförderung in drei Epochen. Deutsche Forschungsgemeinschaft, Geschichte, Arbeitsweise, Kommentar, Wiesbaden 1968, S. 3ff. (Zu letzterem vgl. die Rez. von W. Schlicker in DLZ 11/1969, Sp. 965ff.).

lichen Institutionen und Verbände nahmen hier als Mitglieder teil.[118] Die tierärztlichen Hochschulen, die landwirtschaftlichen und Forsthochschulen traten bald darauf bei, während die Handelshochschulen erst 1933 folgten. Friedrich Schmidt-Ott wurde Präsident der Notgemeinschaft; als seine Stellvertreter amtierten der Münchner Mathematiker Walther von Dyck sowie Fritz Haber und Adolf von Harnack, der auch den Hauptausschuß leitete. Unter den 11 Wissenschaftlern des Hauptausschusses aus der Zeit bis 1922 befanden sich außer Adolf von Harnack die Akademiemitglieder Max Planck, Heinrich Müller-Breslau und Paul Kehr — von denen jedoch keiner allein die Akademie vertrat: Adolf von Harnack repräsentierte die KWG, Paul Kehr die Monumenta Germaniae und Max Planck vertrat zugleich die Gesellschaft Deutscher Naturforscher und Ärzte. Aber durch die Arbeit in den Ausschüssen der Notgemeinschaft blieben führende Gelehrte mit den wesentlichen Fragen der Wissenschaft und Forschungspolitik verbunden, was auch der Akademie zugute kam. Stellvertretendes Mitglied des Hauptausschusses war Hermann Diels; Akademiemitglieder standen an der Spitze von Fachausschüssen, in denen Förderungsanträge begutachtet wurden: Max von Laue leitete den Fachausschuß für Physik, Eduard Meyer den für Alte und Orientalische Philologie, Theodor Wiegand den für Kunstwissenschaft, Max Sering den Fachausschuß für Staatswissenschaften.[119]

Auch aus dieser Tätigkeit ergaben sich Einblicke in neue Tendenzen und Ergebnisse der Forschung und manche Kontakte zwischen bürgerlichen Gelehrten und Monopolkreisen. Dies galt etwa für die Mitarbeit im Japan-Ausschuß der Notgemeinschaft, der über die Vergabe von Stiftungsmitteln des japanischen Großkapitalisten Hajimé Hoshi zu beraten hatte. Diesem Ausschuß — auch als Hoshi-Ausschuß bekannt geworden — gehörten zunächst Fritz Haber, der die Stiftung vermittelt hatte, und sein Freund Richard Willstätter an; Otto Hahn und der Chemiker Rudolf Schenck traten bald hinzu[120]; später arbeiteten auch Max Planck und Wilhelm Schlenk in diesem Gremium.[121]

Die Notgemeinschaft wird von bürgerlichen Autoren bis heute als eine Selbstverwaltungskörperschaft der Wissenschaft bezeichnet, deren Wesen im letzten in der „Vereinigung von Freiheit und Bindung" bestanden hätte und noch jetzt in ihrer Nachfolgeorganisation in der BRD, der Deutschen Forschungsgemeinschaft, bestehe.[122] Die Aufrechterhaltung solcher Vorstellungen wird durch die aktive Mitarbeit führender Gelehrter in den Ausschüssen der Notgemeinschaft (und der westdeutschen Forschungsgemeinschaft) begünstigt. Tatsächlich erfüllte

---

[118] Der Anschluß der Universitäten und Hochschulen wurde über deren 1920 gebildete Dachorganisation, den Verband der Deutschen Hochschulen (VDH), erleichtert. Schmidt-Ott nahm hierzu Verbindungen zu den Exponenten des VDH, dem Chemiker Schenck/Münster und dem Theologen Seeberg/Berlin, auf (Manuskript Schmidt-Ott, a. a. O., S. 3).

[119] Vgl. K. Zierold, a. a. O., S. 61.

[120] Vgl. ZStA Potsdam, RMdI, Nr. 16314, bes. Bl. 13, 14, 123, 142, 144.

[121] Vgl. K. Zierold, a. a. O., Tafel 6 (S. 112/113).

[122] So bei Zierold, a. a. O., S. 528. Die Version von der „Freiheit" und „Selbstverwaltung" der Forschung vermag demnach auch Zierold nur noch eingeschränkt aufrecht zu erhalten.

bereits die Notgemeinschaft ihre Funktion in der Finanzierung und Leitung der Forschung in engster Verbindung zu den herrschenden Kräften im bürgerlichen Deutschland. Die großbürgerlichen Bindungen ihrer Repräsentanten blieben stets entscheidend. Friedrich Schmidt-Ott, der als Präsident die Schwerpunktbildung in der Forschungsförderung und die Finanzierungspolitik der Notgemeinschaft maßgeblich beeinflußte, hatte als Exponent der Kultur- und Wissenschaftspolitik der gestürzten Monarchie eng mit dem Großkapital zusammengearbeitet. Durch Vermittlung Henry von Böttingers und Carl Duisbergs gehörte er seit 1920 dem Aufsichtsrat der Bayer-Werke Leverkusen und später der IG Farbenindustrie AG an.[123] Ein Übergang von der weitgehenden Einzelleitung durch Schmidt-Ott zum „,Kollegiatprinzip", für das sich Fritz Haber offenbar vergeblich einsetzte, hätte an den Abhängigkeiten der Notgemeinschaft nichts geändert.[124] Auch Haber hat seine wissenschaftliche und wissenschaftsorganisatorische Tätigkeit stets als einen Beitrag zur Festigung der bürgerlichen Ordnung angesehen.

Die staatlichen Mittel der Notgemeinschaft, die dem Etat des Reichsinnenministeriums und preußischen Staatszuschüssen entstammten, erreichten im Jahre 1928 mit 8 Millionen Mark ihren höchsten Stand. Die vom Kapital zur Verfügung gestellten Zusatzmittel blieben gering; die Zinssummen fielen rein nominell wenig ins Gewicht.[125] Das Finanzkapital übte jedoch über den von seinen Exponenten im Dezember 1920 gegründeten „Stifterverband der Not-

---

[123] Vgl. F. Schmidt-Ott, Erlebtes und Erstrebtes 1860—1950, a. a. O., S. 171 f. Schmidt-Ott war nach dem Tode Böttingers (1920) zeitweilig Aufsichtsratsvorsitzender der Bayer-Werke. Er blieb mit den Traditionen der Hohenzollernmonarchie sowie mit Wilhelm II persönlich verbunden.

[124] Haber, — der für das „Kollegiatprinzip" in der Forschungsleitung eingetreten sei — und mit ihm von Harnack wären mit der autoritären Alleinführung der Notgemeinschaft durch Schmidt-Ott nicht einverstanden gewesen, bemerkt K. Zierold, a. a. O., S. 52. Meinungsverschiedenheiten zwischen Haber und Schmidt-Ott um die Formen der Forschungslenkung werden auch in der Jubiläumsschrift der DFG von Th. Nipperdey/L. Schmugge, 50 Jahre Forschungsförderung in Deutschland. Ein Abriß der Geschichte der Deutschen Forschungsgemeinschaft 1920—1970, (West-)Berlin 1970, S. 20, betont. Bei all dem wird die gesellschaftlich bedingte Zwiespältigkeit Fritz Habers — sein Wirken für den Fortschritt der Wissenschaft und sein gleichzeitiges großbürgerliches Gesellschaftsengagement — übergangen. Vgl. auch den Aufsatz von F. Deich: Wer war „Vater der Notgemeinschaft"? ... Eine Rehabilitierung. In: Die Welt Nr. 296 vom 21. 12. 1970, S. 18. Hier wird die größere Anpassungsfähigkeit Habers gegenüber der Weimarer Republik betont. Illusionäre Vorstellungen über eine demokratische Kontinuität in der Wissenschaftsleitung von der Notgemeinschaft zur Deutschen Forschungsgemeinschaft in der BRD sollen damit offenbar gestärkt werden.

[125] Vgl. dazu die Tabelle über Einnahmen und Ausgaben der Notgemeinschaft bei K. Zierold, a. a. O., S. 38f. Ein von Schmidt-Ott veranlaßter Aufruf von Organisationen und Institutionen des Kapitals — u. a. vom Reichsverband der Deutschen Industrie, vom Centralverband des Deutschen Bank- und Bankiergewerbes, vom Deutschen Industrie- und Handelstag, vom Reichsausschuß der Deutschen Landwirtschaft — hatte bis 1922 zwar Gesamtspenden in Höhe von etwa 100 Mill. Mark erbracht, bei denen jedoch die Inflation beachtet werden muß. (Text des Aufrufes der Verbände: K. Zierold, a. a. O., S. 31f.)

gemeinschaft der Deutschen Wissenschaft e. V." maßgeblichen Einfluß aus.[126] Unmittelbar vor der Konstituierung der Notgemeinschaft war auf Betreiben Carl Duisbergs und anderer zugleich die Helmholtz-Gesellschaft zur Förderung physikalisch-technischer Forschung gegründet worden, deren Leitung Albert Vögler übernahm; mit ihr mußten die Zinserträge aus dem Kapital des Stifterverbandes geteilt werden. Erneut erwies sich: den Monopolen war es primär um den Einsatz ihrer Mittel für die konzerneigene sowie allgemein — auch über die Helmholtz-Gesellschaft — um die Förderung „branchenbezogener" Forschung zu tun.[127] Ihr Einfluß auf die Notgemeinschaft war über den Staat, über bürgerliche Wissenschaftspolitiker und über den Stifterverband gesichert; sie konnten sich mit geringen Anteilen an ihrer Finanzierung begnügen.

Die Notgemeinschaft wirkte der akuten Finanzierungskrise der Wissenschaft mit relativ geringen Mitteln wirksam entgegen. Sie konzentrierte sich auf die Förderung von Forschungsarbeiten einzelner Wissenschaftler und wissenschaftlicher Unternehmen, verzichtete also im allgemeinen auf die summarische Unterstützung von Forschungseinrichtungen. Auf der Grundlage entsprechender Anträge gewährte sie Forschungsstipendien und Reisebeihilfen, unterstützte Experimentalforschungen und Publikationen und förderte das vom Währungsverfall und vom Boykott besonders betroffene Bibliothekswesen. Über die Notgemeinschaft flossen der deutschen Forschung auch ausländische Mittel z. B. aus der Rockefeller-Foundation zu: hier wirkten sich die Bindungen des imperialistischen Deutschlands an das USA-Kapital unter wissenschaftspolitischem Aspekt aus.[128]

Die Notgemeinschaft wurde zum tragenden Bestandteil des Lenkungsgefüges der Forschung in Deutschland. In ihr fanden die staatsmonopolistischen Tendenzen bürgerlicher deutscher Forschungslenkung spezifischen Ausdruck. Unter den gegebenen Umständen gewann die Zusatzförderung über die Nogemeinschaft auch für die Akademie und ihre wissenschaftlichen Unternehmungen große Bedeutung.

Zugleich war die Notgemeinschaft nur die wichtigste jener verschiedenen Institutionen und Organisationen, über die zusätzliche Finanzmittel für die bürgerliche deutsche Wissenschaft zur Verfügung gestellt wurden. Verschiedene

---

126 Vorsitzender war — nachdem Stinnes abgelehnt hatte — C. F. von Siemens, 1. Stellvertreter H. Stinnes, 2. Stellvertreter Ed. Arnhold, Schatzmeister A. Salomonsohn, der die gleiche Funktion auch in der Notgemeinschaft selbst ausübte. Dem Vorstand gehörten Frowein, Ravené, R. Bosch, Duisberg, Kirdorf, Reusch, F. v. Mendelssohn, Vögler und M. Warburg und andere an (K. Zierold, a. a. O., S. 33).

127 Letzteres gibt auch Zierold, a. a. O., S. 29ff. zu.

128 Die Rockefeller-Foundation schaltete sich z. B. in die Beschaffung amerikanischer und englischer Fachliteratur für die Medizin ein, wo sie besonderen Bedürfnissen entgegenkam. (Vgl. ZStA Potsdam, RMdI, Nr. 8963, Bl. 82). Bedeutsam wurden hierbei in den USA die Aktivitäten des Professors Franz Boas, der die „Emergency Society in Aid of European Science and Art" und die „Germanistic Society of America" 1921 z. B. zu Bücher- und Geldspenden veranlaßte. (Vgl. den Bericht der Notgemeinschaft über ihre Tätigkeit bis zum 31. März 1922. In: AAW II: XIIIss, Bd. 1, Bl. 164, S. 30).

Wege wurden über die Notgemeinschaft, die Adolf-Baeyer-Gesellschaft und andere Einrichtungen beschritten, um dem immer dringenderen Problem der Information über die Wissenschaftsentwicklung im In- und besonders im Auslande zu begegnen. Dies entsprach objektiven Notwendigkeiten. Auf die Maßnahmen, die hier eingeleitet wurden, haben sich aber auch imperialistische Rivalitäten und nationalistische Ressentiments ausgewirkt.

Die Akademie war an der Bildung der Reichszentrale für naturwissenschaftliche (später: für wissenschaftliche) Berichterstattung direkt beteiligt.

In einer Denkschrift an das preußische Kultusministerium hatten die Berliner Mathematische Gesellschaft, die Deutsche Physikalische Gesellschaft, die Deutsche Chemische Gesellschaft und die Deutsche Geologische Gesellschaft gemeinsam mit vier führenden Referateorganen aus ihren Bereichen bereits am 10. April 1919 die Notlage des wissenschaftlichen Referatewesens unterstrichen und die Einrichtung einer Zentralstelle für die naturwissenschaftlich-technische Information gefordert. Die Deutsche Gesellschaft für technische Physik hatte sich angeschlossen, die Gesellschaft Deutscher Naturforscher und Ärzte sprach sich anläßlich ihrer Hundertjahrfeier für die Unterstützung der wissenschaftlichen Information aus.[129] In der Denkschrift, die von Arthur Korn, Karl Scheel und den Berliner Akademiemitgliedern Richard Hesse und Theodor Liebisch als den Vertretern der Referateorgane unterzeichnet war, wurde auf die drohende Einstellung des deutschen Berichtswesens verwiesen, das seit mehr als 50 Jahren „als mustergültig und notwendig von der Gelehrtenwelt und der Industrie anerkannt" werde. Vorerst ginge es den vier Fachgesellschaften um den Zusammenschluß der Referateorgane in einer Arbeitsgemeinschaft, um die Weiterführung des Berichtswesens für die Mechanik, Physik, Chemie, physikalische Chemie, Astronomie, Meteorologie und Geologie zu sichern. Dazu seien die Arbeitsgebiete abzugrenzen und vor allem die Beschaffung der zu referierenden Literatur zu gewährleisten, die früher durch den Buchhandel meist kostenlos zur Verfügung gestellt worden sei.

Das Kultusministerium übersandte die Denkschrift der Akademie zur Stellungnahme. Unmittelbar darauf gingen dieser die gutachtlichen Äußerungen der Fachgesellschaften zu, die für die Mathematik von Issai Schur, für die Chemie von Bernhard Lepsius, für die Physik von Karl Scheel sowie für die Geologie von Joseph Pompeckj stammten: 2 dieser Gutachter, Schur und Pompeckj, gehörten selbst der Akademie als Ordentliche Mitglieder an.[130]

Zugleich hatte Karl Kerkhof, der frühere Mitarbeiter des deutschen Büros für internationale Bibliographie, in einer Unterredung mit Max Planck sowie in einer ausführlichen, wiederum der Akademie zugeleiteten Denkschrift für die Zentralisation der bedrohten Berichterstattung geworben.[131] Die physikalisch-

[129] Vgl. die Eingabe in AAW II: XIII oo Bd. 1, Bl. 2. Dazu den gedruckten internen Bericht der Reichszentrale für naturwissenschaftliche Berichterstattung 1919—1929 (zum zehnjähr. Bestehen). In: ZStAP, Reichstag, Nr. 2554, Bl. 350ff.).

[130] AAW II: XIII oo Bd. 1, Bl. 4f.

[131] Ebda., Bl. 6: achtseitige Denkschrift Kerkhofs.

mathematische Klasse der Akademie, die von Max Planck am 19. Juni 1919 über die geplante Arbeitsgemeinschaft informiert wurde, berief eine Kommission, zu der ihre Mitglieder Theodor Liebisch, Erhard Schmidt, Walther Nernst, Hermann Struve, Gustav Müller und Gustav Hellmann gehörten.[132] In einem von Max Planck entworfenen Schreiben erklärte sich die Klasse zur Unterstützung des Vorschlages der vier Redaktionen bereit.[133] Im Ergebnis wurde die Reichszentrale für naturwissenschaftliche Berichterstattung gebildet, die noch 1920 ihre Tätigkeit aufnahm. Sie wurde dem Reichsinnenministerium unterstellt und von ihm finanziert, war jedoch mit der Akademie verbunden, da diese ihre Berichterstattung wissenschaftlich anzuleiten und zu beraten hatte.

Die Akademie beteiligte sich an der Bildung der Reichszentrale zu Recht, weil sie unter dem Gesichtspunkt der notwendigen wissenschaftlichen Information betrieben wurde. Dies war jedoch nur die wissenschaftliche Aufgabe der neuen Institution.[134] Als seine politische Aufgabe bezeichnete Karl Kerkhof 1939 rückschauend die Beeinflussung „aller in Betracht kommenden Stellen", vor allem der Gelehrten selbst, gegen die Wissenschaftspolitik der Versailler Siegermächte. Zugleich war er um die „Nutzbarmachung deutschfreundlicher Strömungen in der internationalen Gelehrtenwelt", um die „Zusammenfassung aller auf die internationale Stärkung unserer wissenschaftlichen Stellung gerichteten Unternehmungen ..." bedacht.[135] Am Beispiel der Reichszentrale wird die widersprüchliche Situation der Wissenschaft im Imperialismus erneut offenkundig.

b) Die Akademie in den Beziehungen zur Wissenschaft des jungen Sowjetstaates und des kapitalistischen Auslandes sowie zu den neugebildeten internationalen Wissenschaftsorganisationen

Bald nach der Oktoberrevolution begann zwischen der jungen Sowjetunion und Deutschland eine qualitativ neue Etappe wissenschaftlicher Beziehungen, die auf der konsequenten Verfolgung der Leninschen Politik der friedlichen Koexistenz auf sowjetischer Seite beruhte und den eigentlichen Interessen beider Partner entsprach. Dabei hat sich der Kurs auf den Aufbau der materiell-technischen Grundlagen des Sozialismus und auf die sozialistische Kulturrevolution, der im

---

[132] Vgl. ebda., Bl. 2: Auszug aus dem Protokoll der Klassensitzung v. 19. 6. 1919.

[133] Vgl. ebda., Bl. 8.

[134] Hierzu schloß die Reichszentrale zunächst die Redaktionen der Referateorgane zu einer Arbeitsgemeinschaft zusammen, um so die Berichterstattung über die Auslandsliteratur zu sichern. Darüber hinaus fertigte sie vor allem Fotokopien aus der Fachliteratur, besonders natürlich der ausländischen, an. Die Akademie hatte bereits in ihrer Plenarsitzung am 17. 7. 1919 durch Diels die Gründung einer Zentralstelle behandelt, wobei es ihr hier jedoch um die einheitliche Behandlung wissenschaftlicher Kontaktversuche aus dem Auslande zu tun war. (Vgl. AAW II: VI a 13, Bd. 4, Bl. 88).

[135] Bericht Kerkhofs vor der Akademie. In: Jb., Jg. 1939, S. 81.

revolutionären Rußland unter Lenins Führung bereits unter den schweren Bedingungen des Bürgerkrieges und der folgenden Anfangsjahre der Neuen Ökonomischen Politik eingeleitet wurde, faktisch auch auf die kulturellen und wissenschaftlichen Verbindungen zwischen der Sowjetunion und dem bürgerlichen Deutschland zunehmend ausgewirkt. Die Veränderung des politischen Kräfteverhältnisses im Innern Deutschlands und die Wandlung der internationalen Situation, in der die Sowjetunion fortan die aufstrebende, entgegen reaktionären Erwartungen erstarkende neue Gesellschaft repräsentierte, während die Gegensätze im imperialistischen Lager weiterwirkten, veranlaßten auch manche bürgerliche Gelehrte zum Überdenken ihrer außenpolitischen und wissenschaftspolitischen Vorstellungen. Das konsequente Eintreten der revolutionären deutschen Arbeiterbewegung für die Verständigung und friedliche Zusammenarbeit mit der Sowjetunion wurde in der Folge zu einem Faktor, der auch aufgeschlossenere bürgerliche Intellektuelle in der Befürwortung friedlicher Beziehungen zur jungen Sowjetunion bestärkte, während er die Differenzierungen in der Haltung konservativer Gelehrter in dieser Frage vertiefte.

Die Aufnahme kultureller und wissenschaftlich-technischer Beziehungen zwischen dem jungen Sowjetstaat und dem bürgerlichen Deutschland wurde durch Lenin persönlich angeregt und gefördert.[136] Nachdem die Intervention imperialistischer Mächte gescheitert, die weißgardistischen Armeen geschlagen waren und Sowjetrußland aktiv an der Überwindung der Blockade und der außenpolitischen Isolierung arbeiten konnte, waren wesentliche Voraussetzungen für die Aufnahme wissenschaftlicher Verbindungen zum ersten Male in größerem Umfange gegeben.[137] Vielfache, oft von Lenin angeregte Initiativen, die seit 1921 zunehmend zum Tragen kamen — so die Bildung einer Kommission für den Erwerb ausländischer Literatur unter dem Vorsitz des sowjetischen Naturforschers O. J. Šmidt[138], die Erarbeitung einer systematischen Bibliographie der deutschen wissenschaftlichen Literatur der Jahre 1914—1921 unter Leitung von Friedrich Braun[139], Reisen von Wissenschaftlern wie A. Joffe nach Deutschland[140] oder die Gründung des Berliner Büros für Wissenschaft und Technik im Auslande bei der wissenschaftlichen Abteilung des Obersten Volkswirtschafts-

---

136 Vgl. hierzu A. V. Kol'cov, Lenin i stanovlenie Akademii nauk kak centra sovetskoj nauki, Leningrad 1969; Lenin i Akademija nauk. Sbornik dokumentov. Pod. red. P. N. Pospelova, Moskau 1969; E. Pachaly/G. Rosenfeld/H. Schützler/H. Schulze-Wollgast, Die kulturellen Beziehungen zwischen Deutschland und der Sowjetunion. In: Die Große Sozialistische Oktoberrevolution und Deutschland, Bd. 1, Berlin 1967, S. 443ff.

137 Vgl. I. K. Kobljakov, Zu den Anfängen der wissenschaftlichen Zusammenarbeit zwischen der Sowjetunion und Deutschland. In: Deutschland-Sowjetunion. Aus fünf Jahrzehnten kultureller Zusammenarbeit, Berlin 1966, S. 46ff. (hier S. 48f.).

138 Vgl. E. Pachaly/G. Rosenfeld/H. Schützler/H. Schulze-Wollgast, a. a. O., S. 447.

139 Vgl. ebda.: O. Feyl, Die bibliothekarische Zusammenarbeit zwischen Deutschland und der Sowjetunion und ihre nationale und internationale Bedeutung. In: Deutschland-Sowjetunion, a. a. O., S. 159f.

140 Vgl. E. Pachaly/G. Rosenfeld/H. Schützler/H. Schulze-Wollgast, a. a. O., S. 447.

rates der RFSR unter der Führung des Geologen N. M. Fedorovskij[141] — unterstrichen die besondere Bedeutung, die Lenin und die junge Sowjetmacht den kulturellen und wissenschaftlichen Verbindungen zu Deutschland beimaßen. Dem kam das wachsende Interesse deutscher Wissenschaftler und Künstler an der Entwicklung in Sowjetrußland entgegen. Humanistische Kulturschaffende, unter ihnen Albert Einstein, setzten sich damals in dem von Clara Zetkin geleiteten Komitee Arbeiterhilfe für die Bekämpfung der Hungersnot in dem durch Bürgerkrieg und Intervention zerstörten Lande ein.[142]

Die Anfänge der Beziehungen der Akademie zur Wissenschaft in der Sowjetunion ordneten sich in eine komplizierte, durch viele Faktoren bestimmte Gesamtentwicklung ein. Auf diese Entwicklung, die sich seit 1921 unter dem Einfluß objektiver Interessenübereinstimmungen und zunehmender Kontakte zu beschleunigen begann, wirkte der grundlegende Gegensatz zweier Klassenlinien und ihrer Ideologien auf internationaler wie auf innerpolitischer Ebene. Unter bürgerlichen deutschen Gelehrten fand der Gedanke der deutsch-sowjetischen Zusammenarbeit ein unterschiedliches Echo. Angesichts der tiefen Krise und wissenschaftlichen Isolierung des bürgerlichen Deutschlands setzten sich seit 1921/22 auch Mitglieder der Akademie zunehmend für die Zusammenarbeit ein. Die Motive für diese objektiv progressive Haltung waren unterschiedlich. Albert Einstein hat die Zusammenarbeit ausdrücklich bejaht.[143] Über den Unglauben an die Sowjetmacht und manche Vorurteile hinweg mehrten sich die realistischen Stimmen. Der Berliner Osteuropahistoriker Otto Hoetzsch orientierte sich trotz seiner konservativen Positionen immer klarer auf die Notwendigkeit friedlicher Zusammenarbeit mit der Sowjetmacht, dem neuen Faktor der welthistorischen Entwicklung.[144] Auch für die Entwicklung der Beziehungen der Akademie hatten Fakten wie die Reise des Berliner Physikers und Mitarbeiters im preußischen Kultusministerium Wilhelm Westphal 1922 in die Sowjetunion eine gewisse Bedeutung.[145] An der Akademie begannen sich führende Gelehrte wie Max Planck, Walther Nernst oder Eduard Meyer für die deutsch-sowjetische Wissenschaftszusammenarbeit zu interessieren.

---

[141] Vgl. Russische Förderative Sowjetrepublik. Wissenschaftlich-technische Abteilung des Obersten Volkswirtschaftsrates. Tätigkeitsberichte der wissenschaftlich-technischen Institutionen der Republik für das Jahr 1920, S. 122; J. P. Murav'ev, W. I. Lenin und die sowjetisch-deutschen Kulturbeziehungen in der Weimarer Republik. In: ZfG 6/1971, S. 799.

[142] Vgl. E. Pachaly/G. Rosenfeld/H. Schützler/H. Schulze-Wollgast, a. a. O., S. 448.

[143] Hierzu schrieb Albert Einstein am 28. 1. 1921 in der Moskauer „Iswestija": „Ich bin völlig überzeugt, daß es für alle deutschen Wissenschaftler eine angenehme Pflicht ist, den russischen Kollegen entgegenzukommen ... Ich grüße die russischen Kollegen herzlich und verspreche, alles zu tun, was in meinen Kräften steht, um die Verbindungen zwischen den hiesigen und den russischen Wissenschaftlern herzustellen und zu erhalten."

[144] Vgl. u. a. G. Voigt, Otto Hoetzsch — eine biographische Skizze. In: L. Stern (Hrsg.), Der Antikommunismus in Theorie und Praxis des deutschen Imperialismus. Sonderband der Wiss. Zs. d. Martin-Luther-Universität Halle-Wittenberg, 1963, S. 143ff.

[145] Vgl. die gekürzte Wiedergabe des Reiseberichtes von W. Westphal in: Physikalische Blätter, 20. Jg., 1964; H. 12, S. 578ff.

An der Erweiterung der wissenschaftlichen Kontakte zwischen den Akademien hatten sowjetische Stellen — so die Berliner Vertretung des Obersten Volkswirtschaftsrates der RFSR — Anteil. Hier wirkte sich gleichzeitig die Tatsache aus, daß die Akademie in Leningrad unter unmittelbarer Anteilnahme und Förderung durch Lenin bereits in jenen Jahren eine zunehmende Bedeutung gewann, zumal sie auf die Mitarbeit bei der Wiederherstellung der sowjetischen Volkswirtschaft orientiert wurde: Hier waren Lenins „Entwurf eines Plans wissenschaftlich-technischer Arbeiten" vom April 1918 oder seine Unterredung mit der Leitung der Akademie am 27. Februar 1921 frühe und zugleich prinzipiell bedeutsame Schritte auf einem Wege, auf dem die Akademie eine bis dahin ungekannte Bedeutung für Wissenschaft und Praxis gewann.[146]

Die Wiederaufnahme des Schriftenaustausches mit der Sowjetunion entwickelte sich auch an der Akademie in Berlin zunächst zögernd.[147] Die Anknüpfung der Tauschbeziehungen mit der Akademie in Leningrad ging auf die Initiative der letzteren zurück. Am 18. Februar 1922 teilte der Beständige Sekretär der Leningrader Akademie, S. F. Ol'denburg, nach Berlin mit, daß die Übersendung aller Publikationen sofort aufgenommen werden könne, falls die Wiederaufnahme des wissenschaftlichen Tauschverkehrs und der Tauschverbindungen auch in Berlin erwünscht sei.[148] Ol'denburg erinnerte an die bewährten Traditionen deutsch-russischer Wissenschaftsbeziehungen, die es unter neuen Bedingungen zu pflegen gelte: „Seit vielen Jahren bestand ein wissenschaftlicher Verkehr und Schriftentausch zwischen der preußischen Akademie der Wissenschaften und der Russischen Akademie, die durch den Krieg unterbrochen wurden." Die Berliner Akademie stimmte dem Leningrader Vorschlag am 17. März 1922 in einem von Heinrich Lüders als Vorsitzendem Sekretar unterzeichneten Schreiben zu.[149]

Die Entwicklung der wissenschaftlichen Beziehungen trat noch im Frühjahr 1922 — mit dem Abschluß des deutsch-sowjetischen Vertrages von Rapallo — in eine neue Phase. Die Rapallo-Politik der friedlichen Koexistenz fand in der Folge unter deutschen Wissenschaftlern zunehmenden Anklang. Auch an der Akademie stärkte sie die Positionen jener Gelehrten, die für die kulturelle und wissenschaftliche Zusammenarbeit zwischen Deutschland und der Sowjetunion

---

146 Vgl. den Text des Leninschen Entwurfs eines Planes wissenschaftlich-technischer Arbeiten in: W. I. Lenin über Wissenschaft und Hochschulwesen, Berlin 1969, S. 152f. Insgesamt: A. V. Kol'cov, Lenin i stanovlenie Akademii nauk kak centra sovetskoj nauki, a. a. O.

147 Die Akademie unterhielt bereits im April 1920 Tauschbeziehungen zu 7 Institutionen in England, 6 in Italien, 3 in Finnland, 10 in den USA, 2 in Griechenland und je 1 in Portugal. Noch im Dezember 1921 hatte sie eine sowjetische Anfrage zum Schriftentausch ablehnend beantwortet. (Vgl. E. Gülzow/Ch. Wurst, Der Schriftentausch mit den sowjetischen Akademien — eine wichtige Hilfe für unsere wissenschaftliche Arbeit. In: Spektrum, H. 2/3, 1968, S. 90).

148 Vgl. ZStAM, Rep. 76 V c Sekt. 1 Tit. XI Teil VII Nr. 19, Bd. 3, Bl. 320 (Abschrift des Schreibens des Beständigen Sekretärs der Russischen Akademie der Wissenschaften vom 18. Februar 1922); auch in AAW II: IXf. 4 K, Bd. 2, Bl. 100.

149 Vgl. ZStAM, ebda.; AAW ebda., Bl. 107 (Abschrift des Schreibens des Vors. Sekretars der Berliner Akademie der Wissenschaften vom 17. März 1922).

eintraten. Seit Mitte der zwanziger Jahre gehörte die Pflege dieser Zusammenarbeit zu den wertvollsten Leistungen der Wissenschaftspolitik, an der führende Gelehrte auch an der Berliner Akademie beteiligt waren.

Während in den Beziehungen zur Wissenschaft der Sowjetunion in diesen Jahren wertvolle Ansätze wirksam wurden, verlief die Entwicklung der Beziehungen zur Wissenschaft anderer kapitalistischer Länder besonders zögernd. Auch für die Akademie blieb dabei bestimmend, daß sich die imperialistischen Widersprüche, die Gegensätze zwischen den imperialistischen Staaten und die Konsequenzen des Wissenschaftsboykotts hier tiefgreifend auswirkten. Der Abbau des Boykotts entsprach den Bedürfnissen der Wissenschaftsentwicklung. Führende Gelehrte, denen dies selbstverständlich bewußt war, wurden zugleich mit dem außenpolitischen und wissenschaftspolitischen Kurs der herrschenden Kräfte konfrontiert und von ihm beeinflußt. Die deutsche Bourgeoisie war sich letztlich darüber im klaren, daß die Überwindung der wissenschaftlichen Isolierung auch ihren politischen und ökonomischen Interessen entsprach. Unterschiedliche Auffassungen gab es über die Wege und das Tempo, in denen dieses Ziel unter möglichst günstigen, die außenpolitischen Positionen des imperialistischen Deutschlands stärkenden Bedingungen angestrebt werden sollte.

Führungsansprüche auf dem Gebiet der wissenschaftlichen Auslandsbeziehungen erhoben für die Institutionen und Organisationen der Wissenschaft der Anfang 1920 gegründete Reichsverband der Deutschen Hochschulen und sein im Mai 1921 gebildeter Auslandsausschuß.[150] Hier, aber auch in den entsprechenden wissenschaftspolitischen Informationen Karl Kerkhofs von der Reichszentrale für wissenschaftliche Berichterstattung[151], wurde gegenüber den Boykottbestrebungen ein harter Kurs vertreten, der geeignet war, nationalistische Ressentiments zu stärken.

Die Akademien der Wissenschaften standen nicht im Mittelpunkt der Auseinandersetzungen um die wissenschaftlichen Auslandsbeziehungen. Im Kartell organisiert, ordneten sie sich dem Führungsanspruch des Hochschulverbandes nicht unter. Die Bedeutung ihrer Stellungnahmen lag darin, daß sie sich vor die Frage nach der Haltung zum internationalen Dachverband für die Forschung in den bürgerlichen Geisteswissenschaften gestellt sahen: Dies aber war die Union Académique Internationale, deren Name bereits auf die hier führende Stellung der Akademien verwies.

Die Berliner Akademie war 1919 Vorort des Kartells der deutschen Akademien und der Wiener Akademie der Wissenschaften. In ihren Diensträumen fand am 3. und 4. Oktober 1919 die Kartellversammlung statt, in der die Hal-

[150] Vgl. ZStAP, Reichsverband der Deutschen Hochschulen Nr. 641, Bl. 57 über die Gründung. Ebda., Bl. 297f., der Organisationsplan des Auslandsausschusses.

[151] Hinweise auf Kerkhofs Tätigkeit enthält u. a. die Arbeit von B. Schröder-Gudehus, Deutsche Wissenschaft und internationale Zusammenarbeit 1914—1928. Ein Betrag zum Studium kultureller Beziehungen in politischen Krisenzeiten. Thèse présenté à l'université de Genève pour l'obtention du grade de docteur des sciences politiques, a. a. O., S. 197.

tung der kartellierten Akademien zur Wissenschaftspolitik anderer kapitalistischer Staaten und ihrer Institutionen — zur Union und zu den in ihr zusammengeschlossenen Einrichtungen im wesentlichen — abgestimmt werden sollte. Auch für Berlin galt dabei, daß diese Haltung in den einzelnen Akademien vorher weitgehend fixiert worden war.[152]

Hermann Diels, der vor der Kartellversammlung „über den wissenschaftlichen Verkehr mit dem feindlichen Auslande" berichtete, faßte seine Darlegungen in drei Fragen zusammen. Zu klären sei, ob auch die kartellierten Akademien die Auflösung der im Kriege faktisch zerschlagenen internationalen Assoziation bestätigen oder ob sie ihre Wiederbelebung über die neutralen Staaten der Kriegsjahre versuchen sollten. Unklar sei, was mit den Fonds der Assoziation zu geschehen und wer hier die Valutaverluste zu tragen hätte. Wichtig sei die Behandlung der Frage, was mit den unter dem Namen der Assoziation erscheinenden wissenschaftlichen Unternehmen (Leibniz-Ausgabe, Corpus Medicorum Graecorum) geschehen sollte. Im übrigen ginge es auch um das Verhältnis der kartellierten Akademien und der einzelnen Gelehrten zum Schriftenaustausch.

Die Klärung der Probleme wurde erschwert, da die Meinungen über das Verhältnis zum Ausland erheblich differierten. Angesichts dessen traten besonders die Berliner Delegierten Hermann Diels und Max Planck dafür ein, die aufgeworfenen Fragen in einer Kommission zu behandeln. Die Kommission, die daraufhin gebildet wurde, legte einen Entschließungsentwurf vor, in dem die Zerschlagung der internationalen Assoziation der Akademien aus der Vorkriegszeit als alleiniges Werk der Versailler Siegermächte bezeichnet und auf die Boykottpolitik unter Beifügung des Statuts der Union Académique Internationale verwiesen wurde.[153] In dieser Situation seien die kartellierten Akademien gewillt, „die im Rahmen der Assoziation begonnenen wissenschaftlichen Unternehmungen an ihrem Teil mit aller Kraft weiterzuführen und werden dabei auch die Mitarbeit und Unterstützung auswärtiger Forscher und gelehrter Körperschaften willkommen heißen". Die Bereitschaft zur Zusammenarbeit mit ausländischen Forschern betraf vor allem das Corpus der griechischen Ärzte, für das Diels eine entsprechende Lösung als wünschenswert bezeichnete. Im wesentlichen wurde die folgenschwere Kursnahme auf die alleinige Fortführung von Gemeinschaftsunternehmen, für deren Unterstützung nur an Gelehrte aus neutralen Staaten gedacht war, hier bestätigt. Auch diese Haltung war in den Akademien zuvor bereits meist fixiert worden.[154] Die allgemeine Bereitschaft zur Wiederaufnahme von Beziehungen wurde für den Fall betont, daß die ausländische Wissenschaft dies „auf Grund voller Gegenseitigkeit" wünsche. Vorerst

---

152 Vgl. dazu die Abschrift des Schreibens der Heidelberger Akademie/Phil.-Hist. Klasse an die Wiener Akademie vom 27. 5. 1919, in dem ein Abwarten auf Wünsche nach Schriftentausch nach dem Abschluß des Friedensvertrages oder auf bessere Stimmung empfohlen wird. (AAW II: VI; a 13, Bd. 4, Bl. 83); zum folgenden ebda., Bl. 179 S. 5).

153 Zur Gründung der UAI und des IRC vgl. oben S. 110.

154 Vgl. dazu z. B. die Ansprache des Vorsitzenden Sekretars Max Planck zum Leibniztag 1919. In: Sb., Jg. 1919, 1. Halbband, S. 547ff.

würde den wissenschaftlichen Institutionen — Akademien, Hochschulen, Gesellschaften, Museen, Bibliotheken, Archiven — und den Gelehrten gegenüber der früheren Entente „größte Zurückhaltung" empfohlen. Der Nachweis der Bereitschaft zur Zusammenarbeit auf der Basis voller Gegenseitigkeit sei Voraussetzung dafür, daß Gesuchen um Schriftenaustausch und Überlassung wissenschaftlichen Materials zugestimmt werden solle.[155]

Mit diesen Empfehlungen — denen noch kein endgültiger Charakter beigemessen werden sollte — gab die Kartellkommission eine dehnbare und dilatorische Orientierung. Die Alleinverantwortung für die weiteren Auseinandersetzungen schob sie den Versailler Siegermächten und ihren wissenschaftlichen Institutionen zu. Bei all dem beeinflußte die Hoffnung auf neutrale Mächte des Weltkrieges und ihre Akademien auch die Auslandspolitik des Kartells. Der Beitritt der Akademien der Wissenschaften Norwegens, Schwedens, Dänemarks, Hollands und der Schweiz zur UAI, bei dem die Absicht, die Boykottbestrebungen innerhalb der Union zu überwinden, angedeutet wurde, fand daher im Kartell kein Verständnis.[165]

Die Widersprüche, die das imperialistische Versailler System der Nachkriegszeit bestimmten, wirkten in den wissenschaftlichen Beziehungen zwischen den kapitalistischen Staaten und prägten sich auch in den Festlegungen der kartellierten Akademien. Es war durchaus konsequent, daß die junge Sowjetmacht, die den in Brüssel gegründeten wissenschaftlichen Dachverbänden (der Union Académique Internationale und dem Conseil des Recherches) damals nicht angehörte, sich auch in dieser Frage von der konsequenten Ablehnung des Versailler Raubfriedens und seiner Folgeerscheinungen leiten ließ und sich z. B. für die Aufhebung des Boykotts im Conseil einsetzte.[157] Dazu ist es vorerst nicht gekommen. Es kann aber nicht übersehen werden, daß in der Haltung der deutschen Akademien nationalistische Tendenzen wirksam waren. Auch in diesen Fragen wirkten indessen verschiedene Einflüsse zusammen. Eine wesentliche Rolle spielte immer wieder die Orientierung auf ein koordiniertes Vorgehen des Kartells. Dies konnte unterschiedliche Konsequenzen haben, da in den einzelnen Akademien zu bestimmten Zeitpunkten diese oder jene Auffassungen einflußreich sein konnten. Für ein koordiniertes Vorgehen war auch die Zustimmung der Wiener Akademie erforderlich.[158] Die Österreichische Akademie der Wissenschaften in Wien hat

---

[155] Vgl. Protokolle der Kartellversammlung ... in Berlin. Am 3. und 4. Oktober 1919. In: AAW II: VI a 13, Bd. 4, Bl. 179 (S. 5 sowie die Beilage IV — Protokoll der Kommissionssitzung vom 3. Oktober 1919 — hierzu ebda., S. 17f.).

[156] Vgl. B. Schröder-Gudehus, a. a. O., S. 202f.

[157] Vgl. E. Pachaly/G. Rosenfeld/H. Schützler/H. Schulze-Wollgast, a. a. O., S. 448.

[158] Am 30. Juni 1922 hatte die Wiener Akademie der Akademie in Berlin mitgeteilt, daß in Kreisen der Pariser Académie des Inscriptions et des belles Lettres offenbar eine gesonderte Aufnahme Wiens in die Union Académique Internationale begrüßt würde und ein entsprechender Wiener Antrag dort Befürwortung fände. Wien hätte sein prinzipielles Interesse an der Wiederaufnahme der Beziehungen bekundet, gleichzeitig jedoch betont, daß sich die Akademie in solchen Fragen mit den deutschen Akademien abstimmen müsse.

damals mit Rücksicht auf die heikle Stellung Österreichs nach dem Zusammenbruch der Habsburger Monarchie, also aus eigenem praktisch-politischem Interesse des österreichischen Staates, gegenüber dem Einfluß des Nationalismus im Kartell dämpfend gewirkt.

Das Auswärtige Amt war bemüht, die Leistungen deutscher Wissenschaftler für die Stärkung außenpolitischer Positionen nutzbar zu machen. Es zog zum Beispiel Erkundigungen bei den deutschen diplomatischen Vertretungen im Auslande ein, um die Stellung anderer Staaten und ihrer Gelehrten zum Wissenschaftsboykott festzustellen und die eigene wissenschaftspolitische Aktivität dort zu verstärken, wo sich wie in Skandinavien oder Lateinamerika günstigere Ansatzpunkte zu bieten schienen.[159]

Für die Akademie ergab sich hieraus eine widerspruchsvolle Situation. Reisen führender Gelehrter und Akademiemitglieder nach Schweden zur Entgegennahme des Nobelpreises und damit verbundene Ehrungen wurden von der deutschen Diplomatie als Erfolge kulturpolitischen Vordringens ausgewertet.[160] Auch Vortragsreisen deutscher Wissenschaftler wurden soweit als möglich für die Wiedergewinnung früherer Positionen des imperialistischen Deutschlands im Auslande genutzt.

Dies war nicht allen beteiligten Wissenschaftlern voll bewußt und wurde von manchen nicht gewünscht. Albert Einstein zum Beispiel unternahm seine Auslandsreisen in dem Bemühen, zur friedlichen Verständigung der Völker und ihrer Wissenschaftler beizutragen. Er fand sich hierin mit Männern wie Paul Langevin in Frankreich zusammen, der Einsteins Vortragsreise nach Frankreich (1922) im gleichen Sinne für notwendig erachtete und unterstützte.[161] Zugleich halfen großbürgerliche Politiker, unter ihnen Walter Rathenau, beim Zustandekommen dieser Reisen, weil auch sie darin einen Beitrag zur Festigung des internationalen Einflusses des bürgerlichen Deutschland sahen. Die deutsche Diplomatie, die gegenüber Einstein Vorbehalte hatte, verfolgte gleichwohl aufmerksam das Echo seiner Vortragsreisen. Gegenüber Albert Einstein stand Hermann Diels, der Sekretar der Akademie, auf konservativerem Boden; sorgfältig registrierten die

---

(Vgl. AAW II: VIa 13, Bd. 4, Bl. 23). Wien wurde seit Frühjahr 1922 — in Abstimmung mit italienischen und USA-Akademiekreisen — auch von der Amsterdamer Akademie zum Beitritt gedrängt. (Vgl. ebda., Bl. 35f. — Schreiben Amsterdams an Wien v. 15. 5. 1922, abschriftlich an Berlin z. K.).

[159] Vgl. hierzu: ZStA Potsdam, RMdI, Nr. 9003, Bl. 12, 16, 19, 20, 25, 36ff., 58, 100, 118, 156, 172 (Berichte diplomatischer Vertretungen in Mexiko, Bukarest, Den Haag, Brüssel, Kopenhagen, Helsingfors, Madrid, Barcelona, Stockholm zu der entsprechenden Anfrage des Auswärtigen Amtes).

[160] Vgl. den Bericht der deutschen Gesandtschaft in Stockholm v. 2. 6. 1920 zur Übergabe des Nobelpreises an Planck, Haber und Stark, zu der auch die früheren Preisempfänger von Laue und Willstätter anwesend waren (ZStA Potsdam, RMdI, Nr. 8970, Bl. 120. Ebda., Bl. 145: Bericht der Stockholmer Gesandtschaft über den Einspruch Lenards von 1923 gegen die Nobelpreisverleihung (1922) an Einstein).

[161] Vgl. hierzu A. Langevin, Paul Langevin, Mon Père. L'homme et l'oeuvre, Paris 1971, S. 88ff. (bes. S. 91f.).

zuständigen Diplomaten auch die Wirkung, welche die Vorträge von Diels zum Beispiel 1922 in Kopenhagen hatten.[162]

Für die tatsächliche Zurückdrängung des Wissenschaftsboykotts war die zunehmende Beteiligung deutscher Gelehrter und Berliner Akademiemitglieder an internationalen Kongressen verschiedener wissenschaftlicher Disziplinen bedeutungsvoll. Wesentlich war zugleich die allmähliche Wiederaufnahme des Schriftentausches mit Bibliotheken, wissenschaftlichen Einrichtungen und Organisationen anderer Länder. Die Akademie bot mit ihren Sitzungsberichten und Abhandlungen auch in den Jahren der Nachkriegskrise und der besonderen Notlage der bürgerlichen deutschen Wissenschaft einen wertvollen, zum Teil repräsentativen Einblick in viele Ergebnisse der Forschung. Sie wurde zu einem der Zentren des wiedereinsetzenden Schriftentausches, wobei sich auf die Wiederherstellung von Verbindungen zu den wissenschaftlichen Institutionen anderer bürgerlicher Staaten wiederum die imperialistischen Widersprüche auswirkten: Tauschverbindungen wurden vorerst insbesondere zur Wissenschaft der im Weltkrieg neutral gebliebenen Staaten, aber auch der USA aufgenommen. Auch diese einseitige Orientierung trat in der Folge zunehmend zurück, indem die Bedürfnisse der Wissenschaft auch die Akademie wieder stärker mit dem internationalen wissenschaftlichen Tauschverkehr verbanden.

3. Die Mitglieder der Akademie

a) Leitung und Mitgliedschaft

Die Struktur und die Arbeitsweise der Akademie ergaben sich auch nach 1918 aus dem Statut von 1881 und der Geschäftsordnung von 1884 mit den wenigen Ergänzungen aus der Zeit vor 1914. Die Novemberrevolution und der Sturz der Monarchie fanden allein — und insofern ähnlich wie bei der Kaiser-Wilhelm-Gesellschaft — im Erlöschen des Patronates des gestürzten Kaisers Wilhelm II. ihren formellen Niederschlag.

Als Sekretar der physikalisch-mathematischen Klasse amtierte bis 1919 der Anatom Wilhelm von Waldeyer-Hartz. für den dann der Hygieniker Max Rubner gewählt wurde; mit ihm zusammen blieb Max Plank als Sekretar der Klasse tätig. Sekretare der philosophisch-historischen Klasse waren bis 1926 der Germanist

[162] Vgl. z. B. ZStA Potsdam, RMdI, Nr. 9003, Bl. 114: Bericht der deutschen Botschaft in Paris vom 29. 4. 22 über Einsteins erfolgreiche Vortragstätigkeit in Paris. Einstein hatte es dabei vermieden, zur deutschen Botschaft Verbindungen zu unterhalten. Vgl. zu Einsteins Reisen auch S. Grundmann, Der deutsche Imperialismus, Einstein und die Relativitätstheorie, a. a. O., S. 215ff.; ders., Die „Franzosenreise" Albert Einsteins im Jahre 1922. In: Wiss. Zs. d. TU Dresden, H. 2/1966, S. 427ff. Siehe auch ZStA Potsdam, RMdI, Nr. 9003, Bl. 138: Bericht der deutschen Botschaft in Kopenhagen über die Vorträge von Hermann Diels zu Problemen aus dem Bereich der Altertumswissenschaften.

Gustav Roethe, bis 1920 der Altphilologe Hermann Diels, für den dann der Indologe Heinrich Lüders gewählt wurde. Die Sekretare bildeten das Sekretariat der Akademie, das Beratungen und Entscheidungen des Plenums und der Klassen vorzubereiten oder durchzuführen hatte und die laufenden Geschäfte der Akademie führte. Für die Finanzierungsfragen der wissenschaftlichen Arbeit waren die drei Geldverwendungsausschüsse der Gesamtakademie und der beiden Klassen zuständig, die Instrumente der Akademieleitung darstellten. Hier kam auch den Kuratorien der Stiftungen, die aus Akademiemitgliedern bestanden, eine gewisse, von Fall zu Fall unterschiedliche Bedeutung zu.

Die Zahl der Ordentlichen Mitglieder blieb weiterhin auf 70 — je 35 aus jeder der beiden Klassen — begrenzt. In ihrer Mehrzahl blieben die Mitgliederstellen in traditioneller Weise an bestimmte Fachdisziplinen gebunden. Eine Reihe von Stellen blieb auch weiterhin frei verfügbar. Die Fachbindung galt für die jeweils 100 Stellen für Korrespondierende Mitglieder jeder der beiden Klassen. Infolge der beschränkten Zahl der Mitgliederstellen, für die die traditionelle Fachverteilung galt, und zugleich durch die Bindung der Ordentlichen Mitglieder an Berlin und seine Umgebung blieben die Möglichkeiten der Akademie begrenzt, neuen Tendenzen der Wissenschaftsentwicklung und neuen Forschungsergebnissen durch Zuwahlen Rechnung zu tragen. Dabei wurde bereits gezeigt, daß dies durch die Konzentration führender Gelehrter an den Berliner Forschungsinstitutionen für verschiedene Disziplinen eine bedeutende Kompensation erfuhr.

Nur fünf Gelehrte umfaßte jetzt die Reihe der Auswärtigen Mitglieder, unter denen sich seit 22. Dezember 1920 Wilhelm Conrad Röntgen befand. Einige Ordentliche Akademiemitglieder, die inzwischen Berlin verlassen hatten, wurden noch bis 1925 in der Reihe der Ehrenmitglieder geführt.[163] Dies betraf aus den Jahren zuvor die Historiker Max Lenz und Max Lehmann, den Kunsthistoriker Heinrich Wölfflin und den Chemiker Richard Willstätter, zu denen nunmehr der Germanist Andreas Heusler (EM 1. 10. 1919), der Archäologe Johannes (Hans) Dragendorff (EM 1. 4. 1922), der Geologe Wilhelm Brance (EM 6. 5. 1918) und der Mathematiker Konstantin Carathéodory (EM 10. 2. 1919) traten.

b) Mitglieder der physikalisch-mathematischen Klasse

Die physikalisch-mathematische Klasse der Akademie hat in der Zeit zwischen dem 1. Januar 1918 und dem 1. Januar 1924 insgesamt 12 neue Ordentliche Mitglieder gewählt, unter denen sich bedeutende Vertreter verschiedener Fachdisziplinen aus der Berliner Universität und den führenden anderen Forschungseinrichtungen Berlins befanden. Eine Übersicht über die Entwicklung der

---

[163] Neue Ehrenmitglieder hat die Akademie in diesem Zeitraum nicht gewählt. Unter den Gewählten aus den Vorkriegsjahren befand sich Friedrich Schmidt-Ott, der Präsident der Notgemeinschaft.

Stellenbesetzung für Ordentliche Mitglieder ergibt für diesen Zeitraum folgendes Bild[164]:

Tabelle 1
Ordentliche Mitglieder der physikalisch-mathematischen Klasse

Stellenverteilung (Fachstellen und „freie" — d. h. nicht fachgebundene Stellen)	Zahl der zur Verfügung stehenden Stellen	Besetzt am 1. 1. 1918	Besetzt am 1. 1. 1924
Physik	2	2	2
Chemie	2	2	2
Mineralogie und Geologie	2	2	2
Botanik	2	2	2
Zoologie	2	1	1
Anatomie und Physiologie	2	2	2
Wissenschaften, die früher zur mathematischen Klasse gerechnet wurden	6	3	5
Freie Stellen der Statuten von 1881	9	5	5
Neue Stellen von 1900	3	2	2
Neue Stellen von 1906	2	2	1
Neue Stellen von 1911	3	3	2
Insgesamt	35	26	26

Der Akademie gehörten in jenen Jahren führende Naturwissenschaftler als Ordentliche Mitglieder an. Dies war in der Physik besonders augenfällig: Hier war die Akademie bereits durch ihre Mitglieder Max Plank und Albert Einstein an hervorragender Stelle mit dem wissenschaftlichen Fortschritt verbunden. Max Planck, Albert Einstein, Max von Laue und andere Physiker haben damals ihre Erkenntnisse auch vor der Akademie vorgetragen.

Planck betonte in seinen Vorträgen vor dem Plenum und der Klasse spezielle Fragen der Quantentheorie.[165] Er war sich der prinzipiellen Bedeutung jener Entwicklung bewußt, die er selbst im Jahre 1900 mit der Entdeckung des Wirkungsquantums eingeleitet hatte und die seitdem durch Albert Einstein, Niels Bohr und viele andere fortgeführt worden war. Die theoretische Physik stünde vor einem Wendepunkt ihrer Entwicklung, hatte er am Leibniztag 1922 vor der Akademie betont. Zugleich bemühte er sich, wie sein Vortrag über die Atomtheorie Bohrs von 1923 erneut zeigte, um die Kontinuität zu den klassischen Er-

[164] Aufstellungen nach AAW II: IIIc 2, Bd. 1, Bl. 41, 47. Zu den allgemeinen Angaben über die Sekretare und Mitglieder der Akademie vgl. E. Amburger, Die Mitglieder der Deutschen Akademie der Wissenschaften zu Berlin 1700—1950, Berlin 1950; K.-R. Biermann/G. Dunken, Deutsche Akademie der Wissenschaften zu Berlin. Biographischer Index der Mitglieder, Berlin 1960.

[165] Vgl. hierzu seine Vorträge: Zur Quantelung des asymmetrischen Kreisels. In: Sb., Jg. 1918, S. 1166ff.; Die Dissoziationswärme des Wasserstoffs nach dem Bohr-Debyeschen Modell. In: Sb., Jg. 1919, S. 914ff.; Die Energieschwankungen bei der Superposition periodischer Schwingungen. In: Sb., Phys.-math. Kl., Jg. 1923, S. 350ff.; Bemerkung zur Quantenstatistik der Energieschwankungen. In: Ebda., S. 355ff.

kenntnissen, deren geläuterte Bestandteile es für die neue Theorie ohne völligen Bruch zu übernehmen gelte.[166] Im Jahre 1923 wurde Max Plancks wissenschaftliche Zurückhaltung auch hier durch die noch unbewältigten Schwierigkeiten der Quantentheorie bestärkt. Wesentlicher war das Bekenntnis des großen Physikers zum „Wirklichkeitssinn", zum „Respekt vor den Tatsachen", die Niels Bohr — neben synthetischer Begabung — zu seinem quantentheoretischen Atommodell geführt hätten. Max Planck hat damals vor allem die induktive Lösung jener Quantenprobleme erwartet, als deren schwierigstes er „die Frage nach den Einzelheiten des Vorgangs der Strahlungsemission und Absorption" bezeichnete. Er hatte bis 1926 ein Ordinariat für theoretische Physik an der Berliner Universität inne. Plancks wissenschaftliche und menschliche Autorität, sein ständiger Einsatz als Sekretar und seine führende Mitwirkung bei der Neuwahl von Akademiemitgliedern trugen in den Jahren nach 1918 wesentlich zum Ansehen der Akademie bei.

Albert Einstein gehörte der Klasse als einziges Mitglied an, für das eine besoldete Stelle eingerichtet blieb. Einsteins Bemühungen um die allgemeine Relativitätstheorie und ihre Konsequenzen fanden in der Akademie ihren Niederschlag. Vor der Klasse behandelte er jene Lösung der Gravitationsgleichungen, in denen William de Sitter „möglicherweise die metrische Struktur des Weltraumes" sehen wollte; er stellte den de Sitter-Kosmos in seiner kritischen Betrachtung als komplementäres Gegenstück seinem statisch-kugelsymmetrischen Weltmodell gegenüber.[167] In der Plenarsitzung vom 2. Mai 1918 diskutierte Albert Einstein eine von ihm selbst vorgelegte Arbeit Hermann Weyls über „Gravitation und Elektrizität". Weyls Untersuchung ging von der Einstein-Auffassung

---

166 Vgl.: Die Bohrsche Atomtheorie. In: Die Naturwissenschaften 11/23, S. 535ff. Wiedergabe in: M. Planck, Physikalische Abhandlungen und Vorträge, Bd. II, Braunschweig 1958, S. 543ff.

167 Vgl. A. Einstein, Kritisches zu einer von Hrn. de Sitter gegebenen Lösung der Gravitationsgleichungen. In: Sb., Phys.-math. Klasse, S. 270ff. (Sitzung der Kl. vom 7. 3. 1918). Die Diskussion über die Struktur des Weltalls hatte Einsteins Vortrag „Kosmologische Betrachtungen zur allgemeinen Relativitätstheorie" in der Akademie eingeleitet (Sb., Jg. 1917, S. 142ff.). Damit war das erste mathematisch begründete Weltmodell entwickelt worden, auf dem alle weiteren Theorien aufbauten. „Einstein hat als erster hier eine Spur aufgenommen, indem er bei der Gravitationstheorie eine kosmologische Konstante einführte, die auf die Dimensionen des als endlich angenommenen Universums bezogen ist, und indem er die Hypothese eines zylindrischen Weltalls entwickelte, während der holländische Astronom de Sitter die Hypothese eines kugelförmigen Weltalls untersuchte." (L. de Broglie, Das wissenschaftliche Werk Albert Einsteins. In: Albert Einstein als Philosoph und Naturforscher, hrsg. v. P. A. Schilpp, Stuttgart 1955, S. 52). Das von Einstein hier kritisierte de Sitter-Universum erwies sich als mathematisch fruchtbar; aus ihm folgte, wie Weyl feststellte, die theoretische Erkenntnis der Rotverschiebung. Das Einstein- wie das de Sitter-Universum stellten „sozusagen zwei Grenzfälle eines Universums dar . . ., das in einem Falle ganz mit Materie angefüllt (bei Einstein, d. Verf.), im anderen ganz leer von Materie ist" (de Sitter), bemerkt Infeld hierzu. (L. Infeld, Über die Struktur des Weltalls. In: Albert Einstein als Philosoph und Naturforscher, a. a. O., S. 356f.). Auch Infeld verweist auf die Weiterführung der theoretischen Kosmologie durch Fridman, dem hierin Lemaître und Robertson folgten.

eines vierdimensionalen Raum-Zeit-Kontinuums aus; in ihr wurde eine Geometrie postuliert, „die überraschenderweise nicht nur die Gravitationserscheinungen, sondern auch die des elektromagnetischen Feldes erklärt".[168] In der so entstehenden Theorie, in der Gravitation und Elektrizität untrennbar seien, hätten „alle physikalischen Größen eine weltgeometrische Bedeutung; die Wirkungsgröße insbesondere tritt in ihr von vornherein als reine Zahl auf. Sie führt zu einem im wesentlichen eindeutig bestimmten Weltgesetz, ja sie gestattet sogar, in gewissen Sinne zu begreifen, warum die Welt vierdemensional ist". Weyl hatte Fragen des Zusammenhanges von Gravitation und elektrischem Feld sowie von Physik und Geometrie behandelt, die Einstein in der Folge immer bestimmender beschäftigten und deren Kühnheit er bei Weyl folgerichtig würdigte. Die hier begonnene Diskussion erwies jedoch die philosophisch-methodologischen Differenzen zwischen beiden.

Zu der Diskussion zwischen Albert Einstein und Hermann Weyl stellt Hans-Jürgen Treder zusammenfassend fest[169]:

„Bei der Diskussion der einheitlichen Feldtheorie von Weyl zeigte Einstein ..., daß die physikalische Erfahrung verlangt, der Raum-Zeit eine wohldefinierte Metrik ... zuzuschreiben. Die Geometrie muß die Definition von Normalmaßstäben und von Normaluhren gestatten, deren Gang unabhängig ist von ihrer Vorgeschichte und nur vom Weltort der Uhr abhängt. Andernfalls könnte es keine scharfen Spektrallinien geben, wie sie von metastabilen Atomen, die angenähert Normaluhren repräsentieren, emittiert werden ... Einsteins Argumentation ist ein besonders instruktives Beispiel dafür, daß und wie die Axiome, die der Geometrie des physikalischen Raumes zugrunde zu legen sind, aus der Erfahrung resultieren. Dieses Beispiel wiederlegt übrigens konkret sowohl den transzendentalen Idealismus Kants wie auch die konventionalistische Raum-Auffassung Poincarés ..."

Weiterhin führt Treder aus:

„Aus der Diskussion zwischen Einstein und Weyl ging eindeutig hervor, daß das von Weyl postulierte Zusatzfeld ... kein bekanntes physikalisches Feld sein kann. Die Ergebnisse der Astrophysik und Kosmologie bestätigten sowohl im Gesamtsystem wie in einer Fülle von Einzeldaten, daß das der astronomischen Forschung zugrunde liegende Prinzip der Fernvergleichbarkeit von Eigenmeßwerten auch tatsächlich der Realität entspricht. Somit besteht zunächst kein Anlaß, in Weyls Konzeption der Wegabhängigkeit der physikalischen Eigenmeßgrößen mehr als eine mathematische Denkmöglichkeit zu sehen ..."[170]

---

[168] H. Weyl, Gravitation und Elektrizität. In Sb., Jg. 1918, S. 465ff. (hier S. 467) — Sitzung der Phys.-math. Kl. vom 2. 5. 1918.

[169] H.-J. Treder, Relativität und Kosmos. Raum und Zeit in Physik, Astronomie und Kosmologie. WTB, Bd. 52, 2. Auflage, Berlin/Oxford/Braunschweig 1970, S. 51.

[170] H.-J. Treder, Zur Frage der Zeitabhängigkeit der Naturgesetze. In: Zur Geschichte der Erde und des Kosmos. Veröffentl. des Forschungsbereichs Kosm. Phys. H. 1, Berlin 1973, S. 71.

Die Diskussion Albert Einsteins mit seinem Kollegen Hermann Weyl, der in Zürich geblieben war, wurde Jahre hindurch auf persönlicher Ebene fortgesetzt. Sie unterstrich letztlich, daß Einstein eine physikalische Erkenntnis dann als bewiesen ansah, wenn sie mit der Realität übereinstimmte. „Wie ich über das Verhältnis zur Realität denke, wissen Sie ja, es hat sich daran nichts geändert", bekräftigte er am 27. September 1918 in einem Brief an Weyl.[171] Es entsprach dem, daß er die erkenntnistheoretischen Auffassungen Ernst Machs, von denen auch er „in jungen Jahren" beeindruckt wurde, also den „empiriokritischen" Neopositivismus Machs, als im wesentlichen unhaltbar ablehnte.[172] In der Akademie erläuterte er seine Auffassung des Energie-Impulssatzes.[173] Die Weiterentwicklung der allgemeinen Relativitätstheorie hat er in zwei Akademievorträgen behandelt.[174] Zugleich äußerte er sich bereits zur Problematik einer einheitlichen Feldtheorie und ging auf die Frage der Verbindung von Feld- und Quantentheorie ein.[185] In seinem Festvortrag über „Geometrie und Erfahrung" befaßte sich Einstein vor dem Plenum der Akademie im Jahre 1921 mit Grundlagenfragen, die an die allgemeine Relativitätstheorie anknüpften.[176] Hier ergaben sich direkte Berührungspunkte zur Disskussion mit Weyl, da es Einstein um das Verhältnis zwischen Theorie und Erfahrung in der Physik zu tun war. Er betonte die relative Selbständigkeit der mathematisierten Theorie und der Geometrie. Zugleich verwies er auf die Astronomie, von der aus die Aussagen der allgemeinen Relativitätstheorie ihre weitere Bestätigung erfahren könnten. Er ging davon aus, daß die allgemeine Relativitätstheorie zunächst die Vorstellung einer unendlichen Welt zulasse, befaßte sich dann jedoch besonders mit der relativistischen Annahme der endlichen Welt. Später, zunächst kaum beachtet, vollzog A. A. Fridman den entscheidenden Schritt zu einem expandierenden relativistischen Weltmodell.

---

[171] Carl Seelig, Albert Einstein. Leben und Werk eines Genies unserer Zeit, 2., erweit. Aufl., Zürich 1960, S. 280.

[172] Vgl. ebda.,, S. 54. Die hier gegebene Einschätzung galt bereits für jene Zeit: Einstein gab z. B. auf seiner Frankreich-Reise 1922 über Ernst Mach auf philosophischem Gebiet ein negatives Urteil ab. (Vgl. dazu auch: S. Grundmann, Die „Franzosenreise" Albert Einsteins. In: Wiss. Zs. der TU Dresden, Jg. 15/1966, H. 2, S. 429).

[173] Vgl. Der Energieumsatz in der allgemeinen Relativitätstheorie. In: Sb., Jg. 1918, S. 448ff.

[174] Vgl. z. B. Über eine naheliegende Ergänzung des Fundaments der allgemeinen Relativitätstheorie. In: Sb., Jg. 1921, S. 261ff.; Zur allgemeinen Relativitätstheorie. In: Sb., Jg. 1923, Phys.-math. Kl., S. 32ff.; Bemerkungen zu meiner Arbeit „Zur allgemeinen Relativitätstheorie". In: Ebda., S. 76f.

[175] Vgl. dazu Bietet die Feldtheorie Möglichkeiten für die Lösung des Quantenproblems? In: Ebda., S. 359ff.

[176] Vgl. A. Einstein, Geometrie und Erfahrung. In: Sb., Jg. 1921, S. 123ff.; Erweiterte Fassung des Festvortrages, gehalten vor der Berliner Akademie der Wissenschaften zu Berlin am 27. Januar 1921, Berlin 1921. Der Vortrag wurde am 23. Februar 1921 an der Berliner Universität in Anwesenheit von etwa 900 Hörern wiederholt, von denen etwa 2/5 Mathematiker und Physiker waren. (Vgl. F. Herneck, Die Einstein-Dokumente im Archiv der Humboldt-Universität zu Berlin. In: NTM, H. 2/1973, S. 32f.)

Albert Einstein hat als einziges Akademiemitglied demokratische Hoffnungen an die Beseitigung der monarchistisch-militaristischen Ordnung geknüpft.[177] Zusammen mit Maxim Gorki, Henri Barbusse, Frans Masereel, Upton Sinclair, Bertrand Russell, Stefan Zweig, Leonhard Frank, Heinrich Mann, Helmuth von Gerlach, F.W. Foerster und Georg Friedrich Nicolai gehörten Einstein und David Hilbert, der große Physiker und der führende Mathematiker, zu den Unterzeichnern einer „Unabhängigkeitserklärung des Geistes", die von Romain Rolland verfaßt und am 26. Juni 1919 von der Pariser „Humanité" veröffentlicht wurde. Die Erklärung enthielt eine scharfe Absage an den Chauvinismus und Nationalismus, der während des Weltkrieges auch unter bürgerlichen Gelehrten sein Extrem erreicht hatte. Sie forderte zur Herstellung eines neuen Bundes der Geistesarbeiter auf, der fester und verläßlicher sein sollte als die früheren Verbindungen zwischen ihnen. In ihr kamen Hoffnungen zum Ausdruck, die humanistische Intellektuelle mit der antimilitaristischen und antiimperialistischen Bewegung und der Beendigung des Völkermordens verbanden.

Albert Einstein blieb aktives Mitglied der „Deutschen Liga für Menschenrechte", zu der sich der „Bund Neues Vaterland" umgestaltete.[178] Als Angehöriger des Zentralkomitees der 1923 gegründeten „Gesellschaft der Freunde des Neuen Rußland" hatte er den Gründungsaufruf der Gesellschaft mitunterzeichnet.[179] Er hat damals zeitweise im Völkerbundausschuß für wissenschaftliche Zusam-

---

177 Auf einer Karte an Max und Hedi Born vom 19. 1. 1919 heißt es: „Wie wird alles werden? Man kann die Gedanken kaum von dem verwandelten und sich noch immer wandelnden Berlin loskriegen. Ich glaube, es wird gut werden in anderm Sinne, wenn wieder Ruhe eingekehrt ist. Die Jungen, die all das erlebt haben, werden nicht so bald Spießbürger." Hier wird Einsteins Optimismus deutlich, der jedoch die gesellschaftliche Wirklichkeit nach dem Scheitern der Novemberrevolution nicht in Rechnung stellte. Born bemerkt zu Einsteins Kartengruß: „Seine Gedanken blieben in dem von der Revolution geschüttelten Berlin. Die knappen Worte der Karte zeigen, welche Hoffnungen er auf das neue Regime, die Republik unter Ebert, setzte. Das Preußentum mit seinem arroganten Militarismus war ihm aufs tiefste verhaßt, und er glaubte, daß es endlich gestürzt sei und alles besser werden könne. Ich glaubte damals dasselbe, und das war ein Band unserer Freundschaft. Wir haben uns gründlich geirrt — es kam noch viel schlimmer." (Albert Einstein, Hedi und Max Born, Briefwechsel, a. a. O., S. 28).

178 Der Text der hier erwähnten „Unabhängigkeitserklärung des Geistes" ist wiedergegeben in Romain Rolland, Der freie Geist, Berlin 1966, S. 420f. Einstein und die „Gesellschaft der Freunde des Neuen Rußland" vgl. u. a.: ZStA Potsdam, RKO, Nr. 485, Bl. 16 (Schreiben des Reichskomm. an den Staatssekretär in der Reichskanzlei v. 27. 7. 23. Mit Einstein werden als Mitglieder aufgeführt: Graf Arco, A. Holitscher, Käthe Kollwitz, Prof. Schücking, Prof. Max Lehmann, Helene Stöcker, Helmuth von Gerlach, Prof. Paul Oestreich, René Schickelé u. a.).

179 Vgl. ZStA Potsdam, RMdI, Nr. 13394/3, Bl. 148f. (Gründungsaufruf, unterzeichnet vom Arbeitsausschuß und Zentralkomitee — in letzterem u. a. mit Einstein: Bernhard Kellermann, Th. Liebknecht, P. Oestreich, Oberstadtschulrat Paulsen/Berlin, die Verleger E. Rowohlt und S. Fischer, der Intendant der Staatsoper Max v. Schillings, P. Löbe/Präsident des Reichstages, Thomas Mann, Prof. Franz Oppenheimer). Vgl. auch Staatsarchiv Potsdam, Pr. Br. Rep. 30C Tit. 59 Sect. 9, Nr. 43, Bl. 58, zur Gründung.

menarbeit mitgearbeitet, wo er mit Marie Curie zusammentraf.[180] Zudem erbittert über den Antisemitismus, hat er auch zionistische Bestrebungen unterstützt, wobei ihm Enttäuschungen über die Entwicklung des Zionismus nicht erspart blieben. Angesichts des Treibens reaktionärer Kräfte hielt er die Vorbehalte gegenüber der deutschen Staatsangehörigkeit aufrecht, die aus seiner Dienststellung in der Akademie abgeleitet wurde; er hat sich gegenüber nationalistischen Einflüssen in der Akademie distanziert.[181]

Emil Warburg, der Präsident der Physikalisch-Technischen Reichsanstalt 1905—1922, hatte als Experimentalphysiker auf vielen Gebieten wertvolle Präzisionsmessungen durchgeführt. Er war durch Arbeiten zur Wärmestrahlung, Kapillarelektrizität und zum Energieumsatz bei photochemischen Vorgängen — besonders bei der Ozonbildung und der Bildung des Stickstoffoxyds — bekannt geworden. Warburgs „Lehrbuch der Experimentalphysik", 1893 herausgegeben, war auch jetzt weit verbreitet (24. Aufl. 1933). Vor der Akademie hatte er seit 1911 über seine Untersuchungen zum Energieumsatz bei photochemischen Vorgängen berichtet; er setzte diese Berichterstattung 1919 in einem Akademievortrag fort.[182]

Die Zuwahl Max von Laues (OM 14. 8. 1920), der mit seinen Assistenten Walther Friedrich und Paul Knipping durch die bereits erwähnte Entdeckung der Röntgenstrahlinterferenzen am Kristallgitter der Physik, der physikalischen Chemie, der Mineralogie wie der Technik neue Arbeitsbereiche von weittragender Bedeutung erschloß und hierfür bereits 1914 den Nobelpreis zugesprochen erhielt, wurde für die Akademie ein besonderer Gewinn. Wie sehr sich die führenden Naturwissenschaftler der Akademie der wissenschaftlichen Bedeutung Laues bewußt waren, zeigte die Begründung des Wahlantrages, die Max Planck verfaßt und mit Emil Warburg, Max Rubner, Walther Nernst, Theodor Liebisch, Erhard Schmidt und Albert Einstein unterzeichnet hatte: Mit zäher Energie hätte von Laue die Idee verfolgt, „daß es möglich sein müsse, wie die Lichtstrahlen durch künstliche ebene Kristallgitter, so auch die viel kurzwelligeren Röntgen-

---

[180] Vgl. C. Seelig, Albert Einstein. Leben und Werk eines Genies unserer Zeit, a. a. O., S. 299ff. Hier werden die Widersprüche deutlich, in die er in dieser Kommission geriet. Ebda. S. 300 auch ein Brief Einsteins an Marie Curie.

[181] Vgl. den Schriftwechsel über die Staatsangehörigkeit Einsteins, der sich im Anschluß an die Nobelpreisverleihung 1922 durch eine Stellungnahme des Schweizer Gesandten in Stockholm ergeben hat und Aktionen der deutschen Diplomatie und der Behörden auslöste (AAW II: IIIa Bd. 23, Bl. 98ff.). Die Akademie vertrat den Standpunkt, daß Einsteins beamtetes Dienstverhältnis seine preußisch-deutsche Staatsangehörigkeit nach sich zöge. Demgegenüber verwies Einstein auf die von ihm seinerzeit hierzu erhobenen Vorbehalte, nachdem ihn Haber auf diese Folge seiner Dienstaufnahme aufmerksam gemacht hatte. (Ebda., Bl. 107). Hierzu auch F. Herneck, Über die deutsche Reichsangehörigkeit Albert Einsteins. In: Forschungen und Fortschritt, H. 5/Mai 1963, S. 137ff.). Einstein deutete seine Verärgerung über Nationalismus an der Akademie in einem Brief an Solovine an, einer beabsichtigten Publikation in französischer Sprache würde man dort evtl. nicht zustimmen (Albert Einstein, Briefe an Maurice Solovine, a. a. O., S. 24 (Brief v. 8. 3. 1921).

[182] Vgl.: Photochemische Umwandlung isomerer Körper ineinander. In: Sb., Jg. 1919, S. 960ff.

strahlen durch die entsprechend feineren natürlichen Raumgitter, wie sie jeder Kristall bietet, zur merklichen Interferenz zu bringen ... Wenn auch seine weitere wissenschaftliche Tätigkeit in erster Linie dem Ausbau des von ihm erschlossenen Gebietes galt, so führte ihn doch seine vielseitige mathematisch-physikalische Bildung und sein Bedürfnis, allen Problemen bis auf den letzten erreichbaren Grund zu gehen, auch auf andere Gebiete seiner Wissenschaft. Insbesondere hat er zur Anwendung der Thermodynamik und der Statistik auf Energiestrahlung und Elektronentheorie wichtige Beiträge geliefert und auch eine originelle, namentlich für Physiker wertvolle Darstellung der Einsteinschen Relativitätstheorie ausgearbeitet. Laues Eintritt in die Akademie würde in der gesamten physikalischen Welt als eine wohlverdiente, selbstverständliche Anerkennung der Bedeutung seiner wissenschaftlichen Persönlichkeit aufgenommen werden".[183] Max von Laue, der seit 1919 neben seinem Lehrer Max Planck als Ordinarius für theoretische Physik an der Berliner Universität wirkte, war gleichermaßen um die Klärung theoretischer und praxisbezogener Probleme der Physik seiner Zeit bemüht, wie seine Akademievorträge zeigten.[184] Auch er war sich der Unvollkommenheit des physikalischen Weltbildes in jenen Jahren bewußt. Seinem Vortrag „Das physikalische Weltbild" (1921) lag die Anerkennung der objektiven Realität zugrunde, wenn er sagte: „Jede Wissenschaft ist ein System von Urteilen, und bei der Physik beziehen sich die Urteile auf Tatsachen der physikalischen Wirklichkeit. Unter der Wahrheit des Systems dieser Wissenschaft müssen wir eine Art Übereinstimmung zwischen diesen Urteilen und den Tatsachen verstehen, und diese Übereinstimmung kann nur darin liegen, daß jedem Urteil eine Tatsache und jeder Tatsache ein Urteil eindeutig entspricht."[185] Max vonLaue war als bürgerlicher Humanist und aktiver Gegner wissenschaftsfeindlich-rassistischer Demagogie bereits 1920 hervorgetreten, als er sich für Albert Einstein und die Relativitätstheorie eingesetzt hatte.

Während von Laue auf den Zusammenhang zwischen physikalischer Erkenntnis und objektiver Realität als Kriterium der Wahrheit orientierte, betonte Walther Nernst in einem Vortrag des gleichen Jahres den historischen Aspekt des Erkenntnisprozesses.[186] Den erkannten Naturgesetzen käme im Fortschritt der Erkenntnis provisorische Bedeutung zu; es sei wahrscheinlich, daß sie alle „von dem Charakter des zweiten Wärmesatzes, d. h. wesentlich statistischen Charak-

---

183 Vgl. AAW II: IIIa, Bd. 21, Bl. 100; Physiker über Physiker, a. a. O., S. 221f.

184 Vgl.: Über ein neues Verfahren zur Bestimmung der Wärmeleitfähigkeit bei Glühtemperaturen (zusammen mit W. Gordon). In: Sb., Jg. 1922, Phys.-math. Kl., S. 112ff.; Die Bedeutung des Nullkegels in der allgemeinen Relativitätstheorie. In: Ebda., S. 118ff.; Die Theorie der Feldgleichungen der Schwere von Schwarzschild, Einstein und Trefftz und ihre Vereinigung. In: Sb. Jg. 1923, Phys.-mat. Kl., S. 27ff.; Zur Theorie der von glühenden Metallen ausgesandten Ionen und Elektronen. In: Ebda., S. 334ff.

185 M. v. Laue, Aufsätze und Vorträge, 2. Auflage, Braunschweig 1962, S. 45f.

186 Vgl.: Zum Gültigkeitsbereich der Naturgesetze. Rede zum Antritt des Rektorates der Friedrich-Wilhelm-Universität zu Berlin, gehalten ... am 15. 10. 1921 von Walther Nernst. In: ZStAP, Reichsmin. f. Wiss., Kunst und Volksbildung, Nr. 1255, Bl. 61ff.

ters sind." Auch in diesem Vortrag klangen Nernsts Bemühungen um die Überwindung mechanisch-materialistischer Positionen an, in deren Fortwirken die Krise in den Grundlagen bürgerlich-naturwissenschaftlicher Forschung unter anderem zum Ausdruck kam. Mit der bestehenden Ordnung in Deutschland verbunden, erwies sich Nernst im Bemühen um die möglichst erfolgreiche Fortführung und Beendigung des Krieges realistischer als manche anderen bürgerlichen Gelehrten; er hatte z. B. anläßlich des Kriegseintritts der USA 1917 versucht, die Spitzen des Regimes über eine Audienz bei Wilhelm II. von der unveränderten Weiterverfolgung ihres bisherigen militärisch-politischen Kurses abzubringen.[187] Der hier gewählte Weg, der sich aus einer realeren Einschätzung des militärisch-politischen Kräfteverhältnisses ergab, wurde durch seine eigenen gesellschaftlich-politischen Bindungen und Grenzen bestimmt. Er hat den extremen Konservatismus, Nationalismus und den um sich greifenden Rassismus in den Jahren der Weimarer Republik abgelehnt und stellte sich aus durchaus adäquaten Positionen auf den Boden des großbürgerlichen Weimarer Staates. 1922 übernahm er als Nachfolger Emil Warburgs das Amt des Präsidenten der Physikalisch-Technischen Reichsanstalt, um von hier aus — wohl im Sinne eigener Vorstellungen über die notwendige Verbindung von Theorie und Praxis — wissenschaftlich und forschungsorganisatorisch zu wirken: Diese Pläne sind an der gesellschaftlichen Wirklichkeit, an der Verschärfung der kapitalistischen Widersprüche in den Inflationsjahren, gescheitert.[188] Vor der Akademie hat sich Nernst auch auf die Vorlage fachspezifischer Untersuchungen beschränkt. 1923 berichtete er über seine mit Walter Noddack in der PTR durchgeführten Untersuchungen „Zur Theorie photochemischer Vorgänge" vor der Klasse.[189]

Emil Fischer, der überragende Organiker, war 1919 verstorben. Ernst Beckmann, Direktor des KWI für Chemie, hatte seine wissenschaftlich fruchtbare Periode hinter sich. Mit Fritz Haber gehörte einer der führenden Physikochemiker der Akademie an, der durch die wissenschaftliche Erarbeitung der Ammoniaksynthese Weltruf erlangt und zur Umgestaltung ganzer Produktionszweige beigetragen hatte.[190] Auch für Haber ergaben sich erhebliche Widersprüche aus der Tatsache, daß er sich seit der Übernahme des Direktorats im KWI für physikalische Chemie und Elektrochemie mit zunehmender Aktivität für die Belange bürgerlicher Wissenschaftspolitik eingesetzt hatte. Als Wissenschaftler und Organisator der chemischen Kriegführung in Deutschland war er zusammen mit

---

[187] Vgl. W. Haberditzl, Zum 100. Geburtstag Walther Nernsts. 25. 6. 1864—19. 11. 1941. In: Forschungen und Fortschritte, H. 6/Juni 1964, S. 189f.

[188] Vgl. W. Haberditzl, Walther Nernst und die Tradition der physikalischen Chemie an der Berliner Universität. In: Forschen und Wirken. Festschrift zur 150-Jahrfeier der Humboldt-Universität zu Berlin 1810—1960, Bd. I, Berlin 1960, S. 142.

[189] Vgl. Sb., Jg. 1923, Phys.-math. Kl., S. 110ff.

[190] „. . . das Verfahren der Ammoniak-Synthese nach Haber-Bosch hatte nicht nur die Kunstdüngerfabrikation umgewälzt, sondern auch die Wirtschaft und Politik Chiles, das dadurch sein Monopol an der Stickstoffdüngerproduktion verlor." (L. Stern, Zur Geschichte und wissenschaftlichen Leistung der Deutschen Akademie der Naturforscher. Festgabe zur 300-Jahrfeier der Deutschen Akademie der Naturforscher „Leopoldina", Halle 1952, S. 72).

einem Stab von Wissenschaftlern und Technikern an jener Gaskriegführung beteiligt, die, vom deutschen Imperialismus zuerst angewandt, nach dem Scheitern des Blitzkrieges noch zu einem entscheidenden militärischen Durchbruch beitragen sollte. [191] Habers Freund Richard Willstätter hat es besonders beklagt, daß der führende Physikochemiker der eigentlichen Forschung in der Folge weitgehend entfremdet war.[192] Nach Kriegsende flüchtete Haber vor den Auslieferungsforderungen der Siegermächte vorübergehend ins Ausland. Auch jetzt ververmochte er sich von dem verfehlten Gedankenkreis angeblich berechtigter Pflichterfüllung während des Krieges nicht zu lösen. Noch 1922 hieß es in seinem „kurzen Bericht" über die Tätigkeit des Instituts rückschauend: „Es ist bekannt, wie in ihm unter der Leitung Habers der Gaskampf und der Gasschutz wissenschaftlich durchgearbeitet, technisch im großen Maßstabe ausgebaut und im Felde eingeführt wurde."[193] Humanistische Gelehrte haben dieser Haltung damals widersprochen.[194] Habers Einsatz für die bürgerliche Wissenschaftspolitik der Nachkriegszeit zeigte sich besonders in der Aktivität, die er in der KWG und der Notgemeinschaft entfaltete. Seinem Leitgedanken, „daß nur der naturwissenschaftliche Fortschritt die im Weltkrieg zerstörten Güter zurückbringt", kam unter den gegebenen gesellschaftlichen Verhältnissen zwiespältige Bedeutung zu. Als Forscher und Leiter hat er zum wissenschaftlichen Fortschritt aktiv beigetragen; es war ihm um den Einsatz der Wissenschaft für das Wiedererstarken Deutschlands zur imperialistischen Großmacht zu tun. Unter dieser Zielsetzung hat er sich auf das veränderte Kräfteverhältnis und die neuen Verhältnisse in Deutschland relativ schnell eingestellt. Damit entsprach er — trotz einiger persönlicher Differenzen[195] — der politischen Linie, die Carl Duisberg in einem Schreiben an ihn in der Formulierung zusammenfaßte: „Von dem Tag, als ich sah, daß das Regierungssystem bankrott war, begrüßte ich den Wechsel

---

[191] Vgl. K. F. Bonhoeffer, Fritz Habers wissenschaftliches Werk. In: Zeitschrift für Elektrochemie, 1953, S. 5. Gesellschaftliche Einschätzung für die Kriegsjahre: K. H. Lohs, Fritz Haber und der chemische Krieg. In: Zeitschrift für Militärgeschichte, H. 4/1971, S. 432ff.

[192] Vgl. R. Willstätter, Aus meinem Leben. Von Arbeit, Muße und Freunden. Herausgegeben und mit einem Nachwort versehen von Arthur Stoll, Basel/Weinheim 1949, S. 249ff., 264ff.

[193] Vgl. ZStA Potsdam, RMdI, Nr. 8972, Bl. 24. Habers unveränderte Einstellung zur Organisation des Gaskrieges wurde vor dem Untersuchungsausschuß des Reichstages 1923 deutlich, indem sich der Gutachter auf ihn als Kronzeugen berief und damit eine imperialistische Rehabilitierungskampagne abzustützen suchte. (Vgl. K. H. Lohs, a. a. O., S. 439, sowie ders., in: Mitteilungsblatt der Chemischen Gesellschaft in der DDR, H. 10/11 1968, S. 212).

[194] „Gifte sind illoyale Waffen, und wer sie, in der Absicht, mit ihnen dem Gegner einen vernichtenden Schaden zuzufügen, anwendet, ist ein illoyaler Feind, der sich außerhalb des Gesetzes stellt", äußerte hierzu der Pharmakologe Lewin 1920. (Zit. nach K. H. Lohs, Fritz Haber und die chemische Kriegführung, a. a. O., S. 440).

[195] Haber hatte nach Kriegsende vergeblich auf die Übertragung eines chemischen Lehrstuhls an der Berliner Universität gehofft. Hiergegen hatte sich Duisberg gewandt, der den Lehrstuhl auch nach dem Tode Emil Fischers einem Organiker vorbehalten wollte, sich mit Haber zugleich jedoch freundschaftlich verbunden fühlte.

zu einem parlamentarischen System mit Freude und ... wo es möglich ist, arbeitete ich Hand in Hand mit den Gewerkschaften und trachtete auf diese Weise zu retten, was zu retten ist."[196] Fritz Haber wurde während der zwanziger Jahre zu einem der wissenschaftspolitischen Repräsentanten der Weimarer Republik. Er hat die Konsequenzen einer wissenschaftspolitischen Aktivität nicht zu erkennen vermocht, die seine Kraft und Zeit in diesen Jahren immer umfassender beanspruchte und ihn von der Forschung zunehmend entfernte. An seinem persönlichen Schicksal wurde 1933 die Wissenschaftsfeindlichkeit der imperialistischen Ordnung deutlich, für deren Machtpositionen er sich stets eingesetzt hatte. Vor der Akademie ist er in den Jahren bis 1923 mit seinen beiden Vorträgen „Zur Kenntnis der Metalle" aufgetreten.[197]

Die physikalisch-mathematische Klasse der Akademie wählte den Organiker Wilhelm Schlenk für das Fach Chemie zu ihrem Ordentlichen Mitglied (OM 23. 10. 1922). Schlenk war seit dem 1. Oktober 1921 Direktor des zuvor von Emil Fischer geleiteten I. Chemischen Institutes der Berliner Universität. Er trat auch in der Akademie die Nachfolge Emil Fischers an. Schlenk ist besonders durch seine Arbeiten über Stoffe mit Radikalnatur bekannt geworden.[198] Hierauf bezog sich auch die Begründung seines Wahlantrages, in der es hieß: „Die vorliegenden Arbeiten sind ... erstklassige Leistungen und beschäftigen sich in Fortsetzung der Arbeiten Gombergs ... vorwiegend mit Verbindungen des dreiwertigen Kohlenstoffs ... Über die grundlegenden Radikale des Organikers verbreiten sie ein neues Licht ..."[199]

In die Fachstellen für Mineralogie und Geologie wurden nach dem Weggang Wilhelm Brancas aus Berlin und dem Tode Theodor Liebischs der Paläontologe Josef Pompeckj (OM 16. 2. 1918) sowie der Mineraloge Arrien Johnsen (OM 23. 10. 1922) gewählt. Der Berliner Professor für Paläontologie und Geologie Pompeckj, der durch zahlreiche Arbeiten zu paläontologischen Problemen sowie durch die Herausgabe von drei der wichtigsten deutschsprachigen Periodika seines Faches bekannt war, legte in seiner Antrittsrede vor der Akademie die Hauptziele paläontologischer Arbeit dar, wie sie sich ihm darstellten. Seine Ausführungen blieben jedoch unter dem entscheidenden Aspekt der Entwicklung in der Natur zwiespältig.[200] Pompeckj ging es um die Erkenntnis der Entwicklungsgesetze in der Natur und dies umsomehr, als es hier noch kaum experimentelle

---

196 Zit. bei G. D. Feldman, The Social and Economic Policies of German Big Business 1918–1929. In: The American Historical Review 1969, H. 1, S. 48 (Wiedergabe gekürzt bei W. Ruge, Massenbewegungen und politische Kräfte 1917 bis 1920/21. In: ZfG 3/1972, S. 310, Anm. 29. Herrn Prof. Dr. W. Ruge verdankt der Verf. den Hinweis auf diese Aussage.)

197 Vgl. Sb., Jg. 1919, I, S. 506ff.; ebda., S. 990ff.

198 Schlenk hat u. a. zur Erweiterung der Kenntnisse über die Radikale dreiwertiger Kohlenwasserstoffe beigetragen. Mit dem Laboratorium seines Instituts war ein Privatlabor verbunden, auf das die Akademie Besitzansprüche geltend machte, worauf in der Begründung des Wahlantrages verwiesen wurde.

199 AAW II: IIIa, Bd. 22, Bl. 130.

200 Vgl. zum folgenden: Sb., Jg. 1920, S. 686ff. Zur Wahl vgl. AAW II: IIIa, Bd. 21, Bl. 2ff.

Forschungsmöglichkeiten gäbe. Den seit Lamarck und Cuvier vertretenen Gedanken eines inneren „Triebes zur Vervollkommnung" lehnte er ab, während er den Einflüssen der Umwelt, vor allem des geologischen Geschehens, besondere Bedeutung für die Entwicklung beimaß. Zugleich stellte jedoch Pompeckj den Gedanken einer Vervollkommnung, eines Fortschreitens vom Niederen zum Höheren in der Natur, überhaupt in Frage.[201]

Mit Theodor Liebisch, der am 9. 2. 1922 verstarb, verlor die Akademie einen Mineralogen, der sich früh aus der petrographisch-deskriptiven Arbeit gelöst hatte und durch seine Forschungen auf den Gebieten der geometrischen Kristallmorphologie und insbesondere der physikalischen Kristallographie und der Kristalloptik — hier auch in Zusammenarbeit mit Heinrich Rubens — bekannt geworden war. Liebisch hatte während seiner Berliner Jahre wesentliche Untersuchungen zur physikalisch-chemischen Mineralogie und zur Mineralgenese durchgeführt.[202] Arrien Johnsen, der den Berliner Lehrstuhl für Mineralogie 1921 übernommen hatte und im Folgejahr Ordentliches Mitglied der Akademie wurde, kam über eine ähnliche Entwicklung zur Kristallographie: Auf der Linie Liebischs und über ihn hinaus war es ihm um die naturwissenschaftliche Exaktheit der Mineralogie durch die Erweiterung der experimentellen Forschung zu tun. Johnsens entscheidender Beitrag zur Kristallographie lag auf dem Gebiet des Kristallwachstums, dessen kinematische Theorie er auf exakte Grundlagen gestellt hatte. Auch Johnsen hat sich mit morphologischen Problemen der Kristallographie befaßt. Größte Bedeutung für seine Forschungsarbeiten hatte die Entdekkung der Röntgenstrahlenbeugung an Kristallen durch von Laue, Friedrich und Knipping.[203] Johnsen hat gleichzeitig an die geometrische Theorie der Kristallstruktur von A. Schönflies angeknüpft. „Er war der erste Mineraloge in Deutschland, der schon vor dem Erwachen des allgemeinen Interesses, das jetzt dieser Theorie entgegengebracht wird, ein volles Verständnis ihres mathematischen Inhalts und der Fragestellungen, die sich an sie knüpfen, besaß. Hierdurch war er vorzüglich vorbereitet, sich sofort den Anwendungen der Strukturtheorie zu widmen, welche durch M. v. Laues Entdeckung und die darauf gegründeten röntgenometrischen Bestimmungen von Kristallstrukturen ermöglicht wurden. . . " So hieß es unter anderem in der Begründung des Wahlantrages, der auch auf die methodologischen Interessen Johnsens aufmerksam machte.[204]

Die Botanik wurde an der Akademie auch weiterhin durch den Schöpfer und langjährigen Leiter des „Pflanzenreiches" Adolf Engler, durch den 1919 verstorbenen Simon Schwendener sowie durch Gottlieb Haberlandt und Carl Correns

---

201 Vgl. Sb., Jg. 1920, S. 686 ff. (hier bes. S. 690).

202 Vgl. W. Kleber, Die Entwicklung der Mineralogie an der Berliner Universität während der ersten Hälfte des 20. Jahrhunderts. In: Wiss. Zs. d. Humboldt-Universität zu Berlin, Beiheft zum Jubiläumsjahrgang (IX) 1959/60, S. 101 f.

203 Vgl. ebda., S. 103 f.

204 Begründung des Wahlantrages vom 16. 3. 1922 in: AAW II: IIIa, Bd. 22, Bl. 136.

vertreten. Gottlieb Haberlandt, Ordinarius für Botanik an der Universität, setzte seit 1920 die Vorlage seiner Arbeitsergebnisse zur Physiologie der Zellteilung kontinuierlich fort, mit der er bereits 1912 begonnen hatte.[205] Carl Correns, der führende Genetiker und Direktor des KWI für Biologie, legte der Akademie auch in der Folge Ergebnisse seiner genetischen Untersuchungen vor.[206] Genannt seien die Vorträge „Zur Kenntnis einfach mendelnder Bastarde" (1918) sowie die in regelmäßiger Folge vorgetragenen Vererbungsversuche mit buntblättrigen Sippen (ab 1919). Dazu trat die Veröffentlichung seiner Versuchsergebnisse zur experimentellen Verschiebung des Geschlechtsverhältnisses.

Die Zoologie war bis 1921 durch Franz Eilhard Schulze vertreten. Hinzugewählt wurde der Embryologe Karl Heider (OM 1. 8. 1918), der in diesen Jahren mehrere Fachvorträge vor dem Plenum und der Klasse hielt.[207] Gewählt wurde Willi Kükenthal (OM 12. 4. 1919, verstarb 1922), der zugleich das Berliner Museum für Naturkunde leitete und das „Handbuch der Zoologie" begründet hatte, das von Thilo Krumbach ab 1915 herausgegeben wurde. Kükenthal ist vor der Akademie vor allem mit seinen Untersuchungen zur Stammesgeschichte der Wale hervorgetreten.[208] Als Anatomen gehörten Wilhelm von Waldeyer-Hartz bis 1919, Oskar Hertwig bis 1922 und Johannes Orth bis 1923 der Akademie an. Ihre Wirksamkeit fiel in einen früheren Abschnitt der Akademiegeschichte; neuere Forschungsergebnisse legte Orth in seinen Vorträgen über „Traumen und Erkrankungen der Knochen und Gelenke" vor der Akademie dar, wobei er an seine eigene Gutachtertätigkeit anknüpfte.[209] Hinzugewählt wurde schon 1918 Rudolf Fick, der vor der Klasse über seine Untersuchungen zur Entstehung der Gelenkformen berichtete und Ergebnisse von Tieruntersuchungen zu Muskel- und Gelenkverhältnissen vorlegte.[210] In die Fachstelle für Anatomie und Physiologie, die Oskar Hertwig innegehabt hatte, wurde dessen Amtsnachfolger an der Univer-

[205] Vgl. Sb., Jg. 1919, S. 721ff.; Sb., Jg. 1920, S. 323ff. Weitere Mitteilungen folgten in den Jahren 1921—1923. Vgl. dazu die Angaben in Gesamtregister der Abhandlungen, Sitzungsberichte, Jahrbücher, Vorträge und Schriften der Preußischen Akademie der Wissenschaften 1900—1945, Berlin 1966, S. 56.

[206] Vgl. u. a. Sb., Jg. 1918, S. 221ff.; Sb., Jg. 1919, Bd. II, S. 585ff., S. 820ff.; Fortsetzung 1920 und 1922.

[207] Vgl. Über die Stellung der Gordiiden, In: Sb., Jg. 1920, S. 464ff.; Über die Beziehungen der Körperachsen zur Eiachse bei den Chordaten. In: Sb., Jg. 1921, S. 385ff.; 2 weitere Vorträge „Über Archianneliden" sowie „Über den Zahnwechsel bei polychäten Anneliden" wurden vor der Klasse gehalten (Sb., Jg. 1922, Phys.-math. Kl., S. 39ff.; S. 488ff.). Zur Wahl vgl. AAW II: IIIa, Bd. 28, Bl. 102ff.

[208] Vgl. Zur Stammesgeschichte der Wale. In: Sb., Jg. 1922, Phys.-math. Kl., S. 72 ff.

[209] Vgl. Sb., Jg. 1920, S. 151ff. („Traumen und Knochenbrüche"; ebda., S. 257ff. („Traumen und Knocheneiterungen"); Sb., Jg. 1921, Bd. I, S. 31ff. („Traumen und Tuberkulose der Knochen und Gelenke"); ebda., S. 791ff. („Unfälle und Aneurysmen. Kasuistische Mitteilungen aus meiner Gutachtertätigkeit").

[210] Vgl. u. a.: Über die Entstehung der Gelenkformen. In: Abh. d. Phys.-math. Kl. 2/1921; Über die Gewichts- und Querschnittsverhältnisse der Hundemuskeln. In: Sb., Jg. 1922, Phys.-math. Kl., S. 321ff.; Tätigkeitsanpassung der Gelenke und Muskeln nach Versuchen am Hund. In: Sb., Jg. 1922, Phys.-math. Kl., S. 353ff. Zur Wahl vgl. AAWII: IIIa, Bd. 28, Bl. 97ff.

sität Franz Keibel (OM 11. 1. 1923) gewählt, der sich um die Systematik der Anatomie der Wirbeltiere verdient gemacht hatte.[211]

Gustav Hellmann, der Direktor des Preußischen Meteorologischen Institutes, vertrat zu dieser Zeit die Meteorologie. Hellmann legte Untersuchungen zu den Regen-, Schnee- und Nebelverhältnissen, zur Sonnenscheindauer in Deutschland vor. Er berichtete über „Störungen im jährlichen Gange der Temperaturen in Deutschland" und leistete mit seiner Arbeit über die „Isothermen von Deutschland" einen besonderen Beitrag zur Entwicklung seines Faches.[212] Er hat auch zur Geschichte der Meteorologie in den Abhandlungen der Akademie spezielle Darstellungen publiziert.[213]

Als Mathematiker gehörten Friedrich Schottky sowie Hermann Amandus Schwarz seit langem der Akademie an. Konstantin Carathéodory (OM 10. 2. 1919, EM Juli 1920) war durch Arbeiten zur Variationsrechnung, durch überraschend einfache Beweise des Landau-Picardschen Satzes und des zuerst von Schwarz bewiesenen Fundamentalsatzes der konformen Abbildungen bekannt geworden und hatte, worauf die Begründung des Wahlantrages ebenfalls verwies, auf einer wertvollen Neubegründung des Borel-Lebesgueschen Maßbegriffs „seine an Einfachheit und Allgemeinheit unübertreffliche Definition von Länge und Oberfläche aufgebaut"; hier schloß sich sein theoretisch bedeutsames, umwälzendes Werk „Vorlesungen über reelle Funktionen" an[214]. Hinzugewählt wurde auch Erhard Schmidt (OM 1. 8. 1918), ein Schüler von H. A. Schwarz und David Hilbert. Schmidt hatte seit 1917 ein Ordinariat an der Berliner Universität inne. Er war einer der Mitbegründer der Theorie der Integralgleichungen, zu der er im Anschluß an Hilbert und besonders an Fredholm wesentlich beitrug. Erhard Schmidt blieb bis zu seinem Tode Ende 1959 einer der führenden Berliner Mathematiker an der Universität und der Akademie. Vor der Klasse berichtete er 1923 über den Jordanschen Kurvensatz.[215] Zum Ordentlichen Mitglied der Akademie wurde Issai Schur gewählt (OM 31. 12. 1921). Schur, Ordinarius an der Universi-

---

[211] Vgl. die Wahlantragsbegründung für Keibel in AAW II: IIIa, Bd. 23, Bl. 30f.

[212] Hellmann hatte eine zusammenfassende Darstellung der klimatischen Verhältnisse Deutschlands begonnen, nachdem 1910 eine dreißigjährige Reihe gleichartiger Beobachtungen aus dem ganzen Lande vorlag. Der Krieg hatte die Materialauswertung verzögert; sie kam nunmehr voran, so daß „Klimakarten von Deutschland für die Mehrzahl der klimatischen Elemente gezeichnet werden konnten" (Die Isothermen von Deutschland. In: Sb., Jg. 1920, S. 369ff.). Vgl. auch: Sb., Jg. 1919, S. 417ff.; Jg. 1921, S. 246ff.; Jg. 1922, Phys.-math. Kl., S. 46ff. („Neue Untersuchungen über die Regenverhältnisse von Deutschland", „Die Schneeverhältnisse", „Der Jahresverlauf"). Diese und die weiteren im Text genannten Arbeiten stellten Teilergebnisse der unter seiner Leitung im Meteorologischen Institut durchgeführten Materialauswertung dar. Vgl. dazu die Angaben in: Gesamtregister ..., a. a. O., S. 67.

[213] Vgl. Beiträge zur Erfindungsgeschichte meteorologischer Instrumente. Abh. d. Phys.-math. Kl., Jg. 1920/1; Die Meteorologie in den deutschen Flugschriften und Flugblättern des XVI. Jahrhunderts. Abhdl., Phys.-math. Kl. 1/1921.

[214] Vgl. die Wahlantragsbegründung für Carathéodory in AAW II: IIIa, Bd. 28, Bl. 139f.

[215] Vgl. die Wahlantragsbegründung für E. Schmidt in AAW II: IIIa, Bd. 28, Bl. 88f; dazu sein Vortrag in: Sb., Jg. 1923, Phys.-math. Kl., S. 318ff.

tät seit 1920, gehörte gleichfalls zu den führenden Berliner Mathematikern. Er setzte die algebraisch-zahlentheoretische Richtung im Anschluß an Gustav Lejeune-Dirichlet, Karl Gustav Jacobi und Leopold Kronecker fort und hatte schon seit langem mathematische Untersuchungen — vor allem zur Gruppentheorie — in der Akademie veröffentlicht. Schur war durch seine grundlegenden Arbeiten zur Gruppentheorie, insbesondere zur Theorie der unendlichen und endlichen Gruppen linearer Substitutionen, bekannt geworden. Er hatte sich unter anderem mit der Theorie der Integralgleichungen und der Theorie der quadratischen Formen von unendlich vielen Veränderlichen befaßt.[216] Er trug zur Theorie der Riemannschen Mannigfaltigkeiten, zur Theorie der algebraischen Gleichungen und zur Zahlentheorie wesentlich bei.[217] Schur unterstrich eine seiner wichtigsten Forschungsrichtungen, indem er 1923 vor der Klasse den „Zusammenhang zwischen einem Problem der Zahlentheorie und einem Satz über algebraische Funktionen" darlegte.[218]

Die Bedeutung Berlins für die internationale Entwicklung der Astronomie und vor allem der Astrophysik war nach dem Tode Karl Schwarzschilds zurückgegangen. An der Akademie vertrat Hermann Struve bis zu seinem Tode 1920 die Astronomie. Hinzugekommen sind Gustav Müller (OM 1. 8. 1918) und Hans Ludendorff (OM 23. 10. 1922), die nacheinander als Direktoren des Astrophysikalischen Observatoriums in Potsdam amtierten und in dieser Eigenschaft in die Akademie gewählt wurden. Gustav Müller hatte an der Entwicklung des Astrophysikalischen Institutes, an dem er seit 1877 arbeitete, nach Hermann Carl Vogel wesentlichen Anteil. Er hatte vor allem auf dem Gebiet der Astrophotometrie und hier wiederum an der Photometrie der Fixsterne gearbeitet, wurde in der Begründung des Wahlantrages betont.[219] Hans Ludendorff hatte sich besonders der Sternspektroskopie zugewandt.[220] Bedeutsamer war jedoch, daß Paul Guthnik, führender Astronom und Direktor der Berliner Universitätssternwarte, auf dessen epochemachenden Entdeckung der objektiven Sternphotometrie bereits verwiesen wurde, zum Ordentlichen Mitglied der Akdemie gewählt wurde (OM 11. 1. 1923).

Albrecht Penck, auch in den späteren Weimarer Jahren führender bürgerlicher Geograph, blieb vorerst einziges Ordentliches Mitglied für diesen Bereich.Penck,

---

[216] Vgl. die Begründung des Wahlantrages in: AAW II: IIIa, Bd. 22, Bl. 49.

[217] Vgl. u. a. H. Meschkowski, Mathematiker-Lexikon, Mannheim/Zürich (1964), S. 236 (ebda., S. 231: E. Schmidt).

[218] Vgl. die Angaben über die Akademievorträge Schurs seit 1902 in: Gesamtregister ..., a. a. O., S. 159; zu dem angeführten Vortrag vgl. Sb., Jg. 1923, Phys.-math. Kl., S. 123ff.

[219] Vgl. AAW II: IIIa, Bd. 28, Bl. 93.

[220] Vgl. die Wahlantragsbegründung ebda., Bd. 22, Bl. 127. Die Vorschläge für Ludendorff, den Germanisten Petersen und den Volkskundler Bolte führten zu Auseinandersetzungen zwischen Akademie und preuß. Kultusministerium, das die wissenschaftliche Bedeutung der Vorgeschlagenen in Frage stellte. Vgl. zu diesen Vorgängen, die mit der Anerkennung der Wahlen in einem ausführlichen Schreiben Beckers endeten: ZStA Merseburg, Rep. 76 Vc Sekt. 2. Tit. 23 Litt. F. Nr. 2, Bd. XV, Bl. 49, 50, 54, 59 (zuletzt: Entwurf Schreiben des Kultusministers Becker).

der zwischen 1885 und 1906 in Wien tätig gewesen war, von 1906 bis 1926 den Berliner geographischen Lehrstuhl inne hatte und bis 1922 auch als Direktor des Instituts und Museums für Meereskunde in Berlin amtierte, hat vor allem die Geomorphologie als Forscher mitgestaltet; auf die Entwicklung der Glazialmorphologie hat er bereits mit seiner bekannt gewordenen Arbeit über „Die Vergletscherung der Alpen" (1882) maßgeblichen Einfluß ausgeübt.[221] Durch eine Vielzahl von Reisen wurde er mit allen Erdteilen außer der Antarktis bekannt; er hat die physisch-geographische Forschung in vielen Bereichen angeregt. Die ihm ursprünglich ferner liegende Ozeanographie hat er über von ihm stimulierte Forschungen des adriatischen Meeres gefördert; sein Schüler Alfred Merz, der die Leitung des Instituts und Museums für Meereskunde 1922 als Spezialist übernahm, hat den schon nach Pencks Berliner Berufung im preußischen Kultusministerium (Friedrich Althoff) verfolgten Gedanken einer deutschen maritimen Expedition nach dem ersten imperialistischen Weltkrieg mit Blick auf den Pazifik ausgearbeitet und zunächst vergeblich durchzusetzen versucht. Penck selbst hat sich in den späteren Jahren auch für die Durchführung und Auswertung ozeanographischer Forschungen eingesetzt. In der unmittelbaren Nachkriegszeit hat er sich vor der Akademie insbesondere mit seinen Spezialgebieten aus der physischen Geographie, mit der Genesis und Physis alpiner Formen befaßt und dabei auch interglaziale Ablagerungen und Schichtströmungen beschrieben.[222] Er hat sich zugleich als Geograph an der imperialistischen deutschen Propaganda gegen den Versailler Vertrag beteiligt, wozu er z.B. für bestimmte abzutretende Gebiete im Osten für den deutschen Imperialismus günstige Bevölkerungskarten erarbeitete.[223]

Neben den schon genannten Anatomen vertrat nur der Physiologe und Hygieniker Max Rubner eine humanbiologische und medizinische Disziplin. Rubners bahnbrechenden Leistungen lagen vor dieser Zeit. Auf seine grundsätzlichen Untersuchungen und kalorimetrischen Arbeiten zum Stoff- und Energiewechsel, auf seinen experimentellen Nachweis der Gültigkeit des Gesetzes der Erhaltung der Energie auch im Warmblüterorganismus wurde bereits verwiesen. Max Rubner hielt am 23. 1. 1919 einen vielbeachteten Vortrag der Akademie, mit der die Reihe seiner zusammenfassenden Stellungnahmen zu den Ernährungsproblemen, zu arbeitsphysiologischen Fragen und anderem neuerdings begann. Dieser Vortrag zeichnete sich durch seinen Wissenschaftsoptimismus aus; zugleich wurde

---

[221] Vgl. zum Gesamtwerk die Bibliographie für Penck von G. Engelmann. In: Wiss. Veröff. des Dt. Instituts für Länderkunde. Neue Folge 17/18, Leipzig 1960, S. 331ff.

[222] Vgl. Sb., Jg. 1919, S. 256ff. („Die Gipfelflur der Alpen"); Abh. d. Phys.-math. Kl. 2/1920 („Die Höttinger Breccie und die Inntalterrasse nördlich Innsbruck"); Sb., Jg. 1922, Phys.-math. Kl., S. 182ff. („Die Terrassen des Isartales in den Alpen"); Sb., Jg. 1922, Phys.-math. Kl., S. 214ff. („Ablagerungen und Schichtstörungen der letzten Interglazialzeit in den nördlichen Alpen").

[223] Dies ergibt sich aus (bisher unveröffentlichten) Briefen Pencks an Joseph Partsch von Ende 1918—Sommer 1919, die Herr Dr. G. Engelmann (der diesen Briefwechsel auszugsweise bereits veröffentlichte) dem Verf. dankenswerterweise zur Einsichtnahme gab.

die soziale Bedingtheit biologisch-medizinischer Zusammenhänge, die Abhängigkeit der „Volkskraft" von den konkreten gesellschaftlichen Verhältnissen im kapitalistischen Deutschland in ihm negiert. Rubner betonte, daß mit dem Ende des Krieges, der alle Fäden der Hygiene und Volkswohlfahrt unterbrochen habe, die Bahn für notwendige Maßnahmen zum Ausgleich der Opfer des Krieges frei sei. Er unterstrich die Bedeutung der Wissenschaften, vor allem der Biologie und Medizin, für die Wiederherstellung der „Volkskraft". Mit Vertrauen sei dem Aufbau des deutschen Volkes entgegenzusehen, „darf doch die Hygiene für sich in Anspruch nehmen, daß sie es war, welche den großen Massen gesunde Existenzbedingungen überhaupt erst geschaffen hat . . ." hieß es hier in einer Zeit extremer Notlage und mangelnder Hygiene im damaligen Deutschland. Die deutsche Diplomatie versandte Rubners Festansprache an geeignete Persönlichkeiten im neutralen Ausland, weil sie sich auch von ihr eine Stärkung ihres eigenen Einflusses erhoffte.[224]

Die klinische Medizin, der angesichts der durch Kriegs- und Nachkriegsnot gefährdeten Gesundheit der deutschen werktätigen Bevölkerung besondere Bedeutung zukam, wurde erst 1937 (Ferdinand Sauerbruch) in die Akademie aufgenommen.

In geringer Zahl waren die technischen Wissenschaften vertreten. 1923 waren von den im Jahre 1900 geschaffenen drei technischen Fachstellen zwei durch Heinrich Müller-Breslau und durch Hermann Zimmermann besetzt. Beide waren führende Vertreter ihrer Fachgebiete. Müller-Breslau hatte zur Entwicklung der theoretischen und angewandten Statik wesentlich beigetragen; er hatte nunmehr seit rund dreißig Jahren als ordentlicher Professor für Statik und für die Konstruktion eiserner Brücken an der TH Berlin — „dieser sichtbarsten Stelle der deutschen Technischen Hochschulen", wie es in einem späteren Nachruf hieß — gewirkt.[225] Zimmermann hatte gleichfalls von der TH aus seine Arbeiten durchgeführt, mit denen er auch weiterhin besonders zur Entwicklung der Theorie der Knickfestigkeit von Metallstäben beitrug. Die dritte Fachstelle an der Akademie blieb jedoch ungenutzt, und die Akademie hat auch darauf verzichtet, nach dem Statut von 1881 frei verfügbare Stellen mit Technikern zu besetzen: 4 der insgesamt 9 „freien" Stellen waren durch Albert Einstein, Max von Laue, Gustav Hellmann und Albrecht Penck als führende Vertreter der Physik, Meteorologie und Geographie besetzt. Die Wahl des Chemikers Carl Harries, der an der Aufklärung der Kautschuk-Konstitution entscheidenden Anteil gehabt hatte und nunmehr als Techniker dem Direktorium des Siemens-Konzerns angehörte, kam nicht zustande.[226]

---

[224] Vgl. Der Aufbau der deutschen Volkskraft und die Wissenschaften. In: Sb., Jg. 1919, Bd. I, S. 33ff. (Zitat nach ebda., S. 40). Vgl. auch AAW II: Vg (Protokoll der Sekretariatssitzung der Akademie mit der Zustimmung der Sekretare zur Versendung der Rede Rubners ins Ausland).

[225] Vgl. den Nachruf auf Müller-Breslau in: Zeitschrift des Vereins Deutscher Ingenieure, Nr. 19 v. 9. 5. 1925, S. 741f.

[226] Zum Wahlvorschlag Harries vgl. AAW II: IIIa, Bd. 22, Bl. 151ff.

Ausdruck der Widersprüche zwischen imperialistischen Staaten war es, daß die Akademie eine Entscheidung über die Behandlung ihrer Korrespondierenden Mitglieder aus den Siegerstaaten hinausschob.[227] Sie beschränkte sich vorerst auf die Aufnahme Korrespondierender Mitglieder aus Deutschland, Österreich und den neutralen Staaten.

Am Ende der Jahre der revolutionären Nachkriegskrise — nach dem Stande vom 1. Januar 1924 — waren 33 von 100 verfügbaren Stellen für Korrespondierende Mitglieder der physikalisch-mathematischen Klasse unbesetzt; in den Jahren 1918 bis 1923 waren insgesamt 28 Neubesetzungen erfolgt.[228] Über die Besetzung der Korrespondentenstellen vermittelt die folgende Aufstellung einen zahlenmäßigen Überblick:

Tabelle 2

Fach	Anzahl der zur Verfügung stehenden Korrespondentenstellen 1924	(1918)	Davon besetzt am 1. 1. 1924	(1917)	Besetzt seit 1. 1. 1918
Physik	15	(10)	11	(10)	6
Chemie	10		8	(6)	3
Mineralogie, Geologie und Paläontologie	10		8	(3)	5
Botanik	10		8	(7)	3
Zoologie	10		6	(7)	2
Anatomie und Physiologie	10		8	(8)	3
Mathematik	10		6	(6)	2
Astronomie	7	(10)	2	(4)	—
Geographie und Geophysik	10		6	(5)	3
Technik	8	(10)	4	(4)	1
	100		67	(60)	28

Hier wird die Problematik deutlich, die sich für die Akademie aus der Beschränkung der Stellen für Korrespondierende Mitglieder auf je 100 für jede Klasse ergab. Die Akademie hatte über den oben erwähnten Antrag Plancks[229] 1921 eine Erhöhung der Stellenzahl für das Fach Physik von 10 auf 15 herbeigeführt. Sie kam damit, worauf Planck verwiesen hatte, der stürmischen Entwicklung ent-

[227] So beantragte Albrecht Penck in der Plenarsitzung vom 29. 1. 1920, „die Frage des Verhaltens der Akademie gegenüber ihren im feindlichen Ausland wohnenden Mitgliedern erneut in Erwägung" zu ziehen. Die Akademie hat die Angelegenheit vertagt, „bis die Frage der von den Ententemächten geforderten Auslieferung deutscher Staatsangehöriger erledigt sei." (AAW II: IIIb, Bd. 25, Bl. 27; Abschrift ebda., II: VIa 1b, Bd. 1, Bl. 146).

[228] Vgl. zum folgenden die Aufstellung der Korrespondierenden Mitglieder für die einzelnen Fachgebiete in AAW II: IIIc, Bd. 1, Bl. 38 (Stand v. 1. 1. 1918), Bl. 45 (Stand v. 1. 1. 1924).

[229] Vgl. oben S. 116.

gegen, die sich in der Physik bereits vollzogen hatte und weiterhin vollzog. Innerhalb der vorgesehenen Gesamtstellenzahl wurde diese Stellenerhöhung auf Kosten anderer Disziplinen erreicht: Die Fachstellenzahl für die Astronomie und die Technik wurde trotz der Bedeutung auch dieser Disziplinen reduziert.

Zu Korrespondierenden Mitgliedern der Akademie wurden die Mathematiker Eduard Study (KM 15. 5. 1923) und Adolf Kneser (KM 7. 6. 1923) gewählt. Die wissenschaftlich bedeutsamsten Neuwahlen Korrespondierender Mitglieder wurden in diesen Jahren auf dem Gebiet der Physik durchgeführt: Unter dem Einfluß jener führenden Physiker, die ihr als Ordentliche Mitglieder angehörten, ist die Akademie hier bestimmenden Tendenzen der Wissenschaftsentwicklung in ihrer Wahlpolitik am meisten gerecht geworden. Unter den neugewählten Korrespondierenden Mitgliedern befanden sich Arnold Sommerfeld und sein Schüler Peter Debye (beide KM 11. 3. 1920). Zusammen mit Heike Kamerlingh Onnes und Peter Zeeman wurde auch Niels Bohr zum Korrespondierenden Mitglied der Akademie und ihrer physikalisch-mathematischen Klasse gewählt (alle drei KM 1. 6. 1922). Die Begründungen für Arnold Sommerfeld, Peter Debye, Heike Kamerlingh Onnes und Pieter Zeeman führten mitten in die Erarbeitung bedeuttender Leistungen der modernen Physik: Anläßlich der Wahl von Niels Bohr ist dies durch Albert Einstein, den größten Physiker der Akademie und langjährigen Diskussionspartner von Niels Bohr in der folgenden Zeit, in besonders markanter und beeindruckender Weise betont worden.[230] Mit ihnen wurde auch der Kopenhagener Physiker Martin Knudsen zum Korrespondierenden Mitglied gewählt (KM 23. 6. 1921).

In der Astronomie wurde der Adjunktdirektor der Sternwarte in Leiden, der bekannte niederländische Astronom Jacobus Cornelius Kapteyn, zum Mitglied der Akademie gewählt (KM 9. 3. 1922). In Fachstellen für Chemie wurden mit Theodor Curtius, Carl Engler und Gustav Tammann drei bedeutende Wissen-

---

[230] In der Wahlantragsbegründung für Kamerlingh Onnes wurden dessen besondere Verdienste um die Tieftemperaturphysik und vor allem die Helium-Verflüssigung hervorgehoben; die Entdeckung der Supraleitfähigkeit wurde betont. (AAW II: IIIb, Bd. 26, Bl. 129a). Die Laudatio für Sommerfeld geht von dessen betont mathematischer Ausrichtung aus und verweist auf seine Stellung in der Entwicklung der Quantentheorie. „Sommerfeld gehört als Forscher und Lehrer zu den bedeutendsten lebenden Vertretern der theoretischen Physik". Debye wird als Sommerfelds bedeutendster Schüler gewürdigt, von dem die physikalische Forschung weitere große Leistungen erwarten könne. (AAW II: IIIb, Bd. 25, Bl. 45ff.). Die von Einstein verfaßte Laudatio auf Bohr beginnt mit den Worten: „Wenn dereinst eine spätere Generation die Geschichte der physikalischen Fortschritte unserer Zeit darstellen wird, wird sie mit dem Namen von Niels Bohr einen der bedeutsamsten Fortschritte zu verbinden haben, den unsere Erkenntnis vom Wesen der Atome je gemacht hat". Am Schluß heißt es: „Was an Bohr als Forscher so wunderbar anmutet, das ist eine seltsame Vereinigung von Kühnheit und vorsichtigem Abwägen; selten hat ein Forscher in solchem Maße wie er die Fähigkeit intuitiven Erfassens verborgener Dinge mit scharfer Kritik besessen. Bei aller Kenntnis des Einzelnen ist sein Blick unverrückbar auf das Prinzipielle gerichtet. Er ist zweifellos einer der größten Erfinder unserer Zeit auf dem Gebiete der Wissenschaft". (AAW II: IIIb, Bd. 26, Bl. 121). Vgl. auch Physiker über Physiker, a. a. O., S. 234ff., 223ff., 228f., 232f., 236.

schaftler von der physikalisch-mathematischen Klasse gewählt (alle drei KM 26. 6. 1919). [231] Relativ hoch war die Zahl der Neubesetzungen in den Fachstellen für Mineralogie, Geologie und Paläontologie. Hier wurde der Mineraloge und Geologe Hugo Bücking/Heidelberg gewählt (KM 8. 1. 1920). Ihm folgten der folgten der Wiener Mineraloge Friedrich Becke (KM 9. 12. 1920), der Mineraloge und Petrograph Alfred Bergeat/Kiel (KM 9. 12. 1920) sowie der Stockholmer Geologe Gerard de Geer (KM 23. 11. 1922). Die Geographie vertraten der Leipziger Geograph, bedeutende Glaziologe und Landeskundler Joseph Partsch, ein Freund Albrecht Pencks (KM 9. 3. 1922) und der Meteorologe und langjährige Leiter der Hamburger Seewarte Wladimir Köppen. Zugleich befand sich der Forschungsreisende Sven Anders Hedin, der wesentlich zur Erforschung Zentralasiens, unter anderem weiter innerasiatischer Trockengebiete und alter Kulturstätten sowie Tibets und des Transhimalaya, beigetragen hatte (KM 28. 11. 1918), sich zugleich jedoch gesellschaftlich-politisch auf der Seite des deutschen Imperialismus — besonders während des Weltkrieges — exponiert hatte, unter den Neugewählten. Gewählt wurde mit Richard von Wettstein Ritter von Westerheim/Wien einer der führenden Botaniker, der auch forschungspolitisch aktiv geworden ist (KM 8. 12. 1921). Korrespondierendes Mitglied wurde der Osloer Botaniker Nordal Wille (KM 8. 12. 1921). In Fachstellen für Zoologie wurden Alexander Goette/Heidelberg, Egon Korschelt/Marburg (beide KM 9. 12. 1920) und etwas später der Wiener Zoologe Karl Grobben (KM 23. 11. 1922) gewählt. Korrespondierende Mitglieder wurden in diesen Jahren der Wiener Anatom Carl Toldt und sein dortiger Fachkollege aus der Histologie Viktor Ebner Ritter von Rofenstein (beide KM 15. 7. 1920). Mitglied wurden der Physiologe Johannes von Kries/Heidelberg (KM 18. 1. 1923) und der Wiener Pharmakologe Hans HorstMeyer (KM 28. 10. 1920). Gewählt hat die Klasse den Anthropologen Franz Boas von der New Yorker Columbia Universität (KM 15. 7. 1920), der auch wissenschaftspolitisch tätig war und zur Bereitstellung von Mitteln aus den USA für deutsche Forschungen beitrug. Schließlich wurde in diesen Jahren eine Fachstelle für die

---

[231] Auf die Bedeutung der Arbeiten Tammanns über die chemischen Aggregatzustände wurde oben S. 36 verwiesen. In der Begründung des Wahlantrages wurde auf seine Forschungen zum Verhalten konzentrierter Lösungen insbesondere gegen Druck, und Temperatur, auf seine Arbeiten zur Einwirkung sehr hoher Drücke auf das Gleichgewicht von Aggregatzuständen sowie auf seine Untersuchungen zum chemischen und physikalischen Verhalten von Metallen orientiert. (AAW II: III b, Bd. 24, Bl. 156). Zu Engler wurde gesagt: „Die wissenschaftlichen Arbeiten Englers haben insbesondere zwei Gebiete wesentlich gefördert: Nämlich die Kenntnis von der Bildung des Erdöles in der Natur und die Lehre von dem Mechanismus der Einwirkung des elementaren Sauerstoffes auf oxydable Gebilde ... Durch die Untersuchungen Englers ist heute die Lehre von der Erdölentstehung zu einem Zweige der exakten Wissenschaften geworden." (Zit. nach ebda., Bl. 155). „Curtius' wissenschaftliche Arbeiten schlössen sich zum größten Teil an seine Entdeckung der aliphatischen Diazkörper an; er habe die Verwandlung des Diazoäthers und seiner Verwandten in vielen glänzenden Versuchen erforscht und mit der Umwandlung des Hydrazins in Stickstoff-Wasserstoffsäure eine außerordentlich explosive Substanz geschaffen." „Ihre Metallverbindungen sind namentlich während des Krieges viel gebrauchte Sprengstoffe geworden", hieß es in der Begründung für die Wahl von Curtius. (Vgl. ebda., Bl. 152).

technischen Wisssenchaften neu besetzt: Gewählt wurde mit Carl Duisberg einer der führenden Vertreter des deutschen Finanzkapitals, auf dessen exponierte Stellung auch in der Wissenschaftspolitik der deutschen Bourgeoisie verwiesen wurde (KM 23. 6. 1921). Duisberg hatte seine Laufbahn als Industriechemiker begonnen und dort erfolgreich gearbeitet, bis er von dort zu leitenden Funktionen des deutschen Chemiekapitals aufstieg und zusammen mit Carl Bosch die unter seiner maßgeblichen Beteiligung gebildete größte Konzerngruppe auf diesem Gebiet repräsentierte.[232]

Korrespondierende Mitglieder und Gelehrte, die der Akademie nicht (oder noch nicht) angehörten, blieben an den Veröffentlichungen der physikalisch-mathematischen Klasse der Akademie in geringem Umfange beteiligt.[233] Max Born z. B. legte zwischen 1916 und 1919 Untersuchungsergebnisse zu kristallphysikalischen Fragen (z.T. gemeinsam mit Felix Stumpf, Alfred Landé und Otto Stern) vor. Fragen der Quantentheorie und der statistischen Physik wurden auch in den Arbeiten Paul Epsteins behandelt, während Theodor Kaluza sich in einer Untersuchung von 1921 mit dem „Unitätsproblem der Physik" befaßte. Photo- bzw. strahlungschemische Vorgänge untersuchten Fritz Weigert und Walter Noddack (z.T. mit John Eggert, Friedrich Streuber und Helmut Scheffers). Carl Neuberg behandelte 1918 eine „allgemeine Beziehung der Aldehyde zu der alkoholischen Gärung und den Atmungsvorgängen".

c) Mitglieder der philosophisch-historischen Klasse

Eine Aufstellung der Ordentlichen Mitglieder der philosophisch-historischen Klasse ergibt für jene Jahre das folgende quantitative Bild[234]: (Tabelle S. 161). Die traditionelle Betonung altertumswissenschaftlicher und orientalistischer, historischer und philologischer Bereiche blieb also erhalten. Im Vergleich zur physikalisch-mathematischen Klasse waren die zur Verfügung stehenden 35 Mitgliederstellen hier in stärkerem Maße besetzt.

Die Altertumswissenschaften wurden als Schwerpunkte an der Akademie bereits genannt. Unter ihren Mitgliedern hatte der führende Gräzist Ulrich von Wilamowitz-Moellendorff, der das Postulat der Einheit der Altertumswissenschaften („totale" Altertumswissenschaften) seit langem besonders betont hatte, zur engeren Verbindung von Wort- und Sachphilologie beigetragen. Er hatte großen Anteil an der Erschließung griechischer Inschriften für die Philologie und Altgeschichte, aber auch an der weiteren Einbeziehung des Hellenismus in die altertumswissenschaftliche Forschung und Lehre, die sich für

[232] Vgl. auch H. Etzold, Carl Duisberg — vom stellungsuchenden Chemiker an die Spitze der IG Farbenindustrie AG. In: Jahrbuch für Wirtschaftsgeschichte III/1966, S. 196ff.

[233] Vgl. die entsprechenden Angaben in Gesamtregister der Abhandlungen, Sitzungsberichte, Jahrbücher, Vorträge und Schriften der Preußischen Akademie der Wissenschaften 1900 bis 1945, a. a. O.

[234] Vgl. die Aufstellungen in AAW II: IIIc 4 Bd. 1, Bl. 34.

Tabelle 3
Ordentliche Mitglieder der philosophisch-historischen Klasse

Stellenverteilung (Fachstellen und „freie" Stellen)	Zahl der zur Verfügung stehenden Stellen	Besetzt am 1. 1. 1918	Besetzt am 1. 1. 1924
Philosophie	2	2	2
Klass. Philologie	4	4	3
Geschichte	3	3	3
Deutsche und andere neuere Philologie	3	3	2
Kunstwissenschaften	2	2	2
Orientalische Philologie	3	2	3
Rechts- und Staatswissenschaften	1	1	1
Freie Stellen der Statuten von 1881	9	6	9
Neue Stellen von 1900	3	3	3
Neue Stellen von 1906	2	2	1
Neue Stellen von 1913	3	2	2
Insgesamt	35	30	31

Griechenland trotz mancher Hinweise und Vorarbeiten aus früheren Jahren doch vordringlich auf die klassische Periode beschränkt hatte.[235] Ulrich von Wilamowitz hatte durch grundlegende Arbeiten — in den „Homerischen Untersuchungen" (1884), in „Euripides' Herakles" (1889), in der „Griechischen und lateinischen Literatur und Sprache" (1905), in „Staat und Gesellschaft der Griechen und Römer" (1920), in „Aristoteles und Athen" (1893) und anderen —, in den Ausgaben des Kallimachos (1882), der Bucolia Graeci (1905) oder des Äschylos (1914/1915), in Übersetzungen, einer Vielzahl von Einzeluntersuchungen und Ansprachen seine führende Stellung in der bürgerlichen Philologie seit Jahrzehnten unterstrichen; auf seine Arbeiten aus den zwanziger Jahren wurde bereits verwiesen. Er sprach vor der Akademie jetzt zu Detailfragen griechischer Kultur und Geschichte. Im Anschluß an Thukydides behandelte er „Das Bündnis zwischen Sparta und Athen" (1919); 1921 berichtete er „Zur griechischen Geschichte und Literatur."[236] Hier wie in seinen anderen Vorträgen „Sphakteria", „Athena" und „Melanippe" (alle 1921) blieb er ein Exponent der philologischen Methode, die sich in den Rahmen einer idealistischen Philologie einfügte und die ökonomisch-soziale Determiniertheit antiker Kultur und Geschichte negierte. Gesellschaftlich vertrat er restaurative Auffassungen: Zu Ostern 1919 z. B. machte er als führendes Mitglied des Berufsständischen Reichsausschusses der DNVP einen öffentlichen Vortrag über den platonischen Staatsgedanken zum Ausgangspunkt scharfer Angriffe gegen den — großbürgerlichen — Weimarer Parlamentarismus und jene

[235] Vgl. u. a. J. Irmscher (Hrsg.), Lexikon der Antike, Berlin/Leipzig 1971, S. 691.
[236] Vgl. Sb., Jg. 1918, S. 1138ff. („Kerkidas"); Jg. 1919, S. 934ff. („Das Bündnis zwischen Sparta und Athen ..."); Jg. 1921, S. 729ff. („Zur griechischen Geschichte und Literatur"); ebda., S. 950ff. („Athena").

angebliche Gleichmacherei, die schon den Verfall des athenischen Staates nach sich gezogen hätte; er trat zugleich für die Restauration der Monarchie ein.[237]

Eduard Norden, der führende Latinist der Universität und der Akademie, hat der klassischen Philologie durch seine Forschungen fruchtbare Anregungen vermittelt; seine Werke behielten mit ihrem Material in mancher Hinsicht ihre Bedeutung.[238] Dies galt für das zweibändige Werk über „Die antike Kunstprosa" und für seinen Vergil-Kommentar; es galt für Nordens Mitarbeit an der „Einleitung in die Altertumswissenschaft" (herausgegeben von A. Gehrcke und E. Norden), aus der seine Darstellungen „Die römische Literatur von den Anfängen bis zum Untergang des weströmischen Reiches" und „Die lateinische Literatur im Übergang von Altertum zum Mittelalter" auch gesondert hervorgingen. Bedeutsam wurden auch Nordens Analysen römischer Quellen zur Urgeschichte des Christentums und zur germanischen Geschichte: 1923 erschien seine Arbeit „Die germanische Urgeschichte in Tacitus' Germania". Einen weiten Bogen von den Kulturen des Orients hin zur griechischen und römischen Kultur spannte er in seinen Untersuchungen zur Formengeschichte religiöser Rede (Agnostos Theos 1913) und zur Geschichte religiöser Ideen (Die Geburt des Kindes, 1924). Vor der Akademie ist er in jenen Jahren im wesentlichen mit seinen regelmäßigen Arbeitsberichten zum Thesaurus linguae Latinae, für dessen Kommission er zuständig war, hervorgetreten.[239] Norden hat sich mit konservativen Gesellschafts- und Staatsauffassungen, die auch er vertrat, nicht in gleichem Maße wie Ulrich von Wilamowitz exponiert.

In Eduard Meyer war einer der universellen bürgerlichen Althistoriker Mitglied der Akademie, der sich vor allem durch seine Arbeiten zur altorientalischen Geschichte und Kulturentwicklung einen Namen in der Fachwelt gemacht hatte; einer breiteren bürgerlichen Öffentlichkeit wurde er durch seine „Geschichte des Altertums" (1884–1902) besonders bekannt.[240] Meyer, der in

[237] Vgl. U. v. Wilamowitz-Moellendorff, Der griechische und der platonische Staatsgedanke. In: Staat, Recht und Volk, H. 3/1919. Hinweise darauf bei K. Töpner, Gelehrte Politiker und politisierende Gelehrte, a. a. O., S. 70.

[238] Vgl. u. a.: Lexikon der Antike, a. a. O., S. 380. Dazu z. B. die Rez. von J. Irmscher zu E. Norden, Kleine Schriften zum klassischen Altertum, (West-)Berlin 1966. In: DLZ 12/1971, Sp. 1036ff.

[239] Norden hat vor der Akademie zwischen 1912/13 und 1928/29 regelmäßig die Berichte der, Kommission für den Thesaurus linguae Latinae erstattet (Vgl. Gesamtregister . . ., a. a. O. S. 126). Er legte 1918 eine Untersuchung „Germani. Ein grammatisch-ethnologisches Problem" vor (Sb., Jg. 1918, S. 95ff.). Die im Text erwähnte „Urgeschichte in Tacitus' Germania" war 1917 fertig und hatte sich durch Krieg und Kriegsfolgen verzögert. Die zuvor genannte Untersuchung von 1918 war aus dem Gesamtwerk genommen und zeigt, daß die Akademiemitglieder gern problematische Thesen in den Klassen zur Diskussion stellten, auch um sich die Priorität zu sichern.

[240] Die Breite der Arbeitsgebiete Meyers, der auf althistorische Vorstellungen bürgerlicher Kreise einen erheblichen Einfluß ausgeübt hat, erhellt eine Auswahlangabe seiner Publikationen: Geschichte des alten Ägypten (1888); Forschungen zur alten Geschichte (2 Bde., 1897/99); Wirtschaftliche Entwicklung des Altertums (1895); Zur Theorie und Methodik der Geschichte (1902); Ägyptische Chronologie (1904); Sumerier und Semiter in Babylon (1906); Die Israeliten und ihre Nachbarstämme (1906); Ägypten z. Zt. des Pyramiden-

den Jahren 1920/1923 sein dreibändiges Werk „Ursprünge und Anfänge des Christentums" veröffentlichte, hatte sich auch mit ökonomischen Entwicklungsfragen des Altertums befaßt, ohne die Formationsspezifik der Antike zu erkennen. Er vertrat vielmehr zyklentheoretische Auffassungen, wobei er sich über konkrete Formen der Zyklentheorie mit Spengler auseinandersetzte. In seinen Arbeiten fanden sich modernistische, auf die Rückprojizierzung kapitalistischer Verhältnisse in das Altertum gerichtete Tendenzen.[241] Auch Eduard Meyer hat die Individualität historischer Prozesse postuliert, Gesetz und Fortschritt in der Entwicklung der menschlichen Gesellschaft nicht anerkannt und die Geschichte aus dem Bereich der „systematischen Wissenschaften" verwiesen.[242] Er vertrat, ähnlich wie Ulrich von Wilamowitz, restaurative Auffassungen und wandte sich gegen die großbürgerlich-parlamentarische Republik.[243] Die Akademie hat er seit 1909 im Vorstand der Deutschen Orient-Gesellschaft vertreten. Zugleich hat er jedoch zum Kreis jener Akademiemitglieder gehört, die sich in der Folge um die Förderung deutsch-sowjetischer Wissenschaftsbeziehungen verdient gemacht haben. Eduard Meyer hat noch in seinen letzten Lebensjahren 11 Kommissionen der Akademie angehört.[244] In den Nachkriegsjahren hat er der Akademie eine Untersuchung zur jüdischen Religionsgeschichte und eine Arbeit zur Genesis des römischen Manipularheeres vorgelegt.[245]

Hermann Diels war einer der führenden bürgerlichen Altertumswissenschaftler, die in ihren Arbeiten über die engeren philologischen Bereiche hinausgingen und weiterwirkende Beiträge zur Entwicklung der Philosophie, der Wissenschaften und der Technik im Altertum geleistet hatten. Diels, zu dessen wichtigsten Leistungen die Bearbeitung der Vorsokratiker-Fragmente[246] gehört hatte und der die „Doxographi Graeci" veröffentlichte, war mit der Akademie durch die von ihm initiierte und seit ihren Anfängen geleitete Bearbeitung des Corpus der griechischen Ärzte verbunden: Vor allem auf diesem Gebiet hat er sich als

---

baues (1908); Der Papyrusfund von Elephantine (1912); Ursprung und Geschichte der Mormonen (1912); Reich und Kultur der Chetiter (1914); Die Aufgaben der höheren Schule und die Gestaltung des Geschichtsunterrichts (1918); Blüte und Niedergang des Hellenismus in Asien (1925); Spenglers Untergang des Abendlandes (1925). Dazwischen liegen die „Geschichte des Altertums" und das Werk über die Anfänge des Christentums.

[241] Vgl. N. A. Maschkin, Römische Geschichte, Berlin 1953, S. 59.

[242] Vgl. E. Meyer, Zur Theorie und Methodik der Geschichte. Kleine Schriften, 1. Bd., 2. Aufl. Halle 1924, S. 3 (Zit. bei I. S. Kon, Die Geschichtsphilosophie des 20. Jahrhunderts, Bd. I, a. a. O., S. 65f.).

[243] Vgl. hierzu: H. P. Bleuel, Deutschlands Bekenner. Professoren zwischen Kaiserreich und Diktatur, Bern/München/Wien 1968, S. 110 (Zu H. P. Bleuels Arbeit vgl. die Rez. v. W. Schlicker in DLZ, H. 12/1972, Sp. 1021f.).

[244] Vgl. hierzu AAW II: XIII 11, Bd. 1, Bl. 2, 3, 4.

[245] Vgl. Die Gemeinde des Neuen Bundes im Lande Damaskus. Eine jüdische Schrift aus der Seleukidenzeit. In: Abhdl., Phil.-hist. Kl. 1919, Nr. 9; Das römische Manipularheer, seine Entwicklung und seine Vorstufen. In: Abhdl., Phil.-hist. Kl. 1923, Nr. 3. Dazu kam der Klassenvortrag: Tougener und Teutonen (Sb., Jg. 1921, S. 750ff.).

[246] Letzte von Diels besorgte Ausgabe: Die Fragmente der Vorsokratiker. Griechisch und deutsch von H. Diels. 3 Bde. 4. Aufl., Berlin 1922.

einer der führenden Wissenschaftsorganisatoren der Akademie hervorgetan.[247] Hermann Diels hat sich in seinen letzten Lebensjahren vor der Akademie mit Fragen der altgriechischen Technik und Mechanik befaßt[248], die er in seinem Werk „Antike Technik" zusammenfassend dargestellt hatte (2. Aufl. 1920). Vor allem legte er der Akademie mehrere Lukrez-Studien vor[249]: seine Textausgabe und metrische Übersetzung des antiken materialistischen Dichters, die ihn mit Albert Einstein zusammenführte, erschien postum 1923/1924.

Durch die Zuwahl des Mommsen-Schülers Ulrich Wilcken (OM 7. 1. 1921) erfuhr die Altertumswissenschaft an der Akademie eine wesentliche Bereicherung. Wilcken hatte die Erforschung der in Ägypten massenhaft gefundenen Papyri und Ostraka als Quellen für die Geschichte Griechenlands, Ägyptens und der hellenistischen Mittelmeerwelt zusammen mit dem Rechtshistoriker Ludwig Mitteis auf exakte methodische Grundlagen gestellt.[250] Auf seine universale, auf die Beziehungen zu anderen Mittelmeervölkern und -kulturen orientierte Auffassung zur griechischen Geschichte wurde im ersten Kapitel verwiesen. Hier kam ihm die orientalistische Schulung entgegen; er war auch Schüler Adolf Ermans und hatte u. a. Untersuchungen zur altorientalischen Religionsgeschichte durchgeführt. Seinen Schwerpunkt bildete die Geschichte des klassischen und hellenistischen Griechenlands, er befaßte sich aber auch mit der Entwicklung Roms.[251] Vor der Akademie trug er seine Forschungsergebnisse zur Geschichte Alexanders von Makedonien vor, dessen Biographie er vorbereitete.[252] Ulrich Wilcken hat sich in der Folge für die altertumswissenschaftlichen Arbeiten der Akademie besonders eingesetzt; seine Zuwahl ist bereits unter dem Aspekt der notwendigen Reorganisation dieser Arbeiten erfolgt.

---

[247] Vgl. insgesamt auch J. Irmscher, Hermann Diels als wissenschaftlicher Organisator. In: Philologus, Bd. 117/1973, S. 293ff.

[248] Vgl. H. Diels/E. Schramm, Herons Belopoiika (Schrift vom Geschützbau). In: Abhdl., Phil.-hist. Kl. 1918, Nr. 2; dieselben, Philons Belopoiika (4. Buch der Mechanik). In: Abhdl., Phil.-hist. Kl. 1918, Nr. 16.

[249] Vgl. Sb., Jg. 1918, S. 912ff.; Jg. 1920, S. 2ff.; Jg. 1921, S. 237ff.; Jg. 1922, Phil.-hist. Kl., S. 46ff.

[250] Wilcken hat dabei allerdings auch einer Unterschätzung der Sklaverei im ptolemäischen Ägypten den Boden bereitet, die von ihm selbst in dem mit L. Mitteis verfaßten Werk „Grundzüge und Chrestomathie der Papyruskunde" (2 Bde., Leipzig/Berlin 1912) negiert wurde. Vgl. hierzu u. a. G. Härtel, Sozialökonomische Verhältnisse im ptolemäischen Ägypten. In: Sozialökonomische Verhältnisse im Alten Orient und im klassischen Altertum (Tagung der Sektion Alte Geschichte der Deutschen Historiker-Gesellschaft vom 12. bis 17. X. 1959 in Altenburg. Hrsg. v. H.-J. Diessner, R. Günther und G. Schrot), Berlin 1961, S. 109.

[251] Vgl. zur Wertung Wilckens Tradition und Fortschritt in der deutschen Altertumswissenschaft des 19. und 20. Jahrhunderts. Materialien eines Kolloquiums zu Ehren des 100. Geburtstages von Ulrich Wilcken. In: Wiss. Zs. d. Karl-Marx-Universität Leipzig, 12. Jg. 1963, Gesellschafts- und Sprachwiss. Reihe, H. 2, S. 541ff.

[252] Vgl. Alexander der Große und der Korinthische Bund. In: Sb., Jg. 1922, Phil.-hist. Kl., S. 97ff.; Alexander der Große und die indischen Gymnosophisten. In: Sb., Jg. 1923, Phil.-hist. Kl., S. 150ff.

Mit Theodor Wiegand (OM 23. 10. 1922) wurde ein führender klassischer Archäologe in die Akademie gewählt, dessen besondere Bedeutung auf wissenschaftsorganisatorischem Gebiet lag. Wiegand war durch glückliche Umstände zu Carl Humann, dem Wiederentdecker Pergamons, gekommen und hatte in dessen Nachfolge zuerst die Ausgrabung der antiken Kleinstadt Priene am Vorgebirge Mykale vorbildlich durchgeführt. Als Direktor für die Grabungen der preußischen Museen in Kleinasien verantwortlich (1895 bis 1911), einflußreicher Berater der deutschen Archäologie im gesamten Orient und seit 1911 Direktor der Antikenabteilung der Berliner Museen, hat Wiegand die Zielsetzungen Humanns weiterverfolgt und die großen Ausgrabungen in Milet, Didyma und auf Samos geleitet. Er hat seit 1927 in Pergamon die Grabungen wieder aufgenommen, die dann bis in die dreißiger Jahre fortgeführt wurden. Seit den Priene-Grabungen ging es ihm um die Komplexität antiker Stadt- und Tempelanlagen, die er auch in ihrer historischen Entwicklung zu erschließen suchte. Er war am endgültigen Aufbau des Pergamon-Altars, des Markttores von Milet und anderer antiker Architekturdenkmäler auf der Berliner Museumsinsel leitend beteiligt und hat hier neue museale Prinzipien verwirklicht.[253] Wiegand, der Schwiegersohn Georg von Siemens', des Gründers und Leiters der Deutschen Bank und eigentlichen Initiators ihrer Bagdad-Bahn-Politik, blieb auch in den Jahren nach 1918 mit den herrschenden Kreisen verbunden.

In der Orientalistik hatten der führende Ägyptologe Adolf Erman, der wissenschaftlich vielseitige, zugleich gesellschaftlich eng mit den Nahostinteressen des deutschen Imperialismus verbundene Orientalist Eduard Sachau sowie der bekannte Indologe und Sanskritist Heinrich Lüders weiterhin die fachgebundenen Stellen inne.

Adolf Erman, der zum Lehrer der meisten bekannten Ägyptologen geworden war, hatte die Bearbeitung des ägyptischen Wörterbuches als interakademisches Unternehmen 1896 ins Leben gerufen, die er seitdem an der Spitze einer Kommision mit einer Reihe von Mitarbeitern — Kurt Sethe, James Breasted, Hans Ostenfeld Lange, Alan Gardiner, Hermann Junker, Georg Möller, Günther Roeder, Walter Wreczynski und Hermann Grapow erwähnt er selbst in seinen Lebenserinnerungen— durchführte.[254] Erman gab in seinem Festvortrag über „Die Entzifferung der Hieroglyphen" (1922) ein Beispiel für eine Vortragstätigkeit vor der Akademie, die auch über den Kreis der Spezialisten hinaus wirksam zu werden vermochte.[255]

Eduard Sachau stand seit der Gründung an der Spitze des vom preußischen Staat und vom Auswärtigen Amt finanzierten Orientalischen Seminars, das in der Ausbildung von Sprach- und Landeskennern für die Orient-Politik des deutschen Imperialismus besondere Bedeutung hatte. Sachau war in erster Linie je-

---

253 Hinweise zum Wirken Wiegands gaben Frau Dr. E. Rohde und Herr Dr. D. Opitz. Fakten auch bei C. Watzinger, Theodor Wiegand. Ein deutscher Archäologe 1864—1936, München 1944.

254 Vgl. A. Erman, Mein Werden und mein Wirken, Leipzig 1929, S. 289.

255 Die Entzifferung der Hieroglyphen. Festvortrag. In: Sb., Jg. 1922, S. XVIIff.

doch Altorientalist; als Spezialist für das Aramäische und Altsyrische hatte er die Papyri von Elephantine herausgegeben. Schon vorher hatte er die Chronik des Al Beruni bearbeitet und Studien zur altarabischen Geschichtsschreibung betrieben. In diesem Zusammenhang stand die von ihm eingeleitete und unter seiner Leitung an der Akademie durchgeführte Bearbeitung der Chronik des Ibn Saad, an der außer ihm selbst auch Bruno Meissner, Eugen Mittwoch und andere gearbeitet haben. Sachau legte 1919 Forschungsergebnisse zur Ausbreitung des Christentums in Asien vor; er sprach 1922 über den „Ursprung der islamischen Großmächte".[256]

Heinrich Lüders, der als Sanskritist internationalen Ruf hatte, gehörte als Sekretar der philosophisch-historischen Klasse zu den führenden Akademiemitgliedern. Er vertrat die Akademie zu jener Zeit im Vorstand der Deutschen Morgenländischen Gesellschaft, die im Jahre 1921 reformiert worden war, um erneut zu stärkerer Wirksamkeit gelangen zu können.[257] Lüders hatte auch an der Spitze der ersten Kommission zur Auswertung der zentralasiatischen Turfan-Funde Albert Grünwedels und Albert von Le Coqs gestanden. In seinen Darlegungen „Zur Geschichte und Geographie Ostturkestans" (1922) unterstrich er für die Fachwelt die historische und kulturgeschichtliche Bedeutung eines Gebietes, das durch die weitere Erschließung wertvollster Schriftfunde und Kunstdenkmäler immer mehr in das Blickfeld einer breiteren Öffentlichkeit trat.[258]

Durch die Zuwahl Otto Frankes (OM 4. 6. 1923) erhielt die Akademie nach Georg von der Gabelentz und Jakob Maria de Groot den dritten Vertreter der Sinologie, der sich vornehmlich auf die Erforschung der chinesischen Staatsgeschichte und des Konfuzianismus konzentrierte. Franke war aus dem diplomatischen Dienst des deutschen Vorkriegsimperialismus hervorgegangen und hatte China als Sprach- und Kulturfachmann der deutschen Vorkriegsdiplomatie kennengelernt. Er war vom Auslandsinstitut in Hamburg im Jahre 1923 als Ordinarius an die Berliner Universität gekommen. Im Jahre 1920 veröffentlichte er „Studien zur Geschichte des konfuzianischen Dogmas und der chinesischen Staatsreligion"; 1922 erschien seine Arbeit über „Die Großmächte in Ostasien 1894–1914". Auf seine Geschichtskonzeption, die hierin deutlich wird, und auf seine Aktivität in der Wissenschaftspolitik des imperialistischen Deutschlands wird später erneut eingegangen.

In Carl Schuchhardt (OM 9. 7. 1912) gehörte einer der führenden bürgerlichen Archäologen der Akademie an, auf dessen wissenschaftliche Stellung im

---

256 Vgl. Abhdl., Phil.-hist. Kl., Jg. 1919, Nr. 1; Sb., Jg. 1922, Phil.-hist. Kl., S. 267ff.

257 Vgl. die (gedr.) Mitteilungen der Deutschen Morgenländischen Gesellschaft Nr. 48 (u. a. in: ZStA Merseburg, Rep. 76 Vc Tit. 11 Teil I Nr. 10 Bd. II, Bl. 250ff.). Dem Vorstand der 1844 gegründeten Dt. Morgenländischen Gesellschaft gehörten danach der Reichsminister des Äußeren a. D. Friedrich Rosen als Vorsitzender, H. Lüders als stellv. Vors. und der Arabist Karl Brockelmann/Halle als Beisitzer an (Stand von 1922, nach den Reformversuchen, die sich an die Mitgliederversammlungen v. 7. 1. und v. 30. 10. 1921 angeschlossen hatten).

258 Vgl. Sb., Phil.-hist. Kl., Jg. 1922, S. 243ff.

ersten Kapitel bereits verwiesen wurde. Schuchhardt, der in den Traditionen des methodischen Erbes unter anderem von Heinrich Schliemann stand[259], hatte seine eigene Schulung noch als Mitarbeiter von Carl Humann, dem Wiederentdecker Pergamons, in Kleinasien erhalten. Er war an der Erforschung von Bodendenkmälern in Rumänien (Dobrudscha, Bessarabien) beteiligt. In der Ausgrabung des römischen Kastells Haltern bei Lippe hatte er seine auch auf die Ausgrabung der bronzezeitlichen „Römerschanze" bei Potsdam angewandte, unter anderem die Rekonstruktion von Holzbauten ermöglichende Arbeitsmethodik entwickelt, die in seinen Grabungen zur germanisch-slawischen Vor- und Frühgeschichte auch während der folgenden Jahre der Weimarer Republik fruchtbar blieb. Schuchhardt hatte sich seit seinem Dienstantritt in Berlin um die Wiederbelebung der „Rethra-Kommission" der Berliner Anthropologischen Gesellschaft bemüht, die ursprünglich nur um die Wiederentdeckung der in Chroniken des 11. Jahrhunderts erwähnten slawischen Tempelburg Rethra bemüht war. Gestützt auf Mittel der Heckmann-Wentzel-Stiftung der Berliner Akademie, suchte Schuchhardt die Rethra-Forschungen im Rahmen eines größeren Projektes zur Erforschung des ostelbischen Burgenwesens fortzuführen; die entsprechenden Arbeiten, die auf einen Akademieauftrag zur Erforschung von Lausitzer, karolingischen und slawischen Burganlagen hin erfolgten, konnten erst nach dem ersten Weltkrieg (ab 1919) aufgenommen werden. Jetzt wandte sich Schuchhardt auch zunehmend der zusammenfassenden Darstellung vor- und frühgeschichtlicher Probleme zu; 1919 veröffentlichte er z. B. die Arbeit „Alt-Europa in seiner Kunst- und Stilentwicklung". Carl Schuchhardt war ein Repräsentant bürgerlicher Archäologie; er stand auch gesellschaftlich auf dem Boden der bürgerlichen Ordnung. Zugleich lehnte er den vordringenden Rassismus und Germanozentrismus in der Vor- und Frühgeschichte jedoch ab und bezog auch die slawische Frühgeschichte in die archäologische Forschung ein.

Mit Michael Tangl (OM 4. 3. 1918) wurde ein Vertreter der mittelalterlichen Quellenkunde zum Akademiemitglied gewählt, der zu den führenden Forschern dieses Gebietes gehörte. Tangl kam aus dem engeren Kreis Engelbert Mühlbachers und Theodor von Sickels am Wiener Institut für Österreichische Geschichtsforschung und war seit Beginn der neunziger Jahre von hier aus an der Bearbeitung karolingischer Urkunden für die Monumenta Germaniae Historica beteiligt. Er war über Marburg, wo er die Nachfolge Paul Kehrs angetreten hatte, schon 1897 zu Wilhelm Wattenbach an die Berliner Universität gekommen. Nach dem Tode Wilhelm Wattenbachs einziger Vertreter der historischen Hilfswissenschaften in Berlin, wurde er 1900 Ordinarius an der Universität. 1902 wurde er Mitglied der Zentraldirektion der Monumenta Germaniae, für die er die Abteilung „Epistolae" und nach dem Tode Mühlbachers auch die Abteilung „Diplo-

---

[259] Hierauf verweist J. Herrmann, Heinrich Schliemann. Wegbereiter einer neuen Wissenschaft, Berlin 1974, S. 30f. (Vgl. zum Werdegang auch C. Schuchhardt, Aus Leben und Arbeit, Berlin 1944; zu den im folgenden erwähnten Rethraforschungen ebda., S. 360ff.)

mata Karolinorum" leitete.[260] Tangl, einer der bedeutenden, in der Öffentlichkeit jedoch weniger bekannten Vertreter der philologisch-kritischen Mediävistik, hat den Nationalismus nicht unterstützt, der unter bürgerlichen Historikern seiner Zeit verbreitet war.

Mit Paul Kehr (OM 4. 3. 1918), dem Generaldirektor der Preußischen Staatsarchive (1915—1929), Vorsitzenden der Zentraldirektion der Monumenta Germaniae Historica (seit 1919) und Direktor des Kaiser-Wilhelm-Instituts für Deutsche Geschichte (zwischen 1903 und 1915 auch des Historischen Instituts in Rom), hatte die Akademie einen Repräsentanten bürgerlicher deutscher Mediävistik mit weitreichenden Verbindungen aufgenommen, der auch in der Wissenschaftspolitik eine führende Stellung einnahm. Kehrs besonderes Anliegen war die umfassende Erschließung der Papsturkunden in den europäischen Archiven, wofür er nahezu alle sachkundigen deutschen Gelehrten, aber auch italienische Forscher eingesetzt hat. Er selbst hat an der Sammlung und Edition italienischer, seit den zwanziger Jahren auch spanischer Papsturkunden besonders gearbeitet und späterhin die spätkarolingischen Kaiserurkunden des ausgehenden 9. und beginnenden 10. Jahrhunderts in der Diplomata-Reihe der Monumenta Germaniae Historica ediert.

Mit Erich Marcks (OM 9. 12. 1922) wurde ein führender Vertreter bürgerlicher Historiographie der Neuzeit in eine der Fachstellen für Geschichte gewählt.[261] Diese Wahl erfolgte unter dem Aspekt einer Reaktivierung der Arbeiten der Akademie zur neueren preußisch-deutschen Geschichte. Marcks war einer der Exponenten neurankeanischer Geschichtsauffassung. Bei ihm lagen das historisch-politische und das aktuelle politische Anliegen sehr ausgeprägt auf einer gemeinsamen konservativen Linie.

Friedrich Meinecke und Otto Hintze hatten weiterhin frei verfügbare bzw. zusätzlich in den Vorkriegsjahren geschaffene Stellen für die Geschichte inne. Ernst Troeltsch wurde erst 1923, kurz vor seinem Tode, zum Ordentlichen Mitglied der Akademie gewählt (OM 11. 1. 1923). Seine religionsgeschichtliche und vor allem religionssoziologische Betrachtungsweise wurde von führenden Vertretern der älteren philologisch-kritischen Kirchen- und Religionsgeschichtsschreibung abgelehnt, obwohl sie eigentlichen bürgerlichen Interessen immer stärker entsprach. Ernst Troeltsch hat die bürgerliche Geistesgeschichte, Religions- und Kultursoziologie während der Weimarer Republik beeinflußt, wenngleich er — vor allem für die späteren Jahre — wirkungsgeschichtlich mit Meinecke nicht vergleichbar ist. Als Theologe suchte Troeltsch den Relativierungstendenzen des bürgerlichen

---

260 Vgl. hierzu: Michael Tangl, Das Mittelalter in Quellenkunde und Diplomatik. Ausgewählte Schriften, Bd. I (Forschungen zur mittelalterlichen Geschichte. Hrsg. von H. Sproemberg, H. Kretschmar, E. Werner, E. Müller-Mertens und G. Heitz, Bd. 12), Berlin 1966, S. 7f. (Geleitwort v. H. Sproemberg), S. 9ff. (Michael Tangl. Zur Lebensgeschichte. Von Georgine Tangl). Tangl verstarb bereits 1921.

261 Eine zweite Fachstelle hatte der führende Althistoriker Eduard Meyer, eine weitere der Mediävist Dietrich Schäfer inne. Schäfer trat in der Akademie wissenschaftlich nicht hervor.

Historismus durch eine Synthese zwischen objektiv-idealistischer, transzendental orientierter Wertphilosophie, Historismus und bürgerlicher Soziologie zu begegnen. Seine Kritik am Historismus sollte das bürgerliche System festigen.[262] Sie blieb metaphysisch, irrational und agnostizistisch. Troeltsch und Meinecke sind vor der Akademie damals nicht hervorgetreten. Friedrich Meinecke befaßte sich 1919 mit Fragen der Staatsräson, über deren programmatische Behandlung etwas später in die Weiterentwicklung der bürgerlichen deutschen Geschichtsschreibung eingriff.[263] Auch Otto Hintze griff erst in den zwanziger Jahren in die Auseinandersetzungen um die bürgerliche Geschichtstheorie und —methodologie wieder aktiv ein, wobei er die bereits angeführten Verbindungen zur Soziologie im Sinne Max Webers herstellte.

Die Aktivität führender bürgerlicher Historiker lag in den Kriegs- und unmittelbaren Nachkriegsjahren vielfach weitgehend auf gesellschaftlich-politischem Gebiet. Friedrich Meinecke und Ernst Troeltsch, die während des Weltkrieges in den Debatten um Expansionsziele und Formen der Burgfriedenspolitik flexiblere Auffassungen befürwortet hatten, wahrten diese Linie auch in den Nachkriegsjahren. Eine vorübergehende Wendung ergab sich Ende 1918/Anfang 1919 auch bei ihnen aus der unmittelbaren Besorgnis vor der revolutionären Entwicklung: Meinecke hoffte zeitweise auf einen Diktator[264], Troeltsch wandte sich dem Kreis um die Antibolschewistische Liga zu.[265] In der Folge, nach der Niederschlagung der Revolution, stellten sich beide auf den Boden des großbürgerlich-parlamentarischen Systems. Meinecke ließ rückschauend keinen Zweifel daran, daß es sich hierbei nicht um ein Credo für die klassische bürgerliche Demokratie handelte: „Wir wurden Demokraten, weil wir uns klar machten, daß auf keinem anderen Wege die nationale Volksgemeinschaft und zugleich die lebensfähigen aristokratischen Werte unserer Geschichte würden erhalten werden können."[266] Wie Max Weber im Dezember 1918 den „plebiszitären Reichspräsidenten als Korrektiv gegen die reine Parlamentsherrschaft" intern gefordert hatte[267], so hielt Friedrich

---

[262] Vgl. E. Troeltsch, Der Historismus und seine Probleme, Berlin 1922; ders., Der Historismus und seine Überwindung, Berlin 1924.

[263] Meineckes Vortrag „Über die Lehre von den Interessen der Staaten, die neben und unabhängig von der allgemeinen Staatslehre im 17. und 18. Jahrhundert geblüht hat und als Vorstufe moderner Geschichtsauffassung von Bedeutung war" ging von der Schrift des Herzogs von Rohan „De l'Interest des Princes et Estats de la Chrestienté" aus. (Hinweis auf den Vortrag in Sb., Jg. 1919, S. 859, Gesamtsitzung vom 13. 11. 1919).

[264] Vgl. F. Meinecke, Straßburg-Freiburg-Berlin 1901—1919. Erinnerungen, Stuttgart 1947, S. 273, 276.

[265] Vgl. E. Stadtler, Als Antibolschewist 1918/19, Düsseldorf 1935, S. 76. Auf die Mitwirkung Troeltschs in diesem aggressiven Gremium verweist auch J. Kuczynski, Studien zur Geschichte des deutschen Imperialismus. Bd. II: Propagandaorganisationen des Monopolkapitals, Berlin 1950, S. 278. E. Marcks war zu dieser Zeit Vorsitzender eines „Verbandes gegen den Bolschewismus", in dem er dann mit dem HAPAG-Generaldirektor und späteren Reichskanzler Wilhelm Cuno und dem preußischen Kriegsminister Walther Reinhardt zusammenwirkte.

[266] Zit. nach P. Bleuel, Deutschlands Bekenner, a. a. O., S. 100.

Meinecke zur gleichen Zeit die Übernahme der amerikanischen Präsidentschaftsverfassung für den sichersten Weg, „um so viel Monarchie wie möglich hinüberzuretten."[268] Mit Meinecke war sich Troeltsch der Bedeutung bürgerlicher Geschichtsschreibung für die Festigung der herrschenden Ordnung bewußt.[269]

Die Betonung historischer Aspekte zeigte sich in der Akademie erneut, als zu dem Rechtshistoriker Emil Seckel ein weiterer Vertreter der germanischen Rechtsgeschichte und des Kirchenrechts, der Herausgeber der Zeitschrift für Rechtsgeschichte Ulrich Stutz, gewählt wurde (OM 4. 3. 1918). Stutz sprach 1920 über „Die Schweiz in der deutschen Rechtsgeschichte"; er befaßte sich vor der Akademie mit der von der bürgerlichen Rechtsgeschichte und Mediävistik viel behandelten Problematik der Königswahl und untersuchte die Frühentwicklung des brandenburgischen Reformationsrechts.[270] Zugleich mit Stutz wurde der Zivilrechtler und Rechtshistoriker Ernst Heymann gewählt. Heymann, in der Folge juristischer Berater der Akademie, war als vielseitiger Kenner des bürgerlichen Gegenwartsrechts, des Wirtschafts- und Urheberrechts sowie als Fachmann in verschiedenen Bereichen der bürgerlichen Rechtsgeschichte aktiv am Ausbau der bürgerlichen Jurisprudenz beteiligt. Er veröffentlichte 1921 ein Werk über „Die Rechtsformen der deutschen militärischen Kriegswirtschaft" unter dem Aspekt ihrer Verwendbarkeit für das bürgerliche Industrierecht der Nachkriegszeit; darin vertrat er eine großbürgerliche, auf die Wahrung staatsmonopolistischer und militärischer Aspekte bedachte Rechtsauffassung.[271] Der Einfluß Heymanns, des späteren Klassensekretars, stärkte auf weitere Sicht nationalistische Positionen an der Akademie.

Die Traditionen bürgerlicher Religionsgeschichtsschreibung wurden in der Akademie durch Adolf von Harnack und den gesellschaftlich-politisch wie wissenschaftlich gleichermaßen konservativen Lutherinterpreten, Historiker des Urchristentums und der Ostkirche Karl Holl fortgesetzt.[272] A. v. Harnack legte trotz

---

[267] G. Schmidt, Deutscher Historismus und der Übergang zur parlamentarischen Demokratie Lübeck/Hamburg 1964, S. 245, Anm. 50.

[268] F. Meinecke, Straßburg-Freiburg-Berlin 1901–1919, a. a. O., S. 277.

[269] „Die von beiden Seiten geführte Kultur- und Moralpropaganda des Weltkrieges zeigt, daß in den heutigen demokratischen Verhältnissen moralische und geschichtsphilosophische Bemäntelung der Politik zur Mobilisation der Massen unentbehrlich ist", äußerte Troeltsch 1922. (E. Troeltsch, Deutscher Geist und Westeuropa, Tübingen 1925, S. 3, Zit. bei W. Heise, Aufbruch in die Illusion. Zur Kritik der bürgerlichen Philosophie in Deutschland Berlin 1964, S. 262).

[270] Vgl. Sb., Jg. 1920, S. 92ff. („Die Schweiz . . ."); Jg. 1921, S. 414ff. („Reims und Mainz in der Königswahl des 10. und zu Beginn des 11. Jahrhunderts"); Jg. 1922, Phil.-hist. Kl., S. 4ff. („Kurfürst Johann Sigismund von Brandenburg und das Reformationsrecht").

[271] Vgl. E. Heymann, Die Rechtsformen der militärischen Kriegswirtschaft als Grundlage des neuen deutschen Industrierechts. Arbeiten zum Handels-, Gewerbe- und Landwirtschaftsrecht, Nr. 34, Marburg 1921.

[272] Einblick in die konservative und restaurative Haltung Karl Holls gewährt sein Briefwechsel mit von Harnack und seinem Fachkollegen und Freund Lietzmann. Vgl. Aus der Blütezeit der Kirchenhistorie in Berlin. Die Korrespondenz Adolf von Harnacks und Karl Holls mit Hans Lietzmann. Eingel. und hrsg. von Kurt Aland. In: Saeculum. Jahrbuch für Universalgeschichte, Jg. 21/1970, H. 2/3, bes. 253.

seiner zeitaufwendigen Aktivität in der großbürgerlichen Wissenschaftspolitik weitere Untersuchungen zur Genesis des Ur- und Frühchristentums vor, die durch die individualisierend-idealistischen, von Franz Mehring kritisierten ideologischen und methodologischen Positionen seiner Geschichtsauffassung gekennzeichnet blieben. Fragen der inneren Organisation der stadtrömischen Kirche waren 1918, Studien zur Vulgata des Hebräerbriefes 1920 Themen seiner der Akademie vorgelegten Arbeiten.[273] Sehr direkt war die Apologetik in den Arbeiten Holls, der 1921 über den „Kirchenbegriff des Paulus in seinem Verhältnis zur Urgemeinde "sprach, während er 1922 eine Arbeit über „Augustins innere Entwicklung" vortrug.[274]

Die germanistische Philologie blieb an der Akademie zunächst durch ihren Klassensekretar Gustav Roethe sowie durch Konrad Burdach, der die einzige besoldete Stelle der Klasse inne hatte, vertreten. Gustav Roethe hat sich vor allem um die Luther- und Goetheforschung bemüht; er ist als Textkritiker und Herausgeber hervorgetreten. Er hat als führender Germanist gesellschaftlich restaurative und nationalistische Einflüsse auf den Nachwuchs in der bürgerlichen deutschen Germanistik ausgeübt, zumal er als Hochschullehrer über eine ausgeprägte rhetorische Ausstrahlungskraft verfügte. Roethe, der an den Arbeiten der Deutschen Kommission maßgeblich beteiligt war, behandelte 1919 den dramatischen Aufbau der Wagnerschen Meistersinger; er sprach 1920 über die Entstehung des Urfaust vor der Akademie.[275] Konrad Burdach hatte in direktem Kontakt mit Wilhelm Scherer gestanden. Nach stilkritischen und geistesgeschichtlichen Untersuchungen zum Lebenswerk Walthers von der Vogelweide, aber auch Goethes hatte er sich vor allem mit der geistesgeschichtlichen Entwicklung des späteren Mittelalters und der früheren Neuzeit sowie mit der Entstehung der neuhochdeutschen Schriftsprache befaßt. Seine Arbeiten „Deutsche Renaissance" und „Reformation, Reanissance und Humanismus" waren in den Jahren 1916 bzw. 1917 in erster Auflage erschienen; in ihnen wurden die elitär-aristokratischen Auffassungen Burdachs erneut deutlich. Vor der Akademie behandelte er 1918 Ursprungsfragen des Minnesangs. Im Jahre 1920 berichtete er zusammenfassend über seine Forschungen zur neuhochdeutschen Sprach- und Bildungsgeschichte.[276] Dabei wiederholte er seine These, daß das „Aufkommen und die Ausbreitung der neuhochdeutschen Schriftsprache", als die „größte Sprachwende innerhalb des selbstständigen germanischen Sprachlebens" und vor allem als Ausdruck einer entscheidenden Kulturwende anzusehen sei. Auch hier hat er den neuen „Literaten- und Beamtenstand" am böhmischen Hof Karls IV. im allgemeinen und das Wirken des Hofkanzlers Johann von Neumarkt im besonderen als wesentlichste Ausgangspunkte für die neuhochdeutsche Schriftsprache bezeichnet. Über Johann von Neumarkt hätte sich Dan-

---

[273] Vgl. Sb., Jg. 1918, S. 954ff.; Jg. 1920, S. 179ff. Zu den Akademievorträgen Harnacks vgl. Gesamtregister . . . a. a. O., S. 62.

[274] Vgl. Sb., Jg. 1921, S. 920ff.; Abh. Phil.-hist. Kl., 4/1922.

[275] Vgl. Sb., Jg. 1919, S. 673ff.; Jg. 1920, S. 642ff.

[276] Vgl. Sb., Jg. 1918, S. 994ff.; S. 1072; Jg. 1920, S. 71ff.

tes Begriff einer nationalen Schrift- und Literatursprache ausgewirkt. „Recht verstanden, kann man Dante den Mitbegründer der neuhochdeutschen Schriftsprache nennen.“[277] Burdach wurde den ökonomischen, sozialen und politischen Zusammenhängen nicht gerecht, in denen sich die Entwicklung und Verbreitung einer einheitlichen neuhochdeutschen Schriftsprache vollzog. Die Bedeutung der Kanzlei Karls IV. und noch mehr die der italienischen Frühhumanisten um und nach Dante wurde von ihm überbetont, während er unter anderem zu wenig beachtete, daß sich im östlichen Mitteldeutschland eine Verkehrs- und Kanzleisprache entwickelte, an die auch Luther angeknüpft hat. Burdachs Forschungen blieben weit konzipierte Schwerpunktunternehmen der Akademie; sie waren Ausdruck einer Germanistik auf idealistischen Grundlagen, in deren Grenzen durch sie wertvolles sprach- und kulturgeschichtliches Material erschlossen wurde.

Zum Ordentlichen Mitglied wurde mit Julius Petersen (OM 23. 10. 1922) ein weiterer führender Literaturhistoriker gewählt, der die Akribie der Scherer-Schule weiterführte und mit nationalistischen Auffassungen verband. Petersen war ein Schüler Erich Schmidts, der Scherers Arbeiten fortgeführt und zur Hohenzollern-apologetik seiner Schule besonders beigetragen hatte. Petersen hatte eine Vielzahl von Publikationen veröffentlicht; als wissenschaftliche Schwerpunktgebiete seiner Arbeit wurden die Theatergeschichte und die Klassik in Deutschland in der Begründung des Wahlantrages betont. Er hatte zu den Bearbeitern der bei Cotta erschienenen Säkular-Ausgabe der Werke Schillers gehört. Er hätte sich als Kenner, Herausgeber und Interpret einen Namen gemacht, wobei besonders seine Edition von Lessings Hamburgischer Dramaturgie und sein dreibändiges Werk „Schillers Persönlichkeit“ hervorzuheben wären.[278] Nicht zu übersehen bleibt demgegenüber, daß Petersen an der Herausbildung der reaktionären Züge in der bürgerlichen deutschen Germanistik beteiligt gewesen ist. Auf seinen Beitrag zur Herausbildung der nationalistischen Deutschkunde-Bewegung während der zwanziger Jahre wurde bereits verwiesen. Durch ihn und Gustav Roethe war auch die Akademie in jenen Nationalismus einbezogen, mit dem die bürgerliche deutsche Germanistik zur geistigen Vorbereitung des Faschismus beigetragen hat. Auf weitere Sicht gesehen, traten die profaschistischen Gefahren des völkisch-nationalistischen Konservatismus bei Roethe, aber auch bei Petersen deutlich in Erscheinung.

Johannes Bolte (OM 23. 10. 1922) wurde nach dem Germanisten Karl Weinhold der erste Vertreter der bürgerlichen Volkskunde in der Akademie.[279] An der Entwicklung dieser Disziplin war Bolte durch langjährige Aufbereitungen volkskundlichen Materials sowie über die von ihm zwischen 1902 und 1910 geleitete „Zeitschrift für Volkskunde“ beteiligt. Bolte hatte sich vor allem mit dem 16. Jahrhundert, mit der Sammlung von Volksliedern und —märchen befaßt: Mit J. Polívka gab er die Anmerkungen zu den Grimmschen Kinder- und Hausmär-

---

[277] Sb., Jg. 1920, S. 77 (Bericht Burdachs über die Forschungen zur neuhochdeutschen Sprach- und Bildungsgeschichte am 22. 1. 1920).

[278] Vgl. AAW II: IIIa, Bd. 22, Bl. 166.

[279] Zu den Vorgängen um die Wahlen Petersens und Boltes vgl. oben Anm. 220.

chen, bearbeitet in 3 Bänden, heraus (1913—1918); in der Folge hat er den Briefwechsel zwischen Jakob Grimm und Karl Goedecke veröffentlicht (1927). Die Akademie hatte mit ihm einen bürgerlichen Forscher gewählt, der mit elitär-antihumanen Auffassungen im Sinne Hans Naumanns nichts zu tun hatte. Boltes Wirken in der Akademie begann erst in den späteren zwanziger Jahren.

Als Völkerkundler und führender Amerikanist gehörte Eduard Seler bis zu seinem Tode am 23. 11. 1922 der Akademie an. Seler hatte wesentliche Ergebnisse vor allem mexikanischer Feldforschungen bereits früher in der Akademie vorgetragen.[280]

Die bürgerliche Philosophie blieb auf 2 Fachstellen beschränkt. Benno Erdmann verstarb 1921; zu Carl Stumpf wurde Heinrich Maier (OM 23. 10. 1922) gewählt, der 1922 Ordinarius für Philosophie an der Berliner Universität geworden war. Maier war durch Arbeiten zur Syllogistik des Aristoteles und zum Sokrates-Problem in der idealistischen Philosophie hervorgetreten; er hatte 1908 eine „Psychologie des emotionalen Denkens" veröffentlicht, die sich mit emotional-voluntaristischen Auffassungen Wilhelm Wundts berührte. In einem Sammelwerk hatte er 1909 drei erweiterte Monographien über Melanchthon, Lavater und David Friedrich Strauß unter dem Titel „An der Grenze der Philosophie" zusammengefaßt. Maier stand mit seinen Arbeiten in den Traditionen bürgerlicher Philosophie und Philosophiegeschichte, deren irrationalistische Züge sich auch bei ihm zeigten. „So dürfen wir von Maier die würdige Fortsetzung der von Zeller, Dilthey und Erdmann für die Akademie geleisteten Arbeit und insbesondere auch die gedeihliche Weiterführung der Leibniz- und der Kant-Ausgabe erwarten", hieß es in der Begründung des Wahlantrages.[281]

Die bürgerliche deutsche Nationalökonomie wurde auch weiterhin allein durch den Agrarökonomen und Agrarhistoriker Max Sering vertreten. Sering war an führender Stelle bestrebt, den preußischen Weg der Entwicklung des Kapitalismus in der Landwirtschaft historisch zu rechtfertigen. Zugleich suchte er die extrem bauernfeindlichen (für die herrschende Klasse selbst letztlich gefährlichen) Konsequenzen dieses Weges im Rahmen staatlich gelenkter Maßnahmen der „inneren Kolonisation" abzufangen.[282] Als Apologet preußisch-deutscher Politik war auch Sering während des Weltkrieges mit annexionistischen Kriegszielforderungen und für die Aufsiedlung slawischer Gebiete im okkupierten Osten eingetreten. Die imperialistische Systemkrise und die Veränderung des Kräfteverhältnisses ließen ihn zum Schöpfer des Reichssiedlungsgesetzes vom 11. 8. 1919 werden, dessen Funktion in der Stärkung bäuerlich-kleinbürgerlicher Eigen-

---

[280] Vgl. dazu Gesamtregister . . ., a. a. O., S. 163. Zur Einschätzung Selers vgl. U. Schlenther, Zur Geschichte der Völkerkunde an der Berliner Universität von 1810 bis 1945. In: Wiss. Zs. d. Humboldt-Universität zu Berlin. Beiheft zum Jubiläumsjahrgang (IX) 1959/60, S. 70f.

[281] Vgl. AAW II: IIIa, Bd. 22, Bl. 168.

[282] Vgl. G. Heitz, Max Sering oder die Apologetik der „inneren Kolonisation". In: Wiss. Zs. d. Universität Rostock, 17. Jg. 1968, Gesellschafts- und Sprachwiss. Reihe H. 2/3, S. 123ff.

tumsverhältnisse als Bollwerk gegen die revolutionäre Bewegung bestehen sollte. Sering suchte auch mit diesem Gesetz — das nie verwirklicht, jedoch immer wieder als Ausgangspunkt von Reformversprechungen zur Desorientierung Werktätiger genutzt wurde — zur Festigung der bürgerlichen Ordnung in Deutschland beizutragen. Im Rahmen der Akademie ist er in diesen Jahren nicht hervorgetreten.

Auch in der philosophisch-historischen Klasse waren Korrespondierende Mitglieder in gewissem Maße an den Vorträgen und Veröffentlichungen der Akademie beteiligt.[283] Dies galt auch für Gelehrte, die der Akademie nicht angehörten, aber publizieren konnten, wenn ihre Arbeiten durch ein Ordentliches Mitglied vorgelegt wurden. Auch hier können — ähnlich wie bei der physikalisch-mathematischen Klasse — nur Beispiele genannt werden. Hugo Schuchardt, seit langer Zeit einer der führenden bürgerlichen Romanisten und Sprachforscher, legte zwischen 1919 und 1922 drei Beiträge zum Sprachursprung vor, 1921 folgte die Untersuchung „Possessivisch und passivisch"; 1922 behandelte er „Die iberische Inschrift von Alcoy" und äußerte sich „Zur Kenntnis des Baskischen von Sara". Zur Hethitologie trug der Schweizer Emil Forrer 1919 in seinem vielbeachteten Aufsatz „Die acht Sprachen der Boghazköi-Inschriften" wirksam bei; Peter Jensen berichtete über „Die Erschließung der aramäischen Inschriften von Assur und Hatra" und über „Indische Zahlwörter in keilschrifthethischen Texten" (beides 1919); Bruno Meißner, das spätere Mitglied der Akademie, ließ seine Arbeiten „Ein Entwurf zu einem neubabylonischen Gesetzbuch" (1918) und „Ein neubabylonisches Zuckungsbuch" (1921) vorlegen; Heinrich Schäfer schrieb über „Die Anfänge der Reform Amenophis IV." (1919). Albert von Le Coq legte 1919 und 1922 „Manichaïca aus Chotscho" vor; Emil Sieg trat in der Analyse tocharischer Sprachreste („Einheimischer Name für Toχri", 1918) weiterhin neben die Akademiemitglieder F. W. K. Müller und Wilhelm Schulze. Friedrich Hiller von Gaertringen, der Ausgräber des antiken Thera und wissenschaftliche Beamte der Akademie seit 1904, vertrat mit den Aufsätzen „Aus der Belagerung von Rhodos" (1918), „Voreuklidische Steine" (1919) und „Attische Inschriften" (1921) die klassische Archäologie; Ernst Wenkebach trat als klassischer Philologe mit seinen Veröffentlichungen von 1918 („Das Proömium der Kommentare zu den Epidemien des Hippokrates") und 1920 („Eine alexandrinische Buchfehde in den hippokratischen Krankengeschichten. Ein unveröffentlichtes Galenkapitel") neben Gelehrte wie Hermann Diels. Die Mediävistik vertraten hier Eduard Sthamer, der wissenschaftliche Beamte der Akademie, mit „Studien über die sizilischen Register Friedrichs I." (1920) und Harry Bresslau, Korrespondierendes Mitglied, mit seiner bekannt gewordenen Arbeit über „Die ältere Salzburger Annalistik" (1923). Es handelte sich also auch hier im wesentlichen um Ergebnisse der Einzelforschung, die in verschiedenen Fachdisziplinen unterschiedliche, in manchen Fällen auch erhebliche Bedeutung gewannen.

---

[283] Vgl. die entsprechenden Aufstellungen in Gesamtregister . . ., a. a. O.

Am Ende der Nachkriegskrise waren in der philosophisch-historischen Klasse 68 von den insgesamt 100 Stellen für Korrespondierende Mitglieder besetzt; 20 Neubesetzungen waren seit Anfang 1918 erfolgt. Über die Besetzung der Stellen vermittelt folgende Übersicht einen Überblick[384]:

Tabelle 4

Fach	Anzahl der zur Verfügung stehenden Korrespondentenstellen 1924	Davon besetzt am 1. 1. 1924	(1918)	Besetzt seit 1. 1. 1918
Philosophie und deren Geschichte	7	3	(4)	1
Klassische Philologie, einschl. d. klass. Epigraphik	22	15	(17)	—
Geschichte, einschl. d. hist. Hilfswiss. u. d. histor.Geographie	17	13	(15)	4
Deutsche und andere europ. Philologien, ausschl. d. klassischen	10	10	(8)	3
Orientalische Philol. einschl. d. vergleich. Sprachforschung	17	14	(9)	7
Kunstwissenschaft	8	3	(2)	1
Rechts- und Staatswissenschaft	9	4	(5)	—
Freie Stellen	10	6	(2)	4
Insgesamt	100	68	62	20

Relativ schwach besetzt waren hier rein quantitativ die Fachstellen für Korrespondierende Mitglieder aus der Philosophie und Philosophiegeschichte. Ähnliches galt für die Rechts- und Staatswissenschaften, die für die Belange der herrschenden Klasse ebenfalls besondere Relevanz besaßen. In eine Fachstelle für Philosophie wurde Gerardus Heymanns gewählt, der als Vertreter der Philosophie an der niederländischen Universität Groningen tätig war (KM 15. 7. 1920). In den Bereichen der Rechts- und Staatswissenschaften ist es zu Neuwahlen in diesen Jahren nicht gekommen. Dies galt auch für die Fachstellen für klassische Philologie, in die der bekannte belgische klassische Philologe Joseph Bidez als letztes Korrespondierendes Mitglied am 9. Juli 1914, unmittelbar vor Ausbruch des ersten imperialistischen Weltkrieges, gewählt worden war. In der klassischen Philologie und Epigraphik, einem Schwerpunktbereich der Akademie, blieben

[284] Aufstellung nach AAW II: IIIc 4, Bd. 1, Bl. 34 f.

mehrere Fachstellen unbesetzt. Voll besetzt waren die Fachstellen für Korrespondierende Mitglieder aus den Bereichen der deutschen und der anderen europäischen Philologien (außer der klassischen Philologie hier gemeint), nachdem mit den Germanisten Wilhelm Braune KM 11. 5. 1922) und Gustav Ehrismann (KM 6. 12. 1923) sowie dem Wiener Anglisten Karl Luick (KM 1. 6. 1922) drei neue Korrespondierende Mitglieder in Fachstellen gewählt worden waren. In den Kunstwissenschaften, in denen die Fachstellen wiederum wenig besetzt waren, wurde der führende bürgerliche Kunsthistoriker Georg Dehio gewählt (KM 28. 1 1920).

In Fachstellen für Geschichte wurden die Historiker Georg von Below, Hermann Oncken, Heinrich Finke und Aloys Schulte als neue Korrespondierende Mitglieder gewählt (alle vier KM 22. 6. 1922). Sie alle waren Vertreter traditioneller idealistischer und etatistischer Geschichtsauffassungen. Zugleich gab es divergierende historisch-politische und theoretische Positionen sowie Konfessionsunterschiede zwischen dem militanten Konservativen von Below, dem Rechtsliberalen Oncken sowie den katholischen Historikern Finke und Schulte. Sechs Neuwahlen Korrespondierender Mitglieder wurden in den Fachstellen für orientalische Philologie und vergleichende Sprachwissenschaften durchgeführt. Korrespondierendes Mitglied wurde der Berliner Turkologe Wilhelm Bang Kaup (KM 27. 2. 1919). Noch größere wissenschaftliche Bedeutung hatte die Wahl des Ägyptologen Kurt Sethe (KM 15. 7. 1920), des Schülers und Mitarbeiters Adolf Ermanns am ägyptischen Wörterbuch. Korrespondierende Mitglieder der Akademie wurden der Wiener Semitist Rudolf Geyer und sein Fachkollege Carl Zettersteen/Uppsala (beide KM 23. 2. 1922). Gewählt wurde der Wiener Ägyptologe Hermann Junker, der längere Zeit als Direktor des Zweiginstituts des Archäologischen Instituts des Deutschen Reiches in Kairo amtierte (KM 27. 7. 1922). Korrespondierendes Mitglied der Akademie wurde mit Willem Caland/Utrecht ein bekannter niederländischer Altindologe und Kenner altindischer Literatur (KM 21. 6. 1923). Gegen Ende dieser Jahre waren schließlich sechs der zehn freien Stellen für Korrespondierende Mitglieder besetzt. Inzwischen hatte die Akademie den Anthropologen Franz Boas[285] von der New Yorker Columbia-Universität (KM 15. 7. 1920), den Basler Archivar Rudolf Wackernagel (KM 9. 6. 1921), den evangelischen Bischof und Historiker der Siebenbürger Sachsen Friedrich Teutsch (KM 27. 7. 1922) in Herrmannstadt (Sibiu) sowie den Basler Theologen und Vertreter der religionsgeschichtlichen Schule Paul Wernle (KM 6. 12. 1923) in freie Stellen für Korrespondierende Mitglieder gewählt.

---

285 Vgl. oben Anm. 128. Boas, der deutscher Herkunft war, hatte als Mitarbeiter Bastians am Berliner Museum für Völkerkunde gearbeitet. Er hatte sich in der physischen Geographie habilitiert und arbeitete zeitweise auf meteorologischem und glaziologischem Gebiet auf einer deutschen Station in Baffinsland. Nach kurzer Tätigkeit an der Berliner Universität, in der er Geographie und Ethnographie verbunden hatte, ging Boas in die USA. Bereits 1889 war er Direktorialassistent der anthropologischen Klasse der Chikagoer Weltausstellung, 1893 erhielt er eine Professur an der neugegründeten Clark-Universität in Worcester/Mass. (Angaben nach U. Schlenther, a. a. O., S. 69).

d) Auszeichnungen der Akademie: Die Helmholtz- und die Leibniz-Medaille

Die Akademie hat ihre höchste Auszeichnung, die Helmholtz-Medaille, im Jahre 1919 an Wilhelm Conrad Röntgen als vorerst letzten verliehen: Die überragende Bedeutung der Entdeckung Röntgens, die sich in den seitdem vergangenen Jahrzehnten für weiteste Bereiche der Naturwissenschaften und der Medizin immer umfassender und tiefer herausgestellt hatte, war damit auch an der Akademie besonders gewürdigt.

Um die Leibniz-Medaille, die auf der Grundlage des Statuts von 1907 verliehen wurde, hatte es in den Sitzungen des Plenums der Akademie am 27. Februar, 13. März und 10. April 1919 eine ausführliche Aussprache gegeben, der interne Überlegungen und Stellungnahmen voraus gegangen waren. Auf Empfehlung des Sekretariats wurde am 10. April 1919 schließlich beschlossen, die Verleihung in der bisherigen Weise vorzunehmen. Hierzu hieß es ausdrücklich:
„Die goldene Medaille wird verliehen an diejenigen, die durch Schenkungen, durch die Unterstützung und Organisation von wissenschaftlichen Unternehmungen, endlich durch eigene große Forschungsreisen und verwandte Leistungen ein wissenschaftliches Verdienst erworben haben.

Die silberne Medaille wird an Gelehrte verliehen, die zwar, aus welchen Gründen es sei, zur Aufnahme unter die Mitglieder der Akademie nicht geeignet erscheinen, aber durch bedeutende Leistungen sich verdient gemacht haben[286]."
1923 wurde in üblicher Absprache mit dem preußischen Kultusministerium, das für die Akademie zuständig war, noch festgelegt, die goldene Medaille wegen der ernsten Situation vorerst — ähnlich wie während des Weltkrieges — in Eisen zu vergeben.[287] Obwohl im Einzelfall unterschiedlich ausgelegt, ist die neuerliche Festlegung von 1919 für die Verteilung der Leibniz-Medaillen maßgeblich geblieben.

Die Akademie hat ihre goldene Medaille für 1918 an den Reichsbankpräsidenten Havenstein vergeben. Für das Jahr 1919 erhielt der Gouverneur der früheren Kolonie Deutsch-Ostafrika, Heinrich Schnee, die gleiche Auszeichnung, da er, wie die Auszeichnungsbegründung betonte, die wissenschaftliche Erforschung dieses Gebietes durch einzelne Gelehrte und wissenschaftliche Instutitionen stets gefördert hätte.[288] Die goldene Medaille erhielt 1923 der Vorsteher des Börsenvereins des deutschen Buchhandels, engste Mitarbeiter Schmidt-Otts in der Notgemeinschaft und Leiter ihres Verlagsausschusses, Karl Siegismund.

Die silberne Medaille sollte nach einem Vorschlag von Hermann Diels von 1919 auch führenden Verlegern zuerkannt werden, die sich möglichst auch um Publikationen der Akademie Verdienste erworben hätten. Ausgezeichnet mit der silbernen Medaille wurde der Verleger Ernst Vollert, der sich besonders auf dem

---

[286] AAW II: Va, Bd. 96 (Gesamtsitzungsprotokolle).

[287] Vgl. AAW II: VIIIi Bd. 3, Bl. 11.

[288] Vgl. AAW II: VIIIi Bd. 2, Bl. 117 (Protokollauszug Sitzung d. phys.-math. Kl. v. 20. 3. 1919), Bl. 121 (Begründung für Schnee, verfaßt von A. Penck).

Gebiet der griechisch-römischen Philologie eingesetzt hatte, aber auch für die Deutsche Kommission der Akademie tätig geworden war und das Werk Burdachs „Vom Mittelalter zur Reformation" herausgebracht hatte.[289] Die gleiche Auszeichnung erhielt etwas später Albert Hartung vom Böhlau-Verlag Weimar, der sich für die großen Ausgaben der Werke Goethes und Luthers eingesetzt hatte und auch die Savigny-Zeitschrift für Rechtsgeschichte herausgab.[290] Die silberne Medaille erhielt Carl Dorno, der seit langem in Davos ansässig war und unter den dortigen günstigen atmosphärischen Bedingungen wertvolle meteorologische Untersuchungen durchgeführt hatte.[291] Max Blanckenhorn, in der Begründung Josef Pompeckjs zusammenfassend als „ein durch zahlreiche geologische und paläontologische Arbeiten verdienter Gelehrter" bezeichnet, dessen Arbeiten zur Geologie Syriens und Ägyptens Werke von hohem bleibendem Wert darstellten, erhielt die gleiche Auszeichnung.[292] Zuteil wurde sie dem Karthographen Ernst Debes, dessen Handatlas unter den deutschen Atlanten eine hervorragende Stelle einnehmen würde, wie Albrecht Penck in der Begründung betonte.[293] Für die entsprechende Ehrung des Mechanikers Otto Wolff hatte sich vor allem Emil Warburg eingesetzt; Wolff habe die neue Widerstandslegierung Manganin fabrikmäßig eingesetzt, durch deren Einsatz in Rheostaten, Meßbrücken und Kompensatoren ein wesentlicher Fortschritt in der Meßtechnik herbeigeführt worden sei; seine Apparate würden Weltruf genießen.[294]

Die silberne Medaille wurde auf Antrag Gottlieb Haberlandts, Carl Englers und Carl Correns an Karl Steinbrinck für seine wertvollen physikalisch-physiologischen Beiträge zur Klärung von Funktion und Bewegungszwecken verschiedener Pflanzenstengel, Blätter und Früchte verliehen.[295] Sie ging an Edmund von Lippmann, der sich um die Geschichte der Naturwissenschaften, besonders der Chemie und Physik seit dem Altertum, seit Mittelalter und Renaissance große Verdienste erworben hätte und der auch die Entwicklung der Alchimie neuerdings im großen untersuchen würde; von Lippmann, der eine Zuckerraffinerie leitete, sei von der Geschichte des Zuckers ausgegangen und hätte seine wissenschaftlichen Arbeiten zu großer Breite geführt.[296] Mit der silbernen Leibniz-Medaille wurden in diesen Jahren der Direktor des Berliner Märkischen Museums Otto Pniower, der durch seine stadt- und religionsgeschichtlichen Forschungen

---

[289] Vgl. ebda., Bl. 115 (Protokollauszug phil.-hist. K. v. 6. 3. 19 mit der Anregung von Diels); Bl. 151, S. 5 (Vorschlagsbegründungen, hier für Vollert).

[290] Vgl. AAW II: VIIIi Bd. 3, Bl. 13f. (Mitteilung der Sekretäre an das preuß. Kultusministerium über die Vorschläge für 1923, datiert 8. 3. 1923, mit Bitte um Bestätigung).

[291] Vgl. AAW II: VIIIi Bd. 2, Bl. 117, 123 (Protokollauszug phys.-math. Kl. v. 20. 3. 1919, Vorschlagsbegründung).

[292] Vgl. AAW II: VIIIi Bd. 3, Bl. 6 (Vorschlagsbegründung Pompeckjs).

[293] Vgl. AAW II: VIIIi Bd. 2, Bl. 117, 122 (Protokollauszug phys.-math. Kl. v. 20. 3. 1919, Vorschlagsbegründung Pencks).

[294] Vgl. ebda. Bl. 117, 128 (Protokollauszug phys.-math. Kl. v. 20. 3. 1919, Vorschlagsbegründung Warburgs).

[295] Vgl. AAW II: VIIIi Bd. 2, B. 204 (Antragsbegründung für Steinbrinck).

[296] Vgl. ebda., Bl. 115, Bl. 151 (Protokollauszug phil.-hist. Kl. v. 6. 3. 1919, Vorschlagsbegründungen für 1919).

bekannt gewordene Görlitzer Ratsarchivar Richard Jecht, der mit den Arbeiten der Akademie verbundene Epigraphiker Johannes Kirchner sowie der Numismatiker Friedrich von Schrötter ausgezeichnet. F. v. Schrötter hätte sich vor allem durch seine in langjähriger Arbeit zu einem relativen Abschluß gebrachten akten- und anderen quellenmäßigen Forschungen zur preußischen und deutschen Münz- und Geldgeschichte besondere Verdienste erworben, seine Ergebnisse seien großenteils in den Acta Borussica veröffentlicht.[297]

4. Die Entwicklung der wissenschaftlichen Unternehmen

In den wissenschaftlichen Unternehmen lag ein eigenständiges Arbeitsgebiet der Akademie. Hier handelte es sich auch weiterhin um langfristige Arbeiten, mit denen größere Themenkomplexe verschiedener Art für die Forschung erschlossen werden sollten. Arbeiten wie die großen Corpora griechischer und römischer Inschriften reichten weit in das 19. Jahrhundert zurück; mit ihrer Fortführung wurde den Bedürfnissen altertumswissenschaftlicher Forschung entsprochen, zugleich blieben neuhumanistische Bildungsauffassungen hier besonders wirksam. Allgemein kam den Unternehmungen aus den Gebieten der bürgerlichen Geisteswissenschaften auch jetzt eine erhebliche Bedeutung an der Akademie zu. Altertumswissenschaftliche und orientalistische, patristische, rechtshistorische, historische und germanistische Unternehmen wurden weitergeführt; die Philosophie blieb durch Werkausgaben von Leibniz, Kant und Dilthey vertreten, zu denen späterhin noch die Übernahme einer Schleiermacher-Ausgabe trat. Dabei überschritten die Werkausgaben von Leibniz und Kant in ihrer Gesamtanlage den eigentlichen Arbeitsbereich der philosophisch-historischen Klasse der Akademie. Die naturwissenschaftlichen Bereiche waren hier vor allem durch die großen, auch in diesen Jahren weitergeführten Sammelwerke zum Fixsternhimmel, zum Tierreich und zum Pflanzenreich vertreten, auf deren Entstehungs- und Frühgeschichte gleichfalls im Teil I dieser Studien eingegangen wurde. Kleinere Unternehmen wie die Darstellung der Flora von Papuasien und Mikronesien und der Nomenclator animalium generum et subgenerum kamen hier hinzu. Werkausgaben der führenden Mathematiker Weierstraß und Kronecker, die die Mathematik auch an der Akademie an exponierter Stelle vertreten hatten, wurden weitergeführt. Angesichts der schnell weiterhin wachsenden Bedeutung der wissenschaftlichen Information war es auch symptomatisch, daß die Akademie in Einzelfällen entsprechende Unternehmen zur Weiterführung in den folgenden Jahren übernommen hat.

Über jene Unternehmen hinaus, die von der Akademie in eigener Regie betrieben wurden, hat sie sich auch an Arbeiten weiterhin beteiligt, die von der inter-

---

[297] Vgl. ebda., Bl. 115 (Protokollauszug phil.-hist. Kl. v. 6. 3. 1919. Vorschlagsbegründung Hintzes u. Meineckes für v. Schrötter).

nationalen Assoziation seinerzeit ins Leben gerufen oder vom Kartell der Akademien betrieben wurden. Dies galt im besonderen für den Thesaurus linguae Latinae, ein Kartellunternehmen, und für das durch Hermann Diels seinerzeit im Rahmen der Assoziation ins Leben gerufene Corpus Medicorum Graecorum. Die Monumenta Germaniae Historica blieben, obwohl formell der Akademie nicht unterstellt und unter einer eigenen Zentraldirektion ihre Arbeiten weiterführend, auch jetzt mit der Akademie eng verbunden. An der Spitze der Zentraldirektion stand ein Mitglied der Akademie; über die Situation in den MGH und den Fortgang ihrer Arbeiten wurde in der Akademie in jedem Jahre berichtet.

Für die Unternehmen der Akademie bestanden auch weiterhin jeweils spezielle Kommissionen ,die von einem Mitglied geleitet wurden, außer Akademiemitgliedern aber auch Gelehre einbeziehen konnten, die der Akademie nicht angehörten. In einer Reihe großer eigenständiger Unternehmen waren fest angestellte wissenschaftliche Beamte — unter ihnen bekannte Vertreter ihrer Disziplinen — tätig; jüngere Mitarbeiter arbeiteten als wissenschaftliche Hilfsarbeiter; manche Unternehmen z. B. aus dem Gebiet der Mundartwörterbücher wurden arbeitsmäßig von Gelehrten außerhalb der Akademie getragen.

Die Bedeutung der Kommissionen wie der Unternehmen selbst differierte nicht unerheblich. Vielfach führte die Akademie hier ein wissenschaftliches und humanistisches Vermächtnis weiter; mit Schwerpunktvorhaben aus den Altertumswissenschaften, der Orientalistik und der Germanistik — hier z. B. dem Deutschen Wörterbuch der Brüder Grimm — unterstrich sie zugleich Schwerpunkte ihrer Gesamtarbeit und wissenschaftlichen Ausrichtung in den Geisteswissenschaften. Hier hat die Akademie der Wissenschaften der DDR später ein humanistisches Erbe aus ihrer eigenen Geschichte, aus der Arbeit der Berliner Akademie auch in jenen Jahren fortgesetzt. Bedeutsam waren auch die großen naturwissenschaftlichen Gemeinschaftsunternehmungen aus der Astronomie und der botanischen wie zoologischen Systematik und Taxonomie; allerdings zeigte sich hier, daß die Akademie — in deren regelmäßigen Zusammenkünften wertvolle Ergebnisse wissenschaftlicher Forschung vorgetragen wurden — auch mit ihren Unternehmungen nicht im Zentrum des Aufschwunges der Naturwissenschaften jener Zeit stand. Insgesamt erfuhren die Unternehmen in den Jahren seit 1917/18 nur eine relativ geringe quantitative Erweiterung durch die Neuaufnahme von Arbeiten und die Bildung entsprechender Kommissionen. Ein gewisses Charakteristikum bestand in dem Bestreben, inhaltlich enger verbundene oder zusammengehörige Unternehmen in einer gemeinsamen Kommission zusammenzufassen und damit den Fortgang der Arbeiten zu koordinieren, was spezielle Kommissionen für die einzelnen Arbeiten nicht ausschloß. Aber auch diese Konzentrationen blieben Ausnahmen in der Gesamtentwicklung.

Für die Unternehmen hatte die Akademie einen bedeutenden Teil der ihr zur Verfügung stehenden finanziellen Mittel aufzuwenden; verwandt wurden laufende Haushaltsmittel, aber auch Zinserträgnisse aus Stiftungskapitalien der Akademie. Zwangsläufig mußten sich auf die Unternehmen unter anderem jene finanziellen

Engpässe auswirken, die die Arbeit der Wissenschaftler im imperialistischen Deutschland jener Zeit besonders behinderten. Dies galt in gewissem Maße auch für die Auswirkungen der Gegensätze zwischen imperialistischen Mächten: Auf Fragen, die sich aus früherer Zusammenarbeit in der internationalen Assoziation der Akademien ergaben, wird nochmals zurückzukommen sein. In geringem Umfange haben auch Gelehrte aus anderen (im Krieg neutral gebliebenen) Staaten an Gemeinschaftsarbeiten mitgewirkt; auf sie wurden dann auch für die Zukunft manche Hoffnungen gesetzt. Daß die Problematik der wissenschaftlichen Unternehmen teilweise auch in den Verhandlungen um die Union Académique Internationale eine Rolle spielte, ist für die unmittelbare Nachkriegszeit bereits gezeigt worden; es blieb auch in den weiteren Jahren so.

Für die Durchführung wissenschaftlicher Unternehmen bestanden zunächst 26, nach der Konzentration der altertumswissenschaftlichen Arbeiten noch 19 Kommissionen an der Akademie. Insbesondere hier hatte die Inflation forschungspolitisch und —organisatorisch zunehmende Folgen. Bereits am 8. April 1919 hatte Gustav Roethe als Vorsitzender Sekretar alle für wissenschaftliche Unternehmen verantwortlichen Akademiemitglieder z. B. zur Einreichung des Kostenvoranschlages — in Unterschätzung des Tempos und Ausmaßes der inflationären Entwicklung für die nächsten 3 Jahre — aufgefordert. Die Akademie verfüge noch über gewisse Ersparnisse in Form von Kriegsanleihen, da sie ihre Arbeiten während des Weltkrieges einschränken mußte. „Aber diese Reserve-Mittel werden doch nur in beschränktem Maße genügen, um eine Zeitlang die unverhältnismäßigen Mehrkosten des wissenschaftlichen Drucks auszugleichen", hieß es hier.[298] Im Mai 1920 mußte der Gesamt-Geldverwendungs-Ausschuß davon ausgehen, daß die Ausgaben die der Akademie zur Verfügung stehenden Barbestände wesentlich überschritten hatten; der Ausgleich sollte durch den Verkauf von Kriegsanleihen herbeigeführt werden.[299] Auch Aushilfsversuche solcher Art halfen nicht weit. Unter den Bedingungen des Währungsverfalls gewann die zusätzliche Finanzierung aus Mitteln des Staates und der Notgemeinschaft sowie aus privaten Quellen für die materielle und personelle Sicherung von Unternehmen oft große Bedeutung. Dabei waren die Auswirkungen der Nachkriegsschwierigkeiten auf die Unternehmen unterschiedlich. Auch jetzt blieben einzelne Unternehmen relativ ertragreich.

a) Naturwissenschaftliche Unternehmen

Relativ fruchtbar blieben die Arbeiten aus dem naturwissenschaftlichen Bereich, die deskriptiven Charakter trugen.

Der Kommission für die Durchführung des astronomischen Gemeinschaftsunternehmens der Akademie, der „Geschichte des Fixsternhimmels", gehörten Gustav Müller und Hans Ludendorff im Jahre 1923 an; Müller hatte hier die

---

[298] Vgl. AAW II: XIIc, Bd. 23, Bl. 142.

[299] Vg. AAW II: XIIb, Bd. 14 (Sitzungsprotokoll v. 20. 5. 1920).

Geschäftsführung. Auf zusätzliche Finanzhilfen gestützt, konnte die Akademie nach langjährigen Vorarbeiten den ersten Band der „Geschichte des Fixsternhimmels“ herausgeben; bis zu Anfang des Jahres 1923 war auch der zweite Band bearbeitet und der Kommission übergeben.[300] Mit der Herausgabe des ersten Bandes hatte die Veröffentlichung eines großen Positionskataloges begonnen, in dem schließlich für etwa 170000 Sterne die im 18. und 19. Jahrhundert vorgenommenen Koordinatenbestimmungen zusammengefaßt waren. Dieses große Sammelwerk war unter dem Eindruck der Besselschen Tradition entstanden, deren Überbetonung die weitere Entwicklung der Astrophysik — als des modernsten Zweiges des Astronomie — behinderte. Trotzdem kam der Erarbeitung von Katalogen der Sternörter auch weiterhin Bedeutung zu. Mit zusätzlicher Unterstützung aus Mitteln des preußischen Staates und der Notgemeinschaft wurde die Bearbeitung der beiden großen Sammelwerke botanischer und zoologischer Systematik — des „Pflanzenreiches“ und des „Tierreiches“ — fortgesetzt; das gleiche galt für den mit dem „Tierreich“ eng verbundenen „Nomenclator animalium generum et subgenerum“. Die Kommission für das „Pflanzenreich“ wurde 1923 von Adolf Engler, dem Begründer des Werkes, geleitet, ihr gehörte auch Carl Correns an. Geschäftsführendes und zugleich einziges Mitglied der Kommission für das „Tierreich“ war zu dieser Zeit Karl Heider. Die Akademie folgte bei den beiden großen systematischen Sammelwerken dem bisherigen, angesichts des Umfanges, der Breite und Vielfalt der Arbeiten allein erfolgversprechenden Prinzip, die einzelnen Arten des Tier- und Pflanzenreiches durch erfahrene Spezialisten erfassen, systematisieren und beschreiben zu lassen. In wesentlichem Maße wurden demgemäß außerakademische Mitarbeiter herangezogen, für welche die entsprechenden Arbeiten besonders unter den Bedingungen der Inflation mit persönlichen Opfern verbunden waren. Bei dem Rang, den beide Werke über den Rahmen der botanischen und zoologischen Taxonomie hinaus einnahmen, stellte ein Bearbeitungsauftrag auch jetzt eine wissenschaftliche Anerkennung dar. Bis Ende 1923 war der 46. Band des „Tierreiches“ erschienen; Band 47, den W. Kükenthal bearbeitete, befand sich im Druck; im gleichen Jahre waren die Hefte 82—89 des „Pflanzenreiches“ erschienen.[301] Zur „Flora von Papuasien und Mikronesien (Polynesien)“ erschienen unter der Leitung von Adolf Engler und Ludwig Diels weitere Hefte.[302] Die Bearbeitung dieses botanischen Unternehmens wurde aus der Heckmann-Wentzel-Stiftung finanziert, deren finanzielle Mittel jedoch insbesondere 1923 schnell und weitgehend der Inflation zum Opfer fielen.[303]

---

300 Sb., Jg. 1923, S. L (Bericht G. Müllers am 25. 1. 1923); dazu den Bericht des 1920 verstorbenen Hermann Struve zur „Geschichte des Fixsternhimmels“, in dem auf die ursprüngliche Aufgabenstellung und die Genesis ausführlich eingegangen wird. Der ursprüngliche Arbeitsplan umfaßte die Sammlung und Ortung aller zwischen 1750 und 1900 durch Meridianbestimmungen erlangten, auf das Äquinoktium von 1875 und auf ein einheitliches System reduzierten Sternörter und ihre Erfassung in einem Generalkatalog. Vgl. Sb., Jg. 1920, S. 87ff.

301 Vgl. Sb., Jg. 1924, S. LXf. 302 Vgl. ebda., S. LXXIXf.

303 Vgl. den Bericht des Kuratoriums ebda., S. LXXVI.

Es bedurfte zusätzlicher Mittel, um auch die auf diesem Wege finanzierten Unternehmen fortzuführen.

An der Leitung eines bedeutenden interakademischen Unternehmens, der von Felix Klein 1894 ins Leben gerufenen und von ihm seitdem betreuten Enzyklopädie der mathematischen Wissenschaften, war die Akademie nur indirekt über ihre Mitwirkung im Kartell sowie über eine dort fixierte Mitfinanzierung beteiligt. Der Informationsbereich dieses Werkes, an dem viele führende Mathematiker und Physiker mitarbeiteten, war von vornherein breit angelegt, da Klein die angewandte Mathematik in weitem Umfange einzubeziehen suchte. Es war ihm zugleich darum zu tun, die Enzyklopädie als alleiniges Unternehmen der deutschen bürgerlichen Wissenschaft zu Ende zu führen. Klein hatte daher die Danksagung für den üblichen Glückwunsch zu seinem 50. Promotionsjubiläum benutzt, um auch die Berliner Akademie am 28. 12. 1918 zu aktiverer Mitarbeit aufzufordern.[304] Dazu ist es indessen nicht gekommen; die Leitung der Redaktion für die einzelnen Bände behielten die Akademien in Göttingen, Heidelberg, Leipzig, München und Wien; die Berliner Akademie beteiligte sich — wie beim Poggendorffschen Handbuch[305] — durch finanzielle Beiträge. Große Bedeutung hatten auch hier die zusätzlichen Bewilligungen durch die Notgemeinschaft, die das Kartell der Akademien befürwortete.[306]

b) Editionen der Werke bedeutender Akademiemitglieder

Werkausgaben bekannter Gelehrter und früherer Akademiemitglieder behaupteten in der Arbeit der Akademie eine wesentliche Stellung. Hier zeigte sich jedoch, daß die Schwierigkeiten immer wieder unterschätzt wurden, die der Durchführung wissenschaftlicher Unternehmen entgegenstanden. Eine solche Unterschätzung lag in besonderem Maße bei der im Jahre 1901 über die Assoziation als gemeinsames Unternehmen der beiden Pariser Akademien (Académie des Sciences und Académie des Sciences morales et politiques) und der Berliner Akademie beschlossenen Leibniz-Gesamtausgabe vor, die auf unzulänglichen Grundlagen konzipiert und begonnen worden war. Als Hemmnis hatten sich hier Prioritätsansprüche und -bestrebungen ausgewirkt. Der Weltkrieg hatte der Zusammenarbeit französischer und deutscher Gelehrter auch hier ein Ende gesetzt. Mit der Einberufung des Berliner Bearbeiters Paul Ritter zum Militärdienst hatten die Editionsarbeiten auf deutscher Seite für $1^1/_2$ Jahre gänzlich aufgehört.[307] Im Jahre 1920 kam es zu einer Neuorientierung, mit der sich die Akademie den bereits

304 Vgl. die Danksagung Kleins in AAW II: IIIb, Bd. 24, Bl. 119f.; dazu die Mitteilung der Kleinschen Aufforderung in der Plenarsitzung der Akademie in AAW II: Va, Bd. 96.

305 Gemeint ist das von J. C. Poggendorff 1863 begründete Literarisch-biograph. Handwörterbuch für Mathematik, Physik, Chemie und verwandte Wissenschaftsgebiete, dessen Bearbeitung die Sächs. Ak. d. Wiss. leitete.

306 Vgl. das Protokoll der Wiener Kartelltagung v. 11./12. 4. 21. In AAW II: Va 13, Bd. 4, Bl. 235, S. 20.

307 Vgl. Sb., Jg. 1921, S. 114ff.

erwähnten, seinerzeit innerhalb der Akademien vorbereiteten Empfehlungen des Berliner Kartelltages vom 3. und 4. Oktober 1919 für die Arbeiten an der Leibniz-Ausgabe anschloß. Die Akademie nahm die wissenschaftspolitischen Konsequenzen des Versailler Systems und den Wissenschaftsboykott zum Anlaß, um die Weiterführung der Leibniz-Ausgabe von diesem Jahre an in ihre alleinige Regie zu nehmen.[308] „Innere Schwierigkeiten" seien insofern nicht zu befürchten, als die Katalogisierung der ursprünglich den französischen Partnern zugefallenen Teile des Leibniz-Nachlasses in den letzten Jahren von deutscher Seite weitgehend fortgeführt worden sei und der „immerhin beträchtliche Rest" gleichfalls von hier aus bearbeitet werden könnte. Allerdings blieben — ganz abgesehen von dem vorerst nicht zu erwartenden Beginn der Drucklegung — „wirtschaftliche Schwierigkeiten ernster Art" zu überwinden, hieß es am 27. Januar 1921 in dem durch Hermann Diels vorgetragenen Bericht Benno Erdmanns des kurz zuvor verstorbenen zuständigen Akademiemitgliedes für die Leibniz-, Kant- und Dilthey-Ausgaben.[309] Der Gesamt-Geldverwendungs-Ausschuß der Akademie hatte für die Leibniz-Ausgabe z. B. am 20. Mai 1920 eine Summe von 12000 Mark bewilligt, die zur Hälfte aus Akademiemitteln, zur anderen Hälfte — wiederum im Sinne des Berliner Kartelltages vom Oktober 1919 — aus dem Fonds der Internationalen Assoziation der Vorkriegszeit entnommen werden sollten.[310] Der von der philosophisch-historischen Klasse und vom Plenum der Akademie bestätigte Plan Benno Erdmanns, nach dem die alleinige Bearbeitung der Leibniz-Ausgabe seit 1920 in Berlin durchgeführt wurde, sah zwar eine Reduzierung des Gesamtwerkes vor, das 1907 in einer Zusammenkunft in Köln auf 60 umfangreiche Oktavbände in 2 Abteilungen festgelegt worden war. Die Ausgabe wurde jedoch mit nunmehr 40 Bänden in 7 Abteilungen in einem nach wie vor sehr großem Umfange und in einer Aufgliederung geplant, die sich in der Folge als ungünstig erwies. Der Beschluß von 1920 beruhte auf Schätzungen des Umfanges des Leibniz-Nachlasses, der nicht vollständig erfaßt war. Die Akademie verfügte nicht über ausreichende finanzielle und personelle Voraussetzungen zur alleinigen Fortsetzung eines so großen Werkes. Der erste Band der Leibniz-Ausgabe wurde zum Leibniz-Tag 1923 der Akademie vorgelegt; erst Anfang 1924, nach dem Ende der Inflation, wagte der Verleger, den Band zur Subskription herauszubringen.[311] Der Kommission für die Leibniz-Ausgabe gehörten 1923 die Akademiemitglieder Carl Stumpf (Geschäftsführung), Max Planck, Adolf von Harnack, Gustav Roethe, Paul Kehr, Erhard Schmidt und Heinrich Maier an: In der Zusammensetzung reflektiert sich die Breite des Leibnizschen Gesamtwerkes in dem für die Akademie erreichbaren Ausmaß.

---

[308] Vgl. ebda., S. 121.

[309] Vgl. ebda., S. 121f.

[310] Vgl. AAW II: XIIb, Bd. 14. In der Sitzung des Ausschusses vom 19. 1. 1922 wurde dann der Vorschlag der Leibniz-Kommission aufgegriffen, die Summe von 12000 auf 25000 Mark zu erhöhen — dies wurde der Akademie zur Annahme empfohlen. (Vgl. ebda.).

[311] Vgl. Sb., Jg. 1923, S. LI; Jg. 1924, S. LXIII.

Diskrepanzen zwischen den Vorstellungen verantwortlicher Akademiemitglieder und Bearbeiter auf der einen und der tatsächlichen Problematik großer Werkausgaben auf der anderen Seite wurden auch in dem postumen Bericht Benno Erdmanns zur Kant-Ausgabe der Akademie deutlich, den Hermann Diels gleichfalls am 27. Januar 1921 verlas. „Wenige Jahre schienen anfänglich ausreichend, um das Unternehmen zum Abschluß zu bringen. Aber die inneren und äußeren Schwierigkeiten der Arbeit waren, wie es zu gehen pflegt, weit unterschätzt worden. Erst im Laufe dieses Jahres werden die beiden ersten Abteilungen vollständig veröffentlicht vorliegen", hieß es hier.[312] Die erste Abteilung — Kants Werke — wurde mit dem neunten Band Anfang 1924 abgeschlossen, nachdem die Kommission sich entschlossen hatte, mit der Logik und Pädagogik auch der Herausgabe der seit langem unzulänglich ediert vorliegenden physikalischen Geographie Immanuel Kants zuzustimmen. Die zweite Abteilung — Kants Briefwechsel — war 1922 vollendet; so stand bis Anfang 1924 noch die dritte Abteilung — der nach seinem Umfang und z. T. nach seiner Bedeutung unterschätzte handschriftliche Nachlaß Kants — teilweise aus.[313] Die optimistischen Erwartungen, mit denen Heinrich Maier Anfang 1924 einen nunmehr schnelleren Fortgang der Arbeiten ankündigte, sollten sich allerdings als voreilig erweisen. Die Kommission wurde auch hier (1923) von Carl Stumpf geleitet; ihr gehörten Gustav Roethe, Friedrich Meinecke, Heinrich Maier und — als außerakademisches Mitglied — der Hallenser Philosoph und Neukantianer Paul Menzer an.

Entstehung, Entwicklung und Bedeutung der Kant-Ausgabe müssen aus dem Zusammenhang der Grundlagenentwicklung in den bürgerlichen Geisteswissenschaften, aus der Stellung des Neukantianismus in der Geschichte der bürgerlichen Philosophie und damit auch aus den erkenntnistheoretischen Gemeinsamkeiten und Differenzen zwischen dem Neukantianismus und seinen bürgerlichen Kontrahenten verstanden werden. Auch an der Dilthey-Ausgabe der Akademie erwies sich in diesen Jahren die weltanschaulich-philosophische Bedeutung der Edition der Werke führender Akademiemitglieder. Auch hier ging die Arbeit vorerst schleppend voran. Im Jahre 1922 wurde jedoch die „Einleitung in die Geisteswissenschaften" — Wilhelm Diltheys grundlegendes, in der bürgerlichen geisteswissenschaftlichen Forschung bis heute nachwirkendes Werk — fertiggestellt.[314] In der Dilthey-Kommission, die 1923 gleichfalls von Carl Stumpf geleitet wurde, wirkten Konrad Burdach, Emil Seckel und Heinrich Maier.

Hemmnisse gab es in der Herausgabe der „Gesammelten Schriften Wilhelm von Humboldts". „Ungeachtet der mannigfachen, durch den Krieg bedingten Störungen und Schwierigkeiten" war bis Anfang 1919 jedoch die zweite Abteilung mit dem 15. Band — einem Teil der Tagebücher Wilhelm von Humboldts — abgeschlossen; nur noch die vierte Abteilung mit dem Briefwechsel Humboldts sowie die Beendigung des Nachtragsbandes zur ersten und zweiten Abteilung stün-

---

[312] Vgl. Sb., Jg. 1921, S. 115.
[313] Vgl. Sb., Jg. 1924, S. LIX (Bericht H. Maiers).
[314] Vgl. Sb., Jg. 1923, S. LXV.

den aus, hieß es im Bericht Konrad Burdachs vom 23. Januar 1919.[315] Burdach leitete hier 1923 die Kommission, der außer ihm Ulrich von Wilamowitz-Moellendorff und Friedrich Meinecke angehörten. Noch Anfang 1921 schien es jedoch ungewiß, wann die seit 1913 vorbereiteten Nachträge zu den Politischen Schriften Wilhelm von Humboldts erscheinen würden – die Akademie hatte hierzu vorerst ein Ergänzungsheft veröffentlicht, um den Fortgang der Arbeiten nicht zusätzlich zu verzögern.[316] Wie sehr die noch erforderliche Zeit unterschätzt wurde, sollte sich in der Folge erweisen.

Die komplizierte Situation der Nachkriegsjahre wirkte sich auch auf ein Unternehmen wie die Ausgabe der Werke des Mathematikers Karl Weierstrass aus, das in dieser Zeit nur geringe Förderung erfuhr. Die Kommission leitete Max Planck (1923); ihr gehörte Erhard Schmidt an.

c) Unternehmen zur griechisch-römischen Altertumskunde und zur Orientalistik

In den griechisch-römischen Altertumswissenschaften hat die Akademie an einzelnen interakademischen Unternehmen mitgearbeitet; zugleich war sie um die Förderung ihrer eigenen Unternehmen zur antiken Philologie, Kulturgeschichte und Geschichte auch jetzt besonders bemüht.

Die Mitarbeit am Thesaurus linguae Latinae und seine Mitfinanzierung wurden fortgesetzt. Für dieses interakademische Unternehmen hatte sich bereits im Frühjahr 1921 eine außerordentliche Notlage ergeben, über die vor den Delegierten der Wiener Kartellversammlung am 12. April 1921 berichtet wurde.[317] Allen Assistenten mußte zum 1. April 1921 gekündigt werden, betonten Heinrich Lüders und der Wiener klassische Philologe Edmund Hauler hierzu. Der Thesaurus, dessen Bearbeitung durch „Spenden aus Schweden, Holland und Amerika“ und eine Schweizer Spende aufrecht erhalten werden konnte, sei auch bei weiterer regelmäßiger Zahlung der festgelegten Beiträge der Akademien, mit denen er seit langem finanziert wurde, „auf fremde zufällige Beihilfen“ angewiesen. Die Berichterstatter hofften insbesondere auf Unterstützungssummen aus der Notgemeinschaft, um kontinuierlicher arbeiten zu können. Der Thesaurus, dessen Leitung seit 1923 von Eduard Norden als interimistischem Kommissionsvorsitzenden und von Dittmann für die Geschäftsführung der Zentralgeschäftsstelle in München sowie für die Generalredaktion wahrgenommen wurde, hatte sich im Herbst 1922 in einer existenzgefährdenden Krise befunden.[318] Die Beiträge der Akademien verfielen trotz nomineller Erhöhungen in der Inflation. Die Aufrechterhaltung des Unternehmens wurde aus Personalkostenzuschüssen der bayrischen

---

[315] Vgl. Sb., Jg. 1919, S. 59.
[316] Vgl. Sb., Jg. 1924, S. LXIII.
[317] Vgl. AAW II: Va 13, Bd. 4, Bl. 235 (S. 31).
[318] Vgl. den Bericht der Thesaurus-Kommission für die Zeit v. 1. 4. 1922–31. 3. 1924. In: Sb., Jg. 1924, S. 152ff.

Regierung, Mitteln der Notgemeinschaft und des Reichsministeriums des Innern sowie wiederum durch Spenden nunmehr aus Finnland, der Schweiz, Dänemark, Schweden und den USA über die Phase der Inflation hinweg ermöglicht.[319]

Die Arbeit am Corpus medicorum Graecorum, einem Unternehmen der Assoziation, das von Hermann Diels noch wenige Jahre vor dem Ausbruch des Weltkrieges mit großem Optimismus eingeleitet worden war, geriet durch die Zerschlagung der früheren Assoziation und den Währungsverfall zeitweise ins Stokken. Noch am 22. Januar 1920 hatte Hermann Diels z. B. darauf verweisen können, daß die Feststellung der arabischen Überlieferung galenischer Kommentare zum dritten Epidemien-Buch des Hippokrates eine teilweise Neubearbeitung und eine weitgehende Überarbeitung seiner eigenen, allein auf die griechische Überlieferung gestützten Texte erforderlich mache.[320] Diels' letzter Bericht Anfang 1922 klang wesentlich resignierter. Es bestünde Hoffnung, erklärte er jedoch, daß das Corpus medicorum Graecorum als „einziges zur Zeit noch sichtbares Zeichen der einstigen internationalen Assoziation" allmählich und mühsam der Vollendung entgegenreife.[321] Der Tod von Hermann Diels im gleichen Jahre führte zu einer persönlichen Lücke, obwohl Ulrich von Wilamowitz den Vorsitz der Kommission übernahm, der außer ihm dann Eduard Sachau, der vergleichende Sprachforscher Wilhelm Schulze und Eduard Norden angehörten. Trotz der bestehenden Schwierigkeiten wurden auch jetzt vor allem Arbeiten an den Hippokrates- und Galen- Texten fortgeführt. Weitergearbeitet wurde zugleich an der dänischen Akademie, dem wesentlichen Partner Berlins im Corpus der griechischen Ärzte.[322]

Zu einer bedeutsamen Reformmaßnahme kam es zu dieser Zeit. Die Akademie faßte 1922 ihre eigenen Unternehmungen zur klassischen Altertumswissenschaft in einer Kommission für griechich-römische Altertumskunde zusammen. Der Vorsitz wurde Ulrich Wilcken übertragen. Als Mitglieder gehörten der Kommission Ulrich von Wilamowitz-Moellendorff, Eduard Meyer, Eduard Norden, Theodor Wiegand, Hans Dragendorff, Wilhelm Schulze und anfänglich Hermann Diels an. Durch die Bildung dieser Kommission sollte die Arbeit am Corpus Inscriptionum Latinarum, an den Inscriptiones Graecae, an der Prosopographia imperii Romani saeculi I-III, an der Fronto-Ausgabe, der Strabo-Ausgabe sowie am Griechischen Münzwerk zusammengefaßt und intensiviert werden. Von diesen Unternehmen kam den beiden klassischen Inschriftenkorpora für Griechenland und Rom auch jetzt erhebliche Bedeutung zu. Die Akademie erbat schließlich am 8. 12. 1922 für die Drucklegung des neu bearbeiteten ersten Bandes der Inscriptiones Graecae vom preußischen Kultusministerium einen Zuschuß von 750000.- Mark, wobei sie auf die besondere Bedeutung dieses Bandes hinwies, in dem die Inschriften aus der Blütezeit Athens zusammengefaßt waren.[323]

---

319 Vgl. ebda.

320 Vgl. Sb., Jg. 1920, S. 120f.

321 Vgl. Sb., Jg. 1922, S. XXIIIff. (hier S. XXVII).

322 Vgl. Sb., Jg. 1923, S. LIf.

323 Vgl. den entsprechenden Schriftwechsel in ZStA Merseburg, Rep. 76 Vc Sekt, 2 Tit. 23 Litt. F. Nr. 21 Bd. II, Bl. 126–128, 134f.

Das Corpus Inscriptionum Etruscarum, ursprünglich als persönliches Werk des ersten Herausgebers Carl Pauli entstanden[324], stellte eine Randerscheinung in der altertumswissenschaftlichen Arbeit der Akademie dar. Hier reduzierte sich der Anteil der Berliner und der Leipziger Akademie auf finanzielle Beihilfen. Das etruskische Corpus war jedoch in erheblichem Maße effektiv geworden und konnte in dieser Hinsicht als ein Aktivposten altertumswissenschaftlicher Arbeit verbucht werden. Der Bearbeiter Gustav Herbig berichtete am 18. Juni 1924: „In den 30 Jahren von 1893 — 1923 . . . sind im Korpus fast 6000 Inschriften veröffentlicht worden . . . zwei Drittel des Werkes liegen vor."[325] An die Stelle Herbigs, der 1925 verstarb, trat hier Ernst Sittig als Bearbeiter.

Weiterführende Ergebnisse wurden — auch hier trotz wachsender Arbeitserschwernisse — in der Orientalistik erzielt. Noch Ende 1918 war die Textausgabe des Ibn Saad unter Leitung Sachaus als ein selbständiges Unternehmen der Akademie vollendet, das für die Entstehung und Frühgeschichte des Islams um und nach der Zeit Mohammeds von hohem Quellenwert war. Im Jahre 1919 wurden mit den Arbeiten zu den Personen- und Sachindices zum Ibn Saad begonnen[326]; die Arbeit an dieser altarabischen Chronik war noch längst nicht abgeschlossen. Der Ibn Saad-Kommission der Akademie gehörten unter der Leitung Eduard Sachaus (1923) Adolf Erman, Wilhelm Schulze und F. W. K. Müller an. Aus den Bereichen der von der Orientalischen Kommission der Akademie unterstützten Arbeiten konnte Eduard Meyer z. B. 1923, als die inflationäre Entwicklung ihrem Höhepunkt zustrebte, über erfolgreiche Arbeiten berichten.[327] Dies war nicht zuletzt dadurch möglich, daß sich die Materialien weitgehend in Berlin befanden und ihre Erschließung relativ leicht und ohne wesentliche zusätzliche Kosten erfolgten konnte: Die Orientalische Kommission, der unter dem Vorsitz Eduard Meyers 1923 Eduard Sachau, Adolf Erman, Wilhelm Schulze, F.W.K. Müller und Heinrich Lüders angehörten, hatte hier meist nur eine wissenschaftliche Betreuungsfunktion zu erfüllen; sie konnte dabei aus ihren im Vergleich zu anderen Kommissionen der Akademie relativ umfangreichen Mitteln zur Finanzierung beitragen. Mit der Bearbeitung der Schlußhefte ägyptischer Inschriften aus dem Berliner Ägyptischen Museum war nunmehr begonnen worden. Ein Abschnitt war in der Edition von Keilschrift-Inschriften aus Assur erreicht, an der vom Vorderasiatischen Muesum und von der Deutschen Orient-Gesellschaft jedoch weitergearbeitet wurde. Der dritte der großen von der Kommission betreuten Arbeitsbereiche, die Erschließung der im türkischen Boghazköy vor allem unter der Leitung Hugo Wincklers seit 1906 ausgegrabenen Keilschrifttafeln aus dem Hethiterreich, wurde weitergeführt. Die Bestandsaufnahme der bisher aufgefundenen Boghazköy-Tafeln war im großen und ganzen abgeschlossen; mit den unmittelbaren Editionsvorarbeiten wurde über die Deut-

[324] Vgl. J. Irmscher, Zur Wiederaufnahme des Corpus Inscriptionum Etruscarum. In: Revista Romanitas, vol. 6—7/1965, S. 63ff.

[325] Zit. nach ebda., S. 77.

[326] Vgl. dazu die Berichte Sachaus in: Sb., Jg. 1918, S. 47; Jg. 1919, S. 55; Jg. 1921, S. 133.

[327] Vgl. den Bericht Eduard Meyers in: Sb., Jg. 1922, S. LXV.

sche Orient-Gesellschaft begonnen. Schließlich wurde die Arbeit an den Textfunden der Turfan-Expeditionen fortgesetzt. So wurden z.B. tocharische Sprachdenkmäler auf den grammatikalischen Aufbau des Tocharischen untersucht und chinesisch-buddhistische Termini zusammengestellt. Die historische und kulturhistorische Erschließung der Turfan-Materialien, deren volle Bedeutung immer mehr erkannt wurde, blieb späteren Jahren vorbehalten, obwohl die Anfänge ihrer Erforschung bis auf die Vorkriegszeit, in die Jahre zwischen nach und nach den durch die Akademie und das Berliner Museum für Völkerkunde seinerzeit betriebenen und mitausgerüsteten vier Turfan-Expeditionen zurückreichten.

An der Akademie bestand zudem eine Ägyptologische Kommission, die Adolf Erman leitete; ihr gehörten Eduard Meyer und Wilhelm Schulze als Ordentliche, Kurt Sethe und Hermann Junker (Wien) als Korrespondierende Mitglieder an; außerakademische Mitglieder waren Heinrich Schäfer (Berlin) und Wilhelm Spiegelberg (Göttingen). Diese Kommission übte gutachtliche und beratende Funktionen in der Ägyptologie (außerhalb des ägyptischen Wörterbuches) aus. Erheblich waren die materiellen und personellen Schwierigkeiten der Arbeit am Ägyptischen Wörterbuch. Dieses interakademische Unternehmen wurde von seinem Begründer Adolf Erman weiterhin geleitet, der auch der speziell zuständigen interakademischen Kommission vorstand. Erman, Kurt Sethe (damals noch in Göttingen) und Hermann Grapow, seit 1920 wissenschaftlicher Beamter der Akademie, dachten vorübergehend an die Vertagung des Druckes „auf bessere Zeiten"; beabsichtigt war zu diesem Zeitpunkt, zunächst ein vorläufiges Auskunftsbüro zur ägyptischen Wortkunde zu errichten, um den gesammelten Wortschatz der Forschung zugänglich zu machen. Zusätzliche Mittel aus deutschen und amerikanischen Kapitalkreisen ermöglichten die Fortführung der Arbeiten; 1924 waren die Vorarbeiten für die Herstellung des Manuskriptes durchgeführt.[328] 1921 bereits war, gewissermaßen als eine Art Abschlagszahlung, zunächst ein Ägyptisches Handwörterbuch von Adolf Erman und Hermann Grapow herausgegeben worden. Die Schriftzeichen waren von Erman eigenhändig niedergeschrieben worden. Insgesamt jedoch galt auch vom Ägyptischen Wörterbuch, daß die veranschlagte Gesamtarbeitszeit sich als zu gering erwiesen hatte: Erman gab in seinen Lebenserinnerungen an, daß er ursprünglich bereits für etwa 1909 mit dem Abschluß des Werkes gerechnet hatte, das jetzt erst in die Phase seiner Publikation zu treten begann.[329]

d) Unternehmen zur Geschichte des Mittelalters und der Neuzeit

Seit der Arbeitsaufnahme gehörten die Editionsarbeiten an den Acta Borussica und an der Politischen Korrespondenz Friedrichs II. zu jenen Unternehmen, mit

[328] Vgl. A. Erman/H. Grapow, Das Wörterbuch der ägyptischen Sprache. Zur Geschichte eines großen wissenschaftlichen Unternehmens der Akademie. DAW zu Berlin. Vorträge und Schriften, H. 51, Berlin 1953, S. 44f.; Sb., Jg. 1921, S. 133f.

[329] Vgl. A. Erman, Mein Werden und mein Wirken, a. a. O., S. 284.

denen sich die Akademie als Trägerin historisch-kritischer Quellenpublikationen auswies, mit denen sie gleichzeitig jedoch in die Apologetik historischer Traditionen der preußisch-deutschen Hohenzollernmonarchie einbezogen war. Komplikationen, die indessen auch in diesem Arbeitsbereich der philosophisch-historischen Klasse der Akademie auftraten, lösten unter führenden Akademiemitgliedern Beunruhigung aus. „Mit einiger Sorge denken wir zumal an das Schicksal unserer beiden großen Unternehmungen aus der preußischen Geschichte, ... deren Zukunft, wenn ihre Hilfsmittel sich nicht bedeutend steigern, schwer bedroht, ja fast aussichtslos erscheint", erklärte Max Rubner z.B. am Leibniztag 1921.[330] Die Akademie blieb um die Aktivierung und inhaltliche Erweiterung der Arbeiten zur preußisch-deutschen Geschichte in diesen Jahren akuter wissenschaftspolitischer und finanzieller Schwierigkeiten bemüht. Bereits am 13. November 1919 hatte Max Rubner als Vorsitzender Sekretar in einem Schreiben an das Reichsministerium des Innern z.B. um die Unterstützung zukünftiger Mitarbeit der Akademie an der Publikation von „Deutschen Geschichtsquellen im 19. Jahrhundert" gebeten, in deren Rahmen eine Veröffentlichung zur „Sozialpolitik Bismarcks" als erstes erscheinen sollte. Dem Meinecke-Schüler Hans Rothfels als vorgesehenem Bearbeiter wurde der Zugang zu den Akten — die hierfür im wesentlichen in den Beständen des Reichsarbeitsministeriums vorhanden seien — daraufhin zugesagt.[331] Damit war ein Schritt auf jenem Wege getan, der — im Krisenjahr 1923, als viele andere Arbeiten ins Stocken gerieten oder aufgeschoben wurden — zur Gründung der Preußischen Kommission an der Akademie führte. In dieser Kommission wurde die Leitung der Acta Borussica und der Korrespondenz Friedrichs II. zusammengefaßt. Hinzu traten die Arbeiten an den bisher außerhalb der Akademie bearbeiteten Urkunden und Akten des Kurfürsten Friedrich Wilhelm. Als im wesentlichen neues Unternehmen wurde die Bearbeitung der „Deutschen Geschichtsquellen im 19. Jahrhundert" dem Verantwortungsbereich der Preußischen Kommission zugeordnet; hier waren die Vorarbeiten zum Bismarck-Band von Rothfels bisher vom Reichsarchiv betreut worden. Selbst bei dieser Kommission, an deren Arbeit bürgerlichen Historikern besonders gelegen war, konnten Finanzschwierigkeiten trotz zusätzlicher Mittel des Staates und der Notgemeinschaft nur allmählich reduziert werden.[332] Als erster Vorsitzender der Kommisssion amtierte Erich Marcks; ihr gehörten mit den Vertretern aus den beiden älteren Sonderkommissionen der Acta Borussica und der Korrespondenz Friedrichs II. Otto Hintze, Paul Kehr und Friedrich Meinecke, mit Ulrich Stutz und dem etwas später kooptierten Ernst Heymann führende Vertreter bürgerlicher deutscher Historiographie und Rechtsgeschichtsschreibung an. „Jetzt werden diese vier Gruppen unter einem Dache zusammengefaßt und damit ist die Akademie mit einem Schlage, so wie es sich gebührt, zum ober-

---

330 Sb., Jg. 1921, S. XXV.

331 Vgl. das Schreiben der Akademie an das RMdI v. 13. 11. 1919. In: ZStA Potsdam, RMdI, Nr. 8962, Bl. 57. Ebda., Bl. 58: Antwort des RMdI.

332 Das Bankhaus Mendelssohn stellte dazu 5 Millionen Mark zur Verfügung. (Vgl. AAW II: VIII 1 Bd. 12, H. 1).

sten Publikationsinstitut für die preußische Geschichte geworden", verkündete Erich Marcks 1925.[333]

Die finanzielle Einbuße der Heckmann-Wentzel-Stiftung in der Inflation traf auch bestimmte historische Vorhaben sowie Arbeiten aus den historisch-philologischen und den religions- bzw. kirchengeschichtlichen Bereichen. Für das Wörterbuch der deutschen Rechtssprache z.B., für dessen Kommission Ernst Heymann verantwortlich war, während Gustav Roethe und Ulrich Stutz hier mitarbeiteten, wurde in einer Berliner Sitzung 1922 beschlossen, vorerst nur ein kleines Notwörterbuch herauszugeben. Sehr bald war auch die Langwierigkeit einer solchen Arbeit klar, deren Ergebnis zudem unzulänglich bleiben mußte. Nach der Überwindung der größten Druckschwierigkeiten wurde hier eine Kompromißlösung eingeleitet, die in der Bearbeitung eines vierbändigen, je 600 Seiten starken Rechtswörterbuches bestand.

Aus der Verteilung finanzieller Mittel im Berichtsjahr 1922 wird z.B. ersichtlich, daß der Fortbestand von Unternehmen, die aus der Heckmann-Wentzel-Stiftung finanziert wurden, nur auf geringster materieller Grundlage gesichert war, wodurch die zusätzliche Unterstützung durch die Notgemeinschaft hier zwangsläufig besondere Bedeutung haben mußte. Die Akademie bewilligte 23000 Mark für die Fortführung der griechischen Kirchenväter-Ausgabe und für die Bearbeitung einer römischen Prosopographie vom 4. bis 6. Jahrhundert; je 15000 Mark flossen dem Deutschen Rechtswörterbuch und den unter Leitung Carl Schuchhardts betriebenen slawisch-germanischen Bodenforschungen zu; 12000 Mark erhielt das Deutsche Biographische Jahrbuch und 6000 Mark blieben der „geschichtlichen Erforschung der gemeinsamen Nationalitätengrenze im Osten" vorbehalten.[334] Nationalistische Einflüsse wurden darin erkennbar, daß die Akademie an der zuletzt genannten Absicht von Untersuchungen zur „Germanisation des Ostens" unter den schwierigen Bedingungen dieser Jahre festhielt. Im wesentlichen blieb es hier jedoch bei organisatorischen Maßnahmen, die sich auf die Aufteilung der Arbeitsgebiete konzentrierten, für die — vom Süden und Südosten der ehemaligen Habsburgermonarchie bis in den baltischen Nordosten — bekannte bürgerliche Regionalforscher wie Max Vancsa, Hans Pirchegger, Martin Wutte, Hermann Wopfner oder Reimund Friedrich Kaindl gewonnen wurden.[335]

Auf Vorschlägen von 1919 aufbauend, hatte Erich Marcks als Sprecher einer Kommission auf der Wiener Kartelltagung am 12. April 1921 für die Bearbeitung eines „Deutschen Biographischen Jahrbuches "als Gemeinschaftsunternehmen der 6 Akademien und der Münchner Historischen Kommission einhellige Zustimmung gefunden.[336] In diesem Jahrbuch (DBJ) sollte das bis 1917 von München aus herausgegebene Werk „Biographisches Jahrbuch und Deutscher Nekrolog", das der Verleger de Gruyter, wie Marcks berichtete, nach einem Konflikt mit dem

---

[333] Sb., Jg. 1925, S. XXXI.
[334] Sb., Jg. 1923, S. LXVI.
[335] Vgl. Sb., Jg. 1922, S. LXXIIf.
[336] Vgl. AAW II: VIa 13, Bd. 4, Bl. 235 (S. 25ff.).

Begründer und früheren Herausgeber Anton Bettelheim „auffliegen ließ", fortgesetzt werden. Hierfür wurde ein Redaktionsausschuß aus Vertretern der Akademien, der Münchener Historischen Kommission und der Berliner Heckmann-Wentzel-Stiftung gebildet. Das Jahrbuch sollte auch weiterhin aus biographischen Aufsätzen und einer Totenliste bestehen. Nationalistische Einflüsse und idealistische Interpretationen der Rolle der Persönlichkeit in der Geschichte haben auf dieses Jahrbuch in der Folge zunehmend eingewirkt.[337] Die Gewährung zusätzlicher Mittel durch die Notgemeinschaft trug zur Realisierung des Jahrbuches maßgeblich bei.

Die Finanznot der Jahre bis 1923 führte für die mit der Akademie eng verbundenen Monumenta Germaniae Historica eine Situation herauf, in der die Existenz dieses größten deutschen Unternehmens mittelalterlicher Quellenforschung und —edition zeitweise in Frage gestellt war. Bereits am 26. Mai 1920 verwies Paul Kehr in seinem Jahresbericht vor der Akademie darauf, daß die durch den Abbruch der internationalen Zusammenarbeit und den Boykott, vor allem jedoch durch die zunehmende Finanznot gefährdeten Arbeiten nur durch das „verständnisvolle Entgegenkommen" des Reichsinnenministeriums und durch die „Munifizenz" des Reichsrats und des Reichstages fortgeführt werden könnten.[338] In den entsprechenden Reichstagsverhandlungen unterstrich die Zentrumsfraktion durch ihren kulturpolitischen Exponenten und Haushaltssachverständigen Georg Schreiber ihre Aktivität in der bürgerlichen Wissenschaftspolitik, indem sie die Gewährung zusätzlicher Mittel für die Monumenta unterstützte.[339] Für das Jahr 1923, den Höhepunkt der Inflation, war auch in den Monumenta Germaniae jede Finanzdisposition unmöglich. Schließlich wurden in einer Vollversammlung der Zentraldirektion am 25. Oktober 1923 erhebliche Einschränkungen der Arbeit und Konzentrationen auf solche Vorhaben beschlossen, deren Vollendung in absehbarer Zeit für möglich gehalten wurde. Zusätzliche Unterstützungen des Reichsinnenministeriums wurden in diesem Krisenjahr unvermeidlich. Die Monumenta träten „mit sehr viel geringeren Mitteln, mit einem sehr eingeschränkten Stabe weniger Mitarbeiter und mit einem sehr bescheidenen Programm" in eine neue Periode ihrer Geschichte ein, hieß es im Bericht Paul Kehrs für 1923.[340]

---

[337] Hermann Christern, der Leiter des Unternehmens seit 1922, verwies 1933 vor der Akademie auf die zum „Grenz- und Auslandsdeutschtum" angeknüpften Beziehungen ins Baltikum, nach Siebenbürgen, Nordschleswig, Danzig und bis nach Nordamerika. Dabei wurde „das ‚Grenz- und Auslandsdeutschtum' im Sinne des schärfer formulierten Begriffs der Nachkriegszeit verstanden; die Deutsch-Österreicher, die hiernach nicht zum eigentlichen Auslandsdeutschtum gehören, wurden selbstverständlich im Jahrbuch den Reichsdeutschen gleichgesetzt". Christern griff die historisch-materialistische Geschichtsauffassung an, die angeblich den Wert der Persönlichkeit aus der Geschichte eliminiere. Er berief sich auf Ranke, als er (1933) den Wert bürgerlicher zeitgeschichtlicher Forschungen betonte. (Vgl. H. Christern, Entwicklung und Aufgaben biographischer Sammelwerke. Ein Beitrag zur Geschichte der Historiographie. In: Sb., Jg. 1933, Phil.-hist. Kl., S. 1069ff (hier bes. S. 1109).

[338] Vgl. Sb., Jg. 1921, S. 408.

[339] Vgl. G. Schreiber, Deutsche Kulturpolitik und der Katholizismus, Freiberg 1922, S. 82, Anm. 8.

[340] Vgl. Sb., Jg. 1923, S. 249ff.

e) Sprach- und literaturwissenschaftliche Unternehmen

In traditionellen Bahnen bewegten sich die Arbeiten auf dem Gebiete der deutschen Sprache und Literatur. Dabei waren Unternehmungen wie die der Deutschen Kommission, der in der bürgerlichen Wissenschaftsförderung seit ihrer Gründung besondere Beachtung zuteil geworden war, in diesen Jahren gleichfalls zu erheblichen Einschränkungen ihrer Arbeit genötigt. „Das verflossene Jahr hat so geringen Ertrag gebracht, wie kaum irgendein früheres Arbeitsjahr der Deutschen Kommission . . .", hieß es schon im Jahre 1920 im Bericht Konrad Burdachs und Gustav Roethes, in dem zugleich darauf verwiesen wurde, daß die Kommission trotz der bestehenden Schwierigkeiten nicht stehen geblieben sei.[341] Vom preußischen Kultusministerium, von der Notgemeinschaft und von „verschiedenen privaten Stellen des In- und Auslandes" habe die Kommission „sehr wichtige materielle Hilfe" erfahren, berichteten Konrad Burdach und Gustav Roethe am 25. Januar 1923, als die Krisenentwicklung ihrem Höhepunkt zueilte. Für die Deutsche Kommission sei es nach wie vor jedoch schwierig, die verschiedenen Hemmnisse zu überbrücken, welche der weiteren Arbeit entgegenstünden. Es ginge dabei nicht allein um die Finanzierungsprobleme der Arbeiten. Angesichts der Notlage junger Wissenschaftler sei es auch schwierig, wie früher „einen stattlichen Stab jüngerer Mitarbeiter zu gewinnen, die der Wissenschaft zu Liebe auch für kargen Lohn die Inventarisierungs- und Editionsarbeiten auf sich zu nehmen bereit sind."[342]

Besonders betroffen wurde hierdurch die Inventarisation der deutschen Handschriften des Mittelalters, auf deren schleppenden Fortgang die Sitzungsberichte ständig verwiesen.[343] Langsam ging auch die Arbeit an der Veröffentlichung der deutschen Texte des Mittelalters voran, wobei sich hier die Steigerung der Druckkosten sehr bald als zusätzliches Hemmnis erwies. Unterschiedlich verliefen in den einzelnen Jahren die Arbeiten an der Wieland-Ausgabe. Auch hier verwies der verantwortliche Bearbeiter Bernhard Seuffert 1922 auf die Notlage, die den „Zwang zum Erwerb und Nebenerwerb" nach sich ziehen würde und die notwendige „innere und äußere Ruhe" für die Arbeit nähme.[344] Nur durch zusätzliche Mittel wurde die Wiederaufnahme abgebrochener Druckarbeiten an dem Sammelwerk „Vom Mittelalter zur Reformation" möglich, in dem Konrad Burdachs entscheidender Beitrag zur sprach- und bildungsgeschichtlichen Forschung an der Akademie bestand. Auf die Auffassungen Burdachs zur Entwicklung der neuhochdeutschen Schriftsprache, insbesondere auf die von ihm auch vor der Akademie so betonte Bedeutung des von den italienischen Frühhumanisten um Dante, Petrarca und Rienzi beeinflußten böhmischen Hofes zur Zeit Karls IV., wurde bereits verwiesen. Konservativ-idealistische Tendenzen der

---

[341] Vgl. Sb., Jg. 1920, S. 122.
[342] Vgl. Sb., Jg. 1923, S. LII.
[343] Vgl. z. B. die Anfänge der Jahresberichte in Sb., Jg. 1919, S. 60f.; Jg. 1920, S. 122; Jg. 1923, S. LII; Jg. 1924, S. LXV.
[344] Vgl. Sb., Jg. 1922, S. LVIII.

bürgerlichen Geisteswissenschaften wurden deutlich, wenn Burdach den Humanismus definierte: „Humanismus und Renaissance sind von Grund auf geistige Bewegungen. Sie sind ihrem innersten Wesen nach idealistische Mächte, und sie haben ihren Ursprung auf der Höhe der Bildung ... Es sind aristokratische Triebe, die sich darin entfalten. Idealistisch und aristokratisch sind Humanismus und Renaissance. Es ist deshalb schlechterdings unmöglich, ihren Ursprung aus wirtschaftlichen und politischen Fortschritten herzuleiten."[345]

Die komplizierte Situation der bürgerlichen deutschen Wissenschaft wirkte sich selbstverständlich auch im Bereich der Wörterbucharbeiten an der Akademie aus. Auch hier vollzog sich der Fortgang der Arbeiten langsamer, wenngleich auch im einzelnen z.T. unterschiedlich. Als alleinige Unternehmen der Akademie wurden mehrere Dialektwörterbücher weiterhin bearbeitet: Das Rheinische Wörterbuch, das Hessen-Nassauische Wörterbuch und das Preußische Wörterbuch. Hier ging bis zum Herbst 1922 die Arbeit am Hessen-Nassauischen Wörterbuch relativ gut voran. Im März 1923 waren alle Mittel erschöpft, so daß die Arbeiten nur durch Beurlaubungen einiger sonst im Schuldienst tätiger Mitarbeiter für das Wörterbuch fortgeführt werden konnten.[346] In den beiden anderen Dialektwörterbüchern waren die Schwierigkeiten in diesen Jahren noch größer. Die Arbeit am größten Wörterbuchunternehmen, am Deutschen Wörterbuch, wurde in dieser Zeit von dem Göttinger Germanisten Edward Schröder geleitet; in Göttingen befand sich auch die Zentralsammelstelle des Wörterbuchs. Hier wurden die Arbeiten über die Zeit der Finanzkrise geführt, indem die Notgemeinschaft „wiederholt erhebliche Zuwendungen" machte; um den Jahreswechsel 1922/23 kam eine größere Summe aus den USA hinzu. Auch dadurch sei es der Kommission möglich, die Druck- und Subskriptionskosten in erträglichen Grenzen zu halten. Die Kommission sei im Sinne der Brüder Grimm bemüht, das Wörterbuch weiteren gebildeten Kreisen zugänglich zu machen, wurde am 25. Januar 1923 im Anschluß an den Bericht Schröders vor der Deutschen Kommission betont.[347]

f) Die Stellung der Unternehmen. Die Zuordnung der Deutschen Literaturzeitung

Neuen Unternehmungen hat sich die Akademie insgesamt in diesen Jahren wenig zugewandt. Sie verblieb in diesem eigenständigen Arbeitsbereich im Grunde im bisherigen Rahmen, der sich aus herkömmlichen Strukturen und traditionellem Wissenschaftsverständnis ergab. Die Akademie hat innerhalb dieser Grenzen Arbeiten von unterschiedlichem, vielfach aber erheblichem wissenschaftlichem Erkenntniswert gefördert. Die vor allem in diesen Jahren der Nachkriegskrise zunehmenden Erschwernisse wissenschaftlicher Arbeit, die sich letztlich aus der

---

345 Zit. nach W. Krauss, Aufsätze zur Literaturgeschichte, a. a. O., S. 55ff.
346 Vgl. Sb., Jg. 1923, S. LVIIIf.; Jg. 1924, S. LXIXf.
347 Vgl. Sb., Jg. 1923, S. LXIf.

allgemeinen Krise des Kapitalismus und ihrer besonderen Zuspitzung in Deutschland ergaben, wirkten sich auch auf die wissenschaftlichen Unternehmungen aus. Es gelang der Akademie und ihren Kommissionen oft nur unter erheblichen Schwierigkeiten, ihre Unternehmungen voranzubringen. Unter den gegebenen gesellschaftlichen Bedingungen erfolgte dies über eine Zusatzfinanzierung, durch die auch die Akademie in damalige Formen staatsmonopolistischer Forschungsfinanzierung in gewissem Maße einbezogen wurde. Insgesamt ist auch in den wissenschaftlichen Unternehmungen während jener Jahre mit oft großer Einsatzbereitschaft gearbeitet worden.

Ein Novum wurde durch einen Beschluß des Bamberger Kartelltages der Akademien am 20. September 1923 geschaffen. Festgelegt wurde hier, der Berliner Akademie die Geschäftsführung der „Deutschen Literaturzeitung" zu übertragen. Das Kartell hatte die Herausgabe dieses seit 1880 bestehenden Rezensionsorgans übernommen. Der bisherige Herausgeber, Paul Hinneberg, der ein vertrauter Mitarbeiter Friedrich Althoffs in den Vorkriegsjahren gewesen war, führte die Schriftleitung der „Deutschen Literaturzeitung" nunmehr als wissenschaftlicher Beamter der Akademie weiter; auf Wunsch Adolf von Harnacks und der Akademie erhielt er zugleich eine Stelle als wissenschaftlicher Hilfsarbeiter an der Berliner Staatsbibliothek. Für die Zeitschrift wurde ein Redaktionsausschuß geschaffen, dem unter Vorsitz Julius Petersens für die Berliner Akademie Adolf von Harnack, Arrien Johnsen, Paul Kehr, Heinrich Lüders, Heinrich Maier, Eduard Meyer, Walther Nernst, Max Planck, Albrecht Penck, Ulrich Stutz und Ulrich von Wilamowitz-Moellendorff angehörten.[348] Als Vertrauensmänner vertraten der Germanist Edward Schröder die Göttinger, der Anglist und Keltologe Max Förster und der Zoologe Johannes Meisenheimer die Leipziger, der Mathematiker Georg Faber und die klassischen Philologen Eduard Schwartz die Münchener und Ludwig Rademacher die Wiener Akademie (Heidelberg hat etwas später einen Vertreter gestellt.) Die „Deutsche Literaturzeitung" sei zuletzt nur noch durch Zuschüsse der Notgemeinschaft aufrecht erhalten worden. Anlaß für die Übernahme durch das Kartell sei die Notlage der wissenschaftlichen Berichterstattung, betonte Max Planck als Vorsitzender Sekretar der Akademie am 24. Januar 1924.[349]

Die Akademie war damit an der Entwicklung eines führenden Referateorgans beteiligt, in dessen Berichterstattungstätigkeit ihre Mitglieder im Rahmen des Redaktionsausschusses oder als Rezensenten mitwirkten. Dabei traten auch in den Rezensionen der zwanziger und beginnenden dreißiger Jahre manche Schwerpunktbereiche der Akademie — nicht zuletzt im Hinblick z. B. auf die Altertumswissenschaften oder die Orientalistik, die neuzeitlichen Sprachwissenschaften, die Literaturwissenschaften, aber auch naturwissenschaftliche Grundlagenbereiche — deutlich hervor. Die Rezensionstätigkeit der DLZ wurde in erheblicher Breite in Natur-und Geisteswissenschaften weitergeführt; in ihren Jahrgängen reflek-

---

348 Vgl. Sb., Jg. 1924, S. LXIX (Bericht Petersen).
349 Vgl. Sb., Jg. 1924, S. XXIIf.

tierten sich dabei die zunehmenden Differenzierungs- und Spezialisierungsprozesse in den Wissenschaften deutlich. Bemühungen, den gleichzeitigen Verflechtungs- und Integrationstendenzen zu entsprechen, traten demgegenüber zurück.

Die „Deutsche Literaturzeitung", die mit der Akademie in der hier verdeutlichten Form weiterhin verbunden blieb, ist heute ein Rezensionsorgan der Akademie der Wissenschaften der DDR.[350]

[350] Die DLZ bespricht heute bedeutende Werke aller Fachdisziplinen und vermittelt damit einen Überblick über den aktuellen Stand der Forschungsprobleme; dabei orientiert sie besonders auf wissenschaftliche Ergebnisse, „die neue Wege der Forschung in Natur und Gesellschaftswissenschaft eröffnen, grundlegende theoretische Fragen aufwerfen, philosophische Verallgemeinerungen anstreben oder die Gesetzmäßigkeiten der historischen und ökonomischen Entwicklung sowie der Kommunikation und die gesellschaftliche Rolle der Literatur und Kunst als Erbe und Gegenwart aufzudecken geeignet sind." (Mitteilung des Herausgebers Akademiemitglied Prof. Dr. W. Hartke in DLZ 7/1971).

KAPITEL III

Zur Entwicklung der Berliner Akademie in den Jahren der relativen Stabilisierung des Kapitalismus

1. Gesellschaftliche Positionen der Akademie

In den Jahren zwischen 1924 und 1929 wurde die Geschichte der wissenschaftlichen Institutionen im bürgerlichen Deutschland von neuen gesellschaftlichen und politischen Entwicklungstendenzen geprägt. Im Jahre 1924 begann eine Stabilisierung des Kapitalismus, die infolge des Fortwirkens der imperialistischen Widersprüche nur begrenzten und zeitweiligen Charakter trug und 1929 durch die Weltwirtschaftskrise abgelöst wurde. Die relative Stabilisierung des Kapitalismus verband sich mit dem ökonomischen und politischen Wiedererstarken des deutschen Imperialismus, der hierbei von den imperialistischen Westmächten unterstützt wurde.[1] Auch diese Haltung wurde durch die Auseinandersetzung der Gesellschaftssysteme, durch die Feindschaft des Imperialismus gegenüber dem in der Sowjetunion zum ersten Male repräsentierten Sozialismus, bestimmt. Die Auseinandersetzung zwischen Imperialismus und Sozialismus, die sozialen und politischen Kämpfe in Deutschland und die Gegensätze zwischen den imperialistischen Mächten haben sich auch auf die Geschichte der Berliner Akademie ausgewirkt.

Die ökonomische und politische Entwicklung im imperialistischen Deutschland hat die Bedingungen bürgerlicher deutscher Wissenschaftspolitik und Forschungsorganisation modifiziert.

In Deutschland beschleunigte der Zustrom ausländischer, vor allem angloamerikanischer Kredite seit dem Dawes-Plan 1924 die Konzentration des Kapitals und der Produktion. Das deutsche Monopolkapital, das in zunehmendem Maße verlorengegangene Positionen zurückzugewinnen vermochte, trieb die Erneuerung des konstanten Kapitals und die Rationalisierung der Produktion voran. Der Verschmelzungsprozeß zwischen Monopolen und Staat verstärkte sich; der bürgerliche Staat übernahm in wachsendem Umfang wirtschaftliche und organisatorische Aufgaben für die Monopole.[2] Die herrschende Klasse verfolgte ihre politischen Ziele — die Niederwerfung der revolutionären Arbeiterbewegung und die Liquidierung politischer und sozialer Zugeständnisse im Inneren,

---

[1] Vgl. W. Ruge, Deutschland 1917—1933, a. a. O., S. 249ff.

[2] Vgl. W. Ruge, ebda. S. 292f.; Hemberger/Maier/Petrak/Reinhold/Schwank, Imperialismus heute, Berlin 1965, S. 41ff.; Der Imperialismus in der BRD, a. a. O., S. 34ff.

die Wiedererringung einer ökonomischen und politischen Weltmachtposition — vorerst auf weitere Sicht. Dabei gab es auch weiterhin divergierende und zugleich einander ergänzende Auffassungen über die Wege zur Realisierung solcher Ziele. Im Vorgehen von Politikern wie Gustav Stresemann kam das Gesamtinteresse der deutschen Bourgeoisie zum Ausdruck: flexibel, bezogen sie auch offen aggressive Kräfte in ihr Kalkül ein.[3] In der Politik des deutschen Imperialismus, die stets durch die Gesamtsituation in der Klassenauseinandersetzung sowie durch die Interessen, Ziel- und Wegvorstellungen verschiedener Gruppen in der herrschenden Klasse beeinflußt wurden, dominierten zunächst die Bemühungen um den Ausbau jenes parlamentarischen Systems, das vor allem von Politikern der Weimarer Koalitionsparteien einschließlich der Sozialdemokratie getragen wurde.

In der inneren Auseinandersetzung zwischen Fortschritt und Reaktion wurde die KPD, die sich als marxistisch-leninistische Partei neuen Typus festigte, zunehmend zur führenden Kraft des antiimperialistischen Kampfes. Sie wandte sich gegen die bürgerliche Kulturreaktion in den zwanziger Jahren. Sie verband ihren kulturpolitischen Kampf mit dem Bekenntnis zum gesellschaftlichen Fortschritt in der Sowjetunion und trug zu dem wachsenden Echo bei, das der sozialistische Aufbau unter bürgerlich-humanistischen Intellektuellen in Deutschland fand.

Zu gleicher Zeit blieb der Antikommunismus eine Grundtendenz auch in der bürgerlichen deutschen Außenpolitik. Die deutsche Diplomatie, für die der Rapallo-Kurs eine Realität war, orientierte sich gleichzeitig und vordringlich auf die Zusammenarbeit mit dem angloamerikanischen Imperialismus und suchte den vorläufigen Ausgleich mit Frankreich. Die Locarno-Verträge brachten 1925 die Garantie der Westgrenzen, während die Frage der Ostgrenzen Deutschlands offen gelassen wurde. Der deutsche Imperialismus, der mit der Friedenspolitik der Sowjetunion konfrontiert blieb, brauchte die deutsch-sowjetischen Beziehungen, suchte sie jedoch als Druckmittel gegenüber den Westmächten zu behandeln. Aus wirtschaftlichen und politischen Gründen, angesichts mancher Veränderungen des Kräfteverhältnisses, war er 1926 zum Abschluß des Berliner Vertrages mit der Sowjetregierung genötigt.

Seit der Mitte der zwanziger Jahre bestand zwischen der zeitweiligen ökonomischen Konjunktur und dem Aufschwung der Forschung im kapitalistischen Deutschland eine Wechselwirkung. Führende Vertreter der herrschenden Klasse suchten die Wissenschaft noch umfassender und intensiver für ihre Bemühungen um die wirtschaftliche und politische Konsolidierung der eigenen Ordnung zu nutzen. Carl Duisberg, Aufsichtsratsvorsitzender des neugebildeten IG-Farben-Konzerns, seit 1925 Präsident des Reichsverbandes der Deutschen Industrie, Ehrendoktor einer Reihe deutscher Universitäten und Korrespondierendes Mitglied der Berliner Akademie, verwies zum Beispiel auf die „wechselseitige Bedingtheit von Wissenschaft und Wirtschaft", die nicht nur in der Chemie „zu einem systematischen Netz ausgestaltet" seien. „Im Grunde trifft der hohe Nutzen, den die Wirtschaft von der Wissenschaft hat, mehr oder weniger für

[3] Vgl. W. Ruge, Stresemann. Ein Lebensbild, Berlin 1965.

jeden Wirtschaftszweig zu. Man kann ... behaupten, daß die Auswirkungen deutscher Wissenschaft und deutscher Forschung in ihren Ausstrahlungen auf die Wirtschaft und ihre dortige Umsetzung in wirtschaftliche Güter die wesentlichste Ursache für den besonderen Hochstand der deutschen Industrie ist."[4] So wie Duisberg drängten wissenschaftspolitisch aktive Politiker und Gelehrte nunmehr auf die Aktivierung bürgerlicher Wissenschaftspflege im Sinne jener Vorstellungen, die sie selbst nach 1918 formuliert oder befürwortet hatten. Der „militärische Pfeiler" sei umgestürzt, der wirtschaftliche habe entgegen dem „augenblicklichen Börsenoptimismus" langdauernden Schaden genommen, erklärte Fritz Haber; umso größere Bedeutung hätte jetzt der „kulturelle Pfeiler" der deutschen „Weltgeltung".[5] Ähnliche Gedanken entwickelte Georg Schreiber vor dem Reichstag: „Wir gebrauchen gebieterisch diese Entwicklung deutschen Kulturwillens. Wir haben uns in der früheren Zeit etwas allzusehr auf die äußeren Machtmittel von Militär, Polizei und Bürokratie und auf herkömmliche Bahnen der Überlieferung gestützt. Wir hätten eine viel stärkere Stütze an Ideen und an kulturellen Werten finden müssen ... Wir brauchen eine neudeutsche Kulturpolitik." Daher läge — wesentlicher noch als etwa in den Ausgaben für Polizei oder Technische Nothilfe — in den Etatfestlegungen des Reichsinnenministeriums für die Kulturpolitik „viel von Deutschlands Zukunft nach außen und nach innen."[6]

In der weitgehenden Übereinstimmung dieser Reichstagserklärung mit den brieflichen Ausführungen des seinerzeitigen Reichskanzlers Theobald von Bethmann Hollweg an den Historiker Karl Lamprecht (1913) oder mit den Forderungen Carl Heinrich Beckers (1919) werden Kontinuitäten bürgerlicher deutscher Kultur- und Wissenschaftspolitik über den Wandel des militärisch-politischen Kräfteverhältnisses und der Herrschaftsformen hinweg sichtbar. Nur stand die Orientierung auf die Kultur- und Wissenschaftspolitik jetzt mit im Vordergrund des praktischen Interesses der herrschenden Klasse, die sich vor 1914 hierauf allenfalls sekundär orientiert hatte.

Seit 1924 bemühte sich die deutsche Großbourgeoisie noch stärker um die Nutzung wissenschaftlicher Erkenntnisse; sie erhöhte ihre Aktivität in der Wissenschaftspolitik und Forschungsorganisation. Die Intensivierung der naturwissenschaftlichen und technischen Forschung, die Überführung von Forschungsergebnissen und neuen Technologien in die industrielle Praxis und die geschickte Nutzung des Patentwesens erfolgten in besonderem Umfange in den exportintensiven Bereichen der Chemie- und der Elektroindustrie, der feinmechanischen und der optischen Industrie, des Maschinenbaues oder der Flugzeugindustrie. Zwischen der Aktivität des Chemiekapitals in der Forschung und Technologie und dem gravierender gewordenen Rohstoffproblem bestand

[4] C. Duisberg, Wirtschaft und Wissenschaft. In: Abhandlungen, Vorträge und Reden aus den Jahren 1922—1933, a. a. O., S. 339f.

[5] Vgl. F. Haber, Über Staat und Wissenschaft. In: Ders., Aus Leben und Beruf, Berlin 1927, S. 160.

[6] Stenograph. Berichte des Deutschen Reichstages, 71. Sitzung v. 12. 6. 1925 (S. 2334f.).

ein Zusammenhang. Unter den Bedingungen der seit 1917/18 eingeengten Rohstoffsphäre und des sich verschärfenden Konkurrenzkampfes steigerte sich die Forschungsaktivität aber auch in anderen Bereichen der kapitalistischen Wirtschaft. Bestimmte, vorerst noch begrenzte Forderungen an die Forschung ergaben sich aus den geheimen Wiederaufrüstungsmaßnahmen, die seit Mitte der zwanziger Jahre und vor allem seit Anfang der dreißiger Jahre im imperialistischen Deutschland intensiviert wurden.

In gewisser Weise hatte Duisberg mit den zuvor zitierten Ausführungen das Fazit der ökonomischen Entwicklung gezogen: Es gelang den deutschen Monopolen, die sich zunehmend auf die Forschung stützten, bis 1929 erneut führende Positionen auf dem Weltmarkt einzunehmen.[7]

Die ökonomische und politische Entwicklung reflektierte sich auch in den Positionen von Wissenschaftlern und Kulturschaffenden. Mit dem Wiedererstarken des deutschen Imperialismus, mit der Verschärfung der politischen Auseinandersetzungen und dem Hervortreten antidemokratischer, kulturreaktionärer Kräfte verstärkte sich zugleich der Differenzierungsprozeß unter bürgerlichen Kulturschaffenden und Wissenschaftlern.[8] An den wissenschaftlichen Institutionen blieben Gelehrte wie der Biologe Julius Schaxel, der sich immer umfassender den Erkenntnissen der Klassiker des Marxismus zuwandte[9], oder Albert Einstein, der sich weiterhin als aktiver Humanist und Kriegsgegner einsetzte, noch Ausnahmen, die sich in den Rahmen traditionsgebundenen bürgerlichen Gesellschaftsdenkens nicht einfügten. Ein Gelehrter wie Albert Einstein blieb dabei auch in der Folge auf den Positionen der linksbürgerlichen Demokratie. Zugleich wirkten die Differenzierungsprozesse in diesem oder jenem Maße auch auf andere Wissenschaftler an Universitäten, Hochschulen, Akademien oder anderen Wissenschaftsinstitutionen.

Die gesellschaftlichen Realitäten im bürgerlichen Lager, der Antidemokratismus im gesellschaftlich-politischen Denken und Handeln und damit auch in der Traditionspflege der herrschenden Klasse mußten sich auf Gelehrte in Deutschland weiterhin auswirken. Seit 1918/19 war die großbürgerliche Republik der staatliche Rahmen des Wirkens der Akademie; in der Einstellung zu den veränderten staatlichen Verhältnissen gab es jedoch Unterschiede unter Wissenschaftlern, von denen die einen auch den Weimarer Staat als zuständige Instanz der Wissenschaftspflege öffentlich anerkannten, während andere diesen Schritt vermieden. Differenzierungen gab es z.B. unter führenden Gelehrten insofern, als manche von ihnen die Kultur- und Wissenschaftsfeindlichkeit des preußisch-deutschen Imperialismus und seiner früheren Exponenten mit wachsendem Abstande für bestimmte Fragen erkannten, während auf andere die im imperia-

[7] 1929 hatte die deutsche Monopolbourgeoisie die führende Stellung auf dem europäischen sowie die zweite Stellung hinter den USA auf dem Weltmarkt inne.

[8] Vgl. Klassenkampf, Tradition, Sozialismus ... Grundriß, a. a. O. S. 419f.

[9] Vgl.: Geschichte der Universität Jena 1548/58–1958, Bd. I, a. a. O., S. 558ff., 570; D. Fricke, Julius Schaxel (1887–1943). Leben und Kampf eines marxistischen deutschen Naturwissenschaftlers und Hochschullehrers, Leipzig/Jena/Berlin 1964.

listischen Deutschland gepflegte — wenngleich von verschiedenen bürgerlichen Denkern gerade jetzt modifizierte — Identifizierung von Geist und Macht, von Imperialismus und Kultur weiterhin wirkte.

Die Diskrepanz zwischen den Vorstellungen führender Gelehrter über Weg und Ziel der Wissenschaftsentwicklung und den auf sie wirkenden gesellschaftlichen Einflüssen und Bindungen blieb in diesen Jahren seit 1924 — als der weitere Aufschwung in vielen Bereichen der Wissenschaft mit dem ökonomischen und politischen Wiedererstarken des deutschen Imperialismus zusammenfiel — deutlich wirksam. In der langen Zeit des Wirkens der Akademie unter den Bedingungen des monarchistischen Obrigkeitsstaates hatte sich eine Akzentverteilung herausgebildet, die hier mit deutlichen Einschränkungen und Modifizierungen weiterwirkte: Gesellschaftlich-politische Aussagen wurden vordringlich — wenn auch nicht allein — in den öffentliche nFestsitzungen jeweils im Januar (am „Friedrichstag" der Akademie), Feststellungen zur Wissenschaftsentwicklung, Wissenschaftspolitik und Forschungsorganisation betonter auf den Festsitzungen im Juli (am „Leibniztag" der Akademie) von ihren Repräsentanten vorgetragen. Die Aussagen beider Festsitzungen verflochten und ergänzten sich auch weiterhin, wobei Fragen der Entwicklung und der Leitung der Wissenschaft — in denen die Akademie ihr eigentliches Aufgabengebiet behandelte — an Relevanz gewannen.

In den Festansprachen der Vorsitzenden Sekretare wurde auch in diesen Jahren an frühere Bindungen der Akademie zur Hohenzollernmonarchie erinnert. Die neue Staatsform könne indessen für die bisherige Notlage der Wissenschaft in Deutschland nicht verantwortlich gemacht werden, erklärte Max Planck am 24. Januar 1924 als Vorsitzender Sekretär unter anderem in Abgrenzung von aggresiv-restaurativen Bestrebungen; zu diesem Zeitpunkt war die tiefe Krise von 1923 noch nicht überwunden und die relative Stabilisierung des Kapitalismus noch nicht wirksam geworden. Ebensowenig sei das „goldene Zeitalter" der Wissenschaft ausschließlich mit der vergangenen Herrschaftsform in Verbindung zu bringen. „Auch unter den Hohenzollern hat die Akademie schlimme, ja in gewissem Sinne noch gefährlichere Perioden durchgemacht."[10]

Planck appellierte zugleich an die Unterstützung durch das preußische Kultusministerium, das bei der Durchsetzung vorerst noch unvermeidlicher Einschränkungen und Konzentrationen des Forschungspotentials eine „mit allen sachlich berechtigten Interessen verträgliche Lösung" finden werde: Auf die Leistung der Wissenschaft käme es jetzt, da die Gefahr des wirtschaftlichen Zusammenbruchs nach dem verlorenen Kriege „und seinen traurigen Folgeerscheinungen" noch drohe, besonders an. Planck hat die Mehrung und Verarbeitung der „reinen Erkenntnis" auch hier als eigentliche Aufgabe der Akademie bezeichnet. Er unterstrich die Bedeutung der „auf Erkenntnis gerichtete(n) reine(n) Forschung", die „oft erst die notwendige Vorbedingung für die Eröffnung ganzer Gebiete praktischer Handarbeit" schaffen würde: Die Erfindung des Augenspiegels, die Formulierung des Dynamoprinzips, die Darstellung der Anilinfarben, die Isolierung

---

[10] Vgl. auch zum folgenden Sb., Jg. 1924, S. XVII.

des Milzbranderregers hat Planck hier als Beispiel für Forscherleistungen von großer praktischer Bedeutung herausgestellt. Als offizieller Sprecher der Akademie konnte er zum Leibniztag 1926 darauf verweisen, daß die Akademie während des ersten Weltkrieges der Aufforderung mancher Mitglieder nicht nachgekommen sei, Korrespondierende Mitglieder aus den ehemaligen Ententestaaten auszuschließen[11]: Dies war damals wesentlich seinem Auftreten zu verdanken. In der gleichen Festansprache betonte er die Notwendigkeit internationaler wissenschaftlicher Zusammenarbeit für die Gegenwart. Gegenüber der Boykottpolitik der Jahre nach 1918 und ihren Nachwirkungen forderte er gleichberechtigte Anerkennung, stellte sich jedoch zugleich hinter die dilatorischen Vorbedingungen, die von den kartellierten Akademien als Voraussetzung für ihren Beitritt zur Union Académique Internationale (UAI) verfolgt worden waren. Max Planck hat in seiner Festansprache am 26. Januar 1928 den Ausbau der Forschungsorganisation in Deutschland begrüßt.[12] Er wies hier auf die Bedeutung der Kaiser-Wilhelm-Gesellschaft und der Notgemeinschaft der Deutschen Wissenschaft hin, in denen dieser Ausbau unter den gegebenen gesellschaftlichen Bedingungen seinen besonderen Ausdruck fand.

In dem Bemühen der herrschenden Kräfte, die Kontinuität der politischen Ordnung über den Wandel der Herrschaftsformen im Jahre 1918 hinweg auch historisch zu untermauern, kam der Apologetik der preußisch-deutschen Monarchie und ihrer Repräsentanten auch in den Jahren der Weimarer Republik eine erhebliche Bedeutung zu. Die öffentlichen Festsitzungen vor allem im Januar (zum „Friedrichstag") zeigten, daß sich auch die Akademie dem nicht zu entziehen vermochte; zugleich bestätigten sie aber auch, daß sich die Differenzierung in den gesellschaftlichen Positionen der Akademie und ihrer führenden Gelehrten in den späteren zwanziger Jahren verstärkte.

Auch Heinrich Lüders, führender Indologe und Sanskritist in Deutschland, verwies als Vorsitzender Sekretar am 22. Januar 1925 auf Divergenzen zwischen Macht und Kultur unter der Hohenzollernherrschaft: Friedrich II. von Preußen habe für die Musen in Deutschland kein Verständnis aufgebracht; seine Schrift über die deutsche Sprache habe „ungeheures Aufsehen und berechtigten Widerspruch" hervorgerufen.[13] Aber dieser Preußenkönig habe den Gedanken sittlicher Pflichterfüllung vor Kants kategorischem Imperativ formuliert; die Besinnung auf diese ethische Maxime sei jetzt — da das „Gemeinwohl" hinter dem Streben nach eigenem Vorteil, hinter Klassen- und Parteiinteressen zurückgestellt würde — von besonderer Bedeutung. Hier trat zugleich das Bemühen, Bindungen der Akademie und ihrer Mitglieder aus der Ebene der „Parteiinteressen" herauszuheben, in spezifischer Weise in Erscheinung.

Die These angeblicher Identität von Macht und Geist im Hohenzollernstaat hat Gustav Roethe prononeiert auch vor der Akademie vertreten, indem er

[11] Vgl. Sb., Jg. 1926, S. XC.
[12] Vgl. Sb., Jg. 1926, S. XVII.
[13] Vgl. Sb., Jg. 1925, S. XXVff.

am Leibniztag 1924 eine geistige Übereinstimmung zwischen Leibniz und Friedrich II. behauptete, von denen „die geistige Fruchtbarkeit Deutschlands im Zeitalter der Klassiker und Romantiker“[14] ausgegangen sei. Roethe, der hier zur „stärkenden Heldenverehrung“ als einer der Aufgaben der öffentlichen Festsitzungen der Akademie aufrief, hatte bereits 1922 vor Hörern aller Fakultäten der Universität vom deutschen „Führer“ geschwärmt.[15] Anfang 1924 hatte er unter dem Beifall des Generals von Seeckt und anderer hoher Reichswehroffiziere das Preußentum glorifiziert.[16] Die Auffassungen Gustav Roethes, der 1926 verstarb, stellten unter den Mitgliedern der Akademie ein Extrem dar. Sie widersprachen humanistischen Anliegen der Wissenschaft — jenen Anliegen, die in den Ausführungen Max Plancks und anderer Vertreter der Akademie zu Fragen der Entwicklung und der Leitung der Wissenschaft über gesellschaftliche Bindungen hinaus wirksam wurden.

2. Zur Stellung der Akademie in der bürgerlichen deutschen Wissenschaftspolitik

a) Die Akademie in der neuen Phase bürgerlicher Wissenschaftspolitik und Forschungsorganisation

Die Akademie war zwischen 1924 und 1929 in den Aufschwung der bürgerlichen deutschen Wissenschaftspolitik und Forschungsorganisation einbezogen, ohne auch jetzt im Vordergrund der wissenschaftspolitischen und forschungsorganisatorischen Bemühungen der herrschenden Kräfte zu stehen.

Die besondere Aktivität des Kapitals richtete sich vielmehr auf den Ausbau der konzerneigenen Forschungseinrichtungen. „Dort sind riesenhafte wissenschaftliche Laboratorien entstanden, ausgestattet mit schrankenlosen Mitteln und besetzt mit einem ganzen Stabe von forschenden Fachleuten, welche die ihnen vom Unternehmen gestellten Aufgaben mit den ihnen vom Unternehmen gestellten Mitteln zu lösen haben.“[17] Dabei handelte es sich bei den Maßnahmen des Monopolkapitals um die intensivere Fortführung einer Entwicklung, die unter den späteren Bedingungen faschistischer Kriegsvorbereitung ihre entscheidende Phase erreichte. Seit der Mitte der zwanziger Jahre bauten die verschiedenen Konzerngruppen ihre eigenen Forschungseinrichtungen aus. Die „neuen“ Industrien — außer der chemischen Industrie hier naturgemäß beson-

---

[14] Vgl. Sb., Jg. 1924, S. LXXXIIIff.

[15] Vgl. W. F. Haug, Der hilflose Antifaschismus, a. a. O., S. 119f.

[16] Vgl. dazu den Brief des Generals v. Seeckt an seine Frau vom 13. 1. 1924. In: F. v. Rabenau, Seeckt. Aus seinem Leben 1918—1936, Leipzig (1940), S. 392 (Universitätsrede des Rektors G. Roethe).

[17] W. Hellpach, Der Staat und die Forschung. In: Forschungsinstitute. Ihre Geschichte, Organisation und Ziele, Hrsg. v. L. Brauer/A. Mendelssohn-Bartholdy/A. Meyer, Erster Band, Hamburg 1930, S. 20.

ders die Elektroindustrie — gingen jedoch bei der Weiterentwicklung der konzerneigenen Forschung voran.

Seit der Fusion von 1925 hat vor allem die IG-Farbenindustrie AG die Einflußnahme auf die staatlichen und halbstaatlichen Forschungseinrichtungen zielbewußt ausgebaut. Die IG entwickelte hier ein eigenes Spendensystem, in dem die regelmäßigen Zuwendungen über eine ihrem Arbeitsausschuß unterstellte Zentralstelle für Spenden in Ludwigshafen weitgehend koordiniert und damit das Abhängigkeitsverhältnis von Forschungseinrichtungen gegenüber dem Chemiekapital zielgerichtet ausgebaut wurde.

Die auf diesem Wege eingesetzten forschungspolitischen Aufwendungen der IG waren angesichts der steigenden Kostenintensität der Forschung und Entwicklung einerseits und der über die Verwertung von Forschungsergebnissen schnell steigenden Profite andererseits nicht hoch: sie stiegen zwischen 1926 und 1929 von 122571 auf 435836 Mark nach den bisher vorliegenden Quellen.[18] Die IG realisierte ihren Einfluß auf die nichtkonzerneigene Forschung zudem über die Vergabe von Einzelzuwendungen an Institutionen, Organisationen, Institute und Einzelforscher, worüber unter der Leitung Carl Boschs sowie unter der Mitwirkung Carl Duisbergs und anderer in den Sitzungen des Arbeitsausschusses jeweils entschieden wurde. Die Exponenten des Chemiekapitals waren an der Förderung profitorientierter angewandter Forschungen naturgemäß besonders interessiert; in ihrer Förderungspolitik berücksichtigten sie in gewissem Maße zugleich, daß die chemische, physikalisch-chemische und manche Bereiche der physikalischen Grundlagenforschung für die chemische Industrie zunehmende Bedeutung gewannen. Forscher, die in meist relativ geringem Umfange in diese Einzelvergabe zusätzlicher Forschungsmittel des Kapitals einbezogen waren, oder auf Vertragsbasis für die IG arbeiteten, nutzten hier eine Möglichkeit, weiterhin bestehende Diskrepanzen zwischen Forschungsbedarf und tatsächlichen Forschungszuwendungen zu verringern und bestimmte Forschungsvorhaben in ihren Instituten zu realisieren. Dies galt auch für einzelne führende Forscher, die zugleich Mitglieder der Akademie waren: Für Max Bodenstein, der als Institutsdirektor an der Universität zusätzliche Einzelmittel erhielt und damit seine Grundlagenuntersuchungen fortsetzte, für Emil Warburg und Wilhelm Schlenk, mit denen die IG — wie mit vielen anderen Forschern — Verträge zur Durchführung bestimmter Forschungen aus ihrem persönlichen Arbeitsbereich abgeschlossen hatte.[19] Forscher wie Max Bodenstein betrieben keine konzerntypische Forschung. Auch bei Forschern des Ranges von Emil Warburg und Wilhelm Schlenk gilt, daß der Chemietrust sich ihren Forschungsinteressen weitgehend anpaßte. Aber er blieb der Auftraggeber, der bestimmte Forschungen auf Vertragsbasis durchführen ließ und dem die Ergebnisse besonders zugute kamen. Über einzelne ihrer Mitglieder wurde damit auch die Akademie, allerdings indirekt, mit der Tatsache konfrontiert, daß der Fortschritt der Naturwissenschaften im Kapitalismus letzt-

[18] Vgl. ZStA Potsdam, I.G.-Farbenindustrie AG, Nr. A 4438, Bl. 20 und Nr. A 4441, Bl. 34.

[19] Vgl. H. Etzold, Monopole und Wissenschaft ... Diss. sc. phil., a. a. O., S. 44; dazu die Aufstellung ebda., Anhang III, S. 2.

lich nicht im gesamtgesellschaftlichen, sondern im Kapitalinteresse realisiert wird. Manche Hemmnisse und Widersprüche, die sich hieraus ergaben, berührten auch Mitglieder der Akademie. In die Zusatzfinanzierungen des Chemiekapitals war sie als Institution indessen nicht einbezogen.

Die wachsende Aktivität und der Aufschwung der bürgerlichen deutschen Forschungsorganisation führte während der kurzen Zeitspanne der relativen Stabilisierung zu partiellen Veränderungen, die das Forschungspotential außerhalb der Akademien erweiterten. Aufbau und Arbeitsweise der Akademien der Wissenschaften in Deutschland und damit auch der Berliner Akademie änderten sich auch unter den Bedingungen des wissenschaftlichen Fortschrittes und der kapitalistischen Stabilisierung der späteren zwanziger Jahre nicht. Ohne strukturelle und funktionelle Bedeutung blieb die einzige Statutenänderung der Akademie in jener Zeit: Ab 1925 wurden Akademiemitglieder, die ihren Wohnsitz aus dem Berliner Bereich der Akademie hinaus verlegt hatten, als Auswärtige Mitglieder geführt.[20]

In der Finanzierung der Akademie, die staatlicherseits weiterhin aus dem Etat des preußischen Ministeriums für Wissenschaft, Kunst und Volksbildung erfolgte, blieben die erhöhten Anforderungen und die gestiegenen Kosten der Forschung unberücksichtigt. Die Akademie hatte 1913 eine Gesamt-Etatsumme von 332400 Mark erhalten; 1925 wurden ihr 360400, 1926 409450 Mark, 1927 414400 Mark aus dem preußischen Staatshaushalt zugewiesen.[21] Dabei muß die Einbuße der Stiftungskapitalien der Akademie während der Inflation in Rechnung gesetzt werden; Aufwertungen sind hier nur allmählich erfolgt. Noch 1926 war der Zinsertrag der Heckmann-Wentzel-Stiftung z.B. gering; die Fortführung aus ihren Zinssummen zu finanzierender Gemeinschaftsarbeiten war nur mit „wohlwollender Unterstützung", also mit zusätzlichen Mitteln des preußischen Kultusministeriums und der Notgemeinschaft möglich. Die Akademie blieb auf die Zusammenarbeit mit der preußischen Staatsbürokratie angewiesen, in der der Kulturminister Carl Heinrich Becker und sein enger Mitarbeiter, der Ministerialdirektor Werner Richter, um den neuerlichen Ausbau kulturpolitischer Prioritäten Preußens sowie um die straffere Unterordnung aller preußischen Lehr- und Forschungseinrichtungen unter das Ministerium bemüht waren. Die Akademie war daneben — über die Notgemeinschaft, über von ihr betreute Unternehmungen wie die Monumenta Germaniae Historica — mit den Reichsbehörden verbunden. Sie wurde mit Widersprüchen der bestehenden Ordnung konfrontiert, die in bestimmten Gegensätzen, insbesondere zwischen der preußischen Kultusverwaltung um Carl Heinrich Becker und Werner Richter einerseits und der mit dem Reichsinnenministerium enger verbundenen Leitung der Notgemeinschaft unter Friedrich Schmidt-Ott andererseits, zum Ausdruck kamen. Dadurch war die Aka-

20 „Verlegt ein Ordentliches Mitglied seinen Wohnsitz an einen anderen Ort, der nicht zu der angegebenen Kategorie gehört, so geht er in die Zahl der auswärtigen Mitglieder über". (Statutenänderung 1925. In: Sb., Jg. 1926, S. XXI.).

21 Angaben nach K. Griewank, Staat und Wissenschaft im Deutschen Reich. Zur Geschichte und Organisation der Wissenschaftspflege in Deutschland, a. a. O., S. 111.

demie auch in allgemeinere Zusammenhänge und Probleme bürgerlicher deutscher Wissenschaftspolitik und Forschungsorganisation einbezogen.

Die relative Geringfügigkeit der Etatmittel, die der Akademie über ihre Eigenmittel und Stiftungseinkünfte hinaus zur Verfügung standen, wird durch den Vergleich mit den in jenen Jahren allgemein ansteigenden Forschungsaufwendungen deutlich. Dies galt nicht nur im Vergleich zur konzerneigenen Forschung. Zugleich stiegen die Forschungsaufwendungen der Reichsbehörden, der preußischen Wissenschaftsverwaltung, der KWG und der Notgemeinschaft. Für Kulturzwecke (außer Schule und Kirche) wurde über den Reichshaushalt 1913 eine Summe von 166,5 Millionen Mark zur Verfügung gestellt; 1925/26 waren es 390,9 Millionen Mark und 1929/30 — gegen Ende der Stabilisierungsphase — 563,4 Millionen Mark.[22] Im Jahre 1913 stellte der preußische Staat für die Hochschulen 30499200, für staatliche Forschungsanstalten 3780200 Mark an Etatmitteln zur Verfügung; für das Rechnungsjahr 1926/27 wurden 66145700 Mark an die Hochschulen und 6572200 Mark an die staatlichen Forschungseinrichtungen Preußens vergeben.[23]

Die preußischen Staatsaufwendungen für die Hochschulen und Forschungseinrichtungen waren also seit den Vorkriegsjahren etwa verdoppelt worden, während der Kulturetat der Reichsregierung auf weit mehr als das Dreifache angestiegen war. In diesen Zuwachsrelationen kam der in der Weimarer Republik erhöhte Einfluß der Reichsbehörden auf die bürgerliche Kultur- und Wissenschaftspolitik zum Ausdruck, die vor 1918 in erster Linie Länderangelegenheit gewesen war und unter dem besonderen Einfluß der preußischen Bürokratie (Friedrich Althoff, Friedrich Schmidt-Ott) gestanden hatte. Bestehen blieb, daß zwischen den erhöhten Forschungsaufwendungen des bürgerlichen Staates und den wachsenden Bedürfnissen der Forschung eine erhebliche Diskrepanz bestand. Auch unter diesem Aspekt zeigt sich, daß die materiellen Schwierigkeiten der Forschung in den Jahren der relativen Stabilisierung zwar abgeschwächt, keinesfalls jedoch überwunden waren.

Führenden Akademiemitgliedern wurde die begrenzte Bedeutung der Akademie für die Wissenschaftsentwicklung zunehmend bewußt. Stärker als zuvor empfanden Gelehrte den Widerspruch zwischen der Entfaltung vieler Disziplinen und der Tatsache, daß die Akademie für solche Bereiche über keine eigenen Forschungseinrichtungen verfügte. Die Erkenntnis wuchs, daß es einer Reorganisation und Strukturveränderung bedurfte, wenn die Akademie ihre Stellung in der bürgerlichen Wissenschaft festigen und zur Integration bisher vernachlässigter Forschungskomplexe beitragen wollte. Solchen Erkenntnissen, welche die „Daseinsberechtigung" der Akademie „unter den völlig veränderten Verhältnissen des 20. Jahrhunderts" betrafen[24], waren durch die gesellschaftlichen Ver-

---

[22] Angegeben nach F. Friedensburg, Die Weimarer Republik, Berlin 1946, S. 346. (Auf Notgemeinschaft und KWG wird unter S. 208 ff. im Zusammenhang zurückgekommen.)

[23] Angaben nach K. Griewank, a. a. O., S. 98.

[24] Zit. aus dem 1. Entwurf der Denkschrift der Preußischen Akademie der Wissenschaften, Juli 1929. In: AAW II: Ia, Bd. 12, Bl. 85.

hältnisse theoretische und praktische Schranken gesetzt, obwohl führende Gelehrte bestehende Einengungen zu überwinden hofften und dabei auch die Grenzen eines traditionellen konservativen Wissenschaftsverständnisses mehr oder weniger überschritten. Gelehrte wie Max Planck erhofften von der Akademie seit langem einen Beitrag zur Einheit der Wissenschaften. Auf die progressiven Züge dieses Postulats, das eine Funktion der Akademien auf weite Sicht betraf und an klassische, unter anderem auf Leibniz zurückgehende Wissenschaftsvorstellungen anknüpfte, wurde bereits verwiesen.[25] Aber unter dem umfassenden Aspekt des Zusammenwirkens von Natur- und Gesellschaftswissenschaften waren der Verwirklichung der Einheit der Wissenschaften in der kapitalistischen Gesellschaft Schranken gesetzt, da ihr die philosophisch-weltanschauliche Grundlage fehlte, die der von der Bourgeoisie verfemte historisch-dialektische Materialismus gibt.[26] Es konnte unter den gegebenen Gesellschaftsverhältnissen nicht ausbleiben, daß akademische Wissenschaftstraditionen des 19. Jahrhunderts und Bindungen an traditionelle Vorstellungen über die Bedeutung von Forschungseinrichtungen und über die Relationen zwischen ihnen sich auf Reformüberlegungen von Akademiemitgliedern auch in der Folge einschränkend auswirkten. So wuchs seit 1928, vor allem im Jahre 1929, jener Plan, nach dem vorhandene Forschungskapazitäten der Akademie zusammengefaßt und neue Forschungsbereiche integriert werden sollten. Ausgearbeitet und als Denkschrift eingereicht wurde dieser Reformplan jedoch erst 1930.

In der bürgerlichen Wissenschaft kam der Akademie auch in den Jahren seit 1924 eine Stellung zu, sich die vor allem aus der wissenschaftlichen Bedeutung vieler Akademiemitglieder ergab und in ihren Vorträgen und Abhandlungen in der Akademie ihren Ausdruck fand. Wesentlich war auch die Aktivität der Mitglieder in wissenschaftlich und wissenschaftspolitisch maßgeblichen Einrichtungen, mit denen die Akademie verbunden blieb. Hinzu kam die zunehmende Aktivität bürgerlicher deutscher Wissenschaftspolitik gegenüber dem kapitalistischen Ausland, woran auch die Akademie in gewissem Maße mitbeteiligt war. Zukunftweisende Bedeutung gewannen die deutsch-sowjetischen Wissenschaftsbeziehungen, an deren Entfaltung auf deutscher Seite die Akademie in diesen hierfür entscheidenden Jahren einen Anteil hatte.

Die Akademie blieb der Berliner Universität weiterhin eng verbunden. Als Rektoren amtierten hier unter anderem die Akademiemitglieder Karl Holl (1924) Joseph Pompeckj (1925), Eduard Norden (1927) und Erhard Schmidt (1929).[27] Im Jahre 1929 z.B. war die Akademie durch Erhard Schmidt als Rektor, Heinrich von Ficker als Dekan sowie durch Julius Petersen als Senator im Universitätssenat vertreten; zu den Senatoren gehörten die späteren Akademiemitglieder Wilhelm Trendelenburg und Ludwig Diels.[28] Auch jetzt waren die vier

[25] Vgl. oben S. 8ff.

[26] Vgl. hierzu F. Fiedler, Einheitswissenschaft oder Einheit der Wissenschaften? Berlin 1971, S. 177ff.

[27] Vgl.: Die Rektoren der Humboldt-Universität zu Berlin, a. a. O., S. 194ff.

[28] Vgl. hierzu und zum folgenden Handbuch über den Preußischen Staat. Hrsg. vom Preußischen Staatsministerium für das Jahr 1930, 135. Jg., S. 243ff.

Fakultäten der Universität in unterschiedlichem Maße an der Akademie vertreten. 43 der 92 Ordinarien der Philosophischen Fakultät waren Akademiemitglieder. Von den 12 Ordinarien der Theologischen Fakultät gehörten ihr 2 — Adolf von Harnack und Hans Lietzmann — als Ordentliche Mitglieder an, von den 13 ordentlichen Professoren der Juristischen Fakultät waren ebenfalls 2 — Ulrich Stutz und Ernst Heymann — Akademiemitglieder. Deutlich war die Diskrepanz vor allem in der Medizinischen Fakultät, wo von den insgesamt 29 Ordinarien, unter denen sich bekannte Fachvertreter wie Gustav von Bergmann, August Bier, Karl Bonhoeffer, Adalbert Czerny, Walther Friedrich, Alfred Grotjahn, Friedrich Kraus, Otto Lubarsch und Georg August Wagner befanden, zu dieser Zeit wiederum nur 2 — der Physiologe Max Rubner und der Anatom Rudolf Fick — Ordentliche Mitglieder der Akademie waren.

Geringere Bedeutung hatten auch jetzt die personellen Verbindungen der Akademie zur Technischen Hochschule Berlin, deren Aufgabenbereich zwischen 1921 und 1927 durch die Übernahme der Ausbildung technischer Physiker, Lehrer für Mathematik und Naturwissenschaften, Wirtschaftswissensschaftler und Landmesser erweitert wurde. Gleichzeitig wurde der Lehrkörper der TH, dem nach wie vor bekannte Wissenschaftler angehörten, erweitert und eine Neugliederung der Hochschule in vier in sich komplexe Fakultäten für allgemeine Wissenschaften, Bauwesen, Maschinenwesen und Stoffwirtschaft vorgenommen.[29] Von den Akademiemitgliedern wirkte Karl Andreas Hofmann hier als Direktor des anorganisch-chemischen Instituts in der Fakultät für Stoffwirtschaft; Heinrich Müller-Breslau, der 1925 verstarb, und Hermann Zimmermann hatten lange Jahre dem Bereich der jetzigen Fakultät für Bauwesen angehört.

Auch in diesen Jahren ergab sich die Stellung der Akademie in erheblichem Maße aus ihrer personellen Verflechtung mit der Kaiser-Wilhelm-Gesellschaft, aus der Mitgliedschaft von Direktoren führender KW-Institute in der Akademie und aus der ihrer Funktion entsprechenden Mitwirkung von Mitgliedern der Akademie in Leitungsgremien und Instituten dieser Gesellschaft. Allgemein richtete sich das wissenschaftspolitische Interesse des Kapitals in diesen Jahren des Aufschwungs naturwissenschaftlich-technischer Forschung und der relativen Stabilisierung des Kapitalismus noch stärker als zuvor auf Einrichtungen wie die KWG. Der Ausbau ihrer Forschungsinstitute und -einrichtungen gehörte zu den augenfälligen forschungspolitischen Ereignissen jener Jahre.

Im Ausbau der KWG fand das Streben des Monopolkapitals nach der Festigung seiner wissenschaftspolitischen Machtpositionen und nach der Ausrichtung naturwissenschaftlich-technischen Forschungspotentials auf eigene Profitinteressen seinen besonderen Ausdruck. Gegen die Einflüsse des Kapitals auf die Forschung hat sich die KPD damals gewandt. Unter Fuhrung Walther Stöckers hat ihre Fraktion im Reichstag die Umbenennung der KWG in ,,Gesellschaft für naturwissenschaftliche Forschung" gefordert, um die Notwendigkeit der Trennung von reaktionären gesellschaftlichen Einflüssen und Traditionen auch damit

[29] Vgl. zur TH ebda., S. 267ff.

zu betonen.[30] Der Vorstoß der KPD, die stets für eine friedliche, gesamtgesellschaftlichen Interessen dienende Ausrichtung und Nutzung der Forschung eintrat und hierfür zur Bewilligung notwendiger Mittel auch in den parlamentarischen Gremien des Weimarer Staates bereit war, blieb ohne Erfolg. Indem die Gesellschaft ihren Namen über die seit 1918 eingetretenen Veränderungen in der Herrschaftsform hinweg beibehielt, unterstrich sie die Kontinuität in ihrer gesellschaftlichen und wissenschaftlichen Stellung.

Für die KWG begann 1924, wie ihr Präsident Adolf von Harnack betonte, in mancher Hinsicht ein neuer Entwicklungsabschnitt.[31] Es begann eine Zeit umfassender Erweiterung bestehender und des Ausbaues neuer Institute auf Gebieten der Grundlagenforschung wie der angewandten Forschung im Interesse der kapitalistischen Industrie. Dieser Ausbau vollzog sich in großen Dimensionen und auf einer für Institutionen wie die Akademie unter den gegebenen gesellschaftlichen Bedingungen unerreichbaren Ebene. Angestrebt wurde, für die Hauptzweige der kapitalistischen Wirtschaft jeweils Forschungsinstitute zu besitzen, „die sich in erster Linie mit den wissenschaftlichen Grundlagen der entsprechenden Produktionszweige befassen sollen."[32] Dies war eine Zielstellung, die den schnell wachsenden Anforderungen der insdustriellen Praxis an die Forschung unter den Bedingungen der Kapitalherrschaft entsprach. Das Monopolkapital trieb den Ausbau der KWG auf der Grundlage jener staatsmonopolistischen Finanzierungsprinzipien voran, durch die dem bürgerlichen Staat primär die Unterhaltung der KW-Institute für die Grundlagenforschung übertragen blieb; es drängte hier auf erhöhte Mittel, indem es — wie bereits 1909 — auf die angeblich sinkende Konkurrenzfähigkeit gegenüber der Forschung anderer Staaten, auf die Bildung gut ausgestatteter Institute in den USA, in England, Frankreich, den Niederlanden, Dänemark und Schweden, aber auch der in Sowjetunion verwies.[33] Die Schlüsselpositionen des Monopolkapitals in der Gesellschaft blieben auch in den primär staatlich finanzierten Instituten für die Grundlagenforschung erhalten; die Institute mit ausgeprägten „angewandten" Aufgaben in der Eisen-, Metall-, Kohlen-, Leder-, Faserstoff- oder Silikatforschung wurden auch jetzt durch die beteiligten Monopolverbände demgegenüber in größerem Umfang mitfinanziert.

Gegen Ende der zwanziger Jahre umfaßte die Kaiser-Wilhelm-Gesellschaft 31 Institute und Einrichtungen unterschiedlicher Bedeutung.[34] Personelle Ver-

---

[30] Vgl. Verhandlungen des Reichstages, Bd. 392, 288. Sitzung, S. 6930c.

[31] Tätigkeitsbericht der Kaiser-Wilhelm-Gesellschaft ... (Oktober 1923 bis Oktober 1924). In: Die Naturwissenschaften, Jg. 12/1924, H. 50 v. 12. 12. 1924, S. 1168.

[32] F. Glum, Die Kaiser-Wilhelm-Gesellschaft zur Förderung der Wissenschaften (Berlin 1928). In: Minervazeitschrift, 4. Jg. 1928, H. 1, S. 6.

[33] Denkschrift für die Schaffung eines Erneuerungsfonds für die Kaiser-Wilhelm-Gesellschaft ..., am 16. 2. 1926 dem RMdI und zuvor dem Reichstags-Haushaltsausschuß übersandt. In: ZStA Potsdam, Nr. 8970/10, Bl. 44f.

[34] In den biologischen und medizinischen Bereichen arbeiteten die Institute für Biologie, experimentelle Therapie, Biochemie, Arbeitsphysiologie, Hirnforschung, medizinische Forschung, das Deutsche Institut für Psychiatrie und die neugegründeten KWI für Züchtungs-

flechtungen zwischen der Gesellschaft und der Akademie bestanden weiterhin im wesentlichen in den Instituten in und um Berlin. Das Kapital blieb an der Mitgliedschaft führender Gelehrter in den Leitungsgremien der KWG interessiert. Auf diesem Wege suchten andererseits die Wissenschaftler hier ihre Vorstellungen über die Durchführung von Forschungen vorzutragen. 1928 gehörten auch die Akademiemitglieder Max Planck, Max von Laue, Otto Hahn, Fritz Haber und Walther Nernst neben dem Präsidenten Adolf von Harnack dem Senat an, in dem die Spitzen des deutschen Finanzkapitals mit Gustav Krupp von Bohlen und Halbach, Carl Duisberg, Carl Friedrich von Siemens, Albert Vögler und anderen die bestimmende Kraft darstellten.[35] Die Festlegung, daß die Direktoren führender Kaiser-Wilhelm-Institute der Akademie angehören sollten, hatte auch jetzt nur formale Bedeutung; denn sie betraf Gelehrte wie Carl Correns und Fritz Haber, die auf Grund ihrer überragenden wissenschaftlichen Stellung in die Akademie gewählt worden waren. Dies galt selbstverständlich für Albert Einstein, der im übrigen auch von seiner Stellung in der KWG her außerhalb der entsprechenden Mitgliedschaftsbestimmungen stand. Einstein war nur nominell Leiter eines Kaiser-Wilhelm-Instituts für Physik, das keine Mitarbeiter hatte und sich auf die Vergabe zusätzlicher Mittel zur Durchführung physikalischer Forschungen beschränkte.

Unter den gegebenen gesellschaftlichen Bedingungen gaben die Institute der Kaiser-Wilhelm-Gesellschaft führenden Gelehrten Gelegenheit, sich auf bestimmte Forschungen konzentrieren zu können. Hierin bestanden im einzelnen jedoch unterschiedliche Bedingungen: Während in Institutionen mit unmittelbarem Praxisbezug und profitversprechenden Forschungen sowie in anderen, auf weitere Sicht wirtschaftlich oder strategisch wichtigen Einrichtungen über den Einsatz und die Ausrichtung von Forschern durch die Monopole zum Teil einschneidend bestimmt wurde, ließ das Kapital führenden Wissenschaftlern in Gebieten mit weniger direktem Praxisbezug größere Möglichkeiten, ihre Forschungen fortzuführen. In Instituten und Einrichtungen der Kaiser-Wilhelm-Gesellschaft arbeiteten Gelehrte wie der Radiochemiker Otto Hahn, die Radiophysikerin Lise Meitner, die Chemiker Franz Fischer und Richard Kuhn, die Physikochemiker Fritz Haber, Michael Polanyi, Herbert Freundlich und Rudolf Ladenburg, der Biochemiker Carl Neuberg, die Biologen Carl Correns, Max Hartmann, Richard Goldschmidt und Otto Mangold, die Physiologen Otto Meyerhof

forschung sowie für Anthropologie, menschliche Erblehre und Eugenik, dazu gehörten auch die Hydrobiologische Anstalt Plön, die Biologische Station in Lunz (Österreich), die Vogelwarte Rossitten und das Deutsche Entomologische Institut. Meteorologischen Beobachtungen diente das Observatorium auf dem Sonnblick (Österreich). Die chemische und physikalisch-chemische Forschung konzentrierte sich weiterhin auf die KWI für Chemie sowie für physikalische und Elektrochemie. Die wichtigsten Institute mit direkt industrieorientierten „angewandten" Forschungen waren die beiden Institute für Kohlenforschung, die KWI für Eisenforschung, Metallforschung, Faserstoff-Forschung, Lederforschung sowie für Silikatforschung.

[35] Vgl. zur Zusammensetzung des Senats und des Verwaltungsausschusses Handbuch der Kaiser-Wilhelm-Gesellschaft zur Förderung der Wissenschaften, Berlin 1928, S. 174f.

und Otto Warburg, die Hirnforscher Oskar und Cécile Vogt, der Lederforscher Max Bergmann, der Strömungsforscher Ludwig Prandtl, der Hydrobiologe August Thienemann.

Gerade in der KWG wirkten sich Widersprüche zwischen den forschungspolitischen Zielsetzungen des Kapitals und den wissenschaftlichen Bestrebungen von Gelehrten aus. Zu Differenzen kam es zwischen dem Nobelpreisträger und weltbekannten Chemiker Richard Willstätter, nunmehr Auswärtiges Mitglied der Berliner Akademie, und Carl Duisberg. Richard Willstätter, der stets bürgerlich-konservative Auffassungen vertreten hatte, legte angesichts neuerlicher Ausbrüche des Antisemitismus 1924 sein Ordinariat an der Münchener Universität nieder.[36] Duisberg, der mit dieser Entscheidung nicht einverstanden war, suchte ihn 1926 zur Übernahme der Leitung des KWI für Chemie zu bewegen. Willstätters Ablehnung führte anläßlich eines von der IG organisierten Besuches der Laboratoriumsvorstände in Leverkusen zu Meinungsverschiedenheiten mit dem Aufsichtsratsvorsitzenden der IG Farben. Willstätter schrieb bald darauf an Duisberg: „Ich bin in meiner Absicht nur noch bestärkt worden, in Unabhänggigkeit und Zurückgezogenheit zu leben und auf eine Anstellung zu verzichten"[37]. Resignation, Rückzug auf wissenschaftliches Arbeiten auf privater Ebene war die Alternative, die sich für Willstätter aus den Widersprüchen einer von ihm selbst vertretenen Ordnung ergab; dem Verwaltungsausschuß des KWI für Chemie gehörte auch Richard Willstätter neben den Vertretern des Chemiekapitals Carl Duisberg, Adolf Haeuser und Franz v. Oppenheim, dem Vertreter des Reichsinnenministeriums Ministerialrat Max Donnevert und dem Ministerialdirektor Werner Richter vom preußischen Kultusministerium an. Im Verwaltungsrat waren die Akademiemitglieder Adolf von Harnack (als Präsident der KWG), Walther Nernst, Wilhelm Schlenk und das Ehrenmitglied Friedrich Schmidt-Ott; Max Bodenstein und Wilhelm Schlenk gehörten dem wissenschaftlichen Beirat des Instituts an.[38]

So war die Akademie mit der KWG vielfach verflochten. Die herrschenden Kräfte hatten die KWG recht weitgehend jenen Anforderungen angepaßt, die an die Forschung im imperialistischen Deutschland seit 1924 zunehmend gestellt wurden. Dies konnte in der Akademie unter den gegebenen gesellschaftlichen Bedingungen nicht erfolgen. Über die Verflechtungen blieben Gegensätze zwischen beiden Institutionen bestehen, die in den Reformbestrebungen der Akademie wenig später einen gewissen Niederschlag fanden.

Für die Akademie hat Max Planck 1924 die Situation geschildert, der sich die bürgerliche deutsche Wissenschaft gegenüber sah. Die Akademie hätte bei der Haushaltsaufstellung in den Jahren zuvor stets sachliche über persönliche Belange gestellt und Opfer von ihren Mitgliedern verlangt. Sie sei unter Inflations-

---

[36] Vgl. R. Willstätter, Aus meinem Leben. Von Arbeit, Muße und Freunden, a. a. O., S. 338ff.

[37] Schreiben Willstätters an Duisberg vom 30. 9. 1926. In: ZStA Potsdam, RMdI, Nr. 8970/11, Bl. 25. Ebda., Bl. 22: Information Duisbergs für die Mitglieder des Verwaltungsausschusses des KWI vom 2. 10. 1926.

[38] Vgl. Handbuch der Kaiser-Wilhelm-Gesellschaft ..., a. a. O., S. 176.

bedingungen nachdrücklich für die Weiterführung ihrer wissenschaftlichen Arbeiten einschließlich der Publikation der „den regelmäßigen Pulsschlag ihres Lebens" bedeutenden Sitzungsberichte eingetreten und habe dabei wohlwollende Aufnahme bei den staatlichen Instanzen gefunden.[39] In der Wissenschaft in den deutschen Ländern sehe es nach wie vor außerordentlich trübe aus. Die auf Anregung der Akademie gegründete Notgemeinschaft habe zwar manche wissenschaftliche Arbeit vor dem Untergang bewahrt; „aber die Notgemeinschaft kann und soll nicht zur dauernden Einrichtung werden."

In dieser Frage wurde in den folgenden Jahren ein gewisser Wandel erkennbar. Für das preußische Kultusministerium, das die Notgemeinschaft zunächst gleichfalls als vorübergehende Einrichtung ansah, gab der Minister Carl Heinrich Bekker 1926 die Aufgabe dieses Standpunktes bekannt.[40] Das Bedauern in der Kaiser-Wilhelm-Gesellschaft, die Forschungsfinanzierung nicht umfassender in eigener Hand konzentriert zu haben, bleib gleichfalls eher zeitweilig.[41] Die Akademie unterstrich 1929 die Bedeutung der Notgemeinschaft in einer eigenen Denkschrift[42], ohne auch ihrerseits auf Ansprüche völlig zu verzichten.

Ein straffes System staatsmonopolistischer Forschungslenkung stand trotz erhöhter Anforderungen an die Forschung im bürgerlichen Deutschland noch nicht auf der Tagesordnung. In der zeitweiligen Distanzierung gegenüber der Notgemeinschaft—die infolge ihrer engen Bindungen an die bestehende Ordnung 1929/30 in eine ernste Krise geriet — kamen zudem Widersprüche des Wissenschaftsgefüges und Diskrepanzen zwischen tragenden Institutionen und Organisationen in der Forschung und der Leitung der Wissenschaft zum Ausdruck. Die Notgemeinschaft behauptete ihre Stellung angesichts der auch jetzt ausgeprägten Diskrepanz zwischen wachsenden Anforderungen und steigenden Kosten der Forschung einerseits und wesentlich langsamer steigenden Forschungsaufwendungen andererseits. Sie blieb ein Hauptträger zusätzlicher Forschungsfinanzierungen, die auch für verschiedene Arbeiten der Akademie und für viele Forschungen ihrer Mitglieder ihre Bedeutung behielten. Die staatlichen Zuwendungen an die Notgemeinschaft, die 1928 mit 8 Millionen Mark ihren höchsten Stand erreicht hatten, begannen ab 1929 abzusinken.[43] Auch gegenüber diesen Summen blieben die Beiträge des monopolistischen Stifterverbandes an die Notgemeinschaft — mit 180000 (1929) und mit 230000 Mark (1930) im Maximum — nominell noch geringfügiger, haben jedoch manche Zusatzfinanzierung durch die Notgemeinschaft erst ermöglicht und auch damit Kapitaleinflüsse gesichert. Insgesamt hat die Notgemeinschaft auch jetzt mit relativ geringen Mitteln in die Entwicklung der Forschung im bürgerlichen Deutschland eingegriffen. Auch sie hat die Kluft zwischen Bedarf und tatsächlichem finanziellem Forschungsaufwand nur um einiges verringert: Statt der

---

[39] Ansprache Plancks am 24. 1. 1924. In: Sb., Jg. 1924, S. XVIIff.
[40] Vgl. ZStA Potsdam, RMdI, Nr. 26771, Bl. 365.
[41] Vgl. F. Glum, Zwischen Wissenschaft, Wirtschaft und Politik, a. a. O., S. 310f.
[42] Vgl. den Text der Denkschrift in ZStA Merseburg, Rep. 76 Vc Sekt. 1 Tit. 11 Teil I Nr. 67, Bd. IV, Bl. 353f.
[43] Vgl. K. Zierold, a. a. O., S. 38.

8 Millionen wären etwa 20 Millionen Mark erforderlich gewesen, um zusätzlichen Bedürfnissen zu genügen, hieß es von kompetenter Seite.[44] Trotzdem kam der Tätigkeit der Notgemeinschaft wesentliche Bedeutung zu; unter den gegebenen Bedingungen wurden dabei auch über sie Einflüsse deutscher und — bei reduziertem Aufwand — ausländischer Kapitalkreise wirksam.

Die Notgemeinschaft war z.B. an der zusätzlichen Finanzierung der grundlegenden Forschungen Max Borns und Heisenbergs zur Quantenmechanik maßgeblich mitbeteiligt.[45] Von ihr gingen damals Impulse auf die Wissenschaftsentwicklung aus, die sich wiederum auf die Akademie nur am Rande auswirkten, im Einzelfall aber in wissenschaftlichen Unternehmen der Akademie in Erscheinung traten. In ihrer Denkschrift vom 25. Mai 1925 regte die Notgemeinschaft Gemeinschaftsarbeiten auf Gebieten von besonderer Bedeutung für die Praxis an: die Metallforschung, die Erfassung und Analyse von Bodenschätzen, die Wärmekraftersparnis, die Verbesserung von Verbrennungsmotoren, die technisch nutzbare Strömungsforschung, Gebiete der Physiologie, Medizin und Biologie einschließlich der Schädlingsbekämpfung wurden hier genannt.[46] Die Denkschrift sollte vordringlich Forschungen im Interesse der wirtschaftlichen Konkurrenzfähigkeit des bürgerlichen Deutschlands stimulieren. Fritz Haber, der sie in einer Anlage erläuterte, forderte dabei, der Aktivität der USA und Japans bei der Erneuerung von Forschungskapazitäten nachzueifern.[47] Bis 1930 kam es zur Bildung von etwa 30 Kommissionen der Notgemeinschaft, in denen bekannte Forscher innerhalb bestimmter Rahmenvorstellungen an Projekten aus ihren Fachgebieten arbeiteten. Zwar wurde damit unter dem Druck der Praxis auf zunehmende Vergesellschaftungsbedürfnisse in vielen, oft komplexen und untereinander verflochtenen Forschungsgebieten eingegangen. Unter den gegebenen Bedingungen kam es jedoch meist nur zu einem Nebeneinander, nicht zum Miteinander und zur eigentlichen Gemeinschaftsarbeit in der Forschung.[48]

Auch Mitglieder der Akademie waren an verschiedenen der hier eingeleiteten Forschungen beteiligt. Die Arbeit der Akademie wurde direkter berührt, nachdem der ursprüngliche Rahmen unmittelbar von der Wirtschaftspraxis diktierter Arbeiten auch überschritten wurde. Die Akademie hat an der späteren Auswertung der großen ozeanographischen Forschungsreise auf dem Vermessungsschiff „Meteor" maßgeblichen Anteil gehabt; die Auswertung erfolgte dann unter der Leitung ihres späteren Mitgliedes Albert Defant. Hier hatte die Notgemeinschaft den während der Nachkriegsjahre irreal gebliebenen Plan des

---

[44] G. Schreiber, Staat und Wissenschaft. In: Zehn Jahre deutsche Geschichte 1918—1928, Berlin 1928, S. 398.

[45] Vgl. Fünfter Bericht der Notgemeinschaft der Deutschen Wissenschaft 1926, S. 85.

[46] Vgl. die Denkschrift in ZStA Merseburg, Rep. 76 Vc Sekt. 1 Tit. XI Teil I Nr. 67, Bd. II, Bl. 416f.; Text auch bei K. Zierold, a. a. O., S. 576ff. Dazu auch W. Schlicker, Forschung und Gesellschaft — Vergesellschaftung der Forschung. Zur Stellung der Notgemeinschaft der Deutschen Wissenschaft in der bürgerlichen Forschungspolitik der Weimarer Republik. In: NTM, H. 1/1975, S. 45ff.

[47] Vgl. ZStA Merseburg, ebda., Bl. 418f.; K. Zierold, ebda., S. 582ff., 584.

[48] Zu dieser Einschätzung kommt auch Zierold, a. a. O., S. 93.

Penck-Schülers und Ozeanologen Alfred Merz aufgegriffen, komplexe Untersuchungen eines großen Ozeangebietes durchzuführen. Sie ließ die Forschungen jedoch im südlichen Atlantik (statt im Pazifik) zwischen 1925 und 1927 auf 13 Querschnittsfahrten durchführen. Untersucht wurden vor allem Strömungsverhältnisse, die Gestaltung des Meeresgrundes, die chemische Zusammensetzung des Meerwassers, hydrobiologische Verhältnisse und meteorologische Zusammenhänge. Die „Meteor"-Reise hatte auch methodisch große Bedeutung. Der erste Reisebericht wurde von dem während der Reise verstorbenen Alfred Merz verfaßt und noch 1925 von der Akademie veröffentlicht.[49] Von dieser Reise führt ein unmittelbarer Weg zur späteren Ozeanographischen Kommission der Akademie.

Mit der Erarbeitung der Pläne für die sowjetisch-deutsche Alai-Pamir-Expedition, die zwischen den zuständigen sowjetischen Stellen und der Notgemeinschaft vereinbart worden war, wurde auf deutscher Seite 1926 Heinrich von Ficker betraut, der Direktor des Meteorologischen Instituts, der damals auch zum Mitglied der Akademie gewählt worden war. Er hat diese Aufgabe in Zusammenarbeit mit den sowjetischen Vertretern durchgeführt.

In den Gremien der Notgemeinschaft haben auch führende Gelehrte der Akademie mitgewirkt. 1928 z. B. gehörte Fritz Haber zusammen mit dem Mathematiker Walther von Dyck dem Präsidium der Notgemeinschaft neben dem Präsidenten Schmidt-Ott an. In dem von Adolf von Harnack geleiteten Hauptausschuß arbeiteten die Akademiemitglieder Fritz Haber, Eduard Meyer und Ernst Heymann mit. 1926 z. B. beteiligten sich Akademiemitglieder wie Max Sering, Heinrich Maier, Eduard Spranger, Albert Brackmann, Theodor Wiegand, Adolf Goldschmidt und Carl Schuchhard, Max Bodenstein, Richard Willstätter, Max von Laue und Hans Ludendorf führend an der Arbeit der Fachausschüsse ihrer Disziplinen, in denen die Förderungsanträge beraten, allerdings im letzten nicht entschieden wurden.[50] So war die Akademie auch über die Notgemeinschaft in die bürgerliche deutsche Wissenschaftspolitik vielfältig integriert. Zwangsläufig wurde sie auch mit reaktionären Tendenzen und Krisenerscheinungen in dieser Wissenschaftspolitik konfrontiert, die sich in der Arbeit der Notgemeinschaft ausgewirkt haben.

Akademiemitglieder waren auch jetzt die Leiter der Physikalisch-Technischen Reichsanstalt, des Astrophysikalischen Observatoriums und des Preußischen Meteorologischen Instituts. Eine Steigerung erfuhren in diesen Jahren die finanziellen Aufwendungen der Physikalisch-Technischen Reichsanstalt.[51] Darin deu-

---

[49] Vgl. zur „Meteor"-Expedition: Deutsche Forschung. Aus der Arbeit der Notgemeinschaft, H. 2/1928; F. Schmidt-Ott, Erlebtes und Erstrebtes, a. a. O., S. 212 ff.; K. Zierold, a. a. O., S. 160. Dazu den ersten Bericht von A. Merz, Die Deutsche Atlantische Expedition auf dem Vermessungs- und Forschungsschiff „Meteor". In: Sb., Phys.-math. Kl., Jg. 1925, S. 562 ff. sowie A. Penck, Die Deutsche Atlantische Expedition auf dem Forschungs- und Vermessungsschiff „Meteor". In: Zeitschrift für Erdkunde Nr. 7/8, Berlin 1925.

[50] Vgl. zu den Fachausschüssen auch Sechster Bericht der Notgemeinschaft der Deutschen Wissenschaft. Umfassend ihre Tätigkeit vom 1. April 1926 bis zum 31. März 1927, S. 140.

[51] Angaben dazu bei K. Griewank, a. a. O., S. 107.

tete sich an, daß auch die Forschungsarbeiten einschließlich experimenteller Grundlagenforschungen intensiviert und Prüfungsaufgaben der PTR breiter durchgeführt wurden.

Durch mehrere Mitglieder war die Akademie an der Konstituierung der Historischen Reichskommission beteiligt, die nach mehrjährigen Bemühungen 1928 aus der ehemaligen Historischen Kommission des Reichsarchivs gebildet wurde.[52] Unter dem Vorsitz Friedrich Meineckes sollte sich die Historische Reichskommission mit Forschungen zur Entwicklung Deutschlands von der Gründungsgeschichte des Bismarck-Reiches bis zur Entstehung der Weimarer Verfassung befassen. Sie sollte die politische und Sozialgeschichtsschreibung im bürgerlichen Deutschland intensivieren, nachdem das Reichsarchiv sich auf die historische Glorifizierung des preußisch-deutschen Militarismus und die Erarbeitung apologetischer Darstellungen zur Geschichte des Weltkrieges konzentriert hatte. Der Historischen Reichskommission gehörten mit Friedrich Meinecke die Ordentlichen Akademiemitglieder Otto Hintze, Erich Marcks und Paul Kehr, die Korrespondierenden Mitglieder Erich Brandenburg, Heinrich Finke, Joseph Hansen, das spätere Mitglied Fritz Hartung sowie die Historiker Hans Delbrück, Otto Hoetzsch, der katholische Kirchenhistoriker Georg Schreiber, der Nationalökonom Hermann Schumacher und der Staatsrechtler Heinrich Triepel an.

b) Zur Stellung der Akademie in den deutsch-sowjetischen Wissenschaftsbeziehungen und in den internationalen Wissenschaftsverbindungen

Die wissenschaftlichen Beziehungen zwischen der Sowjetunion und Deutschland verkörperten ein vorwärtsweisendes Element in der Wissenschaftspolitik jener Jahre. Im Aufschwung dieser Beziehungen, in den auch die Akademie und eine Reihe ihrer Mitglieder einbezogen waren, wurden verschiedene Faktoren wirksam.

Hier begann sich seit 1924/25 die Tatsache immer sichtbarer auszuwirken, daß die Sowjetmacht wirtschaftlich und politisch erstarkte und dabei auch den Leninschen Kurs auf die planmäßige Entwicklung der Wissenschaft und Technik in wachsender Verflechtung zu den Bedürfnissen des Wirtschafts- und Gesellschaftsaufbaues konsequent fortsetzte. Die Bemühungen der KPdSU und der zuständigen sowjetischen Organe auf staatlicher Ebene, die unter persönlicher Führung Lenins eingeleiteten kulturellen und wissenschaftlichen Verbindungen zum Auslande weiterzuentwickeln, ordneten sich in das Ringen um die ökonomische und gesamtgesellschaftliche Festigung der Sowjetunion ein und waren hierbei auch ein Bestandteil der sowjetischen Politik der friedlichen Koexistenz zwischen Staa-

[52] Zur Historischen Reichskommission vgl. die Fakten bei H. Heiber, Walter Frank und sein Reichsinstitut für Geschichte des neuen Deutschlands. Quellen und Darstellungen zur Zeitgeschichte, Bd. 13, a. a. O., S. 126ff.; W. Goetz, Die Historische Reichskommission von 1928. In: Ders., Historiker in meiner Zeit. Gesammelte Aufsätze, Köln/Graz 1957, S. 405ff.; H. Heimpel, Über Organisationsformen historischer Forschung in Deutschland. In: Historische Zeitschrift, Bd. 189/1959, S. 185ff.

ten verschiedener Gesellschaftsordnungen — einer Politik, die allerdings vielfachen Erschwernissen und Störungen von imperialistischer Seite ausgesetzt war. Der wissenschaftlichen und technischen Zusammenarbeit mit Deutschland wurde auf sowjetischer Seite auch weiterhin große Bedeutung beigemessen. Auf deutscher Seite wuchs der Einfluß der revolutionären Arbeiterbewegung, die sich für die deutsch-sowjetische Zusammenarbeit konsequent einsetzte. Als fortschrittliche Organisation trat die „Gesellschaft der Freunde des Neuen Rußland" aktiv und ohne Vorbehalt für die deutsch-sowjetische Verständigung ein. Die Differenzierung in der Haltung von Kulturschaffenden und Wissenschaftlern zur Sowjetunion setzte sich verstärkt fort. Der Kreis der Befürworter des Austausches wissenschaftlicher Literatur, der gegenseitigen Kontakte und der Zusammenarbeit der Staaten auf wissenschaftlicher Ebene war um 1924 hier sichtbar gewachsen; organisatorische Voraussetzungen der Zusammenarbeit erweiterten sich. Im April 1925 wurde die „Allunionsgesellschaft für kulturelle Verbindungen mit dem Auslande" (VOKS) zur koordinierten Ausgestaltung kultureller und wissenschaftlicher Auslandsverbindungen in der Sowjetunion gebildet, worüber auch die Berliner Akademie am 7. Mai 1925 eine offizielle Mitteilung erhielt.[53] Auf deutscher Seite kam der Notgemeinschaft in diesem Zusammenhang eine wachsende Bedeutung zu. Der Aufschwung in den kulturellen und wissenschaftlichen Beziehungen stand mit der Entwicklung der wirtschaftlichen und diplomatischen Verbindungen zwischen beiden Ländern im Zusammenhang. Die Sowjetunion, die ihre Bemühungen um den Ausbau wirtschaftlicher, diplomatischer und kultureller Beziehungen intensivierte, war dabei bemüht, den Einfluß der Rapallo-Linie in der deutschen Außenpolitik zu stärken und den antisowjetischen Tendenzen des deutschen Westkurses, der Locarno- und Völkerbundspolitik Gustav Stresemanns, entgegenzuwirken. Die Unterzeichnung des Wirtschaftsvertrages vom 12. Oktober 1925 und des Berliner Vertrages über Freundschaft und Neutralität vom 24. April 1926 gehört auch in die Geschichte der Wissenschaftsbeziehungen beider Länder und der Akademien in Leningrad und Berlin.

Der Akademie der Wissenschaften in Leningrad kam in der Entwicklung wissenschaftlicher Auslandsbeziehungen eine wachsende Bedeutung zu.[54] Dies ergab sich aus ihrer wissenschaftlichen Stellung und aus der Bedeutung ihrer führenden Gelehrten, die durch die Sowjetmacht eine konsequente, durch Lenin persönlich eingeleitete Förderung erfahren hatten.[55] Wirksamere Beziehungen zur Berliner Akademie der Wissenschaften bestanden bis 1925 vor allem auf dem Gebiet des Büchertausches. Hier kam der Notgemeinschaft und ihrem Bibliotheksausschuß zwar besondere Bedeutung zu. Die Berliner Akademie erweiterte ihre Tausch-

---

[53] Vgl. das Rundschreiben der VOKS vom 7. 5. 1925. In: AAW II: VIa 17, Bd. 7, Bl. 60.

[54] Vgl. E. D. Lebedkina, Meždunarodnyi sovet naučnych sojuzov i Akademija nauk SSSR, a. a. O.

[55] Vgl. A. V. Kol'cov, Lenin i stanovlenie Akademii nauk kak zentra sovetskoj nauki, a. a. O.; Lenin i Akademija nauk. Sbornik dokumentov, Pod red. P. N. Pospelova, a. a. O.

verbindungen in der Folge jedoch auf 19 Einrichtungen allein in Moskau; die Verbindungen zur Akademie in Leningrad, zur Allunionsgesellschaft (VOKS) und zu der 1920 gegründeten Russischen Zentralen Bücherkammer hatten zuerst größere Bedeutung.[56]

Das Jubiläum der Akademie der Wissenschaften in Leningrad, die 1724 durch Peter I. gegründet worden war und am 6. September 1925 den 200. Jahrestag ihrer Arbeitsaufnahme beging, fiel insgesamt in eine Zeit wachsender wirtschaftlicher, diplomatischer, kultur- und wissenschaftspolitischer Aktivität. Hier hat vor allem die sowjetische Seite einen konsequenten Kurs auf die Zusammenarbeit verfolgt, der den objektiven Interessen beider Seiten entsprach.

In der Umbenennung der Akademie in Leningrad in „Akademie der Wissenschaften der UdSSR" am 25. Juli und in den Feiern zu ihrem Jubiläum Anfang September 1925 kam der Beginn einer neuen Etappe in der Entwicklung der Akademie insoweit zum Ausdruck, als ihre Reorganisation von jetzt an verstärkt vorangetrieben wurde. Der Akademie seien Aufgaben gestellt, die im wesentlichen in drei Gruppen eingeteilt werden könnten, erklärte ihr Beständiger Sekretär S. F. Ol'denburg in der Berliner Zeitschrift „Das Neue Rußland". Sie habe verschiedene wissenschaftliche Disziplinen durch eigene Arbeiten zu entwickeln, zur allseitigen Erforschung der Sowjetunion beizutragen und ihre Aufmerksamkeit auf die praktische Anwendung wissenschaftlicher Erkenntnisse zu richten.[57] Dies war damals noch eine Orientierung auf weitere Sicht. Die Akademie verfüge, erläuterte Ol'denburg weiter, über die drittgrößte Bibliothek des Landes, über vier von führenden Gelehrten geführte Institute auf physikalisch-technischem, chemischem, sprachwissenschaftlichem umd geschichtlich-archäologischem Gebiet, über drei Laboratorien, die zusammen faktisch ein biologisches Institut bilden würden, und über sechs Museen.

So wurden die deutschen Teilnehmer der Jubiläumsfeierlichkeiten hier mit einer Institution konfrontiert, die sich bereits in dieser Phase der in verschiedenen Bereichen der Arbeit zunehmenden Orientierung auf Bedürfnisse der gesellschaftlichen Praxis von der traditionellen Struktur und Arbeitsweise der Akademien im bürgerlichen Deutschland unterschied.

Die sowjetische Akademie hatte die 23 deutschen Universitäten im Mai 1925 zu ihrem Jubiläum eingeladen.[58] Die Berliner Akademie, ähnlich wie die anderen kartellierten Akademien, erhielt die Einladung zum gleichen Zeitpunkt.[59] Die Vorbereitungen fielen hier vor allem Max Planck zu, der als Vorsitzender Sekretar

---

[56] Vgl. I. Dzuck, Deutsch-sowjetischer Buchaustausch in der Weimarer Republik. In: Deutschland-Sowjetunion, a. a. O., S. 165ff.; O. Feyl, Die bibliothekarische Zusammenarbeit zwischen Deutschland und der Sowjetunion und ihre nationale und internationale Rolle (1920 bis 1930). In: Ebda., S. 157ff.

[57] Vgl. S. F. Ol'denburg, Die Russische Akademie der Wissenschaften. In: Das Neue Rußland, 2. Jg., Doppelheft 7/8, S. 3.

[58] Vgl. zur Beteiligung der Universitäten C. Grau, Die deutschen Universitäten und die 200-Jahr-Feier der Akademie der Wissenschaften der UdSSR 1925. In: Deutschland-Sowjetunion, a. a. O., S. 172ff.

[59] Vgl. AAW II: VIa 4, Bd. 8, Bl. 130.

amtierte. Auf ihn geht die am 6. 9. 1925 unterzeichnete Berliner Glückwunschadresse zurück, in der die Berliner Akademie die großen Leistungen der Akamie in Leningrad hervorhob und die langjährigen, auf Gottfried Wilhelm Leibniz und Leonhard Euler zurückreichenden Beziehungen sowie den „freundschaftlichen Wetteifer" beider Akademien betonte. „Mögen diese glücklichen Beziehungen auch in Zukunft sich bewähren, als eine Grundlage und eine feste Bürgschaft für die Erzielung weiterer Erfolge in dem heißen Völkerringen um die Schätze der reinen Erkenntnis", hieß es hier abschließend.[60]

Die sowjetische Einladung wurde am 28. Mai 1925 von der Berliner Akademie angenommen; Max Planck und Heinrich Lüders, die hier als Delegierte bestätigt wurden[61], haben die Akademie zum Jubiläum dann vertreten; die Überwindung einiger Hemmnisse in der Phase der Vorverhandlungen war auf deutscher Seite besonders Max Plancks sachlichem Auftreten zu verdanken.

Die Feier des Akademiejubiläums in Leningrad begann, wie die Zeitschrift „Das Neue Rußland" betonte, am 7. September gleichsam mit einem symbolischen Akt, der darauf hinwies, „daß Arbeit, Kultur und Wissenschaft" in der Sowjetunion „eine gemeinsame Angelegenheit des ganzen schaffenden Volkes sei."[62] Die Weltpresse berichtete über die Feierlichkeiten; auf deutscher Seite betonten Gelehrte wie Oskar Vogt — mit besonderen Bezug auf I.P. Pavlov, den führenden Vertreter der Physiologie — und in ähnlicher Weise die Berliner Akademiemitglieder Max Planck, Heinrich Lüders und Eduard Meyer die Leistungen der Wissenschaft in der Sowjetunion. Für die Berliner Akademie führte Max Planck in seiner offiziellen Begrüßungsansprache aus: „Der Tag, an welchem die Akademie der Wissenschaften von Rußland das zweite Jahrhundert ihrer Geschichte vollendet, ist für die gesamte wissenschaftliche Welt ein Fest- und Ehrentag. Gibt es doch gerade in der jetzigen Zeit vielfacher Zerrissenheit für die verschiedenen Länder der Erde mit ihren oft weit auseinandergehenden Interessen auf politischem, wirtschaftlichem, künstlerischem, religiösem Gebiete kein Band, welches sie unbedingter und aufrichtiger zusammenschließt als die gemeinsame Arbeit der reinen Wissenschaft. Darum bedeutet der heutige Gedenktag, an welchem das erste und vornehmste wissenschaftliche Institut dieses gewaltigen Reiches den Anbruch eines neuen Jahrhunderts erlebt, zugleich einen Markstein in der Entwicklungsgeschichte der internationalen Wissenschaft." Planck verwies auf die engen Beziehungen zwischen beiden Akademien. „Niemals aber, durch beide Jahrhunderte hindurch, hat ein Mißton das gegenseitige Verhältnis zu trüben vermocht. Darum darf die preußische Akademie heute mit besonderer Aufrichtigkeit ihrer freundschaftlichen Gesinnung Ausdruck geben, in der zuversichtlichen Hoffnung, daß die Akademie der Wissenschaften von Rußland, getreu ihrer ruhmreichen Vergangenheit, nach Überwindung der letzten schweren Jahre kräftig gefördert durch die ihr vom Staat zu Gebote gestellten Mittel, mit erneuter

---

[60] Ebda., Bl. 132.

[61] Vgl. ebda., Bl. 138 (Offizielle Mitteilung der Delegierung von Planck und Lüders).

[62] Ein Weltbund der Wissenschaft. In: Das Neue Rußland, 2. Jg., Doppelheft 7/8.

Kraft und erneutem Erfolg mitarbeiten wird in dem heißen Ringen der Völker um die Schätze reiner Erkenntnis."[63]

Max Plancks Glückwunschadresse wurde der Zeitschrift „Das Neue Rußland" übermittelt. In einem Begleitschreiben hat Planck die herzliche Aufnahme der Gäste in der Sowjetunion hervorgehoben und betont, daß „der Empfang und die Gastfreundschaft, welche die auswärtigen Gäste während ihres ganzen Aufenthaltes in Rußland erfuhren, über alle Erwartungen großartig und ehrenvoll war und zwar nicht nur von seiten der Kollegen. Auch die Behörden haben offenbar alles daran gesetzt, um die Feier in allen Teilen möglichst glänzend und eindrucksvoll zu gestalten."[64] Max Planck hat während seines Aufenthaltes verschiedene Ansprachen gehalten und Presseerklärungen abgegeben. Am 11. September 1925 druckte die Moskauer „Pravda" eine Erklärung ab, in der er seiner Freude über die unvergeßliche Feier Ausdruck verlieh, die die Internationalität der Wissenschaft und die erfolgreiche Entwicklung von Kultur und Wissenschaft in der UdSSR gleichermaßen verdeutlicht habe.[65] Natürlich blieb dem bürgerlichen Humanisten Planck vieles von dem fremd, was er vom sozialistischen Aufbau in der Sowjetunion sah. „Er sowohl wie Herr Lüders haben neben befremdlichen auch günstige Eindrücke gehabt und erhoffen für die Zukunft manches von der nahen wissenschaftlichen Fühlung zwischen Deutschland und Rußland", hieß es in seinem Bericht vor dem Akademieplenum in Berlin am 22. Oktober 1925.[66] Auch in dieser Plenarsitzung wurden zwar divergierende Auffassungen bürgerlicher Gelehrter zur deutsch-sowjetischen Zusammenarbeit sichtbar. Die Positionen jener Gelehrter, die für die Akademie am Jubiläum in der Sowjetunion teilgenommen hatten, blieben jedoch wirksam.

Durch führende Mitglieder war auch die Akademie in fruchtbare Besprechungen zur weiteren Festigung der sowjetisch-deutschen Zusammenarbeit einbezogen. Anläßlich das Jubiläums führten Michael Kalinin und der Volkskommissar A. Lunačarskij mit Friedrich Schmidt-Ott ein Gespräch „über die Bedeutung der Akademie im Dienste des Volkes", wobei Schmidt-Ott seinerseits auf die von der Notgemeinschaft eingeleiteten Gemeinschaftsunternehmen verwies.[67] An der Aussprache am folgenden Tage nahmen auf sowjetischer Seite A. Lunačarskij, der Sekretär des Rates der Volkskommissare N. P. Gorbunov und der Beständige Sekretär der Akademie der Wissenschaften S. F. Ol'denburg teil; auf deutscher Seite außer Schmidt-Ott auch die Berliner Akademiemitglieder Max Planck, Heinrich Lüders und Eduard Meyer. Hier bestand zunächst Einverständnis dar-

[63] Zit. nach ebda., S. 2.
[64] Zit. nach ebda.
[65] Zit. in: Maks Plank 1858—1959. Sbornik k stoletija so dnja roždenija Maksa Planka. Pod. redaciag A. F. Joffe i A. T. Grigor'jan, Moskau 1958, S. 80.
[66] AAW II: VIa 4, Bd. 8, Bl. 176.
[67] Vgl. zum folgenden die Abschrift des Berichts Schmidt-Otts „Eine Verständigung zwischen der russischen und der deutschen Wissenschaft". In: AAW II: VIa 17, Bd. 7, Bl. 137 sowie in ZStA Potsdam, Dt. Botschaft in Moskau, Nr. 396, Bl. 137f. (Abschrift des Berichtes, am 1. 12. 1925 durch Schmidt-Ott dem deutschen Botschafter in Moskau Graf Brockdorff-Rantzau übersandt).

über, „daß ein Unterschied zwischen reiner und angewandter Forschung" nicht betont werden sollte, „da gerade große praktische Aufgaben vielfach nur durch eine Klärung auf rein wissenschaftlicher Grundlage der Lösung zugeführt werden können." Zur Konkretisierung der Annäherung zwischen sowjetischer und deutscher Wissenschaft sollten geeignete Aufgaben und Vorschläge im Laufe der nächsten drei Monate von beiden Seiten ausgearbeitet und zwischen S. F Ol'denburg und Friedrich Schmidt-Ott ausgetauscht werden. Beide Seiten betonten die Erwartung, „daß die geplante Zusammenarbeit den Interessen und der Verständigung beider Völker nützlich sein werde." Die sowjetischen Repräsentanten, die an die Besprechungen selbstverständlich realistisch herangingen, waren sich seit den frühen zwanziger Jahren darüber klar, daß Schmidt-Ott an der Spitze der Notgemeinschaft — die über die Grenzen kulturpolitischer Länderhoheiten im bürgerlichen Deutschland hinauswirkte — und gemeinsam mit führenden Gelehrten auch der Berliner Universität und Akademie einen wichtigen Partner für zentrale Gespräche über die Zusammenarbeit darstellte. Über die folgende Unterredung N. P. Gorbunovs mit Friedrich Schmidt-Ott am 1. Oktober 1925 in Berlin berichtete Schmidt-Ott in einer Besprechung der Delegierten zu den Jubiläumsfeierlichkeiten, an der auch die Akademiemitglieder Heinrich Lüders, Eduard Meyer, Heinrich von Ficker (als Direktor des Meteorologischen Instituts) und Karl Holl (als Rektor der Universität) sowie die Professoren Oskar Vogt und Reinhold Seeberg teilnahmen.[68] Hier betonte Schmidt-Ott, daß es nunmehr auf konkrete Vorschläge zur Erweiterung der Zusammenarbeit ankäme. Er zählte Vorhaben auf, die N. P. Gorbunov am 1. Oktober 1925 mit ihm und Oskar Vogt besprochen hatte: Dem führenden Hirnforscher Oskar Vogt, dem späteren Ehrenmitglied der AdW der DDR, der auf sowjetischer Seite besondere wissenschaftliche Achtung genoß, kam bei der Erweiterung der Wissenschaftsbeziehungen wesentliche Bedeutung zu.[69] Bereits am 1. Oktober hatte N. P. Gorbunov auf die vorgesehene Erweiterung der Sowjetischen Akademie der Wissenschaften verwiesen. Er hatte zugleich betont, daß die sowjetische Seite der Aufnahme der deutschen Wissenschaft in den Conseil des Recherches International (International Research Council, IRC) bestanden hätte und hierin eine sehr wesentliche, unabdingbare Voraussetzung der internationalen Zusammenarbeit sähe. Nunmehr, da ein entsprechendes sowjetisches Schreiben an den Conseil seit einem Jahr nicht beantwortet sei, trete die Sowjetunion mit einer Reihe anderer Staaten für eine ultimative Aufforderung an den Conseil ein, um die Aufnahme der deutschen Wissenschaftler zu erreichen.[70] Damit unterstrich Gorbunov auf wissenschaftspolitischem Gebiet die sowjetische Ablehnung des Versailler Friedensvertrages und des auf ihm basierenden Mächtesystems, die auch die Arbeit der internationalen wissen-

---

68 Vgl. zum folgenden AAW II: VIa 17, Bd. 7, Bl. 137; ZStA Potsdam, Dt. Botschaft in Moskau, Nr. 396, Bl. 139ff.

69 Vgl. zum folgenden das Protokoll über die Aussprache am 1. 10. 1926. In: AAW II: VIa 17, Bd. 7, Bl. 138; ZStA Potsdam, Dt. Botschaft in Moskau, Nr. 396, Bl. 130ff.

70 Protokoll Oskar Vogts, ebda.

schaftlichen Dachorganisationen sehr behinderten. Die Sowjetunion, deren Vertreter die Entwicklung der internationalen wissenschaftlichen Beziehungen aufmerksam verfolgten und deren Gelehrte in diesen Jahren auch an internationalen Fachkongressen teilzunehmen begannen[71], ließ sich in ihrer Haltung zur internationalen Wissenschaftszusammenarbeit von den Prinzipien der gleichberechtigten Mitarbeit aller Staaten, der Wahrung ihrer Souveränität und der gegenseitigen Nichteinmischung leiten. Der führende deutsche Hirnforscher Oskar Vogt, der mit der sowjetischen Wissenschaft auch weiterhin besonders zusammenarbeitete, hat das Wesen und die Zielstellung der sowjetischen Haltung in den Verhandlungen Gorbunovs wiedergegeben, indem er das besondere Interesse der Sowjetunion an den sowjetisch-deutschen Beziehungen unterstrich, zugleich aber unterstrich, daß die sowjetische Seite „. . . die internationale Gestaltung der Verbindungen stärker betonen" würde.[72]

In Berlin hatte die Akademie gegenüber der Notgemeinschaft den Empfang der Protokolle über die Leningrader und Berliner Verhandlungen am 10. November 1925 bestätigt. Der Vorsitzende Sekretar teilte mit, daß Max Planck und Heinrich Lüders als Vertreter der Akademie in den zu begründenden Sonderausschuß der Notgemeinschaft für die Zusammenarbeit mit der sowjetischen Wissenschaft gewählt seien.[73]

Dem Aufschwung der sowjetisch-deutschen Wissenschaftsbeziehungen blieben auf deutscher Seite manche Hemmnisse und Widerstände nicht erspart, die auch die Akademie gelegentlich betrafen. Demgegenüber hebt sich die progressive Bedeutung der Zusammenarbeit umso deutlicher ab, an der auch die Akademie durch verschiedene Mitglieder Anteil nahm. Auf die führende Mitwirkung Heinrich von Fickers, des Direktors des Preußischen Meteorologischen Institutes und Akademiemitgliedes jener Jahre, an der Vorbereitung der sowjetisch- deutschen Alai-Pamir-Expedition wurde bereits verwiesen. Die Verhandlungen mit der sowjetischen Seite, die eine eigene Kommission unter Vorsitz des Akademiemitgliedes E. A. Fersman eingesetzt hatte, führte von Ficker, der auch für die Auswahl der deutschen Teilnehmer und für die Fragen der instrumentalen Ausrüstung auf deutscher Seite verantwortlich war. Diese Expedition, die im Sommer 1928 die geographische, ethnologische, linguistische sowie die biologische Erforschung des Alai und des Transalai mit geologischen, glazialen, meteorologischen und anderen Untersuchungen verband, wurde unter Teilnahme N.P. Gorbunovs durchgeführt; auf deutscher Seite leitete sie der Geograph und Bergsteiger Willi Rickmers.[74] Sie stellte einen Höhepunkt sowjetisch-deutscher Zusammenarbeit dar. Die freundschaftliche Kooperation der Teilnehmer dieser Expedition ist auf deutscher Seite sowohl durch Rickmers wie auch durch Heinrich von Ficker her-

---

71 Vgl. E. D. Lebedkina, a. a. O., S. 82.

72 Vgl. AAW II: VIa 17, Bd. 7, Bl. 138; ZStA Potsdam, Dt. Botschaft in Moskau, Nr. 396, Bl. 130ff.

73 Vgl. AAW II: VIa 17, Bd. 7, Bl. 139.

74 Vgl. W. R. Rickmers, Organisation und Verlauf der Expedition. In: Deutsche Forschung. H. 10/1929 (Die Alai-Pamir-Expedition 1928), S. 19ff.

vorgehoben worden. Heinrich von Ficker schrieb dazu nachträglich: „Es hat keinen Streit und keine Mißverständnisse von Belang gegeben, und vor allem ist auch die Zusammenarbeit der sowjetrussischen und unserer deutschen Teilnehmer nicht nur reibungslos, sondern vertrauensvoll und freundschaftlich gewesen. Konnten die Deutschen aus der weitaus größeren Expeditionserfahrung der sowjetrussischen Genossen großen Gewinn ziehen, so benutzten letztere wieder gern die Gelegenheit, um sich von den deutschen Gefährten in die Technik der wissenschaftlichen Hochgebirgsarbeit einführen zu lassen. So konnte jeder vom andern lernen, zum Nutzen der gemeinsamen Arbeit, in der andererseits unsere engen kulturellen Beziehungen einen kräftigen, nachhaltig wirkenden Ausdruck gefunden haben."[75] Bereits im Jahre zuvor, in der Zeit vom 19. bis 25. Juli 1927, fand in Berlin eine deutsch-sowjetische Naturforscherwoche statt, die deutscherseits von der Notgemeinschaft und der Gesellschaft zum Studium Osteuropas getragen wurde. Hier haben die Mitglieder einer sowjetischen Wissenschaftlerdelegation eine Reihe vielbeachteter Vorträge in der Berliner Universität gehalten.[76] Zu einem Höhepunkt der Begegnung wurde die sowjetische Historikerwoche, die in der Zeit vom 7. bis 14. Juli 1928 in Berlin stattfand.[77] Sie war der besonderen Initiative M.N. Pokrovskijs und A.V. Lunačarskijs auf sowjetischer sowie Otto Hoetzschs und Friedrich Schmidt-Otts auf deutscher Seite zu verdanken, wobei deutscherseits die Gesellschaft zum Studium Osteuropas an der Vorbereitung und Durchführung beteiligt war.[78] Dem Vorbereitungskomitee gehörten die Akademiemitglieder Paul Kehr (als Generaldirektor der Preußischen Staatsarchive), Adolf von Harnack (hier als Regierungsvertreter), Albert Brackmann, Friedrich Meinecke, Eduard Meyer, Adolf Goldschmidt, Eduard Norden (als Rektor der Berliner Universität), Theodor Wiegand, Max Sering, Ulrich Wilcken, Erich Marcks und Friedrich Schmidt-Ott (als Präsident der Notgemeinschaft), das damalige Korrespondierende Mitglied Hermann Oncken sowie die späteren Ordentlichen Mitglieder Gerhart Rodenwaldt, Fritz Hartung und Max Vasmer neben den Historikern Otto Hoetzsch, Karl Stählin, Walter Goetz und Walther Vogel, dem Geschichtsphilosophen Kurt Breysig, dem Nationalökonomen Hermann Schumacher und anderen an. Der Eröffnung dieses Kongresses, der mit einer Ausstellung historischer Fachliteratur aus der Sowjetunion verbunden war, wohnten die Botschafter N. N. Krestinskij und Graf Brockdorff-Rantzau bei. Hier hat dann M. N. Pokrovskij vor führenden bürgerlichen deutschen Historikern ein Bekenntnis zur marxistischen Geschichtsforschung abgelegt, für die die Fakten der Geschichte als oberste Richter der Geschichtstheorie sprechen, wie er betonte. Unter der Leitung Pokrovskijs haben sich die marxistischen Mitglieder der Delegation klar von der bürgerlichen Historiographie abgegrenzt; die bürger-

[75] Ebda., S. 17f. (Einleitung H. v. Fickers).

[76] Vgl. Pachaly/Rosenfeld/Schützler/Schulze-Wollgast, a. a. O., S. 456.

[77] Vgl.: L.-D. Behrendt, Die sowjetische „Historikerwoche" 1928 in Berlin. In: Deutschland-Sowjetunion, a. a. O., S. 201ff.

[78] Charakteristik der Gesellschaft bei G. Voigt, Die Deutsche Gesellschaft zum Studium Osteuropas. In: Deutschland-Sowjetunion, a. a. O., S. 111ff.

liche deutsche Geschichtsschreibung wurde mit der Geschichts- und Gesellschaftsauffassung des Marxismus konfrontiert.

Auf der Seite der deutschen Historiker hat sich Otto Hoetzsch, der über seine konservative Grundhaltung und seine deutschnationalen politischen Bindungen hinweg die Bedeutung der Sowjetunion für die Veränderung des Kräfteverhältnisses immer mehr erkannte, für die deutsch-sowjetische Wissenschaftszusammenarbeit besonders eingesetzt.[79] Unter den Akademiemitgliedern trat unter anderem Eduard Meyer bis zu seinem Tode im Jahre 1930 für die Erweiterung der Wissenschaftsbeziehungen ein. Mit ihm hat sich Gerhart Rodenwaldt, der langjährige Generalsekretär und nachherige Präsident des Deutschen Archäologischen Instituts, der erst später Akademiemitglied wurde, seit Mitte der zwanziger Jahre besonders für die Erweiterung der Zusammenarbeit mit der sowjetischen Archäologie und Kunstgeschichtsforschung eingesetzt.[80]

So hatte auch die Akademie Anteil am Aufschwung einer kulturellen und wissenschaftlichen Zusammenarbeit, mit der die vorwärtsweisende Bedeutung der Rapallo-Politik auf kultur- und wissenschaftspolitischem Gebiet ihre Bestätigung und besondere Vertiefung erfuhr.

In den gleichen Jahren des Aufschwunges der deutsch-sowjetischen Wissenschaftsbeziehungen war auch die Akademie in eine neue, wenngleich weiterhin widerspruchsvolle Phase der wissenschaftlichen Beziehungen zu anderen Staaten der kapitalistischen Welt einbezogen. Der Wissenschaftsboykott aus dem Bereich der Versailler Siegermächte war gegenüber der Wissenschaft im bürgerlichen Deutschland um 1925 noch nicht aufgegeben; sein Scheitern zeichnete sich jedoch immer sichtbarer ab. Zu internationalen Kongressen und Tagungen verschiedener Wissenschaftsdisziplinen, die in anderen Ländern zusammentraten, wurden auch deutsche Wissenschaftler eingeladen. Die Reorganisation der wissenschaftlichen Zusammenarbeit erwies sich auch auf der Ebene der Dachorganisationen immer deutlicher als erforderlich. Hier zeichneten sich Möglichkeiten ab, indem sich Vertreter neutraler Länder, aber auch der angloamerikanischen Staaten zunehmend gegen das Weiterwirken von Ausschlußtendenzen im Conseil International des Recherches (International Research Council, IRC) und in der Union Académique Internationale (UAI) wandten und die Aufhebung entsprechender Ausschlußbestimmungen im IRC forderten. Dies berührte sich faktisch mit der bereits dargelegten sowjetischen Haltung. Zugleich wirkten hier unterschiedliche Motive: Die sowjetische Zielstellung gleichberechtigter Zusammenarbeit aller entsprach den Entwicklungsbedürfnissen der Wissenschaft und ergab sich aus den Leninschen Prinzipien der friedlichen Koexistenz von Staaten verschiedener Gesellschafts-

79 Vgl. u. a. G. Lozek/G. Voigt, Zu einigen Problemen der Auswirkung der Großen Sozialistischen Oktoberrevolution auf die deutsche bürgerliche Geschichtswissenschaft. In: Die Große Sozialistische Oktoberrevolution und Deutschland, Bd. 1, a. a. O. S. 515ff.

80 Vgl. J. Irmscher, Begegnungen zwischen deutscher und sowjetischer Altertumswissenschaft in der Weimarer Zeit. In: Oktoberrevolution und Wissenschaft. Herausgegeben vom Präsidium der DAW zu Berlin aus Anlaß des 50. Jahrestages der Großen Sozialistischen Oktoberrevolution, Berlin 1967, S. 77ff.

ordnungen; in dem angloamerikanischen Eintreten für die Mitarbeit der deutschen Wissenschaft wirkte das Bestreben mit, das imperialistische Deutschland als Partner in der Systemauseinandersetzung mit dem Sozialismus in der Sowjetunion zu stärken.

Die bürgerliche deutsche Wissenschaftspolitik zielte auf die Wiederaufnahme und den Ausbau vorteilhafter, auch außenpolitisch relevanter Wissenschaftsverbindungen zu anderen bürgerlichen Staaten ab. Sie berief sich dabei auf kulturelle und wissenschaftliche Bedürfnisse, die auch gegeben waren, orientierte sich in diesen Jahren des wissenschaftlichen Aufschwungs und der relativen Stabilisierung des Kapitalismus jedoch auf eine schnellere Realisierung wissenschafts politischer Vorstellungen aus der unmittelbaren Nachkriegszeit, nach denen auch die Wissenschaft verstärkt in den Dienst imperialistischer Politik gestellt werden sollte. Die Kulturabteilung des Berliner Auswärtigen Amtes drängte in diesen Jahren Stresemannscher Außenpolitik auf die Erweiterung wissenschaftspolitischer Beziehungen zum Auslande; zugleich stimmte sie sich — durchaus im Sinne des Vorgehens Gustav Stresemanns — mit dem Verband der Deutschen Hochschulen ab, in dessen Auslandsausschuß unter der Leitung des Berliner Sinologen Otto Franke die schwächer werdenden Auswirkungen des Boykotts überbetont und die Aufnahme von Verbindungen zu internationalen Organisationen nur auf weitere Sicht und gegen Zugeständnisse angestrebt wurde.

Imperialistische Widersprüche belasteten die internationale Wissenschaftszusammenarbeit. Es fehlte nicht an zwiespältigen Erscheinungen, die auch die Berliner Akademie zum Teil berühren. Die Reichszentrale für wissenschaftliche Berichterstattung war kein Unternehmen der Akademie; sie war mit den kartellierten Akademien und mit der Berliner Akademie jedoch weiterhin verbunden, da sie von hier aus wissenschaftlich beraten wurde. Sie informierte über den Aufschwung naturwissenschaftlicher Forschung, wobei sich die Zahl ihrer Reproduktionen wissenschaftlicher Arbeiten zwischen 1923 und 1927 verfünffachte. Mit Zustimmung der Akademien gab Karl Kerkhof ab 1. Oktober 1925 die Zeitschrift „Forschungen und Fortschritte" heraus, die bald auch in englischer und spanischer Sprache erschien. Diese Zeitschrift, die auf breiter Ebene über wissenschaftliche Erkenntnisse berichtete, wurde mit 2/3 ihrer Auflage nach einem bestimmten Verteilerschlüssel ins Ausland versandt und damit in die kulturpolitische Auslandswerbung eingeordnet. Zugleich informierte Karl Kerkhof weiterhin über den Wissenschaftsboykott, dessen Zurücktreten von ihm jedoch nicht dargestellt wurde: Solche Informationen waren geeignet, Gelehrte zu desorientieren.

Auch die Akademie war auf verschiedene Weise, so durch führende Mitglieder, mit der Wissenschaftspolitik gegenüber dem Auslande konfrontiert. So hat sich Fritz Haber — der zwischen 1923 und 1925 auf einer Weltreise auch die USA und Japan besuchte, der die Auffassungen flexiblerer Kapitalkreise aus der Chemieindustrie teilte und mit ähnlichen Vorstellungen im Auswärtigen Amt vertraut war — für den Ausbau solcher Auslandsbeziehungen eingesetzt. Mit führenden Vertretern der Niederländischen Akademie der Wissenschaften in Verbindung stehend, suchte er 1925 ohne Erfolg auch Karl Kerkhof und Otto Franke für den

Kurs auf die unmittelbare Wiederaufnahme der Verbindungen zwischen den Akademien zu gewinnen: Zu dieser Zeit hatten die Londoner Royal Society und die Niederländische Akademie der Wissenschaften mit dem Austritt aus der Union Académique Internationale gedroht, um den Beitritt der deutschen Seite und der ehemaligen Weltkriegsverbündeten Deutschlands zu erreichen.[81]

Paul Kehr, Repräsentant bürgerlicher deutscher Quellenforschung zur mittelalterlichen Geschichte und Akademiemitglied, war seit Anfang der zwanziger Jahre um die Wiederaufnahme von Verbindungen nach Italien und Spanien bemüht. Im Rahmen der von ihm begründeten und geleiteten Sammlung und Edition der Papsturkunden fand er für Spanien und die Arbeiten in den dortigen (z. T. kirchlichen) Archiven die autoritative Unterstützung und zeitweilige Finanzhilfe der Kurie: des Papstes Pius XI. und des Kardinals Ehrle, der seit 1913 Korrespondierendes Mitglied der Akademie war. Die deutsche Wissenschaftspolitik, die sich hier auf Interessenübereinstimmungen mit der Kurie stützte, blieb auch weiterhin an historischen Forschungen auf der iberischen Halbinsel interessiert. Ein von Albert Brackmann verfaßter, zusammen mit den Akademiemitgliedern Adolf von Harnack, Ernst Heymann, Karl Holl, Erich Marcks, Hans Lietzmann und Max Lenz sowie anderen Historikern unterzeichnetes Memorandum unterstrich die Bedeutung dieser Arbeiten, die aber nicht allein der katholischen Görres-Gesellschaft überlassen werden sollten. Hiergegen wandte sich Heinrich Finke, Präsident der Görres-Gesellschaft und Korrespondierendes Mitglied der Akademie[82]: Wesentlicher als die Differenzen blieb indessen das gemeinsame Interesse an einer ausgreifenden Kultur- und Wissenschaftspolitik.

Anläßlich der Verhandlungen um den deutschen Völkerbundsbeitritt zeichnete sich im Herbst 1924 die Möglichkeit näherer Verhandlungen über die Aufnahme der deutschen Akademien in die Union ab.[83] Die Berliner Akademie trat am 23. Oktober 1924 für ein koordiniertes Vorgehen der kartellierten Akademien ein. Das Problem wurde auf der Berliner Kartelltagung vom 6. März 1925 behandelt, wobei die Akademie in Berlin (als Vorort) durch ihre Delegierten Max Planck und Gustav Roethe vertreten wurde; eine größere Anzahl ihrer Ordentlichen Mitglieder war traditionsgemäß als Gäste anwesend. Mehrere Delegierte, für die die internationale Assoziation der Vorkriegszeit weiterhin als existent galt, rieten gegenüber der Union zum Abwarten. Demgegenüber mahnte vor allem Planck zum Entgegenkommen gegenüber Freunden im Auslande, deren Bestrebungen sich im Ziel „vollkommen mit unseren eigenen Wünschen einer Wiederanknüpfung der internationalen wissenschaftlichen Beziehungen" decken würden.[84]

---

[81] Vgl. B. Schröder-Gudehus, a. a. O., S. 250.

[82] Vgl. die Eingabe in ZStA Potsdam, RMdI, Nr. 16313, Bl. 81ff. sowie die Gegenargumentation Finkes ebda., Bl. 115 ff.

[83] Vgl. das Schreiben der Berliner Akademie an die kartellierten Akademien v. Oktober 1924, das Prof. Franke zur Kenntnis erhielt. In: AAW II: VIa 13, Bd. 5, Bl. 121. Aus dem Protokoll der Plenarsitzung v. 23. 10. 74 ergibt sich, daß diese Entwicklung zuerst von O. Franke, dem Auslandsobmann des VDH, erkannt wurde. (Vgl. den Protokollauszug ebda., Bl. 122).

[84] AAW II: VIa 13, Bd. 5, Bl. 161.

Die imperialistischen Gegensätze wirkten weiter und prägten sich auch in der Haltung der kartellierten Akademien. Die Position jener Delegierten der Kartellsitzungen, die sich mit dem Hinweis auf die „Politisierung“ der Union auf der Seite engagierter Ententevertreter von ihr distanzierten und vom Abwarten gegenüber diesem Dachverband Vorteile erhofften, blieb bedeutsam. Die Akademien, die sich auf der Wiener Kartelltagung vom 8. Januar 1926 von der Commission Internationale de Coopération Intellectuelle des Völkerbundes distanzierten[85], betonten auf der Münchener Tagung des Kartells am 7. Mai 1926 ihre Bereitschaft zur Zusammenarbeit, ohne deshalb den Beitritt zur Union zu bejahen. Wiederum setzte sich Max Planck hier dafür ein, dem „sachlichen Wunsch und Bedürfnis nach wissenschaftlicher Zusammenarbeit . . . auf jedem Wege“ entgegenzukommen.[86] Norwegische und niederländische, von angloamerikanischer Seite unterstützte Akademiebemühungen um die Ermöglichung des deutschen Beitritts zur Union führten unter anderem im März 1926 zu einer inoffiziellen Aussprache zwischen dem niederländischen Akademiepräsidenten Went und den Berliner Sekretaren Max Planck, Max Rubner und Heinrich Lüders. Obwohl auch die Berliner Sekretare gegenüber der Union Académique hier zögerten, stießen sie auf den anschließenden Protest aus der Münchener Akademie gegen eine zu schnelle Kompromißbereitschaft, die in der Zuendeführung der Verhandlungen gesehen wurde; der Boykott würde sich auch ohne den Beitritt zu den Dachverbänden erledigen.[78] Die kartellierten Akademien begrüßten die 1926 erfolgte Streichung des Ausschlußparagraphen aus dem Statut der Dachorganisation, des Conseil International des Recherches (International Research Council).[88] Sie erhielten ihre Einwände jedoch aufrecht und traten auch dem IRC nicht bei. In einer Denkschrift, die auf der Leipziger Kartelltagung am 21. Juli 1927 schließlich beschlossen wurde, betonten sie ihre bisherigen Argumente gegenüber den Dachorganisationen.

Die Akademien bedauerten die organisatorische Trennung von Natur- und Geisteswissenschaften in zwei Verbänden, da sie im Zusammenwirken beider Bereiche stets ihr Ideal gesehen hätten. Sie könnten der Union nur geschlossen, nicht aber allein mit ihren geisteswissenschaftlichen Klassen beitreten. Bedingung sei der regelmäßige Wechsel des Tagungsortes (bisher allein Brüssel) und die Anerkennung weiterer Verhandlungssprachen außer dem Französischen. Deutsche wissenschaftliche Sammlungsunternehmen dürften nicht behindert werden.[89]

---

[85] Vgl. das Protokoll der Wiener Kartelltagung vom 7. und 8. 1. 1926. In: AAW II: VIa 13, Bd. 6, Bl. 52, S. 4, 7f.

[86] Vgl. das Protokoll der Münchener Kartelltagung vom 7. 5. 26. In: AAW II: VIa 13, Bd. 6, Bl. 115, S. 6.

[87] Vgl. ebda., Bl. 80 (Aktennotiz Rubners, Plancks und Lüders). Dazu das Schreiben der Bayerischen Akademie der Wissenschaften an die Preußische Akademie vom 28. 3. 1926. In: AAW II: VIa 13, Bd. 6, Bl. 92.

[88] Auf die Streichung verweist E. D. Lebedkina, a. a. O., S. 67f. Vgl. dazu die abschriftliche Mitteilung des Generalsekretärs des IRC A. Schuster v. 3. 12. 1926 mit der Beitrittseinladung für Deutschland, Österreich, Ungarn und Bulgarien. In: AAW II: VIa 13, Bd. 7, Bl. 8, 11.

[89] Vgl. „Denkschrift über die Stellungnahme des Kartells der Deutschen Akademien zur Frage des Eintritts in die Union Académique Internationale“. In: AAW II: VIa 13, Bd. 7, Bl. 85.

Unter den zwischen den imperialistischen Staaten gegebenen Bedingungen wurden in diesem Problemkreis nur graduelle, meist eher formelle Veränderungen erreicht. In Übereinstimmung mit dem Hochschulverband stimmte die Heidelberger Kartelltagung vom 13. April 1929 dem Besuch von Fachkongressen für die Fälle zu, bei denen keine Bindungen der veranstaltenden Fachverbände zu den beiden Dachorganisationen bestanden.[90] Damit folgten der Hochschulverband und das Kartell der tatsächlichen Entwicklung, in der die Schranken der Zusammenarbeit immer mehr durchbrochen und überwunden wurden und auch deutsche Gelehrte in breiterem Maße an internationalen Kongressen teilnahmen: Der internationale Mathematikerkongreß in Bologna, der sich 1928 mit einer Ehrung für David Hilbert, den überragenden Senior der Mathematik in Deutschland, verband, war hier ein weithin sichtbares Beispiel.[91]

Die Bildung eines deutschen Nationalausschusses für geistige Zusammenarbeit durch einen Regierungsbeschluß vom 22. März 1928, die von den Gelehrten vielfach begrüßt wurde, ordnete sich wiederum in die Außenpolitik Gustav Stresemanns ein, der stets um das Dekor des Verständigungspolitikers bemüht gewesen war. In diesen Ausschuß, dessen Präsidentschaft Adolf von Harnack übertragen wurde, wurden die Akademiemitglieder Ulrich von Wilamowitz-Moellendorff, Fritz Haber und Eduard Spranger zusammen mit dem Theologen Reinhold Seeberg, dem Philosophen Max Scheler, den Völkerrechtlern Walther Schücking und Viktor Bruns und dem Chirurgen Ferdinand Sauerbruch berufen. Praktische Bedeutung hat dieser Ausschuß, dem damit Repräsentanten bürgerlicher deutscher Wissenschaft mit unterschiedlichen gesellschaftlichen und wissenschaftspolitischen Auffassungen angehörten, nicht gehabt.[92]

3. Mitglieder, Plenum und Klassen der Akademie

a) Die physikalisch-mathematische Klasse. Neuwahlen, Mitglieder, wissenschaftliche Vorträge und Veröffentlichungen

Der physikalisch-mathematischen Klasse der Akademie standen auch weiterhin die Sekretare Max Planck und Max Rubner vor.

Die Konzentration führender Wissenschaftler in den Instituten der Berliner Universität und der Kaiser-Wilhelm-Gesellschaft, in der Physikalisch-Tech-

---

[90] „Das Kartell sieht kein Hindernis, zu Kongressen, die keiner Boykottorganisation (z. B. dem Conseil des Recherches) untergeordnet sind, Delegierte zu entsenden. Im Interesse der Einheitlichkeit aber ist es angemessen, daß jede Akademie des Verbandes alle anderen über die Vertretung unterrichtet". (Zitat nach AAW II: VIa 13 Bd. 8, Bl. 66, S. 19; der Passus ist im Original durch Unterstreichung hervorgehoben).

[91] Vgl. dazu und zu Hilberts stürmisch begrüßtem Vortrag über „Probleme der Grundlegung der Mathematik" u. a.: K. Reidemeister (Hrsg.), Hilbert. Gedenkband, a. a. O. S. 9ff.

[92] Vgl. B. Schröder-Gudehus, a. a. O., S. 260.

nischen Reichsanstalt oder in der Technischen Hochschule kam der Akademie auch jetzt zugute und fand hier in den Neuwahlen Oredentlicher Mitglieder einen Niederschlag. Die physikalisch-mathematische Klasse der Akademie hat in diesen Jahren 11 Ordentliche Mitglieder neu gewählt. 6 vom ihnen wurden als Inhaber von Ordinariaten der Berliner Universität, 2 als Lehrstuhlinhaber an der Technischen Hochschule Berlin, je eines dieser neuen Mitglieder als Leiter führender wissenschaftlicher Institutionen — der Physikalisch-Technischen Reichsanstalt, des Preußischen Meteorologischen Instituts oder eines Kaiser-Wilhelm-Instituts — gewählt. Unter den bis 1929 neu gewählten Mitgliedern befanden sich 1 Mathematiker, 2 Physiker, 3 Vertreter verschiedener Bereiche der Chemie, 1 Zoologe, 1 Physiologe, 1 Meteorologe sowie 2 Vertreter der technischen Wissenschaften.

Bei den Neugewählten handelte es sich um bekannte, z.T. hervorragende Vertreter ihrer Fachgebiete, die zur Bereicherung des wissenschaftlichen Lebens und des Ansehens der Akademie beitrugen. Die Zahl der Mitglieder und ihre Verteilung auf die einzelnen Fachgebiete blieb jedoch entsprechend den Statuten von 1881 und den wenigen Zusatzbestimmungen aus der Zeit nach der Jahrhundertwende begrenzt. Wissenschaftsbereiche von theoretischer und praktischer Bedeutung waren nach wie vor in der traditionellen Aufteilung der Fachstellen gar nicht, andere Bereiche ungenügend vertreten. Die Diskrepanz zwischen dem Aufschwung der Naturwissenschaften und der traditionellen Organisationsstruktur der Akademie wird unter dem Aspekt der Mitgliederwahlen sichtbar.

Ein Vergleich des Standes und der Aufteilung der Ordentlichen Mitglieder der physikalisch-mathematischen Klasse für die Zeit zwischen 1924 und 1929 ergibt das folgende quantitative Bild[93]:

Stellenverteilung (Fachstellen und „freie" Stellen)	Zahl der zur Verfügung stehenden Stellen	Besetzt am 1. 1. 1923	Besetzt am 1. 1. 1929
Physik	2	2	2
Chemie	2	2	2
Mineralogie und Geologie	2	2	2
Botanik	2	2	2
Zoologie	2	1	2
Anatomie, Physiologie	2	1	1
Wissenschaften, die früher zur mathematischen Klasse gerechnet wurden	6	5	6
Freie Stellen des Statuts von 1881	9	4	9
Neue Stellen von 1900	3	2	3
Neue Stellen von 1906	2	2	1
Neue Stellen von 1911	3	3	3
Insgesamt	35	26	33

Die Akademie hat also ihre „freien" Stellen voll und ihre Fachstellen in diesen Jahren weitestgehend besetzt. Aber die Zahl der Stellen war klein; die medizi-

93 Vgl. hierzu die Mitgliederaufstellungen in AAW II: IIIc 2, Bd. 1, Bl. 47.

nisch-klinischen Disziplinen waren an der Akademie auch weiterhin z.B. nicht vertreten. Hier änderte es wenig, daß die zweite Fachstelle für Anatomie und Physiologie 1926 für kurze Zeit besetzt war, was in der Aufstellung nicht zum Ausdruck kommt. Vor allem die grundlegende Tatsache, daß die Akademie nicht über eigene Forschungseinrichtungen verfügte, wirkte sich auf ihre wissenschaftliche Stellung weiterhin aus. Nicht zu übersehen ist also, daß die geltenden Bestimmungen über die Mitgliedschaft und die Struktur der Akademie durch die Wissenschaftsentwicklung überholt waren.

Demgegenüber muß betont werden, daß durch die wenigen Neuwahlen jener Jahre führende bürgerliche Gelehrte mathenatisch-naturwissenschaftlicher Disziplinen Ordentliche Mitglieder der Akademie wurden: Damit blieben die Neuwahlen und Neueinführungen der Gewählten wissenschaftshistorisch bedeutsam.

Mit Ludwig Bieberbach (OM 11. 4. 1924), einem Schüler Felix Kleins und Paul Koebes, wurde ein Mathematiker in die Akademie gewählt, der, seit 1. 4. 1921 als Nachfolger Konstantin Carathéodorys an der Universität, in verschiedenen Bereichen der Mathematik — so über Fragen der Analysis, der Arithmetik, der Funktionen- und Gruppentheorie — gearbeitet hatte und als vielseitiger, ideenreicher und tatkräftiger Forscher in der Begründung des Wahlantrages bezeichnet wurde. Im Vordergrund seiner Arbeiten standen geometrische Probleme.[94] Über geometrische und topologische Forschungsergebnisse berichtete er in der Folge auch vor der Akademie.[95] Bieberbach verfügte über wissenschaftsorganisatorische Erfahrungen; er setzte sich in den folgenden Jahren für die Arbeiten der Akademie ein. Gesellschaftlich vertrat Bieberbach bereits in jener Zeit nationalistische Auffassungen, in die Max Born rückschauend einen bezeichnenden Einblick gab.[96] Andere deutsche Mathematiker hatten unter der Führung David Hilberts die Einladung zu dem internationalen Mathematiker-Kongress 1928 in Bologna ohne Vorbehalte angenommen, auf dem die Aufnahme Deutschlands in die ,,International Union for Mathematics'' erfolgen sollte. Bieberbach wandte sich indessen gegen den Beitritt. Er forderte zunächst eine Protesterklärung gegen den bisherigen Ausschluß der Deutschen. David Hilbert setzte sich damals durch; er fuhr trotz schwerer Krankheit als Hauptreferent nach Bologna, wo die deutschen Mathematiker als Gäste dieser Tagung des Fachverbandes teilnahmen. An Bieberbachs Entwicklung wird ein krasses Auseinanderfallen wissenschaftlicher Leistungen und bewuß-

---

[94] Vgl. die Begründung des Wahlantrags für Bieberbach, von Issai Schur verfaßt und von E. Schmidt, v. Laue und Planck unterzeichnet. In: AAW II: IIIa, Bd. 23, Bl. 135. Dazu die Antrittsrede Bieberbachs und die Erwiderung Plancks. In: Sb., Jg. 1924, S. XCff.

[95] Vgl. u. a. Über die konforme Kreisabbildung nahezu kreisförmiger Bereiche. In: Sb., Jg. 1924, Phys.-math. Kl., S. 181ff.; Über die topologischen Typen der offenen Euklidischen Raumformen. In: Sb., Jg. 1929, Phys.-math. Kl., S. 612ff.

[96] Vgl. Albert Einstein, Hedwig und Max Born, Briefwechsel, a. a. O., S. 137ff. (Brief Borns an Einstein v. 20. 11. 28, von Born rückschauend erläutert). Eine zusammenfassende gesellschaftlich-politische Einschätzung Bieberbachs gibt E. Quaisser, Zum Wirken des Mathematikers Ludwig Bieberbach in der Zeit von 1920 bis 1945, Potsdam 1970 (Manuskript).

tem, zunehmend hervortretenem reaktionärem Gesellschaftsengagement deutlich. Er wurde seit 1933 zu einem der aktiven Vertreter faschistischer Wissenschaftspolitik an der Universität und der Akademie und hat gerade von der Geometrie her den Aufbau einer pseudowissenschaftlichen „Deutschen Mathematik" betrieben.

Mitglied der Akademie wurde mit Friedrich Paschen (OM 3. 7. 1925) ein bekannter Physiker, der 1924 als Nachfolger Walther Nernsts Präsident der Physikalisch-Technischen Reichsanstalt geworden war. Die Rückkehr Walther Nernsts an die Berliner Universität gehört in mehrfacher Weise in die Akademiegeschichte. Sie hat Friedrich Paschen den Weg in die Leitung der PTR und damit in die Akademie gebahnt. Sie hat faktisch die damals bereits diskutierte Berufung von Johannes Stark oder Philipp Lenard an die Universität verhindert und so auch die Akademie vor direkten Mitgliedschaftsvorstößen der extremsten Reaktion unter den deutschen Physikern bewahrt.[97] Statt dessen kam mit Friedrich Paschen ein führender Experimentalphysiker in die Akademie, der in ihr bereits um die Jahrhundertwende mit der Vorlage von Forschungsergebnissen begonnen hatte.[98] Sein Hauptarbeitsgebiet war die experimentelle Spektroskopie im weitesten Umfang, in der er internationale Autorität erworben hatte. Seine spektroskopischen Arbeitsergebnisse gehörten zu den fundamentalen experimentellen Grundlagen der Quantenphysik. Er hatte Präzisionsmessungen von Wellenlängen und Energiemessungen im Spektrum durchgeführt und war mit Untersuchungen zur magnetischen Aufspaltung von Spektrallinien und zum Dopplereffekt an Kanalstrahlen hervorgetreten. Er hatte die Vereinfachung komplizierter Zeeman-Effekte unter dem Einfluß von Magnetfeldern entdeckt (Paschen-Basch-Effekt). Insbesondere aber hatte er die Feinstruktur des Heliumspektrums im Sinne der Vorhersagen Arnold Sommerfelds experimentell festgestellt. 1920 gelang ihm die Einordnung von über 900 Linien in dem überaus komplizierten Neonspektrum. Paschen hatte, worauf in der von Max von Laue, Albert Einstein, Walther Nernst und Max Planck unterzeichneten Begründung für den Wahlantrag schließlich verwiesen wurde, zusammen mit Götze ein für die Spektrographen wichtiges Werk über Linienspektren veröffentlicht; zahlreiche jüngere Physiker waren aus seiner Schule hervorgegangen.[99] Die Unterzeichner sahen in ihm den würdigen Nachfolger von Heinrich Rubens.

---

[97] Vgl. hierzu H. Köppel, Walther Nernst zum 100. Geburtstag. In: Mitteilungsblatt der Chemischen Gesellschaft in der Deutschen Demokratischen Republik, 11. Jg., Hf. 7/1964, S. 154; W. Haberditzl, Walther Nernst und die Traditionen der physikalischen Chemie an der Berliner Universität. In: Forschen und Wirken, Bd. I, a. a. O., S. 412f.

[98] Vgl. hierzu die Angaben in Gesamtregister der Abhandlungen, Sitzungsberichte, Jahrbücher, Vorträge und Schriften der Preußischen Akademie der Wissenschaften 1900—1945. Herausgeg. v. d. Hauptbibliothek der DAW zu Berlin, a. a. O., S. 129. Ebda. auch die späteren Akademievorträge Paschens zu spektralanalytischen und anderen Problemen.

[99] Vgl. AAW II:IIIa, Bd. 23, Bl. 243.; Physiker über Physiker, a. a. O., S. 243f.

Die Zuwahl Erwin Schrödingers (OM 12. 2. 1929) bedeutete einen besonderen wissenschaftlichen und menschlichen Gewinn für die Akademie. Schrödinger war 1927 als Nachfolger Max Plancks und auf dessen ausdrücklichen Wunsch aus Zürich als Ordinarius für theoretische Physik an die Berliner Universität gekommen, nachdem Arnold Sommerfeld eine Berufung dorthin nicht angenommen hatte.[100] „Schon von Anbeginn seiner Tätigkeit machte sich Schrödinger vorteilhaft bekannt durch die Schärfe und Unabhängigkeit seines Urteils und durch die Vielseitigkeit seiner Interessen", hieß es in der Laudatio, mit der Max Planck, Max von Laue, Walther Nernst, Emil Warburg und Friedrich Paschen den Wahlantrag begründeten.[101] Schwerpunkt war der Hinweis auf die Ausarbeitung der Wellenmechanik und auf den Nachweis der mathematischen Äquivalenz seiner Wellen-Differentialgleichung zu den „Relationen, mit denen Heisenberg, Born und Jordan die neue Quantenmechanik begründet haben". Hier eröffnen sich „neue physikalische Ausblicke, die schon jetzt für die weitere Entwicklung der Quantentheorie von entscheidender Bedeutung geworden sind." Erwin Schrödinger hat sich mit der unanschaulichen Form und dem statistischen Charakter der Quantenmechanik nicht abfinden können. Er hat sich gegen die Wahrscheinlichkeitsdeutung gewehrt, die sein Freund Max Born seiner eigenen Wellenfunktion gegeben hatte. Er distanzierte sich von indeterministischen und positivistischen Konsequenzen, die verschiedene Physiker aus der Quantenmechanik zogen. Wenn Schrödinger sich gegen die „Quantenspringerei" verwahrte, wenn er immer wieder „das Elektron als Welle" verteidigte und zugleich das „Elektron als Teilchen" ablehnte[102], so lief das auf die Ablehnung des objektiven Welle-Korpuskel-Dualismus hinaus.

Vor der Akademie kam es am 4. Juli 1929 in Erwin Schrödingers Antrittsrede und in der Erwiderung des Vorsitzenden Sekretars Max Planck zu einer Diskussion über philosophische Grundfragen der Physik. „Es sind wohl kaum Erfahrungstatsachen denkbar, welche endgültig darüber entscheiden, ob das Naturgeschehen in Wirklichkeit absolut determiniert oder partiell unbestimmt ist, sondern höchstens darüber, ob die eine oder die andere Auffassung einen einfacheren Überblick über das Beobachtbare erlaubt." Selbst bis zu dieser Entscheidung sei wohl noch eine lange Frist; im übrigen ginge es nicht um die Erkenntnis der wirklichen Beschaffenheit der Natur, sondern um die „Zweckmäßigkeit und Bequemlichkeit der einen oder anderen Einstellung unseres Denkens", äußerte Schrödinger.[103] Planck wies in seiner Erwiderung auf die prin-

[100] Zur Absicht, zunächst Sommerfeld nach Berlin zu berufen, vgl. Albert Einstein/Arnold Sommerfeld, Briefwechsel, a. a. O., S. 111. Zu Schrödingers Berufung siehe auch A. Hermann, Erwin Schrödinger — Eine Biographie, a. a. O., S. 185f. Zur Frage der Neubesetzung des durch Plancks Emeritierung freiwerdenden Ordinariats vgl. auch Archiv d. Humboldt-Universität, Phil. Fak., Nr. 1473, Bl. 53ff.

[101] Vgl. AAW II: IIIa, Bd. 25, Bl. 41, 42a.; Physiker über Physiker, a. a. O., S. 259.

[102] Vgl. B. G. Kuznecov, a. a. O., S. 322; M. Born, Physik im Wandel meiner Zeit, a. a. O., S. 132ff.

[103] Vgl. Sb., Jg. 1929, S. C. ff. (Öffentl. Sitzung v. 4. 7. 1929 Antrittsrede Schrödingers und Erwiderung Plancks).

zipielle Bedeutung dessen hin, daß „die gegenwärtige Krisis der theoretischen Physik vielleicht dazu führen könne, zugleich mit der klassischen Theorie auch das Kausalitätsgesetz seiner strengen Gültigkeit zu entkleiden" — es schiene ihm, daß Schrödinger dieser Auffassung „mit einer gewissen wohlwollenden Neutralität" gegenüberstehe. Damit war die Diskussion auf die Kausalitätsproblematik zurückgeführt — obwohl auch Planck dem Konventionalismus ein Zugeständnis machte, indem er von einer Frage der Zweckmäßigkeit" sprach. Er warf die Gegenfrage auf, was denn „nun für die ‚akausale' Physik als Grundlage eingeführt werden soll". Ohne jede Voraussetzung ließe sich keine Theorie entwickeln. „Es würde mir auch ganz genügen, wenn nur irgendein zwingender Grund dafür angegeben werden könnte, daß die kausale Physik nicht ausreicht, um den Tatsachen der Erfahrung gerecht zu werden..." Es müsse zwar die bisher stillschweigend gemachte Voraussetzung fallen gelassen werden, „daß wir die Bedingungen, welche einen Vorgang kausal determinieren, auch stets experimentell bis zu einem prinzipiell unbeschränkten Grade von Genauigkeit verwirklichen können." Schrödingers eigene Arbeiten würden jedoch den glänzenden Beweis für die Richtigkeit deterministischer Auffassungen liefern: „Denn Sie sind es gewesen, der zuerst gezeigt hat, wie die raumzeitlichen Vorgänge in einem atomaren Gebilde in der Tat vollständig determiniert werden können, allerdings nur unter der Voraussetzung, daß man als Elemente derselben nicht wie bisher die Bewegung der Massenpunkte, sondern die Materiewellen ansieht, und wie die rätselhaften diskreten Eigenwerte der Energie des Gebildes mit absoluter Genauigkeit aus der von Ihnen aufgestellten Differentialgleichung zuzüglich der natürlichen Randbedingungen sich berechnen lassen, wobei die Frage nach dem physikalischen Sinn der Materiewellen zunächst noch ganz offenbleiben kann."

Planck bekannte sich zu einer Kausalitätsauffassung, deren Begrenztheit er wohl empfand. Aber er vertrat das Kausalitätsprinzip konsequent, zumal er sich über die Folgen im klaren war, welche die Aufgabe dieses Prinzips für die Naturwissenschaften nach sich ziehen mußte.

Erwin Schrödinger hat die unmittelbare Zusammenarbeit mit den führenden Berliner Physikern als besonders wertvoll für seine wissenschaftliche Entwicklung empfunden. Er blieb vor allem mit Max Planck verbunden, mit dem er auch musische Neigungen teilte. Als vielseitiger Physiker und glänzender Theoretiker blieb Schrödinger, der Deutschland 1933 aus Protest gegen die faschistische Herrschaft verließ, einer der wissenschaftlichen Repräsentanten der Berliner Universität und der Akademie.[104]

Durch die Zuwahl Otto Hahns (OM 2. 12. 1924) wurde die Akademie fortan gleichfalls mit grundlegenden Fortschritten moderner Naturwissenschaften konfrontiert. Der Rutherford-Schüler Otto Hahn, der 1928 zum 2. Direktor des KWI für Chemie ernannt wurde, galt seit langem als einer der führenden Chemiker der radioaktiven Substanzen, worauf in der von Fritz Haber, Wilhelm

[104] Vgl. zur wissenschaftlichen Würdigung Schrödingers auch den Nachruf, den die Akademie ihrem 1963 verstorbenen Mitgliede widmete. In: Jahrbuch der DAW zu Berlin, Jg. 1963, S. 202.

Schlenk, Max von Laue, Albert Einstein und Max Planck unterzeichneten Begründung seines Wahlantrages ausdrücklich verwiesen wurde. Als er seine Forschungen im Jahre 1919 begann, „war die Theorie des radioaktiven Zerfalls von Rutherford und Soddy bereits bekannt"; etwa die Hälfte der um 1924 bekannten radioaktiven Stoffe war beschrieben. "Ihre gegenseitigen Beziehungen waren unklar, weil viele Lücken in dem Zusammenhange bestanden, der heute alle diese Stoffe als Glieder dreier großer Ketten kennzeichnet. Die Aufgabe, von deren Lösung jeder tiefere Einblick in das radioaktive Geschehen abhing, bestand damals in der Ausfüllung jener klaffenden Lücken. Hahn hat anfangs allein, später in gemeinschaftlicher Arbeit mit L. Meitner den besten Teil zu deren Ausfüllung beigetragen. Nicht weniger als 10 radioaktive Elemente sind durch diese Arbeiten bekannt geworden." Von besonderer Bedeutung wären hiervon das Mesothor und das Radiothor, „weil sie neben dem Radium die einzigen Elemente dieser Kategorie sind, die wegen ihrer längeren Lebensdauer in konzentrierter Form isoliert werden können"; außerdem seien das Ionium und das Protactinium für die Einteilung der radioaktiven Stoffe bedeutsam.[105] Otto Hahns Arbeiten auf diesem Gebiet würden auch zu jener Zeit andauern; er habe sich, wurde betont, in enger Zusammenarbeit mit Otto von Baeyer, dann besonders mit Lise Meitner der Erforschung der Geschwindigkeitsspektren der früher unbekannten radioaktiven Beta-Strahlen gewidmet — hieraus hätten sich Charakteristika der Stoffe ergeben, die den chemischen Merkmalen an Reichweite und Bedeutung überlegen seien. In jüngster Zeit habe sich Otto Hahn „mit der Fähigkeit von Niederschlägen" befaßt, „Emanationen abzugeben". Otto Hahn hat 1927 bzw. 1929. „Das Protactinium als radioaktives und chemisches Element" und „Die radioaktiven Substanzen im Dienste chemischer und physikalisch-chemischer Forschung" beschrieben.[106] 1929 hielt er vor dem Plenum der Akademie einen Festvortrag, in dem unter dem Titel „Atomumwandlungen und ihre Bedeutung für Chemie und Physik" unter anderem neuere Hypothesen zur Erklärung solarer Wärme- bzw. Energieentwicklung durch Kernfusionsvorgänge auf der Sonne vorgetragen wurden.[107]

In die Akademie gewählt wurde mit Karl Andreas Hofmann (OM 21. 1. 1925), dem Direktor des anorganischen Instituts der Technischen Hochschule Berlin, ein Schüler Adolf von Baeyers. Er war ein vielseitiger Vertreter der präparativen anorganischen Chemie, der vor allem auf drei umfassenden Arbeitsgebieten — dem der komplexen Verbindungen, der quecksilberorganischen Verbindungen und der Überchlorsäurederivate — gearbeitet hatte. Bahnbrechend, so hatten Wilhelm Schlenk, Fritz Haber und Walther Nernst in ihrem Wahlbegründungsantrag betont, seien Hofmanns Arbeiten zu den quecksilberorganischen Verbindungen gewesen; hier habe er auch gezeigt, daß es für ihn jene Scheidewand nicht gab, die im allgemeinen den Anorganiker vom Organiker

105 Vgl. AAW II: IIIa, Bd. 23, Bl. 186 ff.; Physiker über Physiker, a. a. O., 5. S. 238f.
106 Vgl. Sb., Phys.-math. Kl., Jg. 1927, S. 275ff. Jg. 1929, S. 535ff.
107 Vgl. Sb., Jg. 1929, S. LIIff.

trenne.[108] Karl Andreas Hofmann selbst betonte in seiner Antrittsrede, daß er sich „unter dem Einfluß des praktischen Lebens" — und damit auf Grund der Bedürfnisse der chemischen Industrie — seit seiner Berufung an die TH Berlin im Jahre 1910 der Untersuchung chemischer Prozesse und Verfahrensweisen zugewandt habe.[109] Vor der physikalisch-mathematischen Klasse der Akademie hat er 1928 die „Nitrit-Nitratbildung aus Ammoniak und Sauerstoff an alkalischen Oberflächen" behandelt[110]; seine aktivere Vortragstätigkeit fiel hier in die späteren Jahre.

Zusammen mit Hofmann wurde mit Max Bodenstein (OM 21. 1. 1925) ein Gelehrter zum Ordentlichen Mitglied der Akademie gewählt, der die chemische Wissenschaft in Forschung und Lehre nachhaltig beeinflußt hat.[111] Max Bodenstein war seit 1922 Direktor des physikalisch-chemischen Instituts der Berliner Universität. Seine besondere „Begabung und Leistung auf dem Gebiet messender Verfolgung physikalisch-chemischer Gesetzmäßigkeiten" wurde in der Wahlbegründung Walther Nernsts, Max Plancks, Max von Laues und Wilhelm Schlenks hervorgehoben. Er hatte eine große Reihe von Gleichgewichtsuntersuchungen durchgeführt.[112] Er hatte die Bedeutung der Diffusionsgeschwindigkeit für an Katalysatoren ablaufende Gasreaktionen früh erkannt, Kettenreaktionen untersucht und von allem wichtige Arbeiten zur Systematik photochemischer Reaktionen durchgeführt. Bodenstein hatte sich in jüngster Zeit mit „modernen Fragen der Atomphysik befaßt und hier die Zahl der Zusammenstöße zwischen freien Atomen ermittelt, die zu einer Molekülbildung führen." Vor der physikalisch-mathematischen Klasse hat Bodenstein 1926 die „Reaktionsgeschwindigkeit bei Umsetzungen von Atomen" behandelt, während er sich 1928 mit der Problematik der Kettenreaktion befaßte. Auch Bodensteins fruchtbarste Tätigkeit fiel in die späteren Jahre. Seine Forschungs- und Lehrtätigkeit an der Universität hat zur Heranbildung einer größeren Zahl von Schülern geführt, die in der chemischen Wissenschaft und Praxis bedeutsam geworden sind. Bodenstein gilt durch seine klassischen Untersuchungen über die Kinetik und die Gleichgewichte der Halogenwasserstoff-Verbindungen in der Gasphase als Gründer der chemischen Reaktionskinetik. Zwischen Max Bodenstein und N.N. Semenov kam es in den Jahren zwischen 1926 und 1930 zu einem brieflichen Meinungsaustausch, der auch für Semenov, den führenden sowjetischen Forscher auf dem Gebiet der Kinetik, nutzbringend und weiterführend wurde.[113]

---

108 Vgl. AAW II: IIIa, Bd. 23, Bl. 227f.

109 Vgl. die Antrittsrede Hofmanns. In: Sb., Jg. 1925, S. C.

110 Vgl. Sb., Phys.-math. Kl., Jg. 1928, S. 461ff.

111 Max Bodensteins Leistung wurde anläßlich seines 100. Geburtstages von der Sektion Chemie der Humboldt-Universität, dem Forschungsbereich Chemie der AdW der DDR und der Chemischen Gesellschaft der DDR durch ein Symposium am 5. Oktober 1971 gewürdigt. Hier verwies Akm W. Schirmer auf die Einheit von Theorie und Praxis bei Bodenstein und auf seine integre Haltung. (Mitteilungen der Chemischen Gesellschaft der DDR, H. 12/1971, S. 229).

112 Vgl. den Wahlbegründungsantrag in AAW II: IIIa, Bd. 23, Bl. 226. Zu dem im folgenden erwähnten Klassenvortrag Bodensteins vgl. Sb., Phys.-math. Kl., Jg. 1926, S. 104ff.

Unmittelbar hintereinander hat die Akademie mit Karl Willy Wagner (OM 5. 12. 1925) und Johannes Stumpf (OM 27. 1. 1926) zwei führende Vertreter der technischen Wissenschaften zu Ordentlichen Mitgliedern ihrer physikalisch-mathematischen Klasse gewählt. Karl Willy Wagner hatte seine wissenschaftliche Arbeit im Versuchslaboratorium des Siemens-Schuckert-Konzerns begonnen, als bei der um die Jahrhundertwende einsetzenden Übertragung hochgespannter Elektrizität kurzfristige und unerwartete Überraschungsprobleme aufgetreten waren.[114] Mit dem Eintritt in das Telegraphen-Versuchsamt begannen seine nachrichtentechnischen Forschungsarbeiten. Karl Willy Wagner hatte Untersuchungen zur Erzeugung von Wechselstrom mit Hilfe eines Lichtbogens durchgeführt und die Induktivität gewisser Leiterformen erforscht; seine Theorien der unvollkommenen Dielektrik und des elektrischen Durchschlages fester Isolatoren stellten bedeutende Beiträge zur elektrotechnischen Forschung dar.[115] Seit dem Weltkrieg hatte sich Wagner, der der PTR angehört hatte, im Jahre 1923 Präsident des Telegraphentechnischen Reichsamtes geworden war und seit 1925 eine Honorarprofessur an der TH bekleidete, mit dem Wiederaufbau und Ausbau des elektrischen Nachrichtenwesens befaßt. Er war nach Werner von Siemens und Friedrich von Hefner-Alteneck der dritte Vertreter der Elektrotechnik in der Akademie. Als Arbeitsgebiete von großer Tragweite konnte er in seiner Antrittsansprache auf die Entwicklung der Mehrfachtelephonie und -telegraphie mittels hochfrequentierter Ströme für die Wiederhergestellte Kabelverbindung zwischen Deutschland und Nordamerika sowie auf die Behandlung der bei dem Aufbau des deutschen Fernsprechkabelnetzes und der überseeischen Funkverbindungen aufgetretenen Probleme verweisen. Die von Karl Willy Wagner geschaffenen Trägerfrequenzverfahren sowie seine Arbeiten zur Steigerung der Telegraphiegeschwindigkeit wurden auch in der Antragsbegründung Walther Nernsts hervorgehoben. „Zusammenfassend läßt sich sagen, daß Herr Wagner auf elektrotechnischem Gebiet eine in der ganzen Welt anerkannte, führende Stellung einnimmt“, hieß es hier abschließend. Dabei war nicht ohne Bedeutung, daß sich Wagner auch mit akustischen Problemen befaßt hatte, für welche die Schwingungsforschung eine wichtige Grundlage darstellte. Er hat 1926 in einer Denkschrift die Errichtung eines speziellen Instituts für Schwingungsforschung mit ausführlicher Begründung gefordert.[116] Als das Heinrich-Hertz-Institut für Schwingungsforschung 1927 an der Technischen Hochschule Berlin gebildet war, wurde Karl Willy Wagner zu seinem

---

113 Hierüber berichtet N. N. Semenov in seinem Beitrag über „Die marxistische Dialektik und die wissenschaftliche Entdeckung, wiedergegeben in dem Sammelband: The Scientific and Technological Revolution — Social Effects and Prospects, Moskau 1972, S. 29ff.

114 Vgl. die Antrittsrede Wagners vom 1. 7. 1926. In: Sb., Jg. 1926, S. XCVff.; Wiedergabe in: Max Planck in seinen Akademieansprachen, a. a. O., S. 101ff.

115 Vgl. den Wahlbegründungsantrag Nernsts in AAW II: IIIa, Bd. 23, Bl. 335.

116 Vgl. die „Denkschrift über die Notwendigkeit und die Aufgaben eines Instituts für elektrische Schwingungsforschung.“ Von Prof. Dr. W. Wagner, Präs. des Telegrafentechn. Reichsamtes, datiert Berlin, Oktober 1926. In: ZStA Potsdam, RMdI, Nr. 8970/11, Bl. 58ff.

ersten Direktor ernannt. Er hatte in der Akademie bereits 1922 über den „Physikalischen Vorgang beim elektrischen Durchschlag von festen Isolatoren" berichtet; 1929 trug er den „Plan einer Fernsprechkabelverbindung zwischen Europa und Amerika" vor der Akademie vor.[117]

Johannes Stumpf wurde bereits 1896 auf Vorschlag von Alois Riedler zum Ordentlichen Professor an der TH Berlin ernannt. Er hatte seinerzeit mit den Vorlesungsverpflichtungen Riedlers auch dessen Konstruktionsbüro übernommen und war durch die Konstruktion von Wasserwerkanlagen, Dampfturbinen, Kondensatoren und Pumpen hervorgetreten. Die amerikanische Terry Company in Hartford und die Sturtevant Company in Boston hatten eine von ihm konstruierte Dampfturbine bis 1925 in 19000 Exemplaren gebaut. „Seine größte technische Leistung jedoch ist die Entwicklung der Gleichstromdampfmaschine, deren Existenz und allgemeine Einführung nur ihm zuzuschreiben ist", hieß es in der Wahlantragsbegründung.[118] Diese Dampfmaschine würde in allen Ländern eingesetzt; auch sie habe in den USA, wo sie nach Stumpfs Plänen in 18 Fabriken gebaut würde, besondere Verbreitung gefunden. Stumpf habe zuletzt eine schwere Güterlokomotive für die American Locomotive &Co. gebaut, die mit Gleichstromdampfzylindern arbeitete. Mit Stumpf war also ein Vertreter des Kraftmaschinenbaus in die Akademie gewähl worden, der sich vor allem um die Weiterentwicklung der traditionellen Energieerzeugung mit großem Erfolg bemüht hatte. Er war einer jener bürgerlichen Wissenschaftler und Techniker, in denen sich Verbindungen der deutschen Wissenschaft zur kapitalistischen Großindustrie in den USA verkörperten.

In der Zuwahl von zwei Technikern in den Kreis der Ordentlichen Akademiemitglieder fand der Aufschwung der technischen Wissenschaften einen gewissen, wenn auch inadäquenten Ausdruck. Auf die Bedeutung dieser Zuwahlen verwies Max Planck, der als Vorsitzender Sekretar auf die Antrittsrede Karl Willy Wagners und Johannes Stumpfs zu erwidern hatte. Mit ihrer Wahl sei „die Dreizahl der vorzugsweise der Technik bestimmten Fachstellen... seit längerer Zeit wieder einmal voll besetzt." Das sei ein Symbol für das Interesse der Akademie an den Beziehungen zwischen „reinen Wissenschaften" und Technik; Naturwissenschaften und Technik stellten ein unzertrennbares Ganzes dar.[119]

Für die Akademie hatte die Zuwahl Heinrich von Fickers (OM 28. 7. 1926), des späteren Sekretars ihrer physikalisch-mathematischen Klasse, zugleich wissenschaftliche, wissenschaftspolitische und -organisatorische Bedeutung. Heinrich von Ficker, der seit 1911 als außerordentlicher, seit 1919 als ordentlicher Professor für Physik der Erde an der Universität Graz tätig gewesen war, hatte 1923 das Ordinariat für Meteorologie an der Berliner Universität und in der Nachfolge Gustav Hellmanns das damit verbundene Direktorat am Preußischen

---

[117] Sb., Phys.-math. Kl., Jg. 1922, S. 438ff.; Jg. 1929, S. 109ff.
[118] Vgl. AAW II: IIIa, Bd. 24, Bl. 31.
[119] Vgl. Sb., Jg. 1926, S. XCVff.

Meteorologischen Institut übernommen.[120] Er hat auf den Gebieten der atmosphärischen Dynamik und der eigentlichen Klimatologie Untersuchungen von großer Bedeutumg durchgeführt und war durch bahnbrechende Arbeiten zur Föhndynamik und zum Mechanismus des Luftmassentransportes bekannt geworden. Wohl als erster hatte er hierbei die „Bedeutung von Diskontinuitätsflächen für den Aufbau der Depressionen" erkannt und von dort aus, wie die Laudatio anläßlich des für ihn eingebrachten Wahlvorschlages betonte, umfangreiche Untersuchungen zu Kälte- und Wärmewellen in Rußland und Nordasien sowie zu den komplizierten Beziehungen zwischen Temperatur und Druckänderung durchgeführt. Er hatte auf die Bedeutung atmosphärischer und stratosphärischer Höhenvorgänge für den Aufbau und die Entwicklung von Depressionen aufmerksam gemacht und war auch damit über die vor allem von Bjerknes entwickelte Polarfront-Theorie hinausgegangen. Rückblickend wurde über seine meteorologischen und klimatologischen Arbeiten im Nachruf der AdW der DDR festgestellt: „Nach dem Kriegsende baute Ficker diese Untersuchungen in Graz durch Einziehung stratosphärischer Luftdruckschwankungen zu einer Dynamik der ‚zusammengesetzten Depressionen' aus, die er u. a. erfolgreich zur Erklärung der Genese von Genua-und Skagerrak-Zyklonen anwenden konnte. Diesem Problemkreis der komplexen Druckschwankungen und ihrer Bedeutung für die Wettervorhersage (Aktivierung stationärer Fronten) hat Ficker auch einen großen Teil der Arbeiten in Berlin gewidmet. Die Überlegenheit des von Ficker induktiv erarbeiteten zyklonendynamischen Modells gegenüber der ursprünglichen Formulierung der Polarfronttheorie der ‚norwegischen Schule' wurde in der Folgezeit in steigendem Maße anerkannt. Heute ist die Erkenntnis der Notwendigkeit einer Mitberücksichtigung der Stratosphäre an der Wetterentwicklung zum integrierenden Bestandteil der Synoptik geworden und wird mit dem Namen Heinrich Fickers stets verknüpft bleiben."[121] Der Akademie war es mit der Wahl dieses führenden Meteorologen auch um die Anerkennung und Förderung einer Entwicklung zu tun, in der sich — wie Heinrich Ficker und Max Planck anläßlich der Mitgliedseinführung feststellten — die Meterologie endgültig verselbstständigte und als eigenständige Wissenschaft mit immer größerer praktischer Bedeutung konsolidierte.[122] Heinrich v. Ficker hatte 1925 vor der Klasse über „Temperaturgradienten bei Föhn" berichtet; er analysierte

---

[120] Vgl. zum folgenden die Begründung des Wahlantrages in AAW II: IIIa, Bd. 24, Bl. 94 sowie den von H. Ertel verfaßten Nachruf der DAW in: Jahrbuch der DAW zu Berlin, Jg. 1962, S. 134ff.

[121] Jb. d. DAW 1962, a. a. O., S. 135, wo es auch heißt: „Daß Ficker auch andere Teile der atmosphärischen Dynamik mit neuen Erkenntnissen bereichert hat (lokale Wärmegewitter, Passatzirkulation), muß hier ebenso hervorgehoben werden wie seine mannigfache Förderung der Klimatologie (Tirol, Voralberg, Zentralasien, Teneriffa) mit Einschluß der Paläoklimatologie (eiszeitliche Vergletscherung der Pamirgebiete, postglaziale Austrocknung Zentralasiens)." Auf die langjährige aktive Mitarbeit Heinrich von Fickers bis in die AdW der DDR verwies Herr Dr. W. Hartkopf vom Wissenschaftlichen Sekretariat des Präsidenten der AdW, dem auch für weitere Hinweise gedankt wird.

[122] Vgl. Sb., Jg. 1927, S. LXXIIff.

dort 1927 „Das meteorologische System von Wilhelm Blasius", trug 1928 die erste Folge seiner „Bemerkungen über die meteorologischen Verhältnisse Teneriffas" vor und befaßte sich im folgenden Jahre mit einem speziellen Witterungsvorgang, dem „Sturm über Norddeutschland am 4. Juli 1928".[123]

Im biologischen Bereich hatte Karl Heider die Wahl Richard Hesses (OM 31.12.1926) vorgeschlagen und zusammen mit Max Rubner, Franz Keibel, Rudolf Fick, Gottlieb Haberland, Adolf Engler, Joseph Pompeckj und Carl Correns begründet.[124] Er hatte Hesse, der sein Nachfolger als Ordinarius für Zoologie an der Universität geworden war und damit den führenden zoologischen Lehrstuhl Deutschlands bekleidete, als einen der „hervorragendsten Zoologen, der sich schon frühzeitig durch bedeutende Untersuchungen einen Namen gemacht hat" bezeichnet. Hesse hatte sich mehrere Jahre der Bearbeitung seines Werkes „Der Tierkörper als selbständiger Organismus" gewidmet, in dem er „die Zusammenhänge zwischen Bau und Funktion in ungemein glücklicher Weise zur Darstellung brachte." Unter dem direkten Einfluß des befreundeten Heidelberger Geographen Alfred Hettner begann er sich mit den Kausalzusammenhängen in der Tiergeographie zu befassen. Er trug maßgeblich zur Grundlegung der Ökologie bei, zu der er 1913 in Hettners Geographischer Zeitschrift einen programmatischen, die ökologischen Grundlagen der Tierverbreitung behandelnden Aufsatz veröffentlichte. 1924 publizierte er als zusammenfassende Arbeit die „Tiergeographie auf ökologischer Grundlage", die er selbst als einen Anfangsschritt auf einem wesentlichen Gebiete der Zoologie bezeichnete.[125] Im Jahre 1926, in seiner Antrittsrede vor der Akademie, hat er sich grundlegend zum Gegenstand und zur Zielsetzung der Ökologie geäußert, wobei er an Charles Darwin und Ernst Haeckel anknüpfte: „Der Organismus kann nur leben, wenn er zu seiner Umgebung in Harmonie steht; der Entharmonie gesellt sich die Epharmonie, der Einklang mit der Umwelt, gleichberechtigt zur Seite. Die Erforschung der Epharmonie ist das Ziel jener Teilwissenschaften der Biologie, die Ernst Haeckel als Ökologie bezeichnet hat. Es war naheliegend, von der physiologischen Anatomie, von der Behandlung des Tieres an sich im Laboratorium, überzugehen zur Ökologie, der Behandlung des Tieres in seinen natürlichen, Existenzbedingungen', zur Analyse seines ‚Kampfes ums Dasein'".[126]

---

[123] Vgl. Sb., Phys.-math. Kl., Jg. 1925, S. 526ff.; Jg. 1927, S. 248ff.; Jg. 1928, S. 303ff.; Jg. 1929, S. 290ff.

[124] Wahlantragsbegründung in AAW II: IIIa, Bd. 24, Bl. 135. Heider hatte die Akademie am 20. 5. 1926 unter Hinweis auf sein Alter und seine persönlichen Forschungspläne im Mittelmeergebiet um seine Entbindung von den Vortragsverpflichtungen ersucht (AAW II: IIIa, Bd. 24, Bl. 68); er war wohl auch bemüht, durch die Wahl Hesses für die weitere aktive Vertretung der Zoologie an der Akademie zu sorgen.

[125] Vgl. die Antrittsrede Hesses, in: Sb., Jg. 1927, S. LXXXIIff., wo es heißt: „Wir stehen hier noch in den Anfängen der Erkenntnis. Überall in der Ökologie wimmelt es von offenen Fragen, die eine reiche Ernte von Ergebnissen versprechen. Statistische Feststellungen weisen den Pfad; experimentelle Untersuchungen müssen die Zusammenhänge aufdecken."

[126] Antrittsrede, ebda.

Die Akademie sah in Richard Hesse den Gelehrten, von dem sie die aktive Weiterführung ihrere zoologischen Gemeinschaftsunternehmungen, insbesondere also des großen Sammelwerkes „Das Tierreich", erwarten konnte.[127] Hesses Vortragstätigkeit begann gegen Ende dieser Jahre.[128]

Einige Monate zuvor war der Direktor des Physiologischen Instituts der Berliner Universität Franz Bruno Hofmann Ordentliches Mitglied der Akademie geworden (OM 7. 4. 1926), der jedoch wenige Wochen später verstarb. Hofmann hatte Untersuchungen zur Muskelphysiologie durchgeführt. Ein zweites Arbeitsgebiet, durch das er bekannt wurde, war die Physiologie des Herzens, zu der er wertvolle Beiträge erarbeitet hatte.

Eine der langwierigsten Auseinandersetzungen der zwanziger Jahre löste der Wahlvorschlag für Richard Goldschmidt, den führenden Mitarbeiter und zweiten Direktor des KWI für Biologie, in der physikalisch-mathematischen Klasse aus. Zusammen mit Carl Correns und Franz Keibel hatte Karl Heider bereits am 31. Juli 1924 eine von Haber mitunterzeichnete Wahlbegründung für Richard Goldschmidt vorgelegt, deren Verschleppung bei Heider offenbar eine tiefe Verärgerung auslöste.[129] In der Begründung wurde Richard Goldschmidt als vielseitiger, durch glückliche Fragestellungen und fruchtbare Lösungen gleichermaßen anerkannter Zoologe ersten Ranges gewürdigt, der sich durch die Analyse des Nervensystems von Ascaris besonders auszeichnet habe und frühzeitig mit größtem Erfolg Vererbungsprobleme bearbeitet habe. Ergebnis seiner genetischen Forschungen sei das bedeutende Werk „Einführung in die Vererbungswissenschaft", in dem sich Goldschmidts Stoffbeherrschung und geistige Vertiefung zeige. „Goldschmidts neuere Untersuchungen über die Entstehung der Intersexen bei Schmetterlingen sind von ungemeiner Bedeutung. Sie eröffnen eine neue Bahn auf dem Gebiet der Vererbungslehre und führen zu bestimmten Vorstellungen über das Wesen der stofflichen Träger der Vererbung. Wir haben von Goldschmidts Arbeitskraft und genialer Begabung für die Zukunft noch viel Wertvolles zu erwarten." Es war vor allem der Paläontologe Pompeckj, der zusammen mit Rudolf Fick gegen die Wahl Richard Goldschmidts, die bis 1926 mehrfach diskutiert wurde, opponierte. Die Gegner der Wahl vermochten die wissenschaftliche Begabung und geniale Veranlagung nicht zu leugnen. Den wiederholten, vor allem von Karl Heider und Carl Correns vorgebrachten Darlegungen zu Richard Goldschmidts Leistungen suchten Joseph Pompeckj und Rudolf Fick mit Hinweisen zum mehrfachen Wechsel wissenschaftlicher Ansichten oder zur mangelnden Beobachtungsgabe und Präzision zu begegnen. Die tieferen Ursachen für die scharfe Opposition gegen die Wahl Richard Goldschmidts müssen noch analysiert werden. Die bisher

---

[127] Zu Hesses Wirken an der Berliner Universität vgl. G. Tembrock, Die Geschichte des zoologischen Instituts. In: Wiss. Zs. d. Humboldt-Universität zu Berlin, Beiheft zum Jubiläumsjahrgang (II) 1959/60, S. 119ff.

[128] Vgl. Die Stufenleiter der Organisationshöhe der Tiere. In: Sb., Phys.-mat. Kl., Jg. 1929, S. 27ff.

[129] Vgl. zum folgenden AAW II: IIIa, Bd. 24, Bl. 6, 7, 8, 9, 5.

vorliegenden Quellen lassen nicht den Eindruck entstehen, daß hier nur wissenschaftliche Motive wirksam wurden. Albert Einstein z.B., der sich in der Klassensitzung von 7. Januar 1926 nach den fachwissenschaftlichen Leistungen Richard Goldschmidts erkundigt hatte, hielt nach Karl Heiders erneuten Hinweisen die Wahlvoraussetzungen für gegeben. Karl Heider hat noch am 6. November 1928 an den von ihm nach seiner Abreise nach Italien zusammen mit Carl Correns erneuerten Wahlvorschlag erinnert.[130] Richard Goldschmidts Wahl kam nicht zustande, nachdem sich nach den ersten Vorschlägen die erforderliche Mehrheit in der Klasse nicht gefunden hatte.

Die wissenschaftliche Tätigkeit der neugewählten, der langjährigen Ordentlichen sowie einzelner Korrespondierender Mitglieder und anderer Gelehrter fand in der Vortragstätigkeit vor der Akademie einen unterschiedlichen Niederschlag. Auf der Akademie wirkte sich die Tatsache aus, daß Berlin neben Göttingen und München ein Zentrum des physikalischen Fortschritts in Deutschland blieb. Das Ringen weltberühmter Physiker wie Albert Einstein und Max Planck um die naturwissenschaftliche und erkenntnistheoretisch-philosophische Bewältigung moderner physikalischer Erkenntnisse, das im letzten von einem prinzipiellen Erkenntnisoptimismus getragen war, strahlte auch auf die Akademie aus. Ihre Überlegungen und Arbeitsergebnisse fanden, wo sie auch vorgetragen wurden, größte Beachtung.

Max Planck befaßte sich seit 1925 vor der physikalisch-mathematischen Klasse der Akademie mit der Frage „der Quantelung einatomiger Gase"; er behandelte dort im gleichen Jahre die statistische Entropiedefinition, während er 1926 Erkenntnisse „Über die Begründung des zweiten Hauptsatzes der Thermodynamik" vortrug.[131] Als Ergebnis seiner Untersuchungen formulierte er in dem letztgenannten Vortrag: „. . .Jeder in der Natur stattfindende Prozeß verläuft in dem Sinne, daß die Summe der Entropien aller an dem Prozeß beteiligten Körper vergrößert wird. Im Grenzfall, für einen reversiblen Prozeß, bleibt diese Summe ungeändert. Oder kürzer ausgedrückt: Die Entropie ist ein Maß für die Wahrscheinlichkeit. . . Damit ist der Inhalt des zweiten Hauptsatzes der Thermodynamik erschöpfend bezeichnet und zugleich der Übergang zu der statistischen Definition vorbereitet." Planck sprach sich auch in seinem Düsseldorfer Vortrag vom 14. Februar 1926 für die Anerkennung statistischer Gesetze aus. Aber er blieb auch jetzt noch dabei, „daß nur die streng dynamische Gesetzlichkeit den Anforderungen unseres Erkenntnisstrebens voll genügt, während dagegen jedes statistische Gesetz im Grunde unbefriedigend" sei, da es nicht genau gelte, sondern im Einzelfall Ausnahmen zuließe. In Wirklichkeit habe „gerade das Bestreben, hinter jeder statistischen Gesetzmäßigkeit eine dynamische, streng kausale zu suchen, uns die allerwichtigsten Fortschritte in der Erforschung der atomistischen Vorgänge gebracht. . . ", betonte Planck, der sich hier erneut gegen den Indeterminismus in der theoretischen

[130] Vgl. AAW II: IIIa, Bd. 24, Bl. 5 (Schreiben Heiders an die Akademie vom 6. 11. 1928).
[131] Vgl. Sb., Phys.-math. Kl., Jg. 1925, S. 49ff.; ebda., S. 442ff.; Jg. 1926, Phys.-math. Kl., S. 453ff. (folgendes Zitat ebda., S. 463).

Physik wandte und dabei auch der statistischen Komponente der Quantentheorie skeptisch gegenüberstand.[132]

Max Planck suchte den sich verstärkenden positivistischen Tendenzen auch vor einer breiteren Öffentlichkeit entgegenzuwirken. So betonte er in seinem Düsseldorfer Vortrag, „daß das Wesen der physikalischen Gesetzlichkeit sich nicht durch reines Nachdenken erschließen läßt, sondern daß es hierfür keinen anderen Weg gibt, als den, sich vor allen an die Natur zu wenden, in ihr möglichst zahlreiche und vielseitige Erfahrungen zu sammeln, dieselben miteinander in Vergleich zu bringen und zu möglichst einfachen und weittragenden Sätzen zu verallgemeinern, mit einem Wort die Methode der Induktion."[133] In einem Vortrag im physikalischen Institut der Universität Leiden, den er auf Einladung der naturwissenschaftlichen Studentenorganisation und des führenden Theoretikers Hendrik Antoon Lorentz 1929 hielt, verwies er auf die Vernunft, die den Menschen lehre, daß die reale Außenwelt unabhängig vom menschlichen Bewußtsein existiere und daß sie sich nach Gesetzen entwickle, die „bestanden haben, bevor es überhaupt Leben auf der Erde gab, und fortbestehen werden, wenn einmal der letzte Physiker von ihr verschwunden sein wird. Durch solche Erwägungen, nicht durch logische Schlußfolgerungen, werden wir genötigt, hinter der Sinnenwelt noch eine zweite, die reale Welt, anzunehmen, welche ein selbständiges, vom Menschen unabhängiges Dasein führt."[134]

In seinem philosophischen Denken ging auch Max Planck, der Gelehrte wie Hermann von Helmholtz zu seinen Lehrern gezählt hatte, von der klassischen deutschen Philosophie aus. Dabei knüpfte auch er z. B. an die Erkenntnistheorie Immanuel Kants an, die er partiell zu überwinden vermochte, während er — wie andere führende Vertreter der Naturwissenschaften — den fruchtbaren Kern der Hegelschen Dialektik nicht erkannt hat.[135] Max Planck bezog sich hier auch auf den Apriorismus im Sinne Kants. Im wesentlichen jedoch enthielt sein Vortrag eine Absage an den subjektiven Idealismus und Neopositivismus in der

---

[132] Planck wandte sich hier gegen den Indeterminismus als physikalisches Programm, das mit der revolutionierenden Weiterentwicklung der Quantentheorie seit den zwanziger Jahren durch verschiedene bürgerliche Physiker ausgebaut wurde. Den Weg zur Überwindung der hier am Beispiel Plancks angedeuteten — aus der Diskrepanz zwischen klassischem Determinismus und Konsequenzen der Quantentheorie resultierenden — Schwierigkeiten weist der dialektische Determinismus, der auch die Anerkennung statistischer Gesetze impliziert. Vgl. z. B. H. Hörz, Physik und Weltanschauung. Standpunkte der marxistischen Philosophie zur Entwicklung der Physik, Leipzig/Jena/Berlin 1968, S. 69ff.; ders., Materiestruktur, a. a. O., S. 197ff.

[133] M. Planck, Physikalische Gesetzlichkeit im Lichte neuerer Forschung. In: Ders., Physikalische Abhandlungen und Vorträge, Bd. III, Braunschweig 1958, S. 159.

[134] M. Planck, Zwanzig Jahre Arbeit am physikalischen Weltbild. In: Ebda., S. 181.

[135] Vgl. zur Bedeutung der klassischen Philosophie für die Entwicklung des physikalischen Denkens u. a. Hermann von Helmholtz, Philosophische Vorträge und Aufsätze. Eingeleitet und mit erläuternden Anmerkungen herausgegeben von Herbert Hörz und Siegfried Wollgast, Berlin 1971, Einleitung (bes. S. XXVIff.); H. Hörz, Die Bedeutung der Hegelschen Dialektik für die Physik. In: H. Ley (Hrsg.), Zum Hegelverständnis unserer Zeit. Beiträge marxistisch-leninistischer Hegelforschung, Berlin 1972, S. 200ff.

Physik, auf dessen solipsistische Konsequenzen er auch in seinem Leidener Vortrag verwies. Sein prinzipielles Bekenntnis zum Kausalitätsprinzip formulierte Planck in seinem Düsseldorfer Referat erneut: ,,Daher liegt es nach meiner Meinung durchaus im Interesse einer gesunden Fortentwicklung, nicht nur das Bestehen einer Gesetzlichkeit zu den Postulaten der physikalischen Wissenschaft zu rechnen, wie das im Grunde stets geschehen ist... Die Voraussetzung einer strengen Kausalität wird auch die Wissenschaft vom geistigen Leben niemals entbehren können...''[136] Hier bejahte Max Planck zugleich auch die Einheit der Wissenschaften, die für ihn in einer deterministischen, jedoch mit der menschlichen Willensfreiheit zu vereinbarenden Kausalitätsauffassung eine ihrer Grundlagen hatte. Planck betonte die Unabdingbarkeit eines antipositivistischen, in seinem Wesen materialistischen Bündnisses zwischen Naturwissenschaften und Philosophie ,,Es hat Zeiten gegeben, in denen sich Philosophie und Naturwissenschaft fremd und unfreundlich gegenüberstanden. Diese Zeiten sind längst vorüber... Gerade die neuere Physik prägt uns die alte Wahrheit wiederum mit aller Schärfe ein. Es gibt Realitäten die unabhängig sind von unseren Sinnesempfindungen, und es gibt Probleme und Konflikte, in denen diese Realitäten für uns einen höheren Wert besitzen als die reichsten Schätze unserer gesamten Sinneswelt.''[137]

Aus Max Plancks Positionen ergab sich, daß er der Wellenmechanik Erwin Schrödingers mit größerer Offenheit gegenüberstand als den quantenmechanischen Auffassungen des Kreises um Werner Heisenberg, Max Born, Pascual Jordan und Niels Bohr. Auch er hat jedoch der statistischen Deutung der Quantenmechanik bis hin zur Unschärferelation Werner Heisenbergs vorgearbeitet und die gesicherten neuen physikalischen Erkenntnisse anerkannt. Max Plancks Einsatz für die Entwicklung der modernen Physik, für das naturwissenschaftliche Weltbild gehört zu den wertvollen progressiven Traditionen, die von der Wissenschaft in der DDR gepflegt und auf höherer Ebene fortgeführt werden.[138] Hier liegt sein unvergängliches Verdienst, das über gesellschaftliche Traditionen und politische Bindungen — er hatte sich nach 1818 der Deutschen Volkspartei angeschlossen[139] — bestehen bleibt.

---

[136] M. Planck, Physikalische Gesetzlichkeit im Lichte neuerer Forschung. In: a. a. O., S. 165.

[137] Ebda., S. 171.

[138] Anläßlich seines 100. Geburtstages gedachte die Akademie im April 1958 in Anwesenheit zahlreicher Gäste ihres großen Mitgliedes, das sich als Sekretär für ihre wissenschaftliche Entwicklung und für die Bewahrung humanistischer Traditionen eingesetzt hatte. Vgl.: Max Planck zum Gedenken. Hrsg. v. d. DAW zu Berlin, Berlin 1958. Dazu den Bericht des Generalsekretärs Akademiemitglied G. Rienäcker für 1958. In: Jb., Jg. 1958, S. 127. Zu den Planck-Ehrungen in der DDR vgl. auch Max-Planck-Konferenz am 23. April 1958 (Jena). In: Wiss. Zeitschr. der Friedrich-Schiller-Universität Jena, Math.-naturw. Reihe, H. 2/3, Jg. 7/1958. Zu dieser Zeit erschien auch die unter Mitarbeit führender Fachvertreter vieler Staaten erarbeitete, von B. Kockel (Leipzig), W. Macke (Dresden) und A. Papapetrou (Berlin) herausgegebene ,,Max-Planck-Festschrift 1958'', a. a. O..

[139] Vgl. dazu auch die Personalbogeneintragung Plancks v. 4. 3. 1939, in der auf die Frage nach der Parteizugehörigkeit geantwortet wurde: ,,Der Deutschen Volkspartei von ihrer Gründung bis zu ihrer Auflösung''. (AAW II: IIIa, Bd. 74, Bl. 1).

Das Ringen um eine einheitliche physikalische Theorie, die mit den objektiven Naturgesetzen im Einklang steht, blieb auch das grundlegende wissenschaftliche Anliegen Albert Einsteins. Für Einstein leitete die revolutionäre Entwicklung der Quantentheorie seit 1925/26 eine neue Phase seines eigenen Ringens um die geschlossene physikalische Theorie ein, das wiederum seinem Bedürfnis nach einem einheitlichen wissenschaftlichen Weltbild entsprach. Quantentheorie und Relativitätstheorie hatten sich zunächst logisch unabhängig voneinander entwickelt. Persönlich hatte Albert Einstein an der Entwicklung quantentheoretischer Auffassungen großen Anteil, wofür seine korpuskulare Theorie der Lichtquanten (Photonen) im Jahre 1905 den frühesten Beweis darstellte. Nachdem Niels Bohr die Quantentheorie auf die Linienspektren der Elemente erfolgreich angewandt und eine neue Phase der Quantentheorie eingeleitet hatte, löste Albert Einstein 1917 das Problem, „das Plancksche Strahlungsgesetz in Übereinstimmung mit den Bohrschen Postulaten auf Grund allgemeiner, für alle atomaren Systeme gültiger Annahme abzuleiten... Mit Hilfe allgemeiner statistischer Gesetze für die spontanen und induzierten Emissionsprozesse und für deren Umkehrung, die Absorbtionsprozesse, konnte er das Plancksche Strahlungsgesetz neu begründen."[140]

Albert Einstein hatte sich mit der Problematik statistischer Gesetzmäßigkeiten 1924/25 erneut befaßt, wozu eine von ihm übersetzte und publizierte Arbeit des indischen Physikers Jagadis Chundra Bose den Anstoß gab.[141] Bose hatte die Photonen als nicht unterscheidbare Gaspartikel statistisch-mechanisch erfaßt und die Anzahl der Zustände berechnet, deren eine gegebene Zahl solcher Partikel fähig ist. „Einstein verallgemeinerte diese Idee durch den Vorschlag, den gleichen Gedankengang auf materielle Atome anzuwenden, um die Quantentheorie einatomiger Gase zu erhalten."[142] Damit entstand in der Bose-Einstein-Statistik sein letzter direkter und sehr wesentlicher Beitrag zur Quantentheorie. Albert Einstein hat seine Überlegung kurz vor den quantenmechanischen Ansätzen der Göttinger Physiker in der Akademie vorgetragen.[143] Bereits in seinem berühmten Aufsatz von 1917 hatte er jedoch auf die Schwäche seiner damaligen statistischen Überlegungen verwiesen, die er in der großen Rolle des „Zufalles" in den Elementarprozessen sah. Was damals noch optimistisch ausklang, wurde zu Einsteins Hauptbesorgnis, als die statistische Deutung der Quantenmechanik durch Werner Heisenberg, Einsteins Freund Max Born und andere er-

---

[140] W. Pauli, Einsteins Beitrag zur Quantentheorie, in: Albert Einstein als Philosoph und Naturforscher, herausgeg. von P. A. Schilpp, a. a. O., S. 79. Einsteins Originalarbeit: Zur Quantentheorie der Strahlung. In: Phys. Zs. 18/1917, S. 121ff.; Verhdlg. der dt. Phys. Gesellsch. Nr. 13/14/1916.

[141] Vgl. S. N. Bose, Zs. f. Phys., Bd. 26/1924, S. 178ff.; W. Pauli, a. a. O., S. 80f.; M. Born, Einsteins statistische Theorie. In: Albert Einstein als Philosoph und Naturforscher, a. a. O., S. 93f.

[142] M. Born, a. a. O., S. 94.

[143] Vgl. A. Einstein, Quantentheorie des einatomigen idealen Gases. Erste und zweite Abhandlung. In: Sb., Phys.-math. Kl., Jg. 1924, S. 261ff., Jg. 1925, S. 3ff. Ders., Zur Quantentheorie des idealen Gases. In: Sb., Jg. 1925, S. 18ff.

folgt war. Vor allem seit 1927, als Heisenbergs Unbestimmtheitsrelation formuliert war und aus Bohrs Komplementaritätsprinzip die „Unmöglichkeit einer scharfen Trennung zwischen dem Verhalten atomarer Objekte und der Wechselwirkung mit Meßgeräten ... " gefolgert wurde, entwickelte sich eine grundsätzliche Disskusion, die Niels Bohr als Hauptpartner Einsteins rückblickend geschildert hat.[144] Niels Bohr hatte seine Komplementaritätsauffassung auf dem Internationalen Volta-Physikerkongreß im September 1927 in Como vorgetragen, auf dem Albert Einstein nicht anwesend war. Dieser griff jedoch kurz darauf, auf dem 5. Brüsseler Solvay-Kongress im Oktober 1927, in die Diskussion ein, wobei er von seiner tiefen Besorgnis ausging, „daß in der Quantenmechanik von einer kausalen Beschreibung in Raum und Zeit so weitgehend Abstand genommen werde."[145] Einstein hat aus diesem Grund mit verschiedenen Gedankenexperimenten eine Unvollständigkeit der Quantenmechanik abzuleiten versucht; auch er fand zunächst die Wellenmechanik Erwin Schrödingers einleuchtender. Seine Stellung zur Quantentheorie hat Einstein in Briefen an Arnold Sommerfeld und Max Born umrissen. „Ich gebe Ihnen gerne zu, daß an dem spinnenden Elektron nicht zu zweifeln ist", schrieb er am 21. August 1926 an Arnold Sommerfeld. „Aber einstweilen ist wenig Hoffnung, seine Notwendigkeit von innen heraus zu begreifen. Von den neuen Versuchen, eine tiefere Formulierung der Quantengesetze zu erhalten, gefällt mir der von Schrödinger am besten". Am 28. November 1926 äußerte er sich dazu weiterhin zu Sommerfeld: „Die Erfolge von Schrödingers Theorie machen großen Eindruck, und doch weiß ich nicht, ob es sich um mehr handelt als bei der alten Quantenregel, d. h. um etwas, was einer Seite des wirklichen Geschehens entspricht."[146] In einem undatierten Brief an Max Born aus der gleichen Zeit kündigte er eine eigene Arbeit für die Berliner Akademie an, in der gezeigt werden sollte, „daß man der Schrödinger Wellenmechanik ganz bestimmte Bewegungen zuordnen kann, ohne jede statistische Deutung."[147] Am 4. Dezember 1926 hatte er an Max Born geschrieben: „Die Quantenmechanik ist sehr achtunggebietend. Aber eine innere Stimme sagt mir, daß das doch nicht der wahre Jakob ist. Die Theorie liefert viel, aber dem Geheimnis des Alten bringt sie uns kaum näher. Jedenfalls bin ich überzeugt, daß der nicht würfelt. . ."[148]

Niels Bohr hat in seinem Bericht auf die Bereicherung verwiesen, welche die Quantenmechanik den Diskussionen mit Albert Einstein verdankt.[149] Aus seinen Darlegungen wie aus dem Briefwechsel mit Max Born und Arnold Sommerfeld ergeben sich Einsteins Besorgnisse gegenüber indeterministischen Deutungen der Quantenmechanik, die mit einer von ihm nicht anerkannten „Rela-

---

[144] N. Bohr, Diskussion mit Einstein über erkenntnistheoretische Probleme in der Atomphysik. In: Albert Einstein als Philosoph und Naturforscher, a. a. O., S. 115ff.

[145] Ebda. S. 124f.

[146] Albert Einstein/Arnold Sommerfeld, Briefwechsel, a. a. O., S. 108f.

[147] Vgl. Albert Einstein, Hedi und Max Born, Briefwechsel, a. a. O., S. 136. (Hervorh. im Text).

[148] Ebda., S. 129.

[149] Vgl. N. Bohr, a. a. O., S. 130.

tivität in bezug auf Beobachtungsmittel"[150] verbunden wurden und sich den von Einstein betonten, auch in der theoretischen Forschung unserer Zeit noch weiterverfolgten Grundfragen nach der Objektivierbarkeit und Lokalisierbarkeit in Raum und Zeit nicht zuzuordnen schienen.[151]

Kurze Zeit nach Albert Einsteins Brief an Arnold Sommerfeld gelang Paul Adrien Maurice Dirac mit seiner relativistischen Wellengleichung die von Einstein vermißte Erklärung des Elektronenspins „von innen heraus".

Einsteins Skepsis gegenüber der Quantenmechanik hing mit seinen langjährigen, in ihrer Intention großartigen Bemühungen um die Entwicklung einer einheitlichen Feldtheorie der Materie, um die Zusammenführung der Theorie des Gravitationsfeldes mit der des elektromagnetischen Feldes zusammen. Dieser Zusammenhang deutet sich z. B. in einem Brief an Hermann Weyl vom 27. April 1927 an, in dem es — im Anschluß an die erste lobende Äußerung zu Weyls Arbeit über die Bewegungsgesetze des Elektrons — heißt: "Ich lege deshalb auf die ganze Sache soviel Wert, weil es sehr wichtig wäre, zu wissen, ob die Feldgleichungen als solche durch die Tatsache der Quanten als widerlegt anzusehen sind oder nicht. Man ist ja natürlich geneigt, dies zu glauben, und die meisten glauben dies auch. Aber bewiesen scheint mir bis heute noch nichts darüber zu sein'"[152]

Albert Einsteins Bemühungen um die Entwicklung der Feldtheorie fanden in Akademievorträgen und -publikationen wesentlichen Niederschlag, nachdem er seine Berufung auf den seit dem Ausscheiden von Hendrik Antoon Lorentz (1923) zunächst verwaisten Leidener Lehrstuhl nicht angenommen hatte; er bekleidete statt dessen neben seiner hauptamtlichen Akademiemitgliedschaft, seinen Berliner Universitätsvorlesungen sowie der Arbeit im KWI für (theoretische) Physik eine außerordentliche Professur in Leiden und reiste fortan zwischen Berlin und der holländischen Universitätsstadt, an der sein Freund Paul Ehrenfest dann tätig war, hin und her.[153] Zusammen mit Jakob Grommer hat er 1927 vor der physikalisch-mathematischen Klasse der Aka-

---

[150] In dieser Ablehnung der „epistemologischen Grundlage der Quantenmechanik" sieht V. A. Fok einen Hauptgrund für die Einsteinsche Aversion gegen die Quantenmechanik. Vgl. V. A. Fok, Die Grundprinzipien der Einsteinschen Gravitationstheorie. In: DAW zu Berlin, Einstein-Symposium, a. a. O., S. 34. Vgl. auch hierzu den bereits erwähnten Aufsatz von H.-J Treder, Einstein, das „Quantenrätsel" und die „Anti-Teilchen" In: Spektrum, H. 2/1975, S. 28ff.

[151] Dies waren die Grundfragen, um die führende Physiker der Zeit rangen, die sie aber, wie etwa Born gegenüber Einstein, damals unterschiedlich beantworteten. Einstein war fest überzeugt, „daß uns die Physik Kenntnisse von der objektiv-existierenden Außenwelt liefere", schrieb Born rückschauend zu einem Einstein-Brief vom 29. 4. 1924; er selbst sei langsam dazu bekehrt worden, „. . . daß wir nur in jedem Zeitpunkt eine rohe, angenäherte Kenntnis der objektiven Welt haben und aus dieser nach bestimmten Regeln, den Wahrscheinlichkeitsgesetzen der Quantenmechanik, auf unbekannte (z. B. zukünftige) Zustände schließen können." (Einstein/Born, Briefwechsel, a. a. O., S. 119).

[152] Zit. nach C. Seelig, Albert Einstein, Leben und Werk eines Genies unserer Zeit, a. a. O., S. 327.

[153] Auf diese neue Tätigkeit Einsteins in Leiden verweist C. Seelig, ebda., S. 335.

demie die Aufgabe entwickelt, „auf die Unabhängigkeit von Feld- und Bewegungsgleichungen(zu)verzichten und die Bewegungsgleichungen aus den Feldgleichungen her(zu)leiten".[154] Diese Aufgabe hat Einstein in den Jahren 1937 bis 1939 zusammen mit Leopold Infeld und Bruno Hofmann gelöst.[155] Er hat sich im gleichen Jahre 1927 vor der Klasse mit „Kaluzas Theorie des Zusammenhanges von Gravitation und Elektrizität" in zwei Mitteilungen befaßt.[156] 1928 trug er „Neue Möglichkeiten für eine einheitliche Feldtheorie von Gravitation und Elektritzität" vor; im folgenden Jahre entwickelte er seine damaligen Vorstellungen über die einheitliche Feldtheorie und bald darauf über „Einheitliche Feldtheorie und Hamiltonsches Prinzip" vor der Klasse.[157] Über zwanzig Jahre lang, bis in seine letzte Princetoner Zeit, hat sich Einstein um die Schaffung einer einheitlichen („totalen") Feldtheorie bemüht.[158] Die neue, in den zwanziger Jahren einsetzende Phase in diesem nicht zum Abschluß gelangten Ringen des größten Physikers der ersten Hälfte unseres Jahrhunderts hat vor der Akademie ihren Ausdruck gefunden.[159]

Albert Einstein hat sich 1924 mit dem (im Wesen materialistischen) Atomismus der antiken Naturphilosophie befaßt. Er hat den zweiten Band der großen Lukrez-Ausgabe von Hermann Diels eingeleitet.[160] Der Band erschien 1924, zwei Jahre nach dem Tode von Hermann Diels.[161] Er ist, worauf Hans-Jürgen Treder aufmerksam gemacht hat, ein Dokument des Zusammenwirkens zwischen dem führenden Altphilologen, der mit den Vorsokratiker-Fragmenten die Quellen des griechischen Atomismus erschloß und den Weg zu Epikur und Lukrez zeigte, und dem großen Physiker, der die Bedeutung des antiken philosophischen Atomismus für die philosophische und physikalische Grundlagenforschung in den Naturwissenschaften erkannt und fruchtbar gemacht hat und hier auch die Erkenntnis der prinzipiellen Einheit der Wissenschaften in spezifischer Weise unterstrich.

Albert Einsteins progressiv-humanistische Positionen in der Gesellschaft blieben unverändert. 1925 unterzeichnete er zusammen mit Mahatma Gandhi, Rabindranath Tagore, Herbert George Wells, Henri Barbusse, Georges Duhamel und anderen Humanisten und Kriegsgegnern ein für ihn charakteri-

[154] B. G. Kuznecov, Von Galilei bis Einstein, a. a. O., S. 289. Die Originalarbeiten: A. Einstein, (zusammen mit J. Grommer), Allgemeine Relativitätstheorie und Bewegungsgesetz. In: Sb., Phys.-math. Kl., Jg. 1927, S. 2ff. A. Einstein, Allgemeine Relativitätstheorie und Bewegungsgesetz. In: Sb., Phys.-math. Kl., Jg. 1927, S. 235ff.

[155] B. G. Kuznecov, a. a. O., S. 289.

[156] Vgl. Sb., Phys.-math. Kl., Jg. 1927, S. 23ff., 26ff.

[157] Sb., Phys.-math. Kl., Jg. 1928, S. 224ff.; Jg. 1929, S. 2ff.; ebda., S. 156ff.

[158] Vgl. hierzu auch V. A. Fok, a. a. O., S. 33f.

[159] Vgl. hierzu u. a. A. Griese, Philosophische Aspekte des Einsteinschen Programms zur Weiterentwicklung der Physik. In: Relativitätstheorie und Weltanschauung, a. a. O., S. 65ff.

[160] Vgl. H.-J. Treder, Die Trägheit und die Schwere des Lichtes von Lukrez bis Einstein. Zum 50. Jahrestag des Erscheinens der von H. Diels und A. Einstein besorgten Berliner Lukrez-Ausgabe. In: Spektrum, H. 7/1974, S. 19ff; ders., Aberration, Schwere und Massenäquivalent des Lichts. In: Wissenschaft und Fortschritt, H. 8/1974, S. 338ff.

[161] Vgl.: T. Lucretius Carus, De rerum natura — Über die Natur der Dinge. Eingeleitet und herausgegeben von H. Diels und A. Einstein, 2 Bände, Berlin 1923 und 1924.

stisches pazifistisches Manifest gegen die allgemeine Wehrpflicht.[162] Er blieb aktives Mitglied der „Deutschen Liga für Menschenrechte", des früheren „Bundes Neues Vaterland"; seine Funktion in der Völkerbundskommission für geistige Zusammenarbeit hatte er jedoch aufgegeben. Als Angehöriger ihres Zentralkomitees hat Einstein 1925 z. B. einen Aufruf „der Gesellschaft der Freunde des Neuen Rußland" unterzeichnet, in dem für die Verständigung und Zusammenarbeit zwischen Deutschland und der Sowjetunion geworben wurde und der mit den Worten begann: „Seit mehreren Jahren vollzieht sich in Rußland ein wirtschaftliches und geistiges neues Werden, das die Aufmerksamkeit aller Kulturvölker auf sich lenkt. Aber es war bisher nicht möglich, die mannigfachen Kräfte, die dort am Werke sind, um neue Wirtschafts- und Lebensformen zu schaffen, hinreichend kennenzulernen".[163] Einstein hat die Arbeit der Roten Hilfe Deutschlands und der Internationalen Arbeiterhilfe unterstützt. Er gehörte z. B. zusammen mit den Malern Heinrich Vogeler und Hans Baluschek, mit Wilhelm Pieck als dem Leiter der RHD, mit A.N. Frey, Max und Lilly Hertzberg, Kurt Hiller, Magnus Hirschfeld, Siegfried Jacobsohn, Georg Kaiser, Egon Erwin Kisch, Klabund, Heinrich und Thomas Mann und anderen zum Kuratorium der beiden Kinderheime, über welche die Rote Hilfe in Elgersburg und Worpswede verfügte.[164] Albert Einsteins antimilitaristische und bürgerlich-antiimperialistische Überzeugung und sein öffentlicher Einsatz gegen soziale Ungerechtigkeit und reaktionären politischen Terror in der kapitalistischen Gesellschaft gaben ihm eine Sonderstellung unter den Akademiemitgliedern. Er gehörte zu jenen Intellektuellen, welche die Protestbewegung gegen den in den USA vorbereiteten Justizmord an den Arbeiterführern Sacco und Vanzetti aktiv unterstützten.[165] Der Tod Wladimir Iljitsch Lenins war für ihn Anlaß, seiner Bewunderung Ausdruck zu geben: „Ich verehre in Lenin einen Mann, der seine ganze Kraft unter völliger Aufopferung seiner Person für die Realisierung sozialer Gerechtigkeit eingesetzt hat. Seine Methode halte ich nicht für zweckmäßig. Aber eines ist sicher: Männer wie er sind die Hüter und Erneuerer des Gewissens der Menschheit."[166] Albert Einstein, der seit 2. Dezember 1922 Korrespondierendes, seit 4. Dezember 1928 Ehrenmitglied der sowjetischen Akademie der Wissenschaften war, unterstrich die Bedeutung mehrfach, die er dem Aufbau der neuen Gesellschaft beimaß. Ende der zwanziger Jahre bemerkte er: „Westeuropa wird Euch bald beneiden."[167]

So blieb Albert Einstein — gerade gegenüber den in Deutschland gegebenen gesellschaftlichen Verhältnissen — eine Ausnahme in der Akademie. Die Tätig-

[162] Vgl. C. Seelig, a. a. O., S. 283.
[163] Abschrift des Aufrufes in ZStA Potsdam, RMdI, Nr. 13 394/3, Bl. 148.
[164] Vgl. ZStA Potsdam, RKO, Nr. 262, Bl. 243 (Ausschnitt aus dem politischen Lagebericht Stuttgart v. 21. 7. 1926).
[165] Vgl. Geschichte der deutschen Arbeiterbewegung, Bd. 4, Berlin 1966, S. 132.
[166] A. Einstein, Gelegentliches, Berlin 1929. Zit. nach F. Herneck, Einstein und die Sowjetunion. In: Deutschland-Sowjetunion, a. a. O., S. 454.
[167] Das Neue Rußland, Jg. 8/1931, H. 8/1931, H. 8/9, S. 40. Zitat nach F. Herneck, ebda., S. 457.

keit Fritz Habers, des Direktors des KWI für Elektrochemie und physikalische Chemie, des Stellvertreters von Schmidt-Ott in der Notgemeinschaft und Mitgliedes zahlreicher anderer wissenschaftlicher Führungsgremien und Ausschüsse, hatte sich seit seiner leitenden Wirkung für den „Kriegseinsatz“ der chemischen Forschung mehr und mehr in den Bereich bürgerlicher Wissenschaftspolitik verlagert und damit von der Forschung zunehmend entfernt. Dies kam auch in seiner Vortragstätigkeit vor der Akademie zum Ausdruck, die sich auf zwei Vorträge „Über die Zündung des Knallgases durch Wasserstoffatome“ (1928, zusammen mit Hans Dieter Graf von Schweinitz) sowie „Über die Rolle der Elektrizitätsträger bei der Explosion brennbarer Gase“ beschränkte.[168]

Fritz Haber blieb — trotz seiner auf die Vorkriegsjahre zurückgehenden Differenzen zu Carl Bosch um die Priorität an der Ammoniaksynthese — mit der Wissenschaftspolitik im kapitalistischen Deutschland verbunden. In seiner gesellschaftlichen Haltung reflektierte sich das veränderte Kräfteverhältnis; er hat die Weimarer Republick mehr und mehr befürwortet. 1924 sagte er rückschauend auf die Zeit vor der Revolution:„Reichtum war kein Ziel und Geld kein Wert, um die es sich zu leben lohnte, und die sozialen Dinge lagen uns fern; denn vom Arbeiter wußten wir nichts und waren naiv bürgerlich bis auf die Knochen. . .“[169] Fritz Haber gab den Machtverhältnissen im Weimarer Staat, für den er sich zunehmend engagierte, eine verfehlte Interpretation. Die Novemberrevolution habe angeblich den „Übertritt des Arbeiters aus dem Kreise der Regierten in den der Mitregierenden“ herbeigeführt, erklärte er in einem Vortrag vor der Deutschen Gesellschaft für Natur- und Völkerkunde in Tokio im November 1924.[170]

Meinungsverschiedenheiten zwischen Fritz Haber und Friedrich Schmidt-Ott resultierten aus den unterschiedlichen wissenschaftspolitischen Auffassungen, bei denen sich Haber als der gegenüber den neuen Bedingungen Anpassungsfähigere erwies, aber auch selbst nach entscheidenden Führungspositionen in der bürgerlichen deutschen Wissenschaftspolitik strebte. In einem Schreiben an Max Planck vom 29. September beklagte er sich über die Belastung, welche die Tätigkeit im Präsidium und im Verwaltungsausschuß der KWG für ihn bedeutet habe. Er bat Planck, der in den Verwaltungsausschuß gewählt worden war, für eine stärkere, ihrer Bedeutung entsprechende Heranziehung von Naturwissenschaftlern zu leitenden Gremien der KWG einzutreten.[171]Er beklagte sich zugleich, daß er erst in einer Senatssitzung der Gesellschaft um seine Meinung zur beabsichtigten Gründung eines KWI für menschliche Vererbungslehre befragt worden sei — eine Absicht, über die er zuvor nicht unterrichtet worden sei. Hier deutete sich an, daß Haber die rassistischen Gefahren der neuen

---

168 Vgl. Sb., Phys.-math. Kl., Jg. 1928, S. 499ff.; Jg. 1929, S. 162ff.
169 F. Haber, Aus Leben und Beruf, Berlin 1927, S. 29.
170 F. Haber, Über Wissenschaft und Leben. In: Ebda., S. 39.
171 Vgl. das Schreiben Fritz Habers an Planck v. 29. 9. 1926. In: ZStA Potsdam, RMdI, Nr. 8970/11, Bl. 157f.

Institutsgründung empfand; die gesellschaftlichen Wurzeln des Rassismus vermochte auch er nicht zu erkennen.[172]

In ein wesentliches Problem chemischer Forschung und Praxis führte 1927 Wilhelm Schlenks Festvortrag „Über die Bedeutung der Radikale für die organische Chemie".[173] Schlenk erinnerte hieran die Aufstellung der Radikaltheorie durch Justus Liebig und Friedrich Wöhler (1832); er zeigte, wie die Radikaltheorie, zunächst durch Robert Bunsen (freie Radikale) bestätigt und vertieft, in der zweiten Hälfte des 19. Jahrhunderts — nicht zuletzt im Anschluß an die von August Kekulé inaugurierte, äußerst fruchtbare organische Valenzchemie — zurücktrat und nicht mehr verfolgt wurde, bis der Amerikaner Gomberg 1900 und später er, Wilhelm Schlenk selbst mit seinen Mitarbeitern, freie Radikale nachwiesen, die sich jedoch erst jetzt in das theoretische Gebäude einfügten: „Heute dagegen führte die Entdeckung der freien Radikale zu keinem Widerspruch gegen den Valenzbegriff, sondern zu einer Vertiefung desselben, oder, wie Alfred Werner, der erfolgreichste moderne Förderer unserer valenztheoretischen Erkenntnisse, sich äußerte: Zum Schlußstein in der Theorie vom wechselnden Affinitätswert der Kohlenstoffbindung."

Albrecht Penck, einziger Geograph in der Akademie, befaßte sich in seinen Akademievorträgen weiterhin vorwiegend mit Problemen der physischen Geographie; er legte weitere Arbeiten insbesondere zur Glazialentwicklung in den Alpengebieten vor: 1925 behandelte er in der physikalisch-mathematischen Klasse den „postglazialen Vulkan von Köfels im Ötztale", im gleichen Jahre trug er „glazialgeologische Beobachtungen in den Bayrischen Hochalpen" vor und behandelte zusammenfassend „Die Eiszeit in den Bayrischen Hochalpen".[174] 1928 untersuchte er verallgemeinernd „Die Ursachen der Eiszeit", während er im folgenden Jahre über „Geomorphologische Probleme im Fernen Westen Nordamerikas" sprach.[175] Im Jahre 1924 äußerte er sich zusammenfassend über „Das Hauptproblem der physischen Anthropogeographie", wie er es sah[176]: hier wandte er sich der ökonomischen und „Anthropogeographie" zu, wobei deutlich wurde, daß mit Penck auch ein führender bürgerlicher Geograph zumindest die malthusianistische These von dem angeblichen Gesetz des schnelleren Wachstums der menschlichen Bevölkerung (in geometrischer Progression) gegenüber dem langsameren der Nahrungsmittelproduktion (in arithmetischer Progression) nicht anzuerkennen vermochte. Albrecht Penck, der Nachfolger Ferdinands von Richthofen auf dem Berliner Lehrstuhl für Geographie,

---

172 Direktor dieses Instituts wurde Eugen Fischer, der bereits in der Vorgeschichte der Gründung mit rassistischen Äußerungen, Angriffen gegen die Gefahren des „Rassenchaos" und der „Rassenmischung" hervorgetreten war und die „Siebung nach oben" vor allem gegenüber dem Proletariat gefordert hatte (Vgl. ders., Zweck und Aufgaben eines Forschungsinstitutes für Anthropologie, menschliche Erblichkeitslehre und Eugenik. In: ZStA Potsdam, RMdI, Nr. 8970/10, B. 326ff.).

173 Vgl. Sb., Jg. 1927, S. XXXIff

174 Vgl. Sb., Phys.-math. Kl., Jg. 1925, S. 218ff; ebda., S. 301ff.; 349ff.

175 Vgl. Sb., Jg. 1928, Phys.-math. Kl., S. 76ff.; Jg. 1929, S. 187ff.

176 Vgl. Sb., Phys.-math. Kl., Jg. 1924, S. 242ff.

vermochte sich von jenen verhängnisvollen Traditionen nationalistischer Geographie nicht zu befreien, die seit den Tagen Friedrich Ratzels die führenden bürgerlichen Geographen in Deutschland beeinflußten: Am Beispiel Pencks zeigt sich vielmehr, daß auch bekannte Geographen, die zur Vertiefung morphologischer oder glaziologischer und anderer physisch-geographischer Erkenntnisse maßgeblich beigetragen hatten und insgesamt die Probleme und Schwerpunkte der Forschung weitgreifend mitgestalteten, unter den gesellschaftlichen Bedingungen des imperialistischen Deutschlands durch nationalistische und expansionistische Auffassungen beeinflußt wurden.[177]

Max Rubner blieb ein Repräsentant vor allem der ernährungs- und arbeitsphysiologischen und hygienischen Forschung. Probleme der Ernährungsentwicklung und -physiologie behandelte er zusammenfassend vor der physikalisch-mathematischen Klasse der Akademie, wobei er an seine bereits erwähnten grundsätzlichen Erkenntnisse von der Gültigkeit des Gesetzes der Erhaltung der Energie im tierischen und menschlichen Organismus und von der Austauschbarkeit von Nahrungsstoffen entsprechend ihrem bestimmbaren Energie- (heute: Kalorien-) gehalt anknüpfte. Nachdem er 1924 über eine neue Form des von ihm entwickelten Respirationsapparates berichtet hatte, behandelte er im gleichen Jahre „. . . Die Bildung der Körpermasse im Tierreich und die Beziehung der Masse zum Energieverbrauch". 1925 sprach er z. B. über das „Brotgetreide in physiologischer und volkswirtschaftlicher Hinsicht"; er untersuchte 1926 „Die Beziehung zwischen Nahrungsaufwand und körperlicher Leistung des Menschen" und wies 1929 auf „Alte und neue Irrwege auf dem Gebiet der Volksernährung" hin.[178] Im Jahre 1928 hielt er einen Vortrag über die „Welternährung in Vergangenheit, Gegenwart und Zukunft", wobei er die Abhängigkeit der Ernährungsprobleme von den gesellschaftlichen Verhältnissen, das Versagen des Kapitalismus gegenüber den Ernährungsproblemen breitester Massen in Europa wie in Übersee, negierte.[179] Max Rubner, der als Forscher in seinen eigenen Arbeitsgebieten Großes geleistet hatte, vermochte konservative und elitäre gesellschaftliche Auffassungen nicht zu überwinden. Er hat die Weimarer Republik von rechts angegriffen; dem Ringen der Werktätigen um soziale und politische Rechte vermochte er auch jetzt kein Verständnis entgegenzubringen.

Bekannte Naturwissenschaftler und Mathematiker, meist Mitglieder, aber auch Nichtmitglieder, trugen in diesen Jahren Arbeitsergebnisse in der Akademie vor, auf die hier wiederum nur exemplarisch verwiesen wird. Max von Laue z.B. gab Forschungsergebnisse über „Die Zerstreuung inhomogener

---

[177] Vgl. H. Schulz, Der Geograph Albrecht Penck (1858—1945) und seine Stellung zu Zeitfragen (eine aktuelle kritische Einschätzung seiner Berliner Zeit), Manuskript, Berlin 1970. Zur Einschätzung Albrecht Pencks vgl. auch H. Sanke, Gesellschaftlich-politische Anschauungen der großen Geographen Berlins und seiner Universität. In: Forschen und Wirken, Bd. I, a. a. O., S. 334ff.

[178] Vgl. Sb., Phys.- math. Kl., Jg. 1925, S. 127ff.; Jg. 1926, S. 384ff.; Jg. 1929, S. 343ff.

[179] Vgl. Sb., Phys.-math. Kl., Jg. 1928, S. 159ff.

Röntgenstrahlen an mikrokristallinen Körpern“ über die Akademie zur Kenntnis, an denen er zusammen mit Hermann Franz Mark gearbeitet hatte; 1929 veröffentlichte er einen Vortrag „Über eine röntgenographische Methode, Größe und Form ultramikroskopischer kristalliner Teilchen zu bestimmen“.[180] Von den Mathematikern an der Akademie befaßte sich Issai Schur mit der Anwendung der Integralrechnung auf Probleme der Invariantenrechnung, mit der Determinantentheorie, der additiven Zahlentheorie sowie mit verschiedenen Problemen der Gruppentheorie.[181]

Ludwig Bieberbach, der 1925 z.B. „Über die Entwicklung der nichteuklidischen Geometrie im 19. Jahrhundert“ berichtet hatte, legte 1928 eine Untersuchung „Über die Minkowskische Reduktionstheorie der positiven quadratischen Formen“ vor, die zusammen mit Issai Schur verfaßt worden war[182]; 1929 folgte der Klassenvortrag „Über die topologischen Typen der offenen Euklidischen Raumformen“. Erhard Schmidt behandelte 1925 „... das Extremum der Bogenlänge einer Raumkurve bei vorgeschriebenen Einschränkungen ihrer Krümmung“.[183] Friedrich Schottky, seit seiner Wahl zum Ordentlichen Mitglied (1903) einer der aktivsten Vortragenden unter den Mathematikern und Naturwissenschaftlern der Akademie, setzte die Veröffentlichung von Arbeitsergebnissen fort. Er behandelte die „Harmonie des Thetasystems“ 1924/25 in drei Mitteilungen, referierte „über die analytische Aufgabe der Bewegung eines starren Körpers im vierdimensionalen Raum“ und trug „Schlußfolgerungen aus bekannten Thetaformeln“ vor.[184] Überhaupt war die Mathematik recht stark in den Arbeiten der Klasse bzw. in den Sitzungsberichten vertreten. Neben Adolf Kneser, der seit 1923 Korrespondierendes Mitglied war, legten die neugewählten Korrespondierenden Mitglieder jener Jahre Edmund Landau, Paul Koebe und L. E. J. Brouwer sowie die bekannten Mathematiker Helmut Hasse, Emmy Noether (zusammen mit R. Brauer) und der junge John von Neumann Ergebnisse ihrer Untersuchungen vor.[185]

In der Astronomie und Astrophysik trat zu den Ordentlichen Mitgliedern Hans Ludendorff und Paul Guthnick auch Werner Kolhörster, der hier 1925 und 1927 Forschungsergebnisse zur Höhenstrahlung veröffentlichte.

Auf physikalischem Gebiet gehörte Arnold Sommerfeld 1925 zu den Autoren einer Arbeit in den Sitzungsberichten dieser Jahre. Neben Heinrich von Ficker hat Gustav Hellmann meteorologische Veröffentlichungen in der Akademie

---

180 Vgl. Sb., Phys.-math. Kl., Jg. 1926, S. 58ff.; Jg. 1929, S. 227ff.

181 Vgl. Sb., Phys.-math. Kl., Jg. 1924, S. 189ff., 297ff., 346ff.; Jg. 1925, S. 454ff.; Jg. 1926, S. 488ff.; Jg. 1927, S. 58ff.; Jg. 1928, S. 100ff.

182 Vgl. Sb., Phys.-math. Kl., Jg. 1925, S. 381ff.; Jg. 1928, S. 510ff. (mit I. Schur); Jg. 1929, S. 612ff.

183 Vgl. Sb., Phys.-math. Kl., Jg. 1925, S. 485ff.

184 Vgl. Sb., Phys.-math. Kl., Jg. 1924, S. 106ff.; Jg. 1925, 253ff., 277ff.; Jg. 1926, S. 215ff.; Jg. 1927, S. 215ff.

185 Vgl. J. v. Neumann, Zur Theorie der Darstellungen kontinuierlicher Gruppen. In: Sb., Phys.-math. Kl., Jg. 1927, S. 76ff. Zu den Arbeiten der anderen genannten Mathematiker vgl. die Angaben in Gesamtregister . . ., a. a. O.

fortgesetzt. Außer Max Bodenstein und Fritz Haber hat Walther Nernst in den physikalisch-chemischen Grenzbereichen Arbeiten der physikalisch-mathemathischen Klasse vorgelegt.

Im technischen Bereich hat Hermann Zimmermann in diesen Jahren eine Untersuchungsreihe zur Knickfestigkeit von Stäben publiziert. Arrien Johnsen hat sich als Mineraloge 1929 vor der Klasse mit der „Form und Brillanz der Brillanten" befaßt. Im Bereich der Botanik hat Gottlieb Haberlandt in diesen Jahren seine regelmäßige Berichterstattung fortgesetzt, auch Carl Correns legte 1926 neue Forschungsergebnisse vor. In der Zoologie veröffentlichten Franz Keibel, in der Anatomie Rudolf Fick Ergebnisse ihrer Untersuchungen in den Sitzungsberichten der Akademie.

Die „Berliner Sitzungsberichte" und die Abhandlungen enthielten also eine stattliche, hier nur angedeutete Anzahl mathematisch-naturwissenschaftlicher Forschungsergebnisse.

Über die Besetzung der 100 Stellen für Korrespondierende Mitglieder der physikalisch-mathematischen Klasse vermittelten die folgenden Aufstellungen einen quantitativen Überblick[186]:

Fach	Anzahl der zur Verfügung stehenden Korrespondentenstellen	Davon besetzt am 1. 1. 1929	Besetzt seit 1. 1. 1924
Physik	15	9	2
Chemie	10	4	—
Mineralogie, Geologie und Paläontologie	10	6	2
Botanik	10	8	4
Zoologie	10	4	1
Anatomie und Physiologie	10	5	2
Mathematik	10	6	3
Astronomie	7	4	3
Geographie und Geophysik	10	6	3
Technik	8	4	—
Insgesamt	100	56	20

Die Akademie hat also in dieser Zeit des Aufschwungs der Natur- und technischen Wissenschaften die vom Statut gegebenen Möglichkeiten zur Wahl Korrespondierender Mitglieder der physikalisch-mathematischen Klasse nur begrenzt genutzt. Relativ günstig hatte sich die Stellenbesetzung in der Physik und in der Botanik entwickelt; es folgten Disziplinen wie Mathematik, Mineralogie/Geologie und Geographie. Ein zahlenmäßiges Zurückbleiben war in der Stellenbesetzung für die Chemie zu verzeichnen, in der es in den Jahren der relativen Stabilisierung zu keiner Neuwahl kam; ähnlich war das Bild in der Zoologie und nicht viel anders war es in der Technik. In der Stellenbesetzung wirkten stets mehrere Faktoren; zufällige Ereignisse spielten eine Rolle. Einige

[186] Angaben nach AAW II:

Ursachen für die zurückhaltende Wahlpolitik deuten sich jedoch bei der Analyse der Herkunft der Korrespondierenden Mitglieder an (die eingeklammerten Zahlen bedeuten im folgenden Neuwahlen seit 1. 1. 1924):

Fach	(Stand v. 1. 1. 1929): davon aus Deutschland	Österreich	Niederlande	Belgien	Dänemark	Schweden	Norwegen	England	USA	Sowjetunion	Frankreich
Physik	2	—	1	1	2	—	—	2(1)	—	1(1)	—
Chemie	4	—	—	—	—	—	—	—	—	—	—
Mineralogie etc.	1	1	—	1(1)	—	2	1(1)	—	—	—	—
Botanik	4(2)	1	1	—	—	2(2)	—	—	—	—	—
Zoologie	3(1)	1	—	—	—	—	—	—	—	—	—
Anatomie und Physiologie	2	—	—	—	—	2(2)	—	—	1	—	—
Mathematik	6(3)	—	—	—	—	—	—	—	—	—	—
Astronomie	3(2)	—	—	—	1(1)	—	—	—	—	—	—
Geographie und Geophysik	1	1(1)	—	—	—	1	2(2)	—	1	—	—
Technik	4	—	—	—	—	—	—	—	—	—	—
Insgesamt	30(8)	4(1)	2	2(1)	3(1)	7(4)	3(3)	2(1)	2	1(1)	—

Die physikalisch-mathematische Klasse hat zwischen 1924 und Ende 1929 insgesamt 30 Korrespondierende Mitglieder gewählt.[187] Die Korrespondierenden Mitglieder auch dieser Zeit stammten dabei vor allem aus Deutschland, Österreich und den neutralen Staaten des ersten Weltkrieges.

In der Mathematik wurde Edmund Landau/Göttingen zum Korrespondierenden Mitglied der Akademie gewählt (KM 21. 2. 1924). Ein Jahr später folgte mit Paul Koebe/Leipzig ein weiterer bekannter Mathematiker, der im Zusammenhang mit der Gesamtentwicklung der Mathematik bereits genannt wurde (KM 5. 2. 1925); gleichzeitig mit ihm wurde der Wiener Mathematiker Wilhelm Wirtinger zum Korrespondierenden Mitglied der Klasse gewählt. Korrespondierendes Mitglied wurde der führende niederländische Mathematiker Luitzen Egbertus Jan Brouwer (KM 31. 10. 1929), auf dessen außergewöhnliche wissenschaftliche Stellung in der Wahlbegründung verwiesen wurde; er würde auch über Verbindungen nach Deutschland verfügen. Brouwer hat sich 1928 vor der Akademie mit seinen „Intuitionistischen Betrachtungen über den Formalismus" gegen Auffassungen der Hilbertschule gewandt und Schwächen der Hilbertschen Axiomatik betont.[188] Gewählt wurde der bekannte englische Mathematiker

[187] Zwischen 1. 1. 1924 und 1. 1. 1929 (= Zeitraum der Tabellen S. 252 und S. 253) wurden 20 neue Mitglieder gewählt.

[188] Vgl. L. E. J. Brouwer, Intuitionistische Betrachtungen über den Formalismus. In: Sb., Jg. 1928, S. 48ff. (Gesamtsitzung v. 16. 2. 28).

Godfrey Harold Hardy, der in Cambridge lehrte (KM 31. 10. 1929). Zum Korrespondierenden Mitglied wählte die Akademie den bedeutenden Mathematiker Tullio Levi-Civitá, der als Professor für rationale Mechanik in Rom tätig war (KM 31. 10 1929).

Mit Allvar Gullstrand/Uppsala wurde ein Vertreter der physiologischen und physikalischen Optik in die Akademie gewählt (KM 7. 2. 1924). In der Physik im engeren Sinne bestand die Reihe der neugewählten Korrespondierenden Mitglieder auch jetzt aus führenden Vertretern der experimentellen und der theoretischen Forschung. Unter den Gewählten befand sich der große englische Experimentalphysiker Ernest Rutherford (KM 7. 5. 1926). Hier verwiesen Max von Laue, Emil Warburg, Max Planck, Otto Hahn und Walther Nernst in der Wahlantragsbegründung auf die bahnbrechenden Arbeiten des Leiters des Cavendish-Laboratoriums in Cambridge und Präsidenten der Royal Society.[189] Rutherfords Arbeiten zur Radioaktivität gipfelten in der Vorstellung der Theorie des Atom-Zerfalls. ,,Durch ihn ist die spontane Umwandlung chemischer Elemente ineinander experimentell sichergestellt. Eine weitere Leistung größten Stiles stellen die Arbeiten über die Streuung der α-Strahlen dar, welche grundlegend geworden sind für das nach ihm und Bohr benannte Atommodell. Im letzten Jahrzehnt hat er schließlich die künstliche Umwandlung chemischer Elemente durch den Stoß von α-Strahlen als erster nachgewiesen und erforscht. Jede dieser Leistungen bedeutet einen Markstein in der Entwicklung der modernen Physik und Chemie und hat unsere Kenntnisse über die Materie auf eine ganz andere Basis gestellt." In der Laudatio für den führenden sowjetischen Wissenschaftler und Mitbegründer der späteren Halbleiterphysik A. F. Joffe (KM 21. 6. 1928) wurde die große Bedeutung der Forscher- und Hochschullehrerpersönlichkeit hervorgehoben.[190] Joffe hätte eine große Anzahl von Schülern herangebildet. Drei Kategorien von Forschungsarbeiten wären darüber hinaus hervorzuheben, ,,die ihn in die Reihe der führenden Physiker unserer Zeit gebracht haben": Untersuchungen über die elektrische Leitfähigkeit reiner Kristalle; Festigkeitsuntersuchungen an Kristallen; Arbeiten zur Durchschlagsfestigkeit von Isolatoren. Damit hatten auch die Gelehrten der Akademie — die Begründung des Wahlantrages war von Walther Nernst verfaßt und von Max Planck, Max von Laue und Arrien Johnsen mit unterzeichnet — das erfolgreiche Streben nach der Verbindung von Theorie und Praxis anerkannt, daß die sowjetische Naturwissenschaft im allgemeinen und Joffe im besonderen kennzeichnete. Korrespondierendes Mitglied der Akademie wurden der Mitbegründer der Quantenmechanik Max Born (KM 31. 10. 1929) und der mit ihm in der wissenschaftlichen Arbeit eng verbundene Göttinger Experimentalphysiker James Franck (gleichfalls KM 31. 10. 1929). Borns besondere Bedeutung für die Entwicklung der theoretischen Physik, sein Verdienst um die Bildung der Göttinger Physikerschule wurden in der Wahlbe-

[189] Vgl. AAW II: IIIb, Bd. 30, Bl. 94.
[190] Vgl. AAW II: IIIb, Bd. 30, Bl. 102 d, Bl. 114.

gründung hervorgehoben, seine zentrale Stellung in der Entwicklung der modernen Quantentheorie wurde im Zusammenhang zu den Arbeiten seiner Schüler und Mitarbeiter — hier vor allem Heisenbergs — unterstrichen.[191] James Franck, wurde in der Wahlbegründung Albert Einsteins, Max Plancks, Erwin Schrödingers, Friedrich Paschens, Walther Nernsts und Max Bodensteins betont, könnte „kurz als die hervorragendste Autorität auf dem Gebiete der Wechselwirkung zwischen Elektronen, Atomen und Molekülen und der dabei ins Spiel tretenden Energie bezeichnet werden. . .". Auch auf Francks gemeinsam mit Gustav Hertz durchgeführte Elektronenstoßversuche wurde hier erneut verwiesen.[192] William Henry Bragg, der Direktor an der Londoner Royal Institution und des Davy Faraday Research Laboratory (KM 31. 10. 1929) könnte heute als führender Forscher auf dem Gebiet der radioaktiven Strahlungen und der Röntgenstrahlen bezeichnet werden, hieß es in der Wahlantragsbegründung, in der die genaue Durchforschung des lichtelektrischen Effektes als Forschungsergebnis unterstrichen wurde. Die größte Leistung der beiden Braggs (Vater des Ausgezeichneten und dieser selbst, der Verf.) bestünde darin, „daß sie als die ersten die absoluten Größen der Gitterparameter an den Kristallen bestimmten. . . Alle Wellenlängenmessungen an Röntgenstrahlen beruhten bis vor kurzem ausschließlich auf dieser Leistung der Braggs. . ."[193]

In der Astronomie wurde Elis Strömgren zum Korrespondierenden Mitglied gewählt, der in Kopenhagen tätig war (KM 15. 1. 1925). Korrespondierende Mitglieder wurden mit Max Wolf/Heidelberg (KM 15. 1. 1925) und Julius Bauschinger/Leipzig (KM 15. 12. 1927) zwei Vertreter der Stellarastronomie, von denen der letztere als Forscher und Organisator wissenschaftlicher Arbeiten in der Astronomie bedeutend war. In der Meteorologie wurde mit Vilhelm Bjerknes ein führender Fachvertreter gewählt (KM 10. 5. 1928), der von der theoretischen Physik gekommen war, zwischen 1912 und 1917 als Geophysiker in Leipzig gelehrt hatte und nunmehr als Professor der Mechanik und der mathematischen Physik in Oslo wirkte. Bjerknes, der mit seinem Werk „Dynamische Meteorologie und Hydrogeographie" entscheidenden Einfluß ausgeübt hatte, wurde als Begründer der dann durch Heinrich von Ficker weiterentwickelten Polarfronttheorie bereits erwähnt. Der Wiener Meteorologe Felix Exner (KM 10. 5. 1928) wurde in der Wahlantragsbegründung als einer der bedeutenden und erfolgreichen Vertreter der theoretischen Meteorologie hervorgehoben.[194] Korrespondierendes Mitglied wurde der frühere Direktor des Meteorologisch-Magnetischen Observatoriums in Potsdam, Adolf Schmidt (KM 17. 1. 1929). Die Mineralogie vertrat Waldemar Brögger/Oslo unter den neugewählten Korespondierenden Mitgliedern (KM 17. 1. 1924). Louis Dollo, der führende Brüsseler Paläontologe (KM 10. 5. 1928), wurde in der Wahlan-

---

[191] Vgl. AAW II: IIIb, Bd. 30, Bl. 126f.; Physiker über Physiker, a. a. O., S. 250f.
[192] Vgl. AAW II: IIIb, Bd. 30, Bl. 127f.; Physiker über Physiker, a. a. O., S. 254f.
[193] Vgl. AAW II: IIIb, Bd. 30, Bl. 125ff.; Physiker über Physiker, a. a. O., S. 245.
[194] Vgl. AAW II: IIIb, Bd. 30, Bl. 76, 76a (Bjerknes und Exner).

tragsbegründung als Schöpfer der biologisch orientierten Paläontologie bezeichnet, wodurch er zu einem der beiden führenden Vertreter seines Fachs geworden sei.[195] Auf dem Gebiet der Botanik wurden Ludwig Jost/Heidelberg, Oscar Juel/Uppsala und Svante Murbeck/Lund zu Korrespondierenden Mitgliedern der Akademie gewählt (alle drei KM7. 7. 1927). Ihnen folgte mit Hans Winkler einer der bekannteren deutschen Botaniker, auf den im Zusammenhang mit der Entwicklung der biologischen Wissenschaften verwiesen wurde (KM 7. 7. 1927). Die Zoologie vertraten mit Hans Lohmann (KM 24. 7. 1924), der vor allem als Planktonforscher arbeitete, und mit Hans Spemann (KM 7. 2. 1929) zwei führende Fachvertreter, die gleichfalls auf die Entwicklung der Biologie wesentlichen Einfluß ausübten. Zu ihnen kam mit Ludwig Rhumbler ein Vertreter der Forstzoologie (KM 31. 10. 1929). Auf dem Gebiet der Anatomie wurde August Hammar zum Korrespondierenden Mitglied der Akademie gewählt, der in Uppsala tätig war (KM 7. 2. 1924). Korrespondierendes Mitglied der Akademie wurde der norwegische Polarforscher und Osloer Professor Fridtjof Nansen (KM 7. 7. 1927), in dessen von Albrecht Penck verfaßter und von Max Planck und Gustav Hellmann mitunterzeichneter Wahlantragsbegründung auf die vielseitige Leistung hingewiesen wurde.[196] Nansen habe sich als Staatsmann und Politiker, als Philanthrop, als Sportsmann wie als Wissenschaftler größte Anerkennung erworben, hieß es sinngemäß. Letztlich sei er, der große Entdeckungsreisende, jedoch stets Wissenschaftler geblieben. „. . . sein Lebenswerk wird erfüllt von geographischer Forschung. Als Entdecker hat er soviel geleistet, wie selten einer. . .“

Korrespondierendes Mitglied der Akademie wurde mit Hugo Junkers (KM 17.1.1929) ein wissenschaftlich und technisch international anerkannter Repräsentant des Flugzeugbaues im bürgerlichen Deutschland. „Junkers ist der Typ eines wissenschaftlich hochstehenden zähen, hartnäckig an seinen Ideen festhaltenden Erfinders, welcher als einer der ersten die große Bedeutung des Experiments neben der wissenschaftlichen Spkulation erkannte“, wurde in dem Wahlbegründungsantrag für ihn festgestellt.[197] Damit hatte auch die Akademie den stürmischen Aufschwung des Flugzeugbaues, der sich in enger Verbindung zur Vertiefung der Natur- und technischen Wissenschaften vollzog, anerkannt. Galt die Wahl einem Techniker mit enger Verbindung zur Wissenschaft, so hatte Junkers gleichzeitig einen vor allem für einzelne führende Vertreter der „neuen“ Industrien in Deutschland und anderen kapitalistischen Ländern kennzeichnenden Weg beschritten: Er war einer der Exponenten der kapitalistischen Flugzeugindustrie in Deutschland geworden.[198]

---

[195] Vgl. AAW II: IIIb, Bd. 30, Bl. 74.
[196] Vgl. AAW II: IIIb, Bd. 27, Bl. 131.
[197] Vgl. AAW II: IIIb, Bd. 31, Bl. 12.
[198] Zu Junkers vgl. auch: H. Radandt, Hugo Junkers. Ein Monopolkapitalist und Korrespondierendes Mitglied der Preußischen Akademie der Wissenschaften. In: Jahrbuch der Wirtschaftsgeschichte I/1960. Auch als selbständige Veröffentlichung (Berlin 1960) erschienen.

b) Die philosophisch-historische Klasse. Neuwahlen, Mitglieder, wissenschaftliche Vorträge und Veröffentlichungen

Als Sekretar der philosophisch-historischen Klasse amtierte auch in diesen Jahren Heinrich Lüders. Gustav Roethe, der andere Sekretar der Klasse, verstarb am 17. September 1926. Als Nachfolger Roethes wurde der Jurist und Rechtshistoriker Ernst Heymann am 18. November 1926 zum Klassensekretar gewählt.[199] Die Akademie hat in der Zeit von 1924 bis 1929 fünf Ordentliche Mitglieder in ihre philosophisch-historische Klasse gewählt, die durchweg Ordinariate an der Universität inne hatten. Unter den Gewählten befanden sich ein Philosoph, Pädagoge und Kulturwissenschaftler, ein Altertumswissenschaftler, ein Historiker, ein Kirchenhistoriker und ein Musikhistoriker. Bei diesen wenigen Neugewählten handelte es sich um bekannte Gelehrte, die an der Entwicklung ihrer Disziplinen maßgeblichen Anteil hatten.

Die Übersicht über den Stand und die Aufteilung der 35 Stellen für Ordentliche Mitglieder zwischen den Jahren 1924 und 1929 ergibt folgendes Bild[200]:

Stellenverteilung (Fachstellen und „freie" Stellen)	Zahl der zur Verfügung stehenden Stellen	Besetzt am 1. 1. 1924	Besetzt am 1. 1. 1929
Philosophie	2	2	2
Klassische Philologie	4	3	4
Geschichte	3	3	2
Deutsche und andere neuere Philologien	3	2	2
Kunstwissenschaft	2	2	2
Orientalische Philologie	3	3	3
Rechts- und Staatswissenschaften	1	1	1
Freie Stellen der Statuten von 1881	9	9	9
Neue Stellen von 1900	3	3	3
Neue Stellen von 1906	2	1	1
Neue Stellen von 1913	3	2	3
Insgesamt	35	31	32

Hier ergeben sich Einblicke in die Mitgliederpolitik der Akademie, wobei die Wahlen auch durch subjektive Momente und zufällige Ergebnisse beeinflußt wurden. Mit Ulrich von Wilamowitz-Moellendorff und Eduard Norden hatten führende Altertumswissenschaftler zwei der Stellen für die klassische Philologie inne, eine weitere hatte der vergleichende Sprachforscher Wilhelm Schulze ebenfalls seit langem besetzt. Mit Werner Jaeger, der in diesen Jahren hinzukam, waren alle vier Stellen auf diesem Gebiet vergeben. Ähnlich blieb es in der

[199] Vgl. die Wahl Heymanns in der Klassensitzung v. 18. 11. 1926 und die entsprechende Mitteilung an das preußische Kultusministerium. In: AAW II: IIIa, Bd. 24, Bl. 121f.

[200] Vgl. die entsprechenden Jahresaufstellungen der Ordentlichen Mitglieder in AAW II: IIIc 2, Bd. 1, Bl. 47.

orientalischen Philologie, deren Fachstellen durch Eduard Sachau, Adolf Erman und Heinrich Lüders weiterhin besetzt waren. Eduard Meyer blieb Inhaber einer der wenigen Fachstellen für Geschichte; neben ihm war nach dem Tode von Dietrich Schäfer (1929) hier nur noch Erich Marcks eingesetzt. Für die historischen Disziplinen gaben die freien, nicht fachgebundenen Stellen des Statuts von 1881 weiterhin zusätzliche Möglichkeiten, die von der Akademie in diesen Jahren voll genutzt wurden: Freie Stellen von 1881 hatten die Historiker Paul Kehr und Friedrich Meinecke, die Rechtshistoriker Ulrich Stutz und Ernst Heymann (der allerdings nicht nur historisch orientiert war), die Religions- und Kirchenhistoriker Adolf von Harnack und Karl Holl, der Archäologe Theodor Wiegand, der Sinologe Otto Franke sowie in der Folge — für den verstorbenen Holl und den auf eine Fachstelle übernommenen Stutz — der Kulturphilosoph Eduard Spranger sowie der nach Berlin zurückgekehrte Historiker Max Lenz inne. Die neuen Stellen von 1900, die vordringlich der Germanistik vorbehalten bleiben sollten, waren durch Konrad Burdach, Julius Petersen und Johannes Bolte besetzt (1924); nachdem Burdach auf eine Fachstelle umgesetzt worden war, kam hier der Religions- und Kirchenhistoriker Hans Lietzmann hinzu. Die drei neuen Stellen von 1913 waren mit den Historikern Albert Brackmann und Otto Hintze und mit dem Nationalökonomen Max Sering besetzt (1929). Die beiden kunstwissenschaftlichen Stellen hatten der Kunsthistoriker Adolf Goldschmidt und der Archäologe Carl Schuchhardt inne. Schuchhardt, auf dessen Stellung in der bürgerlichen deutschen Archäologie bereits verwiesen wurde, führte Grabungen in Deutschland weiter; in seinen Publikationen hat er sich auf Siedlungsanlagen, Handelsplätze und Wehranlagen in Deutschland konzentriert, über die er in komparativen Burgenuntersuchungen hinausgriff. So vertrat der vielseitige, international anerkannte Kunstkenner und Fachmann für mittelalterliche Plastik und Kleinkunst Adolf Goldschmidt, Ordinarius an der Universität seit 1912, die Kunstgeschichte im engeren Sinne als Ordentliches Akademiemitglied weiterhin allein.

Zusammen mit den Mitgliedern haben auch andere Gelehrte in gewissem Umfange ihre Forschungsergebnisse über die philosophisch-historische Klasse der Akademie publiziert. Auch hier hat die Akademie ideologischen Bedürfnissen der herrschenden Klasse nur begrenzt entsprochen. Dies galt auch für die Verteilung und Besetzung der Stellen, bei der relevante Disziplinen zum Teil unberücksichtigt blieben. Es galt für die Thematik und inhaltliche Aussage von Vorträgen und Abhandlungen, in denen oft wertvolle Materialien und manche weiterwirkenden Erkenntnisse vorgetragen wurden. Eine gewisse Bedeutung hatte die Tatsache, daß führende Akademiemitglieder um Verallgemeinerungen sowie um die „Zusammenschau“ geisteswissenschaftlicher Forschungsergebnisse zunehmend bemüht waren. Die Akademie setzte hier Traditionen fort, die sich aus der wissenschaftlichen Stelung und zugleich aus gesellschaftlichen Bindungen ihrer Mitglieder seit langem ergaben; sie wählte auch Gelehrte hinzu, denen in diesen Bemühungen besondere Bedeutung zukam. Unter historischen Aspekten zeigte sich die Orientierung auf die Zusammenschau z.B. in den Diskussionen um die Kulturzyklentheorie, die Oswald Spengler in seinem pseudowissenschaftlichen Hauptwerk extrem vertreten hatte. Hier trat Eduard Meyer für die Beibehaltung älterer kulturzyklischer Auffassungen ein; er lehnte die Kulturzyklentheorie in der spezifischen Form Spenglers ab und wies dabei einzelne seiner Zyklen zurück[201]

Der führende bürgerliche Kulturphilosoph, Pädagoge und Psychologe Eduard Spranger (OM 16. 1. 1925) befaßte sich als neugewähltes Akademiemitglied ausführlich mit der Entwicklung und Bedeutung der „Kulturmorphologie" und Zyklentheorie.[202] Spranger, der die Kulturzyklentheorie in bewußter Ausprägung bei Giambattista Vico als erstem feststellte, hob hervor, daß sie nicht nur im Positivismus des 19. Jahrhunderts und im Aufschwung der „empirischen Biologie" ihre Wurzeln hätte. Sie wäre historisch nicht weniger mit der geistigen Entwicklung seit „deutschem Idealismus", Romantik und historischer Schule verbunden und klänge bei Wilhelm Dilthey sowie noch heute bei Ulrich von Wilamowitz-Moellendorff und Eduard Meyer an. Besonders gravierend wäre die in ihr implizierte These vom unausbleiblichen Kulturverfall. Spranger wandte sich gegen den Kulturpessimismus Spenglers: Es war ihm gerade gegenüber den unübersehbaren geistigen Krisensymptomen darum zu tun, eine optimistische Perspektive glaubhaft zu machen. Es gäbe ein Verfallsgefühl als Ausdruck der Krise, zugleich gäbe es eine Fortschrittssehnsucht; ihre gemeinsame Funktion läge darin, „daß sie messianische Erwartungen wecken. Erwartung aber beflügelt die Tat." Dies wäre für die Deutschen heute wesentlich, da auf ihnen „die tragische Bestimmung" läge, die neue „Weltstufe von der Basis des wiedererstarkenden ‚reinen' Kulturstaates durchzukämpfen für die anderen."

Gestützt auf traditionelle Postulate bürgerlich-idealistischer Geistesgeschichtsschreibung wurde hier der Kulturverfall aus seinen realen gesellschaftlichen Zusammenhängen gelöst und seine Überwindung zu einer vorrangig ethischen und religiösen Aufgabe erklärt.[203] Dabei stützte sich auch Eduard Spranger, der hier vom Kulturstaat sprach, auf jene angebliche Synthese von Geist und Macht, die in Deutschland seit dem 19. Jahrhundert verwirklicht worden sei. Dies verflocht sich mit einem Hinweis auf „messianische Erwartungen", der hier in sublimen geistesgeschichtlichen Zusammenhängen stand, unter den gegebenen gesellschaftlichen Bedingungen in Deutschland aber dazu beitrug, die politisch-ideologische Desorientierung Intellektueller zu vertiefen.

Eduard Spranger wandte sich in seinem Akademievortrag 1929 gegen Max Webers Postulat von der angeblichen Wertfreiheit der Geisteswissenschaf-

---

[201] Vgl. Sb., Jg. 1924, S. 156 (Sitzung der phil.-hist. Kl. vom 17. 7. 24): Kurzbericht zu Meyers Referat „Über die Kulturzyklen Spenglers". Vgl. auch E. Meyer, Spenglers Untergang des Abendlandes, Berlin 1925. (Der Akademie vorgelegt am 25. 1. 1925, Sb., Jg. 1925, S. 15).

[202] Vgl. E. Spranger, Die Kulturzyklentheorie und das Problem des Kulturzerfalls. In: Sb., Jg. 1926, S. XXXVf. sowie in: Ders., Kulturfragen der Gegenwart, 3. Aufl., Heidelberg 1961, S. 11ff.

[203] Vgl. zu Sprangers Kulturauffassung auch D. Ulle, Technik und Kultur im Imperialismus, a. a. O., S. 96ff.

ten.[204] Er forderte, die weltanschaulichen Hintergründe der Auseinandersetzungen, „die die ganze gegenwärtige Kulturwelt erschüttern" anzuerkennen und im Sinne Wilhelm Diltheys zu „verstehen." Spranger hatte sich in seinen Arbeiten über Wilhelm von Humboldt mit dem bürgerlichen Humanismus des frühen 19. Jh. befaßt, zu dem er sich aus der Sicht einer veränderten gesellschaftlichen Situation bekannte. Er war ein Exponent des Bürgertums im imperialistischen Deutschland, um dessen Wiedererstarken es ihm zu tun war und dessen tiefer geistiger Krise er entgegenzuwirken suchte. Er bemühte sich, die geistesgeschichtlich-individualisierenden und subjektivistischen Auffassungen, die er im Anschluß an seinen Lehrer Wilhelm Dilthey pflegte, mit dem objektiven Idealismus der neuhegelianischen Philosophie zu verbinden. In seinem Werk „Die Lebensformen" hatte er die Priorität einer Skala geistiger Wertstufen und Strukturen in der Kulturentwicklung postuliert, mit denen er die bürgerlich-idealistische Persönlichkeitsforschung und Typenlehre wesentlich beeinflußt hat (1914 erste Fassung; 1921 als Werk zur „geisteswissenschaftlichen Psychologie"). Durch die Breite seiner Arbeitsgebiete von der Kulturgeschichte und Kulturphilosophie bis zur Psychologie („Psychologie des Jugendalters", 1924 — auf die Psychologie der großbürgerlich-intellektuellen Jugend des Berliner Westens ausgerichtet) und Pädagogik („Der gegenwärtige Stand der Geisteswissenschaften und die Schule", Leipzig 1922) hat er große Teile der akademischen Jugend und der bürgerlichen Intelligenz beeinflußt. Die bürgerliche Machtstaatsidee war für ihn eine historische Realität und ein immanentes Ziel, der historischen Bewegung, für das er mit den ihm gemäßen indirekteren Methoden auch vor der Akademie eintrat. Aus dieser Vorstellungswelt erhält seine spätere Feststellung ihr eigentliches Gewicht: „Es gehört zur deutschen Art, in der Theorie möglichst zu ignorieren, daß das Leben und Zusammenleben der Menschen überall von Machtverhältnissen durchwirkt ist, denen ebenso viele Abhängigkeitsverhältnisse entsprechen. Der Faktor Macht kann nicht eliminiert werden."[205]

Albert Brackmann (OM 3. 7. 1925), seit 1922 Ordinarius für mittelalterliche Geschichte an der Berliner Universität, gehörte als langjähriger Bearbeiter der Germania Pontificia zu den führenden bürgerlichen Mediävisten. Er hatte auch auf regionaler Ebene an der Erforschung mittelalterlicher Urkunden mitgewirkt. Die Urkundenforschung verband er mit Untersuchungen zur politischen Geschichte des Früh- und Hochmittelalters. Er war seit 1925 Mitherausgeber der Jahresberichte für Deutsche Geschichte, seit 1928 der Historischen Zeitschrift. 1929 wurde Brackmann als Nachfolger Paul Kehrs Generaldirektor der Preußischen Staatsarchive. In den Abhandlungen der Akademie veröffentlichte er 1927 eine Arbeit über die Hirsauer Reformbewegung. Im gleichen Jahre sprach er vor der Klasse über „Heinrich IV. als Politiker beim Aus-

---

[204] Vgl. E. Spranger, Der Sinn der Voraussetzungslosigkeit in der Geschichte. In: Sb., Jg. 1929, S. 1ff. (Sitzung der phil.-hist. Kl. vom 10. 1. 1929).

[205] Eduard Spranger. Sein Werk und sein Leben. Heidelberg 1964, S. 73.

bruch des Investiturstreites".[206] Auf die expansionistischen Züge in seiner Auffassung zur mittelalterlichen Italien- und Ostpolitik wurde bereits verwiesen. Brackmann, der zwischen 1919 und 1925 der Deutschen Volkspartei angehört hatte und dann zur Deutschnationalen Volkspartei übergetreten war, blieb ein Vertreter dezidiert konservativen, etatistischen Denkens.[207]

Für die Arbeiten der Akademie gewann die Zuwahl des Gräzisten Werner Jaeger (OM 5. 2. 1924), des Schülers Ulrich von Wilamowitz-Moellendorffs und Hermann Diels', unmittelbare Bedeutung. Auch Jaeger, auf dessen allgemeine Stellung in den bürgerlichen Altertumswissenschaften eingegangen wurde, ging es bei seinen Forschungen zur antiken Geistesgeschichte um einen Beitrag der klassischen Philologie zur Rekonsolidierung der bürgerlichen Geisteswissenschaften. Er suchte „die Formengeschichte griechischen Geistes" als Bildungsmacht zu erfassen, und er wollte damit auch das Verhältnis von Antike und Gegenwart bestimmen.[208] Jaeger galt vor allem seit seiner 1923 erschienenen Arbeit „Aristoteles. Grundlegung einer Geschichte seiner Entwicklung" als führender Aristoteles-Kenner. Mit dieser Arbeit, die zugleich als „Gesamtbild und Untersuchung" konzipiert war, suchte er das Aristotelesbild von seinen bisherigen unhistorischen Zügen zu befreien und die Entwicklung dieser zentralen Gestalt antiken Denkens in drei Hauptetappen herauszuarbeiten.[209] Es war ihm dabei besonders um die Feststellung einer frühen Etappe aristotelischen Denkens zu tun, in der sich ein eigenständiges, kritisches Verhältnis zu Platon entwickelt hat. Er hat die Abhängigkeit des Aristoteles von der platonischen Ideenlehre trotzdem zu stark betont und wurde unter anderem den materialistischen Elementen aristotelischen Denkens nicht gerecht. Die weitgespannte Darstellung Jaegers vermochte die zentrale Stellung des Aristoteles in der Entwicklung der altgriechischen Wissenschaft nicht befriedigend zu erklären, weil sie sie nicht aus den konkreten gesellschaftlichen Bedingungen erfaßte. Jaeger hat sich 1928 zusammenfassend nochmals zur Stellung Platons in der griechischen Bildung geäußert.[210] Dieser Vortrag und die Untersuchungen zur Stellung des Aristoteles im griechischen Denken ordneten sich etwas später in die Bemühungen um die historische Erfassung der „Paideia" ein, der Selbsterziehung des griechischen Menschen, der Jaegers Arbeit dann vor allem galt. Auch in diesen Untersuchungen wie in seinen Arbeiten über die Verbindung zwischen antiker Philosophie und entstehendem Christentum und in

---

206 Vgl. A. Brackmann, Zur Geschichte der Hirsauer Reformbewegung im XII. Jahrhundert. Abh. Phil.-hist. Kl. 2/1927; ders., Heinrich IV. als Politiker beim Ausbruch des Investiturstreites. In: Sb., Jg. 1927, S. 393ff.

207 Vgl. zur Entwicklung Brackmanns auch H. Schleier, Die Historische Zeitschrift 1918—1943. In: Studien über die deutsche Geschichtswissenschaft, Bd. 2, a. a. O., S. 254ff.; H. Heiber, Walter Frank und sein Reichsinstitut für Geschichte des neuen Deutschlands, a. a. O., S. 851.

208 Vgl. die Antrittsrede Jaegers in: Sb., Jg. 1924, S. LXXXVIff.

209 Vgl. W. Jaeger, Aristoteles. Grundlegung einer Geschichte seiner Entwicklung, Berlin 1923. (Zielstellung im Vorwort).

210 Vgl. W. Jaeger, Platons Stellung im Aufbau der griechischen Bildung, 1928. Wiedergegeben in: Ders., Humanistische Reden und Vorträge, 2. erw. Aufl. (West-) Berlin 1960, S. 117ff.

seinen Darlegungen zur Wirkungsgeschichte antiker Bildung bis in die Gegenwart[211] trat die bürgerlich-idealistische Orientierung des führenden Altphilologen Werner Jaeger zutage, die ihn die gesellschaftlichen Widersprüche als Triebkräfte der Entwicklung in der antiken Gesellschaft nicht erfassen ließ. Als Ordinarius an der Universität war Jaeger Mitdirektor des Berliner Universitätsinstitutes für Altertumskunde. Er gehörte dem Archäologischen Institut des Deutschen Reiches an, war Herausgeber der „Antike" und der „Neuen Philologischen Untersuchungen" sowie Mitherausgeber des „Gnomon". In der Folgezeit war Werner Jaeger an den altertumswissenschaftlichen Arbeiten der Akademie aktiv beteiligt, für die er sich durch editorische und quellenkritische Untersuchungen ausgewiesen hatte. Auf seine Mitwirkung an den Reformbemühungen der Akademie wird im Folgenden zu verweisen sein. Jaeger hat in Wissenschaft und Gesellschaft elitäre bürgerliche Auffassungen vertreten. Das konservative politische Element war auch bei ihm unverkennbar, wenngleich es nicht schroff in Erscheinung trat wie auf gesellschaftlicher Ebene bei seinem Lehrer von Wilamowitz, der hierin allerdings eine Ausnahmestellung unter den führenden Berliner Altphilologen einnahm.

Auf wissenschaftliche Arbeiten der Akademie wirkte sich die Zuwahl des Kirchenhistorikers Hans Lietzmann (OM 31. 5. 1927) aus. Lietzmann hatte sich in der protestantischen Lutherforschung als konservativer Interpret engagiert. Als Theologe und zugleich Philologe und Archäologe suchte er Disziplinen wie die Archäologie und die Literaturgeschichte in die Erforschung des frühen Christentums noch stärker einzubeziehen. Aus theologischer Sicht hatte er vor allem quellenkritische Untersuchungen zur Entstehungsgeschichte und zur Genesis der frühchristlichen Kirche veröffentlicht. Die Zusammenhänge zwischen der hellenistisch-römischen Geistesgeschichte und Kulturentwicklung und der Frühgeschichte des Christentums stellten eine Problematik dar, mit der sich Lietzmann besonders beschäftigte. Aus seinen idealistischen Positionen ergab sich aber, daß er die sozialökonomischen Zusammenhänge der Krise der hellenistischen Welt und des spätrömischen Reiches negierte.

Lietzmanns Auffassungen wurden in seinem Akademievortrag „Das Problem der Spätantike" (1927) erneut deutlich.[212] In seiner Analyse der Wandlungen in der Spätantike beschränkte er sich darin auf Erscheinungen aus der Sprach-, Religions- und Kulturentwicklung. Das hervorstechende Charakteristikum für das — hier isolierte — „geistige Antlitz dieser Periode" sei die Orientalisierung. In der Zeit wachsender Verschmelzung griechischer und orientalischer Kultur habe sich in den weiten Gebieten des von Alexander geschaffenen Weltreiches und der Diadochenstaaten eine griechische Gebrauchssprache,

---

[211] Vgl. z. B.: Die geistige Gegenwart der Antike (1929) in ebda., S. 158ff. Jaegers Bemühungen um eine wirksamere Darlegung von Verflechtungen zwischen antiker Philosophie und Frühchristentum fallen stärker in die Jahre nach dem 2. Weltkrieg.

[212] Vgl. H. Lietzmann, Das Problem der Spätantike. In: Sb., Phil.-hist. Kl., Jg. 1927, S. 342ff. Wiedergegeben unter dem Titel „Spätantike und Christentum" in: Ders., Kleine Schriften I. Studien zur spätantiken Religionsgeschichte, Hrsg. v. K. Aland, Berlin 1958, S. 3ff.

die „Koiné", entwickelt, mit der Wandlungen in der antiken Kunstprosa unter dem Einfluß orientalischer Religiosität einhergegangen seien. Hier wie im Bereiche der Kunst sei die Religion der entscheidende Faktor für die geistigen Wandlungen in der spätantiken Welt gewesen. Die Analyse der Religionsgeschichte unterstreiche schließlich, daß das religiöse Leben der römischen Kaiserzeit aus dem entscheidenden Einfluß des Orients und seines religiösen Synkretismus verstanden werden müsse. Der Orientalisierungsprozeß, „dem die gesamte antike Kultur schließlich erlegen" sei, wäre auf dem gefährdetsten Gebiet dieser Kultur eingeleitet und entschieden worden — auf dem der Religion. Hieraus ergab sich Lietzmanns Schlußfolgerung: Die Religion sei „die stärkste der wirkenden Mächte" gewesen. „So erscheint der Sieg des Christentums in der antiken Kulturwelt als der innerlich notwendige Abschluß des weltgeschichtlichen Dramas", dessen Anfänge Eduard Meyer geschildert habe: „der Reaktion des Ostens gegen den Hellenismus. . ."[213] Hier handelte es sich um bedeutsame Fragen antiker Kulturentwicklung, denen Lietzmann jedoch aus der Position der idealistischen Geistesgeschichte und der Apologetik nicht gerecht wurde. Lietzmanns Wahl zeigte, daß die Akademie unter den günstigeren Bedingungen der Jahre der Stabilisierung die Arbeiten ihrer Kirchenväterkommission voranzutreiben bemüht war, wobei sie wohl an einen adäquaten zukünftigen Nachfolger für Adolf von Harnack dachte. Auch Lietzmann stand auf konservativen Gesellschaftspositionen, wie sein Briefwechsel mit seinem Freunde Karl Holl ausweist: Karl Holl und Adolf von Harnack waren seit den letzten Kriegsjahren bemüht, den wiederstrebenden Lietzmann aus Jena nach Berlin zu holen. Lietzmann erklärte sich aber erst 1922 zur Aufnahme der Lehrtätigkeit in Berlin bereit. Aus seinen Briefen an Holl klingt die Ablehnung der Weimarer Republik von rechts.[214]

Mit Hermann Abert (OM 16. 1. 1925) hatte die Akademie den ersten Vertreter der Musikwissenschaften zu ihrem Mitglied gewählt. Abert, der sich in großer Breite mit Forschungen zur Geschichte der Musik in der Kultur von der Antike bis zum 19. Jahrhundert befaßt hatte, war auch mit einer Mozartbiographie hervorgetreten. Er hatte eine Reihe zusammenfassender Werke zur Musikgeschichte sowie Arbeiten zum Verhältnis von Musik und Dichtung verfaßt. Mit der Wahl Aberts verband die Akademie die Absicht, musikwissenschaftliche Forschungen in ihre Arbeiten aufzunehmen. Er starb jedoch bereits 1928.

Friedrich Meinecke und Otto Hintze suchten ihre Bemühungen um die Festigung der Geisteswissenschaften von der Geschichte her zu verstärken. Mei-

---

213 Vgl. H. Lietzmann, Kleine Schriften I, a. a. O., S. 24.

214 So schrieb Lietzmann am 16. 1. 1921 an Holl: „. . . und das Regiment werdet Ihr so bald oder überhaupt nicht wieder los . . . Aber die alte Zeit — vielleicht auch der zukunftsfrohe Mut von einst — ist dahin: wir müssen mit der Gegenwart und der trüben Zukunft rechnen und still auf die Seelen der Studenten wirken. Vielleicht, daß die eine bessere Zukunft vorbereiten dürfen . . ." (K. Aland, Aus der Blütezeit der Kirchenhistorie in Berlin. Die Korrespondenz Adolf von Harnacks und Karl Holls mit Hans Lietzmann. In: Saeculum H. 2/1970, S. 254).

necke, nunmehr Wortführer des deutschen Historismus und Repräsentant der geistesgeschichtlichen Methode, hatte im Jahre 1908 in seinem Werke „Weltbürgertum und Nationalstaat" die Identität von Geist und Macht im imperialistischen Deutschland der Vorkriegszeit postuliert. Mit seinem Buch „Die Idee der Staatsräson in der neueren Geschichte" (1924) zog er sich — unter dem Eindruck der Novemberrevolution, der militärischen Niederlage von 1918 und des veränderten Kräfteverhältnisses — auf die Antinomie von Geist und Macht sowie auf die Dämonisierung der Macht zurück.[215] Eine Absage an die Großmachtpolitik war mit dieser Trennung von Macht und Ethik nicht verbunden. Auch hier bekannte sich Meinecke zum Staat als „individuellem Gebilde mit eigentümlicher Lebensidee". Der Staat habe seine Möglichkeiten — gemeint waren in erster Linie politische und militärische — aus sich selbst heraus zu realisieren: Verbindlich für seine äußeren Beziehungen wären daher nicht Normen des Völkerrechts. Charakteristika des Meineckeschen Historismus waren der geistesgeschichtlich-individualisierende Idealismus, die Überhöhung des Staates, das modifizierte Bekenntnis zur preußischen Tradition und der Verzicht auf wirtschafts- und sozialgeschichtliche Gesichtspunkte.[216]

Friedrich Meinecke gehörte mit Hans Delbrück, Adolf von Harnack, Wilhelm Kahl, Gustav Meyer, Walther Nernst, Johannes Stählin und anderen zu den Unterzeichnern eines Schreibens, mit dem im Februar 1926 zu einer programmatischen Hochschullehrertagung auf dem Boden und zur Verteidigung der Weimarer Verfassung eingeladen wurde; er war einer der Referenten dieser Tagung.[217] Die von ihm angestrebte Entwicklung des Weimarer Staates zeigte sich auch in dem wichtigsten seiner Werke aus jener Zeit. Meinecke ließ sein neues Buch über „Die Idee der Staatsräson", das er auch der Akademie verlegte, innenpolitisch in die Forderung nach einer starken plebiszitären Präsidentschaft ausklingen, womit er sich den damaligen Positionen autoritärer Staatsrechtler annäherte. Außenpolitisch orientierte er sich mit seinem Werk darauf, daß Deutschland sich vorerst als Juniorpartner auf eine anglo-amerikanische Hegemonie einstellen sollte.[218] Vor der Klasse der Akademie sprach Meinecke

---

[215] Vgl. F. Meinecke, Die Idee der Staatsräson in der neueren Geschichte, München/Berlin 1924.

[216] Meinecke sah nunmehr die Aufgabe des Staatsmannes in der Bewahrung des von der Situation geforderten Gleichgewichts von Ethos und Macht, zwischen denen also eine gewisse Harmonie weiterbestehe. „Zwischen Kratos und Ethos, zwischen dem Handeln nach dem Machttrieb und dem Handeln nach sittlicher Verantwortung, gibt es auf den Höhen des staatlichen Lebens eine Brücke, eben die Staatsräson, die Erwägung dessen, was zweckmäßig, nützlich und heilvoll ist, was der Staat tun muß, um das Optimum seiner Existenz jeweils zu erreichen." (Die Idee der Staatsräson, a. a. O., S. 5.).

[217] Vgl. hierzu H.-P. Bleuel, a. a. O., S. 193ff.

[218] Vgl. G. Iggers, Deutsche Geschichtswissenschaft. Eine Kritik der traditionellen Geschichtsauffassung von Herder bis zur Gegenwart, Stuttgart 1971, S. 537, 539. Zur marxistisch-leninistischen Einschätzung Meineckes vgl. G. Lozek, Friedrich Meinecke. In J. Streisand, (Hrsg.), Studien über die deutsche Geschichtswissenschaft Bd. II. Die bürgerliche deutsche Geschichtsschreibung von der Reichseinigung bis zur Befreiung Deutschlands vom Faschismus, a. a. O., S. 303ff.; G. Lozek/K. H. Syrbe, Geschichtsschreibung contra Geschichte,

zu dieser Zeit über die hellenistische Geschichtsschreibung Johann Gustav Droysens.[219] Im Jahre zuvor hatte er eine apologetische Darstellung zur Rolle der imperialistischen deutschen Diplomatie im ersten Weltkriege, anläßlich der päpstlichen Friedensresolution von 1917, gegeben.[220]

Im Unterschied zu Friedrich Meinecke suchte Otto Hintze in den vergleichenden und zusammenfassenden Akademievorträgen jener Zeit den bürgerlichen Historismus durch die Einbeziehung struktureller und soziologischer Gesichtspunkte zu festigen. Hintze hat als einer der wenigen bürgerlichen Historiker damals die methodischen Grenzen der „reinen Ideengeschichte“ empfunden und auch ihre relativ geringe Relevanz für die Rekonsolidierung bürgerlichen Denkens erkannt. Seine historischen, geschichtstheoretischen und politologischen Darlegungen, mit den er als einer der ersten an die Geschichtstheorie und Soziologie Max Webers anknüpfte, finden in der modernen bürgerlichen Historiographie und Geschichtstheorie steigende Beachtung.[121]

Otto Hintze war ein Schüler des Wirtschafts- und Verfassungshistorikers Gustav Schmoller und des führenden politischen Historikers der kleindeutschen Schule Johann Gustav Droysen. Er blieb ein Gegner des Marxismus und der Arbeiterbewegung, der sich gerade unter dem Eindruck der revolutionären Ereignisse von 1917 bis 1919 zu Modernisierungen seiner Auffassung genötigt sah. In Rezenssionen zu Franz Oppenheimer, Ernst Troeltsch, Werner Sombart, Hans Kelsen, Rudolf Smend und Carl Schmitt unterstrich er den Zusammenhang von bürgerlicher Geschichts-, Sozial- und Staatstheorie mit der Politik, wobei er die autoritäre Staatstheorie Carl Schmitts zurückwies, die Soziologie Oppenheimers dagegen von rechts her wohlwollend kritisierte. Selbst bis in den ersten Weltkrieg ein Verfechter neurankeanischer Machtstaatsauffassungen, begann er den traditionellen Nationalstaat nach 1917/18 als überlebt zu bezeichnen und den Abendlandbegriff zu verwenden. Er unterschätzte die Zusammenhänge zwischen kapitalistischer Wirtschaft, Politik und bürgerlicher Nationalstaatsentwicklung und trat — ohne Lenin zu nennen — der Leninschen Imperialismus-Theorie mit einer Deutung entgegen, nach der das Wesen des Imperialismus vor allem im Streben nach Macht und im Bemühen um die Rationalisierung in Wirtschaft und Staat bestehen sollte.

Otto Hintze hat Max Webers Soziologie als eine wesentliche, den eigenen Anschauungen und Zielen adäquate Ausgangsposition angesehen und sich vor

Berlin 1964, S. 27ff. G. Lozek/G. Voigt, Zu einigen Fragen der Auswirkung der Großen Sozialistischen Oktoberrevolution auf die deutsche bürgerliche Geschichtsschreibung. In: Die Große Sozialistische Oktoberrevolution und Deutschland, Bd. 1, a. a. O., S. 531ff., G. Lozek/G Meier/W. Schmidt/W. Berthold (Hrsg.), Unbewältigte Vergangenheit, a. a. O., S. 67ff. und passim.

219 Vgl. F. Meinecke, Zur Geschichtsschreibung Johann Gustav Droysens. In: Sb., Jg. 1929, Phil.-phist. Kl., S. 474ff.

220 Vgl. ders., Kühlmann und die päpstliche Friedensresolution von 1917. In: Sb., Jg. 1928, Phil.-hist. Kl., S. 174ff.

221 Eine marxistisch-leninistische Einschätzung Hintzes gibt H. Schleier. Die Stellung der bürgerlichen deutschen Geschichtsforschung zur Soziologie in der Weimarer Republik. In: Institut für Geschichte der AdW der DDR, Jahrbuch für Geschichte, Bd. 5, Berlin 1971, S. 209ff.

allem seit 1926 in vergleichend-typologischen Untersuchungen um die historische Modifizierung der Idealtypenlehre Webers bemüht. Er verblieb mit dem Begriff des historischen Typus in subjektiv-idealistischen Vorstellungen, wobei er den Idealtypus des Soziologen von dem des Historikers zu unterscheiden suchte.[222] Auch hier ging es nicht um die Anerkennung des historischen Geschehens und seiner Gesetzmäßigkeiten, sondern um die idealtypische Herausarbeitung von Stände-, Staats- und Verfassungsstrukturen unter Betonung ihrer Entwicklung. Hintze, dessen Wendung „vom soziologischen zum historischen Typusbegriff" sich unter dem Einfluß Heinrich Maiers (also eines Akademiemitgliedes) vollzogen hätte, unterschied einen föderalistischen, auf „Interessenausgleich und Zusammenarbeit" orientierten von einem imperialistischen, auf „Gewaltherrschaft und Unterdrückung" gerichteten Idealtypus staatlicher Politik, hebt Gerhard Oestreich als moderner bürgerlicher Historiker ausdrücklich hervor.[223] Gegen Ende der zwanziger Jahre setzte Hintze die faschistische Diktatur in Italien und die sozialistische Sowjetmacht gleich[224] und wurde damit zu einem frühen Vertreter der Totalitarismus-Doktrin, die später zum Instrument des Antikommunismus ausgestaltet wurde. Von der faschistischen Bewegung, die er mit ihrem Führer Hitler identifizierte, hat sich Hintze auch vor 1933 distanziert.

Otto Hintze hat seine theoretischen und methodologischen Auffassungen in vergleichenden Untersuchungen auch vor der Akademie vorgetragen. Er sprach am 17. März 1927 vor der philosophisch-historischen Klasse über die „allgemeinen historischen Bedingungen für die Ausbildung ständischer Verfassungen im christlichen Abendlande."[225] Hier setzte er harmonisierende, auf der bürgerlichen Vertragstheorie beruhende Auffassungen an die Stelle einer wissenschaftlich fundierten historisch-theoretischen Interpretation des Ständestaates und der in ihn bestimmenden Klassengegensätze. Bedeutsam war der Vortrag „Über Wesen und Verbreitung des Feudalismus", den Otto Hintze am 27. Juni 1929 vor dem Plenum der Akademie hielt.[226] Gegenüber Georg von Below, der den Feudalismus auf die „germanisch-romanische Welt" beschränken wollte, nahm Otto Hintze hier eine vergleichende, osteuropäische, arabische und ostasiatische Erscheinungen einbegreifende Untersuchung vor, wobei er mit dem Begriff auch die Verbreitung des Feudalismus weiterfaßte als von Below. Selbstverständlich faßten weder von Below noch Hintze den Feudalismus als ökonomische Gesellschaftsformation auf. Gegen diese Erkenntnis des historischen Materialismus und der marxistisch-leninistischen Gesellschaftswissenschaft richtete sich der Akademievortrag Hintzes, der auch hier von der Idealtypologie Webers ausging. Otto

---

[222] G. Oestreich, Otto Hintzes Stellung zur Politikwissenschaft und Soziologie. In: O. Hintze, Gesammelte Abhandlungen, Bd. II, 2. Aufl., Göttingen 1964 (Zit. nach: Sonderdruck, S. 58).

[223] Vgl. ebda., S. 63.

[224] Vgl. G. G. Iggers, a. a. O., S. 304.

[225] Vgl. zum folgenden Sb., Phil.-hist. Kl., Jg. 1927, S. 47. (Autoren-Kurzreferat).

[226] Vgl. hierzu Sb., Jg. 1929, S. 320ff.

Hintze sah die Merkmale des Feudalismus in dem Überwiegen des (mit Max Weber „charismatisch“ verstandenen) persönlichen über das anstaltliche Moment während des Zeitalters der Naturalwirtschaft und der unentwickelten Verkehrsverhältnisse, in der „Verdinglichung“ der Herrschaft, in ihrer Verbindung von „herrschaftlichen“ und „grundherrschaftlichen“ Machtpositionen und schließlich als drittes in dem hierarchischen Zug, der auf der nicht zu trennenden Verbindung von Staat und Kirche beruht hätte. Auch hier trat die bürgerlich-idealtypische Konstruktion an die Stelle der wissenschaftlichen Analyse sozial-ökonomisch bestimmter gesellschaftlicher Beziehungen und Machtverhältnisse, auf denen die staatlichen, rechtlichen bzw. verfassungsrechtlichen Formen und die Herrschaftsideologien beruhten. Hintzes vergleichende Untersuchungen zeigen bereits von ihrem methodischen Ansatz her, daß die Krise der bürgerlichen Geisteswissenschaften auch durch die Verbindung mit bürgerlich-soziologischen und strukturgeschichtlichen Elementen nicht behoben werden konnte. Otto Hintzes Arbeiten blieben trotz mancher universalhistorischer Aspekte der traditionellen Orientierung auf die germanisch-romanischen Staaten verhaftet.

In den historischen Untersuchungen, die während jener Jahre in der Akademie vorgetragen wurden, spielte die Ausrichtung auf den preußisch-deutschen Machtstaat des 19. Jahrhunderts und auf die sich verstärkende Bismarck-Apologetik eine Rolle. Bereits in der Plenarsitzung vom 8. Mai 1924 hatte Erich Marcks über „Bismark im Frühjahr und Sommer 1848“ gesprochen.[227] Er hat hier die Mitwirkung Friedrich Wilhelms IV. und seines Bruders Wilhelm bei der Klärung und Festigung der aggressiven Positionen des durch den Ausbruch der Revolution 1848 zunächst verwirrten Otto von Bismarck hervorgehoben. Mit der Vorgeschichte der Bismarkschen Reichsgründung hatte sich unter anderem Max Lenz befaßt, der 1927 in einer Festschrift zum 60. Geburtstage von Erich Brandenburg den Gasteiner Vertrag von 1863 zwischen Preußen und Österreich untersuchte und am 28. Februar 1929 vor der philosophisch-historischen Klasse der Akademie über die Stellung Wilhelms I. und Bismarcks zum Frankfurter Fürstentag vom 8. August 1863 sprach.[228] Auch diese Arbeit stand unter dem Vorzeichen preußisch-deutscher Apologetik und des Rankeschen Primates der Außenpolitik. Gegenüber diesem apologetischen Geschichtsbild und den hier vorgetragenen theoretischen und methodologischen Positionen blieben vorwärtsweisende Ansätze in der Minderheit. Alfred Stern z.B. hat in der philosophisch-historischen Klasse der Akademie am 14. Febr-ruar 1929 eine Abhandlung „Über zeitgenössische gedruckte Quellen und Darstellungen der Geschichte des großen deutschen Bauernkrieges“ vorlegen lassen.[229] Dies war eine bürgerliche Arbeit, durch welche die Akademie mit einem der bedeutendsten revolutionären Ereignisse der deutschen Geschichte von den Quellen her konfrontiert wurde. Der Autor, der in diesen Jahren Kor-

[227] Vgl. Sb., Jg. 1924, S. 107 (Autoren-Kurzreferat).
[228] Vgl. Sb., Phil.-hist. Kl. Jg. 1929, S. 162ff.
[229] Vgl. Sb., Jg. 1929, S. 184ff.

respondierendes Mitglied der Akademie (KM 24. 2. 1927) wurde, hat an anderer Stelle, wie der sowjetische Historiker M. M. Smirin betonte, auf den sozialrevolutionären Charakter der Kämpfe von 1524/25 in seinen Arbeiten verwiesen.[230] Er hat die revolutionäre Partei von den gemäßigten Reformgruppierungen abgehoben und dabei die Auffassungen sowie den politischen Kampf der Kräfte um Thomas Müntzer sachlich zu werten versucht.

Grundsätzliche Fragen der Agrargeschichte und der Agrarpolitik wurden in diesen Jahren von Max Sering vor der Akademie behandelt. Sering sprach in der Gesamtsitzung vom 17. Januar 1924 über die Entwicklung „der englischen Agrarverfassung auf Grund neuerer Untersuchungen".[231] Nach der normannischen Eroberung, betonte er hier, wäre in England die spärliche Eigentümerkategorie der freeholders, aber auch der kleineren Grundherren durch die Großgrundherrschaft verdrängt worden. Der Großgrundbesitz hätte vor Ausbruch der Napoleonischen Kriege „keinerlei Rechtfertigung durch reichlichere Volksernährung" gefunden. Nach späterhin zeitweilig beachtenswerten Leistungen des „britischen Großlandbaues" hätte, als die Agrarkrise einsetzte, der dortige Großbetrieb versagt, das Land brachte weniger hervor als der zum Teil zollpolitisch ungeschützte Bauernbesitz. „Auch hat der Großgrundbesitz das Land entvölkert und scharfe soziale Gegensätze hervorgerufen." Hier wurde jene eng begrenzte historische Kritik am Großgrundbesitz vorgetragen, die für Max Sering, den führenden Vertreter bürgerlicher Sozialreform und Siedlungspropaganda, charakteristisch blieb. Mit dieser Kritik und den Siedlungsvorschlägen suchte auch Sering zur Entschärfung der Klassengegensätze und damit zur Festigung der bestehenden Ordnung beizutragen; seine Besorgnis galt einem Bündnis zwischen Arbeiterklasse und werktätigen Bauern in Deutschland.

Diese Motive historisch-politischen Denkens kamen besonders in einem Vortrag über „Agrarrevolution und Agrarreform in Ost- und Mitteleuropa" zum Ausdruck, den Max Sering am 24. Oktober 1929 in der philosophisch-historischen Klasse der Akademie hielt.[232] Er distanzierte sich hier von der revolutionären Lösung der Argrarfrage in der Sowjetunion, während er die bürgerlichen Argrareformen und Reformversuche als den Weg zur Lösung der Agrarprobleme und der anderen gravierenden sozialen Fragen herausstellte. In England und Deutschland sei mit der inneren „Kolonisation" die Zielsetzung verfolgt worden, die übermäßige Abwanderung von Landarbeitern und Bauernkindern in die Städte zu unterbinden und die Klassengegensätze auf dem Lande durch Stärkung des bäuerlichen „Mittelstandes" zu überbrücken. Sering betonte Unterschiede zwischen mittel- und westeuropäischer (englischer) so-

[230] Vgl. M. M. Smirin, Die Volksreformation des Thomas Müntzer und der große Bauernkrieg, Berlin 1952, S. 33, 287, 353, bes. S. 364ff. et. passim. Auf persönliche Verbindungen zwischen Albert Einstein und Alfred Stern, dem der große Physiker eine besondere Wertschätzung entgegenbrachte, verwies C. Seelig, Albert Einstein, Leben und Werk eines Genies unserer Zeit, a. a. O., S. 185ff.

[231] Vgl. Sb., Jg. 1924, S. 2 (Kurzreferat zu Serings Vortrag).

[232] Vgl. zum folgenden Sb., Phil.-hist. Kl., Jg. 1929, S. 564ff.

wie zaristischer „Innenkolonisation", die er auf Wesensverschiedenheiten zwischen slawisch-genossenschaftlichen und germanisch-herrschaftlichen Familien- und Hofverbandsauffassungen zurückführen wollte: Hier wurden auch seine Bindungen an die historische Methode und an rechtshistorische Denkkategorien des 19. Jahrhunderts sichtbar. Auch Max Sering sah sich genötigt, von dem „grandiosen Fünfjahrplan" zu sprechen, der als ein entscheidender Schritt zur sozialistischen Indusrialisierung in der Sowjetunion konzipiert war. Aber er vermochte die gesellschaftliche Bedeutung des Übergangs zum sozialistischen Genossenschaftswesen in der Landwirtschaft der Sowjetunion nicht zu erfassen. Seine These, „die große Richtung der Entwicklung war also individualistisch, nicht sozialistisch", stand im Widerspruch zu den Tatsachen der älteren Geschichte, in der der bäuerlich-antifeudale Kampf genossenschaftliche Rechte einen wichtigen Platz einnahm. Diese These wird seit 1917 durch die Geschichte und Gegenwart der Landwirtschaft in den sozialistischen Ländern, durch die Weiterentwicklung der Agrarrevolution in einer Reihe von Staaten der nationalen Befreiung sowie durch die wachsenden, von eigenen bitteren Erfahrungen und vom Ringen der Arbeiterklasse getragenen Einsichten werktätiger Bauern in den kapitalistischen Ländern auch praktisch widerlegt.

Von den führenden Altertumswissenschaftlern in der Akademie legte der greise Ulrich von Wilamowitz-Moellendorff auch in diesen Jahren eine Reihe von Arbeiten in der Akademie vor, die in ihrer Themenwahl und methodischen Bearbeitung die traditionelle Ausrichtung der bürgerlichen Altphilologie in ihrer Verflechtung mit der Geschichte verdeutlichen. Wilamowitz hat sich z.B. 1925 in zwei Vorträgen mit der griechischen Heldensage befaßt; er wandte sich im gleichen Jahre dem Rhetor Aristeides, 1926 dem Pherekydes zu, behandelte 1927 u. a. ein „Siedlungsgesetz aus West-Lokris" und sprach 1929 über „Kronos und die Titanen" sowie unter speziellem Aspekt über Empedokles.[233]

Ulrich Wilcken befaßte sich vor der Akademie u. a. mit Alexanders Zug zur Oase Siwa; er sprach über „Philipp II. von Makedonien und die panhellenische Idee", ging aber auch über die griechische Geschichte hinans, indem er einen Vortrag „Der angebliche Staatsstreich Octavians im Jahre 32 v. Chr." hielt.[234] Im Jahre 1924 erschien Wilckens bereits erwähntes Werk, die „Griechische Geschichte im Rahmen der Altertumsgeschichte", die sich durch ihre die Beziehungen zwischen den Griechen und der gesamten Mittelmeerwelt einbeziehende Betrachtungsweise auszeichnete und ihren Platz in der Historiographie zur alten Geschichte behauptet hat. Aus der Schule Ulrich Wilckens sind Vertreter einer Altertumswissenschaft und Althistorie hervorgegangen, die in ihrer Wissenschaftspflege humanistische Traditionen der Altphilologie und der alten Geschichte verkörpern.

---

[233] Sb., Phil.-hist. Kl., Jg. 1925, S. 41ff; S. 214ff.; ebda., S. 333ff.; Jg. 1926, S. 125ff.; Jg. 1927, S. 7 ff.; Jg. 1929, S. 35ff.; S. 626ff.

[234] Vgl. Sb., Phil.-hist. Kl., Jg. 1928, S. 576ff.; Jg. 1929, S. 291ff.; Jg. 1925, S. 66ff.

Über den Kreis der Ordentlichen Mitglieder hinaus haben auch andere Gelehrte vor der Akademie althistorische und altertumswissenschaftliche Forschungsergebnisse in geringem Umfange vorgelegt. Der schwedische Archäologe und Altertumswissenschaftler Martin Nilsson, neugewähltes Korrespondierendes Mitglied jener Jahre, behandelte z. B. 1927 „Das homerische Königtum", während Walther Kolbe 1927 und 1928 das Kalliasdekret und Rudolf Herzog 1928 „Heilige Gesetze von Kos" untersuchte.[235] Max Meyerhof legte eine Analyse „Über echte und unechte Schriften Galens, nach arabischen Quellen" vor, die den engeren Rahmen der klassischen Altertumswissenschaften bereits überschritt.

In der Orientalistik fanden die Bemühungen um die weitere Auswertung der Schriftfunde aus den vier preußischen Turfan-Expeditionen auch in den Vorträgen und Abhandlungen der Akademie zunehmende Betrachtung. F. W. K. Müller, der Vertreter der ostasiatischen Sprachen an der Akademie und frühere Direktor am Berliner Museum für Völkerkunde, der den Charakter und den Inhalt der manichäischen Turfan-Handschriften aufgedeckt hatte[236], berichtete über „eine soghdische Inschrift in Ladakh" (1925) und über „Ein euigurisch-lamaistisches Zauberritual aus den Turfanfunden" (1928); Ernst Waldschmidt und Wolfgang Lentz untersuchten 1926 den Manichäismus unter dem Blickwinkel seiner Verbindungen zur urchristlichen Religionsüberlieferung. 1924 hatte August Hermann Francke 2 Untersuchungen tibetanischer Handschriften aus dem Turfangebiet durch Heinrich Lüders in der Akademie vorlegen lassen.[237] Im Jahre 1929 behandelte Willy Bang Kaup, Korrespondierendes Mitglied der Akademie, zusammen mit Annemarie von Gabain in 2 Abhandlungen der philosophisch-historischen Klasse „Türkische Turfan-Texte."[238]

Archäologische Forschungsergebnisse aus dem ostelbischen Untersuchungsgebiet legte Carl Schuchhardt vor. Schuchhardt, der zwischen 1908 und 1925 die prähistorische Abteilung des Berliiner Museums für Völkerkunde leitete, berichtete 1921 und 1923 über Grabungen in Rethra bei Feldberg und Kap Arkona (Rügen); 1924 nahm er in einem Bericht an, das alte Vineta in einer aufgedeckten Siedlung an der Ostseeküste gefunden zu haben.[239] Schuchhardt, der auch über Grabungen in Garz auf Rügen berichtete, untersuchte 1929 in einem weiten Vergleich zwischen Altägypten und dem fränkisch-sächsischen Bereich „Ursprung und Wanderung des Wohnturms"[240]: Er trug damit Vorarbeiten zu seiner bald darauf erschienenen zusammenfassenden Arbeit über die Entwicklung der Burgen vor. Der Bedeutung sozialökonomischer Zusammen-

---

[235] Vgl. hierzu und zum folgenden: Gesamtregister . . ., a. a. O, S. 287, 293.

[236] Vgl. A. v. Le Coq, Auf Hellas Spuren in Ost-Turkestan, a. a. O., S. 11.

[237] Vgl. Sb., Phil.-hist. Kl., Jg. 1924, S. 5ff., 110ff. A. H. Franke hat in den Jahren 1925, 1927 und 1928 weitere Arbeiten vorlegen lassen.

[238] Vgl. Sb., Phil.-hist. Kl., Jg. 1929, S. 241ff., 411ff.

[239] Vgl. Sb., Phil.-hist. Kl., Jg. 1924, S. 176ff. Es handelte sich jedoch um eine Fehllokalisierung, wie auch Schuchhardt später zugab.

[240] Vgl. Sb., Phil.-hist. Kl., Jg. 1929, S. 437ff.

hänge wurden auch die oft weitgespannten Arbeiten Carl Schuchhardts nicht gerecht. Methodisch fruchtbar, hat er auch schriftliche Quellen zur Aufdeckung und Einordnung frühgeschichtlicher und frühmittelalterlicher Bodenfunde in seinen archäologischen Arbeiten verstärkt herangezogen.

Die Philosophie gehörte weiterhin zu den in den Vorträgen und Abhandlungen der Akademie relativ schwach vertretenen Disziplinen. Auf die Vorträge Eduard Sprangers, des neugewählten Mitgliedes jener Jahre, wurde bereits verwiesen. Der Vortrag über „Die mechanistische Naturbetrachtung und die vitalistische' Kausalität", den Heinrich Maier in der Gesamtsitzung vom 22. November 1928 vortrug, hat den Rahmen der philosophisch-historischen Klasse gesprengt.[241] Heinrich Maier, der hier ein im Hinblick auf den weiterwirkenden Neovitalismus aktuelles Thema behandelte, nahm zu beiden Richtungen — zum Mechanismus und zum Vitalismus — eine kritische Haltung ein, ohne einen philosophischen Ansatzpunkt zur Lösung der aufgeworfenen Probleme in der materialistischen Dialektik finden zu können.

Eine Reihe von Arbeiten wurden beispielsweise aus dem Bereich der germanistischen Philologie und der deutschen Volkskunde vorgelegt.[242] Hier behandelte Julius Petersen 1924 „Die Entstehung der Eckermannschen Gespräche und ihre Glaubwürdigkeit"; 1929 folgte eine Untersuchung „Fontanes erster Berliner Gesellschaftsroman". 1927 hatte E. Berend in den „Prolegomena zur historisch-kritischen Gesamtausgabe von Jean Pauls Werken" sich mit einem neuen wissenschaftlichen Unternehmen befaßt, an dem die Akademie als eigentliche wissenschaftliche Trägerin führend beteiligt war. Johannes Bolte hat in diesen Jahren eine Reihe von Arbeitsergebnissen vorgelegt. 1925 behandelte er „Zwei satirische Gedichte von Sebastian Franck", 1926 folgte „Eine ungedruckte Poetik Kaspar Stielers", 1927 der Beitrag zur vergleichenden Literaturgeschichte „Deutsche Lieder in Dänemark", im folgenden Jahre schloß sich eine Untersuchung „Fahrende Leute in der Literatur des 15. und 16. Jahrhunderts" an; im Jahre 1929 legte Bolte „Quellenstudien zu Georg Rollenhagen" vor. Im gleichen Jahre wurde der Akademie eine Arbeit von A. Freitag vorgelegt, in der auf die Benutzung der deutschen Bibel des Mittelalters für Luthers Bibelübersetzung anhand der Urschrift der Lutherbibel eingegangen wurde. Bei all dem zeigt das Beispiel der germanistischen Philologie und Volkskunde, daß von Akademiemitgliedern und anderen Wissenschaftlern Forschungsergebnisse vorgelegt wurden, die in den Grenzen bürgerlicher Methodologie verstanden werden müssen, hier jedoch neues Quellenmaterial und manche Einzelerkenntnisse erschlossen haben.

Die philosophisch-historische Klasse der Akademie hat in den Jahren zwischen 1924 und 1929 insgesamt 24 neue Korrespondierende Mitglieder gewählt. Sie hatte an 1. Januar 1929 insgesamt 75 Korrespondierende Mitglieder, wobei auch hier weiterhin 100 Stellen zur Verfügung standen. Eine Übersicht über

---

241 Vgl. Sb., Phil.-hist. Kl., Jg. 1928, S. 551 ff.

242 Vgl. die Angaben in Gesamtregister . . ., a. a. O., S. 302.

die Fachverteilung der Korrespondierenden Mitglieder Anfang 1924 und 1929 ergibt folgendes Bild[243]:

Fach	Anzahl der zur Verfügung stehenden Stellen	Davon besetzt am 1. 1. 1924	Davon besetzt am 1. 1. 1929	(Hiervon seit 1. 1. 1924 neu besetzt)
Philosophie und deren Geschichte	7	3	3	(1)
Klassische Philologie einschl. d. klass. Epigraphik	22	15	15	(3)
Geschichte einschl. d. histor. Hilfswiss. u. d. Geogr.	17	13	14	(7)
Dt. u. and. europ. Philol., ausschl. d. klass.	10	10	9	(—)
Kunstwissenschaft, einschl. d. Münzkunde	8	3	5	(3)
Oriental. Philol., einschl. d. orient. Sprachforschung	17	14	16	(4)
Rechts- und Staatswiss.	9	4	4	(3)
Freie Stellen	10	6	9	(3)
Insgesamt	100	68	75	(24)

Die philosophisch-historische Klasse hatte also gegen Ende der relativen Stabilisierung von der Möglichkeit, Stellen für Korrespondierende Mitglieder zu besetzen, in größerem Umfange Gebrauch gemacht als dies bis zum gleichen Zeitpunkt in der mathematisch-physikalischen Klasse geschehen war.

Die Fachaufteilung hatte sich nicht geändert. Auffällig blieb die hohe Stellenzahl in der klassischen Altertumswissenschaft, deren Fachstellen zu etwa 2/3 besetzt waren. Fast voll besetzt waren die Stellen für deutsche und andere europäische Neuphilologien; ähnlich war es 1929 mit der orientalischen Philologie und der vergleichenden Sprachwissenschaft. 1929 waren die freien Stellen nahezu vollständig besetzt. Relativ schwach besetzt blieben die Fachstellen für Rechts- und Staatswissenschaften, also einem für die theoretischen und praktischen Belange der Bourgeoisie besonders relevanten Bereich.

In den Jahren 1924-1929 wurden wiederum bekannte Gelehrte als Korrespondierende Mitglieder in die philosophisch-historische Klasse der Akademie gewählt. Mit der Wahl S. F. Ol'denburgs, des Beständigen Sekretärs der sowjetischen Akademie der Wissenschaften (KM 3. 11. 1927) und führenden Forschers auf dem Gebiet der Geschichte und Literatur asiatischer Völker, trug die Akademie auch dem Aufschwung der sowjetisch-deutschen Wissenschaftsbeziehungen Rechnung. Wissenschaftspolitische Bedeutung hatten die Wahlen der Historiker Oswald Redlich und Albert Berzeviczy von Berzevicze (beide KM 15.12. 1927), der Präsidenten der Akademie der Wissenschaften in Wien und Buda-

243 Vgl. die Jahresaufstellungen der Korrespondierenden Mitglieder für 1924 und 1929. In: AAW II: IIIc, Bd. 1, Bl. 46.

pest. Hinzugewählt wurde auch der Jurist Leopold Wenger, der Präsident der Bayrischen Akademie der Wissenschaften. Korrespondierendes Mitglied wurde der Präsident der Vatikanischen Bibliothek und langjährige Mitarbeiter des Kardinals Ehrle, Giovanni Mercati (KM 5. 11. 1925).

In Fachstellen für klassische Philologie wurden der Gräzist Olof August Daniesson (KM 17. 1. 1924), der klassische Philologe Johannes Mewaldt (KM 7. 2. 1924), die klassischen Ärchäologen Martin Persson Nilsson (7. 2. 1924 — zugleich Vertreter der alten Geschichte) und Ernst Fabricius (KM 25. 11. 1926) gewählt, während die Archäologen Franz Studniczka, Paul Wolters (beide KM 8. 5. 1924) und Franz Winter (KM 17. 12. 1925) Fachstellen für Kunstgeschichte und Kunstwissenschaften erhielten. In Fachstellen für Orientalistik wurden neben S. F. Ol'denburg der Sanskritist Alfred Hillebrandt (KM 15. 11. 1925), der Kopenhagener Ägyptologe Hans Ostenfeldt Lange (KM 12. 15. 1927) und der vergleichende Sprachwissenschaftler Rudolf Thurneysen (KM. 23. 7. 1925) gewählt. Fachstellen für Rechts- und Staatswissenschaften erhielten neben Leopold Wenger der Rechtshistoriker Otto von Zallinger zum Thurn (KM 8. 2. 1924) und der Vertreter des kanonischen Rechts V. N. Beneševič (KM 30. 5. 1929). Außer Oswald Redlich und Albert von Berzeviczy wurden die Mediävisten Karl Hampe, Bruno Krusch und Karl Robert Wenck, der Direktor des Stadtarchivs und historischen Museums Köln Joseph Hansen (KM 19. 2. 1925) und die Vertreter der mittleren und vor allem neueren Geschichte Erich Brandenburg (KM 18. 6. 1925) und Alfred Stern (KM 24. 2. 1927) in Fachstellen für Korrespondierende Mitglieder aus den Bereichen der Geschichte und ihrer Hilfswissenschaften gewählt. Von ihnen war vor allem Karl Hampe durch seine weitverbreitete „Deutsche Kaisergeschichte im Zeitalter der Salier und Staufer" bekannt; Erich Brandenburg gehörte hier zu den Exponenten apologetischer preußischer deutscher Historiographie. Der italienische Philosoph Benedetto Croce, auf dessen Aktivität bei der Herausbildung der neuhegelianischen Philosophie bereits verwiesen wurde, erhielt eine der wenigen Fachstellen für Philosophie. Zusammen mit dem wissenschaftlichen Bibliographen und Universitätsbibliothekar an der Universität Princeton Ernest Cushing Richardson (KM 6. 11. 1924)[244] und dem bereit erwähnten Giovanni Mercati wurden der Professor für neutestamentliche Theologie und altchristliche Literatur Erich Klostermann (KM 15. 12. 1927) und der Vertreter der menschlichen Urgeschichte in Madrid Hugo Obermaier (KM 15. 12. 1927) in freie Stellen für Korrespondierende Mitglieder gewählt.

Eine Aufteilung der Korrespondierenden Mitglieder der philosophisch-historischen Klasse nach ihren Herkunftsländern ergibt folgendes Bild (nach

---

244 Richardson, der in der Wahlantragsbegründung als Schöpfer der nordamerikanischen Bibliographie bezeichnet wurde, hatte der Akademie ein wertvolles Manuskript überlassen; er unterstrich in seinem Dankschreiben sein Interesse an der Wiederherstellung der internationalen bibliographischen Zusammenarbeit und versprach, sich für die deutsche Aufnahme in die internationalen Fachorganisationen einzusetzen. (Vgl. AAW II: IIIb, Bd. 27, Bl. 268ff.; das Schreiben Richardsons ebda., Bd. 28, Bl. 5).

dem Stande vom 30. 5. 1929; die eingeklammerten Zahlen bedeuten Zuwahlen zwischen 1924 und 1929):

Fach	Deutschland	Österreich	Schweiz	Niederlande	Griechenland	Belgien	Dänemark	Italien	Schweden	Norwegen	Ungarn	England	USA	Sowjetunion	Frankreich
Philosophie	1	—	—	1	—	—	—	1(1)	—	—	—	—	—	—	—
Klass. Philol.	4(2)	1	—	—	1	2	—	1	1(1)	—	—	2	—	—	3
Gesch. m. Hilfswiss.	8(4)	1(1)	1(1)	—	—	—	—	—	—	—	1(1)	1	1	—	1
Dt. u. a. mod. Philol.	6	1	—	—	—	—	—	1	1	—	—	—	—	—	—
Kunstwiss.	4(3)	—	—	—	—	—	—	—	—	—	—	1	—	—	—
Orient. Philol.	5(1)	1	1	1	—	—	1(1)	1	2(1)	1	—	1	1	1(1)	—
Rechts- u. Staatswiss.	1(1)	2(1)	—	—	—	—	—	—	—	—	—	—	—	1(1)	—
freie Stellen	5(2)	—	1	—	—	—	—	2(1)	—	—	—	—	1(1)	—	—
Insgesamt	34(13)	6(2)	3(1)	2	1	2	1(1)	6(2)	4(2)	1	1(1)	5	3(1)	2(2)	4

c) Ehrenmitgliedschaften

Die Akademie hat am 9. Dezember 1925 den langjährigen Generaldirektor der staatlichen Museen Wilhelm von Bode anläßlich seines achtzigsten Geburtstages zu ihrem Ehrenmitglied gewählt.[245] Seine Wahl wurde mit seinen entscheidenden Verdiensten um die Entwicklung der staatlichen Kunstsammlungen begründet, wobei auf seine eminente Begabung für die Beurteilung von Kunstwerken, sein ungewöhnliches Formengedächtnis und seine ausgeprägte Fähigkeit für die Feststellung stilistischer, aber auch personeller Zusammenhänge verwiesen wurde. Bode habe besonders durch geschickte Ankäufe von Kunstwerken sowie durch den Aufbau der christlichen Abteilungen der Museen Verdienste erworben. Es gäbe, so wurde betont, in der Welt niemanden, „der einen so großen Namen als Kenner und Museumsorganisator besitzt wie Wilhelm von Bode."

Die Akademie hat am 2. Juli 1929 Albert Schweitzer, den Arzt und Humanisten in Lambarene, zu ihrem Ehrenmitglied gewählt. Schweitzers universale wissenschaftliche Begabung, seine weitgespannten Interessen und vielseitigen Forschungsarbeiten sowie sein humanistischer Einsatz wurden in der Wahlantragsbegründung Adolf von Harnacks hervorgehoben.[246] Hier wurde darauf verwiesen, daß Schweitzers vielseitiges Wirken als Theologe, Religionshistoriker, Kulturphilosoph, Musikwissenschaftler und Bachinterpret, Kunstkenner und schließlich als Arzt seine Zuweisung zu einer der beiden Klassen nicht zu-

[245] Vgl. die Wahlantragsbegründung in AAW II: IIIb, Bd. 28, Bl. 222.
[246] Vgl. AAW II: IIIb, Bd. 31, Bl. 63.

lasse. Adolf von Harnack deutete an, daß sich in Albert Schweitzer eine Einheit der Wissenschaft verkörpere, wie sie der Akademie vorschwebe: Deshalb erfolge der Wahlvorschlag für die Ehrenmitgliedschaft – nicht für eine Korrespondentenstelle in einer der beiden Klassen. Schweitzer hat eine lebensbejahende Weltanschauung entwickelt, die in seiner Lehre von der „Ehrfurcht vor dem Leben" zu einer praxisverbundenen humanistischen Ethik führte und rationalistisch-aufklärerische Positionen gegen Verfallserscheinungen verteidigte. Es war charakteristisch für ihn, daß er über Jahrzehnte hinweg progresssive Entscheidungen getroffen hatte, die in seinen Protesten gegen den imperialistischen ersten Weltkrieg, gegen den Hitlerfaschismus und den von ihm angezettelten zweiten Weltkrieg und gegen die Vorbereitung neuer atomarer Kriegsabenteuer antihumaner imperialistischer Mächte kuliminierten.

Mit Oskar von Miller hat die Akademie am 27. April 1929 demgegenüber einen Repräsentanten großbürgerlicher Wissenschaftspolitik zu ihrem Ehrenmitglied gewählt. Oskar von Miller, der als enger Mitarbeiter Emil Rathenaus die ersten öffentlichen Elektrizitätswerke erbaute und sich für die Einführung der elektrischen Beleuchtung eingesetzt hatte, wurde in der Wahlbegründung als einer der Pioniere der Elektrotechnik bezeichnet. Er hätte, so hieß es, bahnbrechende Arbeiten auf dem Gebiet der Fernübertragung elektrischer Energie geleistet und die Bedeutung hoher Spannungen in diesem Zusammenhange erkannt. Oskar von Miller hatte das „Deutsche Museum für Meisterwerke der Naturwissenschaft und Technik" in München aufgebaut und war vor allem dadurch weithin bekannt geworden.

d) Auszeichnungen durch die Akademie: Die Leibniz-Medaille

Die Akademie hat ihre goldene Leibniz-Medaille für 1924 an den Bankier und Präsidenten der Berliner Handelskammer Franz von Mendelssohn verliehen. Mendelssohn hätte sich als verdienstvoller Donator und Schatzmeister der KWG ausgezeichnet; darüber hinaus hätte er Mittel für die Beschaffung geisteswissenschaftlicher Forschungsliteratur bereitgestellt, wurde in der von Walther Nernst eingebrachten Vorschlagsbegründung betont.[247] Die gleiche Auszeichnung begründete Ernst Heymann 1925 für den Direktor der Disconto-Gesellschaft Arthur Salomonsohn, der sich bei der Gründung der KWG hervorgetan und an der Erarbeitung ihrer Satzung führend mitgearbeitet hätte; die Auszeichnung würde besonders durch den Präsidenten der Notgemeinschaft Schmidt-Ott befürwortet und erbeten, da Salomonsohn, der Schatzmeister der Notgemeinschaft, sich um ihre Finanzierungspolitik besonders verdient gemacht hätte.[248] Im Jahre 1926 erhielt der ehemalige Leiter des Forschungslaboratoriums und spätere Vizepräsident der General Electric Company Willis Rodney Whitney

[247] Vgl. AAW II: VIII 1 Bd. 3, Bl. 48 (Protokollauszug Sitzung phys.-math. Kl. v. 31. 1. 1924), Bl. 56 (Zusammenfassung der Verleihungsvorschläge mit Begründungen).

[248] Vgl. ebda., Bl. 78 (Begründung des Vorschlages durch E. Heymann und Ed. Meyer).

die goldene Leibniz-Medaille. Das Forschungslaboratorium der General Elec-tric Compan hätte durch viele Veröffentlichungen einen guten Ruf in der phy-sikalischen Welt, hieß es in der Begründung.[249] Ausgehend von dem Leitgedanken, „daß für große technische Fortschritte die rein wissenschaftliche Forschung unentbehrliche Grundlage ist", hätte dieser amerikanische Konzern zusammen mit dem Siemenskonzern und der Allgemeinen Elektrizitätsgesellschaft (AEG) den Elektrophysik-Ausschuß der Notgemeinschaft gegründet und vordringlich aus seinen Mitteln finanziert.

Im Jahre 1927 wurde die goldene Medaille an den damaligen Kapitän zur See und späteren Konteradmiral der Kriegsmarine Fritz Spieß verliehen, der die „Meteor"-Atlantik-Expedition zwischen 1925 und 1927—nachdem Alfred Merz verstorben war — geleitet hatte und später als Präsident der Deutschen Seewarte in Hamburg amtierte. In der Begründung Albrecht Pencks wurde die außerordentliche wissenschaftliche Bedeutung dieser gerade beendeten Expedition hervorgehoben, die durch Spieß nach den detaillierten Plänen von Alfred Merz weitergeführt und schließlich erfolgreich beendet worden sei.[250] Die gleiche Auszeichnung erhielt — nachdem Hajimé Hoshi, der Präsident des japanischen Hoshi-Konzerns und Geldgeber des Hoshi-Ausschusses der Notgemeinschaft, den Haber vorgeschlagen hatte, zurückgestellt worden war — für 1928 der Schriftführer der 1898 gegründeten Deutschen Orient-Gesellschaft, Bruno Güterbock. Güterbock habe die großen Unternehmungen der Orient-Gesellschaft in Ägypten, Babylonien, Assyrien, Palästina und Kleinasien in Wirklichkeit geleitet; die wissenschaftlichen Leistungen der Gesellschaft kämen in den 58 Folio-Bänden ihrer Veröffentlichungen und den zahlreichen Heften ihrer Mitteilungen zum Ausdruck.[251] 1929 wurde die goldene Medaille dem früheren Staatssekretär im Reichspostministerium und jetzigen Rundfunkkommissar Hans Bredow verliehen. Bredow habe, betonte die von Karl Willy Wagner verfaßte und zusammen mit Walther Nernst und Max von Laue unterzeichnete Begründung, seit seiner Tätigkeit im Telefunkenkonzern die wissenschaftliche Forschung auf dem Gebiet des Funkwesens gefördert.[252] Er habe die erste Funkübertragung 1914 durchgeführt; die Errichtung der Großstation Nauen, die Einführung der Elektronenröhre „im Anschluß an die Erfindung von Liebens und anderer" sowie weitere Maßnahmen zur Durchsetzung technischer Neuerungen gingen auf ihn zurück. Die Konstituierung der Heinrich-Hertz-Gesellschaft zur Förderung des Funkwesens durch führende Kreise der „Funk-

[249] Vgl. ebda., Bl. 105 (Schreiben der Akademie v. 24. 2. 1926 an preuß. Kultusmin. mit Begründung des Vorschlages).

[250] Vgl. ebda., Bl. 154 (Begründung Pencks für Spieß v. 3. 2. 1927).

[251] Vgl. AAW II: VIII i Bd. 2, Bl. 6 (1. Vorschlag von 1919 für Güterbock — damals noch zurückgestellt); ebda., Bd. 3, Bl. 186 (Begründung Ermans, von Wiegand, Schuchhardt, Ed. Meyer, Wilamowitz, Wilcken mitunterzeichnet, für Güterbock v. 18. 1. 1928), Bl. 187 (Verhandlung der Wahl), Bl. 192 (nähere Begründung für G.).

[252] Ebda., Bl. 184 (Begründung für Bredow v. 16. 2. 1928, zunächst noch zurückgestellt); ebda., Bd. 4, Bl. 3, 5 (Erneute Übersendung des Vorschlages für Bredow durch Wagner).

industrie, Finanz und Verwaltung" hätte er stimuliert, um den Finanzzierungsproblemen technischer Forschung durch die Beschaffung zusätzlicher Mittel zu begegnen. Die Wiederherstellung wissenschaftlich-technischer Verbindungen nach dem Weltkrieg wäre auf deutscher Seite besonders durch ihn betrieben worden und er habe schließlich auf die Gründung des Heinrich-Hertz-Instituts für Schwingungsforschung maßgeblichen Einfluß ausgeübt.

So kamen die Zusammenhänge zwischen Wissenschaft und bürgerlicher Gesellschaft in diesen Jahren der relativen Stabilisierung des Kapitalismus und des Aufschwunges vieler Bereiche der Wissenschaft auch in der Verleihung der goldenen Leibniz-Medaille zum Ausdruck.

Die silberne Medaille wurde 1924 auf Vorschlag Max von Laues mit der Befürwortung Albert Einsteins und Max Plancks an Lise Meitner im KWI für Chemie vergeben; dies galt ihren großen Verdiensten um die Erforschung der Strahlungsphänomene und der Radioaktivität.[253] Die gleiche Auszeichnung erhielt der ehemalige Oberregierungs- und Admiralitätsrat Georg Wislicenius, der sich, wie in der Begründung Albrecht Pencks betont wurde, vor allem durch seinen maßgeblichen Anteil an der Erarbeitung des deutschen Seehandbuchwerkes große Verdienste um die Praxis der Seefahrt erworben habe; durch die Exaktheit der Angaben käme dem Werk auch erhebliche wissenschaftliche Bedeutung zu.[254] Die silberne Medaille erhielt Hermann Ambronn für seine mikrobiologischen Arbeiten. Sie wurde 1925 auf Vorschlags Walther Nernsts dem bisherigen Gymnasialprofessor, jetzigen Observator am Meteorologisch-magnetischen Observatorium Potsdam, Leiter des Höhenstrahlungslaboratoriums und des entsprechenden Universitätsinstituts Werner Kolhörster verliehen.[255] Mit ihm erhielt der Afrikaforscher und Dozent am Orientalischen Seminar Hans von Ramsay diese Auszeichnung, dessen Verdienste um die Arbeiten des von Theodor Wiegand geleiteten deutsch-türkischen Denkmalschutzkommandos im Weltkrieg in der Begründung Pencks und Wiegands hervorgehoben wurde. Die Arbeiten des Kommandos auf der Sinai-Halbinsel, seine Expedition nach Petra, Palmyra und Nordsyrien sowie die Aufnahme von Damaskus seien durch von Ramsay, den damaligen Mitarbeiter des preußischen Kriegministeriums, ermöglicht worden.[256] Die silberne Medaille erhielt im gleichen Jahre der Pfarrer Karl Roehl, der sich als Missionar in der ehemaligen Kolonie Deutsch-Ostafrika um die Erforschung afrikanischer Sprachen verdient gemacht hätte.[257]

Im Jahre 1926 erhielt der weithin bekannte Berliner Restaurator Hugo Ibscher diese Auszeichnung; ihm seien die meisten der zahlreichen Editoren der Berliner Papyrussammlung zu großem Dank verpflichtet, die in den letzten 30 Jahren hier gearbeitet hätten; an anderen deutschen und ausländischen Sammlungen

---

[253] Vgl. AAW II: VIII i Bd. 3, Bl. 48 (Protokollauszug Sitzung phys.-math. Kl. v. 31. 1. 1924); Bl. 50 (Begründung für Lise Meitner).

[254] Vgl. ebda., Bl. 54 (Begründung für Wislicenius).

[255] Vgl. ebda., Bl. 56 (Verleihungsbegründungen).

[256] Vgl. ebda., Bl. 70 (Begründung Pencks für v. Ramsay).

[257] Vgl. ebda., Bl. 80 (Begründung W. Schulzes für Roehl).

habe sich Ibschers Kunst der Restauration gleichfalls bewährt.[258] Die silberne Medaille wurde auf Vorschlag Paul Kehrs zugleich an den Mittelalterhistoriker und Schüler Paul Scheffer-Boichorsts Walter Lenel für seine Verdienste um die Erforschung der Geschichte Venedigs verliehen; Lenel habe sich neuerdings auch der florentinischen Geschichte zugewandt und sei einer der besten Kenner der Geschichte des mittelalterlichen Italiens nicht nur in Deutschland.[259] Mit der Medaille wurde Hugo Seemann für seine apparativen Beiträge zur Entwicklung der Spektroskopie und zur Erforschung der Röntgenstrahlen ausgezeichnet; er hatte sich der fabrikmäßigen Herstellung von Präzisions-Spektrographen mit anerkanntem Erfolg zugewandt.[260]

Im Jahre 1927 wurde dem Astronomen Cuno Hoffmeister in Sonneberg die silberne Medaille verliehen, der besonders durch seine Arbeiten auf dem Gebiet der veränderlichen Sterne und der Meteorastronomie als Forscher bekannt geworden sei, wie Paul Guthnik und Hans Ludendorff in ihrer Begründung betonten.[261] Die gleiche Auszeichnung erhielt der Botaniker Heinrich Klebahn für seine Pilzforschungen; er hatte sich vor allem um die Aufklärung der Entwicklungsgeschichte und Biologie parasitärer Pilze — nicht zuletzt wirtschaftlich wertvoller Rostpilze — verdient gemacht.[262] Im gleichen Jahr erhielt der Romanist und Hispanist Gerhard Moldenhauer diese Auszeichnung, der von 1924 bis 1929 die Arbeitsstelle für deutsch-spanische Wissenschaftsbeziehungen in Madrid leitete und, wie Paul Kehr in der Begründung hervorhob, durch seine Landeskenntnisse große Bedeutung gewonnen habe: Kehr sprach hier im besonderen für die spanische Kommission der Akademie sowie für die von ihm geleiteten Editionsarbeiten der Papsturkunden.[263] Die silberne Medaille erhielt auf Vorschlag Max von Laues, dem Max Planck, Albert Einstein, Emil Warburg, Fritz Haber, Karl Willy Wagner und Hans Ludendorff zustimmten, Arnold Berliner, der langjährige Herausgeber der Zeitschrift „Die Naturwissenschaften", in der eine breite Informationsarbeit über den Kreis der Wissenschaftler hinaus zur Entwicklung der Naturwissenschaften geleistet worden sei. Berliner, dem die Entwicklung der Zeitschrift im wesentlichen zu verdanken sei, hätte sich zugleich durch die Herausgabe der „Ergebnisse der exakten Naturwissenschaften" große Verdienste erworben; er habe auch ein verbreitetes Physiklehrbuch veröffentlicht.[264] Für Albert Leitzmann in Jena

[258] Vgl. ebda., Bl. 105 (Schreiben der Akademie v. 24. 2. 1926 an das preuß. Kultusministerium mit Begründungen für 1926).

[259] Vgl. ebda., Bl. 29 (Vorschlag Kehrs für Lenel 1925), Bl. 84 (Vertagung des Vorschlages), Bl. 105.

[260] Vgl. ebda., Bl. 127 (Protokollauszug zur Plenarsitzung v. 4. 2. 1926 mit Vorschlägen für Whitney, Seemann, Lenel, Ibscher — Zurückstellung des Botanikers Diehl und des Astronomen Hoffmeister).

[261] Vgl. ebda., Bl. 149 (erneuerte Begründung für Cuno Hoffmeister).

[262] Vgl. ebda., Bl. 167 (Zusammenfassung der Vorschläge für 1927, über die am 5. 5. 1927 vom Plenum entschieden werden sollte).

[263] Vgl. ebda., Bl. 152 (Vorschlagsbegründung Kehrs für Moldenhauer v. 3. 2. 1927).

[264] Vgl. ebda., Bl. 161 (Vorschlagsbegründung Max von Laues für Arnold Berliner mit Gegenzeichnungen der übrigen genannten Mitglieder v. 9. 2. 1927).

schlugen Julius Petersen und Konrad Burdach die silberne Leibniz-Medaille im gleichen Jahre vor,wobei sie auf Leitmanns Verdienste um die Akademie — durch die Herausgabe der Werke Wilhelm von Humboldts und des Briefwechsels zwischen den Brüdern Grimm und Karl Lachmann — verwiesen.[265]

Im Jahre 1929 hat die Akademie schließlich über vier silberne Leibniz-Medaillen verfügen können (über die Zahl der jährlichen Verleihungen gab es Festlegungen; wenn in einem Jahre die volle Zahl nicht vergeben wurde, konnte dies im folgenden angerechnet werden). Die Akademie folgte dem Vorschlag Albrecht Pencks und Heinrich von Fickers (die durch Hermann Zimmermann unterstützt wurden), die Medaille an den Topographen des Deutschen Alpenvereins Richard Finsterwalder zu vergeben. Finsterwalder, der durch präzise topographische Aufnahmen von Alpengebieten, im besonderen durch seine Glockner-Karte, bekannt geworden war, hätte sich als Topograph während der deutsch-sowjetischen Alai-Pamir-Expedition große Verdienste erworben; die von ihm eingebrachte Sammlung von Stereoaufnahmen lasse die Erarbeitung exakter Karten der durchforschten Gebiete mit Sicherheit erwarten.[266] Die gleiche Auszeichnung wurde auf Vorschlag Eduard Nordens an den Redaktor am Thesaurus linguae Latinae Johann Baptist Hofmann verliehen, der sich durch seine Beiträge zur Syntax und Stilistik der lateinischen Sprache besonders ausgezeichnet hätte.[267] Adolf Erman schlug den Ägyptologen Günther Roeder vor, der sich als Mitarbeiter am ägyptischen Wörterbuch bewährt hätte und nunmehr als Direktor des Pelizaeus-Museums in Hildesheim neue Wege wissenschaftlicher und zugleich publikumswirksamer Museumsarbeit bestritten hätte.[268] Schließlich formulierte Erich Marcks die Begründung für den Direktor des Düsseldorfer Stadtarchivs und historischen Museums Paul Wentzcke, der sich als Regionalhistoriker in den rheinischen Gebieten verdient gemacht hätte, aber auch mit allgemeineren Arbeiten z.B. zur Burschenschaftsbewegung hervorgetreten sei; entscheidender wäre jedoch Wentzckes publizistischer Beitrag zur jüngsten Auseinandersetzung um die Rheinlandbesetzung und die deutsch-französischen Grenzen.[269]

Insgesamt hat die Akademie auch mit der Verleihung der Leibniz-Medaille eine Vielfalt wissenschaftlicher Leistungen gewürdigt, wobei gesellschaftlich-politische Bindungen in diesem oder jenem Maße auch bei der Verleihung der silbernen Medaille zum Ausdruck kamen. Die Verleihung der Leibniz-Medaille unterstreicht zugleich die Breite, in der die Wissenschaftsentwicklung an der Akademie — über die Grenzen ihrer eigenen Arbeit hinaus — verfolgt wurde.

---

265 Vgl. ebda., Bl. 190 (Vorschlagsbegründung Petersens und Burdachs für Leitzmann).
266 Vgl. AAW II: VIII i Bd. 4, Bl. 5 (Vorschlagsbegründung Pencks für Finsterwalder).
267 Vgl. ebda., Bl. 9 (Vorschlagsbegründung Nordens für Hofmann).
268 Vgl. ebda., Bl. 6 (Vorschlagsbegründung Ermans für Roeder).
269 Vgl. ebda., Bl. 8. (Begründung von Marcks für Wentzke). Die Angaben zu den zuvor in Anm. 247 bis 269 angeführten Quellen werden durch Hinweise bei E. Amburger, a. a. O., S. 181 ff. zusammenfassend bestätigt. Vgl. dazu die entsprechenden Angaben über die Vergabe von Leibnizmedaillen in den Sitzungsberichten.

4. Wissenschaftliche Unternehmungen der Akademie

Die Akademie hat in diesen Jahren ihre eigenen traditionellen wissenschaftlichen Unternehmungen weitergeführt; neue Arbeiten wurden nur in geringem Maße begonnen. Sie blieb an der wissenschaftlichen Betreuung der Monumenta Germaniae Historica beteiligt, die direkt den Reichinstanzen unterstellt waren. Sie hat darüber hinaus an einer Reihe von Gemeinschaftsunternehmen des Kartells weiterhin mitgewirkt.

Eine allgemeine Übersicht über die wissenschaftlichen Unternehmen des Kartells und die eigenständigen Arbeiten der kartellierten Akademien wurde von dem Göttinger klassischen Philologen Hermann Thiersch angefertigt und am 6. April 1929 von Hans Stille, dem Generalsekretär der Göttinger Akademie, den anderen kartellierten Akademien übersandt.[270] In dieser provissorischen Aufstellung wurden als naturwissenschaftliche Unternehmen des Kartells genannt:

Die Herausgabe der Werke Keplers, die traditionsgemäß mit der sowjetischen Akademie weitergeführt wurde,
die Fortsetzung von Poggendorffs Biographisch-literarischem Handwörterbuch der exakten Wissenschaften, das unter der Leitung der Leipziger Akademie bearbeitet wurde,
und die Weiterführung der von Felix Klein 1895 begründeten und seitdem geleiteten Enzyklopädie der mathematischen Wissenschaften.

Auf dem Gebiet der bürgerlichen Geisteswissenschaften wurden für das Kartell folgende Unternehmungen weiterhin genannt:

Das Wörterbuch der ägyptischen Sprache, das Adolf Erman begründet hatte und das unter seiner Leitung von Berlin aus betrieben wurde,
die Septuaginta-Ausgabe, die von Göttingen aus bearbeitet wurde,
der Thesaurus linguae Latinae, der von München aus geleitet wurde, an dem aber auch Berlin aktiv beteiligt war,
das arabische Wörterbuch, das die Leipziger Akademie übernommen hatte,
die Herausgabe der mittelalterlichen Bibliothekskataloge Deutschlands, Österreichs und der Schweiz, die von Wien aus betrieben wurde (ein zweites mitverantwortliches Zentrum mußte zu dieser Zeit noch festgelegt werden, Berlin war hier ebenfalls beteiligt)
und das Deutsche Biographische Jahrbuch, das von Berlin aus weiterhin geleitet wurde.

Die Wiener und die Berliner Akademie standen im Hinblick auf die Zahl der eigenständig betriebenen Arbeiten an der Spitze; dies galt auf mathematisch-naturwissenschaftlichem und auf geisteswissenschaftlichem Gebiet. Auf dem Gebiet der Naturwissenschaften wurden hier für die Wiener Akademie insgesamt zwölf wissenschaftliche Unternehmungen aufgeführt. Für Berlin waren 8 Unter-

[270] Wiedergabe im folgenden nach AAW II: VIa 13, Bd. 8, Bl. 63.

nehmen — neben den traditionellen, dem „Tierreich", dem Nomenclator animalium generum et subgenerum, dem „Pflanzenreich", der Flora von Papuasien und Mikronesien, der „Geschichte des Fixsternhimmels", den Werken von Weierstraß und von Kronecker noch die geologisch-morphologische Untersuchung des Marmaragebietes — genannt. Die letztgenannte Untersuchung wurde über die Humboldt-Stiftung für Naturforschung und Reisen der Berliner Akademie finanziert, deren Kuratorium zu dieser Zeit unter der Leitung Max Rubners der preußische Kultusminister (bzw. sein Beauftragter), der Berliner Oberbürgermeister, der Vertreter des Bankkapitals Paul von Mendelssohn-Bartholdy und für die Akademie Gustav Hellmann angehörten (1927). Es folgten, was die Zahl der Unternehmen anbetraf, München, Göttingen, und Leipzig. Die provisorische Göttinger Gesamtaufstellung der eigenständigen Unternehmen der kartellierten Akademien läßt die Schwerpunktbildung in den bürgerlichen Geisteswissenschaften erkennen. Für die Berliner Akademie waren hier insgesamt 35 einzelne eigenständige Unternehmen aufgeführt; dabei war auch die Deutsche Literaturzeitung mitgenannt, für die die Akademie weiterhin verantwortlich blieb.[271] Die Wiener Akademie folgte mit 20 Unternehmungen; von der Zahl her schlossen sich München und Heidelberg, Göttingen und Leipzig an.

a) Naturwissenschaftliche Gemeinschaftsunternehmen

In den Jahren zwischen 1924 und 1929/30 trat die Diskrepanz zwischen dem allgemeinen Aufschwung der Naturwissenschaften und dem begrenzten, nur deskriptive und systematisierende Arbeiten betreffenden Anteil der Akademien an der naturwissenschaftlichen Forschung recht deutlich in Erscheinung, obwohl auch hier in der Entwicklung der mathematisch-naturwissenschaftlichen Unternehmen der Berliner Akademie nunmehr ein Aufschwung zu verzeichnen war.

---

[271] Hierauf wird im folgenden näher eingegangen. Nicht weiter behandelt werden dann die allgemein bereits charakterisierten Forschungen zur Nationalitätsgrenze („Deutschtum in den Ostmarken"), die sich noch im Stadium der Vorbereitung befanden, sowie die Arbeiten am Vocabularium Jurisprudentiae Romanae, an den deutschen Rechtsbüchern des Mittelalters und ihren Handschriften (Neubearbeitung von Homeyers Werk), die Herausgabe von Bonizos decretum und die des Corpus glossarum Anteaccurriquarum. Die Arbeiten an der Herausgabe der hier miterwähnten Deutschen Literaturzeitung, für die Paul Hinneberg verantwortlich blieb und die durch einen Redaktionsausschuß der Akademie unter der Leitung von Julius Petersen (Mitglieder: Adolf von Harnack, Arrien Johnsen, Paul Kehr, Heinrich Lüders, Heinrich Maier, Eduard Meyer, Walther Nernst, Albrecht Penck, Max Planck, Ulrich Stutz, Ulrich von Wilamowitz-Moellendorff) weiterhin beraten wurden, gingen in allen Jahrgängen regelmäßig voran. Der provisorische, nicht alle Unternehmen erfassende Charakter der Aufstellung wird am Beispiel Berlins insofern deutlich, als die Weiterführung der Edition der nachgelassenen Arbeiten Oskar Manns zur kurdisch-persischen Sprachforschung nicht erwähnt war.

Im Jahre 1928 übernahm die Akademie die Herausgabe des Jahrbuches über die Fortschritte der Mathematik. Sie hatte sich zu diesem Eingreifen veranlaßt gesehen, nachdem sich Schwierigkeiten und Zeitverzögerungen in der Herausgabe dieses wichtigen Informationsorgans in der Mathematik ergeben hatten.[272] Verantwortlich für die Herausgabe des Jahrbuches für die Akademie wurde Ludwig Bieberbach.

Der Aufschwung der Unternehmen betraf zunächst die Arbeiten an der Geschichte des Fixsternhimmels. Der Kommission, für die Paul Guthnick geschäftsführend verantwortlich war, gehörte August Kopff (Universität Berlin, Astronomisches Recheninstitut) als außerakademisches Mitglied an.[273] Als wissenschaftlicher Beamter war Hans Paetsch tätig. Das Unternehmen war in den Kriegs- und Nachkriegsjahren unter Einschränkungen aufrecht erhalten worden. Seine Krise war im Jahre 1925 überwunden. Zusätzliche Mittel wurden durch die Notgemeinschaft der Deutschen Wissenschaft bereitgestellt. So wurde „die Gefahr des Scheiterns dieses für die Stellarastronomie überaus wichtigen Unternehmens" beseitigt, betonte Paul Guthnick 1928.[274]

Auch die Arbeit am „Pflanzenreich", durch das die Akademie seit langem an der umfassenden Ausgestaltung der systematischen Botanik aktiv beteiligt war, nahm in den Jahren seit 1924/25 einen Aufschwung. Die Kommission wurde weiterhin von Adolf Engler geleitet; ihr gehörte Carl Correns an. Hier arbeitete Hermann Harms als wissenschaftlicher Beamter der Akademie. Der Zustrom an Belegmaterialien zur Bestimmung und Beschreibung der Arten der Pflanzen nahm auch aus überseeischen Gebieten wieder zu. Die Arbeitsergebnisse, an denen viele Spezialisten beteiligt waren, wurden in kontinuierlicher Folge veröffentlicht. Ähnlich verlief die Entwicklung an dem großen Gemeinschaftsunternehmen der systematischen Zoologie, dem „Tierreich", sowie an dem mit ihm verbundenen und zu seiner Unterstützung betriebenen Übersichtswerk, dem Nomenclator animalium generum et subgenerum. Die Arbeiten leitete Karl Heider als geschäftsführendes Mitglied der Kommission, der außerdem Franz Keibel und Carl Correns angehörten; Karl Apstein war hier als wissenschaftlicher Beamter tätig. Hier brachte die Überwindung der akuten materiellen Schwierigkeiten vorerst ebenfalls einen Aufschwung des auf viele Gelehrte verteilten Unternehmens mit sich. So konnte die langfristige Arbeit an der Erfassung, Beschreibung und Systematisierung der Tierwelt im „Tierreich" kontinuierlicher fortgesetzt werden. Die Erarbeitung des auf 5 Bände berechneten Nomenclator nahm ihren Fortgang.

---

[272] So im Bericht Plancks über die wissenschaftlichen Unternehmungen der Akademie (24. 1. 1929). In: Sb. Jg. 1929, S. LXXXV.

[273] Die folgenden Angaben zur Zusammensetzung der Kommissionen beziehen sich auf das Jahr 1927 und sind den Sitzungsberichten, Jg. 1927, entnommen.

[274] Bericht über die Geschichte des Fixsternhimmels, erstattet von P. Guthnick am 26. 1. 1928. In: Sb. Jg. 1928, S. XXVIII.

b) Editionen der Werke bedeutender Akademiemitglieder

Die Akademie und ihre Mitglieder, welche die einzelnen Unternehmungen einmal anregten oder einleiteten, hatten sich meist über den Umfang und über die zeitliche Dauer der Arbeiten unzureichende, zu optimistische Vorstellungen gemacht.[275] Dies galt nicht zuletzt für die editorischen Arbeiten zu Ausgaben der Werke bedeutender Akademiemitglieder. Es betraf weiterhin besonders die Arbeiten an der Leibniz-Ausgabe, aber es galt z. B. auch für die Ausgabe der Werke Wilhelm von Humboldts. Es traf zugleich für die Edition der Werke Immanuel Kants zu, die von der Akademie betreut wurde. Relativ günstiger vollzogen sich die Arbeiten an den Werken der Mathematiker Leopold Kronecker und Karl Weierstraß. Die Kommission für die Weierstraß-Ausgabe leitete Max Planck als geschäftsführendes Mitglied; ihr gehörten Erhard Schmidt, Issai Schur und Ludwig Bieberbach an. Die Kommission für die Kronecker-Ausgabe, die von Ludwig Bieberbach als Vorsitzendem geleitet wurde, gehörten wiederum Erhard Schmidt und Issai Schur an. Der zeitweilige Aufschwung, den auch die Werkeditionen der Akademie während der relativen Stabilisierung erfuhren, war in seinem Ausmaß im einzelnen unterschiedlich. Bei dem Umfang der langfristigen Unternehmen war der Aufschwung in der Wissenschaftsentwicklung auch hier viel zu kurz, um die Diskrepanzen zwischen den Zeitplänen und dem tatsächlichen Fortgang der Erarbeitung zu beseitigen.

Einen gewissen Aufschwung nahm die Arbeit an der Ausgabe der Werke Wilhelm von Humboldts, für deren Weiterführung die Akademie 1928 einen hauptamtlichen Bearbeiter gewinnen konnte.[276] Die Leitung der Kommission hatte hier Konrad Burdach als geschäftsführendes Mitglied; ihr gehörten Ulrich von Wilamowitz-Moellendorff, Friedrich Meinecke und Eduard Spranger an. Weiter bearbeitet wurden die politischen Denkschriften Wilhelm von Humboldts, die Vorarbeiten für die Edition wesentlicher Teile seines Briefwechsels wurden nunmehr vorangetrieben. Damit war die Vollendung des Unternehmens immerhin nähergerückt, jedoch noch lange nicht erreicht.[277] Nur langsam ging die Arbeit an der Leibniz-Ausgabe voran, die — wie bereits erwähnt — von der Akademie seit 1920 in eigener Regie betrieben wurde, nachdem sie ursprünglich als interakademisches deutsch-französisches Unternehmen begonnen worden war. Auf den Beschluß von 1920 wurde bereits verwiesen; Folgen dieses Beschlusses zeigten sich, indem während der günstigen Jahre 1924—1929 nur zwei Bände der großen, wissenschaftlich bedeutsamen Leibniz-Ausgabe erschienen

---

[275] Vgl. G. Dunken, Zur Geschichte der Herausgabe der Gesammelten Schriften Wilhelm von Humboldts. DAW zu Berlin, Vorträge und Schriften, H. 75 Berlin 1962.

[276] Vgl. hierzu G. Dunken, a. a. O., S. 20f.

[277] Im Jahre 1926 erschien der 1. Band des philosophischen Briefwechsels, 1927 der 2. Bd. des allgemeinen politischen und historischen Briefwechsels, dem folgte 1930 der 1. Bd. der philosophischen Schriften.

sind. Die Leibniz-Kommission der Akademie leitete Heinrich Maier als geschäftsführendes Mitglied; ihr gehörten Carl Stumpf, Max Planck, Adolf von Harnack, Paul Kehr, Erhard Schmidt, Konrad Burdach, Eduard Spranger, Max Lenz und Ludwig Bieberbach an. Die Arbeiten wurden hier von Paul Ritter als wissenschaftlichem Beamten weiterhin durchgeführt. Langsam entwickelte sich auch die Edition der Schriften Immanuel Kants, für die Heinrich Maier als Kommissionsvorsitzender sowie Carl Stumpf, Heinrich Lüders, Friedrich Meinecke, Eduard Spranger und auch weiterhin der Hallenser Philosoph Paul Menzer als Mitglieder der Kommisson verantwortlich waren. An Kants handschriftlichem Nachlaß arbeitete der Kantforscher Erich Adickes auf der Grundlage eines Vertrages mit der Akademie seit 1896. Im Jahre 1926 erschien der XII., 1928 der XIII. Band der Ausgabe, in denen Adickes die Metaphysik Kants (Teil I und II) aus dem handschriftlichen Nachlaß editiert hatte. Insgesamt hat Adickes 5 Bände des handschriftlichen Kant-Nachlasses vorgelegt. Adickes Arbeiten waren ursprünglich auf vier Jahre berechnet worden — er hat bis zu seinem Tode 1928 insgesamt 32 Jahre am Kant-Nachlaß mit großer Akribie gearbeitet, ohne die Edition abschließen zu können.[278] In der Herausgabe des Briefwechsels und des handschriftlichen Nachlasses Kants, weniger in der Edition seiner Werke, lag der eigentliche Neuertrag und damit der Hauptwert der Kantausgabe der Akademie. Die Ausgabe wurde, wie an anderer Stelle betont wurde, in einer Zeit konzipiert und begonnen, als der Neukantianismus in der bürgerlichen Philosophie eine besondere Bedeutung hatte.

Auf der Grundlage des von der Akademie verwalteten handschriftlichen Nachlasses Wilhelm Diltheys waren bis Ende 1926 sieben Bände der Dilthey-Ausgabe veröffentlicht. 1926 lagen als Band 3 die von Paul Ritter bearbeiteten „Studien zur Geschichte des deutschen Geistes" und zugleich als Band 7 „Der Aufbau der geschichtlichen Welt in den Geisteswissenschaften" vor, den Bernhard Groethuysen bearbeitet hatte; ein weiterer Band war weitgehend vollendet. Die Dilthey-Kommission wurde von Carl Stumpf als geschäftsführendem Mitglied geleitet; ihr gehörten Konrad Burdach, Heinrich Maier und Eduard Spranger an.

c) Forschungen zur griechisch-römischen Altertumskunde und zur Orientalistik

Die akademischen und interakademischen Gemeinschaftsunternehmen aus den Bereichen der griechisch-römischen Altertumswissenschaften und der frühen Kirchengeschichte blieben weiterhin Schwerpunktbereiche der Arbeit in der Aka-

[278] Vgl. hierzu G. Lehmann, Zur Geschichte der Kant-Ausgabe 1896—1955. In: Die Deutsche Akademie der Wissenschaften zu Berlin 1946—1956, Berlin 1956, S. 426. Ebda. auch Angaben zu dem in seinem Wert umstrittenen Opus postumum, das durch Ankauf während der Inflation für die Edition zugänglich gemacht wurde und nach erheblichen Schwierigkeiten später in die Akademie-Ausgabe einbezogen wurde.

demie. Die Kommission für griechisch-römische Altertumskunde konnte in den Jahren seit 1924 kontinuierliche Einzelfortschritte melden, obwohl es auch hier galt, die unterschiedlichen Folgen der Krisenjahre bis 1923 zunächst zu überwinden. Die Kommission wurde von Ulrich Wilcken als Vorsitzendem geleitet; ihr gehörten Ulrich von Wilamowitz-Moellendorff, Eduard Meyer, Wilhelm Schulze, Eduard Norden, Theodor Wiegand und Werner Jaeger an. Friedrich Hiller von Gaertringen und Hugo Gaebler, der Numismatiker, setzten ihre Arbeiten als wissenschaftliche Beamte der Akademie in diesem Bereiche fort. Der Aufgabenkreis der Kommission blieb unverändert: Sie leitete die Arbeiten am Corpus inscriptionum Etruscarum durch Wilhelm Schulze, am Corpus inscriptionum Latinarum durch Ulrich Wilcken, an der Fronto-Ausgabe durch Eduard Norden, am griechischen Münzwerk durch Theodor Wiegand, an den Inscriptiones Graecae durch Ulrich von Wilamowitz-Moellendorff, der auch die Strabo-Ausgabe betreute. Ulrich von Wilamowitz blieb bis zu seinem Tode im Jahre 1931 mit den Arbeiten der Kommission vor allem im gräzistischen Bereich eng verbunden. Die Reformmaßnahmen, mit denen er zu Anfang des Jahrhunderts den Verantwortungsbereich der Akademie für die Bearbeitung der Inscriptiones Graecae eingeschränkt hatte, wirkten sich angesichts des Umfangs der zu leistenden Arbeit weiterhin positiv auf den Ertrag des großen Unternehmens zur Erschließung griechischer Schriftdenkmäler aus. Die Akademie war seit dem nicht die einzige, aber eine der wesentlichen Trägerinnen der Arbeiten zur Edition einer kaum übersehbaren Fülle von Inschriften aus verschiedenen Gebieten Griechenlands. Mitträgerin blieb die Akademie auch im Bereich des von Theodor Mommsen seinerzeit geschaffenen Corpus Inscriptionum Latinarum (CIL). Hier wie in der Arbeit an der Prosopographia Imperii Romani (saeculi I-III), an der neben Hermann Dessau seit 1915 auch Edmund Groag und Arthur Stein beteiligt waren, gingen die Arbeiten in diesen Jahren voran.[279] 1928 begann die Akademie mit den Vorarbeiten für die Neuausgabe der Prosopographia Imperii Romani, die von Hermann Dessau angeregt worden war. Für den verstorbenen Bearbeiter des Corpus inscriptionum Etruscarum, Gustav Herbig, wurde der Indogermanist Ernst Sittig als Mitherausgeber und Bearbeiter gewonnen.

Fortschritte wurden auch in der Bearbeitung des Corpus medicorum Graecorum erzielt, für das Werner Jaeger als Vorsitzender der Kommission zuständig war; der Kommission gehörten hier außerdem Ulrich von Wilamowitz-Moellendorff, Eduard Sachau, Wilhelm Schulze und Eduard Norden an. Die Bedeutung der altgriechischen medizinischen Schriften für die Geschichte der Medizin und darüber hinaus für die gesamte Kultur- und Geistesgeschichte des Altertums sowie für die Weiterentwicklung des antiken Erbes bis zur Gegenwart wurde besonders unter dem Einfluß Werner Jaegers erneut und verstärkt be-

---

[279] Eine Übersicht über die Entwicklung des CIL gibt K. Schubring, Corpus Inscriptionum Latinarum, Prosopographia Imperii Romani. In: Das Institut für Griechisch-Römische Altertumskunde. Protokoll der Eröffnungstagung, Berlin 1957, S. 85.

tont. Der Gedanke einer institutionellen Zusammenfassung der Arbeiten, mit der die Forschung zur antiken Medizin intensiviert und vertieft werden sollten, nahm feste Formen an. Zu einem konkreten Plan verdichtet wurde dieser Gedanke jedoch erst, nachdem die Jahre der Stabilisierung zu Ende gegangen waren und die bürgerliche deutsche Altertumswissenschaft und wissenschaftsgeschichtliche Forschung durch neue materielle Schwierigkeiten eingeengt wurde.

Die Bearbeitung kirchen- und frühchristlich-religionsgeschichtlicher Quellen blieb ein traditioneller Schwerpunkt der Aufgaben der Akademie. In der Kommision für griechische Kirchenväter war ihr Schöpfer Adolf von Harnack als geschäftsführendes Mitglied verantwortlich; der Kommission gehörten Ulrich von Wilamowitz-Moellendorff, Eduard Norden, Hans Lietzmann, Friedrich Loofs (Halle) und Adolf Jülicher (Marburg) an; Carl Schmidt war als wissenschaftlicher Beamter der Akademie in diesem Bereich tätig. Bis zum Tode Harnacks im Jahre 1930 waren insgesamt 36 von 54 vorgesehenen Bänden der Schriften griechischer Kirchenväter ediert.[280] Die patristische Editionstätigkeit der Kommission hatte sich ursprünglich auf urchristliche Texte des 1. Jahrhunderts (außer dem Neuen Testament) sowie auf Textausgaben zur frühkatholischen Patristik des 2. und 3. Jahrhunderts beschränkt. Erfaßt wurden inzwischen auch griechische Werke aus dem 4. und 5. Jahrhundert, soweit sie vor allem wichtige literarische Fragmente aus dem 1. bis 3. Jahrhundert erhielten. Die editorische Darstellung dieser frühchristlichen Apologetik, die in den Schriften des Eusebius und des Athanasius kulminierte, wurde nach Adolf von Harnacks Tode von Hans Lietzmann vorangetrieben. Harnack wie Lietzmann war hier es um die Edition „ältester genuiner Quellen" des Christentums zu tun, obwohl sie sich der allgemein-historischen Bedeutung auch der patristischen Texte seit Eusebius und Athanasius bewußt waren. Nur in den frühen Schriften der ersten Schicht sei die ursprüngliche Religion zum Ausdruck gekommen, nur aus den Schriften der zweiten Schicht seit die Entstehung der selbständigen christlichen Kirche abzuleiten, erklärte Harnack 1927 in seinem Bericht zu dieser Begrenzung der Arbeiten.[281] Auch die äußeren Grenzen des Aufschwungs der Gemeinschaftsunternehmen zeigten sich an diesen religions- und kirchengeschichtlichen Arbeiten der Akademie. Für ihre Finanzierung hatte die Heckmann-Wentzel-Stiftung eine besondere Bedeutung; die finanzielle Aufwertung dieser größten Stiftung der Akademie vollzog sich, wie die Berichte dieser Jahre erkennen lassen, jedoch nur langsam.

Dies wirkte sich auf die übrigen aus den Mitteln der Stiftung finanzierten Unternehmen aus, die durchweg anderen Wissenschaftsbereichen entstammten. Finanziert wurden von hier aus auch weiterhin Arbeiten am Wörterbuch der deutschen Rechtssprache, die unter der Leitung des bekannten Rechtshistorikers Eberhard von Künßberg (als wissenschaftlichem Beamten) trotzdem vorangebracht

[280] Vgl. hierzu die Berichte Harnacks (Sitzungsberichte, Jg. 1927, S. XXVIff.) und Lietzmann (Sitzungsberichte, Jg. 1937, S. XXIXff.). Dazu auch: Akademie-Verlag 1946—1956, a. a. O., S. 47ff.

[281] Vgl. Sb., Jg. 1927, S. XXVIff.

wurden, nachdem im Hinblick auf den Umfang ein Mittelweg zwischen dem ursprünglich vorgesehenen umfassenden Werk und dem Notwörterbuchprojekt der Inflationzeit beschritten worden war. Finanziert wurden von hier aus zugleich so heterogene Unternehmen wie die Texte zur Geschichte des römischen und kanonischen Rechts, die Erforschung der Nationalitätsgrenze, das Deutsche Biographische Jahrbuch und die Flora von Papuasien und Mikronesien.

Schwerpunkte der Arbeiten zur Geschichte und Kultur des alten Orients, die die Akademie unterstützte oder selbst betrieb, blieben in diesen Jahren die Fortführung des ägyptischen Wörterbuches, die weitere Erschließung der Turfan-Funde sowie die vom Berliner Museum und von der Deutschen Orient-Gesellschaft geleitete Entzifferung und Edition von Keilschrift-Texten aus Boghazköy. Die Arbeit am ägyptischen Wörterbuch, in dessen interakademischer Kommission Adolf Erman die Akademie weiterhin vertrat, war nunmehr in ein Stadium getreten, in dem mit der Drucklegung des eigentlichen Manuskriptes begonnen werden konnte.[282] Es war ein Erfolg der vieljährigen Bemühungen Adolf Ermans und seiner Schüler und Mitarbeiter Kurt Sethe und Hermann Grapow.

Die Turfan-Texte waren der Akademie auf Grund eines Beschlusses der Turfan-Kommission vom 28. März 1914 übergeben worden, während das Berliner Völkerkunde-Museum die übrigen Funde aus den vier preußischen, mit Unterstützung der Akademie und des Museums seinerzeit durchgeführten Turfan-Expeditionen erhalten hatte.[283] Die Bearbeitung der Texte wurde in der Folge immer mehr zu einem legitimen Hauptanliegen der Orientalischen Kommission der Akademie, die von Eduard Meyer als geschäftsführendem Mitglied auch jetzt geleitet wurde; Mitglieder der Kommission waren Eduard Sachau, Adolf Erman, Wilhelm Schulze, F. K. W. Müller, Heinrich Lüders und Otto Franke. Bei diesen Arbeiten, die auch in diesen Jahren z. T. noch in ihrem Anfangsstadium der Konservierung und Katalogisierung des kaum übersehbaren Materials standen, sollte sich immer mehr die weitreichende Bedeutung der schwierigen Texte für die Sprachentwicklung und für weite Bereiche des gesellschaftlichen Lebens des Orients und großer Teile Asiens herausstellen. Vor allem ergaben sich auf weite Sicht immer wieder neue Einblicke in die wirtschaftlichen, politischen, geistig-kulturellen und religiösen Beziehungen, die zwischen den Bewohnern vieler Gebiete Asiens bestanden. Im Jahre 1927 wurde z.B. die Arbeit an den uigurischen und chinesischen Handschriften durch Annemarie von Gabain begonnen. Dieser Teil der Sammlung umfaßte allein 25 Kisten, aus denen zunächst der manichäische Bestand sowie eine umfangreiche buddhistische Handschrift

---

[282] Vgl. dazu den Bericht Adolf Ermans in: Sb. Jg. 1924, S. LX; sowie A. Erman/H. Grapow, Das Wörterbuch der Ägyptischen Sprache. Zur Geschichte eines großen wissenschaftlichen Unternehmens der Akademie. DAW zu Berlin, Vorträge und Schriften, H. 51, a. a. O., S. 61 ff.

[283] Vgl. das Schreiben des preußischen Kultusministeriums (Schmidt-Ott) an den „Vorsitzenden des Lokal-Komitees zur Erforschung Zentralasiens" Prof. Dr. Lüders vom 14. Mai 1914; hierin stimmte das Ministerium dem Überweisungsbeschluß der zuständigen Turfan-Kommission zu. In: AAW II: VIIe 1 Bd. 21, H. 3, Bl. 39.

erfaßt wurden. Einzeluntersuchungen Wilhelm Sieglings zum tocharischen Sprach- und Wortschatz wurden nunmehr intensiviert; ein neues Stadium begann für die Erforschung der manichäischen Literatur, wobei Wolfgang Lentz und Ernst Waldschmidt auch eine in London aufbewahrte, für die Lehren Manis besonders bedeutsame chinesische Hymnenrolle analysierten.[284] Siegling und Lentz gehörten zu den angestellten wissenschaftlichen Kräften der Akademie. Die zu vielen Tausenden vor dem ersten Weltkrieg aufgefundenen Tontafeln mit Keilschrift-Texten aus Boghazköy, deren Auswertung durch das Museum und die Deutsche Orient-Gesellschaft erfolgte, an deren Bearbeitung die Orientalische Kommission der Akademie jedoch weiterhin beratend und unterstützend beteiligt war, wurden auf weite Sicht zu wichtigen Quellen für die politische, soziale und kulturelle Entwicklung sowie für die Genesis von Rechtsauffassungen im Hethiterreich und darüber hinaus in der sich entfaltenden frühen orientalischen Klassengesellschaft. Weitergeführt wurden die Arbeiten zum Index der Ibn-Saad-Ausgabe; die Kommission leitete hier Eduard Sachau als geschäftsführendes Mitglied weiterhin, ihr gehörten Adolf Erman, Wilhelm Schulze und F. W. K. Müller als Mitglieder an.

d) Unternehmen zur Geschichte des Mittelalters und der Neuzeit

In der Arbeit der Monumenta Germaniae Historica, deren Zentraldirektion neben Paul Kehr auch die von der Akademie gewählten Historiker Dietrich Schäfer und Otto Hintze nach wie vor angehörten, wurden bis zum Ende der Stabilisierung der Rückstand mehr oder weniger überwunden, der in den Kriegs- und Nachkriegsjahren eingetreten war und noch 1924 personelle Abbaumaßnahmen zur Folge gehabt hatte.[285] Verschiedene editorische Arbeiten konnten abgeschlossen werden, die in den Kriegs- und Nachkriegsjahren liegengeblieben waren. Andere Arbeiten wurden in Angriff genommen. Trotz zusätzlicher Unterstützung durch das Reichsinnenministerium sah sich die Zentraldirektion dieses großen, auch mit der Berliner Akademie verbundenen Unternehmens jedoch in dem Maße finanziellen und zugleich personellen Schwierigkeiten gegenüber, in welchem sie mit der Bearbeitung umfassenderer Projekte der Quellenedition beginnen wollte. Es ging dabei nicht zuletzt darum, daß führende Mediävisten durch ihre Lehrverpflichtungen an den Universitäten von der Mitwirkung an der Editionstätigkeit der Monumenta Germaniae abgehalten wurden, betonte Paul Kehr in seinem Bericht 1929.[286] Jüngere Wissenschaftler seien immer schwerer für die Arbeit zu gewinnen. Damit stände die Zentraldirektion der Monumenta vor einem ernsten Problem.

---

[284] Vgl. den Bericht Eduard Meyers in Sb., Jg. 1927, S. LIX f.
[285] Vgl. zur Entwicklung der MGH den Bericht Paul Kehrs über das Jahr 1928. In: Sb., Jg. 1929, S. 348 ff.
[286] Bericht Kehrs vor der Akademie am 27. 6. 1929. In Sb., Jg. 1929, S. 357.

Die Forschungen zur brandenburgisch-preußischen Geschichte, deren einzelne Bereiche hier bereits angeführt wurden, blieben in ihrer Ausrichtung unverändert. Nationalistische Einflüsse prägten sich in der Zielsetzung, die Erich Marcks für diese von der Preußischen Kommission geleiteten Arbeiten 1925 vor der Akademie verkünde hatte.[287] Die Arbeiten der Preußischen Kommission, die Erich Marcks als geschäftsführendes Mitglied leitete, und der Otto Hintze, Paul Kehr, Friedrich Meinecke, Ulrich Stutz und Ernst Heymann angehörten, standen zwar in den Traditionen der Quellenkritik und Akribie und erschlossen weitere Quellen. Sie behielten jedoch ihre apologetischen Zielsetzungen und ordneten sich in die erneut zunehmenden konservativ-nationalistischen und restaurativen Tendenzen der deutschen Bourgeoisie ein. Diese Arbeiten wurden intensiviert, nachdem die Kommission durch das preußische Kultusministerium und die Notgemeinschaft im Dezember 1924 eine feste Dotierung erfahren hatte.

Für die Gründung der Spanischen Kommission der Akademie, die 1927 erfolgte, hatten sich insbesondere Paul Kehr und Albert Brackmann eingesetzt.[288] „Die Spanische Kommission hat den allgemeinen Zweck, die Verbindung mit den wissenschaftlichen Instituten zu pflegen, und die besondere Aufgabe, wissenschaftliche Untersuchungen auf dem Gebiet der Geisteswissenschaften, vornehmlich der Hispanistik, der politischen und der Kirchengeschichte, der Rechts- und Kulturgeschichte und der Altertumswissenschaft in Spanien anzuregen und gegebenenfalls zu leiten", erklärte Paul Kehr, der zum Kommissionsvorsitzenden gewählt wurde, 1927.[289] Die Gründung dieser Kommission, in die außer Paul Kehr noch Erich Marcks, Adolf Goldschmidt, Ernst Heymann, Albert Brackmann, Eduard Meyer und der Bonner Romanist Wilhelm Meyer-Lübke gewählt wurden, stand zugleich im Zusammenhang mit der zunehmenden wirtschaftlichen, außenpolitischen und kulturpolitischen Aktivität der herrschenden Kräfte Deutschlands gegenüber Spanien und Lateinamerika. Die Gründung erfolgte im Anschluß an die bereits erwähnten Bestrebungen Paul Kehrs zur Erforschung der Papsturkunden in Spanien und die entsprechenden Bemühungen Albert Brackmanns und anderer Historiker, auf die gleichfalls eingegangen wurde.

e) Sprach- und literaturwissenschaftliche Unternehmen

Bei den germanistischen Arbeiten der Akademie waren Unterschiede in der Entwicklung der Unternehmen nicht zu übersehen. Die Arbeiten wurden hier durch die Deutsche Kommission der Akademie geleitet, für die der Tod Gustav Roethes (1926) Verzögerungen brachte. Dies galt besonders für die von ihm

---

[287] Vgl. Sitzungsberichte, Jg. 1925, S. XXXI ff.

[288] Vgl. dazu z. B. die Optionen Paul Kehrs und Albert Brackmanns für die Bildung der Kommission vor der phil.-hist. Klasse, Sitzung v. 6. 5. 1926. In: AAW II: Vf, Bd. 26, S. 131 f.

[289] Vgl. den Bericht Paul Kehrs in: Sb., Jg. 1927, S. LX.

seinerzeit eingeleitete Bearbeitung der deutschen Texte, aber auch für die Weiterführung der Inventarisierung deutscher literarischer Handschriften des Mittelalters, wie Julius Petersen und Konrad Burdach 1927 betonten.[290] Die Arbeiten an den Handschriften, an denen der Leiter des Literaturarchivs Fritz Behrend beteiligt war, erfuhren jedoch einen Aufschwung, indem es gelang, notwendige Verbindungen zu Bibliotheken und Archiven zu knüpfen und wertvolle Handschriften im In- und Ausland zu erfassen. Der Deutschen Kommission, die vorerst von Heinrich Lüders als beauftragtem Geschäftsführer geleitet wurde, gehörten Konrad Burdach, Wilhelm Schulze, Paul Kehr, Johannes Bolte, Edward Schröder (Göttingen), Bernhard Seuffert (Graz) sowie der Marburger Germanist Ferdinand Wrede an. Mehrere Bände der Deutschen Texte des Mittelalters, für die die Kommission ebenfalls verantwortlich blieb, konnten in diesen Jahren veröffentlicht werden.

Ähnliches galt in den literaturwissenschaftlichen Unternehmen der Kommission. Weitergeführt wurde die historisch-kritische Wieland-Ausgabe, die Bernhard Seuffert bearbeitete: Er konnte 1929 über den Abschluß des 14. Bandes der Werke Wielands berichten; der 15. Band der Werkausgabe, der den zweiten Teil der prosaischen Schriften des Dichters enthalte, sei nahezu fertig gesetzt, eine Lesartenübersicht sei vorbereitet. Damit seien zum ersten Male alle wesentlichen Aussagen über Wielands Stellung zur französischen Revolution vereinigt.[291] Begonnen wurde von der Akademie — mit Unterstützung durch die neugebildete Münchener Akademie zur Erforschung und Pflege des Deutschtums[292] und die Jean-Paul-Gesellschaft in Bayreuth — eine historisch-kritische Gesamtausgabe der Werke Jean Pauls. Die Ausgabe sollte in zwei Abteilungen erscheinen, von denen die erste in 18 Bänden die zu Lebzeiten Jean Pauls erschienenen Werke (ergänzt durch zusätzliche Leseartenbände), die zweite Abteilung in 12 Bänden den Nachlaß des Dichters umfassen sollte, ein abschließendes Jean-Paul-Wörterbuch sollte auch die erklärenden Anmerkungen aufnehmen. Die Vorarbeiten waren soweit, daß das Erscheinen der beiden ersten Bände für 1927 angekündigt werden konnte. Der Abschluß der Lieferungen war 1928 in der Herausgabe des Briefwechsels zwischen den Brüdern Jakob und Wilhelm Grimm und Karl Lachmann erreicht.

---

[290] Vgl. Sb., Jg. 1927, S. XLV.

[291] Vgl. Sb., Jg. 1929, Phys.-math. Kl., S. L.

[292] Diese Münchner Institution, meist kurz als ,,Deutsche Akademie" bezeichnet, wurde 1925 für Zwecke einer expansiven Kulturpropaganda unter aktiver Beteiligung führender Vertreter des Kapitals und bürgerlicher Ideologen gegründet. Sie blieb eine privatrechtliche Einrichtung, stand also auch außerhalb der im Kartell vereinigten Akademien der Wissenschaften, die ja öffentlich-rechtliche Einrichtungen waren. Für die Münchener Institution legten die verantwortlichen Kräfte Wert auf eine wissenschaftliche Einkleidung der ,,Deutschtumsarbeit" im In- und Ausland. Deshalb waren sie um die Heranziehung von Gelehrten zur Mitarbeit bzw. zur Mitgliedschaft in Gremien und Freundesgesellschaften bemüht; deshalb gliederten sie ihre Institution auch in eine wissenschaftliche (Forschungs-) und eine propagandistische Abteilung, die sich besonders der Durchführung deutscher Sprachkurse für Ausländer zuwandte und auch auf diesem Wege kulturexpansionistische Einflüsse auszuüben suchte.

Vorangebracht wurden unter der Leitung und Mitwirkung Konrad Burdachs die Forschungen zur neuhochdeutschen Sprach- und Bildungsgeschichte. Hier erschienen mehrere Teile des Werkes „Vom Mittelalter zur Reformation", die zum Teil in den Jahren zuvor Verzögerungen erlebt hatten. Auch dabei galt, daß die Forschungen Burdachs wertvolles Material erschlossen, zugleich jedoch durch Grenzen bürgerlicher Methodologie gekennzeichnet waren. Auf Unternehmen aus dem literarischen, aber auch aus dem sprachlichen Bereich wirkten sich methodologische und weltanschauliche Grenzen aus.

Die Akademie bearbeitete das Rheinische Wörterbuch durch Joseph Müller, das Hessen-Nassauische Wörterbuch durch Ferdinand Wrede, das Preußische Wörterbuch durch Walther Ziesemer. Das wichtigste sprachwissenschaftliche Unternehmen, das Deutsche Wörterbuch der Gebrüder Grimm, geriet in den späteren Jahren der Stabilisierung zeitweilig in ernste Schwierigkeiten. Die Arbeit am Wörterbuch stockte. Etaterhöhungen und erhöhte Beiträge der Notgemeinschaft der Deutschen Wissenschaft vermochten an dieser Situation nichts Grundsätzliches zu ändern. Gerade auf dieses umfassende Unternehmen deutscher Sprachforschung wirkte es sich jetzt hemmend aus, daß die Beiträge aus der Einzelarbeit voneinander isolierter Forscher entstanden und daß das Gesamtunternehmen einer festen wissenschaftlichen Leitung und einer insgesamt modernen Ansprüchen genügenden Wissenschaftsorganisation entbehrte. Diese Situation hatte unter den Mitarbeitern vor allem Arthur Hübner erkannt. Die Lösung des Problems in der Folge in Angriff genommen und eine Reform im Rahmen der gegebenen gesellschaftlichen und geistigen Bedingungen durchgesetzt zu haben, wurde zum Hauptverdienst Hübners. Auch die von ihm eingeleitete Reform des Deutschen Wörterbuches fiel in die neue Entwicklungsphase, die auch für die Akademiegeschichte mit dem Ende der Stabilisierung begann.

KAPITEL IV

Zur Entwicklung der Berliner Akademie in den Jahren der Weltwirtschaftskrise

1. Gesellschaftliche Positionen der Akademie

Seit Ende 1929/Anfang 1930 wurde die Entwicklung der wissenschaftlichen Institutionen in Deutschland durch die Weltwirtschaftskrise beeinflußt, die sich von den USA aus auf dem Boden der allgemeinen Krise des Kapitalismus entfaltete. Während der Aufbau des Sozialismus in der Sowjetunion im Zeichen des ersten Fünfjahrplanes voranschritt, führte die kapitalistische Wirtschaftskrise besonders in Deutschland zu einer bisher ungekannten Verschärfung aller ökonomischen, sozialen, politischen und gesamtgesellschaftlichen Widersprüche des kapitalistischen Systems.[1] Das deutsche Finanzkapital drängte auf die Realisierung jener sozialreaktionären und diktatorischen Politik, die seine Exponenten auf den Tagungen der führenden Unternehmerverbände seit Herbst 1929 programmatisch formulierten.[2] Mit Heinrich Brüning begann die Notverordnungspolitik der Präsidialregierungen, mit der die Krisenlasten den Volksmassen aufgebürdet und dem wachsenden antiimperialistischen Widerstand diktatorisch entgegen getreten wurde. Die Faschisierungspolitik der herrschenden Kräfte in Deutschland ordnete sich in den profaschistischen und faschistischen Kurs von Regierungen und Bewegungen in anderen europäischen Ländern exponiert ein.[3] In dieser zunächst in verschiedenen Formen vorangetriebenen Faschisierungspolitik lösten sich die Präsidialregierungen Brünings, von Papens und von Schleichers ab, wurde die Partei des extremsten terroristischen Antikommunismus, Chauvinismus und Rassismus, der nationalen und sozialen Demagogie — die faschistische NSDAP — am 30. Januar 1933 durch reaktionärste

[1] Vgl. W. Ruge, Deutschland 1917—1933, a. a. O., S. 347ff.

[2] Vgl. ebda., S. 351ff.; F. Günther/M. Ohlsen, Reichsverband der Deutschen Industrie. In: D. Fricke (Hrsg.), Die bürgerlichen Parteien in Deutschland, Bd. II, Leipzig 1970, S. 602f. Wichtigste Originalquellen: Aufstieg oder Niedergang (Denkschrift des Reichsverbandes der Deutschen Industrie); Wirtschafts- und Sozialpolitik, Steuer- und Finanzpolitik (Vorträge). Veröffentlichungen des Reichsverbandes der Deutschen Industrie vom Dezember 1929 (Nr. 49) und vom Januar 1930 (Nr. 50).

[3] Vgl. zusammenfassend: Klassenkampf, Tradition, Sozialismus. Von den Anfängen der Geschichte des deutschen Volkes bis zur Gestaltung der entwickelten sozialistischen Gesellschaft in der Deutschen Demokratischen Republik. Grundriß, a. a. O., S. 430.

Kräfte des deutschen Finanzkapitals an die Macht gebracht.[4] In den gleichen Jahren der sozialen und politischen Polarisierung und Differenzierung trat die KPD der sozialreaktionären und profaschistischen Offensive als konsequenteste Kraft entgegen. Ihr Kampf für die sozialen und politischen Rechte der Volksmassen und gegen die faschistische Gefahr, der sich in die internationale antifaschistische Bewegung einordnete, fand in der Arbeiterklasse breiten Widerhall und trug darüber hinaus zur Stärkung antifaschistischer Positionen in anderen Klassen und Schichten maßgeblich bei. Die Verwirklichung der Aktionseinheit der Arbeiterklasse im Kampf gegen Faschismus und Imperialismus ist trotz größten Einsatzes und vieler Opfer angesichts der Spaltungspolitik sozialdemokratischer Führer nicht gelungen. In der faschistischen Diktatur erfuhr die imperialistische Ordnung seit dem 30. Januar 1933 ihre barbarische, kultur- und wissenschaftsfeindliche Kulmination. „Die vierzehnjährige Geschichte der Weimarer Republik zeigt die Unvereinbarkeit von Imperialismus und wirklicher Demokratie . . . Das Ende der Weimarer Republik offenbarte zugleich den völligen Bankrott der sozialdemokratischen Politik des sogenannten dritten Weges . . .“[5]

Die Polarisierung der Klassenkräfte und die wachsende politische Differenzierung wirkten sich auch in den Bereichen der Kultur und Wissenschaft aus. Unter Kulturschaffenden wuchs die Einsicht in die Notwendigkeit, humanistische Positionen gegen die faschistische Kulturbarbarei zu verteidigen und dabei auch mit der revolutionären Arbeiterbewegung zusammenzugehen.[6] Einzelne Wissenschaftler wie Julius Schaxel, Arvid Harnack, Alfred Meusel, Jürgen Kuczynski und andere traten für den dialektischen Materialismus und die Politik der revolutionären Arbeiterbewegung ein. Die bürgerliche Friedensbewegung und linksbürgerliche Pazifisten, unter ihnen Albert Einstein, wandten sich gegen imperialistische Kriegsvorbereitungen, gegen demagogischen und terroristischen Nationalismus und Rassismus.

Für viele bürgerliche Gelehrte wurde die Situation jedoch noch komplizierter und schwerer überschaubar. Auf bürgerlich-konservativen, teilweise auch liberalen Positionen stehend, meist ohne praktisch-politische Erfahrungen, erlebten sie, daß auch einzelne ihrer Kollegen faschistischen Einflüssen folgten: So die Historiker Alexander von Müller, Adalbert Wahl und Johannes Haller, der Biologe Ludwig Plate, aber auch der führende Kunsthistoriker Wilhelm Pinder, die zusammen mit Philipp Lenard einen Werbeaufruf für den faschistischen „Kampfbund für deutsche Kultur“ Alfred Rosenbergs mitunterzeichneten[7]; so der füh-

[4] Vgl. die ausführliche Darstellung der sozialen und politischen Auseinandersetzungen und des Weges zur Errichtung der faschistischen Diktatur bei W. Ruge, a. a. O., bes. S. 424ff. Ebda., S. 466, die Eingabe führender Finanzkapitalisten an Hindenburg vom November 1932, in der die Aufforderung, Hitler zum Reichskanzler zu machen, offen formuliert war. Zur Eingabe selbst: Texte in ZStA Potsdam, Büro des Reichspräsidenten, Nr. 47, Bl. 259ff.

[5] Klassenkampf, Tradition, Sozialismus, a. a. O., S. 442.

[6] Vgl. zusammenfassend ebda., S. 439.

[7] Vgl. Kampfbund für deutsche Kultur e.V. München, Sektion Universitäten und Hochschulen. An die deutschen Universitäten und Hochschulen. In: Völkischer Beobachter Nr. 121 v. 30. 4. 1932.

rende Kliniker August Bier und der Techniker Max Kloß, die sich zusammen mit Johannes Stark, Philipp Lenard, Hans F. K. Günther und anderen an einer Stellungnahme für die Wahl Hitlers 1932 zum Reichspräsidenten beteiligten.[8]

Das reaktionäre Vordringen verschärfte den objektiven Widerspruch zwischen den humanistischen Anliegen der Wissenschaft einerseits sowie den bestehenden gesellschaftlichen Verhältnissen und den aus ihnen resultierenden Einflüssen und Bindungen andererseits. Auch unter Gelehrten wuchs die Besorgnis um Voraussetzungen wissenschaftlicher Arbeit und humanistischen Denkens, die in diesen Jahren der Weltwirtschaftskrise, des vordringenden Faschismus sowie des mit ihm verbundenen Chauvinismus und Rassismus im materiellen wie im geistigen und politischen Gebiet zunehmend bedroht wurden. Eigene Traditionen und konservative Bindungen erschwerten vielen jedoch die Erkenntnis der faschistischen Gefahr. Die nationale Demagogie des Faschismus, aber auch die Tatsache, daß es zwischen (deutschnationalem) Konservatismus und Faschismus keine klaren Grenzen gab, begünstigten profaschistische Einflüsse auf Gelehrte, zu denen der Altphilologe Ludwig Curtius rückschauend feststellte: „Das Nazitum fing nach 1923 an, in unseren eigenen deutschnationalen Reihen sich auszubreiten."[9] Auch Ludwig Curtius, der Vertreter eines bürgerlich-konservativen Humanismus, vermochte nicht zu erkennen, daß die bürgerliche Ordnung nunmehr der gemeinsame gesellschaftliche Boden war, auf dem sich konservative Vorstellungen in verschiedener Prägung weiterentwickelten, auf dem sich der Faschismus zugleich immer stärker entfaltete. Zwar stand die überwiegende Mehrzahl der führenden Gelehrten an den großen wissenschaftlichen Institutionen der faschistischen Bewegung fern. Bürgerlicher Nationalismus, Elitedenken und andere Ausdrucksformen fortschrittsfeindlicher Gesellschaftsauffassungen, die in der faschistischen Ideologie dann kulminierten, übten unter Wissenschaftlern jedoch erheblichen Einfluß aus. Sie waren unter jüngeren Wissenschaftlern wirksam, die zudem unter direkterem Kontakt zur bürgerlichen, zunehmend faschisierten Studentenbewegung standen; sie wirkten aber auch an der Akademie. Unübersehbar indessen ist, daß sich Repräsentanten der Akademie wie Max Planck auch in diesen Jahren des vordringenden Antihumanismus für die Bewahrung humanistischer Positionen einsetzten.

In den öffentlichen Stellungnahmen der Akademie verbanden sich weiterhin gesellschaftlich-politische und wissenschaftspolitische Aussagen. Die Erörterung wissenschaftspolitischer und forschungsorganisatorischer Fragen nahm in den Ansprachen ihrer Repräsentanten einen erheblichen Raum ein: Darin deutete sich an, daß verschiedene Probleme der Wissenschaftspolitik und Forschungsorganisation zur Entscheidung heranreiften. Hier wurde die Akademie auch in eigener Sache zu Stellungnahmen gedrängt, wobei sich ihre führenden Gelehrten in diesem Gebiet auf fruchtbare Einsichten zur wissenschaftlichen und wissenschaftspolitischen Entwicklung zu stützen vermochten. Zugleich fand auch die

---

8 Vgl. Der Kandidat der deutschen Geisteswelt. Für Adolf Hitler als Reichspräsidenten erklären sich ... In: Völkischer Beobachter Nr. 101/102 v. 10./11. 4. 1932.

9 Vgl. L. Curtius, Deutsche und antike Welt. Lebenserinnerungen, Stuttgart 1956, S. 339.

gesellschaftlich-politische Entwicklung an der Akademie ihren spezifischen Ausdruck.

In der öffentlichen Sitzung der Akademie am 3. Juli 1930 hat Max Planck erneut an die Pläne von Gottfried Wilhelm Leibniz zum Zusammenschluß der Akademien erinnert. Er verwies auf den Zusammenbruch der Assoziation der Akademien im Weltkriege und betonte, daß die internationale Wissenschaftszusammenarbeit durch die Universalität der Wissenschaften gefordert werde. Angesichts der „Rüstungen der großen Militärmächte" wäre die Zusammenarbeit umso dringlicher; die Wissenschaftsbeziehungen sollten jedoch zwischen den wissenschaftlichen Institutionen, weniger zwischen den Staaten entwickelt werden; es ginge um den gleichberechtigten Zusammenschluß nach Maßgabe der Bedürfnisse in den einzelnen Fächern.[10] So unterstrich Planck die Notwendigkeit der Beziehungen, wobei auch er vorerst gegenüber der Union Académique Internationale bestimmte Vorbehalte des Kartells nicht zu überwinden vermochte.

Am 21. Januar 1932 befaßte sich Max Planck mit der Tendenz zum Zusammenschluß der Wissenschaften in der Geschichte. Friedrich II. von Preußen habe die Überwindung universalwissenschaftlicher Bestrebungen durch die induktive Quellenforschung im späteren 18. Jahrhundert nicht mehr zu würdigen vermocht, zumal die neuen Leistungen von deutschen Gelehrten vollbracht wurden, denen er dies nicht zugetraut hätte:„ Wie er die Wahl Lessings mißbilligt hatte, so ging er an Männern wie Wieland, Winckelmann, Herder, Moses Mendelssohn, Kant vorüber, und die Akademie, der er das Vorschlagsrecht entzogen hatte, mußte nicht nur nach ihrer Qualität, sondern auch nach ihrer Mitgliederzahl immer mehr verkümmern. Bei Friedrichs Tod besaß sie nur noch 18 Ordentliche Mitglieder, die philosophische Klasse gar nur 2."[11]

Planck verglich die universalwissenschaftlichen Ansätze der Mitte des 18. Jahrhunderts mit modernen Tendenzen in der Wissenschaftsentwicklung: Die „Universalwissenschaft" stünde heute nicht mehr am Anfang wissenschaftlicher Arbeit, sondern am Ende der Einzelforschung. „Bei aller Wahrung ihrer Selbständigkeit in Zielsetzung und Methodik streben die Einzelfächer heute ungestüm nach Zusammensschluß", erklärte er im Schlußwort der gleichen Plenarsitzung der Akademie. „In der Altertumswissenschaft reichen sich Philologie, Archäologie und Geschichtswissenschaft zu gegenseitiger Förderung die Hände, die Schranken zwischen Botanik und Zoologie sind gefallen, wie auch die zwischen der Physik und der Chemie auf der einen, der Geometrie auf der anderen Seite. Überall werden gerade auf den bisherigen Grenzgebieten besonders wertvolle Früchte geerntet. So kündigt sich eine neue Universalwissenschaft an, die aber nun nicht mehr die Einzelwissenschaften in ihrem Bann hält, sondern umgekehrt sich fortwährend an ihnen orientiert und durch sie vervollständigt wird. Diese Entwicklung entspricht einem tiefen Drang unserer Zeit. Alles ruft jetzt

[10] Vgl. die Ansprache in Sb., Jg. 1930, S. LXXXI.; Max Planck in seinen Akademie-Ansprachen, a. a. O., S. 130ff.

[11] Zit. nach: Max Planck in seinen Akademie-Ansprachen, a. a. O., S 144ff.

nach wissenschaftlicher Weltanschauung. Aber eine gesunde wissenschaftliche Weltanschauung darf nicht in der Luft stehen, sondern sie muß auf feste Tatsachen gegründet werden, die ihrerseits nur durch induktive Forschung gewonnen und gesichert werden können."[12]

Max Planck vertrat auch hier progressive, ihrem Wesen nach materialistische Positionen, indem er die Objektivität der unabhängig vom menschlichen Bewußtsein existierenden Welt in ihrer Einheit anerkannte. Aus dieser Grundüberzeugung, die für führende Berliner Physiker wie Max Planck, Albert Einstein oder Max von Laue kennzeichnend war, ergab sich die Forderung, die Wissenschaft müsse die objektive Realität auf „induktivem" Wege erforschen, um — selbstverständlich auf dem Wege über die Abstraktion — zur Erkenntnis ihrer Einheit zu gelangen. Plancks Überzeugung von der Einheit der Wissenschaften wurde durch die Einsicht in die zunehmende Verflechtung wissenschaftlicher Integrations- und Spezialisierungsprozesse gefestigt, in deren Förderung er eine wesentliche wissenschaftspolitische und forschungsorganisatorische Aufgabe sah. Zwischen seiner vorwärtsweisenden „universalwissenschaftlichen" Überzeugung und den Vorstellungen von einer „Einheitswissenschaft", die von positivistischen Wissenschaftstheoretikern entwickelt wurde, bestand eine prinzipielle Differenz.

Max Plancks Ansprache kam unter philosophischem wie unter politischem Aspekt gesellschaftliche Bedeutung zu. Dies gilt zum einen wegen ihres zuvor angedeuteten materialistischen Gehalts, mit dem sich Planck dem in diesen Jahren verstärkt vordringenden Positivismus einmal mehr vor der Akademie entgegenstellte. Zum anderen gilt dies insofern, als er über eigene Bindungen hinweg — in den Jahren des anwachsenden Nationalismus und der mit ihm verbundenen verstärkten Preußenapologetik — auch kritische Hinweise zum Verhältnis von Preußentum und Kultur, zur Stellung der Akademie im Staate Friedrichs II. vortrug. Planck stand nicht allein, wenn er sich jetzt recht betont auf Fragen der Wissenschaftsentwicklung konzentrierte. Darin lag eine Distanzierung gegenüber vordringenden Einflüssen des offenen Antihumanismus in Deutschland, dem Planck und andere führende bürgerliche Gelehrte mit ihrem Auftreten entgegenwirkten. Besorgnisse gegenüber der gesellschaftlichen Entwicklung klangen aus der Ansprache Heinrich von Fickers, des führenden Meteorologen und Amtsnachfolgers von Max Rubner als Sekretar der Akademie, am 26. Januar 1933.[13] Er brachte Vorbehalte gegenüber dem großpreußischen Weg in der deutschen Geschichte zum Ausdruck; Friedrich II. habe den preußischen Staat jedoch aus großer Gefahr gerettet. Nunmehr, Anfang 1933, würde Deutschland durch stärkste innenpolitische Spannungen und außenpolitische Vereinsamung belastet. Auch Heinrich von Ficker behandelte wissenschaftspolitische und forschungsorganisatorische Fragen, die die Akademie jetzt besonders beschäftigten. Er verwies auf die Problematik ihrer Struktur und Funktion in

[12] Schlußwort des Vorsitzenden Sekretars. In: Sb., Jg. 1932, S. LIIIff.
[13] Vgl. die Ansprache v. Fickers am 26. 1. 1933. In: Sb., Jg. 1933, S. XVIf.

einer Zeit, in der die Erweiterung des Forschungspotentials in anderen Staaten vorangeschritten sei.

Einflüsse des autoritären Kurses der herrschenden Kräfte klangen in der Ansprache des Vorsitzenden Sekretars Ernst Heymann am Leibniztag (30. Juni) 1932 an, in der Heymann über die Frage der Bücherzensur seit Gottfried Wilhelm Leibniz sprach.[14] Ähnliche Einflüsse zeigten sich auch in den gesellschaftlich-politischen Positionen einzelner Akademiemitglieder vor allem aus geisteswissenschaftlichen Bereichen; hierauf wird an anderer Stelle verwiesen. Insgesamt haben sich die gesellschaftlichen Positionen der Akademie gegenüber den Jahren zuvor kaum verändert. Wertvoll blieb, daß die Akademie auch unter den erschwerten Bedingungen dieser Zeit durch die Vorlage und Diskussion von Forschungsergebnissen sowie durch die Fortführung wissenschaftlicher Unternehmen an der Wissenschaftsentwicklung im Rahmen ihrer Möglichkeiten beteiligt blieb. Um die Erweiterung dieser Möglichkeiten hat sie in diesen Jahren besonders gerungen.

2. Zur Stellung der Akademie in der bürgerlichen Wissenschaftspolitik und Forschungsorganisation

a) Der Reformplan der Akademie

Seit 1929/30 verschlechterten sich die Bedingungen für die Entwicklung der Wissenschaften im bürgerlichen Deutschland. Kapital und Staat suchten hier die wissenschaftspolitischen Maßnahmen weiterzuführen, mit denen sie den Aufschwung der Forschung in den Jahren zuvor im eigenen Interesse unterstützt hatten. Mit der Entfaltung der Weltwirtschaftskrise wirkte sich die kapitalistische Krisenpolitik auch auf die materiellen und finanziellen Voraussetzungen der Forschung aus. Es kam vor allem in den Jahren 1931 und 1932 zu zunehmenden Einschränkungen, die in verschiedenen wissenschaftlichen Disziplinen und Bereichen naturgemäß unterschiedlich wirksam wurden. Die Einschränkungen betrafen die Grund- und Zusatzfinanzierungen von Forschungsarbeiten und -vorhaben in staatlichen und halbstaatlichen Institutionen; sie erfaßten schließlich auch konzerneigene Forschungsstätten. Selbst die IG-Farbenindustrie AG — der Konzern, der durch die Eigenart seiner Produktion, durch seine Stellung auf dem Weltmarkt und durch seine engen Bindungen zur Präsidialregierung von den Krisenwirkungen weniger erfaßt wurde — sah sich z.B. zur Reduzierung der Versuchsausgaben der konzerneigenen Laboratorien veranlaßt. Die Exponenten des Konzerns blieben jedoch bestrebt, die in den Jahren zuvor entwickelten Formen zusätzlicher Finanzierung nichtkonzerneigener Forschungs-

---

[14] Vgl. Heymanns Ansprache: Bücherprivilegien und Zensur in ihrer Bedeutung für die Sozietätsgründung durch Leibniz im Jahre 1700. In: Sb., Jg. 1932, S. XCIIIff.

stätten und Forscher aufrechtzuerhalten; dies blieb angesichts der wachsenden Knappheit an Forschungsmitteln ein Weg, um eigene Einflüsse auf die Entwicklung der Wissenschaft auszubauen. Zum gleichen Zweck machte der Konzern seine leitenden Mitarbeiter sowie einige mit ihm näher verbundene Wissenschaftspolitiker und Wissenschaftler für die Pflege der Beziehungen zu den wissenschaftlichen Institutionen und Organisationen verantwortlich. Hierbei wurden Fritz Haber und Friedrich Schmidt-Ott für die Berliner und die Göttinger Akademie nominiert.[15] Abgesehen von Carl Duisberg, dem Korrespondierenden Mitglied, und Schmidt-Ott, dem langjährigen Ehrenmitglied, war hier Fritz Haber als einziges Ordentliches Mitglied der Akademie aufgestellt, auf dessen auswärtige Mitgliedschaft in der Schwedischen Akademie der Wissenschaften und der American Academy of Arts in der Aufstellung des Konzerns mitverwiesen wurde.

Die wissenschaftliche und wissenschaftspolitische Stellung der Akademie blieb durch ihre personellen Verflechtungen zur Berliner Universität, zur Technischen Hochschule, zur Physikalisch-Technischen Reichsanstalt, zum Astrophysikalischen Observatorium, zum Preußischen Meteorologischen Institut, zur Kaiser-Wilhelm-Gesellschaft und gleichzeitig zur Notgemeinschaft der Deutschen Wissenschaft in unveränderter Weise gekennzeichnet. Auch in der KWG, die 1932 insgesamt 33 Institute und Einrichtungen umfaßte[16], sah sich der 1. Schatzmeister, der Bankier Franz von Mendelssohn, in der Jahreshauptversammlung am 30. März des gleichen Jahres zur Bekanntgabe von Arbeitseinschränkungen genötigt.[17] Inzwischen hatte das Problem der Präsidentschaft in der KWG nach dem Tode Adolf von Harnacks am 10. Juni 1930 eine Neuregelung erfahren, die auch die Akademiegeschichte berührte. Die Kandidaturen Fritz Habers, aber auch Carl Heinrich Beckers, der als preußischer Kultusminister durch Adolf Grimme abgelöst worden war, stießen auf Widerspruch. Im Juli 1930 wurde Max Planck zum Präsidenten der KWG gewählt, der sich erst nach längerem Zögern zur Übernahme des Amtes bereit erklärt hatte. Hierbei war es den die KWG beherrschenden Kräften des Monopolkapitals darum zu tun, die wissenschaftliche Autorität und das weltweite Ansehen des großen Physikers zu nutzen und zugleich die Geschäftsführung der KWG fest in der Hand der Monopole zu halten: Der Generaldirektor Friedrich Glum, der Vertrauensmann des Kapitals, wuchs fortan z.B. nach eigenem Eingeständnis mit seiner Tätigkeit „noch über die eines Generalstabschefs hinaus."[18]

Angesichts des fortschreitenden Einbruchs der Weltwirtschaftskrise und der mit ihr verbundenen Finanzkrise mußten sich die Hoffnungen bürgerlicher Gelehrter noch stärker als zuvor auf die zusätzliche Finanzierung ihrer Forschun-

---

[15] Vgl. ZStA Potsdam, I.G.-Farbenindustrie AG., Nr. A 4008, Bl. 59ff.

[16] Vgl. die Angaben der Druckschrift: Die Kaiser-Wilhelm-Gesellschaft zur Förderung der Wissenschaften (1932). In: AAW II: XIII gg, Bd. 2, Bl. 5.

[17] Vgl. den gedruckten Bericht über die 21. Hauptversammlung der KWG in Frankfurt/M. vom 30. 5. 1932, S. 5

[18] F Glum, Zwischen Wissenschaft, Wirtschaft und Politik, a. a. O., S. 376ff.

gen vor allem über die Notgemeinschaft richten. Die Einsparungsmaßnahmen, mit denen der bürgerliche Staatshaushalt saniert und die Finanzkrise unter dem Reichskanzler Heinrich Brüning abgefangen werden sollte, brachten jedoch ab 1930 einschneidende Etatkürzungen auch für die Notgemeinschaft mit sich. Diese erhielt 1930 noch 7 Millionen, 1931 5,1 Millionen und 1932 nur 4,4 Millionen Mark an Reichsmitteln.[19] Bestrebungen, diese Entwicklung aufzuhalten, schlugen fehl. Unter den erschwerten materiellen Bedingungen dieser Zeit kam auch den eingeschränkten zusätzlichen Forschungsmitteln, die über die Notgemeinschaft gewährt wurden, erhebliche Bedeutung zu. Dies galt auch für die Akademie.

Zu Recht wurde damals festgestellt, daß die Notgemeinschaft „zu einer Art Gutachterbehörde für die betreffenden Ministerien" geworden wäre.[20] Um diese Funktion, welche die Notgemeinschaft der Sachkenntnis führender Ausschußmitglieder — unter ihnen mancher Akademiemitglieder — verdankte, ging es aber auch der KWG und der Akademie, die hier früher ein Hauptfeld ihrer Tätigkeit gehabt hatte.

Die Entwicklung der Forschung vollzog sich auch jetzt ungleichmäßig. Die Notgemeinschaft hätte durch ihre Förderung der Metallforschung dazu beigetragen, daß amerikanische Positionen eingeholt und Spitzenstellungen von der deutschen Forschung erreicht wurden, betonte der schwerindustrielle Verein Deutscher Eisenhüttenleute damals. Relativ bald jedoch wurde jener Rückgang der Forschungsarbeit gravierender, den die Notgemeinschaft in ihrem 11. Tätigkeitsbericht (1930/31) einleitend in die Worte faßte: „Die deutsche Forschung ist in Gefahr." Die Widersprüche des kapitalistischen Systems engten die Bedingungen bürgerlicher Wissenschaftspolitik jetzt zunehmend ein. Dies trat in Deutschland besonders in Erscheinung. Stärker als zuvor wurde hier die Effektivität des bürgerlichen Wissenschaftssystems diskutiert. Diese Diskussion wurde durch die Bedürfnisse der kapitalistischen Industrie seit langem stimuliert, wobei es den Monopolen um die Bereitstellung vor allem naturwissenschaftlich-technischer Forschungsergebnisse für die Produktion zu tun war: Die Gründung der Physikalisch-Technischen Reichsanstalt (1886/87) war unter maßgeblichem Einfluß dieser Bedürfnisse und Interessen erfolgt; die Gründung der Kaiser-Wilhelm-Gesellschaft (1911), mit der die Randstellung der Akademien im allgemeinen wie auch der Berliner Akademie im besonderen im bürgerlichen

---

[19] Vgl. K. Zierold, a. a. O., S. 38, 142. 1932 kamen zu den Etatmitteln noch Zusatzsummen des monopolistischen Stifterverbandes der Notgemeinschaft in Höhe von 180000,— M und Mittel der Rockefeller-Foundation in Höhe von 104588,19 M: Geringfügige Summen, die jedoch angesichts der Finanzkrise relevant wurden und den Einfluß des in- und ausländischen Kapitals festigten (Angaben nach: Elfter Bericht der Notgemeinschaft/Deutsche Forschungsgemeinschaft, umfassend ihre Tätigkeit vom 1. April 1931 bis zum 31. März 1932, Berlin 1933, S. 84).

[20] Vgl. hierzu und zu folgender, von Schenck wiedergegebener Äußerung des Vereins Dt. Eisenhüttenleute: Hauptausschußsitzung vom 19. 3. 1932, Niederschrift. In: ZStA Potsdam, RMdI, Nr. 26772, Bl. 231.

Wissenschaftssystem endgültig offenbar wurde, war schlechthin durch die Interessen des Kapitals bestimmt.

In die Diskussion um die Effektivität des Wissenschaftssystems im imperialistischen Deutschland wurden die Akademien selbstverständlich auch während der späteren zwanziger und beginnenden dreißiger Jahre einbezogen. Bürgerliche Wissenschaftspolitiker, die dabei die Interessen der Praxis im kapitalistischen Deutschland stets im Auge hatten, griffen in diese Diskussion ein. Führende Gelehrte beteiligten sich unter verschiedenen Gesichtspunkten, die jeweils durch die Stellung ihrer eigenen Fachdisziplinen und ihr Verhältnis zu dieser Praxis wesentlich bestimmt wurden. Der Altphilologe Ulrich von Wilamowitz-Moellendorff, auf dessen eindeutige gesellschaftliche Positionen in der bestehenden Ordnung verwiesen wurde, beklagte gleichwohl die Tatsache, daß die Industrie auf Forschungen mit unmittelbarem Nutzeffekt für sich selbst orientiert war und ihre Forschungsfinanzierung dementsprechend ausrichtete[21]: Hier lag für ihn eine Gefahr, die die Altertumswissenschaften besonders betraf und sich auf die Akademien als Trägern der „reinen Wissenschaft" auswirken mußte. Wilhelm Ostwald dagegen stellte die Existenzberechtigung der Akademien angesichts der modernen Anforderungen an die Wissenschaft in Frage: „Von den Leibnizischen Akademien hat indessen keine eine Bedeutung erlangt, die der der Londoner und Pariser Anstalten gleichgekommen wäre ... In dem Maße aber, wie die Wissenschaften erstarkten und einen zunehmend wichtigen Bestandteil des allgemeinen Lebens und Arbeitens bildeten, haben sich diese Pflegeeinrichtungen als entbehrlich herausgestellt ..."[22] Wilhelm Ostwald ging hier von den Interessen der Praxis im kapitalistischen Deutschland aus. Er war ein führender Vertreter jener naturwissenschaftlichen Disziplinen, die an den Akademien keine experimentellen Forschungsmöglichkeiten hatten und hier nur über deskriptive und systematisierende Gemeinschaftsunternehmungen bzw. über die Herausgabe von Werkausgaben bekannter Akademiemitglieder partiell gefördert werden konnten. Ostwalds Hinweis war berechtigt, daß die Akademien infolge ihrer traditionellen, im wesentlichen im frühen 19. Jahrhundert geformten Ausrichtung den Erfordernissen des „allgemeinen Lebens und Arbeitens" — und das hieß eben vordringlich: den Bedürfnissen der kapitalistischen Industrie — nicht entsprachen. Vor allem führende Physiker haben auch an der Berliner Akademie neue Erkenntnisse zu den theoretischen Grundlagen der Naturwissenschaften vorgetragen; die theoretische Physik und die Altertumswissenschaften gehörten zu den wissenschaftlichen Schwerpunktbereichen der Akademie. Zum naturwissenschaftlichen Fortschritt vermochten die Akademien jedoch nur partiell, vor allem in bestimmten Bereichen theoretisch-naturwissenschaftlicher Forschung und Problemdiskussion, beizutragen. Ihre begrenzte Funktion war auch bürgerlichen Gelehrten und Wissenschaftspolitikern bewußt, wie die Diskus-

---

21 Vgl. U. v. Wilamowitz-Moellendorff, Erinnerungen 1848—1914, 2. ergänzte Aufl., Leipzig (1928), S. 308ff.

22 W. Ostwald, Naturwissenschaftliche Forschungsanstalten. In: Forschungsinstitute, 1. Bd., a. a. O., S. 87. Ähnlich scharf F. Tönnies mit Bezug auf M. Weber in: ebda., S. 429.

sionen um 1930 und in den folgenden Jahren erneut zeigten. Dies galt auch für den tatsächlichen Beitrag der Akademien zur Integration wissenschaftlicher Disziplinen. Daß die Akademien zur Einheit der Wissenschaften unter den gegebenen Bedingungen nur begrenzt beizutragen vermochten, daß sie als wissenschaftliche Körperschaften, der führende Gelehrte verschiedener Disziplinen angehörten, letztlich mehr eine Addition der Fachdisziplinen statt der angestrebten Einheit darstellten, hat der Altphilologe Ludwig Curtius z.B. in zugespitzter Form unterstrichen.[23]

In der Berliner Akademie hatte sich während der späteren Jahre der relativen Stabilisierung die Erkenntnis stärker verbreitet, daß Veränderungen in der Struktur und Arbeitsweise zu den Voraussetzungen für die höhere Effektivität ihrer wissenschaftlichen Arbeit und für die Festigung ihrer eigenen wissenschaftlichen Stellung gehörten. Bereits am 7. Mai 1926 hatte Fritz Haber in einem Schreiben an den damaligen Vorsitzenden Sekretar Gustav Roethe gefordert, die wissenschaftliche Aktivität der Mitglieder in der Akademie zu erhöhen.[24] Die Ordentlichen Mitglieder sollten in ausreichendem Abstand Akademievorträge zu allgemeineren, nicht nur einen kleinen Kreis von Fachspezialisten interessierenden Themen übernehmen. Die Korrespondierenden Mitglieder sollten zu Vorträgen vor der Akademie verpflichtet werden, wenn sie jeweils in Berlin zu tun hätten. Die Akademie forderte ihre Korrespondierenden Mitglieder ohne wesentlichen Erfolg zur Anmeldung von Vorträgen anläßlich von Besuchen in Berlin auf.[25]

Bemühungen zu einer breiteren Reformierung und Umstrukturierung der Berliner Akademie lassen sich bis auf den Anfang des Jahres 1929 zurückverfolgen. Die ersten Vorbereitungen stießen jedoch auf die Skepsis oder die Ablehnung einzelner Mitglieder, die dabei unterschiedlichen inhaltlichen und organisatorischen Vorstellungen folgten. Auch Heinrich Lüders, der als Sekretar und verantwortliches Mitglied wissenschaftlicher Kommissionen an der Vorbereitung der Reformvorschläge beteiligt war, wandte sich in seiner Ansprache am 23. Januar 1930 noch gegen eine grundsätzliche Verfassungsänderung der Akademie.[26] In der gleichen Rede bejahte er jedoch die Grundgedanken des Reformplanes, der sich intern herauskristallisiert hatte.

Bereits im Mai 1929 war der Entwurf einer Denkschrift konzipiert, in der die hierfür eingesetzte Kommission ihre Vorstellungen über Funktion und Aufbau der Akademie zusammengefaßt hatte.[27] Die Kommission forderte, die Aufgaben und das Betätigungsfeld der Akademie wesentlich zu erweitern, um „ihre Daseinsberechtigung unter den völlig veränderten Verhältnissen des 20. Jahrhunderts" zu erweisen und ihre wissenschaftliche Stellung zu festigen. Die Akade-

[23] L. Curtius, Deutsche und antike Welt, a. a. O., S. 306.
[24] Vgl. das Schreiben Habers an Roethe vom 7. 5. 1926. In: AAW II: IIIb, Bd. 29, Bl. 35f.
[25] Vgl. ebda., Bl. 38.
[26] Vgl. die Ansprache des Vorsitzenden Sekretars Heinrich Lüders in der öffentlichen Sitzung vom 23. 1. 1930. In: Sb., Jg. 1930, S. XXIIf.
[27] Vgl. zum folgenden AAW II: Ia, Bd. 12, Bl. 85.

mie, die „die ideale Einheit der Wissenschaften" verbürgen müsse, solle auf weitere Sicht die Funktion der Notgemeinschaft und ihrer Ausschüsse in der „Überwachung und Leitung des wissenschaftlichen Lebens" übernehmen. Ein solches Programm setzte die Erweiterung der Finanzmittel und die Gewährung zusätzlicher Räumlichkeiten voraus; es erforderte — worauf auch Heinrich Lüders am 23. Januar 1930 verwies — die Heranziehung aller Mitglieder zur aktiven Mitarbeit, die Vergrößerung des Mitgliederkreises (durch die Aufhebung der örtlichen Bindung an Berlin) und die Erhöhung der Zahl der wissenschaftlichen Beamten und Mitarbeiter. Die Vorschläge waren nicht als einmaliger Antrag an das Ministerium, sondern als schrittweise zu verwirklichende Vorstellungen gedacht.

Bis zur Vorlage der endgültigen Fassung der Denkschrift im Jahre 1930 hatten sich verschiedene Vorstellungen der Kommission als überholt und andere als illusionär erwiesen. Die Notgemeinschaft — seit Dezember 1929 offiziell als „Deutsche Gemeinschaft zur Erhaltung und Förderung der Forschung" bezeichnet — hatte ihre Stellung behauptet. Die Akademie suchte hier nur finanzielle Abhängigkeiten zu verringern.

In ihrer Denkschrift führte die Akademie ihre wissenschaftlichen Gemeinschaftsunternehmen auf und bezeichnete ihre Weiterführung als ihre Hauptaufgabe.[28] Als neues, nur in langer Frist realisierbares Unternehmen sollte mit der Bearbeitung eines „statistischen Atlas des deutschen Volkes in Mitteleuropa" begonnen werden, in dem die „natürliche Grundlage und die Lebensbedingungen des deutschen Volkes" für Deutschland, die deutschsprachigen Nachbarländer und die Staaten mit deutschen Minderheiten in Mitteleuropa darzustellen wären. Als Leiter der Arbeiten, in denen sich die Physiogeographie und die Anthropogeographie ergänzen sollten, wurde der Berliner Geograph Norbert Krebs vorgeschlagen. Vor allem aber wurde die Bildung von Forschungsinstituten in der Akademie gefordert, um wissenschaftliche Unternehmen in verschiedenen Bereichen zu koordinieren und zu intensivieren.[29] Geschaffen werden sollten Institute für griechisch-römische Epigraphik, für die Geschichte der Wissenschaften im Altertum, für Patristik und für buddhistische Forschung. Vorgeschlagen wurde die Konstituierung eines Deutschen Instituts an der Akademie. Zugleich wurde gefordert, bestehende naturwissenschaftliche Institute der Akademie anzugliedern: Genannt wurden hier das Astrophysikalische Observatorium und das Preußische Meteorologische Institut mit seinem Observatorium; zur Erwägung gestellt wurde der direkte Anschluß an die Akademie für das Geodätische Institut in Potsdam und für die Biologische Anstalt auf der Insel Helgoland. Besonders ausführlich wurde die Forderung begründet, an der Akademie ein Forschungsinstitut für theoretische Physik einzurichten.[30] Die Zuwei-

---

[28] Vgl. zum folgenden AAW II: Ia, Bd. 12, Bl. 79: „Denkschrift der Preußischen Akademie der Wissenschaften über die Erweiterung ihrer Tätigkeit."

[29] Vgl. zum folgenden im einzelnen die entsprechenden Ausführungen unten im Abschnitt 4 über die wissenschaftlichen Unternehmungen der Akademie.

[30] Dazu hieß es: „Es hat eine Entwicklung namentlich der theoretischen Physik stattgefunden, die in der Geschichte des Fachs ihresgleichen nicht hat. Von jeher hat die theoretische

sung von 12 neuen Stellen für Ordentliche Mitglieder wurde erbeten — 6 für jede Klasse — an deren Besetzung jedoch nicht die Forderung der Repräsentationspflicht in Berlin gebunden werden sollte. Hiermit sollten auch auswärtige führende Wissenschaftler für die aktive Mitarbeit in der Akademie und in ihren Unternehmen gewonnen werden. Gleichzeitig bat die Akademie um die Zuweisung weiterer Stellen für wissenschaftliche Beamte und Mitarbeiter.

Die Denkschrift von 1930 beschränkte sich also darauf, eine gewisse Erweiterung des Potentials und der Arbeitsweise vorzuschlagen, mit der die Gesamtstruktur und Funktion der Akademie vor allem durch die Einbeziehung bzw. Neubildung mehrerer Institute eine spezifische, begrenzte Veränderung erfahren hätte. Der Inhalt der Denkschrift und nachher das Scheitern der mit ihr angestrebten Reform offenbarten erneut, daß der Widerspruch zwischen den Bedürfnissen der kapitalistischen Gesellschaft und Wirtschaft und den realen Möglichkeiten der Akademien in Deutschland im Rahmen der bestehenden gesellschaftlichen Verhältnisse nicht zu lösen war; dies war wiederum nur ein besonderer Ausdruck der Problematik bürgerlicher Wissenschaftsorganisation und Forschungspolitik in Deutschland. Der grundlegende Widerspruch, in dem sich die wissenschaftlichen Akademien befanden und großenteils noch heute in kapitalistischen Staaten befinden, wurde zuerst im Gefolge der Oktoberrevolution in der Sowjetunion gelöst, indem die sowjetische Akademie der Wissenschaften zur Trägerin eines umfassenden, eng mit den Bedürfnissen der Praxis verbundenen Forschungspotentials ausgestaltet wurde. Die revolutionären Umwälzungen und der Aufbau der sozialistischen Gesellschaft in der Deutschen Demokratischen Republik wurden zur entscheidenden Vorbedingung dafür, daß dieser Widerspruch auch im Rahmen des sozialistischen Wissenschaftssystems in unserer Republik gelöst werden konnte. Die Akademie der Wissenschaften der DDR verfügt heute über ein großes Potential, um ihre Aufgaben in der Grundlagenforschung zu erfüllen und den Bedürfnissen der Praxis im Sozialismus gerecht zu werden.[31]

Die Denkschrift von 1930 vermochte die Stellung der Akademie in der Wissenschaft nicht zu verändern. Sie wurde dem preußischen Kultusministerium eingereicht, als die Wirtschaftskrise auch in der bürgerlichen Wissenschaftspolitik und Forschungsorganisation zu wesentlichen Einengungen führte. Sie blieb unverwirklicht und wurde in den Jahren 1933 und 1934, unter der faschistischen

---

Physik einen Mittelpunkt im Bereiche der ‚exakten' Naturwissenschaften abgegeben, an welchen diese sich alle anlehnen. Aber im letzten Vierteljahrhundert ist sie sogar das Zentrum geworden, von welchem die stärksten Anregungen für die Gebiete ausstrahlen. Trotz dieser zentralen Stellung ist die Physik schlechter daran als die Nachbarfächer der Chemie und der physikalischen Chemie, die beide in Dahlem (in der KWG, der Verf.) große Forschungsinstitute besitzen. Aus diesem Grunde glaubt die Akademie, daß die Gründung eines wirklichen Forschungsinstitutes für theoretische Physik einem Bedürfnis nicht nur der Physik, sondern aller exakten Naturwissenschaften entgegenkommt ..." (Denkschrift, S. 17).

[31] Vgl. dazu H. Klare, Mit Tatkraft und Weitblick für das Glück des Volkes. Festansprache des Präsidenten der AdW der DDR auf der Festsitzung zum 25. Jahrestag der DDR. In: Jb. d. AdW der DDR, Jg. 1974, S. 78ff.

Diktatur, von den herrschenden Kräften endgültig ad acta gelegt. Die Denkschrift entsprach mit der Forderung zur Konzentration und Neugründung naturwissenschaftlicher Forschungsstätten wissenschaftlichen Bedürfnissen. Berechtigten Anliegen entsprang zunächst auch die Forderung, die Geschichte der antiken Wissenschaften und die Epigraphik des Altertums, verschiedene Bereiche der Orientalistik sowie die deutsche Sprach- und Literaturforschung institutionell zu konzentrieren und damit in ihrer Entwicklung zu fördern. Ihre eigene objektive Situation und die traditionellen Bindungen ihrer Mitglieder hinderten die Akademie jedoch daran, über Einzelvorstellungen hinaus zu gelangen und dabei die notwendigen Relationen und Schwerpunktverteilungen zwischen den Wissenschaftsdisziplinen zu finden. Dies galt bereits für die Relationen und Schwerpunkte in den geisteswissenschaftlichen Unternehmungen, die hier insgesamt überbetont blieben. Die Naturwissenschaften waren nicht in der erforderlichen Breite in der Denkschrift berücksichtigt. Insgesamt war eine Intensivierung bestimmter Forschungen angestrebt, die auf den Bahnen bürgerlicher Methodologie und Weltanschauung weitergeführt werden sollten. Auch der Reformplan stand im Zusammenhang zu den Bemühungen um die Eindämmung der Grundlagenkrise in der bürgerlichen Wissenschaft und erhielt von hier aus seine Funktion und Prägung. Nationalistische Einflüsse klangen hier in dem Projekt des Atlasses des deutschen Volkes an.

Auch die Überlegungen zur Konzentration naturwissenschaftlicher Forschungskapazitäten wurden nicht verwirklicht; Institute wurden an der Akademie nicht gegründet.

In ihrer Denkschrift war die Akademie noch optimistisch davon ausgegangen, daß ihr Etat für das Rechnungsjahr 1930/31 in beträchtlichem Maße erhöht worden war. Schwieriger sah es mit den Stiftungskapitalien aus, deren Gesamtwert trotz langwieriger Aufwertungsbemühungen gegenüber der Zeit vor der Inflation stark gesunken war: Nach dem Jahresabschluß für das Rechnungsjahr 1931 betrug das Stiftungskapital an der Akademie 1 217 733,– RM.[32] Das Kapital der größten, der Heckmann-Wentzel-Stiftung, umfaßte danach eine Summe von 583 675,– RM; ihr folgten die Emil-Fischer-Stiftung mit einem Kapital von 119 318,– RM, der (noch zu erwähnende) Ernest-Solvay-Fonds mit 100 512,– RM und die Jubiläumsstiftung der Solvay-Werke mit 104 000,– RM, die Albert-Samson-Stiftung mit 84 830,– RM und die Paul-Ries-sche-Stiftung mit 43 000,– RM. Alle übrigen Stiftungskapitalien — insgesamt bestanden 24 Stiftungen verschiedener Herkunft und mit unterschiedlichem Verwendungszweck — waren wesentlich kleiner; sie bewegten sich in Größenordnungen zwischen denen der Akademischen Jubiläumsstiftung (34 450,– RM), der Eduard-Hitzig-Stiftung (27 875.– RM), der Eduard-Gerhard-Stiftung (18 170.– RM) oder der Steiner'schen Stiftung (16 325.– RM), den geringfügigen restlichen Summen der Max-Henoch-Stiftung (1625.– RM) oder den fast aufgebrauchten Mitteln der Otto-Reinke-Stiftung und der Julius-Rodenberg-Stiftung. Bei all dem blieb be-

[32] Vgl. zum folgenden AAW II: XIIc, Bd. 30/31, Bl. 32.

stehen, daß die Akademie wissenschaftliche Arbeiten im allgemeinen nicht aus den Stiftungskapitalien selbst, sondern aus den viel geringeren sich daraus ergebenden Zinssummen finanzierte. Die staatlichen Etatmittel waren, wie oben für die Jahre zuvor gezeigt wurde, im Vergleich zu denen anderer Institutionen wie etwa der KWG gering. Gerade deshalb behielten die im einzelnen aus dem Staatshaushalt, über die Notgemeinschaft und in einigen Fällen auch durch das Kapital gewährten Grund- und Zusatzmittel ihr Gewicht; die Bedeutung selbst geringfügiger zusätzlicher Summen wuchs sogar erneut. Mit der Entfaltung der Weltwirtschaftskrise erfuhr die Finanzierung von Forschungen im bürgerlichen Deutschland zunehmende Einschränkungen. Dies wirkte sich unterschiedlich aus und traf zum Beispiel andere Akademien des Kartells noch schwerer als die Akademie in Berlin. Die kartellierten Akademien berieten die erneute Erschwerung ihrer wissenschaftlichen Arbeiten auf der Wiener Tagung des Kartells am 10. Juni 1932.[33] Sie verfaßten eine Resolution, mit der die Länderregierungen auf die drohende Einstellung oder Einschränkung ihrer wissenschaftlichen Unternehmungen und Veröffentlichungen verwiesen werden sollten; damit sei eine schwere Schädigung der Wissenschaft und (durch den Fortfall des direkten Tausches wissenschaftlicher Publikationen) eine zusätzliche finanzielle Belastung für den Aufkauf von Literatur verbunden. Die Akademien, die die Notwendigkeit äußerster Sparsamkeit nicht verkennen würden, bäten die Länderregierungen um die Bereitstellung der notwendigsten zusätzlichen Mittel. Die Wiener Kartelltagung hatte bestätigt, daß die Arbeiten der Akademien in Wien und Leipzig mit der vollen Entfaltung der Wirtschaftskrise — die auch Österreich früh und tiefgehend erfaßte — besonders gefährdet waren.[34] Der Vorsitzende Sekretar der Berliner Akademie, Ernst Heymann, bat die Wiener Akademie, den „Vorort" des Kartells und Gastgeber der Kartelltagung, in Übereinkunft mit Heinrich Lüders und mit nachträglicher Zustimmung der Plenarsitzung vom 7. Juli 1932 sogar, Berlin aus der Aufstellung der „besonders notleidenden Akademien stillschweigend auszunehmen".[35]

Auch die Berliner Akademie blieb von den Auswirkungen der kapitalistischen Wirtschaftskrise nicht verschont. So erschwerten die bereits erwähnten Kürzungen der staatlichen Mittel für die Notgemeinschaft, zu denen es mit den Notverordnungen Brünings in den Jahren 1931 und 1932 kam, die Arbeiten der Akademie unmittelbar. Die Notgemeinschaft hätte sich bisher für die großen Gemeinschaftsunternehmen der Akademien — so für den interakademischen Thesaurus linguae Latinae, das Grimmsche Wörterbuch, die Forschungen Konrad Burdachs und die Arbeiten der Preußischen Kommission der Berliner Akademie — eingesetzt, schrieb Friedrich Schmidt-Ott am 6. Juni 1932 dem Berliner Sekretar Heinrich Lüders.[36] Im Rahmen des Möglichen würde sie diese Arbeiten der

---

[33] Vgl. AAW II: VIa 13, Bd. 9, Bl. 24f.
[34] Vgl. ebda., Bl. 25 (S. 2).
[35] Vgl. AAW II: Va, Bd. 103 (Protokoll der Plenartagung der Berliner Akademie vom 7. 7. 1932).
[36] Vgl. AAW II: VIa 13, Bd. 9, Bl. 22.

Akademie weiter fördern, da sie ihrem eigenen Anliegen entsprächen, die Gemeinschaftsforschung weiter zu entwickeln. Die Vollendung mancher Unternehmungen verzögere sich jedoch; es bestände auch die Tendenz, wissenschaftliche Arbeiten zu Dauerunternehmungen auszugestalten. Schmidt-Ott verwies auf die Hauptaufgaben der Notgemeinschaft, die in der Förderung zeitbegrenzter Forschungsvorhaben und in der Entwicklung des wissenschaftlichen Nachwuchses bestünden. Heinrich Lüders wurde gebeten, diese Auffassung den übrigen Akademien des Kartells mitzuteilen. Dies betraf die Arbeit an den wissenschaftlichen Unternehmungen direkt, deren Durchführung in weitem Maße von den Zuschüssen der Notgemeinschaft besonders abhängig waren. Die Weiterzahlung dieser Zusatzmittel schien im Sommer 1932 zeitweise in Frage gestellt.

Die organisatorische Struktur der bürgerlichen deutschen Wissenschaft erfuhr in diesen Jahren keine besondere Veränderung oder gar grundlegende Erweiterung. Für die Akademie erinnerte ihr neuer Sekretar Heinrich von Ficker noch am 26. Januar 1933 an die beabsichtigte Angliederung der Forschungsinstitute, die seit dem Reformplan von 1930 vergeblich gefordert worden war.[37] Die Akademie hätte jene Bedeutung eingebüßt, die ihr im 18. Jahrhundert zugekommen sei. Sie wirke nicht mehr durch die damalige unmittelbare Vorlesungstätigkeit ihrer Mitglieder; den von ihr noch gestellten Preisaufgaben käme keine Bedeutung mehr zu.[38] In ihrer gutachtlichen Funktion würde sie nur noch in Ausnahmefällen herangezogen, „weil die weitgehende Spezialisierung der einzelnen Disziplinen eine fruchtbare Tätigkeit in dieser Richtung nicht mehr zuläßt." Heinrich von Ficker wies demgegenüber darauf hin, daß der sowjetischen Akademie der Wissenschaften „eine große Zahl von Forschungsinstituten angegliedert ist, durch deren Tätigkeit die Akademie in unmittelbarer Beziehung nicht nur mit den aktuellen wissenschaftlichen Aufgaben, sondern auch mit den Bedürfnissen des praktischen Lebens bleibt".[39] In Deutschland dagegen wären die modernen großen Forschungsinstitute außerhalb der Akademien gegründet worden; die Arbeit der Akademien hätte in der Öffentlichkeit keine wesentliche Resonanz.

Die Akademie blieb weiterhin in die Erörterung wissenschaftspolitischer und wissenschaftsorganisatorischer Fragen von allgemeiner Bedeutung einbezogen.[40]

---

[37] Vgl. die Rede von Fickers, des neuen Sekretars der mathematisch-physikalischen Klasse. In: Sb., Jg. 1933, S. XXV. Die Forderung, das Astrophysikalische Observatorium, das Preußische Meteorologische Institut sowie das Geodätische Institut der Akademie anzugliedern, wurde in einem Schreiben der Akademie an das preußische Kultusministerium vom 22. 9. 32 erneut erhoben. (Vgl. dazu: AAW: Ia, Bd. 12, Bl. 81; ZStA Merseburg, Rep. 76 Vc Sekt. 2 Tit. XXIII, Litt. F. Nr. 1, Bd. XII, Bl. 448).

[38] In der Denkschrift von 1930 wurde bereits vorgesehen, mit der Stellung dieser Preisaufgaben aufzuhören.

[39] Aus der Rede v. Fickers. In: Sb., Jg. 1933, a. a. O.

[40] So wandte sie sich gegen damals erhobene Forderungen, die wissenschaftliche Forschung und die Lehre zu trennen. (Dabei sollte die Forschung bei den Reichsbehörden, die Hochschullehre bei den Ländern konzentriert werden). Vgl. dazu die Stellungnahme des Vorsitzenden Sekretars Heinrich v. Ficker in Sb., Jg. 1932, S. XXVf., sowie das Schreiben der Akademie an das preußische Kultusministerium vom 22. 9. 1932. In: AAW II: Ia, Bd. 12, Bl. 81.

Insgesamt bestätigte sich am Schicksal des Reformplanes von 1930 jedoch, daß die herrschenden Kräfte sich vordringlich auf den Ausbau jener anderen Forschungseinrichtungen konzentriert hatten, in denen ihre Interessen effektiver und umfassender zu realisieren waren als in den Akademien der Wissenschaften im bürgerlichen Deutschland. Auch die Berliner Akademie blieb unter den gegebenen gesellschaftlichen Bedingungen in ihrer Struktur und Arbeitsweise unverändert.

b) Die Akademie in den deutsch-sowjetischen Wissenschaftsbeziehungen; ihre Stellung in den internationalen Wissenschaftsverbindungen

Seit den späteren zwanziger Jahren hatte sich die Wechselwirkung zwischen dem Aufschwung der Wissenschaftsentwicklung und dem Ausbau internationaler wissenschaftlicher Beziehungen immer augenfälliger herausgestellt. In den meisten internationalen Fachunionen der verschiedenen Wissenschaftsdisziplinen, aber auch in den beiden internationalen Dachorganisationen, dem Conseil des Recherches International (International Research Council, IRC bis 1931) und der Union Académique Internationale (UAI), mehrten sich seitdem die Stimmen, die auf den allseitigen Ausbau und damit auf die Einbeziehung aller Seiten in die internationalen Organisationen drängten. Deutlich hatte sich jedoch herausgestellt, daß die Probleme der Wissenschaftsverbindungen zwischen Staaten und Institutionen der Forschung mit der Entwicklung der internationalen Beziehungen in Wirtschaft und Politik nicht weniger eng zusammenhingen. Imperialistische Widersprüche und Hegemonieansprüche behinderten den Ausbau der Wissenschaftsbeziehungen auf der Ebene der internationalen Organisationen weiterhin.

Die deutsch-sowjetischen Wissenschaftsverbindungen, die während der späteren zwanziger Jahre einen besonderen Aufschwung erfahren hatten, wurden auch unter den auf deutscher Seite erschwerten Verhältnissen jener Zeit ausgebaut. Hier gab es vielfache Initiativen besonders von sowjetischer Seite. Der Ausbau der Beziehungen wurde durch das wachsende Echo begünstigt, das der sowjetische Wirtschafts- und Gesellschaftsaufbau während der Jahre des ersten Fünfjahrplanes in Deutschland hatte. Der konsequente Kurs der KPD und der revolutionären Arbeiter-Massenorganisationen, aber auch der „Gesellschaft der Freunde des Neuen Rußland“ und des 1928 gegründeten „Bundes der Freunde der Sowjetunion“[41] auf die Zusammenarbeit mit der Sowjetunion wirkte sich weiter aus. Bedeutungsvoll blieb auf deutscher Seite die Gesellschaft zum Studium Osteuropas unter Führung von Friedrich Schmidt-Ott und Otto Hoetzsch. Technik, Mathematik, Physik und Chemie blieben Schwerpunkte der Zusammenarbeit im Gebiet der Naturwissenschaften. Ereignisse wie die Woche der deutschen Technik im Januar 1928 in der Sowjetunion wirkten weiter; die Woche

[41] Vgl. hierzu C. Remer, Der Bund der Freunde der Sowjetunion und seine Tätigkeit auf kulturellem Gebiet. In: Deutschland-Sowjetunion, a. a. O., S. 117.

wurde auf sowjetischer Seite von der Gesellschaft „Kultur und Technik" durchgeführt[42], in der sowjetische Gelehrte wie S. I. Vavilov, G. M. Kržižanovskij, V. A. Steklov, A. F. Joffe und andere mit deutschen Wissenschaftlern wie Albert Einstein und Ludwig Prandtl, dem späteren Korrespondierenden Akademiemitglied in Berlin, zusammenarbeiteten. Diese sowjetische Gesellschaft ehrte Albert Einstein anläßlich seines 50. Geburtstages durch eine Festsitzung, auf der S. I. Vavilov über „Einsteins Forschungen auf dem Gebiet der statistischen Mechanik und der Quantentheorie" sowie I. E. Tamm „Über die spezielle, allgemeine und neue Einsteinsche Relativitätstheorie" sprachen. Insgesamt hat der planmäßige Ausbau der Forschungseinrichtungen in der Sowjetunion auch die Weiterentwicklung der wissenschaftlichen Beziehungen zu Deutschland begünstigt. Die sowjetische Akademie der Wissenschaften, die zwischen 1917 und 1936 von A. P. Karpinskij als Präsident geleitet wurde und deren Sekretär seit 1928 der Historiker P. Volgin war, hatte 1929 ein neues Statut angenommen und ging 1931 zur Planung ihrer wissenschaftlichen Arbeit über; sie erfuhr in den Jahren des ersten Fünfjahrplanes eine Erweiterung und umfaßte 1934 schließlich 25 Institute, 10 Laboratorien, 11 Kommissionen, 1 Museum und einige neu eingerichtete wissenschaftliche Zentren in verschiedenen Teilen der Sowjetunion.[43]

Die Berliner Akademie blieb in die Weiterentwicklung der Wissenschaftsbeziehungen — die auch im Fortgang ihrer Büchertauschbeziehungen zu sowjetischen Institutionen ihren Ausdruck fand — vor allem durch die Aktivität führender Mitglieder einbezogen. Ihre Repräsentanten haben die Erweiterung des Wissenschaftssystems in der Sowjetunion aufmerksam verfolgt. Heinrich von Ficker hat als Vorsitzender Sekretar in seiner bereits erwähnten Ansprache vom 26. Januar 1933 auf den Ausbau der sowjetischen Wissenschaftsorganisation verwiesen und die Beziehungen der sowjetischen Akademie zur Praxis hervorgehoben. Er gehörte seit der Vorbereitung der sowjetisch-deutschen Alai-Pamir-Expedition, aber auch im Zusammenhang mit der Auswertung der Expeditionsergebnisse, zu den führenden Gelehrten der Akademie, die von ihrer eigenen Arbeit her mit der sowjetischen Wissenschaft in Kontakt gekommen waren. Mitglieder der physikalisch-mathematischen Klasse der Akademie sind in der Zusammenarbeit nicht mehr besonders hervorgetreten. Hier waren die Möglichkeiten der Akademie auch dadurch begrenzt, daß Gebiete wie die Medizin und die Technik, in denen sich die Beziehungen in jenen Jahren besonders weiterentwickelten, in der physikalisch-mathematischen Klasse nur in relativ geringem Umfang vertreten sein konnten.

---

[42] Vgl. B. V. Levšin, Die sowjetisch-deutsche Gesellschaft „Kultur und Technik" in den Jahren 1923 bis 1933. In: Deutschland-Sowjetunion, a. a. O., S. 141; E. Pachaly/G. Rosenfeld/H. Schützler/H. Schulze-Wollgast, Die kulturellen Beziehungen zwischen Deutschland und der Sowjetunion. In: Die Große Sozialistische Oktoberrevolution und Deutschland, Bd. I, a. a. O., S. 461f.

[43] Vgl. G. A. Knjazev/A. V. Kol'cov, Kratkij očerk istorii Akademii nauk SSSR, Moskau/Leningrad 1964, S. 87ff.

Zu fruchtbarer Zusammenarbeit ist es in diesen Jahren in Bereichen gekommen, die in der historisch-philosophischen Klasse der Akademie bearbeitet wurden: Hier war die Akademie in Disziplinen wie der Archäologie, der Kunstgeschichte und der Altertumswissenschaften in eine Entwicklung einbezogen, die auf deutscher Seite vor allem von ihren Mitgliedern Gerhart Rodenwaldt und Theodor Wiegand weitergeführt wurde; Eduard Meyer, der hier gleichfalls beteiligt war, starb 1930.

Vor allem Gerhart Rodenwaldt, bis 1932 Präsident des Archäologischen Instituts des Deutschen Reiches und nunmehr Mitglied der Akademie, gehörte auf deutscher Seite zu den aktiven Förderern der deutsch-sowjetischen Wissenschaftszusammenarbeit. Rodenwaldt wußte nicht nur die Bedeutung der älteren archäologischen und Kunstsammlungen in der Sowjetunion zu würdigen. Er erkannte immer mehr, daß sich die sowjetische Archäologie zu einem höchst bedeutungsvollen, für eine auch von ihm angestrebte universalhistorisch aufgebaute Archäologie und Kunstgeschichte unentbehrlichen und insbesondere seit Beginn der dreißiger Jahre durch neue Fragestellungen anregenden Partner entwickelte. Hier festigte sich, von den zuständigen sowjetischen Organen des Volkskommissariats sowie den interessierten Wissenschaftlern und Institutionen bewußt gegefördert, eine Zusammenarbeit, bei der Rodenwaldt noch an Vertreter der älteren Schule in der Sowjetunion anknüpfte. Er hatte in Zusammenarbeit mit dem Kunsthistoriker und Archäologen der Leningrader Ermitage O. Val'dgauer ein mehrbändiges Monumentalwerk „Archäologische Mitteilungen aus russischen Sammlungen" angeregt, daß er zusammen mit Val'dgauer, B. Farmakovskij, B. Bogaevskij, A. A. Cacharov sowie Theodor Wiegand herausgab. Rodenwaldt war z. B. Korrespondierendes Mitglied der Akademie für Geschichte der materiellen Kultur; Theodor Wiegand, aber auch Ulrich Wilcken wurden Korrespondierende Mitglieder der sowjetischen Akademie der Wissenschaften.[44] Das seit 1930 aktiv verfolgte große gemeinsame Projekt eines Vortragszyklus über den „Kulturkreis des Schwarzen Meeres", für das ein Vorbereitungskomitee mit Eduard Meyer, Rodenwaldt und Schmidt-Ott auf deutscher Seite die Referenten — unter ihnen die Akademiemitglieder Carl Schuchhardt, Theodor Wiegand und Ulrich Wilcken zusammen mit dem Berliner Orientarchäologen Ernst Herzfeld, dem Vertreter der islamischen Kunst Friedrich Sarre und dem Orientalisten Eugen Mittwoch — nominiert hatte, kam nicht mehr zur Durchführung.[45]

In seiner Zusammenarbeit mit sowjetischen Gelehrten und Institutionen wirkte Rodenwaldt in erster Linie als Präsident des Archäologischen Instituts, und auch Schmidt-Ott förderte die wissenschaftliche Zusammenarbeit vordringlich als Präsident der Notgemeinschaft und als Exponent der Gesellschaft zum Studium Osteuropas. Die Akademie war also auch hier mehr indirekt in die Weiterent-

---

[44] Vgl. die Angaben über die archäologischen Beziehungen bei J. Irmscher, Begegnungen zwischen deutscher und sowjetischer Altertumswissenschaft in der Weimarer Zeit. In: Oktoberrevolution und Wissenschaft, a. a. O., S. 77ff. (Ebda., S. 85: Angabe zu den Mitgliedschaften Rodenwaldts; S. 89: zu Wiegand).

[45] Vgl. ebda., S. 92f.

wicklung der Wissenschaftsbeziehungen einbezogen. Trägerin der Zusammenarbeit war auf sowjetischer Seite vor allem die Leningrader Ermitage; zur Weiterentwicklung trug auch die Akademie für Geschichte der materiellen Kultur bei. Die Bedeutung, die den Verbindungen auf sowjetischer Seite beigemessen wurde, hatte z. B. auf der Hundert-Jahr-Feier des Archäologischen Instituts 1929 einen deutlichen und weiterwirkenden Ausdruck gefunden: Hier hatte eine sowjetische Delegation teilgenommen. Die Verbindungen setzten sich bis in die ersten Jahre der faschistischen Diktatur fort, woran auf deutscher Seite Gerhart Rodenwaldt einen besonderen Anteil behielt. Ihm und Theodor Wiegand kam in diesem Zusammenhange größere Bedeutung zu. So wurden auch in den Jahren zwischen 1929 und 1933 fruchtbare Verbindungen gepflegt, die auch für die Geschichte der Berliner Akademie noch weiterer Erforschung bedürfen, wobei unterschiedliche Motive auf der Seite deutscher Gelehrter auch hier nicht übersehen werden.

Die Entwicklung der Wissenschaftsbeziehungen zum kapitalistischen Ausland blieb in diesen Jahren durch manche Widersprüche belastet, die sich aus den gesellschaftlich-politischen Verhältnissen und besonders aus weiterwirkenden imperialistischen Gegensätzen ergaben. Dies bestätigt sich auch unter dem Aspekt der Akademiegeschichte, obwohl die Akademien der Wissenschaften des Kartells hier weiterhin nicht im Brennpunkt des Geschehens standen.

Allgemein war unter anderem deutlich, daß die Wissenschaftsbeziehungen zwischen dem bürgerlichen Deutschland und den USA auch fortan ausgebaut wurden. Dies wurde z. B. von Eduard Norden bereits in seinem Rektoratsbericht 1927/28 als Rektor der Berliner Universität mit dem Hinweis auf den amerikanischen Botschafter Jacob Gould Schurman unterstrichen, der sich für deutsche Universitäten besonders eingesetzt hätte.[46] Die Akademie hat Schurman, der sich bei seinen Bemühungen um zusätzliche Mittel für den Aufbau der Theodore-Roosevelt-Gastprofessur an der Berliner Universität auf Verbindungen zu amerikanischen Universitäts- und Finanzkreisen stützen konnte, in diesen Jahren zu ihrem Ehrenmitglied gewählt (EM 11. 12. 1929). Allgemein erfuhr z. B. das Ausländerstudium, das seit 1926 durch die Alexander von Humboldt-Stiftung intensiviert wurde[47], bis Anfang der dreißiger Jahre eine bedeutende Erweiterung: Dies diente kulturpolitischen, aber auch ökonomischen Interessen des bürgerlichen Deutschlands und seiner kapitalistischen Partnerstaaten; es diente damit auch den besonderen Bedürfnissen deutscher und amerikanischer Kapitalkreise.

Der Ausbau wissenschaftlicher Auslandsbeziehungen erfuhr zwar manche Störungen durch nationalistische Einflüsse; er wurde jedoch in vielfachen Formen fortgesetzt, von denen die Akademien der Wissenschaften oft nur am Rande

[46] Vgl. E. Moritz, Zu den Auslandsbeziehungen der Berliner Universität in der Zeit der Weimarer Republik. In: Forschen und Wirken. Festschrift zur 150-Jahrfeier der Humboldt-Universität zu Berlin 1810—1960, Bd. I, a. a. O., S. 485.

[47] Hier handelte es sich um eine neue Einrichtung mit kulturexpansionistischer Zielstellung. Mit der Berliner Akademie und ihrer Humboldt-Stiftung für Naturforschung und Reisen hatte sie nichts zu tun.

berührt wurden. Aber auch die Berliner Akademie blieb hier in eine komplizierte Entwicklung einbezogen. Deutsche Gelehrte und damit auch Mitglieder der Akademie arbeiteten um 1930 auf breiter Ebene auf internationalen Kongressen und Fachtagungen mit, die sie als Delegierte oder als Gäste besuchten; sie waren persönliche Mitglieder internationaler Organisationen. Nobelpreise z.B. waren auch an deutsche Wissenschaftler in erheblichem Umfange vergeben worden. Mit all dem würde für die Zeit seit dem Weltkriegsende eine so stattliche Liste herauskommen, „daß sie vermutlich eine Statistik, die für die letzten Jahre vor dem Kriege aufzustellen wäre, schlagen würde", vermerkte eine im Kulturapparat des Völkerbundes tätige deutsche Beobachterin 1932.[48] Sicherlich würde es noch unerfreuliche Erscheinungen geben. Aber die deutschen Gelehrten könnten mit der Aufnahme in der Welt, die durch Krieg und Nachkrieg belastet wäre, durchaus zufrieden sein. Es wäre deshalb umso gefährlicher und bedauerlicher, „wenn jetzt in manchen Kreisen deutscher Gelehrter die Tendenz sich geltend macht, die internationale wissenschaftliche Zusammenarbeit mit aktuellen politischen Fragen zu belasten". Es wäre „mit großer Mühe Terrain gewonnen" worden; aber im letzten Jahre, mit der Zuspitzung der internationalen Lage, wären „mehr als einmal deutsche Gelehrte nicht zu Kongressen gegangen, die in Ländern von Verhandlungsgegnern Deutschlands" stattgefunden hätten.

Deutlich blieb, daß die imperialistischen Gegensätze die Entwicklung der Beziehungen auf der Ebene der wissenschaftlichen Dachverbände belasteten. Die juristische Situation hatte 1926 im Conseil insofern eine Änderung erfahren, als der Ausschlußparagraph (den es nur hier gegeben hatte) aus dem Statut gestrichen wurde.[49] Dieser internationale Forschungsrat, der Dachverband für die Naturwissenschaften und ihre Fachunionen, wurde 1931 auf Drängen von vielen Seiten, nicht zuletzt der bisher nicht vertretenen Fachunionen, reorganisiert; als International Council of Scientific Unions (ICSU) erhielt er zugleich seine neue Bezeichnung[50], unter der er heute — unter veränderten internationalen Bedingungen und mit einem im Weltmaßstab erweiterten Mitgliederkreis, zu dem auch die Institutionen der sozialistischen Länder gehören — wichtige Funktionen erfüllt. Durch die Reorganisation von 1931 erhielten die Fachunionen im International Council of Scientific Unions das Stimmenübergewicht, was sich auch in der neuen Bezeichnung ausdrückte. Jede Union erhielt drei Stimmen, jeder Staat nur eine: Die Zuteilung von Stimmen nach der Bevölkerungszahl war zu Gunsten des jeweiligen wissenschaftlichen Gewichts verändert worden. Als Aufgabe des Dachverbandes wurde konkreter als bisher „die Zusammenarbeit der nationalen Mitglieder und der internationalen Unionen" bezeichnet. Regierungen konnten nur noch Mitglieder werden, wenn in dem betreffenden Staat

[48] M. Rothbarth (Paris), Die deutschen Gelehrten und die internationale Wissenschaftsorganisation. In: Volkstum und Kulturpolitik. Eine Sammlung von Aufsätzen gewidmet G. Schreiber zum 50. Geburtstag, hrsg. v. H. Konen und J. H. Steffes, Köln 1932, S. 149f.

[49] Vgl. E. D. Lebedkina, a. a. O., S. 67f.

[50] Vgl. Handbuch der internationalen Organisationen, Berlin 1969, S. 703ff. (hier S. 706).

keine Akademien oder nationalen Forschungsräte bestanden. Brüssel wurde als Ort der regelmäßigen Versammlungen beibehalten; dem Exekutivausschuß wurde das Recht einer anderen Ortswahl für den konkreten Fall zugestanden. Den Wünschen der kartellierten Akademien wurde mit dieser Reorganisation weitgehend entgegengekommen.

In der Union ist eine solche Reorganisation nicht erfolgt. Im Mai 1931 wurde der Tagung der Union ein Antrag der dänischen, britischen und italienischen Delegation vorgelegt, nach dem außer den ordentlichen Jahressitzungen in Brüssel weitere Tagungen auf Wunsch der Mitglieder der Union Académique in andere Städte und Staaten einberufen werden konnten. Die für den Antrag — der eine Statutenänderung bedingte — notwendige Dreiviertelmehrheit kam nicht zustande.

Die Situation blieb also zwiespältig. Im International Council of Scientific Unions (ICSU) war der Forderung entsprochen worden, den Beitritt auch für die deutsche Seite zu ermöglichen. Die Gewichtsveränderung zugunsten der Fachunionen entsprach insofern auch den Vorstellungen der kartellierten Akademien, als sie selbst keine Beziehungen auf der Ebene der Staaten unterhielten und auch jetzt forderten, die Beziehungen zwischen den wissenschaftlichen Institutionen — statt zwischen den Staaten — zu pflegen. Gleichzeitig gab das Scheitern des dänischen, britischen und italienischen Antrages zur Statutenänderung der Union Académique den Vorbehalten neue Nahrung, die sich im Kartell der Akademien gegen den baldigen Eintritt in die Union Académique Internationale richteten. Der Beitritt der kartellierten Akademien zur UAI und zum ICSU kam auch in diesen Jahren noch nicht zustande, obwohl das von Gelehrten wie Max Planck für notwendig und auf weitere Sicht für wünschenswert bezeichnet wurde.

3. Mitglieder, Plenum und Klassen der Akademie

a) Mitglieder der physikalisch-mathematischen Klasse

Die Akademie blieb an die traditionellen Festlegungen zur Stellenzahl und Fachaufteilung für ihre beiden Klassen gebunden, nachdem die Denkschrift von 1930 erfolglos geblieben und der Versuch einer Reform ihrer Struktur und Arbeitsweise gescheitert war. In ihrem bisherigen Rahmen blieb die Akademie eine wissenschaftliche Institution, in der in verschiedenen Bereichen fruchtbare, zum Teil maßgebende Forschungsergebnisse vorgetragen und vorgelegt wurden. Dabei überwogen Arbeiten aus der Spezialforschung. Bedeutsame Beiträge zur verallgemeinernden Einordnung von Erkenntnissen oder zur Erfassung von Tendenzen der Wissenschaftsentwicklung fanden sich in Ansprachen von Repräsentanten der Akademie oder in einzelnen Vorträgen anderer führender Gelehrter und Akademiemitglieder.

Als Sekretare der physikalisch-mathematischen Klasse amtierten Max Planck und Max Rubner; nach dem Tode Max Rubners wurde Heinrich von Ficker in der Klassensitzung vom 9. Juni 1932 zum Sekretar der Klasse gewählt.[51]

In den Jahren 1930 bis Ende 1932 wurden nur 2 Ordentliche Mitglieder neu in die physikalisch-mathematische Klasse gewählt. Beide hatten als führende Vertreter ihrer Disziplinen Ordinariate an der Berliner Universität inne und übten leitende Funktionen in ihrer Fachdisziplin aus.

Wilhelm Trendelenburg (OM 17. 1. 1931), der 1927 über Gießen und Tübingen an die Berliner Universität gekommen war, amtierte hier als Direktor des Physiologischen Instituts. Mit Trendelenburg, der Mitherausgeber der Zeitschrift für die gesamte experimentelle Medizin war, nahm die Akademie einen weiteren Vertreter biologisch-medizinischer Experimentaldisziplinen auf. „Seine wissenschaftlichen Arbeiten umfassen zwei große Gebiete, die Herzbewegung und noch umfassender die Erforschung des Gehirns und der Sinnesorgane", hieß es in dem von Max Rubner formulierten Wahlbegründungsantrag.[52] Trendelenburgs Gehirn- und Nervenuntersuchungen waren mit methodischen Verbesserungen des Studiums von Reizwirkungen verbunden. Er konnte die Extremitätenregion sowie spinale Atmungs- und Gehörzentren hier scharf umgrenzen, wurde in der Begründung betont. Er hatte die Nervenbahnen im Rückenmark „durch die Degenerationsmethode" aufgeklärt. Er hatte wertvolle physiologische Arbeiten zu den Sehvorgängen durchgeführt und hierbei Untersuchungen zur Farbenunterscheidung an Primaten vorgenommen. Er hatte die zentralen Wege der Pupillenfasern aufgefunden und Forschungen zur Feststellung der Fixiergenauigkeit des Auges und der binokularen Farbmischung durchgeführt. „Bei Trendelenburg ist die kritische Anlage besonders ausgeprägt. Seine Beobachtungen gelten allgemein als zuverlässig und das technische Geschick hat ihm neue Gebiete erschlossen." Er ist auch durch seine Arbeit über „Die natürlichen Grundlagen der Kunst des Streichinstrumentspiels" (1925) bekanntgeworden. Er hatte zusammenfassende Arbeiten zur allgemeinen Physiologie sowie zur Physiologie des zentralen Nervensystems veröffentlicht. Besondere wissenschaftliche Bedeuttung kam hier seinem Beitrag „Zur Methodik der Physiologie des zentralen Nervensystems von Wirbeltieren" zu, der in dem von Emil Abderhalden herausgegebenen, zwischen 1919 und 1928 bereits in über 50 Bänden erschienenen „Handbuch der biologischen Arbeitsmethoden" veröffentlicht wurde. Bedeutsam war zugleich die Neubearbeitung des Lehrbuches der Physiologie von Zuntz-Loewy (4. Auflage 1924).

---

[51] Zur Wahl Heinrich v. Fickers vgl. AAW II: IIIa, Bd. 26, Bl. 70f.; ebda., Bl. 78: Liste der Publikationen v. Fickers. Die Wahl wurde in zweiter Abstimmung durchgeführt, als von Ficker gegenüber Penck, Haberlandt, Correns, L. Diels die absolute Mehrheit von 17 (von insgesamt 24) Stimmen erhalten hatte.

[52] Vgl. AAW II: IIIa, Bd. 25, Bl. 174. Unterzeichnet hatten diese Wahlbegründung vom 10. 10. 1930 außer Rubner die Akademiemitglieder Rudolf Fick, Richard Hesse, Carl Correns und Gottlieb Haberlandt.

Unmittelbar nach Trendelenburg wählte die Akademie den Botaniker Ludwig Diels (OM 29. 1. 1931) zu ihrem Mitglied. Diels war seit 1921 Ordinarius für Botanik an der Berliner Universität, wo er die Nachfolge des emeritierten Adolf Engler angetreten hatte. Er war zugleich Direktor des Berliner Botanischen Museums und des Botanischen Gartens, zu dessen Ausbau und Breitenwirksamkeit er wesentlich beigetragen hatte. Neben seiner umfangreichen wissenschaftsorganisatorischen Tätigkeit hatte er wertvolle Beiträge zur botanischen Systematik, Pflanzengeographie und Ökologie vorgelegt.[53] Auch er hat an Emil Abderhaldens „Handbuch der biologischen Arbeitsmethoden" mitgearbeitet, in dem er 1921 eine Abhandlung über die „Methoden der Phytographie und Systematik" in der Botanik vorlegte. Bereits 1908 hatte er sich zusammenfassend zur Pflanzengeographie geäußert, zu der er auch weitere Arbeiten publizierte. Diels hatte sich in ausgedehnten Studienreisen jene Materialkenntnisse erarbeitet, die ihn früh zur zusammenfassenden Darstellung der „Flora von Zentralchina" (1901) und der „Pflanzenwelt von Westaustralien" (1906) befähigte; eine seiner früheren Arbeiten befaßte sich mit dem allgemeinen Problem der „Jugendformen und Blütenreife im Pflanzenreich" (1906). Er hatte bereits an dem botanischen Gemeinschaftsunternehmen der Akademie, dem „Pflanzenreich", mitgearbeitet, für das er 2 teilweise komplizierte Familien bearbeitet hatte. Die Akademie erhoffte sich von seiner Wahl die Weiterführung des „Pflanzenreichs", nachdem dessen Begründer und langjähriger Leiter Adolf Engler 1930 verstorben war.

In die Wahlpolitik der Akademie fiel zu dieser Zeit die Diskussion um die Besetzung der Ernest-Solvay-Fachstelle. Der Solvay-Konzern („Deutsche Solvay-Werke") hatte bereits im September 1913 der Akademie eine Stiftung von 250000.— RM übergeben, aus deren Zinsen eine der ordentlichen Mitgliederstellen der physikalisch-mathematischen Klasse mit einem Jahresgehalt von 8000.— bis 10000.— RM zusätzlich dotiert werden sollte. Nachdem die Stiftungskapitalien in der Inflation weitgehend verfallen waren, erneuerten die Solvay-Werke am 30. September 1930 die Stiftung in einer Höhe von 100000.— RM; die Fachstelle sollte wenn möglich mit einem Vertreter der technischen Wissenschaften besetzt werden, wie dies die Bestimmungen von 1913 bereits vorgesehen hatten.[54] In der Diskussion um die erstmalige Besetzung der Stelle traten Meinungsverschiedenheiten zutage, die auch das Selbstverständnis von Akademiemitgliedern über die wissenschaftlichen Aufgaben der Akademie betrafen. Mit einer ausführlichen Begründung schlugen Max Planck und Walther Nernst zusammen mit Erwin Schrödinger im Juni 1931 Max von Laue für die Solvay-Fachstelle vor. Hermann Zimmermann als Vertreter der technischen Disziplinen trat für Karl Willy Wagner ein, während der Techniker Johannes Stumpf die Stelle unter Hinweis auf das Interesse des Solvay-Konzerns an seinen eigenen Arbeiten selbst beanspruchte. Damit standen sich die Vertreter der physikalischen Grundlagenforschung und der technischen Wissenschaften im engeren Sinne gegenüber.

[53] Vgl. die Wahlantragsbegründung für Ludwig Diels in AAW II: IIIa, Bd. 25, Bl. 185.

[54] Vgl. zu der Diskussion um die Erstbesetzung der Solvay-Fachstelle AAW II: XIII 11, Bd. 1, Bl. 1ff. (bes. Bl. 73ff.).

Eine Kommission wurde eingesetzt, der unter der Leitung der Klassensekretare Max Planck und Max Rubner die Mitglieder Walther Nernst, Karl Andreas Hofmann und Rudolf Fick angehörten. Die Kommission betonte, daß der Akademie durch die Solvay-Stiftung die Möglichkeit zur Wahl eines geeigneten Technikers in eine ihrer freien Stellen gegeben werden sollte; sie schlug eine schnelle provisorische Besetzung vor. Max Planck und Walther Nernst zogen ihren Antrag auf die Wahl von Laues zurück; Johannes Stumpf hatte verzichtet. Die Kommission, die bereits im ersten Wahlgang das Votum der Mitglieder für Max von Laue und K. W. Wagner in fast gleicher Stimmenzahl erhalten hatte, schlug nunmehr die Übertragung der Solvay-Stelle an den Nachrichtentechniker Karl Willy Wagner vor, dem sie nach erneuter Wahl am 30. Juli 1931 einstimmig bis zum 1. April 1935 übertragen wurde. In dieser Frage übte der Solvay Konzern als Geldgeber sicher einen indirekten Einfluß aus. Die Mitglieder der Klasse haben sich hier schließlich für den Vertreter der technischen Wissenschaften entschieden.

Durch ihre führenden Mitglieder blieb die theoretische Physik jedoch die gravierendste naturwissenschaftliche Disziplin an der Akademie. Hier war vor allem Max Planck bemüht, in den Sitzungen auch prinzipielle Fragen der Wissenschaftsentwicklung zur Sprache bringen zu lassen. Seine Ausführungen über den Kausalbegriff in der Physik, die Planck am 28. Januar 1932 vor der Akademie vortrug, verdeutlichten die Schwierigkeiten, die sich für ihn aus der klassisch-mechanischen Auffassung der Kausalität ergeben hatten.[55] Planck verwies in seinen Darlegungen zunächst auf die herkömmliche undialektische Feststellung zur Kausalität: „Ein Ereignis ist dann kausal bedingt, wenn es mit Sicherheit vorausgesagt werden kann." Dem stellte er die physikalisch gesicherte Erkenntnis entgegen, daß es in keinem einzigen Falle möglich sei, „ein physikalisches Ereignis genau vorauszusagen."[56] Gerade diese Erkenntnis sei durch die moderne Quantentheorie, durch ihre statistische Ausrichtung und insbesondere durch die Heisenbergsche Unbestimmtheitsrelation unterstrichen worden. Stelle man beides — die überlieferte Kausalitätsdefinition und die Unmöglichkeit exakter Vorhersagen — gegeneinander, „so steht man vor dem Dilemma, entweder eine strenge Kausalität ganz zu leugnen oder aber an dem Ausgangssatz eine gewisse Modifikation vorzunehmen".[57] Als Determinist entschied sich Planck für die Modifikation und faßte die Kausalität als heuristisches Prinzip seines physikalischen Weltbildes auf. Er sah in ihr die Konsequenz eines Abstraktionsvorganges, in dem aus der „Sinnenwelt" als „Symbole" übertragene Vorgänge ihre geistige Verarbeitung fänden. „So können wir abschließend sagen: das Kausalgesetz ist weder richtig noch falsch, es ist vielmehr ein heu-

---

[55] Vgl. M. Planck, Der Kausalbegriff in der Physik. In: Sb., Phys.-math. Kl., Jg. 1932, S. 17 (Kurzreferat); Gesamttext in: M. Planck, Physikalische Abhandlungen und Vorträge, Bd. III, a. a. O., S. 219ff. Als selbständige Broschüre: 2. Auflage, Leipzig 1965.

[56] M. Planck, Der Kausalbegriff in der Physik. Zit. nach: Physikalische Abhandlungen und Vorträge, Bd. III, a. a. O., S. 220f.

[57] Zitat aus dem Kurzreferat in Sb., Phys.-math. Kl., Jg. 1932, S. 17.

ristisches Prinzip, ein Wegweiser, und zwar nach meiner Meinung der wertvollste Wegweiser, den wir besitzen, um uns in dem bunten Wirrwarr der Ereignisse zurechtzufinden und den Weg zu zeigen, den die wissenschaftliche Forschung vorangehen muß, um zu fruchtbaren Ergebnissen zu gelangen."[58]

Albert Einstein hat die Bemühungen um eine einheitliche Feldtheorie weiterhin in den Mittelpunkt seines physikalischen Ringens gestellt. Dies fand in der Akademie in mehreren Vorträgen vor der physikalisch-mathematischen Klasse seinen Niederschlag: „Die Kompatibilität der Feldgleichungen in der einheitlichen Feldtheorie", „Zwei strenge statische Lösungen der Feldgleichungen der einheitlichen Feldtheorie" (zusammen mit W. Mayer), „Einheitliche Theorie von Gravitation und Elektrizität" (zusammen mit W. Mayer).[59] Einstein hat seine Aufmerksamkeit zu dieser Zeit erneut kosmologischen Problemen zugewandt. Die Bemühungen A. A. Fridmans, Georges Lemaîtres (1927) und neuerdings H. P. Robertsons (1929) um ein allgemeineres Weltmodell sowie Edwin P. Hubbles Nachweis der universellen Rotverschiebung (1929), die aus der relativistischen Kosmologie zwangsläufig resultierten, intensivierten das Interesse der Physiker, Astrophysiker und Mathematiker an der Kosmologie. Die Weltmodelle William de Sitters und Albert Einsteins erwiesen sich als Grenzfälle, zwischen denen eine unbegrenzte Zahl möglicher Universen liegt.[60] Einstein hat sich 1931 in seinem Akademievortrag „Zum kosmologischen Problem der allgemeinen Relativitätstheorie" um die Einschränkung der vielen kosmologischen Möglichkeiten bemüht, indem er den Verzicht auf die von ihm 1917 eingeführten Konstante vorschlug.[61] Gemeinsam mit de Sitter hat er im folgenden Jahre ein besonders vereinfachtes Weltmodell vorgeschlagen.[62] Die Bedeutung der Theorie lag vor allem darin, daß sie plausible, mit der durch Hubbles Nebelzählungen angenommenen durchschnittlichen Dichte der Materie im Weltall zur oberen Grenze hin übereinstimmende Daten sowie eine Übereinstimmung mit den Meßergebnissen über die Rotverschiebung zu geben vermochte. Um die Einbeziehung der hierzu von Hubble gewonnenen Ergebnisse war es Einstein zu tun; aber es ergaben sich in der Folge Ungenauigkeiten, die im wesentlichen aus den astronomischen Entfernungsskalen resultierten, aber auch theoretische Grund-

---

[58] Zit. nach Max Planck Physikalische Abhandlungen und Vorträge, Bd. III, a. a. O., S. 239.

[59] Vgl. Sb., Phys.-math. Kl., Jg. 1930, S. 18ff.; 110ff., Jg. 1931, S. 541ff., Jg. 1932, S. 130ff. Andere der Akademie vorgetragene Arbeitsergebnisse Einsteins in dieser Zeit: Zur Theorie der Riemann-Metrik und Fernparallelismus (Sb., Phys.-math. Kl., Jg. 1930, S. 401ff.); Systematische Untersuchung über kompatible Feldgleichungen, welche in einem Riemannschen Raume mit Fernparallelismus gesetzt werden können (Sb., Phys.-math. Kl., Jg. 1931, S. 257ff., zusammen mit W. Mayer); Semi-Vektoren und Spinoren (ebda., Jg. 1932, S. 522ff.; zusammen mit W. Mayer).

[60] Vgl. L. Infeld, Über die Struktur des Weltalls. In: Albert Einstein als Philosoph und Naturforscher, a. a. O., S. 356ff.

[61] Vgl. Sb., Phys.-math. Klasse, Jg. 1931, S. 235ff.; dazu und zum folgenden L. Infeld, a. a. O., S. 358ff.

[62] Vgl. A. Einstein, W. de Sitter, On the Relation between the Expansion and the Mean Density of the Universe. In: Proc. Nat. Acad. Sci. Bd. 18/1932, S. 213f.

fragen aufwarfen. „Die Antworten auf das kosmologische Problem sind weder entscheidend noch endgültig ... Jedenfalls aber erwuchsen alle unsere kosmologischen Spekulationen, mögen sie sich auch weit von Einsteins ursprünglicher Fassung entfernt haben, aus den Ideen der Relativitätstheorie. In der Geschichte des menschlichen Denkens stellen sie einen der vielen Wege dar, die von einem gemeinsamen Ursprung ausgehen. Und dieser ist die Relativitätstheorie, die Schöpfung eines einzelnen genialen Mannes."[63] Das ist die Einschätzung Leopold Infelds, der mit Einstein eng zusammengearbeitet hat und hier zugleich den asymptotischen Charakter der Erkenntnis auch in der Kosmologie betonte.

Einstein trat auch in diesen Jahren der Polarisation der Klassenkräfte und der Offensive der Reaktion für seine antiimperialistischen und humanistischen Überzeugungen öffentlich ein. Er arbeitete bei der Vorbereitung und Durchführung des Internationalen Kongresses gegen den imperialistischen Krieg mit, der im August 1932 in Amsterdam stattfand.[64] Noch am 20. November 1932 schrieb Albert Einstein seinem Freund Maurice Solovine, er möge Paul Langevin um die Mitarbeit in einer internationalen pazifistischen Vereinigung führender Intellektueller bitten. So solle versucht werden, „als Gesamtheit durch die Presse politischen Einfluß in den Fragen der Abrüstung, Sicherheit etc. zu gewinnen. Langevin müßte die Seele einer solchen Gemeinschaft sein, weil er nicht nur guten Willen, sondern auch viel politisches Verständnis hat."[65] Der politische Weg Paul Langevins, des konsequenten Demokraten und Antiimperialisten, führte später in die Reihen der französischen Widerstandsbewegung und der Kommunistischen Partei Frankreichs. Albert Einstein blieb der überzeugte bürgerliche Antimilitarist. Er gehörte dem Deutschen Kampfkomitee gegen den imperialistischen Krieg an, das sich nach dem Amsterdamer Kongreß unter Vorsitz des Arztes Felix Boenheim gebildet hatte.[66] Wie verschiedene andere bürgerliche Linke war er nach wie vor bemüht, die Entwicklung des Sozialismus in der Sowjetunion zu verstehen. Für ihn stand der Feind stets rechts. Er war als bürgerlich-demokratischer Wissenschaftler bemüht, naturwissenschaftliche Erkenntnisse auch durch Vorträge in der „Marxistischen Arbeiterschule (MASCH)" in Berlin unter den Werktätigen zu popularisieren. Einstein war seit 1929 jeweils für die Sommermonate in Caputh bei Potsdam ansässig. Schon seit Winter 1930/31 in den USA mit Vorträgen bzw. Vorlesungen auftretend, hatte er im Sommer 1932 mit dem Flexner-Institute for Advanced Study in Princeton/USA für die Wintersemester ab 1933/34 eine regelmäßige mehrmonatige Tätigkeit vereinbart, wie er der Akademie auf ihre Anfrage am 6. 9. 1932 mitteilte. Das Sekretariat der Akademie hatte dem am 20. Oktober 1932 zugestimmt, da die hierfür notwendige Beurlaubung durch das preußische Kultusministerium er-

[63] Vgl. L. Infeld, a. a. O., S. 363.
[64] Vgl. hierzu H. Habedank, Der Feind steht rechts. Bürgerliche Linke im Kampf gegen den deutschen Militarismus (1925–1933), Berlin 1965, S. 154.
[65] A. Einstein, Briefe an Maurice Solovine, a. a. O., S. 64.
[66] Vgl. H. Habedank, a. a. O., S. 162, 173.

folgen würde.[67] Am 12. Januar 1933 wurde jedoch eine Mitteilung des Kultusministeriums im Sekretariat der Akademie besprochen, nach der Einstein ab 1. Januar des Jahres eine sechsmonatige Tätigkeit in Princeton in Aussicht genommen hatte.[68] Albert Einstein, der abgereist war und auf seiner Reise von der Errichtung der faschistischen Diktatur informiert wurde, hat Deutschland nicht mehr betreten. Er blieb ein unversöhnlicher Gegner des deutschen Militarismus und Faschismus.

Zu den humanistischen und antinazistischen Naturwissenschaftlern der Berliner Akademie gehörten auch in diesen Jahren Erwin Schrödinger und Max von Laue; auch Walther Nernst und Max Bodenstein haben den vordringenden Faschismus abgelehnt.

In seinen Klassenvorträgen behandelte Erwin Schrödinger Probleme der nichtrelativistischen und der relativistischen Quantentheorie. Er äußerte sich hier „Zum Heisenbergschen Unschärfeprinzip" (1930), „Zur Quantendynamik des Elektrons" (1931), „Über die kräftefreie Bewegung in der relativistischen Quantenmechanik" (1930), über „Spezielle Relativitätstheorie und Quantenmechanik" (1931) sowie über das „Diracsche Elektron im Schwerefeld" (1932).[69] Seine Arbeiten behandelten also grundlegende Fragen der bis zu Beginn der dreißiger Jahre entwickelten Quantentheorie, wobei er Vorbehalte gegen die Quantenmechanik Werner Heisenbergs, Max Borns und Pascual Jordans aufrecht erhielt und die quantentheoretischen Probleme auf undulatorischer Ebene zu lösen suchte. Erwin Schrödinger griff immer mehr auch philosophische Fragen der Naturwissenschaften auf, wie sie sich für ihn aus der Entwicklung der theoretischen Physik ergaben. Dies zeigte sich z.B. in seinem Vortrag „Über die Umkehrung der Naturgesetze" (1931).[70] Am 18. Februar 1932 warf er vor der physikalisch-mathematischen Klasse der Akademie die Frage auf: „Ist die Naturwissenschaft milieubedingt?"[71] Es entsprach seiner musischen Haltung, daß er diese Frage im Anschluß an einen Ausspruch Emile Zolas von der Kunst her an die Wissenschaft richtete. Auch Schrödingers Ringen galt einem einheitlichen Weltbild, in das sich die moderne physikalische Erkenntnis einordnete. Für die philosophischen Fragen der Naturwissenschaften, für die erkenntnistheoretische,

---

[67] Vgl. AAW II: IIIa, Bd. 26, Bl. 84 (Schreiben des Preuß. Kultusministeriums an die Akademie v. 31. 8. 1932 — Hinweis auf Einsteins beabsichtigte Tätigkeit in Princeton); ebda., Bl. 85 (Zirkularanfrage der Akademie, von Einstein mit dem Hinweis beantwortet, daß er seine beabsichtigte Tätigkeit im Flexner-Institut mit Planck ausführlich besprochen habe); ebda., II: Vg, Bd. 7 (Protokoll der Sekretariatssitzung vom 12. 1. 1933).

[68] Vgl. AAW II: IIIa, Bd. 26, Bl. 108 (Protokollauszug aus der Sekretariatssitzung vom 12. 1. 1933 mit der Beratung über die Ministerialanordnung, nach der die Bezüge Einsteins — der auf die Hälfte seines Berliner Gehalts entsprechend seiner halbjährig vorgesehenen Princetoner Tätigkeit verzichtet hatte — bis 30. 6. 1933 einbehalten werden sollten).

[69] Vgl. Sb., Phys.-math. Klasse, Jg. 1930, S. 296ff.; S. 418ff.; Jg. 1931, S. 63ff., S. 238ff.; Jg. 1932, S. 105ff.

[70] Vgl. Sb. Phys.-math. Klasse, Jg. 1931, S. 144ff.

[71] Vgl. die erweiterte Wiedergabe des Vortrages in: Über Indeterminismus in der Physik. Ist die Naturwissenschaft milieubedingt? Zwei Vorträge zur Kritik der naturwissenschaftlichen Erkenntnis. Von Erwin Schrödinger, Leipzig 1932, S. 25ff.

methodologische und heuristische Durchdringung der Physik sah er den Einfluß dessen, was er selbst als „Milieu“, als „Kulturkreis“ oder „Zeitgeist“ bezeichnete: Die klare Erkenntnis, daß es sich hier um den gesellschaftlichen Faktor in der Determinierung von Erkenntnissen zu den philosophischen Grundlagen der Naturwissenschaften handelte, blieb auch Schrödinger verschlossen. Erwin Schrödinger gehörte mit Max Planck, Albert Einstein oder Max von Laue zu jenen führenden Physikern der Zeit, die von der Determiniertheit und rationalen Erkennbarkeit physikalischer Prozesse und Strukturen ausgingen. Die Entwicklung der Wellenmechanik und Schrödingers späteres Ringen um die Formulierung einer „mit verallgemeinerten geometrischen Begriffen zu erreichenden Synthese der allgemeinen Relativitätstheorie und der Theorie des elektromagnetischen Feldes“, von denen 1963 auch im Nachruf der Akademie gesprochen wurde[72], waren nicht zuletzt Ausdruck dieser Grundhaltung, deren prinzipieller Determinismus sich auch in den langjährigen physikalisch-erkenntnistheoretischen Diskussionen mit Max Born reflektierte.[73] Er rang um die Determinismus-Problematik, wobei Zweifel und Zugeständnisse nicht ausblieben, die sich auch bei ihm an die statistische Entwicklung der modernen Physik anschlossen.[74] Zugleich erschloß sich deutlicher denn zuvor die Erkenntnis, daß sich die Kausalität nicht als einfache Ursache—Folge—Relation verstehen läßt, worauf Schrödinger in Vorträgen schon damals verwies. Das Problem hat er im Grunde in der Schwierigkeit gesehen, die universale Wechselwirkung in ihrer konkreten Vielfalt zu erfassen.

Max von Laue hatte sich vor der Akademie mit dem von ihm und seinen Mitarbeitern Walther Friedrich und Paul Knipping entscheidend erschlossenen Gebiet der Raumgitterforschung in einem weiterführenden Vortrag „Zur Elektrostatik der Raumgitter“ (1930) befaßt. Er hat in unmittelbarer Korrespondenz zu Einstein und de Sitter, die in ihren Mitteilungen 1931 und 1932 elementarste Darstellungen eines sich entwickelnden relativistischen Kosmos gaben, die Optik und Elektrodynamik eines solchen Kosmos in seiner Untersuchung über „Die Lichtfortpflanzung in Räumen mit zeitlich veränderlicher Krümmung nach der allgemeinen Relativitätstheorie“ im Jahre 1931 begründet.[75] Als Beispiel für die

---

[72] Vgl. den Nachruf auf Erwin Schrödinger, verf. v. A. Papapetrou. In: Jb. der DAW zu Berlin, Jg. 1963, S. 202f.

[73] Die spätere Diskussion Born-Schrödinger reflektiert sich z. B. in M. Born, Die Interpretation der Quantenmechanik. In: Ders., Physik im Wandel meiner Zeit, a. a. O., S. 132ff.

[74] Beide Standpunkte — der eine der aus der unendlichen Zahl möglicher Beobachtungen prinzipiell erweisbaren Determiniertheit und der andere des Verzichts auf die Determiniertheit, die wegen der Fülle notwendiger und zugleich im vollen Umfang nicht durchführbarer Beobachtungen nicht bewiesen werden könne — seien möglich, erklärte Schrödinger 1931 (Ders., Über Indeterminismus in der Physik. In: a. a. O., S. 23f.).

[75] Vgl. Sb., Phys.-math. Klasse, Jg. 1930, S. 26ff.; Jg. 1931, S. 123ff. (Siehe auch den weiteren Vortrag: „Ein Satz über Eigenspannungen“, ebda., S. 377ff.). Zur Bedeutung des an die Einstein-de Sitter Modelle des sich verändernden Kosmos anknüpfenden Vortrages von Max v. Laue vgl. H.-J. Treder, Zur Geschichte der Physik an der Berliner Akademie von 1870 bis 1930. Einleitung zu: Physiker über Physiker. Wahlvorschläge zur Aufnahme von Physikern in die Berliner Akademie 1870—1929, a. a. O., S. 39.

systematische Weiterführung langjähriger Forschungen auf experimentellem Gebiet sei auf Friedrich Paschen verwiesen, der über seine spektralanalytischen Arbeiten auch in diesen Jahren vor der Klasse berichtete. Paschen trug 1930 Forschungsergebnisse „Über eine Erweiterung der einfachen Spektra", 1931 über „Das Bogenspektrum des Magnesiums" und seit 1932 zusammenfassend über „Liniengruppen und Feinstruktur" vor.[76] Im Bereich der technischen Wissenschaften befaßte sich Karl Willy Wagner mit akustischen Problemen; er sprach über „Geräusch und Lärm" und 1932 zum Thema „Der Umfang der Lautstärke in der Musik".[77] Von den Mathematikern unter den Ordentlichen Mitgliedern waren Issai Schur und Erhard Schmidt mit Vorträgen vertreten. Von den Korrespondierenden Mitgliedern legten Edmund Landau und Paul Koebe Arbeiten vor; unter den auch jetzt noch relativ zahlreichen Vorlagen aus mathematischen Disziplinen befand sich z.B. eine Arbeit, die der junge Norbert Wiener mitverfaßt hatte.[78] Überblickt man die späten zwanziger und die beginnenden dreißiger Jahre, so fällt von der Thematik im mathematischen Bereich auf, daß die Hilbertschule in den Vorträgen der Akademie noch stärker zurückgetreten war, während die intuitionistische Richtung Brouwers an Einfluß gewann. Bieberbachs Beiträge zur Hilbertschen Axiomatik lagen weiter zurück. David Hilbert selbst hat der Berliner Akademie keine Beiträge eingereicht.

Als ein Beispiel dafür, daß auch jetzt bekannte, der Akademie nicht angehörende Naturwissenschaftler vor der Klasse mit wissenschaftlichen Beiträgen auftraten, sei auf die Arbeit Walther Bothes und Werner Kolhörsters „Vergleichende Höhenstrahlungsmessungen auf nördlichen Meeren" verwiesen. In der Gesamtsitzung vom 12. Januar 1933 z.B. legte Erwin Schrödinger auf Vermittlung Plancks eine Arbeit von Leopold Infeld (damals Lemberg) und Bartel Leendert van der Waerden (Leipzig) über „Die Wellengleichung des Elektrons in der allgemeinen Relativitätstheorie" vor, deren Erscheinen für später angekündigt wurde. In der gleichen Sitzung wurde die Arbeit des Korrespondierenden Mitgliedes der Akademie Tullio Levi-Cività (Rom) über „Diracsche und Schrödingersche Gleichungen" angekündigt, die ebenfalls später erscheinen sollte. In diesen beiden Arbeiten Infelds und von der Waerdens sowie Levi-Civitàs zeigte sich erneut, daß auch an der Akademie jene grundlegenden Probleme der theoretischen Physik behandelt wurden, zu deren Lösung Erwin Schrödinger und Albert Einstein, die führenden Physiker und weltbekannten Akademiemitglieder, und der Engländer Paul Adrien Maurice Dirac entscheidend beigetragen hatten. Die Arbeiten wurden kurz vor der Errichtung der faschistischen Diktatur in Deutschland vorgelegt, mit der das Wirken Albert Einsteins und Erwin Schrödingers in der Akademie ihr Ende finden sollte.

Auf die Vortragstätigkeit und die Vorlage weiterer Arbeiten sei auch an den Beispielen der astronomischen und der chemischen Wissenschaften verwiesen.[79]

---

[76] Vgl. Sb., Phys.-math. Kl., Jg. 1930, S. 574ff.; Jg. 1931, S. 709ff.; Jg. 1932, S. 502ff.
[77] Vgl. Sb., Phys.-math. Kl., Jg. 1931, S. 154ff.; Jg. 1932, S. 372ff.
[78] Vgl. zu den Arbeiten aus mathematischen Disziplinen: Gesamtregister . . ., a. a. O., S. 218ff.
[79] Vgl. zum folgenden die Angaben ebda., S. 239ff.; S. 246ff.

Aus der Geschichte der Astronomie hat Hans Ludendorff einen Teil seiner Untersuchungsergebnisse zur Astronomie der Maya vorgelegt, wobei er sich auch auf zwei Dresdener Codices stützte. Aus der praktischen Astronomie hat Paul Guthnick (zusammen mit R. Prager) 1930 zum „Einprismenspektrograph und zum licht-elektrischen Sternphotometer am 125-cm-Reflektor der Sternwarte Babelsberg" berichtet; im gleichen Jahre sprach er über den Fortgang der spektrographischen Arbeiten an diesem Reflektor, im Jahre 1932 gab er einen zusammenfassenden Rückblick auf den Ausbau der Babelsberger Sternwarte seit 1921. In der Astrophysik legte F. Becker 1930 eine spezielle Untersuchung „Zur Struktur des lokalen Sternsystems" vor; im gleichen Jahre folgte ein zweiter zusammenfassender Teil „Zur Struktur des Sternsystems in der Umgebung der Sonne". E. Ehrenberg ließ der Akademie 1931 eine Arbeit über die Atmosphäre des Planeten Venus vorlegen; E. Zinner behandelte im gleichen Jahre „Die fortschreitende Helligkeitsänderung der δ Cephei-Sterne". Besondere Bedeutung hatte der bereits zitierte Bericht von Erwin Freundlich/H. v. Klüber/A. v. Brunn „Über die Ablenkung des Lichtes im Schwerefeld der Sonne", der hier 1931 als „3. Mitteilung der Potsdamer Expedition zur Beobachtung der Sonnenfinsternis 1929 Mai 9 in Takengon-Nordsumatra" vorgelegt wurde.

Mit Problemen aus der Geschichte der Chemie hat sich Karl Andreas Hofmann in seinem Festvortrag von 1931 „Finden und Forschen in der älteren Chemie bis zur Phlogistontheorie von Stahl" befaßt. Im gleichen Jahre behandelte er die „Bindung von Jod an Molekülaggregate", also ein Ergebnis eigener experimenteller Forschung. Mit Problemen der analytischen Chemie setzte sich Otto Hahn 1930 in seinem Bericht „Über die Gesetzmäßigkeiten der Verteilung kleiner Substanzmengen in auskristallisierenden Niederschlägen" im Anschluß an experimentelle Arbeiten von zwei Mitarbeitern auseinander. Im Bereich der physikalischen Chemie sprach Karl Andreas Hofmann 1932 über „Bildung und Zerfall von Kaliumperchlorat und Neubestimmung der Wärmetönung". Zur Untersuchung von Verbrennungsvorgängen trug Max Bodenstein 1931 mit der Arbeit über „Die Oxydation von gasförmigem Acetaldehyd durch Sauerstoff als Musterbeispiel für die Verbrennung der Kohlenwasserstoffe" bei. James Franck und Fritz Haber legten im gleichen Jahre eine Untersuchung „Zur Theorie der Katalyse der Schwermetallionen in wässriger Lösung und insbesondere zur Autooxydation der Sulfidlösungen" vor. 1932 behandelte Otto Hahn schließlich die „Radioaktivität und ihre Bedeutung für Fragen der Geochemie" und griff damit über den engeren Bereich der chemischen Wissenschaften hinaus.

In der Zeit vom 1. Januar 1929 bis zum 1. Januar 1933 hat die physikalisch-mathematische Klasse der Akademie insgesamt 22 (ab 1. Januar 1930: 13) neue Korrespondierende Mitglieder gewählt. Am 1. Januar 1933 waren 62 von den insgesamt 100 Stellen für Korrespondierende Mitglieder hier besetzt. Die Übersicht über die Korrespondierenden Mitglieder nach dem Stande vom 1. Januar 1933, geordnet nach Fachdisziplinen und Herkunftsstaaten, ergibt folgendes

Bild (die eingeklammerten Zahlen bedeuten Zuwahlen zwischen dem 1. Januar 1929 und dem 1. Januar 1933)[80]:

Fach	Gesamtzahl der zur Verfügung stehenden Stellen	Davon besetzt am 1. 1. 1933	Herkunft nach Staaten												
			Deutschland	Österreich	Niederlande	Belgien	Dänemark	Schweden	Norwegen	Schweiz	Italien	England	USA	Finnland	Sowjetunion
Physik	15	13(4)	4(2)	—	1	1	2	—	—	—	—	3(1)	1(1)	—	1
Chemie	10	2	2	—	—	—	—	—	—	—	—	—	—	—	—
Mineralogie, Geologie, Paläontologie	10	3	—	—	—	—	—	2	1	—	—	—	—	—	—
Botanik	10	8(3)	3	2(2)	1	—	—	1	—	—	—	1(1)	—	—	—
Zoologie	10	9(5)	5(2)	1	—	—	—	—	—	2(2)	—	—	1(1)	—	—
Anatomie Physiologie	10	5(2)	1	2(2)	—	—	—	1	—	—	—	—	1	—	—
Mathematik	10	9(5)	4	1(1)	1(1)	—	—	—	—	—	1(1)	1(1)	—	1(1)	—
Astronomie	7	3	2	—	—	—	1	—	—	—	—	—	—	—	—
Geographie, Geophysik	10	6(2)	2(1)	—	—	—	—	1	1	—	—	1(1)	1	—	—
Technik	8	4(1)	4(1)	—	—	—	—	—	—	—	—	—	—	—	—
	100	62(22)	27(6)	6(5)	3(1)	1	3	5	2	2(2)	1(1)	6(4)	4(2)	1(1)	1

Aus dem zahlenmäßigen Überblick ergibt sich, daß die Fachstellen für Mathematik und Physik sowie die für Botanik und Zoologie gegenüber anderen Disziplinen stark besetzt waren. Während die Akademie Anfang 1933 von 15 Stellen für die Physik 13 besetzt hatte, ist es zu Neuwahlen Korrespondierender Mitglieder in der Chemie in diesen Jahren nicht gekommen; hier waren nur 2 der insgesamt 10 verfügbaren Fachstellen für Korrespondierende Mitglieder am 1. Januar 1933 besetzt. Ungünstig war die Stellenbesetzung auch für die geologischen und mineralogischen Disziplinen; hier wie im Bereich der Astronomie, aber auch der Technik ist es zu Neuwahlen in diesem Zeitraum nicht gekommen. Demgegenüber wurde die Besetzung der Stellen für die Anatomie und Physiologie durch mehrere Neuwahlen etwas günstiger gestaltet. Auffällig ist allgemein, daß die Akademie sich in diesen Jahren betonter um die Wahlen Korrespondierender Mitglieder aus dem anatomisch-physiologischen, zoologischen und botanischen Bereichen bemüht hat: Hier wurden insgesamt 9 Korrespondierende Mitglieder gewählt.

Mit Philipp Furtwängler (Wien) und Ernst Leonard Lindelöf (Helsinki) wählte die Akademie zwei bekannte Mathematiker zu ihren Korrespondierenden Mitgliedern (beide KM 19. 2. 1931). Mit Arthur Holly Compton, dem Ordinarius für Physik in Chicago, wählte sie einen führenden Experimentalphysiker zu

[80] Zusammenstellung nach den Jahresaufstellungen der Korrespondierenden Mitglieder der Klasse vom 1. 1. 1929 und 1. 1. 1933. In: AAW II: IIIe 4, Bd. 1, Bl. 46, 50.

ihrem Korrespondierenden Mitglied (KM 2. 6. 1932); Compton war auch wissenschaftspolitisch aktiv und hat in der Folge als Kanzler der Washington-Universität in St.-Louis amtiert. Gewählt wurde der bekannte Meteorologe George Clark Simpson, Direktor des Meteorological Office in London (KM 30. 7. 1930). Hinzugekommen sind der führende vergleichende Anatom Ross Granville Harrison von der Yale-Universität in New Haven (KM 24. 7. 1930) und wenig später die bekannten Wiener Anatomen Ferdinand Hochstetter und Josef Schaffer (beide KM 25. 2. 1932). Zum Korrespondierenden Mitglied wurden der New Yorker Physiologe Graham Lusk (KM 11. 1. 1932) und der Wiener Anatom und Pflanzenphysiologe Hans Molisch (KM 24. 7. 1930) gewählt. Korrespondierende Mitglieder wurden der Innsbrucker Botaniker Emil Heinricher (KM 30. 7. 1931) und sein englischer Fachkollege Dukinfield Henry Scott (KM 28. 1. 1932). Die Zoologie vertrat der Basler Gelehrte Friedrich Zschokke unter den Neugewählten (KM 24. 7. 1930). Die Akademie hat schließlich den Forschungsreisenden Friedrich (Fritz) Sarasin zu ihrem Korrespondierenden Mitglied gewählt (KM 2. 6. 1932). Sarasin hatte als Vorsteher des Naturhistorischen Museums in Basel amtiert.

b) Mitglieder der philosophisch-historischen Klasse

In der Zeit von Anfang 1930 bis Anfang 1933 wurden in die historisch-philosophische Klasse der Akademie 6 neue Ordentliche Mitglieder gewählt. Alle Neugewählten waren Inhaber von Professuren an der Berliner Universität; die meisten standen mit der Arbeit der Akademie bereits seit längerer Zeit in Verbindung. Hier war also eine etwas stärkere Neubesetzung erfolgt, wobei es sich auch bei den neugewählten Ordentlichen Mitgliedern der philosophisch-historischen Klasse um führende Vertreter ihrer Fachdisziplinen handelte.

Nach dem Tode Eduard Sachaus wurde mit Bruno Meißner (OM 22. 12. 1930) ein Orientalist Ordentliches Akademiemitglied, der bereits an den deutschen Babylon-Ausgrabungen um die Jahrhundertwende teilgenommen und danach für kurze Zeit am Berliner Seminar für Orientalische Sprachen gearbeitet hatte. Meißner hatte in den Vorkriegsjahren ein Lehramt in Breslau erhalten und war seit 1921 als Ordentlicher Professor für semitische Sprachen (Assyriologie) an der Berliner Universität tätig. Er hatte 1895 eine „Assyrisch-babylonische Chrestomathie" veröffentlicht und im Jahre 1907 eine „Kurzgefaßte assyrische Grammatik" herausgegeben; 1913 erschien seine Arbeit über „Die Keilschrift" (2. Auflage 1922). In den Jahren 1920 bis 1925 hatte Meißner ein zweibändiges Werk über „Babylonien und Assyrien" veröffentlicht, dem 1927 und in den folgenden Jahren eine Darstellung über „Die babylonisch-assyrische Literatur" folgte. Der Schwerpunkt seiner Forschungen lag auf dem Gebiet der altbabylonischen und assyrischen Philologie; im Rahmen der Vorarbeiten für seine zusammenfassenden Darstellungen zur Kultur Babylons und Assurs hat er sich auch mit kunstgeschichtlichen Problemen befaßt. Meißner gehörte zu den bekanntesten bürgerlichen deutschen Orientalisten. Seine Berichte in der Akademie hatte er bereits 1917 mit der Vorlage von Forschungsergebnissen über die Beziehungen zwischen Altägypten und dem Hethiterreich in der Zeit Ramses, II. begonnen; es folgten Mitteilungen über neubabylonische Forschungsergebnisse (1918, 1921) sowie neuerdings ein Beitrag zur Erforschung der akkadischen Sprache und eine Untersuchung zur Geschichte assyrischer Dynastien.[81] Meißner hat in der öffentlichen Sitzung der Gesamtakademie im Januar 1931 die Gedächtnisrede auf Eduard Sachau, einen der Senioren der Orientalistik im bürgerlichen Deutschland, gehalten.[82]

Mit Kurt Sethe (OM 22. 12. 1930) wurde ein Gelehrter gewählt, der nach seiner Tätigkeit in Göttingen (1900 bzw. — als ord. Prof. — 1907) seit 1923 als Hochschullehrer an der Berliner Universität wirkte. Sethe war bereits seit 1920 Korrespondierendes Mitglied der Akademie. Als Schüler Adolfs Ermans faßte er die Ägyptologie in dessen weitem, die gesamte Kulturentwicklung umfassendem Sinne auf. Sethe hatte seine selbständige wissenschaftliche Arbeit, wie der von Adolf Erman verfaßte, von Heinrich Lüders, Eduard Meyer und Wilhelm Schulze mitunterzeichnete Wahlantrag betonte, mit einer grundlegenden Untersuchung über das „Ägyptische Verbum" eingeleitet, „in dem er diesen Teil der Sprache durch die Jahrtausende verfolgte".[83] Nach langen Vorarbeiten hatte er im Jahre 1908 seine Ausgabe der Pyramidentexte veröffentlicht, die in der Wahlbegründung als ein Werk bezeichnet wurde, „das schon jetzt, wo es noch des Kommentars entbehrt, die wichtigste Grundlage für alle Zweige der Ägyptologie bildet". 1921 veröffentlichte Sethe eine zusammenfassende Arbeit über „Die Ägyptologie"; er hat unter anderem das ägyptische Totenbuch kritisch bearbeitet und sich mit der Genesis religiöser Vorstellungen in Altägypten befaßt.[84] Er hat sich durch die mit J. Partsch gemeinsam durchgeführte Bearbeitung der „Demotischen Bürgschaftsurkunden" (1920) sowie durch seine Untersuchung über „Das Verhältnis zwischen Demotisch und Koptisch" (1925) als einer der wenigen Ägyptologen ausgewiesen, der sich als Kenner der altägyptischen Sprachentwicklung auch mit dem Demotischen vertraut gemacht hatte.[85] Die Akademie unterstrich in ihrer Wahlantragsbegründung die umfangreiche, in vier Jahrzehnten vollbrachte Arbeit Kurt Sethes. Dabei sei, wie Adolf Erman betonte, der Hauptteil hier nicht erwähnt, der sich in aller Stille vollzogen habe und vollziehe: „Sethe ist von jeher einer der eifrigsten Mitarbeiter unseres ägyp-

---

[81] Vgl. Sb., Jg. 1917, S. 282ff. („Der Staatsvertrag Ramses' II. von Ägypten und Hattušils von Hatti in akkadischer Fassung"); Jg. 1918, S. 280ff. („Ein Entwurf zu einem neubabylonischen Gesetzbuch"); Jg. 1921, S. 319ff. („Ein neubabylonisches Zuckungsbuch"); Jg. 1931, Phil.-hist. Kl., S. 382ff. („Regelmäßige und anomale Bildungen der akkadischen Verba prim. Waw."); Jg. 1932, Phil.-hist. Kl. S. 250ff. (Neue Nachrichten über die Ermordung Sanheribs und die Nachfolge Asarhaddons").

[82] Vgl. Sb., Jg. 1931, S. CXLIf.

[83] Vgl. AAW II: IIIa, Bd. 25, Bl. 163.

[84] Vgl. K. Sethe, Göttinger Totenbuchstudien, 1922—1924.

[85] Vgl. Ders., Demotische Bürgschaftsurkunden (mit J. Partsch), 1920; Das Verhältnis zwischen Demotisch und Koptisch, 1925.

tischen Wörterbuches gewesen und seit seiner Berufung an die Berliner Universität arbeitet er unablässig an dessen Redaktion und Herausgabe." Gerade seinem Scharfsinn und seiner Kenntnis der Texte sei das Werk in der jetzt vorliegenden Gestalt wesentlich mitzuverdanken, hieß es als Hauptbegründung für den Wahlvorschlag. Sethe, der die Vorlage von Forschungsergebnissen in der Akademie bereits 1902 begonnen hatte, veröffentlichte 1926 ein Abhandlung über „Die Ächtung feindlicher Fürsten, Völker und Dinge" in der Zeit des Mittleren Reiches, die er auf der Untersuchung von Tongefäßscherben aufgebaut hatte.[86] 1928 legte er Forschungsergebnisse über „Altägyptische Vorstellungen vom Lauf der Sonne" vor der Klasse vor, während er sich in den Jahren 1929 und 1931 in einer Abhandlung und einem Vortrag mit der Religionsgeschichte und den Totenvorstellungen Altägyptens befaßte.[87]

Die Slawistik fand an der Akademie in Max Vasmer ihr erstes Ordentliches Mitglied (OM 11. 5. 1931). Vasmer, der zu den führenden bürgerlichen Slawisten gehörte, hatte vor und während des ersten Weltkrieges Professuren im damaligen Petersburg und Saratov inne gehabt und war über Dorpat (1918) nach Leipzig (1921) und im Jahre 1925 an die Berliner Universität gekommen. Die Wahl Vasmers hing damit zusammen, daß auch die Akademie zu dieser Zeit die Aufnahme slawistischer Arbeiten beabsichtigte. Gestützt auf eine umfassende Beherrschung der historischen Grammatik und des Wortschatzes „aller auf osteuropäischem Boden einst und heute gesprochenen Sprachen", hieß es in dem Wahlbegründungsantrag, hätte sich Vasmer die Erforschung „der sprachlichen Beziehungen zwischen der slawischen Völkergruppe und ihren Nachbarn sowie ihren Vorgängern in ihrem jetzigen und ihren Nachfolgern in ihrem früheren Siedlungsgebiet" zur Aufgabe gemacht. Lehnwort- und Ortsnamenforschung wären seine besonderen Arbeitsgebiete.[88] Er hätte scharfsinnige, auf breiter Kenntnis der Sprachräume beruhende Beiträge zur Grammatik des Urslawischen und des Ostslawischen geleistet. Sein zusammenfassender Bericht über „Die slawische Ortsnamenforschung in Ostdeutschland" (1929/30) wäre auch für die historischen Nachbarwissenschaften von großer Bedeutung; seine angekündigte zusammenfassende Bearbeitung der slawischen Ortsnamen würde von Slawisten und Byzantinisten, allgemeinen Sprachwissenschaftlern, Historikern und Geographen erwartet. Mit der Wahl Vasmers nahm die philosophisch-historische Klasse einen bekannten bürgerlich-konservativen Slawisten auf[89], dessen Konzeption durch nationalistische und germanozentrische Elemente beeinflußt blieb. Dies wurde auch in den Arbeiten deutlich, die Vasmer der Akademie vorgetragen und vorgelegt hat. Es zeigte sich in dem Vortrag „Wikingerspuren in

[86] Vgl. ders., Die Ächtung feindlicher Fürsten, Völker und Dinge auf altägyptischen Tongefäßscherben des Mittleren Reiches, 1926.

[87] Vgl. Sb., Phil.-hist. Klasse, Jg. 1928, S. 259ff.; Amun und die acht Urgötter von Hermopolis. Eine Untersuchung über Ursprung und Wesen des ägyptischen Götterkönigs. In: Abh. Phil.-hist. Kl. 1929, 4; Sb. Jg. 1931, Phil.-hist. Kl., S. 520ff. („Die Totenliteratur der alten Ägypter. Die Geschichte einer Sitte").

[88] Vgl. AAW II: III a, Bd. 25, Bl. 219.

[89] Vgl. Sb., Phil.-hist. Kl., Jg. 1931, S. 649ff.

Rußland" (1931): Hier vertrat er die Normannentheorie, an deren Entwicklung er in den hierfür wichtigen Jahren zwischen 1910 und 1930 maßgeblich mitgewirkt hat. In Vasmer, der sich auch in der Akademie gegen die deutsch-sowjetische Wissenschaftszusammenarbeit wandte, fand die Abhängigkeit der Normannentheoretiker von der russischen bürgerlichen Wissenschaft und den weißen Emigranten ihren Ausdruck.[90] Dem von Max Vasmer gemeinsam mit Reinhold Trautmann herausgegebenen und zusammen mit vielen Forschern erarbeiteten „Grundriß der slawischen Philologie und Kulturgeschichte" kam jedoch trotz seiner konzeptionellen Schwächen Bedeutung zu; das Gesamtwerk, von dem bis 1930 sieben Bände vorlagen, war als ein Überblick über die Entwicklung aller Gebiete slawischer Kultur gedacht. Es ist konzeptionell vor allem durch die moderne Forschung in der Sowjetunion und den anderen sozialistischen Ländern überholt. Vasmer hat mit dem „Russischen Etymologischen Wörterbuch" (1950 ff) ein Werk eingeleitet, dessen Plan ihm seit langem vorgeschwebt hatte. Der Bedeutung der Deutschen Demokratischen Republik für die gesellschaftliche und wissenschaftliche Entwicklung vermochte er später nicht gerecht zu werden.

Bereits Ende 1930 wurde die Wahl der Germanisten Gustav Neckel und Arthur Hübner in der philosophisch-historischen Klasse der Akademie diskutiert. Beide waren Ordentliche Professoren der Berliner Universität. Für die Wahl Neckels hatte sich Konrad Burdach zusammen mit Julius Petersen, Ernst Heymann, Theodor Wiegand, Ulrich Stutz, Hans Lietzmann, Friedrich Meinecke, Johannes Bolte, Otto Hintze, Eduard Spranger und Alois Brandl zunächst eingesetzt; auch Heinrich Lüders, Otto Franke, Kurt Sethe und Bruno Meißner hatten den Wahlbegründungsantrag unterzeichnet.[91] Neckel war ein Verfechter des Germanenkultes und der elitär-rassistischen These von der germanisch-deutschen Kulturkontinuität; er hatte in seiner letzten Arbeit „Germanen und Kelten" scharfen Widerspruch der Archäologen erfahren und stellte sich mit seiner Zustimmung zu den Aussagen des Rassisten Herman Wirth zur Runenfrage außerhalb der Grenzen wissenschaftlicher Diskussion. Dies löste Besorgnisse der Unterzeichner des Wahlantrages aus, die als erstes um Wahlaufschub baten.[92] Neckel wurde nicht zum Mitglied der Akademie gewählt.

Die Wahl Arthur Hübners erfolgte, nachdem die Klasse zunächst dem Antrag zugestimmt hatte, sein Werk über die Geißler-Lieder des Mittelalters abzuwarten. (OM 16. 3. 1932). Arthur Hübner, der seit 1927 nach mehrjähriger Tätigkeit in Münster eine Professur an der Berliner Universität innehatte, war hier seinem Lehrer Gustav Roethe im Amte gefolgt. Unter dessen Leitung hatte er seit langem an den Deutschen Texten des Mittelalters mitgearbeitet, die er seit 1928 als außerordentliches Mitglied der Deutschen Kommission für den verstorbenen Roethe geleitet hatte. Vor allem aber hatte er für das Deutsche

---

[90] Vgl. I. P. Šaskolskij, Normanskaja teorija v soveremennoj buržuaznoj nauke, Moskau/Leningrad 1965, S. 13.

[91] Vgl. AAW II: IIIa, Bd. 25, Bl. 206.

[92] Vgl. ebda., Bl. 212f.

Wörterbuch der Brüder Grimm gearbeitet, ehe er im Auftrage der Deutschen Kommission die Arbeit an diesem größten Unternehmen zur germanistischen Philologie an der Akademie zu reorganisieren begann. „Seine Mitarbeit ist den germanistischen Unternehmungen der Akademie unentbehrlich", hieß es in der Begründung für den Wahlantrag.[93] Hübner hat sich um die weitere Bearbeitung vor allem des Deutschen Wörterbuches große Verdienste erworben.

Mit Hermann Oncken (OM 28. 6. 1932) wurde ein Repräsentant der bürgerlichen deutschen Historiographie zum Ordentlichen Mitglied gewählt, der der Akademie bereits seit zehn Jahren als Korrespondent angehört hatte. Oncken, der sich 1898 in Berlin habilitierte, hatte als Universitätsprofessor (nach kurzer Gasttätigkeit in Chicago 1905) in Gießen, Heidelberg (1907) und München (seit 1923) gewirkt und war nunmehr an die Berliner Universität berufen worden. Oncken, der traditionsgebundene Auffassungen in rechtsliberaler Akzentuierung vertrat, hatte 1904 eine Lassalle-Biographie veröffentlicht, die 1922 neu aufgelegt wurde. Er hatte unter anderem eine Biographie des nationalliberalen Parteiführers von Bennigsen verfaßt, die als klassische Apologetik des späten Rechtsliberalismus in Deutschland anzusehen war. Oncken war seit 1915 Herausgeber der „Allgemeinen Staatengeschichte", in der der traditionelle Etatismus und die Machtapologetik auf die allgemeine Geschichte übertragen wurden: Hier löste sich die Darstellung der Weltgeschichte in die Summierung der politischen Geschichte von Staaten auf, deren wirtschaftliche und soziale Entwicklung unberücksichtigt blieb. Zusammen mit Friedrich Meinecke gab Oncken die Reihe „Klassiker der Politik" heraus. Er war mit eigenen Arbeiten an der Ranke-Renaissance der zwanziger Jahre beteiligt. Revanchistische Einflüsse der historisch-politischen Konzeption Hermann Onckens fanden in seiner bereits erwähnten Untersuchung zur Rheinpolitik Napoleons III. in den Jahren 1863 bis 1870 ihren Niederschlag. Diese Arbeit Onckens wurde, verbunden mit dem Hinweis auf sein noch nicht vollendetes Werk zur Vorgeschichte des Weltkriegs, zu einem Hauptargument für den Wahlantrag, den Friedrich Meinecke formulierte und gemeinsam mit Erich Marcks, Konrad Burdach, Heinrich Maier, Eduard Spranger, Albert Brackmann und Ulrich Wilcken unterzeichnete.[94] Hermann Oncken gehörte ähnlich wie Friedrich Meinecke zu jenen Historikern, die mit ihren Arbeiten der Liquidierung der 1918 erkämpften demokratischen Rechte Vorschub leisteten und die Weltmachtpolitik unterstützten, den Hitlerfaschismus jedoch ablehnten.

Mit Gerhart Rodenwaldt (OM 28. 6. 1932) wurde ein bürgerlicher Gelehrter in die Akademie gewählt, der sich als führender klassischer Archäologe und Kunsthistoriker internationalen Ruf erworben hatte. Rodenwaldt hat die wissenschaftliche Entwicklung jüngerer Archäologen verschiedener Länder gefördert, in denen eine größere Zahl heute führender Fachvertreter zu seinen persönlichen Schülern zählte. Er vereinte in gleichem Maße wissenschaftliche und

[93] Vgl. AAW II: III a, Bd. 26, Bl. 9.
[94] Vgl. ebda., Bl. 47.

wissenschaftsorganisatorische Fähigkeiten. Seit 1922 leitete er als Generalsekretär und seit 1929 (bis 1932) als Präsident das Archäologische Institut des Deutschen Reiches; er hatte seit 1922 eine Honorarprofessur und nunmehr seit 1932 eine ordentliche Professur an der Berliner Universität inne. Sein Rücktritt als Präsident erfolgte 1932 im Zusammenhang mit der Übernahme des Lehrstuhls an der Universität.[95] Gerhart Rodenwaldt sei, so hieß es in dem von Theodor Wiegand, Johannes Bolte, Albert Brackmann, Ulrich Wilcken, Eduard Norden, Carl Schuchhardt, Adolf Goldschmidt und Hans Lietzmann unterzeichneten Wahlantrag, auf dem gesamten Gebiet der Kunstarchäologie erfolgreich tätig, „seien es bemalte Grabsteine oder Vasen, torentische Werke, Kameen, Mosaike oder große Skulpturen".[96] Er hatte nach eingehender Beschäftigung 1923 ein Werk über das griechische Relief veröffentlicht und in den Berliner Winckelmanns-Programmen unter anderem eine Arbeit über die griechischen Porträts am Ausgange der Spätantike publiziert. Eine seiner großen Leistungen bestand in der Herausarbeitung der kunstgeschichtlichen Bedeutung der Spätantike, die sich auf seine Forschungen zum Gebiet der römischen Sarkophage stützte. Sein umfassender Überblick über die antike Kunst befähigte ihn aber auch zur Erarbeitung wesentlicher Forschungsbeiträge über die kretisch-mykenische Kultur. 1927 hat er die im Rahmen der Propyläen-Kunstgeschichte von ihm bearbeitete „Kunst der Antike" vorgelegt, was seinem Wunsche entsprach, die Epochen antiker Kunst einem breiten Interessentenkreis verständlich zu machen.[97] Seine Monographien über die Akropolis und über Olympia zeichneten sich durch die gleiche Fähigkeit aus, Wissenschaftlichkeit und Allgemeinverständlichkeit zu verbinden. Auf seinen wesentlichen Anteil am Ausbau des Archäologischen Instituts wurde in der Begründung für den Wahlantrag verwiesen: „Neben den Zweiginstituten in Rom und Athen wurde als drittes das in Istanbul gegründet und als viertes das Institut in Kairo angegliedert. Auch dem römisch-germanischen Institut in Frankfurt/M. wurde ein vergrößerter Wirkungskreis gegeben, die Bauforschung durch Schaffung eines neuen Stipendiums stärker gefördert. Andere Pläne sind deshalb noch nicht zur Ausführung gelangt, weil die wirtschaftliche Krise es verhinderte . . ."[98]

In den Vorträgen und Abhandlungen aus den bürgerlichen Geisteswissenschaften traten auch jetzt unterschiedliche Tendenzen in Erscheinung; in ideologierelevanteren Bereichen blieben elitäre und nationalistische Einflüsse wirksam.

1930 behandelte Eduard Spranger das Verhältnis von „Ideologie und Wissenschaft" vor der Akademie, wobei er sich gegen die bürgerliche Wissenssoziologie wandte. „Die neu versuchte Ideologie des Wissens interpretiert . . . die Ideen einer Zeit oder Gruppe aus ihrer Abhängigkeit von der zugrundeliegenden Sozial-

---

[95] Nachfolger Rodenwaldts als Präsident des Archäologischen Instituts wurde Theodor Wiegand, also wiederum ein Mitglied der Akademie.

[96] Wahlantrag für G. Rodenwaldt. In: AAW: II: IIIa, Bd. 26, Bl. 58.

[97] Ebda. Rodenwaldt war Mitherausgeber der Zeitschrift „Gnomon".

[98] Wahlantragsbegründung, a. a. O.

struktur. Ein solcher ‚Soziologismus der Wissenschaft' vermag letztgültige Entscheidungen über die Wahrheit einer Wissenschaft nicht zu fällen . . ."[99] Spranger postulierte hier eine scharfe Entgegensetzung von politischer Ideologie und wissenschaftlicher Theorie: „Das Ethos der (politischen) Ideologien ist von denen der echten Theorien ebenso verschieden wie das Ethos der Macht von dem der Wahrheit." Er bezog sich auf die idealistischen Kategorien seines Werkes „Die Lebensformen". Auch seine Polemik gegen die bürgerliche Wissenssoziologie war Ausdruck der Rechtsentwicklung in den Geisteswissenschaften. Sie entsprang der Besorgnis des Historismus und der Lebensphilosophie, die in der Rezipierung bürgerlich-soziologischer Gesichtspunkte bereits ein Zugeständnis an den Marxismus sah. Spranger blieb ein dezidierter Vertreter der bürgerlich-idealistischen Philosophie und Weltanschauung, um deren Festigung er 1931 in seinem Akademievortrag „Der Kampf gegen den Idealismus" bemüht war.[100] Der „deutsche Idealismus" könne als Weiterbildung christlicher Überzeugung nicht einfach ausgelöscht werden; Spranger forderte, die Motive des „deutschen Idealismus" auch durch die dialektische Theologie und den Existentialismus „teils tiefer zu verstehen, teils tiefer zu fassen".

Friedrich Meinecke wirkte als Exponent des deutschen Späthistorismus und der idealistischen Geistesgeschichte auch in der Akademie, obwohl er sich in seinen Vorträgen hier nur begrenzt engagierte. Politisch trat Meinecke, der Verbindungen zu Wilhelm Groener, dem Reichswehrminister der Brüning-Regierung, unterhielt, für die Stärkung des Präsidialregimes und der Macht des Reichspräsidenten ein. Er hat Ende Februar 1932 die Wiederwahl Hindenburgs zum Reichspräsidenten befürwortet. Meinecke hat als führender Iedologe des deutschen Großbürgertums so den Abbau des Weimarer bürgerlichen Parlamentarismus unterstützt. Er sprach 1930 vor der philosophisch-historischen Klasse über die Geschichtsauffassung Montesquieus. Zum einen suchte er hierbei die stufenweise Zurückdrängung des aufklärerischen durch das historische Denken zu betonen: dies sei besonders bei Montesquieu zu untersuchen, der mit Voltaire großen Einfluß ausgeübt habe. Zum anderen habe die „von Macchiavell begründete Lehre von der Staatsräson und den Interessen der Staaten" im 18. Jahrhundert weiter gelebt: Montesquieu, in dem sich aufklärerisch-naturrechtliches und empirisch-realistisches Denken besonders eng verbände, habe den von Macchiavell gelehrten „Staatsutilitarismus auf die breiteste empirische Basis gestellt".[101] Meinecke hatte damit einen Ausschnitt aus seinen Studien zur „Idee der Staatsräson" vorgetragen. Auch dabei knüpfte er nicht an die vorwärtsweisenden Elemente der französischen Aufklärung, sondern an einschränkende Positionen ihrer konstitutionellen Wortführer an. Ähnlich ging Meinecke am 7. 1. 1932 in seinem Akademievortrag über die Geschichtsschrei-

---

[99] Sb., Jg. 1930, S. 149 (Kurzbericht zu Sprangers Vortrag in der Gesamtsitzung vom 27. Februar 1930).

[100] Sb., Jg. 1931, Phil..-hist Kl., S. 381.

[101] Sb., Jg. 1930, Phil.-hist. Kl., S. 682ff.

bung Justus Mösers vor[102]: Es ging ihm hier nicht um Mösers verdienstvolle Hinweise auf die geschichtsbildende Kraft des Volkes und um die rationalen Elemente seine Geschichtsschreibung. Er suchte vielmehr die „tatsächliche Macht des Irrationalen“ bei Möser zu betonen, die auch von Voltaire und Montesquieu nicht geleugnet worden sei. Er hob hervor, daß Möser an die Beobachtung eines konservativ aufgefaßten „Volkslebens“ angeknüpft hatte.

In den Bahnen seiner bereits dargestellten vergleichenden Geschichtsschreibung und historischen Typologie blieb Otto Hintze, der 1930 in einem Akademievortrag den Zusammenhang zwischen Kalvinismus und brandenburgischer „Staatsräson“ für das beginnende 17. Jahrhundert behandelte und sich dabei an die historisch-soziologischen und religionssoziologischen Auffassungen vor allem Max Webers, aber auch Ernst Troeltschs anlehnte.[103] Am 26. November 1931 sprach Hintze vor dem Plenum über „Wesen und Wandlung des modernen Staates“, wobei er seiner Untersuchung auch hier die im Anschluß an Max Webers Idealtypenlehre entwickelte Kategorie des historischen Typus zugrunde zu legen suchte.[104] Er betonte hier, daß etwas „Wirkliches“ hinter dem Begriff des Staates stehe, dessen Definition bisher — in den von ihm herangezogenen bürgerlichen Geisteswissenschaften — nicht gelungen sei. Dieses Geheimnis aber bestünde — entsprechend dem Begriff des „status rei publicae“ — in derjenigen Verfassung eines Gemeinwesens, durch das „dieses befähigt wird, einen gemeinsamen Willen und ein gemeinsames Handeln, also auch gemeinsame Kraftleistungen hervorzubringen“. Deutlich wird erneut, daß Hintze die gesellschaftliche Wirklichkeit negierte, in der sich die Entstehung und Entwicklung des modernen Staates als des Instrumentes der jeweils herrschenden Klasse vollzieht. Den Kapitalismus, den er im Anschluß an Max Weber „als die Wirtschaftsräson der neueren Völkerwelt“ bezeichnete, verbände eine innere Verwandtschaft mit der Staatsräson. Er entspränge „demselben Geiste gesteigerter Intensität und Rationalität des Betriebes, der eine Begleiterscheinung des Überganges aus gebundenen Gemeinschaftsverhältnissen zu individualistischen Gesellschaftsverhältnissen ist“. Hintze vertrat als konservativer bürgerlicher Verfassungshistoriker etatistische Auffassungen. Er ging nicht von der wirtschaftlichen und sozialen, sondern von der staatlichen Entwicklung aus, wenn er den Zusammenhang zwischen der Entfaltung des Kapitalismus im 19. Jahrhundert

---

102 Vgl. F. Meinecke, Über Justus Mösers Geschichtsauffassung. Einleitende Bemerkungen. In: Sb., Jg. 1932, S. 2ff.

103 Vgl. O. Hintze, Kalvinismus und Staatsräson in Brandenburg zu Anfang des XVII. Jahrhunderts. In: Sb., Phil.-hist. Kl., Jg. 1930, S. 541ff.

104 Vgl. Sb., Jg. 1931, S. 790ff. Hintzes Ausführungen fanden in dem von Meinecke verlesenen Plenarvortrag „Die Entstehung des modernen Staatslebens“ 1932 ihre Ergänzung (Vgl. Sb., Jg. 1932, S. 925ff.), auf den hier zusätzlich verwiesen wird. Während der Vortrag von 1931 „das Wesen des modernen Staates in *systematischer* Zusammenfassung verschiedener anschaulicher Abstraktionen zu schildern versuchte, wird hier die *Entstehung* des modernen Staatslebens hauptsächlich vom 15. bis 17. Jahrundert in mehr konkreter *historischer* Entwicklung dargestellt“, hieß es in dem Kurzbericht zum Vortrag von 1932 (Ebda., S. 923).

und der gleichzeitigen vollen Herausbildung des modernen Staates und „seiner bürgerlichen Gesellschaftsordnung" behandelte. Er gab hierbei zu, daß der Kapitalismus für die bürgerliche Gesellschaftsordnung „die Tendenz zur Ausbildung einer Unternehmerplutokratie und eines Arbeiterproletariats" mit sich bringe, „eine Klassenspaltung, die für das staatliche Leben eine Gefahr" bedeutet: Otto Hintze trat hier für Reformen ein, für einen modus vivendi, mit dem er dem bürgerlichen „Staatsleben" eine Zukunft sichern wollte.

1931 hielt Albert Brackmann vor der philosophisch-historischen Klasse der Akademie einen Vortrag über die Anfänge der Slawenmission. Er betonte, daß diese Mission in der Renovatio des Jahres 800, in der Erneuerung des imperialen römischen Kaisertums durch die Kaiserkrönung Karl des Großen, „aus dem Bereich einer eng begrenzten Eroberungspolitik in die höhere Sphäre der universalen Aufgaben eines abendländischen ‚Imperium christianum'" erhoben worden wäre.[105] Mit der These, daß „die fränkische und die deutsche Ostpolitik" durch die Renovatio Imperii des Jahres 800 gleichsam zur missionarischen Aufgabe des mittelatlerlichen Kaisertums geworden sei, war ein politischer Anspruch für die Gegenwart formuliert: Mit ihr wurden expansionistische Forderungen im Osten und Hegemonieansprüche des deutschen Imperialismus in Europa unterstrichen. In seinem Plenarvortrag am 2. Juni 1932 „Der ‚Römische Erneuerungsgedanke' und seine Bedeutung für die Reichspolitik der deutschen Kaiserzeit" vertrat Brackmann ähnliche Gesichtspunkte.[106] Hier knüpfte er an die allgemeine Anerkennung an, welche die Bedeutung des „Romgedankens" für die politische Ideologie des Mittelalters und der Renaissance seit den Untersuchungen Konrad Burdachs zur Geschichte der deutschen Bildung in der bürgerlichen Historiographie, Literatur-, Kultur- und Kunstgeschichte gefunden hatte. Brackmann interpretierte die frühmittelalterlichen Vorstellungen über die Renovatio imperii faktisch als direkten Bestandteil des ideologisch-politischen Überbaues karolingisch-ottonischer Ost- und Südostexpansion. Bei der Erneuerung der Kaiserwürde sei es Otto III. und seinen Beratern nicht nur um die Idee der römischen Kontinuität, sondern vor allem um einen Rechtsanspruch für die „Eingliederung Polens und Ungarns in das Imperium christianum und damit um die Fortsetzung karolingischer Politik" gegangen.[107] Noch einfacher hätten die Verhältnisse im 11. Jahrhundert gelegen: für Heinrich III. war die Erneuerung des Kaisertitels „eine realpolitische Maßnahme", bei der die Erinnerung an altrömische oder byzantinische Vorstellungen noch weniger bedeutet habe als für Otto III. Angesichts der Auseinandersetzung mit dem Papsttum habe das Programm der Karolinger und Ottonen in staufischer Zeit keine reale Funktion gehabt; geblieben seien die Idee der Verpflichtung des Kaisers „zur

[105] Vgl. A. Brackmann, Die Anfänge der Slawenmission und die Renovatio imperii des Jahres 800. In: Sb., Phil.-hist. Kl., Jg. 1931, S. 72ff. (Zitat ebda., S. 85). Brackmann ging hier von der Verlagerung der militärischen Aktivität Karls in den Osten und Südosten aus, die sich seit dem Kaiserkrönungsjahr 800 endgültig vollzogen und die karolingische Politik seitdem bestimmt habe.

[106] Vgl. Sb., Jg. 1932, Phil.-hist. Kl., S. 346ff.

[107] Ebda., S. 366.

Verteidigung der Kirche und zur Ausbreitung des Christentums und ... die Überzeugung von der Weltmission des Kaisertums". Die mittelalterliche Renovatio-Idee sei im letzten ein „Idealbild", eine Wunschvorstellung gewesen: So wie die heutige Vorstellung von dem „Römischen Reiche deutscher Nation", in dem Deutsche und Österreicher vereint gewesen seien, „für den Politiker der Gegenwart ... zunächst auch nur ein Idealbild" sei, dessen „Renovatio" vom „Interesse des eigenen Staates" — also von den Möglichkeiten imperialistischer Politik — bestimmt würde.

Zu dieser Zeit haben sich Max Lenz und Erich Marcks aus der konservativen Sicht preußisch-deutscher Geschichtsschreibung mit der Revolution von 1848/49 befaßt. Lenz sprach am 3. April 1930 vor dem Plenum über „Bismarcks Plan einer Gegenrevolution im März 1848"[108]. Er verwies darauf, daß Bismarck bereits im März 1848 versucht habe, die eben durch den Kampf der Revolutionäre erzwungenen Zugeständnisse Friedrich Wilhelms IV. rückgängig zu machen. Er habe sich bemüht, von der Prinzessin Augusta, der Gemahlin des gerade nach England geflüchteten Thronfolgers und späteren Kaisers Wilhelm, die Zustimmung zu erlangen, um die erzwungenen Maßnahmen Friedrich Wilhelms IV. zu annullieren. Entscheidende Bedeutung ist den konterrevolutionären Aktivitäten Bismarcks und der mit ihm verbundenen Kräfte bekanntlich nicht zugekommen: Die Revolution von 1848/49 scheiterte vor allem, weil die deutsche Bourgeoisie aus Angst vor dem Volke einen Kompromiß mit der feudalen Reaktion schloß.

Am 30. Januar 1930 sprach Erich Marcks vor dem Plenum über „Die europäischen Mächte und die 48er Revolution".[109] Marcks vermochte hier dem Rankeschen Postulat vom Primat der Außenpolitik für die Revolution von 1848/49 nicht zu entsprechen. Die europäischen Großmächte seien erst in den folgenden Jahrzehnten aktiv aufgetreten, als die Bismarcksche Politik der preußisch-deutschen Reichseinigung (und in ihrer Vorgeschichte der Unionsversuch von 1850) ein europäisches Problem wurden. Marcks schloß mit dem Lobe Bismarcks, mit dem allerdings auch die „schicksalsvoll feindselige" Wirklichkeit der europäischen Großmächte auf den Plan getreten sei. 1848/49 „war alles in und für Deutschland unreif. Noch mußte auch die Wandlung der großen Politik erst vorbereitet und dann durchgesetzt und zumal verwertet werden"; der „gestaltende Staatsmann erst habe die gegebenen Möglichkeiten verwirklicht".[110]

So blieb die Geschichte — hier vor allem die Geschichte der Neuzeit, aber auch die des Mittelalters — jene Disziplin, in der fortschrittsfeindliche Aspekte der bürgerlichen Geisteswissenschaften auch an der Akademie besonderen Einfluß ausübten. Dies galt mutatis mutandis auch für verschiedene Aussagen zur allgemeinen Geschichte. So sprach der Sinologe Otto Franke in der Klassensitzung vom 23. April 1931 über „Staatssozialistische Versuche im alten und mittel-

[108] Vgl. Sb., Jg. 1930, Phil.-hist. Kl., S. 251ff.
[109] Vgl. Sb., Jg. 1930, S. 99ff.
[110] Ebda., S. 101.

alterlichen China."[111] Er verwies auf Bestrebungen der altchinesischen Staatsbürokratie, die Wirtschaft zur Zeit der Han-Dynastie und im 11. Jahrhundert durch direkte Eingriffe unter ihre Kontrolle zu bringen und auf Kosten der kleinbäuerlichen Eigentümer zu regulieren. Damit sei die Sicherung der staatlichen Salz- und Bergbaumonopole und die Durchführung von Preisregulierungsmaßnahmen angestrebt worden, um die Einnahmen des Staates zu festigen. Am 21. April 1932 hat sich Otto Franke vor dem Plenum der Akademie mit dem Bericht eines chinesischen Würdenträgers aus dem 11. Jahrhundert befaßt, in welchem dieser einen Plan zur Reformierung des Staatsbeamtentums an den chinesischen Kaiser herangetragen hatte.[112] In diesem Reformwerk lägen „ganz moderne Gedankengänge hinsichtlich des Ausgleichs sozialer Gegensätze durch staatliche Regulierung des Wirtschaftslebens vor . . ., wie sie in den Staaten des Westens mit Eifer erörtert und in manchen verwirklicht wurden."[113] Frankes Vorstellungen zur Wirtschaftsentwicklung wurden, wie er selbst gelegentlich eingestand, durch die Lehren des britischen Ökonomen John Meynard Keynes, des führenden Theoretikers des staatsmonopolistischen Kapitalismus, beeinflußt. Die beiden Akademievorträge Frankes zur chinesischen Geschichte lassen diesen Einfluß in der Auswahl und Bearbeitung der Themen zu einem Zeitpunkt erkennen, zu dem sich die Propaganda staatsmonopolistischer Wirtschaftstheorien unter dem Eindruck der Wirtschaftskrise verstärkte. Otto Franke hat auch nach seiner Emeritierung die Auslandspolitik des Verbandes der Deutschen Hochschulen unterstützt, durch welche die Mitarbeit deutscher Wissenschaftsinstitutionen und Gelehrter auf der Ebene der internationalen Zusammenarbeit erschwert wurde. Franke gehörte zu jener Minderzahl führender Gelehrter, die sich auch gesellschaftlich-politisch im bürgerlichen Lager engagierten.[114] Auch er hat 1932 die Wiederwahl Hindenburgs zum Reichskanzler unterstützt; den Hitlerfaschismus hat er besonders wegen seines extremen Terrorismus und Rassismus abgelehnt.

Der Nationalökonom Max Sering hat am 10. November 1932 in der Sitzung der philosophisch-historischen Klasse „Über die Arbeitslosigkeit und die Mittel zu ihrer Bekämpfung" gesprochen.[115] Obwohl die Weltwirtschaftskrise ihren

---

111 Vgl. Sb., Phil.-hist. Kl., Jg. 1931, S. 217ff.

112 Vgl. O. Franke, Der Bericht Wang Ngan-schis von 1058 über Reform des Beamtentums. Ein Beitrag zur Beurteilung des Reformators. In: Sb., Jg. 1932, S. 264ff.

113 Ebda., S. 269.

114 In seinen eigenen Lebenserinnerungen „Erinnerungen aus zwei Welten", a. a. O., S. 143f., berichtet Franke über seine Aktivität bei der Begründung des „Nationalklubs von 1919" in Hamburg. Er erwähnt zugleich seinen Anschluß an die „Fichte-Gesellschaft", an deren nationalistischer Aktivität eine größere Anzahl bürgerlicher Professoren beteiligt war, unter ihnen im Vorstand das Akademiemitglied Erich Marcks zusammen mit Rudolf Smend und Othmar Spann. (Vgl. dazu die Aufstellung zum „6. Nationalerziehungstag" der Fichte-Gesellschaft am 25. 4. 1931. In: ZStA Potsdam, Reichslandbund, Nr. 30a, Bl. 160). O. Franke gehörte zu den Unterzeichnern einer Namensliste des „Deutschen Ausschusses mit Hindenburg für Volk und Reich", in der für die Wiederwahl Hindenburgs geworben wurde. Vgl. ZStA Potsdam, Büro des Reichspräsidenten, Nr. 47, Bl. 224.

115 Vgl. den Kurzbericht in Sb., Phil.-Inst. kl. Jg. 1932, S. 867.

Tiefstand bereits erreicht hätte, könnte auf die volle Eingliederung des Arbeitslosenheeres in den Produktionsprozeß nicht mehr gerechnet werden. Wie alle bürgerlichen Ökonomen vermochte auch Sering das Wesen und die gesellschaftlichen Ursachen des Krisenzyklus nicht zu erkennen. Er ging vielmehr davon aus daß die Weltwirtschaftskrise eine latent fortwirkende Konsequenz der Wirtschaftsstruktur moderner hochentwickelter Industriestaaten darstellen würde; sie müßte deshalb durch strukturverändernde Maßnahmen bekämpft werden, mit denen zugleich Exportinteressen gefördert und der Binnenmarkt entwickelt werden könnte: Der „Innenkolonisation" würde hierbei maßgebliche Bedeutung zukommen. Damit erneuerte Max Sering auch vor der Akademie seine Siedlungsvorschläge, auf deren utopischen und desorientierenden Charakter bereits verwiesen wurde.

Zugleich wurden in der philosophisch-historischen Klasse der Akademie bedeutende Ergebnisse der Einzelforschung vorgetragen und materialreiche, teilweise auf langjähriger Forschungsarbeit beruhende Werke angezeigt. 1931 hatte Carl Schuchhardt der Akademie sein zusammenfassendes Werk „Die Burg im Wandel der Weltgeschichte" vorgelegt. Am 28. April 1932 trug Werner Jaeger z.B. die Ergebnisse seiner Untersuchungen zu einem unter dem Namen des spartanischen Dichters Tyrtaios bekanntgewordenen Gedicht vor.[116] Er verwies auf die Verwandtschaft des Werkes mit den anderen Gedichten des Tyrtaios und unterstrich das hohe Alter des Werkes. Idealistische und elitär-konservative Positionen Jaegers waren auch hier unverkennbar. Das Gedicht sei ein höchster Ausdruck „des in dieser Periode geprägten klassischen Ideals altspartanischer Arete, das homerischen Heroengeist einer ganzen Bürgerschaft einzupflanzen strebt. Dem Plato wie den Griechen überhaupt galt gerade das vorliegende Gedicht als die spezifische Urkunde dieses Geistes." Jaeger stellte es in die Anfänge jener literarischen Denkmäler des Polisgedankens, der sich in den Werken von Solon, Thukydides, Plato, Isokrates und Demosthenes fortgesetzt hätte. Nach seiner Auslegung habe sich hier „der Geist der altgriechischen Polis in idealer Selbstverkörperung" als das „innere Gesetz aller politischen Gemeinschaft ausgesprochen". Ulrich Wilcken hat sich in zwei Vorträgen dieser Jahre mit einer der wichtigsten Geschichtsquellen der Zeit des Augustus befaßt, den seit langem im Hinblick auf ihre Entstehung umstrittenen „Res gestae divi Augusti".[117] Er hat zur Genesis dieser Denkschrift, die durch das Monumentum Ancyranum sowie inzwischen auch durch das Monumentum Antiochenum bekannt geworden war, wertvolle Aufschlüsse gegeben. Wilcken veröffentlichte 1931 seine Biographie Alexanders von Makedonien.

Im Jahre 1932 legte Theodor Wiegand seinen zweiten Bericht über die Ausgrabungen von Pergamon vor, der die Grabungen in der Zeit zwischen 1928 und 1932 umfaßte und das Asklepieion als den Grabungsschwerpunkt behandelte; der Berliner Althistoriker Wilhelm Weber fügte der Abhandlung einen epi-

---

[116] Vgl. Sb., Phil.-hist. Kl., Jg. 1932. S. 537ff.

[117] Vgl. Sb., Phil.-hist. Kl., Jg. 1931, S. 772 („Zu den Impensae der Res divi Augusti"), Jg. 1932, S. 225ff. („Zur Genesis der Res divi Augusti").

graphisch-historischen Beitrag hinzu.[118] Wiegand hatte bereits 1913 die Vereinigung der Freunde antiker Kunst gegründet, um zusätzliche Mittel für den Ankauf antiker Kunstwerke für das Berliner Museum zu beschaffen. Unter den gegebenen gesellschaftlichen Bedingungen flossen die Mittel, die seitdem auch auf diesem Wege für den Erwerb wertvoller Kunstwerke zur Verfügung gestellt wurden, im wesentlichen aus Kapitalkreisen, die auf ihr Mäzenatentum bedacht waren und damit ihren Einfluß auf die Wissenschafts- und Kunstpolitik auch hier wahrten und festigten. Wiegand, auf dessen familiäre Bindungen zur Familie Georg von Siemens' von der Deutschen Bank bereits verwiesen wurde, stand auf dem Boden der bestehenden gesellschaftlichen Verhältnisse. Gestützt auf große organisatorische Erfahrungen und umfassende Kenntnisse personeller Zusammenhänge, blieb er für das Gebiet der antiken Archäologie und Kunst einer der aktiven Mitgestalter bürgerlicher deutscher Wissenschaftspolitik. Er wurde 1932 in der Nachfolge Gerhart Rodenwaldts Präsident des Archäologischen Instituts des Deutschen Reiches.

Auf die Vorlage weiterer Arbeitsergebnisse in der Klasse wird hier wiederum nur exemplarisch verwiesen. In der Orientalistik blieb die Erschließung und wissenschaftliche Auswertung von Funden aus den bereits genannten Turfan-Expeditionen ein Schwerpunkt. Heinrich Lüders, der 1930 selbst „Weitere Beiträge zur Geschichte und Geographie von Ostturkestan" vorgelegt hatte, hat diese Arbeiten auch jetzt gefördert. Über ihn wurde der Akademie eine umfassende Sammlung aller erhaltenen Schriften zur „Heilkunde der Uiguren" in den Jahren 1930 und 1932 vorgelegt, die Gabdul Rašid Rachmati zusammengestellt und übersetzt hatte. Lüders war es auch, der der Akademie in der Gesamtsitzung vom 12. Januar 1933 die Arbeit „Ein Mani-Fund in Ägypten" übergab, in der Karl Schmidt und H. Jacob Polotsky, gestützt auf die Restaurationsarbeit des führenden Berliner Restaurators Hugo Ibscher, Originalschriften des Mani und seiner Schüler analysieren konnten: Diese Schriften galten bis dahin als längst verloren. Damit deutete sich eine neue Etappe in der wissenschaftlichen Erschließung des Manichäismus an, die 1904 über die Identifikation manichäischer Texte durch das Akademiemitglied F. W. K. Müller in den Bereich des Realen gerückt und stimuliert worden war. „Mitteliranische Manichaïca aus Chinesisch-Turkestan" wurden 1932 von Walter Henning aus dem Nachlaß von Friedrich Carl Andreas herausgegeben.

In der Zeit vom 1. Juni 1929 bis zum 1. Januar 1933 wurden in der philosophisch-historischen Klasse der Akademie neun Korrespondierende Mitglieder gewählt.[119] Insgesamt waren am 1. 1. 1933 71 der 100 zur Verfügung stehenden Stellen für Korrespondierende Akademiemitglieder besetzt. Der Überblick über die Fachverteilung und über die staatliche Herkunft ergibt hier das folgende

[118] Vgl. Zweiter Bericht über die Ausgrabungen in Pergamon 1928—1932: Das Asklepieion. Mit epigraphisch-historischem Beitrag von W. Weber. Abhdl. Phil.-hist. Kl. 5/1932.

[119] Die Zahl (9 neue KM) gilt auch für die Zeit seit Anfang 1930, von der die Darstellung der Neuwahlen auf den folgenden Seiten ausgeht.

Bild (Zahlen in Klammern bedeuten Neuwahlen in der Zeit vom 1. 6. 1929 bis zum 1. 1. 1933):[120]

Fach	Gesamtzahl	Deutschland	Italien	Griechenland	England	Österreich	Belgien	Dänemark	Schweden	Frankreich	USA	Schweiz	Ungarn	Sowjetunion	Schweiz	Norwegen	Finnland	Gesamtzahl der zur Verfügung stehenden Stellen
Philosophie	2	1	1	–	–	–	–	–	–	–	–	–	–	–	–	–	–	7
Klass. Philol.	16(2)	5(1)	2(1)	1	2	1	2	–	1	2	–	–	–	–	–	–	–	22
Gesch. m. Hiwi.	12	7	–	–	–	1	–	–	–	1	1	1	1	–	–	–	–	17
Dt. u. a. mod. Philol.	7	5	–	–	–	1	–	–	1	–	–	–	–	–	–	–	–	10
Kunstwiss.	4(2)	1	–	–	2(1)	–	–	–	–	–	–	–	–	–	1(1)	–	–	8
Orient. Philol.	15(2)	5(1)	1	–	1	–	–	1	2	–	1	1	–	1	–	1	1(1)	17
Staats- und Rechtsw.	6(3)	4(3)	–	–	–	1	–	–	–	–	–	–	–	1	–	–	–	9
freie Stellen	9	5	2	–	–	–	–	–	–	–	1	1	–	–	–	–	–	10
Insgesamt	71(9)	33(5)	6(1)	1	5(1)	4	2	1	4	3	3	3	1	2	1(1)	1	1(1)	100

Weitgehend besetzt waren am 1. Januar 1933 die Fachstellen für die orientalische Philologie. Demgegenüber blieb die Besetzung der anderen Fachstellen – auch der für die klassische Philologie, für die Geschichte und für die deutsche und für andere neuere Philologien – zurück; dies galt noch etwas stärker für die Kunstwissenschaften und die Staats- und Rechtswissenschaften. Es galt in besonderem Maße für die Philosophie: Hier fällt die Tatsache noch mehr auf, daß während dieser Jahre keine Neuwahlen stattgefunden haben. Allerdings war dies in der Geschichte und in den neueren Philologien ähnlich. Führende Vertreter verschiedener Disziplinen hatten weiterhin ihre freien Stellen inne; hier blieb nur eine Stelle unbesetzt.

In eine Fachstelle für die klassische Philologie hat die Akademie und ihre philosophisch-historische Klasse den klassischen Philologen Felix Jacoby gewählt, der die „Klassisch-Philologischen Studien" herausgegeben hatte und durch zahlreiche Arbeiten zur altgriechischen Literatur, aber auch durch einzelne Studien über Terenz und Lukrez bekannt geworden war (KM 30. 1. 1930). In eine zweite Fachstelle wurde hier mit Pio Franchi de Cavallieri ein Kenner frühchristlicher Archäologie und Kunst gewählt, der als Präsident der Ponttificia Accademia Romana di archaeologia und als Kustos der Vatikanischen Bibliothek tätig war (KM 13. 2. 1930). In eine Fachstelle für Kunstwissenschaften wurden der Konservator des Münzkabinetts im Hunter-Museum in Edinburgh, George Macdonald, gewählt (KM 30. 4. 1931). Eine zweite in dieser Zeit besetzte Fachstelle erhielt der Professor der Philosophie und Literatur in Peking und

[120] Zusammengestellt nach den jährlichen Aufstellungen der Korrespondierenden Mitglieder in AAW II: IIIe Bd. 1, Bl. 46, 50.

spätere chinesische Botschafter in Washington, Hu Schi(Shi) (KM 2. 6. 1932). Eine der beiden neubesetzten Fachstellen für orientalische Philogie erhielt der bekannte Tübinger Orientalist Enno Littmann. Littmann hatte sich vor allem mit arabischer Literatur und arabischen Inschriften befaßt; er hatte auch Probleme der neueren arabischen Literatur behandelt und Studien zur literarischen Überlieferung und zur Verskunst in Äthiopien erarbeitet. In die zweite neubesetzte Fachstelle für die orientalische Philologie wurde mit Emil Setälä ein bekannter Gelehrter aus dem Gebiet der Finno-Ugristik gewählt. Setälä war als Professor der finnischen Sprache und Literatur in Helsinki tätig; er leitete zugleich als Direktor das Finnisch-ugrische Institut in Järrenpää (KM zusammen mit Littmann 12. 5. 1932). In eine der drei neubesetzten Fachstellen für Staats- und Rechtswissenschaften wurde mit Konrad Beyerle ein bürgerlicher Rechtshistoriker gewählt, der vor allem durch Untersuchungen und Quelleneditionen zur mittelalterlichen Rechts- und Verfassungsgeschichte bekannt geworden war, wenngleich er sich vor allem in neuerer Zeit auch mit Fragen der staatlichen und Verfassungsentwicklung in der Weimarer Republik befaßt hatte. Eine zweite Fachstelle erhielt der Tübinger Rechtswissenschaftler Herbert Meyer, der sich mit Fragen des bürgerlichen Gegenwartsrechts befaßte, aber auch historische Entwicklungen in der Rechtswissenschaft behandelte. Mit Alfred Schultze wurde ein Vertreter des deutschen Rechts und des Kirchenrechts gewählt, bei dem sich die Behandlung von Gegenwartsfragen mit der Untersuchung historischer Probleme des Rechts noch ausgeprägter verband. Er war Mitherausgeber von „Iherings Jahrbüchern" und von „Zeumers Quellen und Studien zur Verfassungsgeschichte des Deutschen Reiches in Mittelalter und Neuzeit" (KM zusammen mit K. Beyerle und H. Meyer 10. 7. 1930)

c) Die Verleihung der Leibniz-Medaille

Die goldene Leibniz-Medaille, die von der Akademie im Sinne der statuarischen Festlegungen von 1907 und nach der entsprechenden Formulierung von 1919 für Verdienste um die Wissenschaft „durch Schenkungen, durch die Unterstützung und Organisation von wissenschaftlichen Unternehmungen, endlich durch eigene große Forschungsreisen und verwandte Leistungen "verliehen wurde, erhielt für das Jahr 1930 der Präsident des Hoshi-Konzerns in Tokio Hajimé Hoshi, der bereits 1927 vorgeschlagen, zu dieser Zeit jedoch zurückgestellt worden war. Hoshi hätte nach Kriegsende als erster Ausländer durch eine große Stiftung einen Zweig der Wissenschaften in Deutschland, die Chemie, unterstützt, wurde in der von Fritz Haber verfaßten und zusammen mit Max Bodenstein, Wilhelm Schlenk, Otto Franke und F. W. K. Müller unterzeichneten Antragsbegründung betont.[121] Bei seiner Stiftung sei Hoshi von der Bedeutung der deutschen chemischen Forschung für die Entwicklung der Chemie in Japan ausgegangen. Er sei

---

[121] Vgl. AAW II: VIIIi Bd. 4, Bl. 44.

„der Repräsentant und die Finanzkraft der deutschfreundlichen politischen Richtung in Japan, deren Führer der frühere japanische Minister Graf Goto ist“. Seine Ehrung bedeute eine Anerkennung der deutschfreundlichen Bestrebungen in Japan.

Für 1931 hat die Akademie ihre goldene Leibniz-Medaille an Gustav Oberlaender in Reading/USA verliehen. Oberlaender, der in Reading im USA-Staat Pensylvania Textilunternehmungen besäße, hätte sich um die Unterstützung der Altertumswissenschaften in Deutschland große Verdienste erworden, betonte die Begründung Theodor Wiegands, die Carl Schuchhardt, Adolf Erman, Ulrich von Wilamowitz-Moellendorff, Hans Lietzmann und Ulrich Stutz mitunterzeichnet hatten.[122] Er hätte die Mittel für die Ausgrabungen des Archäologischen Instituts am Keranikos in Athen bereitgestellt und einen größeren Betrag „zur weiteren Erforschung des Stadtbildes von Pergamon“ aus Anlaß der Eröffnung des Pergamonmuseums zur Verfügung gestellt; die Aufrichtung des Limesturmes bei Nauheim sei auf seine Kosten erfolgt.

Für 1932 wurde die goldene Leibniz-Medaille schließlich an den Präsidenten des Luftschiffbaus Zeppelin und Leiter der Zeppelinwerft Friedrichshafen Hugo Eckener verliehen. Eckener hätte sich um die wissenschaftliche Forschung größte Verdienste erworben. Er hätte die Meteorologie nicht nur durch die Heranziehung von Meteorologen zu den vielen von ihm geleiteten Luftschiff-Fahrten gefördert, sondern müßte auch selbst — vor allem durch die bewunderungswürdige navigatorische Anwendung von Erkenntnissen der Meteorologie — als praktischer Meteorologe ersten Ranges gelten, betonte Heinrich von Ficker, der die Antragsbegründung formuliert und mit einer größeren Reihe von Mitgliedern der physikalisch-mathematischen Klasse unterzeichnet hatte.[123] Durch Eckener stünde eine breitere Öffentlichkeit dem Nutzen und der Notwendigkeit der Meteorologie aufgeschlossener und vorurteilsfreier gegenüber. Direkte Förderung hätte die Wissenschaft durch die großen Weltfahrten des Luftschiffes „Graf Zeppelin“ erfahren. Dies wäre zunächst noch nicht beabsichtigt gewesen; die Arktisfahrt im Sommer 1931 wäre dagegen „von vornherein als wissenschaftliche Fahrt“ angelegt worden und unter Eckeners verständnisvoller Führung entsprechend realisiert worden. Auf dieser Fahrt sei nachgewiesen worden, „daß bei einer Schiffsleitung, die für Aufgaben der Wissenschaft Verständnis hat, das Luftschiff für die arktischen Gebiete ein Forschungsmittel ersten Ranges geworden ist“.

Die Akademie hat ihre silberne Medaille, die für bestimmte wissenschaftliche Leistungen vergeben wurde, für 1930 an den ehemaligen Gymnasialprofessor Ewald Bachmann verliehen, der als „einer der verdientesten Flechtenforscher der Gegenwart“ angesehen werden müßte, wie die Begründung Gottlieb Haberlandts, Richard Hesses, Adolf Englers, Karl Heiders und Carl Correns' betonte.[124] Bachmann hätte seit einem Menschenalter „zum Teil recht wichtige

---

122 Vgl. ebda., Bl. 81.
123 Vgl. AAWII:VIIIc,, Bd. 5, Bl. 7, 16.
124 Vgl. AAWII:VIII, Bd. 4, Bl. 45.

Beiträge zur Morphologie und Physiologie der Flechten" veröffentlicht. Die gleiche Auszeichnung erhielt der Direktor des Berliner Aquariums und Leiter der Vogelwarte Rossitten Oskar Heinroth, der sich um die Ornithologie durch sein zwischen 1924 und 1928 erschienenes Werk „Die Vögel Mitteleuropas" größte Verdienste erworben hätte. Dieses Werk, betonten Richard Hesse, Karl Heider, Armin Fick, Karl Andreas Hofmann, Gottfried Haberlandt, Joseph Pompeckj und Carl Correns in der Antragsbegründung, enthalte als eine Lebensarbeit „die Ergebnisse einer durch mehr als ein Menschenalter fortgesetzten Beobachtungstätigkeit und einer zwanzigjährigen Züchterarbeit".[125] Mit der silbernen Medaille wurde der Gymnasialprofessor und Leiter des Bibel-Archivs in Hamburg Hans Vollmer ausgezeichnet. Vollmer hätte mit seinen Arbeiten über die sogenannten deutschen Historienbibeln des 15. Jahrhunderts eine weitverzweigte, bisher weder von der Theologie noch von der deutschen Philologie und Geistesgeschichte gebührend berücksichtigte Literaturgattung erschlossen und einen Beitrag zur Geschichte der Bibel in Deutschland geleistet, wurde in der Antragsbegründung betont, die Konrad Burdach verfaßt und zusammen mit Adolf von Harnack, Hans Lietzmann, Johannes Bolte, Julius Petersen und Erich Marcks unterzeichnet hatte.[126]

Im Jahre 1931 verlieh die Akademie ihre silberne Leibniz-Medaille an die Medizinerin Agnes Bluhm, die seit über einem Jahrzehnt das bisher widersprüchlich beantwortete Problem „Alkohol und Nachkommenschaft" in groß angelegten Tierversuchen überprüft und durch variationsstatistische Auswertung wertvolle Resultate erreicht hätte. „Es sind unter der Wirkung des Alkohols Subletalfaktoren entstanden, der erste Fall einer willkürlichen Mutationserzeugung der Säugetiere", betonte Carl Correns zusammen mit Armin Fick, Richard Hesse, Otto Hahn und Gottlieb Haberlandt in der Begründung des Vorschlages.[127] Die silberne Medaille erhielt der Archäologe und Abteilungsleiter am Landesmuseum in Trier Siegfried Loeschcke, für den sich Theodor Wiegand zusammen mit Carl Schuchhardt, Ulrich Wilcken, Adolf Erman, Kurt Sethe, Heinrich Lüders, Hans Lietzmann, Bruno Meißner und mehreren anderen Mitgliedern der philosophisch-historischen Klasse einsetzte.[128] Loeschcke wurde in Wiegands Begründung als „einer der besten Forscher und Kenner des römisch-germanischen Altertums" bezeichnet, der zunächst die Entwicklung der Keramik auf germanischem und gallischem Boden bis tief ins Mittelalter mit neuen umfassenden Ergebnissen aufgeklärt hätte, als hervorragender Kenner der antiken Glasfabrikation gelten würde und besonders wichtige Arbeiten über antike Beleuchtungsgeräte verfaßt hätte. Diese Leistungen würden jedoch durch die Entdeckung und seit Jahren von ihm betriebene Freilegung des großen römischen Tempelbezirks am Altbach bei Trier übertroffen: Über 40 Tempel und Kapellen, ein Theater und große Säulenhallen wären auf einer Fläche von

---

125 Vgl. ebda., Bl. 45, 46.
126 Vgl. ebda.
127 Vgl. ebda., Bl. 80.
128 Vgl. ebda., Bl. 79, 83.

40000 qm zutage gekommen. „Der größte heilige Bezirk seiner Art ist damit festgestellt und mustergültig beobachtet. Der architektonische Gewinn an Tempeltypen wird noch übertroffen von dem religionsgeschichtlichem, da uns hier eine Fülle einheimisch gallischer, römischer und selbst orientalischer Kulte entgegentreten, die durch Steinbilder, Terrakottenfunde und Inschriften reich belegt sind." Im gleichen Jahr erhielt Karl Scheel, Mitglied der Physikalisch-Technischen Reichsanstalt, die silberne Leibniz-Medaille. Scheel wäre seit mehr als drei Jahrzehnten „eine der stärksten Stützen des physikalischen Schrifttums in Deutschland", wurde in der Antragsbegründung Max von Laues betont, die von Walther Nernst, Erwin Schrödinger, Max Planck, Friedrich Paschen, Otto Hahn, Fritz Haber, Max Bodenstein und Karl Willy Wagner unterstützt wurde.[129] Er hätte bis 1918, über zwanzig Jahre lang, neben den „Verhandlungen der Deutschen Physikalischen Gesellschaft" auch die „Fortschritte der Physik" geleitet, außer dem Publikationsorgan vieler Physiker also auch ein führendes Referateorgan. Nach der Umstellung des physikalischen Zeitschriftenwesens nach 1918 hätte er die Herausgabe der „Zeitschrift für Physik" und der „Physikalischen Berichte" übernommen, in denen die beiden früheren Organe auf inzwischen noch wirksamerer Ebene ihre Fortsetzung fänden.

Im Jahre 1932 wurde die silberne Medaille an Wilhelm Feit verliehen, den früheren Generaldirektor der Kaliwerke Leopoldshall. Die Entdecker des Rheniums, Walter und Ida Noddack, seien im Jahre zuvor für ihre Leistung von der Akademie mit der Vergabe des Preises des Ellertschen Legats gewürdigt worden, hieß es in der Begründung des Antrages Karl Andreas Hofmanns, der von Otto Hahn, Wilhelm Schlenk, Max Bodenstein, Karl Willy Wagner, Max Rubner und Armin Fick mitunterzeichnet wurde.[130] Durch diese Entdeckung angeregt, hätte Feit durch die Verarbeitung großer Mengen von Molybdänrückständen Rhenium in hoher Reinheit gewonnen, „so daß er nun in Kilogramm bieten konnte, was sonst nur in Milligramm erhältlich war". Diese Leistung würde hier „nicht vom technisch-wirtschaftlichen Standpunkt" gewertet, „sondern als willkommene Hilfe der wissenschaftlichen Forschung." Im gleichen Jahre wurde die silberne Medaille an den früheren Reichsfinanzrat Wilhelm Hertz verliehen, der sich neben seiner Arbeit als hoher juristischer Beamter in der Goetheforschung „in einer Reihe von ganz ausgezeichneten, tiefdringenden, methodisch scharfsinnigen und zuverlässigen Arbeiten über Goethes Faust" — zuerst in seinem Buch „Goethes Naturphilosophie im Faust" und seitdem in einer Reihe anderer Arbeiten meist in Aufsatzform — ausgezeichnet hätte, wie Julius Petersen, Konrad Burdach und Ernst Heymann in der Antragsbegründung betonten.[131] Die gleiche Auszeichnung erhielt auf Vorschlag von Ulrich Stutz und Ernst Heymann 1932 auch Heinrich von Loesch für seine Arbeiten zur Zunft-, Stadt- und Regionalgeschichtsschreibung. H. v. Loesch hätte sich, wie in der Antragsbegründung betont wurde, seit seiner Untersuchung über die Kölner Kaufmanns-

[129] Vgl. ebda., Bl. 85.
[130] Vgl. AAWII:VIIIc, Bd. 5, Bl. 4.
[131] Vgl. ebda., Bl. 9.

gilde im 12. Jahrhundert mit den Anfängen der Verfassung Kölns, der großen und für die mittelalterliche Verfassungsgeschichte umstrittensten Stadt, besonders befaßt.[132] Verwiesen wurde auch auf seine Ausgabe einer kürzeren, von ihm entdeckten Fassung des Kölner Dienstmannenrechts; er hätte zudem eine Reihe von Beiträgen zur Rechts- und Wirtschaftsgeschichte Schlesiens und der „ostdeutschen Kolonisation" veröffentlicht.

Insgesamt hat die Akademie auch über die Verleihung ihrer Leibniz-Medaille in Silber eine Reihe oft bedeutender wissenschaftlicher Leistungen gewürdigt.

4. Wissenschaftliche Unternehmungen der Akademie

a) Naturwissenschaftliche Gemeinschaftsunternehmen

Mit einigen Einschränkungen gelang es der Akademie, ihre Gemeinschaftsunternehmungen in den Bereichen der Mathematik und der Naturwissenschaften auch in den Jahren der Weltwirtschaftskrise fortzuführen. Die Akademie trug zur Verbesserung des Austauschs und der Veröffentlichung von Forschungsergebnissen in den mathematischen Disziplinen bei, indem sie 1931 ein Abkommen mit der Wiskundig Genootschap in Amsterdam abschloß: Die von dieser Vereinigung herausgegebene Revue semestrielle wurde ab 1932 mit dem von der Akademie herausgegebenen Jahrbuch über die Fortschritte der Mathematik vereinigt. Damit war ein Schritt auf dem Wege zur Überwindung der Zersplitterung des wissenschaftlichen Informationswesens in der Mathematik getan. Die Herausgabe der Jahresinformationen konnte beschleunigt werden; eine Verringerung der zeitlichen Diskrepanz zwischen mathematischer Forschung und Information war zu erhoffen.[133]

Mit Unterstützung der Notgemeinschaft der Deutschen Wissenschaft konnte die Arbeit an der „Geschichte des Fixsternhimmels" gleichmäßig fortgeführt werden. Gewisse Erschwernisse kündigten sich hier vor allem aus sachlichen Gründen an. Allmählich näherte sich die Arbeit des Unternehmens den sternreicheren Gebieten der Milchstraße. Seit 1932 vergrößerte sich daher der Umfang der Einzelbände auf das Doppelte; gewisse Verzögerungen in der Drucklegung sowie Rückwirkungen auf die Druckkosten, die Preisgestaltung und den Verkauf der Bände waren zu verzeichnen.[134]

Eine Reihe von Heften erschien in diesen Jahren in dem großen botanisch-systematischen Sammelwerk „Das Pflanzenreich", das nach dem Tode Adolf Englers von Ludwig Diels betreut wurde. Der zusammenfassende Bericht, den Diels im Januar 1932 vor der Akademie über das „Pflanzenreich" gab, klang

---

[132] Vgl. ebda., Bl. 11.

[133] Vgl. dazu die Berichte Bieberbachs über das Jahrbuch. In: Sb., Jg. 1932, S. LXXXIVf.; Jg. 1933, S. LXXXVf.

[134] Vgl. die Berichte Guthnicks. In: Sb., Jg. 1932, S. LXI sowie Jg. 1933, S. LVIf.

zwar insgesamt optimistisch aus; er vermittelte jedoch einen anschaulichen Einblick in die Problematik eines der größten Gemeinschaftsunternehmen der Akademie.[135] Komplizierter wurde das Unternehmen in dem Maße, in dem die Bearbeitung von Pflanzengattungen aus den weniger durchforschten Gebieten der Erde außerhalb Europas und Nordamerikas zunehmend in den Vordergrund rückte. Auch hier wurden zwar wesentliche Fortschritte erzielt, wie z.B. die inzwischen publizierte Monographie über die mehr als 1200 Arten umfassende tropische Gattung der Sapindaceen zeigte, deren Manuskript der Münchner Botaniker Ludwig Radlkofer im Rahmen des „Pflanzenreichs" noch vollenden konnte: Radlkofer, der seit 3. Juli 1900 Korrespondierendes Mitglied der Berliner Akademie war, war 1927 verstorben. Vielfach wurde es jedoch schwieriger, Material aus überseeischen Gebieten zu erschließen. Zunehmend entwickelte sich auch in außereuropäischen Ländern — so in Lateinamerika — eine eigenständige botanische Forschung. Der Fortschritt der Arbeiten am „Pflanzenreich" wurde von den Botanikern weithin begrüßt, konnte Diels berichten. Die Bedeutung der botanischen Systematik und Taxonomie wurde anerkannt; dabei war klar, daß kein botanisches Sammelwerk angesichts der Mannigfaltigkeit der Formen Vollständigkeitsansprüche erheben kann. Zugleich lag das Schwergewicht der biologischen Forschung auch in den späten zwanziger und beginnenden dreißiger Jahren bereits in anderen Bereichen, die in der Akademie nicht bearbeitet wurden, führende Gelehrte wie Nachwuchskräfte jedoch anzogen. Auf die Konstituierung der Ökologie als selbständige Disziplin wurde verwiesen; Probleme der experimentellen Biologie, der Genetik und der Physiologie rückten in den Vordergrund und wurden auch von jüngeren Forschern in steigendem Maße bearbeitet. Damit deuteten sich Nachwuchssorgen für langfristige Forschungsarbeiten in der systematischen Botanik an, die auch Diels in seinem Bericht über das „Pflanzenreich" Anfang 1932 nicht zu übersehen vermochte. Rückschauend verwies er auf „die äußeren Umstände" für die Entwicklung des „Pflanzenreiches", die sich seit dem Tage wesentlich verändert hatten, da dieses Werk begonnen wurde. In den beiden Berichten, die 1916 und 1925 von seinem Vorgänger Adolf Engler erstattet worden seien, war von den Schwierigkeiten der Kriegs- und Nachkriegsjahre die Rede. „Die Hoffnung, sie rasch zu überwinden, hat sich nicht erfüllt. Heute müssen auch wir uns damit abfinden, daß für absehbare Zeit vieles anders anzufassen sein wird wie früher." Die Nachfrage nach diesem Werk der botanischen Systematik wäre auch jetzt gegeben und die Vollendung würde erhofft, wie der letzte internationale Botanikerkongreß vor eineinhalb Jahren gezeigt hätte, betonte Ludwig Diels. „Äußere Mittel" zur Gewinnung von Mitarbeitern wären beschränkt; aber es würde an Helfern nicht fehlen, wenn der Name und die Fürsorge der Akademie das Unternehmen schirmten. Mit der Unterstützung der Akademie würde es seiner Aufgabe immer vollkommener gerecht werden können, „der Wissenschaft eine universale Überschau des Pflanzenreichs darzubieten".

[135] Vgl. zum folgenden den Bericht von L. Diels v. 21. 1. 1932. In: Sb., Jg. 1932, S. XXXIIIff.

Insgesamt kontinuierlich verlief die Entwicklung der Arbeiten an dem großen zoologischen Sammelwerk, dem „Tierreich", zu dem im Januar 1933 z.B. die 59. Lieferung vorgelegt wurde. Vom Nomenclator animalium generum et subgenerum lagen bis zu diesem Zeitpunkt die letzten Lieferungen des dritten Bandes vor, der vierte Band war begonnen.[136]

Am 18. Juni 1931 hat die Akademie eine Kommission für die Klimakunde von Deutschland eingesetzt, deren Leitung Gustav Hellmann übertragen wurde. Der neuen Kommission wurde die Aufgabe gestellt, die bereits 1927 begonnene Bearbeitung der klimatischen Verhältnisse in Deutschland zu beschleunigen und die Möglichkeiten für eine Veröffentlichung des großen Werkes zu schaffen.[137] Diese seit 1927 betriebenen Arbeiten gingen auf das Projekt Gustav Hellmanns aus der Zeit seiner Direktoratsübernahme im Meteorologischen Institut (1907) und auf die seit 1913 von ihm verfolgten Vorarbeiten zurück, das Beobachtungsmaterial dieses Instituts in einer Klimakarte von Deutschland zusammenzufassen; Kriegs- und Inflationsschwierigkeiten hatten zur reduzierten Darlegung der Ergebnisse in einem „Klimaatlas von Deutschland" (1921) geführt. Dieses Ergebnis wäre durch die Unterstützung der Akademie seinerzeit ermöglicht worden, die in diesem Zusammenhang „aus ihrer Humboldt-Stiftung für Naturforschung und Reisen einen namhaften Betrag für die Herstellung der Karten zur Verfügung" gestellt hätte. Angesichts der Anerkennung in Wissenschaft und Praxis orientierte v. Ficker darauf, den alten Plan in erweiterter Form wieder aufzugreifen: Hatte der Klimaatlas sich im allgemeinen auf Beobachtungen aus der Zeit zwischen 1881 und 1910 gestützt, so sollte nunmehr, mit der Kommission der Akademie, das stark angewachsene, auf ein Netz von Beobachtungsstationen gestützte Material bis 1925 (und für die Frage der Darstellung eines langjährigen Temperaturmittels bis 1930) einbezogen werden. „Wir stehen vor der Aufgabe", betonte Heinrich von Ficker hierzu am 26. Januar 1933, „dieses sorgfältig geprüfte und gesicherte Material in geeigneter Form der Öffentlichkeit zu unterbreiten. Es ist beabsichtigt, ein Werk herauszugeben, das sich in drei Teile gliedert: einen Text-, einen Karten- und einen Tabellenband." Heinrich von Ficker konnte hier auf die steigende Nachfrage an die Meteorologie aus der Praxis verweisen. Den Arbeiten käme für Landwirtschaft, Technik, Industrie, Fluß- und Flugverkehr und andere Bereiche große Bedeutung zu.

In der Sitzung vom 20. Februar 1930 hatte die physikalisch-mathematische Klasse der Einrichtung einer „ständigen akademischen Kommission für ozeanographische Forschungen" zugestimmt, als deren Vorsitzender Albrecht Penck eingesetzt wurde; zu Mitgliedern wurden Heinrich von Ficker, Fritz Haber und Richard Hesse aus der Klasse, der Direktor des Berliner Instituts und Museums für Meereskunde Albert Defant, der Vertreter der Nautischen Abteilung der Kriegsmarine Kapitän Clausen (nach ihm Köhler von der gleichen Dienststelle) und der ehemalige Kommandant der „Meteor" Admiral Spieß angehörten.[138]

---

[136] Vgl. den Bericht Hesses vom 26. 1. 1933. In: Sb., Jg. 1933, S. LVIf.
[137] Vgl. hierzu den Bericht H. v. Fickers vom 26. 1. 1933. In: Sb., Jg. 1933, S. XXIIf.
[138] Vgl. zur Bildung der ozeanographischen Kommission: AAW II: VIIb 1, Bd. 10, Bl. 1ff.

Die Bildung dieser Kommission ging auf eine Denkschrift Albrecht Pencks zurück. Hier ging Penck davon aus, daß die Akademie weder in ihren Veröffentlichungen noch in ihrer Tätigkeit am Aufschwung der meereskundlichen Forschung Anteil gehabt habe; „sie steht auch den großen deutschen maritimen Forschungs-Expeditionen, sowohl der Plankton- wie der Tiefsee-Expedition, oder der ‚Gauß'- und ‚Meteor'-Expedition fern." Sie müsse in die Forschung einbezogen werden, die nunmehr zu intensivieren sei. Defant sollte sich auf den nordwestlichen Atlantik konzentrieren, um die dort vorhandene Forschungslücke zu schließen. Er könne seine Arbeiten auf dem Vermessungsschiff „Meteor" weiterführen und bedürfe nur eines geringen Akademiezuschusses von 2000.— Mark. In Zusammenarbeit mit der Marineleitung „wird es binnen kurzer Zeit möglich sein, den Verlauf und die Steilheit des Kontinentalabfalles festzulegen . . ." Die Kommission begann ihre Arbeit 1931 mit der Unterstützung von Beobachtungsauswertungen im Kattegat; die Bearbeitung der Materialien der Island-Grönland-Fahrten der „Meteor" (1929/30) war bis 1932 weitgehend vorangetrieben[139], zog sich jedoch noch bis 1935 hin; das Material lag 1936 gedruckt vor.

b) Editionen der Werke bedeutender Akademiemitglieder

Nach wie vor erwiesen sich mehrere der großen Werkausgaben führender Gelehrter und Akademiemitglieder als kompliziert. Nicht immer war das Material vollständig erfaßt oder gar aufbereitet, zum Teil in seinem Umfang auch jetzt noch nicht zu übersehen. Wissenschaftlich verständlich, im Hinblick auf den Fortgang der Arbeiten und die Wirksamkeit der Gemeinschaftsunternehmen manchmal jedoch hemmend blieb das Streben nach unbedingter Vollständigkeit, das die Weiterführung der Arbeiten zusätzlich verzögerte, die publizierten Bände auch hier verteuerte und das Interesse an ihnen auf einen Kreis von Spezialisten beschränkte. Die Forschung war auf Gesamtausgaben mit möglichst großer Vollständigkeit jedoch angewiesen. Nach wie vor mußten Editionsarbeiten in traditionellem, teilweise verbesserungsbedürftigem Rahmen von einigen wenigen oder von einzelnen Mitarbeitern geleistet werden. Dies erschwerte auch die Arbeiten an verschiedenen Werkausgaben.

Die Aufgabe, die sich die Akademie mit der alleinigen Erarbeitung einer Gesamtausgabe der Werke von Gottfried Wilhelm Leibniz gestellt hatte, war noch immer kaum überschaubar. Im Jahre 1930 konnte der erste Band der Philosophischen Schriften von Leibniz veröffentlicht werden; im folgenden Jahre 1932 erschien der erste Band seiner Politischen Schriften. Nach dem Bericht, den Heinrich Maier am 26. Januar 1933 für die Leibniz-Kommission vorlegte, lagen bis Ende 1932 die Manuskripte für zwei weitere Bände druckfertig vor; dabei handelte es sich um die Bände 3 und 4 des Allgemeinen politischen und histori-

[139] Vgl. den Bericht Pencks in Sb., Jg. 1932, S. LXXXIIIf.

schen Briefwechsels. Zwei weitere Bände, konnte Heinrich Maier vor der Akademie betonen, stünden vor dem Abschluß; dabei handelte es sich um Band 2 der Philosophischen Schriften und den Band 6 des Allgemeinen politischen und historischen Briefwechsels.[140]

Zu einem ersten Ergebnis führten in diesen Jahren die Überlegungen über eine Gesamtausgabe der Werke Friedrich Schleiermachers. Hierzu war der Akademie eine Denkschrift zugegangen, die der Kieler Theologe Hermann Mulert verfaßt hatte und die außer ihm von 38 Gelehrten unterzeichnet war — unter ihnen die Philosophen Bruno Bauch, Arthur Liebert, Theodor Litt, August Messer und Hermann Nohl, die Theologen und Kirchenhistoriker Adolf von Harnack, Hans von Schubert, Reinhold und Erich Seeberg und Paul Wernle, der klassische Philologe Werner Jaeger sowie die Literaturhistoriker Rudolf Unger und Oskar Walzel.[141] Die bisherige Schleiermacher-Ausgabe wäre in vielfacher Hinsicht veraltet, wurde in der Denkschrift mit vielen Detailhinweisen betont. Es ginge bei einer modernen Edition zwar auch um die Aufhellung vieler Einzelheiten z.B. seiner theologischen Werke oder der Platon-Übersetzung Schleiermachers. Aber je mehr durch neuere Forschungen und Funde seine Vielseitigkeit ans Licht getreten wäre, umso wichtiger würde für das Verständnis Schleiermachers und seiner Wirkung in seiner Lebenszeit diese neue, wissenschaftlichen Ansprüchen genügende Ausgabe seiner Werke sein. Die Akademie, in deren philosophisch-historischer Klasse Ernst Heymann im Sommer 1927 auf die fehlenden finanziellen Voraussetzungen einer solchen Gesamtausgabe verwiesen hatte, setzte bald darauf eine Kommission unter dem Vorsitz von Adolf von Harnack zur Überprüfung der Frage ein.[142] Harnack unterstrich die Schwierigkeiten in einem Bericht; er verwies auf die hohen Kosten, auf die vorläufige Unausgereiftheit des Planes, auf die fehlenden personellen Möglichkeiten zur Leitung einer Kommission für die Gesamtausgabe in der Akademie. Er orientierte auf die Bereitschaft der Akademie, die Herausgabe einzelner Teile des Schleiermacherschen Werkes zu empfehlen und auch selbst gegebenenfalls zu unterstützen, wobei es um Einzelarbeiten gehen sollte, „deren Erscheinen besonders erwünscht und deren kritische Vorbereitung zuverlässig ist". Am 10. Mai 1930 teilte Eduard Spranger dem Vorsitzenden Sekretar Ernst Heymann mit, daß der Studienrat Odebrecht nach seiner Bearbeitung der Ästhetik Schleiermachers nunmehr die Edition von dessen Dialektik plane; Spranger schlug vor, daß sich die Akademie hier beteiligen sollte, wenn dies selbst nur durch Übernahme der Herausgeberschaft, durch einen Vermerk auf den edierten Bänden „im Auftrage der Akademie" als sichtbares Zeichen, geschehen könnte.[143] Die Klasse stimmte der Übernahme der Herausgeberschaft für die Dialektik und falls noch möglich für die Ästhetik mit Odebrecht als dem Bearbeiter in ihrer Sitzung am 5. Juni 1930 zu; für die Schleiermacher-Kommission wurden Carl Stumpf als Vorsitzender, Heinrich

[140] Vgl. Sb., Jg. 1933, S. LVII.
[141] Vgl. die Eingabe in AAW II: VIIe 1, Bd. 33 H. 1, Bl. 2.
[142] Vgl. ebda., Bl. 9, 13, 16, 17, 18.
[143] Vgl. ebda., Bl. 18.

Maier, Eduard Spranger und Hans Lietzmann als Mitglieder benannt.[144] Ergebnisse der Arbeiten konnten in dem Zeitraum bis Anfang 1933 nicht mehr vorgelegt werden.

Einem abschließenden Stadium näherte sich die Ausgabe der Werke Wilhelm von Humboldts. Hier hatte sich die Bearbeitung der politischen Briefe aus der Zeit zwischen 1802 und 1813 durch notwendige Nachtragsarbeiten und zugleich durch die hauptamtliche Belastung des Bearbeiters Wilhelm Richter, der im Schuldienst stand, verzögert. Fertig gestellt war die Edition der Briefe aus den ersten Wiener Jahren 1810 und 1811 bis Anfang 1932; für die Jahre 1812 und 1813 erhoffte Konrad Burdach, der als langjähriger Kommissionsvorsitzender am 21. Januar 1932 über den Fortgang der Arbeiten berichtete, angesichts der günstigeren Literaturlage für diese Jahre einen schnelleren Abschluß.[145] Vollendet und gedruckt vorgelegt werden konnte dieser Band indessen erst 1935.

Fortgeführt wurden die Arbeiten an der Dilthey-Ausgabe der Akademie. Die weitere Arbeit am Kant-Nachlaß wurde von Friedrich Berger, dem Assistenten von Erich Adickes, durchgeführt, nachdem Adickes 1928 gestorben war. Der nächste Band (sechster Band mit Arbeiten zur Rechts-, Moral- und Religionsphilosophie) konnte indessen erst 1934 erscheinen.

Die Publikation der Werke des Mathematikers Kronecker wurde fortgesetzt. Für die Weiterführung der Weierstraß-Ausgabe konnten 1932 nach zeitweiser Stockung neue Bearbeiter gewonnen werden.

c) Forschungen zur griechisch-römischen Altertumskunde und zur Orientalistik

Mit ihrer schon erwähnten Denkschrift von 1930 wollte die Akademie den Bereich ihrer wissenschaftlichen Arbeiten erweitern; dabei sollten die traditionelle Betonung der griechisch-römischen Altertumswissenschaften aufrecht erhalten und altertumswissenschaftliche Forschungen über die Reform der Akademiestruktur intensiviert werden. Die Akademie hatte versucht, die Arbeit an den beiden großen Sammelwerken griechischer und römischer Inschriften voranzutreiben, indem sie im Rahmen ihrer Reformpläne für die Bildung eines Instituts für griechisch-römische Epigraphik eintrat. Nach dem Scheitern dieses Versuchs wurden die Inscriptiones Graecae, von denen 1930 mehr als 30 Bände vorlagen, sowie das Corpus Inscriptionum Latinarum, das inzwischen über 40 Bände umfaßte, in der bisherigen Form fortgeführt. Für die Inschriftenwerke bedeuteten der Tod Ulrich von Wilamowitz-Moellendorffs und der Hermann Dessaus schwere Verluste. Schwierigkeiten bereiteten die Arbeiten am Corpus Inscriptionum Etruscarum, einem internationalen Schwerpunkt etruskologischer Forschungsarbeit, nachdem hier die Finanzmittel für notwendige Materialbeschaffungen im Gefolge der Wirtschafts- und Finanzkrise nicht mehr im erforder-

144 Vgl. ebda., Bl. 20 (Protokollauszug phil.-hist. Kl. v. 5. 6. 1930).

145 Vgl. den Bericht Burdachs v. 21. 1. 1932. In: Sb., Jg. 1932, S. LVII XIf.; dazu Sb., Jg. 1936, S. LII, Jg. 1937, S. XXVI.

lichen Umfange zur Verfügung gestellt wurden. [46] 1932, gegen Ende der Weimarer Republik, betreute die Kommission für griechisch-römische Altertumskunde der Akademie darüber hinaus die Arbeiten an dem griechischen Münzwerk und an der Prosopographia Imperii Romani (1.—3. Jahrhundert) sowie an der Strabo- und der Fronto-Ausgabe; bearbeitet wurden Untersuchungen zur Geschichte des römischen Militärwesens in Gallien und Germanien zur Zeit des Prinzipats und des Kaiserreiches.[147] Nachdem die philosophisch-historische Klasse am 11. 4. 1929 sich für die Druckvorbereitung der hinterlassenen wissenschaftlichen Manuskripte ihres verstorbenen Korrespondierenden Mitgliedes Adolf Jülicher erklärt hatte (es handelte sich um die Vorarbeiten zur Itala des Neuen Testaments und um das Material einer Prosopographie „von Konstantin bis Justinian"), erreichten Hans Lietzmann und Adolf von Harnack Anfang 1930 die Übernahme der Prosopographie Jülichers (4.—6. Jahrhundert) durch die Akademie; hierfür sicherte die Notgemeinschaft Beihilfen zu.[148]

Gescheitert war mit dem Reformprojekt von 1930 auch der Versuch Werner Jaegers, an der Akademie ein Institut für Geschichte der Wissenschaften im Altertum aufzubauen. Im Mittelpunkt der Arbeit dieses Instituts sollten die Aristoteles-Forschung und die Herausgabe einer modernen wissenschaftlichen Ansprüchen genügenden Aristoteles-Ausgabe stehen, für welche die gesamte handschriftliche Überlieferung des Mittelalters und die Erklärungen der antiken Kommentatoren systematisch ausgewertet werden sollten.[149] Mit der Aristoteles-Forschung sollte die weitere Arbeit an den Textausgaben der griechischen Ärzte im gleichen Institut verbunden werden. Beides war nur im größeren Rahmen, als wirkliches Gemeinschaftsunternehmen, möglich. Immer deutlicher hatte sich herausgestellt, daß wissenschaftliche Editionen sowohl der Schriften des Aristoteles wie der Werke der griechischen Ärzte nur unter umfassender Auswertung der arabischen Überlieferung zu verwirklichen waren. Unter der Lei-

---

[146] Vgl. zum Corpus Inscriptionum Etruscarum Sb., Jg. 1932, S. LIV; Jg. 1933, S. LVII.

[147] Vgl. zu letzterem Sb., Jg. 1932, S. LIIIf. sowie Jg. 1933, S. LVII: Berichte Nordens über die Arbeiten zum römischen Miltärwesen, die z. T. auf nachgelassene Materialien E. Ritterlings zurückgingen und von Ernst Stein durchgeführt wurden.

[148] Zur Übernahme der Prosopographie saec. IV—VI vgl. AAW II: VIIe 1, Bd. 34, H. 1, Bl. 7, 17.

[149] Vgl. hierzu und zum folgenden: „Denkschrift der Preußischen Akademie der Wissenschaften zu Berlin über die Erweiterung ihrer Tätigkeit", a. a. O., S. 6f. Der beabsichtigten Aristoteles-Bearbeitung wurde hier besondere Bedeutung beigemessen: „Ein solches Unternehmen, das im Laufe der Zeit einer Entwicklung auch über den Rahmen der bloßen Edition hinaus fähig und bedürftig sein wird, ist wie wenige geeignet, mit der Wirksamkeit des Instituts den Anfang zu machen, denn Aristoteles gehört nun einmal in den Mittelpunkt einer Geschichte der antiken Wissenschaft; er ist in der Tat der Brennpunkt, der alle Strahlen des wissenschaftlichen Lebens der Griechen in sich vereinigte und von dem seit 2000 Jahren die wissenschaftliche Bewegung des Morgen- und Abendlandes ausstrahlt." Unverkennbar ist, daß die idealistischen Auffassungen W. Jaegers — des führenden bürgerlichen Aristoteles-Forschers im damaligen bürgerlichen Deutschland — über die Genesis und Wirkung griechischer Bildung diesen Teil der Denkschrift geprägt haben.

tung Jaegers waren jüngere Wissenschaftler auf diese schwierige Aufgabe vorbereitet worden. Die Aristoteles-Forschungen wie die Arbeiten an den medizinischen Texten konnten den bisherigen Rahmen jedoch nicht mehr überschreiten, nachdem auch die Konstituierung des Instituts für die Geschichte der Wissenschaften in der Antike zusammen mit dem gesamten Erweiterungsprojekt der Akademie gescheitert war. Hermann Diels, der Initiator des Corpus medicorum Graecorum, hatte für die Durchführung dieses Unternehmens eine Zeit von 16 Jahren angesetzt. Diels hatte hierbei zunächst allein die Edition zuverlässiger Texte angestrebt, auf denen eine zukünftige Forschung aufbauen konnte. Hermann Diels, der nach Theodor Mommsen zu den führenden Wissenschaftsorganisatoren der Akademie gehörte, hatte an den schnellen Fortschritt und die absehbare Vollendung des Corpus medicorum Graecorum jedoch zu kühne Erwartungen geknüpft. Hemmnisse bürgerlicher Wissenschaftsentwicklung und ihre Verschärfung in den Kriegs- und Nachkriegsjahren sowie die neuerlichen finanziellen und personellen Schwierigkeiten in den Jahren der Weltwirtschaftskrise waren nicht die einzigen Faktoren, die den langsamen Fortgang der Arbeiten bewirkten.[150] Bürgerliche Gelehrte wie Werner Jaeger glaubten, die Altertumswissenschaften nunmehr verstärkt zur Überwindung der geistigen Grundlagen- und Bildungskrise im imperialistischen Deutschland heranziehen zu können. Im Gegensatz zu früheren, auf führende Altphilologen des 19. Jahrhunderts zurückgehende Auffassungen war nicht mehr die möglichst umfassende Stoffsammlung und Detailforschung, sondern die Erforschung des Wesens griechischer Bildung und die Herausarbeitung ihrer Bedeutung für die Rekonsolidierung der „Geisteswissenschaften" das bereits erwähnte Ziel ihrer Forschungen. Für den Fortgang der altertumswissenschaftlichen Unternehmen stellte diese Auffassung — die als Konsequenz bürgerlichen Krisenbewußtseins und als Ausdruck des Bemühens um die Überwindung der Krise in den Geisteswissenschaften an anderer Stelle erläutert wurde — eine Erschwerung dar.[151] Die Arbeiten wurden, ähnlich wie bei der jetzt von Hans Lietzmann geleiteten Kirchenväter-Ausgabe, ohne Einschränkungen langfristig fortgesetzt. In der Kirchenväter-Ausgabe war bis 1932 vor allem der Epiphanius-Text ediert; die Athanasius-Vorarbeiten waren fast abgeschlossen.[152] Hier blieb indessen jene

---

150 Vgl. hierzu und zum folgenden den zusammenfassenden Bericht Jaegers über das Corpus medicorum v. 21. 1. 1932. In: Sb., Jg. 1932, S. XXIXff. Dazu: K. Deichgräber, Corpus medicorum Graecorum. In: Das Institut für Griechisch-Römische Altertumskunde. Protokoll der Eröffnungstagung v. 23.—26. Oktober 1955, Berlin 1957, S. 104ff.

151 Für Jaeger war, bemerkte Deichgräber rückschauend, weniger die Finanznot als die „allgemeine Aporie" editorischer Arbeit der eigentliche Grund für das langsame Fortschreiten der Arbeiten am Corpus. „Mit der Besinnung auf die Frage, wo die klassische Philologie stände, mit der Auffassung, daß sie Trägerin eines bildenden, nicht rein historischen Humanismus sein müsse, bekam Diels großer Plan, der keineswegs aufgegeben werden sollte, in gewissem Sinne einen zweitrangigen Charakter mindestens in dieser neuen Gedankenwelt, die das Zeichen ihres Begründers, eben Werner Jaegers, deutlich an sich trug." (K. Deichgräber, a. a. O., S. 105).

152 Vgl. den Bericht Lietzmanns v. 26. 1. 1933. In: Sb., Jg. 1933, S. XCff.

Trennwand erhalten, durch die die Erforschung der Spätantike künstlich zwischen Altertumswissenschaften und historischer Theologie aufgegliedert und auseinandergerissen war.[153] Angesichts der akuten Finanzschwierigkeiten in der Notgemeinschaft konnte die im Kartell beabsichtigte Beschleunigung der Arbeiten am interakademischen Thesaurus linguae Latinae nicht eingeleitet werden; den anderen Akademien sollte dies nach dem oben erwähnten Schreiben Friedrich Schmidt—Otts an Heinrich Lüders (vom 6. Juni 1932) vertraulich mitgeteilt werden.[154]

Ein erneuter Einschnitt ergab sich in der Arbeit am Ägyptischen Wörterbuch. In seinem Bericht für 1931 konnte Adolf Erman darauf verweisen, daß dieses große Unternehmen nunmehr in seinem eigentlichen Hauptteil vollendet war: Der fünfte und letzte Band des Wörterbuches war erschienen.[155] Die Arbeit verlagerte sich nach diesem entscheidenden Wendepunkt auf die Edition der Belegstellen; geplant waren Registerarbeiten sowie — für später — Ergänzungsbände, die von Erman und seinen beiden Mitarbeitern Kurt Sethe und Hermann Grapow als eigenständiges Werk gedacht waren.

Zu dieser Zeit war die Akademie an der Bearbeitung der Keilschrifturkunden aus Boghazköy nicht mehr beteiligt, die auf weitere Sicht wertvollste Einblicke in die ökonomische, soziale, politische und ideologische Entwicklung des Hethiterreiches gewährten. Im Mittelpunkt der orientalischen Forschungen an der Akademie stand jetzt die Arbeit an verschiedenen Handschriftenfunden meist ostturkestanischer, z. T. auch iranischer Herkunft.[156] Die Bearbeitung der Handschriften aus dem ostturkestanischen Turfan-Oasengebiet war nach wie vor ein wesentliches Anliegen der Akademie, auf das bereits verwiesen wurde, und in dem sich für sie ein weites Arbeitsfeld auf sprachwissenschaftlichem sowie im weitesten Sinne auf historischem und kulturhistorischem Gebiet immer mehr erschloß. Fortgeführt wurden die kurdisch-persischen Sprachforschungen, die auf dem umfangreichen Nachlaß Oskar Manns aufbauten. Mit Unterstützung der Akademie hatte Bruno Meißner auf Grund seiner in langen Jahren zusammengestellten Materialsammlungen ein „Assyrisches Handwörterbuch" (mit Einarbeit von Delitzschs Supplement) in Angriff genommen, für das er eine Reihe von Buchstaben in diesen Jahren bereits bearbeitet hatte.[157] Fortgeführt wurden auch jetzt die ergänzenden Arbeiten bzw. Registerbearbeitungen an dem Werk eines der wichtigsten Chronisten für

153 Vgl. J. Irmscher, Zu Neuem bestimmte „todte Literatur". In: 100 Jahre Reclams Universalbibliothek 1867—1967. Beiträge zur Verlagsgeschichte, hrsg. v. H. Marquardt, Leipzig (1967), S. 274.

154 Vgl. AAW II: Vg, Bd. 7 (Protokoll der Sekretariatssitzung v. 12. 11. 1931); dazu oben S. 305 f.

155 Vgl. den Bericht Ermans v. 21. 1. 1932. In: Sb., Jg. 1932, S. LVIIIff. Dazu: A. Erman/H. Grapow, Das Wörterbuch der ägyptischen Sprache. Zur Geschichte eines großen wissenschaftlichen Unternehmens der Akademie, a. a. O., S. 63ff.

156 Vgl. die Berichte von H. Lüders über die Arbeiten der orientalischen Kommission (21. 1. 1932; 26. 1. 1933). In: Sb., Jg. 1932, S. LXXVIff.; Jg. 1933, S. LXXVIIff.

157 Vgl. den Bericht Meißners v. 26. 1. 1933. In: Sb., Jg. 1933, S. LXXXIIf.

die Zeit des Frühislams, Ibn Saad; die Textausgabe des Ibn Saad lag bereits seit Ende 1918 vor.

d) Unternehmungen zur Geschichte des Mittelalters und der Neuzeit

Nach dem Aufschwung in den Jahren der relativen Stabilisierung wurden die Monumenta Germaniae Historica von der erneuten Einengung betroffen, die die Entwicklung der bürgerlichen Wissenschaft vor allem in den Jahren 1931 und 1932 im Gefolge der Weltwirtschaftskrise zunehmend erschwerte. Für die eng mit der Akademie verbundenen Monumenta entwickelte sich nach den Worten Kehrs eine „Finanzkatastrophe", die zeitweise die Existenz des traditionsreichen und größten Unternehmens bürgerlicher mediävistischer Quellenforschung und -edition in Deutschland erneut in Frage stellte.[158] Obwohl die Finanzkrise z.B. die Abteilung der Scriptores besonders hart traf, wurden die Arbeiten in den verschiedenen Abteilungen auch jetzt weitergeführt. Dabei ging es z. T. um Schwerpunktvorhaben mittelalterlicher Quellenedition, wie die Arbeiten an der Frankengeschichte des Gregor von Tours, an der Lex Ribuariorum, an der neuen Schulausgabe des Widukind von Corvey, am Sachsenspiegel, am Schwabenspiegel sowie an den Diplomata-Ausgaben der letzten Karolinger, an den Urkunden Heinrichs IV. und Konrads III. sowie die Untersuchungen zu den politischen Briefen und Aktenstücken aus dem Investiturstreit zeigten. Die Arbeiten an den Monumenta Germaniae wurden über die Notgemeinschaft der Deutschen Wissenschaft zusätzlich unterstützt.

Fortgesetzt wurden mit der Unterstützung der Notgemeinschaft und des preußischen Kultusministerium auch die Arbeiten der Akademie auf dem Gebiet der brandenburgisch-preußischen Geschichte, die von der Preußischen Kommission der Akademie angeleitet wurden und durch jene konservativen und apologetischen Traditionen geprägt waren, von denen die bürgerliche deutsche Geschichtsforschung weithin beherrscht wurde. Weitergeführt wurden die politische Korrespondenz Friedrichs II. und die Hauptreihe der Acta Borussica, in der nunmehr Quellen zur allgemeinen Staatsverwaltung und zur Behördenorganisation aus der Zeit des Siebenjährigen Krieges erschienen; eine Untersuchung von Carl Hinrichs zur preußischen Wollmanufaktur — eine apologetische Arbeit, für die sich Gustav Schmoller seinerzeit bereits eingesetzt hatte — kam hinzu. Publiziert wurde 1932 eine Auswahlsammlung der „Politischen Schriften" des kleindeutschen Historikers Gustav Droysen.

In beschränktem Umfang wurden die archivalischen Studien in spanischen Archiven durchgeführt, die im Auftrage der Spanischen Kommission der Akademie eingeleitet worden waren. Das Schwergewicht dieser Studien lag auf der Zeit Karls V., in der sich die Geschichte der spanischen Feudalmonarchie und des spätfeudalen „Römischen Reiches deutscher Nation" eng berührten und überschnitten.

---

[158] Vgl. den Bericht Kehrs v. 20. 10. 1932. In: Sb., Jg. 1932, S. 733ff.

e) Sprach- und literaturwissenschaftliche Unternehmungen

Während der Jahre der Weltwirtschaftskrise verlief die Entwicklung der germanistischen Unternehmungen der Akademie unterschiedlich.[159] Auch hier mußten die Arbeiten im bisherigen Rahmen fortgesetzt werden, nachdem das Projekt gescheitert war, an der Akademie ein Deutsches Institut zu gründen; auf die Ausnahme, den Aufschwung der Arbeiten am Deutschen Wörterbuch gerade zu dieser Zeit, wird besonders zu verweisen sein.

Fortschritte wurden in der weiteren Erfassung und Systematisierung der deutschen Handschriften des Mittelalters erzielt, mit der die Akademie der Forschung über den engeren Rahmen der Germanistik hinaus neue Quellen erschloß. Zur Erweiterung der Aufgaben der Akademie war es in diesem Bereich dadurch gekommen, daß die Sammlungen der Literatur-Archiv-Gesellschaft für dauernd bei ihr deponiert wurden. Die Publikationen der „Deutschen Texte des Mittelalters" wurden auch jetzt fortgesetzt. Fortgeführt wurde die Wielandausgabe. Im Auftrage der Akademie, zugleich mit Unterstützung der Münchner „Akademie zur wissenschaftlichen Pflege und Erforschung des Deutschtums (Deutsche Akademie)" und der Bayreuther Jean-Paul-Gesellschaft wurde die historisch-kritische Jean-Paul-Ausgabe weitergeführt, die im Sommer 1932 einen Umfang von 10 Bänden erreicht hatte. Gearbeitet wurde an mehreren Bänden der „Forschungen zur neuhochdeutschen Sprach- und Bildungsgeschichte", die Konrad Burdach ins Leben gerufen hatte und nach wie vor leitete. 1929 hatte die Akademie die Weiterführung von Goedekes Grundriß der Geschichte der deutschen Dichtung auch über das bisherige Abschlußjahr, das Todesjahr Goethes, hinaus beschlossen; die Zeit bis zur Reichsgründung sollte in dieser von Karl Goedeke begründeten Bibliographie zunächst bearbeitet werden; die Deutsche Kommission übernahm die Oberaufsicht, die Redaktion wurde Georg Minde-Pouet übertragen, der geeignete Sachbearbeiter heranziehen sollte. Vorbereitungsarbeiten gingen zunächst schnell voran (Aufstellung einer Liste der Schriftsteller, Anordnung und Verteilung des Stoffes).[160] Dann schränkten die wachsenden Schwierigkeiten die Arbeiten an dem Grundriß jedoch mehr und mehr ein.

Unterschiedlich war der Verlauf der Arbeiten an den Dialektwörterbüchern, von denen 1932 das Rheinische, das Hessen-Nassauische, das Preußische Wörterbuch und das Westfälische Provinzialwörterbuch im Auftrage der Akademie bearbeitet wurden. Finanzielle Schwierigkeiten hemmten z.B. den Fortgang der Arbeiten am Hessen-Nassauischen Wörterbuch, während die Arbeit am Preußischen Wörterbuch die zusätzliche Unterstützung der Notgemeinschaft der Deutschen Wissenschaft und der regionalen Verwaltungsinstanzen erfuhr. Dabei kann der Positivismus und Empirismus nicht übersehen werden, von denen sprachwissenschaftliche Arbeiten der Akademie beeinflußt wurden. Für die

---

[159] Vgl. dazu die Berichte von Burdach, Petersen und W. Schulze v. 21. 1. 1932. In: Sb., Jg. 1932, S. LXIVff. sowie von Burdach, Hübner, Petersen und W. Schulze v. 26. 1. 1933. In: Sb., Jg. 1933, S. LIXff.

[160] Vgl. Sb., Jg. 1930, S. LXf.

detaillierte Erforschung der deutschen Wort- und Sprachgeschichte sowie für die Bewahrung des Sprachgutes kam diesen Arbeiten jedoch weiterhin große Bedeutung zu.

Das größte sprachwissenschaftliche Unternehmen der Akademie, das Deutsche Wörterbuch, das nach der Arbeit eines Jahrhunderts im Jahre 1960 unter maßgeblicher Beteiligung der Akademie der Wissenschaften der DDR zunächst fertiggestellt wurde, blieb „trotz aller inneren Widersprüche in vieler Hinsicht maßstabsetzend"; es gehört „zum unentbehrlichen Rüstzeug des Sprachwissenschaftlers"[161]. Arthur Hübner hat sich ein großes Verdienst um die linguistische Forschung erworben, als er in den Jahren 1929 und 1930 eine Reform der Arbeit am Deutschen Wörterbuch einleitete und damit entscheidend zur Überwindung der Stagnation und tiefen Krise in diesem Arbeitsbereich beitrug. Hübner hatte den zunächst auf finanzielle, personelle und organisatorische Einzelverbesserungen abzielenden Reformüberlegungen im Rahmen der gegebenen gesellschaftlichen Möglichkeiten eine Wende gegeben. Er legte der Akademie eine Berechnung vor, nach der die Arbeit am Wörterbuch noch eine Zeitdauer von insgesamt über 40 Jahren beanspruchen müßte, wenn es in bisheriger Weise fortgeführt würde.[162] Die Gründung eines Deutschen Instituts war nicht zuletzt mit Hinblick auf die Situation des Deutschen Wörterbuches von der Akademie beabsichtigt worden. Auf Hübners Initiative wurde eine Arbeitsstelle für das Wörterbuch an der Akademie geschaffen; damit war wenigstens die bisherige Form alleiniger Einzelarbeit an den Wörterbuchartikeln überwunden und ein wesentlicher Schritt zu wissenschaftlicher Gemeinschaftsarbeit getan. Nur auf diesem Wege, der den Anforderungen moderner linguistischer Forschung entsprach, konnte die Krise des Wörterbuches überwunden werden. Die Akademie war die Hauptträgerin der Arbeiten, an denen die Göttinger Zentralsammelstelle mitwirkte.[163]

Im Juli 1932 war die Aufnahme slawistischer Studien an der Akademie beschlossen worden. Die philosophisch-historische Klasse der Akademie hatte auf Anregung Max Vasmers eine Slawische Kommission eingesetzt, der neben Max Vasmer noch Johannes Bolte, Albert Brackmann, Arthur Hübner und Wilhelm Schulze angehörten.[164] Begonnen werden sollte mit der Erarbeitung eines

---

[161] W. Neumann, Über Rolle und Bedeutung einiger linguistischer Forschungen in der Akademie. In: Spektrum, H. 11/12 1967, S. 431.

[162] Vgl. den Bericht von Edward Schröder (zusammen mit Arthur Hübner) v. 23. 1. 1930. In: Sb., Jg. 1930, S. LXVff.

[163] Vgl. zur Reform des Deutschen Wörterbuches u. a.: B. Beckmann, Das Deutsche Wörterbuch am Vorabend der Vollendung. In: Deutsche Akademie der Wissenschaften zu Berlin 1946—1956, a. a. O., S. 330ff.; ders., Das Deutsche Wörterbuch in Gegenwart und Zukunft, in: Das Institut für deutsche Sprache und Literatur. Vorträge gehalten auf der Eröffnungstagung, Berlin 1954, S. 125ff.; W. Hartke, Bericht über die Entwicklung der Akademie (Bericht des Präsidenten der Akademie der Wissenschaften zu Berlin zum Leibniz-Tag der DAW, 6. Juli 1961). In: Jb. der DAW zu Berlin, Jg. 1961, S. 15.

[164] Vgl. das Protokoll der Klassensitzung vom 14. 7. 1932. In: AAW II: Vf., Bd. 27. Dazu den Bericht Arthur Hübners v. 26. 1. 1933. In: Sb., Jg. 1933, S. XXVIIff.

wendischen Sprachatlasses und eines sorbischen Wörterbuches. Für beides waren die Mittel bewilligt worden, welche die Akademie beim preußischen Kultusministerium angefordert hatte. Eine Materialsammlung für das Wörterbuch der lebenden obersorbischen Sprache lag bereits vor. Deutlich war, daß die allgemeine Situation und die Zusammensetzung der Kommission kaum Gewähr für die Würdigung wendischer und obersorbischer Sprachentwicklung und für die Entfaltung vorwärtsweisender, völkerverbindender slawistischer Studien zu geben vermochte: Die gesellschaftliche Entwicklung in Deutschland stand dem entgegen. Zwiespältig blieb das erwähnte Projekt der Bearbeitung eines „statistischen Atlasses des deutschen Volkes in Mitteleuropa".

Wesentlich jedoch ist: In den wissenschaftlichen Unternehmen der Akademie ist auch in diesen Jahren mit großer Einsatzbereitschaft, wissenschaftlicher Erfahrung und technischem Können aktiv gearbeitet worden. Auch hier wurden Ergebnisse erarbeitet, die über gesellschaftsbedingte Schranken hinauswiesen und die Stellung der Akademie mitbestimmt haben.

Weiterführende Leistungen führender Akademiemitglieder, aber auch Arbeitsergebnisse aus den Unternehmen gehören zu dem wissenschaftlichen und kulturellen Erbe, an dessen Pflege die Akademie der Wissenschaften der DDR heute unter den Bedingungen der sozialistischen Gesellschaft in der Deutschen Demokratischen Republik mitwirkt.

Personenregister*

* OM – Ordentliches Mitglied, KM – Korrespondierendes Mitglied, – EM Ehrenmitglied, AM – Auswärtiges Mitglied der Berliner Akademie.

Smend, Rudolf (geb. 1882) 265, 333

FSC
www.fsc.org
MIX
Papier | Fördert gute Waldnutzung
FSC® C083411

Kolibri 360 GmbH
Ferdinand-Jühlke-Straße 7
99095 Erfurt, Deutschland
produktsicherheit@kolibri360.de